The Science of Poultry and Meat Processing

禽肉科学与肉品加工

Shai Barbut 著

徐幸莲 主译

王虎虎 孙京新 副主译

中国农业大学出版社

·北京·

内容简介

本书着重介绍一些基本概念以及近年来在相关领域的先进技术,比如自动化以及食品安全。本书的某些章节也涉及一些基础的肌肉生理学,蛋白质凝胶,热－质转换,微生物学以及肉色和质构的介绍,来帮助读者更好地理解肉类加工的基本科学概念。

图书在版编目(CIP)数据

禽肉科学与肉品加工/(加)塞•巴布特(Shai Barbut)著;徐幸莲主译.—北京:中国农业大学出版社,2018.10

书名原文:The Science of Poultry and Meat Processing

ISBN 978-7-5655-1457-9

Ⅰ.①禽… Ⅱ.①塞… ②徐… Ⅲ.①禽肉-肉制品-食品加工 Ⅳ.①TS251.5

中国版本图书馆 CIP 数据核字(2017)第 318381 号

书　　名	禽肉科学与肉品加工		
作　　者	Shai Barbut 著　徐幸莲 主译　王虎虎 孙京新 副主译		
策划编辑	梁爱荣 宋俊果	责任编辑	田树君 王艳欣 郑万萍
封面设计	郑 川		
出版发行	中国农业大学出版社		
社　　址	北京市海淀区圆明园西路 2 号	邮政编码	100193
电　　话	发行部 010-62818525,8625	读者服务部	010-62732336
	编辑部 010-62732617,2618	出 版 部	010-62733440
网　　址	http://www.caupress.cn	E-mail	cbsszs @ cau.edu.cn
经　　销	新华书店		
印　　刷	涿州市星河印刷有限公司		
版　　次	2018 年 10 月第 1 版　2018 年 10 月第 1 次印刷		
规　　格	889×1 194　16 开本　28.25 印张　890 千字　彩插 8		
定　　价	98.00 元		

图书如有质量问题本社发行部负责调换

主　译　徐幸莲

副主译　王虎虎　孙京新

译　者　卞光亮　南京农业大学

陈宏强　南京农业大学

陈　星　江南大学

段德宝　南京农业大学

黄继超　南京农业大学

李继昊　南京农业大学

李　鑫　南京农业大学

刘登勇　渤海大学

戚　军　安徽农业大学

孙京新　青岛农业大学

王光宇　南京财经大学

王虎虎　南京农业大学

王华伟　南京农业大学

王　鹏　南京农业大学

邢　通　南京农业大学

熊国远　安徽农业大学

徐幸莲　南京农业大学

薛思雯　南京农业大学

张希斌　新希望六和股份有限公司

张新笑　江苏省农业科学院

赵　雪　南京农业大学

郑海波　安徽科技学院

1.自动化　张希斌,刘登勇

2.全球视野　王虎虎,徐幸莲

3.结构和肌肉生理机能　陈星,徐幸莲

4.活禽处理　徐幸莲,邢通

5.禽肉的初加工　王光宇,王虎虎

6.基础加工过程中危害分析和关键环节控制点　陈宏强,王虎虎

7.检验和分级　卞光亮,李鑫

8.击晕　黄继超,徐幸莲

9.分割、剔骨及肉的化学组成　刘登勇,孙京新

10.深加工——设备篇　孙京新,刘登勇

11.热加工、冷却和保鲜方式　张新笑,孙京新

12.HACCP 在熟肉制品加工中的应用　李继昊,戚军

13.肉品加工原理　徐幸莲,赵雪,郑海波

14.裹浆裹粉类产品的 HACCP　戚军,王鹏

15.微生物与卫生　王华伟,段德宝,王虎虎

16.质构和感官特性的评价　徐幸莲,薛思雯

17.保水、保油性及颜色评估　王鹏,邢通

18.废弃物处理和副产物　熊国远,王鹏

译 者 序

近年来,基于基础研究和技术开发等方面的有力支撑,我国禽肉加工产业取得了长足发展,与美国等禽肉大国的差距逐渐缩小;但整体上大而不强的问题仍比较突出,特别是如福利屠宰、智能加工、安全保障、产品研发等一些产业关键技术、共性技术或实用技术的供给仍不能完全满足该产业未来高质量发展的需求,严重制约着行业的转型升级。

长期以来,译者围绕禽肉产业开展了大量技术研究、服务和培训工作,发现国内急需兼具系统性、科学性和先进性的禽肉及其加工科技相关的参考资料;前期编译的《禽肉加工》虽很好地满足了当时该产业人员对实用技术的迫切需求,但近年科技发展日新月异,特别是信息化、智能化、低碳化等方面新技术的创新和应用对禽肉产业链从业人员提出了更高的需求。基于此,作为国家肉鸡产业技术体系加工研究室主任,计划组织团队编撰此类书籍。机缘巧合,2015 年 8 月在法国参加第 61 届国际肉类科技大会(ICoMST)期间,有幸与加拿大圭尔夫大学的 Shai Barbut 教授相识,双方针对禽肉科学与加工技术的国际前沿与产业应用开展了深入的探讨。同时,Shai Barbut 教授重点推介其著作 *The Science of Poultry and Meat Processing*,并希望可以在更大范围进行传播,服务更多从业人员。经过仔细阅读和慎重思考,译者发现该书内容与自己的编撰计划总体吻合;因此召集本领域专家和新希望六和集团等行业领军企业对该书进行了翻译。

本书既可作为禽肉加工行业一线技术人员的培训教材和参考资料,也可作为相关院所科技工作者、研究生、本科生等的参考书籍。译者希望本书能够有效增强该行业技术人员的知识和技术储备,促进我国禽肉产业的可持续健康发展。

本书能够顺利出版,得到了国家现代农业产业技术体系-肉鸡专项(CARS-41-G21)、新希望六和集团和山东省现代农业产业技术体系家禽创新团队(SDAIT-11-11)的资金资助,在书稿翻译过程中得到了 Shai Barbut 教授、王海宏教授的大力协助,在译校和图表整理过程中得到全体参译人员的倾力支持,在此一并表示感谢。尽管已经做出最大努力,但书稿仍难免存在不足或不当之处,恳请读者批评指正。

译 者
2018 年 7 月

前　言

编写《禽肉科学与肉品加工》的目的是希望能够为学生以及企业员工提供关于当代畜禽肉类预处理以及深加工的全方位视角。本书着重介绍一些基本概念,以及近年来在相关领域的先进技术,比如自动化(例如,在过去的 40 年中禽类屠宰线的速度从 3 000 只/h 增加到 13 000 只/h)以及食品安全(例如,关于预处理和深加工的 HACCP)。本书的某些章节也涉及一些基础的肌肉生理学,蛋白质凝胶化,热-质转换,微生物学以及肉色和质构的介绍,来帮助读者更好地理解肉类加工的基本科学概念。《禽肉科学与肉品加工》是根据我过去 20 年间高校教学经验编写的,旨在为学生提供教学素材以及为食品业界人员提供专业资源。感兴趣的读者可以免费在网上获取本书。这样的编排方式也使我能够为读者提供更多彩图、解释以及图表来帮助读者理解。

本书献给那些过去和现在激励我学习更多知识、接受挑战性科研项目的学生们。无论是以前的学生身份还是现在的教工身份，我在这个领域学到了许多，而我现在把编写本书视为回馈这个领域的机会。回顾过去，我从我的硕士生导师和博士生导师那儿学到了许多东西，A. Maurer 博士是 R. Baker 博士的导师，他是北美禽类加工的鼻祖。我还要感谢和我一起工作了 20 年的 H. Swatland 博士，他提供了许多有挑战性的科学论述。

撰写本书是一个漫长的过程，期间所有的章节都要通过同行评审。我很感谢同事们的帮助，但是我对本书的任何不精准承担所有责任。我会很感激收到您的任何评论或建议（sbarbut@uoguelph.ca），因为每年我都有计划修改和更新一些章节的内容。

我还要感谢在此书编写过程中给予我帮助的人。感谢 Deb Drake 为本书输入所有的材料，感谢 Mary Anne Smith 对本书的编辑，感谢 Art Works Media 为本书提供的设计和桌面排版。我非常感谢帮助我审查章节内容以及提供有益的探讨的同事们。他们是：Mork B.，Ori B.，Sarge B.，Gregoy B.，Joseph C.，Mike D.，Hans G.，Theo H.，Melvin H.，Myra H.，Walter K.，Roland K.，Anneke L.，Massimo M.，Johan M.，Erik P.，Robert R.，Uwe T.，Rachel T.，Jos V.，Keith W.，以及 Richard Z。最后我还要感谢我的家人在本书编写的整个过程中给我的爱和支持。

关 于 作 者

　　作者 Shai Barbut 是加拿大安大略的圭尔夫大学食品科学系的教授。他在威斯康星大学获得肉品科学和食品科学的硕士学位和博士学位。他主要研究畜禽肉类的预处理和深加工。他主要专注于研究影响肉类品质的因素,以及蛋白凝胶,尤其是结构和功能特性之间的关系,流变特性和食品安全等方面。他发表了 200 多篇同行评审的研究论文,并且是工业指导教科书——《禽类产品加工》的作者。他是食品技术专家协会的成员,获得过肉类科学协会、禽类科学协会以及加拿大食品科学与技术协会的奖励。他还参与了许多的政府委员会以及学术和工业研究的项目。

目　　录

第1章　自动化 ·· 1
　1.1　前言 ·· 1
　1.2　生产速度的加快和自动去骨技术的进步 ·· 4
　1.3　加速胴体僵直过程的自动化工艺 ·· 7
　1.4　分割和切片的自动化操作 ··· 9
　1.5　和自动化相关的禽肉生产新技术 ·· 10
第2章　全球视野 ·· 13
　2.1　引言 ·· 13
　2.2　禽肉消费 ··· 14
　2.3　肉品产量的提高 ·· 16
　2.4　肉类消费模式的改变 ·· 18
　2.5　加工厂的自动化 ·· 21
第3章　结构与肌肉生理机能 ··· 24
　3.1　引言 ·· 24
　3.2　胴体和骨骼结构 ·· 24
　3.3　结缔组织 ··· 30
　3.4　上皮组织 ··· 33
　3.5　神经组织 ··· 36
　3.6　肌肉组织 ··· 37
　3.7　肌肉蛋白与肌肉收缩 ·· 41
　3.8　宰后僵直变化与肉的品质 ·· 45
第4章　活禽处理 ·· 50
　4.1　引言 ·· 50
　4.2　收禽——总述 ··· 50
　4.3　人工抓鸡 ··· 51
　4.4　笼子和容器 ··· 51
　4.5　机械化收鸡 ··· 54
　4.6　禁食 ·· 56
　4.7　运输 ·· 57
第5章　禽肉的初加工 ·· 64
　5.1　引言 ·· 64
　5.2　供给——活禽 ··· 66
　5.3　卸载 ·· 66
　5.4　击晕 ·· 67
　5.5　放血 ·· 67
　5.6　烫毛 ·· 69
　5.7　去毛 ·· 70

5.8 电刺激 ·· 75
5.9 去油脂腺和脚 ·· 76
5.10 转移/重新悬挂 ··· 76
5.11 净膛 ·· 77
5.12 检验 ·· 79
5.13 内脏获取 ··· 80
5.14 头、嗉囊、颈和肺的移除 ·· 80
5.15 清洗(里/外) ·· 81
5.16 预冷 ·· 81
5.17 称重和分级 ·· 84
5.18 分配和包装 ·· 85

第6章 基础加工过程中危害分析和关键环节控制点 ······································· 87
6.1 引言 ··· 87
6.2 HACCP 的七大原则 ··· 87
6.3 通用 HACCP 模型 ·· 89
6.4 家禽屠宰——HACCP 通用模型 ··· 89
6.5 持续改进 HACCP 计划 ·· 111

第7章 检验和分级 ·· 114
7.1 引言 ··· 114
7.2 建立检验站 ··· 114
7.3 检验 ··· 115
7.4 生产线速度 ··· 119
7.5 分级 ··· 119
7.6 家禽分级 ·· 126

第8章 击晕 ·· 129
8.1 引言 ··· 129
8.2 电击晕技术 ··· 130
8.3 气体击晕技术 ·· 135
8.4 不采用击晕技术 ··· 141
8.5 机械击晕 ·· 141
8.6 断颈和放血 ··· 142

第9章 分割、剔骨及肉的化学组成 ·· 145
9.1 引言和分类 ··· 145
9.2 整禽切块 ·· 146
9.3 剔骨肉的自动切割 ·· 159
9.4 机械去骨肉 ··· 161
9.5 禽肉的化学组成 ··· 164

第10章 深加工——设备篇 ·· 170
10.1 引言 ··· 170
10.2 切割/切碎 ·· 171
10.3 搅拌、混合 ·· 176
10.4 成型、灌装和网套包装 ·· 180
10.5 烟熏 ··· 185

10.6 蒸煮/加热 ·· 187

10.7 冷却 ·· 188

10.8 剥皮 ·· 188

10.9 切片 ·· 188

10.10 包装 ·· 190

10.11 安全检查(异物、密封性检查) ······················· 191

10.12 贴标签 ·· 193

10.13 贮藏和分销 ·· 193

第 11 章 热加工、冷却和保鲜方式 ························· 194

11.1 引言 ·· 194

11.2 热处理 ·· 196

11.3 冷却 ·· 204

11.4 化学保鲜技术 ··· 209

11.5 干燥 ·· 213

11.6 包装 ·· 214

11.7 其他非热加工方式 ·· 219

11.8 栅栏技术 ·· 225

第 12 章 HACCP 在熟肉制品加工中的应用 ·············· 229

12.1 熟制品-熟肉制品的通用 HACCP 模型 ················· 229

12.2 加工步骤 ·· 229

第 13 章 肉品加工原理 ······································· 241

13.1 引言 ·· 241

13.2 肉制品的加工分类 ·· 243

13.3 肉类原辅料及最低成本配方 ································· 245

13.4 非肉组分 ·· 246

13.5 肌肉蛋白凝胶及相互结合 ···································· 255

13.6 脂肪的结合和乳化 ·· 265

13.7 肠衣 ·· 269

13.8 配方 ·· 275

第 14 章 裹浆裹粉类产品的 HACCP ······················ 293

14.1 引言 ·· 293

14.2 加工步骤——概述 ·· 295

14.3 成型 ·· 297

14.4 预上粉 ·· 298

14.5 裹浆 ·· 300

14.6 裹粉 ·· 304

14.7 油炸和熟制 ·· 310

14.8 冷冻 ·· 313

14.9 问题解决 ·· 313

14.10 HACCP 的一般模型——裹浆和裹屑类鸡肉片 ········· 314

第 15 章 微生物与卫生 ······································· 324

15.1 前言 ·· 324

15.2 禽肉和红肉中的主要致病菌 ································· 328

15.3 养殖和宰前运输中的微生物问题 ………………………………………………… 335

15.4 初级加工——微生物 …………………………………………………………… 336

15.5 次级加工 ………………………………………………………………………… 348

15.6 清洁/卫生和装备设计 …………………………………………………………… 352

第 16 章 质构和感官特性的评价 ………………………………………………… 364

16.1 前言 ……………………………………………………………………………… 364

16.2 质构评定 ………………………………………………………………………… 364

16.3 肉的风味 ………………………………………………………………………… 373

16.4 感官评定 ………………………………………………………………………… 376

第 17 章 保水、保油性及颜色评估 ……………………………………………… 387

17.1 前言 ……………………………………………………………………………… 387

17.2 保水性 …………………………………………………………………………… 387

17.3 保油性 …………………………………………………………………………… 393

17.4 颜色 ……………………………………………………………………………… 396

第 18 章 废弃物处理和副产物 …………………………………………………… 421

18.1 前言 ……………………………………………………………………………… 421

18.2 污水处理 ………………………………………………………………………… 423

18.3 固体废弃物处理和堆肥 ………………………………………………………… 428

18.4 副产物:可食用和不可食用 …………………………………………………… 429

18.5 加工精炼产业 …………………………………………………………………… 429

18.6 宠物食品 ………………………………………………………………………… 431

18.7 羽毛的利用 ……………………………………………………………………… 432

第1章 自 动 化

1.1 前言

畜禽加工业在过去半个世纪的发展比过去 2 000 多年所取得的成就和变化更大,且发展速度越来越快! 近年来,人类在基础科学知识和机械设备方面的巨大发展对世界产生了深远影响,肉品工业也不例外。例如电气化技术、计算机技术和视频识别应用技术等均取得了革命性的成果和发展。以机械化,信息化和智能化为代表的第三次产业革命已经从根本上改变了人类的生产方式和生活方式,并以不可思议的速率席卷着各行各业。畜禽加工业曾经以传统生产方式为主,并在该发展进程的初期略显缓慢,但是如今其正快速地适应新产业化变革。

表 1.1.1　肉类初级加工的主要步骤概要

· 产肉动物的输送(捕捉、运输,卸载)
· 致晕
· 放血
· 脱毛(羽)/去爪(蹄)/剥皮(角质层)
· 电刺激*
· 净膛
· 胴体检验
· 冷却
· 成熟
· 分割
· 包装和贮运
* 为可选工序,该工序可加速肉的成熟过程(详见文本)

畜禽加工业存在一个很有趣的现象,肉品加工的某些基础步骤已经使用了两千年,直到今天仍然被现代工厂沿用,但是规模和效率已经不可同日而语,具体操作方式的变化也非常大。畜禽肉初级加工的主要生产工艺(表 1.1.1)首先是捕捉和收集,如将毛鸡装入鸡笼这个基本操作延续了数千年,不同的是过去使用人工操作,而今天使用机械设备代替人工。

如今肉鸡养殖场已经使用了自动设备进行毛鸡的捕获和装车(见第 4 章),并在数百公里范围内建立了大型的专业化屠宰工厂,屠宰工厂设置了高度专业化的设备(例如脱毛机、掏脏机、分割机、包装机等),和专业化技能熟练的产业工人(Barbut,2014)。过去的肉鸡养殖场通常是在各自专门屠宰场所对肉鸡进行简单加工处理,把产肉动物输送到专业工厂进行精细加工的情况很少。

不仅畜禽屠宰的自动化程度得到显著提高,肉类加工的自动化水平也已发展到较高阶段,这主要靠不断提高原料肉的均匀度和标准化,使得肉类加工的整条生产线上的加工工艺都可以实现自动化无缝衔接。案例之一是全自动肉饼生产线,该生产线可在无人操作的情况下每小时生产数千个肉饼,其前端的自动成型机可以每分钟连续加工出数百个形状和体积相同的肉块或肉饼(如图 1.1.1 和第 14 章所示);另一个典型例子是肠衣共挤压灌肠连续生产线,该生产线使用半流体状肠衣原料在肉糜挤出的同时在香肠表面自动生成一层肠衣,这实现了灌肠加工工艺的不间断连续生产(见第 10 章)。这两个例子都很好地说明了自动化生产如何将不连续的单元处理模式转变为连续的流水线处理模式,大幅提高生产效率。

新设备与新技术的发展促进了设备逐步取代人工的过程,同时提高了生产效率、改善了产品的标准化水平和卫生状况。禽肉分割和切片等操作已经采用了很多自动化设备,除了比较昂贵的水刀技术外,还有相对比较便宜的激光切割技术等都已经被广泛地使用。水刀是一种采用高压水射流进行切割操作的机器设备,其可以在电脑控制下进行标准化切削工作,并且具有受材料质地影响小的优点。激光切片刀是可以

图 1.1.1　禽肉饼自动生产线（肉饼形状均一，每分钟可连续生产数百个）
Townsend 供图

通过激光扫描工件体积和形状后由电脑自动优化激光切片方式的一种智能切片机器。智能机器人和自动化设备多用于人工成本高、操作复杂或操作条件极端的生产工段，如对带皮鸡腿肉的全剔骨等环节。

机器视觉技术在肉类生产中的应用也是一个很好的案例。虽然机器视觉设备成本不高（如图 1.1.2 所示），但是在高速运转的畜禽加工生产线中的作用却很大。它会对畜禽胴体自动拍照并由专业图形软件进行分析，快速获取到胴体构造的基本信息，比如骨骼大小、肉块是否有淤血和外伤等。工作人员根据结果就可判断对该畜禽如何处理（切割前 3 h 就可以确定畜禽是否进行分割售卖）。机器视觉是非常有效的在线检测技术，可以确保畜禽屠宰和加工的连续化生产，大幅提高了肉类的生产效率。

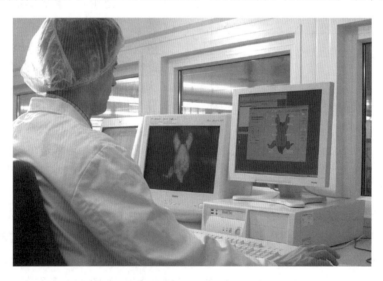

图 1.1.2　家禽胴体计算机图像分析系统。Stork 供图

智能机器人技术在肉类工业中也有较好的应用前景。Robo Batcher 是一个分拣机器人（图 1.1.3 所示），它会对传送带上的肉块预先称量，计算如何搭配得到要求的重量，然后自动抓取肉块，并将肉块放到预先准备好的托盘中进行包装。该设备每小时可以完成数百个托盘的肉块填充，生产效率和成功率是人工填充无法比拟的。

由此可见，肉类加工在技术上有很多革新。而市场营销和消费趋势的变化也对肉类行业产生了很大的影响，主要包括以下几个方面。

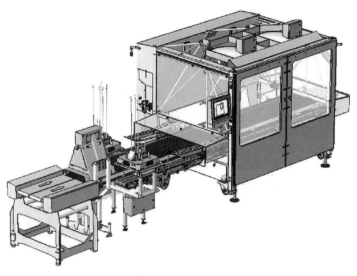

图 1.1.3　Robo Batcher 分拣机器人每分钟分拣包装 300 块肉（上图）和自动分拣手臂（下图）。Marel 供图

a. 销售区域扩大→由当地销售变为全球销售（例如巴西的肉会出口到日本）。

b. 食品安全的重要性加大→必须安全（详见第 12 章和第 15 章）。

c. 食品卫生和保质期→采用酸/蒸汽洗脱、紫外线杀菌和辐照等新技术。

d. 嫩度→通过育种方式改善（Tornberg，1996）。

e. 消费量→人均消费量在增加（详见第 2 章）。

f. 在家烹饪的时间→显著减少。

其中，在家烹饪时间减少对肉类生产的影响最大。北美地区的居民平均每天在家的烹饪时间已经从 2.5 h 降至现在的 10 min。消费者也更趋向于选择嫩度高（结缔组织含量少）、质量无瑕疵（无淤血斑块和断骨等）和已经切好的肉类产品。这既是挑战也是机遇，一方面肉类企业需要进一步提高产品质量，另一方面这也为肉类企业提供了新的市场，调理食品或方便食品等新市场的空间广大。餐馆、快餐店和杂货店需要的调理产品市场越来越大，最近几年每年均增长数十亿美元，这也促进了肉类生产自动化的发展。

禽肉生产的另外一个重要课题是如何确保肉品的安全和卫生，防止疾病从畜禽传播给人类（Russell，2012；Van Hoek 等，2012）。在 1665 年荷兰科学家罗伯特·虎克发明显微镜之前，人们不知道微生物的存在，也不了解食源性致病菌的危害。图 1.2.1 是一种快速自动家禽掏膛机，采用类似"勺子"的手臂执行掏膛动作,并配备了连续清洗装置。不但屠宰速度从 3 000 只/h 提高到 13 500 只/h,而且每次掏膛后都能及时将"勺子"清洗干净,这是传统处理无法达到的。采用自动化设备,还可以采用化学试剂或蒸汽对其进行消毒。总之,微生物学和工程学知识的运用加速了自动化技术在禽肉生产中的应用。

在过去的 40 年里,肉鸡屠宰效率提高了 4 倍(表 1.1.2),一条生产线的加工能力从 1970 年的 4 500 kg/h 增加到现在 36 000 kg/h,而且加工速度提高和剔骨时间缩短都不会影响肉质(Huff-Lonergam 等,2010;Gregory,2008)。本章介绍了肉类工业的机械化/自动化进程,并阐释了肉品科学、肌肉生物学和生物化学等领域研究对其的科技支撑作用。

表 1.1.2　从 1970 年到 2015 年的肉鸡屠宰速度(Barbut,2010)　　　　　　　　　　　　　　　　羽/h

年份	速度	主要设备的发展	年份	速度	主要设备的发展
1970	3 000	主要是手动操作	2000	10 500	分割设备与在线冷却环节相连接
1975	4 500	自动掏膛器	2010	12 000	自动击晕(上挂之前)
1980	8 000	去内脏部分的完全自动化	2015	13 500	高效视觉检查系统
1990	9 000	内脏收集(自动、半自动)			

在过去的 40 年里,火鸡的屠宰效率也有显著提高(表 1.1.3),一条生产线的加工能力从 1970 年的 12 000 kg/h 增加到 2015 年的 72 000 kg/h。

表 1.1.3　从 1970 年到 2015 年的火鸡屠宰速度(Barbut,2015)

年份	速度(羽/h)	毛重(kg/h)	设备发展
1970	1 000	12	
1980	1 500	15	1989 掏膛机 1990 脖子修剪机
1990	1 800	18	1992 切割系统 1997 切片机
2000	2 400 公鸡 3 000 母鸡	20	2000 水浴冷却 2002 气调致晕系统 2004 肛门切割机
2015	3 000 公鸡 3 600 母鸡	22	

1.2　生产速度的加快和自动去骨技术的进步

表 1.1.1 的生产流程适用于所有畜禽的屠宰,只需根据动物大小、是否脱毛和肉的用途等做相应调整即可。值得注意的是,肉类的生产步骤和所采用的技术会根据需求而变化,即便是同种动物的屠宰工艺也会有所不同。以屠宰前的击晕处理为例,有电击晕的,有惰性气体致晕的,甚至还有不击晕的(如某些宗教屠宰方式,详见第 8 章)。根据不同国家和地方的法规和屠宰习惯的不同,即使是同一种操作,具体参数的设置也有很大差异。如北美地区的肉鸡屠宰前的击晕多采用低压电,而欧洲地区多采用高电压。

自动化掏膛技术是禽肉生产的重大创新,显著提高了屠宰效率。传统掏膛方式通过人工完成,需要耗费大量劳动力。很多发展中国家目前仍然采用这种方式。采用人工方式掏膛的屠宰厂里,需要成百上千人站在生产线上,每人需完成一次切割或其他的单元操作。而图 1.2.1 是自动掏膛系统,整个过程完全机械化操作,生产速度可超过 10 000 羽/h,几乎不需要人工。对该系统的后续改进和研发还可进一步提高生产速度和自动化水平。牛肉和猪肉生产商也希望采用这种自动化掏膛技术,但是因为大型哺乳动物个体的体型尺寸差异太大,需要对该系统进行更多的参数优化才可以达到理想效果。掏膛处理对屠宰效率的限制非常大。以生猪屠宰为例,好一点的屠宰场可以达到 1 200 头/h 的屠宰速度,每天可以宰杀加工约 18 000 头猪。但是生猪屠宰的前半段需要两条流水线进行掏膛处理,然后再把两条线上的猪胴体合并到一条线上。更多的屠宰场只能实现 700 头/h 的屠宰速度,小屠宰场每天甚至只能处理完几头猪。为提高生猪屠宰效率,一些屠宰场尝试将智能机器人技术引入某些切割操作单元中。比如澳大利亚一家屠宰场就新安装了由激光制导的机器人手臂,精准度非常高,生产效率也显著提高,但成本也非常高(每台约70 万美元),目前还无法大规模推广应用。肉牛屠宰也是如此,好一点的屠宰线可以达到 400 头/h 的处理速度,每条线每天可以屠宰 5 000 头(两班倒,每天运转 16 h),但是大多数屠宰场的流水线每小时只能处理 250 头。牛的体积大,个体重量差异明显,不仅限制了屠宰速度,也降低了屠宰线的自动化程度,增加了屠宰设备的成本。自动化设备利用程度高的是肉块分割和切片等操作,自动化程度低的是剔骨等处理。科研人员近几年对此进行了很多研发和改进,比如采用机械剥皮机,采用电动装置和气动剪刀将胴体劈半,采用升降机方便高处胴体分割剔骨等,均大大提高了操作便利程度和生产水平。

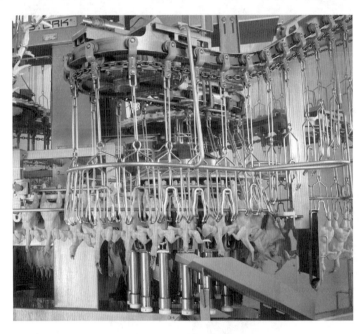

图 1.2.1　肉鸡生产线上的自动掏膛设备。Stork 供图

　　图 1.2.2 是鸡胸肉分割设备,类似设备也可用于火鸡肉加工。该设备先将翅膀拉伸,将翅膀与胴体的连接关节置于圆形刀片上方的特定位置,随后将刀片移动到传送带所需位置后下刀。先在胸肉边缘做几次切口,通过机械力将胸肉从龙骨上拉下来(详见第 9 章)。这个操作很简单,相关的机械设计却很难,研发不同角度都能旋转切割的刀具就花了几年时间。大型动物屠宰常采用激光、X-射线或超声等新技术确定关键位点,然后指引刀片进行分割,这与家禽的区别很大。Guire 等(2010)研究了猪和牛采用 X-射线进行分割剔骨的可行性,设计了如图 1.2.3 所示的切割系统,并使用视觉和力学控制系统促进该智能设备的工业化应用。Guire 等先是总结了人工操作时的双手运动轨迹,发现整体运行轨迹像字母 Z,然后将运行轨迹进行步骤分解,找出转化为可自动化机械操作的关键控制点。随后研究了刀片切割的运行轨迹,并依次进行步骤分解和自动化控制,最终形成一套完整的智能化操作系统。图 1.2.3(b)展示了遵循 Z 形切割路径时机器人单元的运行轨迹。机器人先是处于非优化位置,接下来机器自动优化并移动到最优切割位点。该系统能够基本解决胴体尺寸差异大导致限制自动化分割剔骨难以完成的问题,不仅适用于牛,还可用于猪等的屠宰。Guire 等认为由于现有工业机器人的限制,可用的工作路径尤其是力度控制等的工作

路径非常有限,应加大对传感器和机械臂的研发,以便成功完成该复杂操作,使大型畜肉的分割与剔骨工作能像禽肉那样快速高效完成。

图1.2.2 肉鸡胸肉自动剔骨设备。Marel 供图

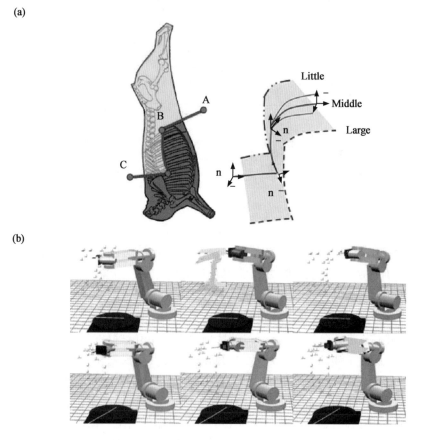

图1.2.3 牛肉后部和前部分割的图示,也称为Z字切(a)。当进行Z字切割时机器人单元移动轨迹(b)。(Guire et al. 2010)

大型畜肉的自动化分割与剔骨系统应该更多地向鉴禽肉和其他行业学习。比如图 1.2.4 就是佐治亚理工学院最新开发的一个鸡胸肉剔骨机械手臂,这和 Guire 等的设备相似。另外,水产行业也已经采用相当多的自动切片设备。虽然鱼的体积和形状差异大,但是可以先将鱼按照质量进行分级,然后流水线把鱼移动到引导头正下方的位置,该传感器可以采用 X-射线等自动扫描确定鱼的宽度,找到中线和背部骨头,随后从背骨两侧将鱼肉切下。

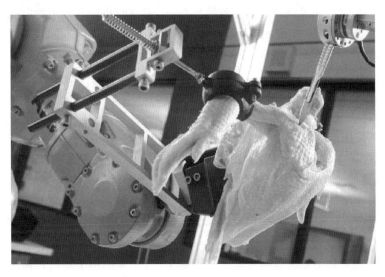

图 1.2.4 为鸡胸肉剔骨开发的机器人手臂。Georgia Tech. 供图

需再次强调的是禽肉的自动切割和去骨设备和猪、牛、羊等大型哺乳动物的差别非常大。前者只需简单的拉伸和移动就可识别关节等切割位置,后者则比较复杂,不仅需要更多的低成本传感器检测下刀位点,还需要更复杂的计算引导机器臂完成对不同形状和体积胴体的分割,了解这个区别是促进红肉加工自动化进步的基础。

1.3 加速胴体僵直过程的自动化工艺

肌肉宰后会发生一系列生化变化,分为僵直、成熟、自溶和腐败变质四个阶段。其中僵直对屠宰所需的机械化加工方式要求高,对生产效率的影响大,需引起企业的重视。生产人员需掌握肌肉的结构、组成、宰后的糖酵解过程以及肌肉(muscle)转变为可食用肉(meat)的过程。僵直是肌肉在屠宰过程中发生的重要生化反应。动物宰杀后,存储在肌肉中的 ATP 等能量物质逐渐耗尽,肌肉的 pH 降低,肌球蛋白(myosin)和肌动蛋白(actin)形成横桥(cross-bridge),肌肉的弹性和伸展性消失,变得非常僵硬(详见第 3 章)。

肉类生产应快速完成胴体剔骨和分割,但是很多操作须在肌肉僵直完成后执行。如果僵直前就剔骨,得到的肉质地坚硬,嫩度很差(Scheffler 等,2011;Simmons 等,2008)。这说明在细胞水平上理解其内在变化机理对于设计和优化加工设备是非常重要的。肌肉组织结构和功能方面的研究对肉类行业的健康发展非常重要,了解屠宰前后肌肉细胞的肌节变化及其变化过程(收缩单元,粗丝细丝相互滑动,详见第 3 章),可以帮助肉类行业开发创新方法,有效调控 ATP 消耗速度,使肉品在剔骨时达到良好食用品质。控制和加速僵直过程有两种操作方案。一是电刺激,可以加速 ATP 消耗和肌肉收缩,二是慢速冷却,边冷却边完成僵直过程。活体组织中肌肉收缩和伸张的原理称为纤丝滑动理论,僵直过程中的肌肉收缩会增加肌肉的硬度。肌肉宰后的几种生化反应都需要消耗 ATP,导致主要由肌球蛋白组成的粗肌丝和肌动蛋白组成的细丝间的物理连接分开。虽然将化学能转化为机械能(即肌肉运动)的过程非常复杂,但是理解该过程并将其与肉质联系起来(Honikel 等,1983;Huff-Lonergan 等,2010;Scheffler 等,2011),有助于我们理解僵直的发生及随后的解僵。能量消耗完之后,肌球蛋白和肌动蛋白形成的肌动球蛋白横桥不能再重新分解,粗丝和细丝之间的重叠度高,所以僵直前的肉质柔软,随着僵直形成肉质逐渐变得坚硬。僵直完成后粗丝和细丝不再发生相对滑动,只能依靠蛋白酶等肌肉内源酶降解肌动球蛋白,使肌肉张力下降,肉质重新变软。

采用电刺激和慢速冷却,还可以避免肌纤维的冷收缩。两种情况下容易发生冷收缩,一种是僵直时,另一种是解冻时。僵直时温度太低,肌肉组织会发生冷收缩,这在实际生产中经常遇到,尤其是肉类过早放入冷库或冷库温度太低时。如果肌肉僵直前就冷冻处理,解冻时也容易发生冷收缩,而且危害更大。冷收缩与钙离子释放不受控有关,钙离子突然大量释放,会触发肌纤维发生剧烈收缩,大量肌间水分被挤出(Huff-Lonergan 等,2010)。相关研究表明,宰后胴体在 15℃环境下完成僵直过程然后分割剔骨,离体肌肉的收缩程度小,肉质嫩度好。

在 20 世纪 50 年代,电刺激技术最初应用于新西兰(Chrystall 和 Devine,1985),用于控制宰后快速冷冻羔羊肉的嫩度(该速冷方式很容易产生冷收缩,详见第 3 章)。该过程使用电流触发肌肉收缩,这增加了糖酵解速率并导致 pH 快速降低。60 s 电刺激可以使羊肉和牛肉的 pH 降低 0.5,说明肌肉的糖酵解速率显著增加,同时说明糖酵解速率与 ATP 等能量运转的关系密切。为更好地优化电刺激参数以改善肉质,须了解电学、电阻和电波对动物生理生化的影响(Simmons 等,2008)。不同畜禽需要不同的电压和频率,同一畜禽的电刺激参数也不同。因为肌肉有备用能量源,如磷酸肌酸缓冲供能体系,可以在 ATP 消耗完后提供能量。所以有些情况下电刺激处理后肌肉仍会发生冷收缩,而有些情况下则需要重复进行电刺激处理。

电刺激最初仅用于羔羊和牛等大型哺乳动物肉类的生产,如今也用于禽肉和鱼肉的生产,以缩短僵直时间。鸡肉屠宰流水线中引入电刺激操作工序,在保持连续化生产的前提下,放血 3.5 h 后即可进行分割剔骨,不需要再像以前等 6~8 h。传统禽肉生产不是采用连续化生产,水浴冷却后需要将胴体重新悬挂,单此一项成本就需 5~10 美分/只,也非常耗时。如今的连续化流水线生产工艺通过智能称重系统对胴体自动分级,随后拍摄照片并由图像分析系统处理后自动进行掏膛操作,放血后大约 3.5 h 胴体就需进行分割剔骨,而电刺激可以确保此时胴体已完成僵直过程。这条生产线将生物科学和工程学有效结合在一起,并且还可以继续优化,以得到更快更有效的工艺流程。

禽类胴体掏膛后需进行冷却处理,以抑制微生物生长。可以采取水、空气或组合等方式冷却(详见第 5 章),但是需注意胴体此时处于僵直阶段,冷却温度过低容易产生冷收缩,不利于肉的嫩度(Davey 和 Gilbert,1975)。冷却处理均可实现自动化操作。比如将胴体放置在传送带或悬挂在生产线上,输送线路中设置一处或多处长螺杆式/桨式的预冷池,通过调节输送速度和水/空气温度控制胴体的冷却速度和最终温度。和电刺激一样,冷却处理也说明禽肉生产中将动物生物化学和微生物学结合的重要性。过去没有自动化的流水线式冷却处理,需要手工将胴体浸入冰水缸中。后来逐渐用可以推进胴体前移的长冷却器装置替代了冰水缸,又逐步采用了循环式的冰水逆流冷却,经过消毒的冷水逆着胴体前移方向流动,极大提高了生产效率和卫生状况。流水线式屠宰分割的生产效率最高,这就需要对生产线上的胴体直接进行在线冷却处理。已有很多冷却系统可以实现该目标,不少企业采用如图 1.3.1 的这种便于禽肉大规模生产的空气冷却系统。如图 1.3.1 所示,冷空气以对流方式对传输过程中的胴体进行快速降温。品控人员还可以通过控制风速和胴体传送速度确保胴体各部位温度变化一致:先是高冷高速空气流快速降低胴体温度,随后是低冷低速空气流使胴体温度均匀一致,且不干扰胴体的僵直过程。空气对流降温是实现禽类屠宰分割智能化的重要环节,因为传统的冰水降温需要将胴体浸入水中再提出,甚至需手工重新将胴体挂在生产线上(重新悬挂的人工成本就达 5~10 美分/只),不仅无法连续性生产,胴体上的可追溯标签也容易损坏。借助图像分析系统对掏膛后的胴体自动评估和分级后,就可以采用对流方式降温。企业新上一套风冷设备并将传统生产线改造为连续化操作的流水生产线,虽然初期投资较高,但是可以降低安全风险,提高生产效率,并能显著降低成本。在线风冷处理还能避免胴体标签受破坏,确保信息的可追溯性。可追溯系统是重要的食品安全控制技术,成本很高。每只禽类胴体都能够在生产线上被准确识别,其特征指标数据由处理器结合图像分析系统生成并自动录入保存在标签中。

图 1.3.1　禽肉连续化生产线(生产速度 13 500 只/h)上的对流冷却系统。
Stork 供图

对屠宰线的自动化升级,需要充分了解宰后肌肉新陈代谢和微生物学等相关知识,并需要将生产线改造成可连续化生产的流水线。电刺激和在线冷却是禽肉连续化屠宰线上的黄金组合,不仅能够有效改善肉质嫩度,还能将放血到剔骨的等待时间从 6~10 h 缩短到 3.5 h,当天就可以完成分割剔骨工作,使生产效率大幅提高。

1.4　分割和切片的自动化操作

分割和切片工序可以实现自动化操作,而且得到的产品规格(大小、形状、质量)更标准、更均一。常见的自动化分割工具是智能高压水刀(图 1.4.1),每小时可以进行几千次切割,效率非常高。该设备能够自动扫描并绘制出胴体的 3D 图像,将图像转变为数据后根据预先设定的规格计算出最佳切割路径。还有一种成本相对较低的金属刀头自动切割设备(图 1.4.2),根据激光扫描然后设计出最优切割线路。自动

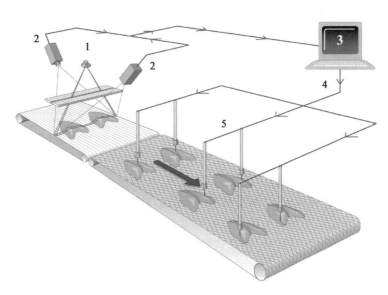

图 1.4.1　高压水刀切割系统。扫描并绘制出 3D 图像后自动计算出切割路径,并指令上方的高压射流完成切割。JBT 供图

化切片设备的效率会更高,如果待切原料如带肠衣的午餐肉等的规格非常标准,可以实现更快的切片速度,使用现在常用的超高速切片机每分钟可以切片几百次,该设备还具有自动反馈调节机制,可以将午餐肉按标准质量切片。

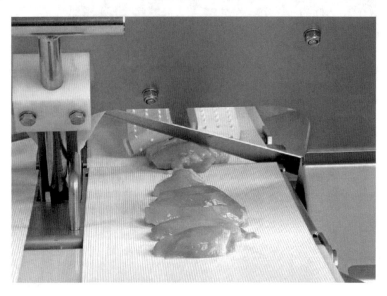

图 1.4.2 金属刀头的自动化高速切割设备。采用激光扫描确定原料的 3D 图形,每分钟可以做几百次切割。Marel 供图

1.5 和自动化相关的禽肉生产新技术

现代人非常注重饮食,愿意选择高质量的禽肉食品。以前国人的生活只能勉强达到温饱水平,不会计较诸如肉质是否鲜嫩多汁等问题。如今的消费者更愿意在家里或餐馆里消费的高质量、高嫩度的切片肉类食品,食品商也愿意为新风格的、更鲜嫩多汁的、风味更好的、健康属性更高的、来自原产地的美食多做广告。

遗传育种科学的进步有助于改善肉质。以前鸡的品种单一,甚至连肉鸡和蛋鸡都不分,直到二战后才开始筛选并培养特定品种。如今的遗传学家正忙于识别与肉类品质如生长率和嫩度相关的基因(Dalloul等,2014)。很多因素都会影响肉质相关基因的表达,如活禽运动量(笼养还是散养)、日常饲料配比、应激反应、成熟时间以及各因素之间的相互作用等。2004 年已完成了鸡的基因组计划,39 对染色体中每一个染色体上的遗传物质都已知晓,包括 20 000 个基因和 15 亿个碱基对。目前常用的基因鉴定手段是单核苷酸多态性检测技术(SNP)。可以通过几千个 SNP 单位确认与肉质相关的基因,比如决定嫩度(剪切力值)的基因是哪些。Miller 等(2010)对 1 000 头牛用 50 000 个 SNP 芯片筛选,发现钙蛋白酶抑制蛋白分子上的几个结构域决定了牛肉嫩度,并对表达该结构域的基因片段申请了专利。分子标记技术会越来越普及,通过几百个 SNP 的筛选就可以进行特定品种的选育,比如提高肉的嫩度或牛奶产量。SNP 筛选目前已经实现了商业化应用,单次只需 65 美元。然而,通过遗传育种提高牛肉品质的效果不明显,主要是因为不能对重要指标进行有效排序和筛选。遗传育种可以选育出具有某种优势特性的牛,比如成年后体型大、生殖性能好、寿命长或抗病性强等优势,但是该特性可能不是所选育品种真正具有,或者可能只在子孙三代牛中体现。因为肉牛选育的影响因素太多,选育精度低,所以研究人员还没有找到操作简单、成本低、效果好的表型测定手段,以便进行为改善肉质如提高牛肉嫩度、口感和饲养效率而进行的选育工作。相信在不久的将来,随着分子信息技术的发展,通过改善相关基因的表达提高畜禽生产形状的遗传育种工作有着广阔的应用前景。

SNPs 能够用于家禽品种的遗传标记。一只鸡有 1 500 万～2 000 万 SNPs,每个 SNPs 由两个片段组成,每个片段有 100～200 个碱基对。这两个片段也许只有一个碱基不同,同一位置上这个片段是 C,另一个是 T,除此之外都相同。SNPs 现在已经可以自动化读取,单个 SNPs 的读取报价只需 0.2 美分。SNPs 检测还可用于食源性疾病中肉类食品致病源的追溯等相关领域,应用前景广阔。

计算机控制系统以前多用于肉品深加工行业,甚至从 20 世纪 70 年代电脑刚商业化时就开始使用了。很多香肠等肉制品企业根据最低成本控制系统,使用不同原料对各种产品的配方进行设计和优化。如今该系统在屠宰厂中也得到广泛应用,尤其是在胴体掏膛和分割等劳动密集型工段中,采用了很多智能分析计算系统和机器人自动处理系统替代繁琐的人工操作。新的计算机控制系统在肉类工厂的普及率越来越高(图 1.5.1),几乎应用于每个操作工序,每块加工区域甚至工厂的每个角落中。该系统有多个输入和输出端口,有非常多的传感器用于检测质量、颜色、pH、脂肪含量、对计算切割路线影响大的结缔组织含量等指标。工厂的所有数据,包括采购的原料,原料的库存、使用和流向,每天的生产量和损耗比例,甚至每个员工在屠宰和分割剔骨工序上的操作效率,都会及时记录、更新和显示。这种数据化管理可以显著提高生产效率,减少浪费,最大程度地降低成本。

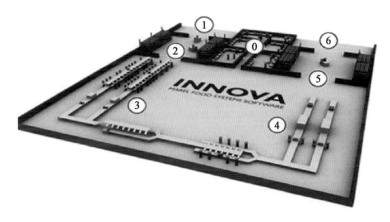

图 1.5.1 中央智能控制系统,可以实现整个工厂的自动化管理和数据追溯
1.原料接收 2.原材料库存 3.加工 4.包装 5.最终货物库存 6.总调度

总而言之,随着自动化技术的进步和在肉类生产行业的普及,并结合动物生理学、动物医学、动物福利学、肉品学、营养学、机械工程学、市场学等相关学科的发展,肉类的生产效率和产品质量(如嫩度和货架期等)有了显著提高。国内肉类生产企业应重视科技对企业发展的巨大促进作用,改变依靠资源和劳动力等要素的大规模投入支撑效益增长和规模扩张的落后发展思维,淘汰落后产能,重视屠宰分割自动化技术的吸收和应用,以增强自身的竞争实力。

参考文献

Barbut,S. 2015. Developments in turkey meat harvesting. World's Poult. Sci. 71(1):59.

Barbut,S. 2014. Automation and meat quality-global challenges. Meat Sci. 96:335.

Barbut,S. 2010. Advances in primary poultry meat harvesting. World's Poult. Sci. 66:399.

Chrystall,B. B. and C. E. Devine. 1985. Electrical stimulation:Its early development in New Zealand. In:
    Advances in Meat Science(Vol,1,pp. 73-119). Pearson,A. M. and T. R. Dutson(Eds). AVI Publishing Co. ,Westport.

Dalloul,R. A. ,A. V. ,Zimin,R. E. ,Settlage,S. ,Kim and K. M. ,Reed. 2014. Applying next-generation sequencing to solve poultry problems. Next-generation sequencing strategies for characterizing the turkey genome. Poultry Sci. 93:479.

Davey,C. L. and K. V. Gilbert. 1975. Cold shortening and cooking changes in beef. J. Sci. & Food Agric.

6:761.

Gregory, N. G. 2008. Review-Animal welfare at markets and during transport and slaughter. Meat Sci. 80:2.

Guire, G. , L. Sabourin, G. Gogu and E. Lemoine. 2010. Robotic cell for beef carcass primal cutting and pork ham boning in meat industry. Ind. Robot. 37:532.

Honikel, K. O. , P. Roncales and R. Hamm. 1983. The influence of temperature on shortening and rigor onset in beefmuscle. Meat Sci. 8(3):221.

Huff-Lonergan, E. , W. Zhang, and S. M. , Lonergan. 2010. Biochemistry of postmortem muscle-Lessons on mechanisms of meat tenderization. Meat Sci. 68:184.

Miller, S. , D. Lu, G. Vander Voort, M. Sargolzaei, T. Caldwell, Z. Wang, J. Mah, G. Plastow and S. Moore. 2010. Beeftenderness QTL on BTA25 from a whole genome scan with SNP 50 bead chip. In: Proceedings from the 9th Annual World Conference on Genetics Applied to Livestock Production. Aug1-6, Leipzig, Germany.

Russell, S. M. 2012. Controlling Salmonella in Poultry Production and Processing. CRC Press, New York, NY.

Scheffler, T. L. , S. Park and D. E. Gerrard. 2011. Lessons to learn about post- mortem metabolism using the AMPKγ3^{R200Q}. Meat Sci. 89:244.

Simmons, N. , C. C. Daly, T. L. Cummings, S. K. Morgan, N. V. Johnson and A. Lombard. 2008. Reassessing the principles of electrical stimulation. MeatSci. 80:110.

Tornberg, E. 1996. Biophysical aspects of meat tenderness. Meat Sci. 43:175.

Van Hoek, A. H. , R. deJonge, W. M. van Overbeek, E. Bouw, A. Pielaat, J. H. Smid, B. Malorny, E. Junker, C. Lofstrom and K. Pedersen. 2012. A quantitative approach towards a betterunderstanding of the dynamics of *Salmonella* spp. inaporkslaughter-line. Int. J. Food Microbiol. 153:45.

第2章 全球视野

2.1 引言

全世界人民都在消费肉及肉制品。如图 2.1.1 所示,随着人口增长和人们收入水平的提高,家禽/红肉产品和其他蛋白质来源的产量在过去的 50 年中稳步增长。一个明显的变化就是发展中国家收入水平的提高使得人们的膳食结构发生显著变化,谷物的比例下降,而肉类所占份额增加。由于市场价格竞争力强(高效饲养的结果,这在后面的章节中将会提到)、生长周期短、营养高以及极少的宗教限制,禽肉越来越受到人们的欢迎。

图 2.1.1 表明所有肉类的消费量都在逐年上升,其中禽肉消费占比很高。到 2020 年,禽肉产量预计会超越包括猪肉在内的所有其他肉类的产量(FAO,2013)。这是根据中国、俄罗斯和印度等人口增长最快的国家内新的大型家禽增长量做出的合理推测。目前很大一部分的家禽生产是由专业的大型国际公司完成的,这类公司通常运用纵向一体化模式(即相同的企业在供应链中拥有孵化场、饲料、日益进步的操作、加工厂和产品分销等多项组成),有助于提高效率和使利润最大化。

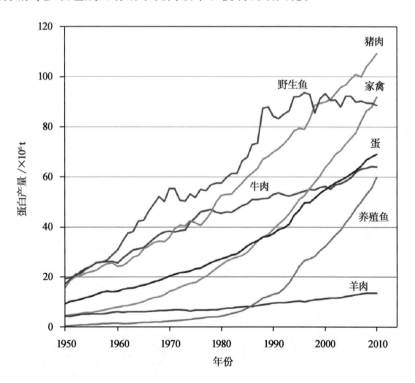

图 2.1.1 1950—2010 年世界上各类动物蛋白产量。来源:FAO(2013)

本章以家禽为例聚焦不同肉类当前和预计消费,并解释过去几十年中禽肉产量有极大增长的原因。

图 2.1.2 被加工成不同种类的禽肉制品（图片中含有烧烤鸡翅、烤箱烤的鸡胸肉片和炸鸡块）。图片来源：Barbut 和 Jinde

2.2 禽肉消费

如上所述，禽肉在世界各地广受欢迎，但其消费情况因国家和地区而异（图 2.2.1 和图 2.2.2），其他肉类也是如此。对于家禽市场，不同国家之间还存在具体的消费差异，比如巴西和美国年人均消费禽肉量分别为 44.4 kg 和 41.0 kg，而中国和印度年人均消费禽肉量分别为 11.1 kg 和 2.0 kg。收入水平、购买渠道、传统和饮食习惯的不同导致各个国家的人在消费上有所差异（Swatland，2010）。在细节上讨论这些差异已经超出本章的内容范围，但是读者应该了解传统习俗和宗教限制等因素会对人们的消费选择产生的巨大影响。比如猪肉在以色列和沙特阿拉伯这样的国家是买不到的，因为犹太人和穆斯林分别都有各自的规定。

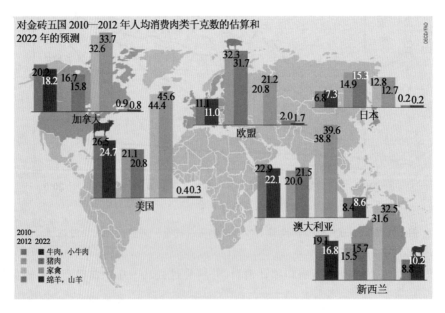

图 2.2.1 发达国家的需求量已充分满足。数据来源：OECD-FAO（2013）匿名绘制（2014）

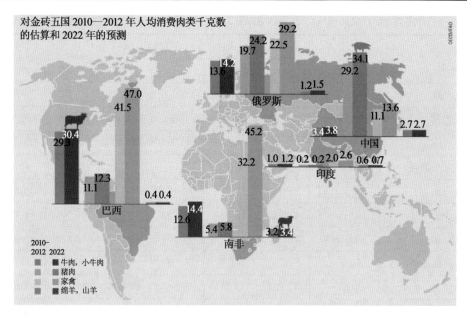

图 2.2.2　发展中国家的需求与日俱增。数据来源：OECD-FAO(2013)，匿名绘制(2014)

全球禽肉总产量在过去的 50 年中增加近 400%。图 2.2.3 说明了禽肉胴体(即清除羽毛和取出内脏后的肉)产量的增长趋势。据估计在未来 10 年内，禽肉胴体的产量将另外增加 25%(或者说比 1960 年增加 500%)。这个推断是基于世界人口在这段时间内将增长 10 亿，特别是发展中国家在人口增长中贡献了主要力量(预计 85% 的人口增长分布在亚洲和非洲)。

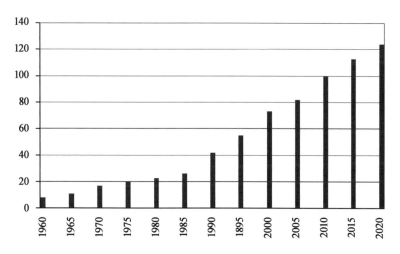

图 2.2.3　世界禽肉总产量(RTC 肉重×100 万 t)。数据来源：OECD-FAO (2013)

表 2.2.1 首先从总体上表明了世界范围内的肉类消费预计增长情况，然后将其划分成发达国家和发展中国家两个方面分别进行说明。肉类总产量(牛肉、猪肉、禽肉、羊肉)预计在未来 10 年内从 29 500 万 t 增加到 35 000 万 t(增长幅度 18%)，但是禽肉的相关比例比牛肉和猪肉高出许多(禽肉 24%，牛肉和猪肉分别为 12% 和 15%)。显而易见的是，大多数预计中的肉类消费增长将会发生在发展中国家，其中禽肉、牛肉和猪肉的增加量分别为 31%、22% 和 20%，相比发达国家的 16%、5% 和 6%，其所占比例较大。这些增长数据既反映了人均消费的增加，又说明了人们收入水平的提高。发达国家的消费者收入高，购买力强，所以他们可以买到自己想吃的所有或大部分肉品。预计到 2020 年，发展中国家的人均禽肉和红肉消费量仍旧低于发达国家，但是两者间的平衡每年都在变化。

表 2.2.1　未来 10 年世界肉类产品产量的预期变化(胴体重以百万吨,人均消耗以千克为单位)。数据来源:OECD-FAO(2013)

| | | | 年份 | | | | | | 变化幅度（%） |
			2012	2014	2016	2018	2020	2022	
世界	牛肉产量	(kt cwe)	66 891	67 955	70 066	72 468	74 440	76 531	12
	猪肉产量	(kt cwe)	109 793	113 963	118 146	121 172	123 965	126 731	15
	禽肉产量	(kt rtc)	103 257	110 519	115 388	120 001	124 289	128 669	24
	人均肉品消耗*	(kg rwt)	33.7	34.1	34.6	35.1	35.4	35.8	6
发达国家	牛肉产量	(kt cwe)	29 482	28 743	29 424	30 112	30 609	30 876	5
	猪肉产量	(kt cwe)	41 903	42 085	43 383	43 585	44 009	44 499	6
	禽肉产量	(kt rtc)	42 330	43 743	45 309	46 694	47 875	49 078	16
	人均肉品消耗*	(kg rwt)	65	64.8	66.1	66.8	67.4	67.8	4
发展中国家	牛肉产量	(kt cwe)	37 219	39 211	40 642	42 326	43 832	45 655	22
	猪肉产量	(kt cwe)	67 890	71 878	74 763	77 587	79 956	82 232	20
	禽肉产量	(kt rtc)	60 927	66 776	70 079	73 309	76 414	79 592	31
	人均肉品消耗*	(kg rwt)	25.9	26.7	27.2	27.7	28.1	28.6	10

* 人均消费是以 rwt(零售重量)为单位衡量的。各肉类 cwe(胴体重)转换为 rwt 的换算因子不同:牛肉和小牛肉为 0.7,猪肉是 0.78,羊肉和禽肉都是 0.88。表中的人均肉品消耗也包含羊肉(但羊肉的相关数据在这并没有列出来)。

2.3　肉品产量的提高

肉类工业在遗传学研究、卫生、饲养和加工部分的水平已得到有效提高,表 2.3.1 显示了短生长周期肉鸡品种的显著增加。在 1925 年,一只肉鸡生长至 2.5 磅的上市质量平均需要 112 天,但在 2010 年肉鸡只需要 47 天就能重达 5.7 磅,并且 2014 年美国和其他地方的一些处理过的肉鸡在相同时间内可以重达 6.20 磅,或能够用 40～42 天的更短时间来获得相对小一点的肉鸡。表 2.3.1 给出了肉鸡平均生长周期的变化和体重达到 2.27 kg(5.0 磅)所需天数。如图所示,2013 年家禽生长至一定体重所需时间比 1998 年少 9 天。表中数据也说明季节会对家禽的生长速率产生一定影响。

表 2.3.1　禽肉产业在 1925—2010 年的进步。数据来源:National Chicken Council(2014)

| 年份 | 上市年龄 | 上市重量(活重) | 喂食得肉率(活重) | 死亡率(%) |
	平均天数	磅	饲料重/肉鸡重	
1925	112	2.50	4.70	18
1935	98	2.86	4.40	14
1940	85	2.89	4.00	12
1945	84	3.03	4.00	10
1950	70	3.08	3.00	8
1955	70	3.07	3.00	7
1960	63	3.35	2.50	6
1965	63	3.48	2.40	6

续表 2.3.1

年份	上市年龄	上市重量(活重)	喂食得肉率(活重)	死亡率(%)
	平均天数	磅	饲料重/肉鸡重	
1970	56	3.62	2.25	5
1975	56	3.76	2.10	5
1980	53	3.93	2.05	5
1985	49	4.19	2.00	5
1990	48	4.37	2.00	5
1995	47	4.67	1.95	5
2000	47	5.03	1.95	5
2005	48	5.37	1.95	4
2010	47	5.70	1.92	4

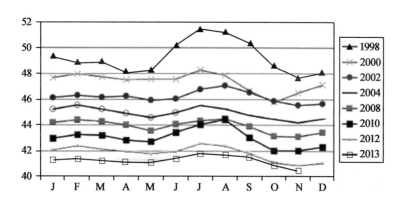

图 2.3.1　肉鸡增长率——美国肉鸡在不同月份生长至 2.27 kg(5.0 磅)所需天数。来源:Donohue(2014)

应该注意的是,20 世纪 20 年代的鸡是被养在家庭后院中的,并且一种鸡被同时用于鸡蛋和肉类生产。后来,随着工业的专业化发展,分别用于生产鸡蛋和鸡肉的品种开始出现,农场主开始专门化地饲养蛋鸡或者肉鸡,比如现在有的农场专一化程度高到只涉及小母鸡饲养。现代化农场通常面积相当大且能容纳数十万只禽类。

从表 2.3.1 可以看到,对高产禽肉品种的选择也使得饲料重与肉鸡重的比值从 4.7 下降到 1.92,大大提高了饲养效率。除此之外,兽药和抗禽病感染家禽品种选择的发展使得禽类死亡率从 18% 下降到 4%。

这些在禽类初加工(Barbut,2010)和农业方面取得的创新进步(比如亩产谷物和大豆等的增加)使得消费者相比 25 年前花费更少的钱购买禽肉。例如在美国,如果以 2010 年消费了 100 美元去骨鸡胸肉为基准,那么 2005、2000、1995、1990 和 1985 年则分别消费了 130、150、200、310 和 330 美元。

图 2.3.2 展示了 1970 年和 2008 年,饲养的肉鸡胴体的组成对比。正如表 2.3.1 所示,禽类平均体重从 3.6 磅增加到了 5.7 磅(约 50% 的增长率),但值得注意的是鸡胸肉的比例也在上升。图 2.3.3 阐明了从 1997 年到 2013 年美国肉鸡胴体的百分产率。表 2.3.2 用肉鸡其他各部分的产量数据来指导饲养员、农场主、营养学家、兽医和肉品加工者在今后的工作方向。

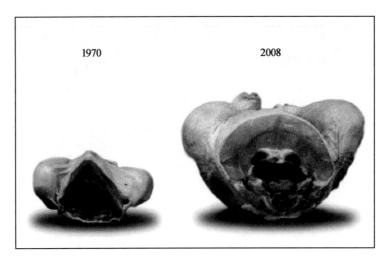

图 2.3.2 从 1970 年和 2008 年两只肉鸡胸部的横截面及其比例差异。
来源:未知

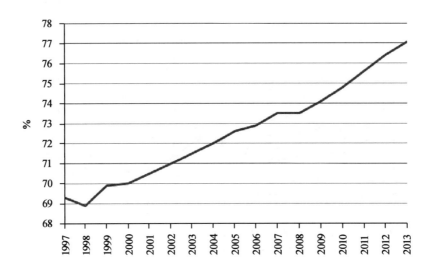

图 2.3.3 1997 年到 2013 年美国肉鸡中去内脏后的胴体质量分数。数据来源:Donohue(2014)

表 2.3.2 美国肉鸡中各部分比例随时间的变化。数据来源:Donohue(2004)

项目	1995	2005	2013	项目	1995	2005	2013
活重(磅)	4.8	5.8	6.0	白肉	15.0	20.0	23.0
半前体(活体)	35.0	40.0	43.5	鸡翅	7.5	7.5	8.0
半前体(无骨)	51.5	55.0	57.0	鸡腿	13.0	12.5	13.0

2.4 肉类消费模式的改变

正如前面所说的,各个国家的肉鸡消耗情况不同(图 2.2.1 和图 2.2.2)。此外,表 2.4.1 给出了世界各个国家家禽消费的常见类型以及它们各自的 RTC 质量和上市年龄。为了帮助更多的读者进行学习和了解,表 2.4.2 罗列了英国、法国、德国、西班牙和俄罗斯在肉鸡工业中常用词条的释义。

这部分内容将以美国市场为例说明过去 50 年里肉类消费模式的变化。表 2.4.3 记录了从 1965 年到 2015 年红肉、禽肉和鱼肉消费的变化。总体来说肉类消费上升了 15%,其中禽肉比例从 1965 年的 23% 显著增加到 2010 年的 50%,而红肉在相同时期内从 72% 下降到 50%。产生这个结果的原因包括价格、营养价值以及深加工产品较少(见 2.3 节)。其中最后一个原因的影响一直延续到 1960 年,有限的肉鸡加工产品使得消费者的选择性较少(比如大多数香肠是由红肉制成的),但后来肉鸡的加工产品种类和数量明显增加。正是这个时期,工业上开始引进热狗、法兰克福香肠和午餐肉等新品种(Barbut,2002)。20 世纪 70 年代,炸鸡块的出现极大地促进了禽类工业的发展。接着,火鸡火腿(见第 13 章)和分割禽肉制品的面世使得肉鸡消费量再次上升,这些影响市场的根本改变为分割肉制品打开了市场的大门。首先是消费者对更为方便的包装肉鸡加工产品的需求量上升,图 2.4.1 显示了美国从 1962 年到 2012 年市场售出的整只肉鸡、分割肉制品和深加工产品的巨大变化,20 世纪 60 年代市场上 85% 的禽类产品都是整只售出的,然而到 2013 年整只售出的产品只占市场份额的 10%。这些改变是由于现在的消费者对便捷的追求,更偏爱已经去骨去皮的小块分割制品(见第 9 章),另一个原因是禽类产品从季节性销售(比如火鸡是在感恩节和圣诞节前出售的)向全年销售转变,这也导致了家禽产品由整只销售向小包装产品形式(比如单独的鸡胸肉或鸡腿肉)的转变。

表 2.4.1　全世界家禽产品的常见类型

家禽	RTC* 质量(kg)	年龄(周)	家禽	RTC* 质量(kg)	年龄(周)
鸡			鸭		
炸鸡	1.3~2.1	6~7	烤鸭或油炸鸭肉	2.5	7
烤肉	3.0	8	鹅		
洛克考尼什(母)鸡	0.6	3~4	成年鹅	5.0	12~16
母鸡/炖鸡	1.1	>52	珍珠鸡		
公鸡/成熟的公鸡	2.2	>30	成年的珍珠鸡	1.5	12
火鸡			鸽子	0.4	4~5
烤母鸡	4.2	10	鹌鹑	0.15	7
幼龄母鸡	7.0	16	平胸鸟		
幼龄公鸡	12.5	17~18	鸵鸟	55.0	40~55
淘汰种禽	11.0	>52	美洲驼	62.0	44~48

* Ready-to-cook 质量(去除羽毛、血液、消化道和头足的质量)

表 2.4.2　禽类工业中用到的名称和技术。前三栏的内容来源于 French Meat Industry Center (2000)

English	**French**	**German**	**Spanish**	**Russian**
poultry	volailles	Geflügel	aves	домашняя птица
hens	poulet	Hähnchen	gallina	куры
cock	coq	Hahn	gallo	петух
turkey	dinde	Pute	pavo	индейка
goose	oie	Gans	ganso	гусь
duck	canard	Ente	pato	утка
quail	caille	Wachtel	codorniz	перепел
partridge	perdrix	Rebhuhn	perdriz	куропатка
feather game	gibier a plume	Federwild	caza con pluma	пернатая дичь

续表 2.4.2

English	French	German	Spanish	Russian
cuts	découpes	Teilstücke	cortes	разделка туши
giblets	abats	Innereien	menudos	потроха
leg	cuisse	Schenkel	muslo	окорок
drumstick	pilon	Schenkeule	pata	голень
wing	aile	Flügel	ala	крыло
breast	blanc	Brust	pechuga	грудка
meat	viande	Fleisch	carne	мясо
neck	cou	Hals	cuello	шея
tail	croupion	Bürzel	rabo	гузка
skin	peau	Haut	piel	кожа
liver	foie	Geflügelleber	higado	печень
heart	cour	Herz	corazón	сердце
gizzard	gesier	Kaumagen	molleja	мускульный желудок

表 2.4.3 美国 1965—2015 年间人均肉类消费的变化。数据来源：National Chicken Council（2014）　　　　　　磅/人

年份	牛肉	猪肉	鸡肉	火鸡肉	全部肉品	鱼肉和甲壳类动物
1965	74.6	51.8	33.7	7.5	175.2	10.8
1970	84.6	55.8	40.3	8.1	194.2	11.8
1975	88.2	42.9	39.0	8.3	183.9	12.2
1980	76.6	57.3	48.0	10.3	195.1	12.5
1985	79.2	51.9	53.1	11.6	199.1	15.1
1990	67.8	49.7	61.5	17.5	199.0	15.0
1995	66.6	51.8	69.5	17.7	207.7	15.0
2000	67.7	51.2	78.0	17.4	216.1	15.2
2005	65.6	50.0	87.1	16.7	221.0	16.2
2010	59.6	47.8	83.7	16.4	208.9	15.8
2015*	53.6	47.1	85.0	16.0	202.8	16.2

* 据 2015 年估计；"全部肉品"包括了一些其他数量较少的肉（比如羊肉）。

　　从表 2.4.4 中可以看出 1970—2010 年家禽在零售商店、快餐店和其他餐饮服务点中所占份额的变化。其中零售商店的比例从 75% 下降到 56%，并且相比 1970 年，现在的人们更倾向于从餐馆或其他食物供应处购入即食食品。现在的连锁超市也在通过提供含有诸如烤鸡、烤马铃薯、蒸煮蔬菜等即食食品来参与竞争。

　　美国是世界上最大的禽肉市场之一，下面以美国为例来解释说明为何市场推动力能够引发价格波动。2011 年肉鸡的饲料费用为 325 美元/t，2012 年上升到 380 美元/t。而 2013 年却下降到 296 美元/t，造成这种价格波动的原因有天气对作物收成的影响，市场推动力（比如生产来自玉米的生物燃料）和其他对利润率有巨大影响的因素，这导致一些中小型公司逐渐被淘汰。总之，这种重大变化影响着禽类及世界上其他工业的发展。

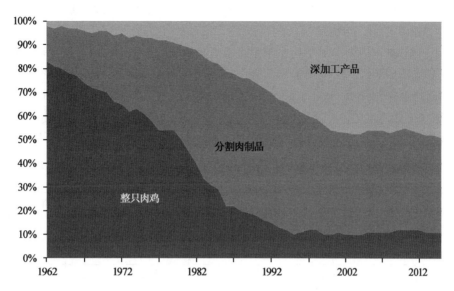

图 2.4.1 美国 1962—2012 年市售的整只肉鸡、分割肉制品和深加工产品的变化趋势。数据来源：National Chicken Council(2014)

表 2.4.4 美国 1970—2010 年中不同销售渠道所占市场份额比例。数据来源：National Chicken Council(2014)

年份	市场份额（%）			工厂直销的肉鸡产品批发价/×10 亿美元
	零售商店	快餐店	其他食品行业	
1970	75	15	10	2.5
1980	71	19	10	6.0
1990	59	21	20	15.0
2000	59	21	20	29.8
2010	56	25	19	47.5

以下是一些能说明当今美国市场规模的一些数据(NCC,2014)。

a.12 亿蒲式耳的玉米和 5 亿蒲式耳的大豆被用于喂养肉鸡。

b.肉鸡产量约 90 亿只。

c.活重约 500 亿磅。

d.RTC 产量约 370 亿磅。

e.30 万个直接员工。

f.20 万个非直接员工。

g.500 亿美元的产品出口。

h.消费开支 700 亿美元。

2.5 加工厂的自动化

除了在禽类饲养方面的进步(如饲养效率、生长速率的提高和死亡率的下降)，工厂在初加工领域的水平也得到显著提高。正如第 1 章中所概述的，由于自动化和机械化程度的提高，生产线上的肉用鸡加工速度已从 1970 年的 3 000 只/h 增加到 2015 年的 13 500 只/h。表 2.5.1 给出了某工厂的一些生产数据，这个工厂在 1994—2013 年每工时的肉鸡处理量从 208 只增加到 310 只，生产率提高 50%，这使得鸡肉及其加工产品价格的降低(见 2.3 节的讨论)。每工时产量和生产线效率的提高(表 2.5.1)使得工厂更具竞争力。

在过去的 20 年里,工厂中禽类加工用水量发生了有趣的变化。表 2.5.1 中,以美国为例,水冷却是美国冷却禽类的主要方法(相较之下,欧洲常见的是空气冷却和喷雾冷却;见第 5 章内容)。HACCP 的引入以及对病菌数量的严格控制要求(见第 6 章内容)使得用水量在 1998 年左右大幅度上升,但是后来又逐步下降,因为工厂学会了在减少病菌数量的前提下更好地管理生产用水的方法(见第 15 章内容)。

总之,在过去的 50 年里禽类产业变得越来越具有竞争力,禽类预计将成为世界第一肉类资源。

表 2.5.1　美国工厂 1994—2013 年平均每工时加工的家禽数量(未除内脏的初加工品),流水线效率以及初加工中每只家禽用水量的变化。来源:Donohue(2014)

年份	每工时家禽产量(只)	流水线效率(%)	每只家禽用水量(加仑)
1994	208	95.5	6.0
1995	212	95.3	6.0
1996	218	95.3	6.0
1997	217	95.7	6.4
1998	200	94.9	7.1
1999	210	95.2	7.1
2000	219	96.5	7.1
2001	222	96.8	7.2
2002	230	97.3	6.9
2003	240	98.0	6.9
2004	245	97.7	6.8
2005	257	97.6	6.9
2006	275	98.2	6.8
2007	275	98.0	6.5
2008	278	97.9	6.1
2009	278	98.3	6.2
2010	287	98.2	6.3
2011	305	98.5	6.4
2012	307	98.3	6.2
2013	310	98.3	6.4

参考文献

Anonymous. 2014. Meat. Wikipedia. Accessed march 2015.

Barbut,S. 2010. Past and future of poultry meat harvesting technologies. World's Poult. Sci. J. 66-399.

Barbut,S. 2002. Poultry Meat Processing. CRC Press. New York,NY.

Donohue,M. 2014. Performance trends for the poultry & egg industry. Presentation at the International Production and Processing Expo. Atlanta,GA. Jan 29,2014.

FAO. 2013. World Agriculture:Towards 2015/2030-An FAO perspective. http://www.oecd.org/

site/oecd-faooagriculturaloutlook/highlights-2013-EN. pdf

French Meat Industry Center. 2000. Le site de reference de la filiere des viands francais. MHR-viandes，Fance.

NCC. 2014. About the industry-Statistics-Per Capita Consumption of Poultry & Livestock. National Chicken Council. Washington，D. C. http：// www. nationalchickencouncil. org/ Accessed March 2014

OECD-FAO. 2013. Agriculture Outlook 2013-2022：Highlights. http：// stats. oecd. org/Index. aspx? DataSetCode＝HIGH_AGLINK_2013. Accessed February 2015.

Swatland，H. 2010. Meat products and consumption culture in the West. Meat Sci,86(1)：80.

第 3 章 结构与肌肉生理机能

3.1 引言

　　与哺乳动物和其他物种相比,鸟类已经适应飞行,所以鸟类的身体部分具有独特的构造。这不仅包括翅膀,还包括进化形成的较轻的骨骼以及其肺中仅向一个方向移动的肺泡。没有汗腺的羽毛和皮肤的进化也是鸟类独有的特征。本章将首先介绍主要肉类生产家禽(鸡、鸭、火鸡、鹅、鸽)的基本结构以及骨骼结构和肌肉分布。随后,将集中讨论组成胴体的组织类型:结缔组织、上皮、神经和肌肉。

　　肌肉结构和收缩作为了解肉品质和影响宰后变化如僵直、剔骨、包装和储存等环节的基础,本文将对其做更加详细的介绍。总而言之,肌肉组织是动物主要的可食用部分,这对肉类加工者和消费者都很重要。白肌纤维和红肌纤维(与白色和暗色家禽肉相关)之间的差异以及与活禽处理相关的肉品质量问题都将被重点介绍。如屠宰前应激导致的颜色苍白,质地柔软和肉汁渗出(类 PSE)的肉,在僵直期间快速冷却导致的冷收缩就是相关的两个例子。

3.2 胴体和骨骼结构

　　如上所述,鸟类的身体形状适于飞行,并且符合空气动力学以使飞行时的气流阻力最小。如图 3.2.1 所示的鸡骨架的整体结构图,是许多鸟类的典型代表,虽然某些身体部位的相对大小可能因鸟类的生活环境差异。对鸡而言,其腿部是相当发达的(图 3.2.2)并且适合步行,因为家养鸡的祖先生活在丛林或开放空间,其中站立、行走和跑步在总的活动中占了很大比重。鸡的翅膀可以用于飞行,但只是用于短时间内逃离捕食者。因此,鸡的翅膀不像洄游鸭的翅膀那样发达。支持翅膀的胸部肌肉相当发达,尤其是胸肌部分,作肉用的鸟类中更是如此。不同部位的名称如图 3.2.2 所示。

　　对于鸭子(图 3.2.3)来说,由于脚趾之间有可以作为桨的蹼,所以鸭子的脚是可以用来游泳的。鸭子的喙很宽,而且已经演变成适合沼泽型环境,可以用于过滤水和捕捉小鱼。

　　对驯化的火鸡(图 3.2.4)来说,其强大厚实的肌肉组织导致其几乎难以飞行。鸡和火鸡的腿和脚趾的构造允许它们能在树枝上行走和栖息,而不能像鸭子和其他水禽一样在水中游泳。

　　就鸽子而言,占据整个身体大部分比例的翅膀可以用于长距离飞行和滑翔(图 3.2.5)。

　　有趣的是,鸟翼的整体骨结构类似于哺乳动物中肢体的基本骨结构;然而,由于进化发生很大改变从而使其能够飞行。

　　值得关注的另一点是,轴向骨架中的椎骨数量在鸟类种族之间和之内都不同;鸡的颈部可以有 16 或 17 个椎骨(Lucas 和 Stettenheim,1972)。鸟类的呼吸系统是独特的(图 3.2.6),因为富氧空气仅在一个方向上有效地流过肺和肺泡。这与气流是双向的哺乳动物的呼吸系统不同。驯养的鸡有 9 个气囊:一个锁骨囊,两个颈,两个颅胸腔气囊,两个尾部胸腔和两个腹部气囊(Grist,2004)。总体上,气囊是支气管的延伸,并且一些连接到较大的长骨以形成气动骨(使骨更轻,对飞行是有利的)。

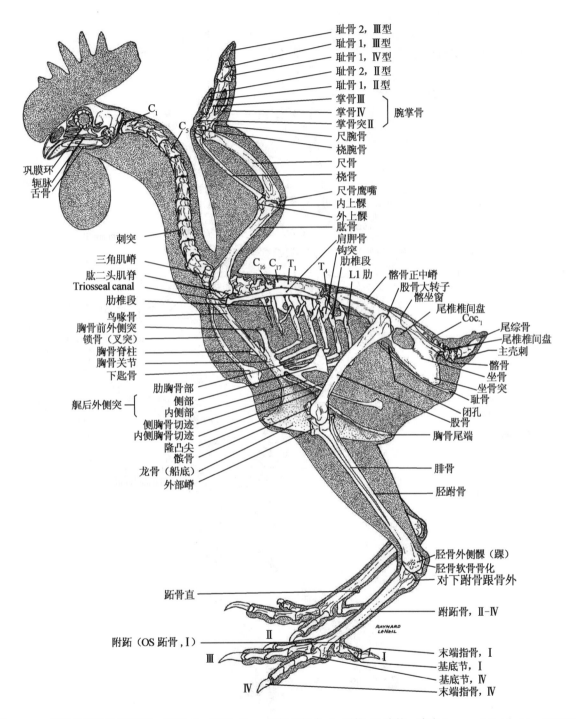

图 3.2.1　利昂鸡骨骼的侧视图。缩写：C. ，颈椎；Coc. ，尾椎椎间盘；L. 腰椎；T. 胸椎。来自 Lucasand Stettenhiem(1972)

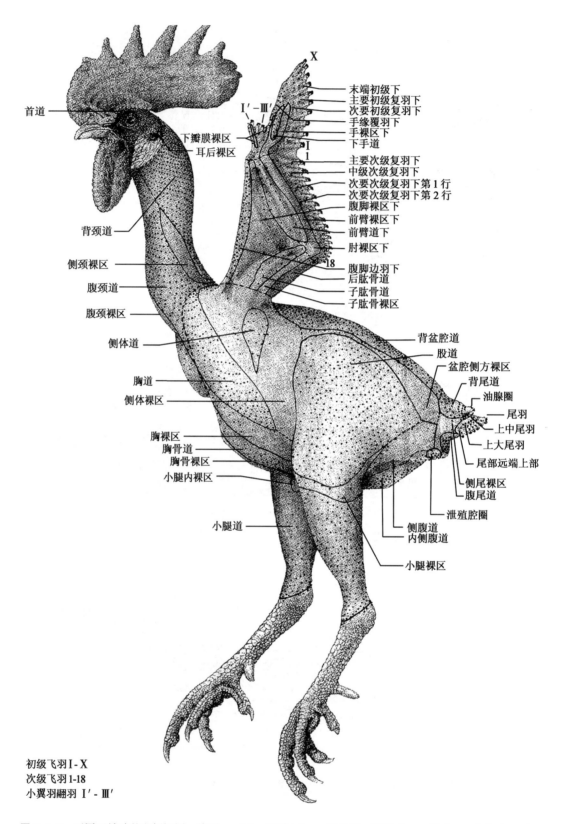

末端初级下
主要初级复羽下
次要初级复羽下
手缘覆羽下
手裸区下
下手道

首道

I′-Ⅲ′

下瓣膜裸区
耳后裸区

主要次级复羽下
中级次级复羽下
次要次级复羽下第1行
次要次级复羽下第2行
腹脚裸区下
前臂裸区下
前臂道下
肘裸区下

背颈道

侧颈裸区

腹颈道

腹颈裸区

侧体道

胸道

侧体裸区

胸裸区

胸骨道

胸骨裸区

小腿内裸区

小腿道

腹脚边羽下
后肱骨道
子肱骨道
子肱骨裸区

背盆腔道
股道
盆腔侧方裸区
背尾道
油腺圈
尾羽
上中尾羽
上大尾羽
尾部远端上部
侧尾裸区
腹尾道
泄殖腔圈

侧腹道
内侧腹道

小腿裸区

初级飞羽 I-X
次级飞羽 1-18
小翼羽翻羽 I′-Ⅲ′

图 3.2.2 不同区域鸡的左侧视图。缩写:reg(s).,区域(s);s.,同义词。来自:Lucas 和 Stettenheim(1972)

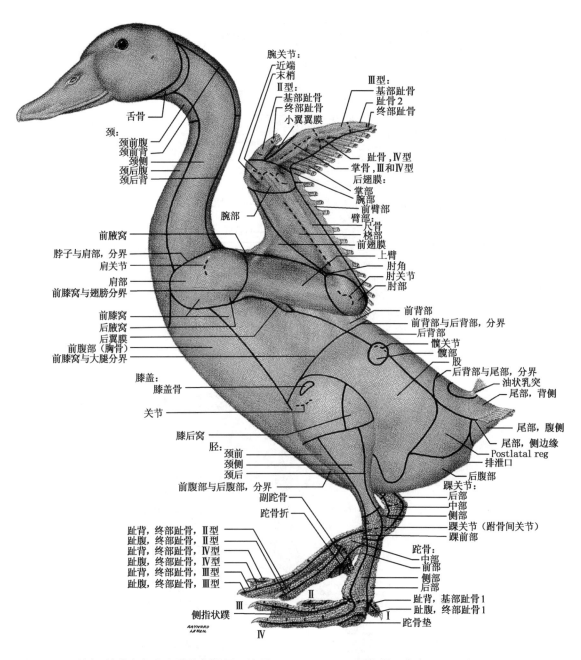

图 3.2.3　不同区域的白色北京鸭的侧视图。缩写:mar.,margin;s;同义词。来自:Lucas 和 Stettenheim(1972)

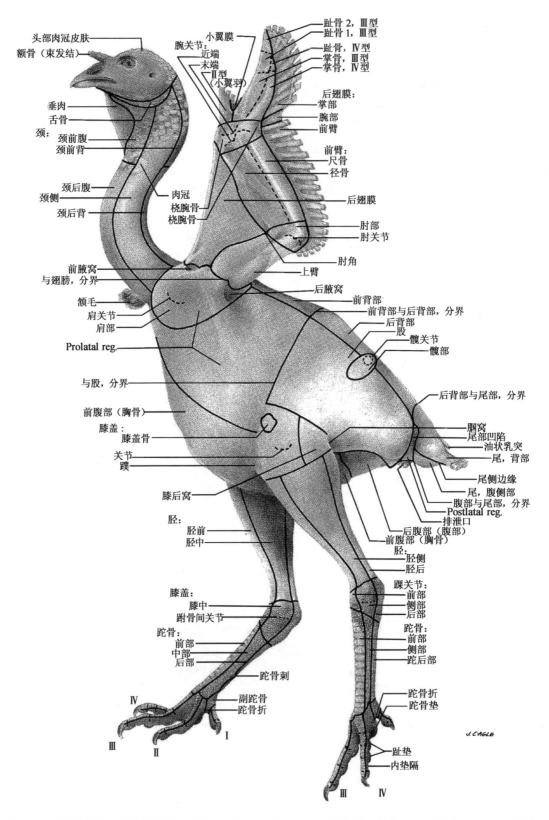

图 3.2.4 不同区域火鸡的侧视图。缩写:reg(s).,region(s);s.,同义词。来自:Lucas 和 Stettenheim(1972)

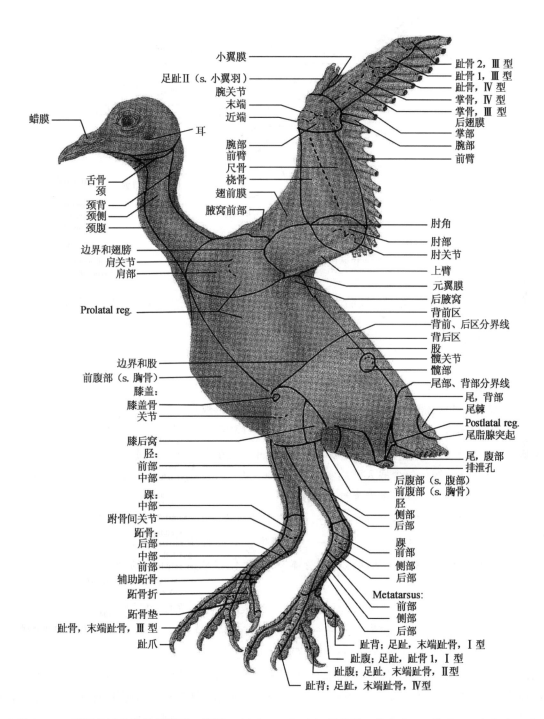

小翼膜

足趾Ⅱ（s. 小翼羽）

腕关节
末端
近端

蜡膜

耳

舌骨
颈
颈背
颈侧
颈腹

边界和翅膀
肩关节
肩部

Prolatal reg.

边界和股
前腹部（s. 胸骨）
膝盖：
膝盖骨
关节

膝后窝
胫：
前部
中部

踝：
中部
跗骨间关节
距骨：
后部
中部
前部
辅助距骨
距骨折
距骨垫

趾骨，末端趾骨，Ⅲ型
趾爪

腕部
前臂
尺骨
桡骨
翅前膜
腋窝前部

趾骨 2，Ⅲ型
趾骨 1，Ⅲ型
趾骨，Ⅳ型
掌骨，Ⅳ型
掌骨，Ⅲ型
后翅膜
掌部
腕部
前臂

肘角
肘部
肘关节
上臂
元翼膜
后腋窝
背前区
背前、后区分界线
背后区
股
髋关节
髋部
尾部、背部分界线
尾，背部
尾棘
Postlatal reg.
尾脂腺突起
尾，腹部
排泄孔
后腹部（s. 腹部）
前腹部（s. 胸骨）
胫
侧部
后部
踝
前部
侧部
后部
Metatarsus：
前部
侧部
后部

趾背；足趾，末端趾骨，Ⅰ型
趾腹：足趾，趾骨 1，Ⅰ型
趾腹：足趾，末端趾骨，Ⅱ型
趾背；足趾，末端趾骨，Ⅳ型

图 3.2.5　不同地区公鸽的侧视图。缩写：reg(s). ，region(s)；同义词。来自：Lucas 和 Stettenheim(1972)

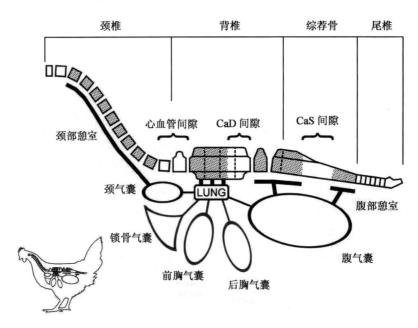

图 3.2.6 呼吸系统(肺和淋巴)。来自：Wedel(2009)

在动物中有 4 种主要组织类型与胚胎发展相关,包括结缔组织、上皮组织、神经组织和肌肉组织。

3.3　结缔组织

结缔组织提供了连接和保持身体的不同部分的支撑框架(骨架)。它由骨骼,韧带,覆盖肌肉束和纤维的结缔组织,脂肪组织和血液组成。负责建立骨骼和软骨的组织被称为"支撑性结缔组织",因为它提供了强大的结构支持。围绕肌肉、肌肉束和肌纤维的组织称为"固有结缔组织"。两种类型的支撑性结缔组织在其组成和功能上显示出许多相似之处。通常,两者都由少量细胞和大量细胞外物质组成。组织类型可以从非常软到非常坚韧,例如包含嵌入纤维和矿物晶体(钙盐)的骨骼。在骨骼中,胞外物质比其他结缔组织如软骨更坚硬,其中细胞外物质更有弹性,更加柔软。

血液和淋巴结也是结缔组织系统的一部分。血液主要具有大比例的细胞外物质,而细胞成分悬浮其中(细胞成分通常约占总血液体积的 40%,在一些快速生长的品种中甚至更低)。血红细胞(也称为红细胞,即具有明显的核)将气体如氧气从肺运输到身体,将二氧化碳从身体运输到肺。白细胞是身体防御感染的一部分。

固有结缔组织是由具有特殊螺旋结构的胶原分子组成,它提供强度和弹性(图 3.3.1)。原胶原分子是胶原蛋白的基本结构单元。它们由形成三股螺旋的三条 α 链组成。在身体的不同部位可以找到大约十几种类型的具有不同功能性质的胶原分子。不同类型的胶原产生至少 20 个不同的 α 链,其可以以不同的方式组合以形成三股螺旋。在噬菌体装配过程中,原胶原分子以轻微重叠的交错纵向、端对端和横向排列,如图 3.3.1 所示。原胶原分子的这种独特的间隔和重叠导致具有条纹外观的胶原蛋白(Aberle 等,2012)。不是所有类型的胶原蛋白都可以形成纤维。Ⅰ 型和 Ⅲ 型分别形成大的和细的纤维,Ⅳ 型呈非纤维,构成包围鸡个体肌肉纤维(基底层)的丝状护套,Ⅴ 型和 Ⅷ 型形成微绒毛。一般来说,肌肉内的胶原纤维的数量取决于其预期的负荷、应力和活性。影响总体强度的另一个因素是胶原纤维之间形成的分子间交联。在低龄动物中,几乎没有交联,但随着动物年龄的增加,这种交联变得更难以断裂。

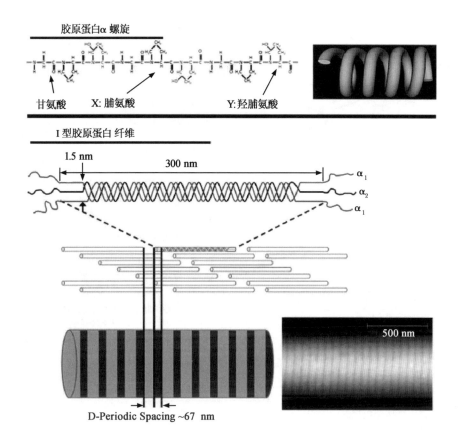

图 3.3.1　胶原纤维的微结构,显示了纤维如何参与肌肉运动与伸展。由于原胶原分子的平行布置,在 64～67 nm 间隔处观察到条纹图案。在用重金属负染染色并用电子显微镜观察后可以看到条纹。注意:胶原具有相对高含量的独特氨基酸——羟脯氨酸,其也可以用于定量测定肌肉食物中的胶原蛋白的量。

来自:http://www.iupui.edu/～bbml/boneintro.shtml

弹性蛋白是另一种具有不同结构的主要结缔组织蛋白。与胶原相比,它具有橡胶质地,并且在返回到其原始长度之前其纤维可以容易地拉伸。弹性蛋白通常存在于韧带和动脉中,并具有为某些器官提供结构的作用。

结缔组织蛋白通常约占总肌肉组成的 1.0%。在肉类工业中,结缔组织的量通常通过计算羟脯氨酸的含量来估计,羟脯氨酸是胶原中特有的氨基酸。因为胶原纤维中交联增加,所以越老的动物其肉质也越坚韧。生产商和消费者都需要知道,胶原蛋白可以通过暴露于热环境中,特别是延长的湿热而分解,这可以打破一些或所有的交联,并最终将胶原蛋白变成明胶。一些胶原蛋白在烹饪过程中变得可溶(起始熔点约 67℃)。随着暴露时间和温度的增加,更多的胶原将被转化为明胶,特别在肉冷却并且肉汁具有果冻状稠度时显得更为明显。另一方面,弹性蛋白不能被热分解。因此,弹性蛋白高的区域应该被丢弃或者通过机械方式(针或小刀片)来进行嫩化。

骨骼也是结缔组织的一部分。如图 3.2.1 所示的是鸡的骨架。鸟骨架是独特的,因为虽然它提供了很大的强度,但是与支撑红肉动物所需的重骨结构相比,它是相对轻的(这对于飞禽来说是重要的)。骨骼是活动组织,它的形成和降解在不断地进行。它由有机基质和无机盐组成,前者包含胶原纤维和由蛋白质与糖复合物组成的所谓的基质。后者主要由钙盐(磷酸钙和碳酸钙)组成,其形成沉积在有机基质的胶原纤维内的晶体。该结构由骨细胞分布在基质内并且布置在称为腔的小圆柱形元件中(图 3.3.2)。这些结构形成细胞腔之间的运输网络,在传递细胞营养物时发挥重要的作用。

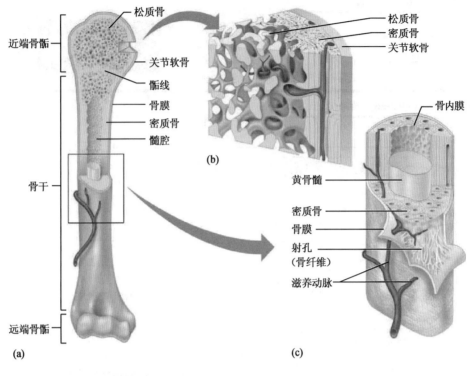

图3.3.2 长骨的结构。

来自:http://classes.midlandstech.edu/carterp/Courses/bio210/chap06/lecture1.html

　　骨(例如尺骨、股骨)的整体结构如图3.3.2和图3.3.3所示。长轴,称为骨干,充满骨髓,而外部是由有机基质和无机盐组成的坚硬的、紧凑的骨结构。骨的两端(称为骨骺)扩大以允许足够的表面积通过软骨介导的介质与其他骨连接。骨骺生长板是骨骺软骨下面的区域,其分离骨干和骨骺,并且是负责骨伸长的区域(参见Howlett等,1984的综述)。骨的中央中空部分包含能够产生新红细胞的骨髓。如上所述,骨组织是钙沉积和脱落的动态系统。例如,因为在产蛋期间钙快速转向,产蛋鸡被用作研究人类骨质疏松症的研究模型。骨生长问题对快速生长品种来说可能是一个挑战。Summers等(2013)已经总结了可能发生在肉类和鸡蛋类鸟类生长期间的问题。

　　软骨是另一种结缔组织,具有坚固的结构,用于连接和支持不同的骨骼元素。软骨内的细胞称为软骨细胞,并且存在于含有细胞外物质的小空腔的簇中。胶原的交织构成了软骨的精密网络结构。软骨的相对含量在胶原纤维和细胞外物质中不同。这导致形成具有不同性质的软骨,其中有三个主要类别。第一种是透明软骨,在个体椎骨之间,关节和骨的表面上以及椎骨的背部上均有发现。第二种类型是软骨,在腱中和关节韧带内发现。纤维软骨具有许多胶原纤维并且可以抵抗重复应力。第三种类型是弹性胶原,其由许多提供弹性特征的支链弹性蛋白纤维组成。

　　脂肪组织主要由细胞组成,具有保护敏感器官(缓冲),存储脂肪(能量)和使身体的某些部分绝缘的功能。脂肪组织是动物能量储存的主要手段,并且用于响应某些需要。例如,迁移的鸟类可以在迁移之前大幅度增加其脂肪组织的质量。脂肪组织通常存在于由胶原纤维鞘包围的区域中。年轻脂肪细胞称为成脂细胞。然而,在它们成熟并充满脂肪之后,就被称为脂肪细胞。成脂细胞通过累积小的脂质小滴,从1~2 μm生长至100 μm的大小,然后这些脂质小滴融合形成大的脂肪球。脂肪组织发育与动物的年龄和可用营养物的数量有关。在幼小动物中,第一脂肪沉积物通常出现在内脏区域。然后,形成皮下脂肪(皮下),随后是有限量的沉积在肌肉之间形成肌间脂肪。与红肉动物相比,家禽是相当独特的,因为肌内脂肪

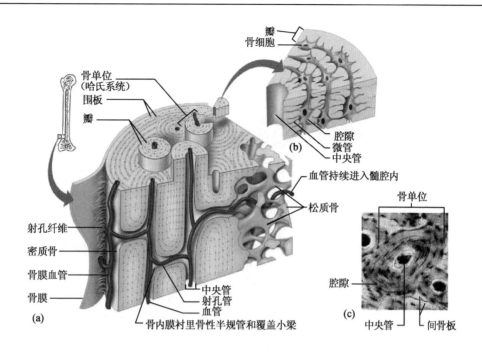

图 3.3.3　长骨及其微观结构。

来自：http：// classes. midlandstech. edu/carterp/ Courses/bio210/chap06/lecture1. html.

即大理石花纹,在某些位置(胸脯肉/胸肌)是不会出现的。在任何情况下,脂肪组织具有相对动态的代谢,意味着储存的脂质不断流动(即当鸟类在产蛋时,它需要动员大量的营养物,包括脂肪、钙等)。

3.4　上皮组织

从胚胎发育的角度来看,上皮组织被用来作为身体和外部世界之间的交界面。因此,它是由皮肤和消化系统的内壁组成。它还包含一些其他专门的组件,将在以下部分进行阐述。皮肤(图 3.4.1)作为保护层,防止微生物进入身体,并保护身体免受环境压力,比如干燥。它还保护身体免受机械损伤,并在绝缘和热调节中起主要作用。通常,皮肤的两个主要部分是表皮和真皮,它们分别是外胚层部分和中胚层部分。羽毛是家禽表皮所具有的独特结构(图 3.4.2),它是上皮组织的复杂衍生物。羽毛尺寸变化很大,一个公鸡的最长的尾羽是其眼睑上的羽毛长度的 1 000 倍左右(Lucas 和 Stettenheim,1972)。

鸟身上的主要羽毛被称为轮廓羽毛,是由两侧具有板或叶片的轴构成。羽毛在毛囊中发育(图 3.4.3),毛囊及其羽毛都是改良的覆盖物的管,其具有从真皮到角质化的梯度和高度平整的表皮。毛囊的壁似乎被生长的羽毛的鞘以某种方式向上拉。在完全生长的羽毛中,毛囊的表皮具有单层生发细胞,是包含大核的低长方体细胞(Lucas 和 Stettenheim,1972)。动物皮肤含有色素细胞,细胞中含有可以使其看起来更暗的黑色素。然而,家禽皮肤的总体颜色也由从饮食中吸收并沉积在皮肤中的植物色素决定(例如,玉米中的叶黄素可以使皮肤显现黄色;参见第 16 章中的讨论)。

上皮组织通常以细胞形状和细胞层数目为特征(图 3.4.4)。上皮细胞通常铺设有很少的细胞外物质。细胞形状可以从细长的柱状细胞变化到非常薄且平整的细胞,称为鳞状细胞。此外,立方形细胞还在主体的外表面或内表面上形成单层或多层。

其他含有上皮组织的器官是消化系统,肝脏和肾脏的内侧。在诸如肝和肾的器官中,细胞分泌与消化系统不同的酶,其中它们从肠吸收营养物,并且通常为柱状,以增加与食物接触的细胞数量,并使营养物吸收更有效。

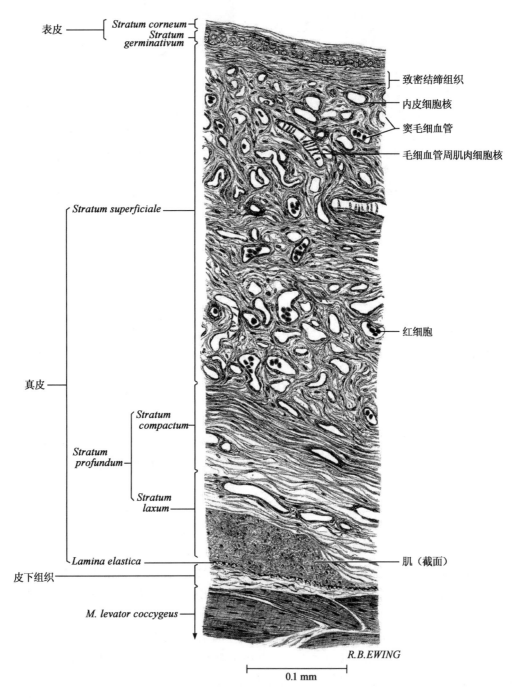

图 3.4.1 用苏木精和伊红染色的皮肤切片的结构。

缩写：M.，Musculus。

来自：Lucas 和 Stettenheim(1972)

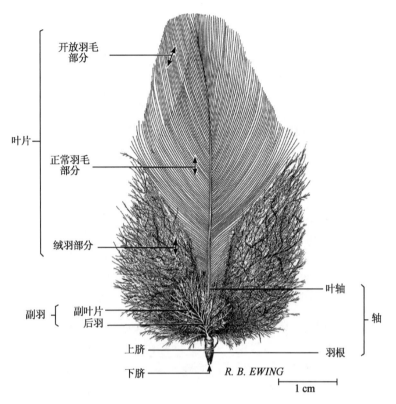

图 3.4.2　从白色利昂鸡背侧中部的羽毛结构。
来自：Lucas 和 Stettenheim（1972）

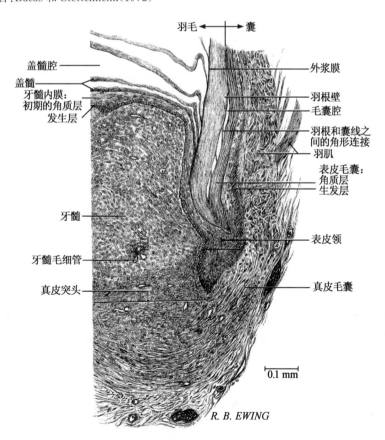

图 3.4.3　白色利昂鸡羽毛毛囊的微截面。
来自：Lucas 和 Stettenheim（1972）

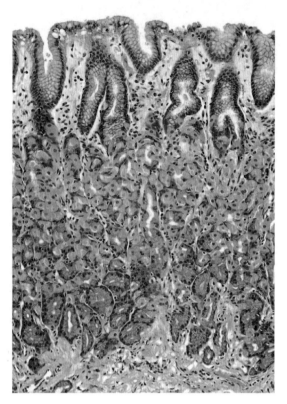

图3.4.4 在上皮组织中发现的基于形状的细胞分类。

这里呈现柱状的上皮细胞衬在肠壁的顶部,这样可以有效地吸收营养。

另一方面,皮肤通常具有扁平细胞用以用于保护。

来自:http://en.wikipedia.org/wiki/Simplecolumnarepithelium

3.5 神经组织

神经组织是身体内的通信系统。虽然它代表了可食用肉的一小部分(通常小于1%),但理解其结构对于理解肌肉收缩(本章后面讨论)、宰后变化和肉的质量问题都至关重要。两个主要的结构组件是中枢神经系统(脑和脊髓)和由到达身体所有部分的神经细胞组成的外周系统。

神经细胞或神经元(图3.5.1)是神经组织的基本构造,并且具有由称为轴突的细长纤维型结构的细胞体组成的独特结构。在多角形细胞体内发现核的存在。几个短的从细胞体中分支的结构被称为树突。运动神经元是那些到达肌肉纤维,并有一个长的且单一的轴突,当它到达肌肉时会产生分支。接合点称为运动终板或肌肉神经接点(即一个神经到达多个肌肉并且同时触发它们)。动作电位,是从细胞体通过轴突到达运动终板的约80 mV的电脉冲,通过突触传递到肌肉或其他神经(即它们的树突部分),突触是在两个单元或结构之间的物理间隙。因此,在大多数突触中使用称为乙酰胆碱的化学发射器将消息传递通过间隙(例如,到达肌肉)。应当注意,在脑和其他位置内,使用其他化学信使。某些毒素可以阻断乙酰胆碱并对动物造成严重伤害。例如在食品工业中肉毒杆菌产生的毒素是非常严重的毒性物质(参见第15章)。

在肌肉中,由一组轴突组成的神经干可以被观察为细银线,因为它们覆盖有致密结缔组织的鞘。这种布置有助于保护轴突并为结构提供强度。小的周围神经纤维被Schwann细胞覆盖,这有助于加速通过神经的电脉冲,而大纤维通常被来自Schwann细胞的髓鞘所覆盖。因此,神经纤维通常被称为有髓和无髓纤维。

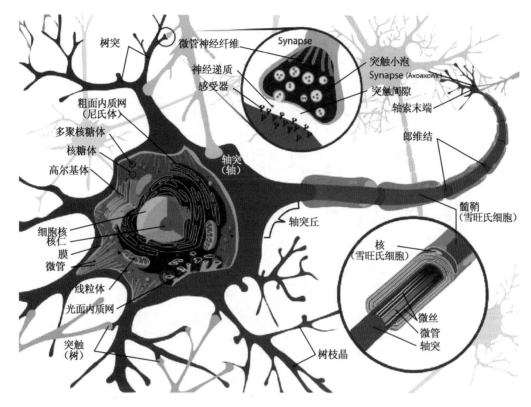

图 3.5.1　具有运动终板的神经元示意图。

来自:http://en.wikipedia.org/wiki/File:Complete_neuron_cell_diagram_en.svg

3.6　肌肉组织

　　鸡的骨骼肌如图 3.6.1 所示。它们的大小范围从小肌肉(例如,控制眼睑的肌肉)到非常大的肌肉(例如,飞行肌肉)。考虑到家禽肉消耗,肌肉组织被认为是最为重要的,因此将对其进行详细描述。鸡和火鸡中的所谓白色和深色肉分别代表胸肉和腿肉。然而,在洄游鸭中,胸肉由于其高肌红蛋白含量而表现为红色,将在本章后面进行解释。

　　肌肉可以应用于活体动物中的各种功能。其形状和结构能够允许执行从运动(飞行)到泵送(用于循环血液的心肌)以及沿着消化道移动食物等的特定任务。这三个主要活动与身体中发现的三种类型的肌肉有关:骨骼(运动),心脏(泵血)和平滑(非自主活动)。

　　a.骨骼肌　骨骼肌大多是自主肌肉,动物可以部分或完全控制。这些肌肉由腱锚定到骨骼并且用于移动和保持姿势。虽然姿势控制通常保持为无意识反射,但肌肉反应也受到有意识的控制。这些肌肉占成年鸟平均体重的 40%~50%。肌肉范围从非常大的肌肉,例如腿部肌肉(股二头肌)和飞行肌(胸大肌),到非常小的肌肉,例如控制眼睛运动的肌肉。

　　骨骼肌也称为横纹肌,因为当在光学显微镜下观察时它们的外观呈现条纹状。如图 3.6.2 所示,条纹是纤维结构单元(肌小节)及其组分中重复的微观结构的结果。

　　图 3.6.2 也展示了整个肌肉被分解成其组分的示意图。大的肌肉如胸大肌是由大量肌肉束覆盖的肌外膜组成。每个肌肉束(图 3.6.2)通过称为围术膜的结缔组织层与其他肌肉束分离。如前所述,结缔组织提供组织结构,锚定不同的组分,并且以产生收缩的独特堆叠来传递由肌节细丝产生的功率。血管和神经也可以在肌肉的横截面中看到。它们为活跃的肌肉提供能量并控制其运动。

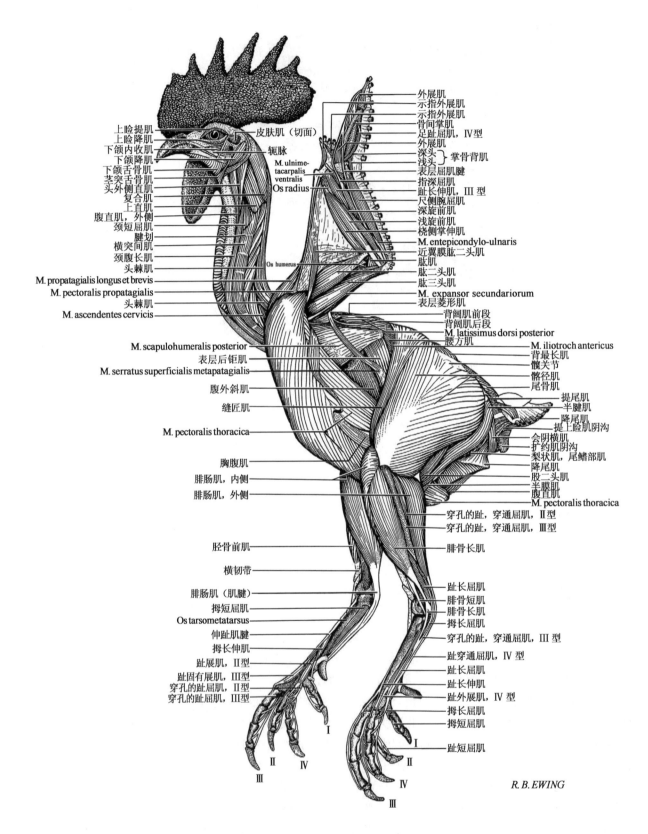

上睑提肌
上睑降肌
下颌内收肌
下颌降肌
下颌舌骨肌
茎突舌骨肌
头外侧直肌
复合肌
上直肌
腹直肌，外侧
颈短屈肌
腱划
横突间肌
颈腹长肌
头棘肌
M. propatagialis longus et brevis
M. pectoralis propatagialis
头棘肌
M. ascendentes cervicis

M. scapulohumeralis posterior
表层后钜肌
M. serratus superficialis metapatagialis
腹外斜肌
缝匠肌
M. pectoralis thoracica
胸腹肌
腓肠肌，内侧
腓肠肌，外侧

胫骨前肌
横韧带
腓肠肌（肌腱）
拇短屈肌
Os tarsometatarsus
伸趾肌腱
拇长伸肌
趾展肌，II型
趾固有展肌，III型
穿孔的趾屈肌，II型
穿孔的趾屈肌，III型

皮肤肌（切面）
轭脉
M. ulnime-
tacarpalis
ventralis
Os radius
Os humerus

外展肌
示指外展肌
示指外展肌
骨间掌肌
足趾屈肌，IV型
外展肌
深头
浅头 } 掌骨背肌
表层屈肌腱
指深屈肌
趾长伸肌，III型
尺侧腕屈肌
深旋前肌
浅旋前肌
桡侧掌伸肌
M. entepicondylo-ulnaris
近翼膜肱二头肌
肱肌
肱二头肌
肱三头肌
M. expansor secundariorum
表层菱形肌
背阔肌前段
背阔肌后段
M. latissimus dorsi posterior
腰方肌
M. iliotroch antericus
背最长肌
髋关节
髂径肌
尾骨肌
提尾肌
半腱肌
降尾肌
提上睑肌阴沟
会阴横肌
括约肌阴沟
梨状肌，尾鳍部肌
降尾肌
股二头肌
半膜肌
腹直肌
M. pectoralis thoracica
穿孔的趾，穿通屈肌，II型
穿孔的趾，穿通屈肌，III型
腓骨长肌
趾长屈肌
腓骨短肌
腓骨长肌
拇长屈肌
穿孔的趾，穿通屈肌，III型
趾穿通屈肌，IV型
趾长屈肌
趾长伸肌
趾外展肌，IV型
拇长屈肌
拇短屈肌
趾短屈肌

I
II
IV
III

I
II
IV
III

R. B. EWING

图 3.6.1 单冠白色利昂鸡超级肌肉组织的侧视图。缩略语：Lig.，Ligamentum；M(m).，Musculus(i)；Reg.，Region。来自：Lucas 和 Stettenheim(1972)

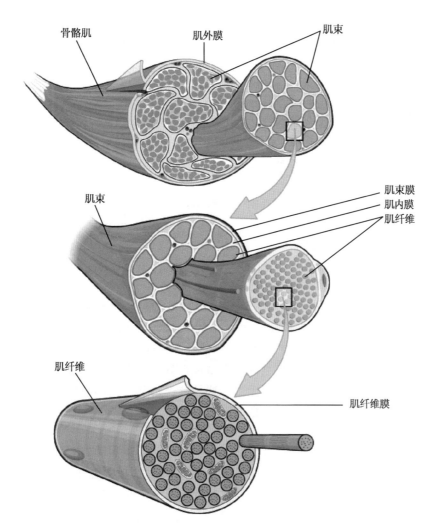

图 3.6.2 骨骼/横纹肌结构示意图,从整个肌肉(尺寸范围 0.1~0.5 m)的横截面开始,包括结缔组织的不同层,向下到肌肉束/束,以及肌纤维。单条纹状肌纤维从肌纤维中显现出来。它包含许多肌节(肌肉的最小收缩单位;尺寸范围 1.5~4.0 μm)。其结构如图 3.7.1 所示。它们包含具有独特堆叠排列的粗细丝,产生骨骼和心肌的明亮和深色条纹。来自:http://commons.wikimedia.org/wiki/文件:1007_Muscle_Fibes_%28large%29.jpg

肌肉束由较小的肌肉纤维组成,它由被称为内膜的结缔组织的较薄层所覆盖。骨骼肌具有伸长的纤维,其内部通常是多核的(图 3.6.3),这使得其能够更好地控制这些长细胞。每条纤维由许多肌原纤维(图 3.6.2)组成,肌原纤维内部具有肌丝并且会形成肌小节。染色的肌肉制剂中的黑暗区域是细的和粗的细丝重叠的结果,被称为各向异性或 A 带。在 A 带内的区域是不含细丝的,其颜色更浅,称为 H 区。仅具有细丝的区域被称为各向同性或 I 带。肌节通过称为 Z 线的"骨干"连接。在肌肉收缩期间,粗的细纹向 Z-线滑动并且缩短引起运动的肌节,将在本章后面解释。

b.心肌 心肌是一种无意识肌肉,动物无法直接控制。其细胞具有类似骨骼肌的条纹状外观,但每个细胞仅有一个或两个细胞核(图 3.6.3),并且由于其有大量的血液供应而具有深红色。细胞的平均长度为 50~100 μm,其宽度约为 15 μm。心肌具有独特的节律性收缩,由窦房结触发,并在胚胎发育早期开始。心脏由交感神经和副交感神经系统控制,其部分在中枢神经系统之外。

心肌的另一个独特的结构特征是骨骼以网状样式延伸并分支。这允许心室收缩(减小体积),并且向前泵送血液。显微镜观察发现了称为插入盘的独特结构,其沿着心脏纤维的纵轴方向以规律的间隔表现

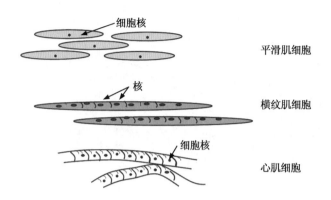

图 3.6.3　平滑、横纹(骨骼)和心肌细胞

为密集线。它们在纤维之间提供了黏性连接,并且有助于收缩力从一种纤维传递到另一种纤维。

c.平滑肌　平滑肌细胞是身体中无意识系统(即消化系统、动脉壁和生殖系统分)的一部分。纤维具有单一的中心定位的核,并且相对长且窄,平均长度为几百微米,直径为 $3\sim12~\mu m$(图 3.6.3)。这种肌肉没有像骨骼和心肌的条纹外观,因为肌节的重复结构不是很好的组织,因此名称平滑肌。就其在体内的布局而言,发现一些区域表现出不同层次的平滑肌。例如,在消化系统中,横截面显示平行肌层,其被定位为垂直和平行于切割表面。这允许消化系统既减小肠直径又能够伸长以将食物沿管状结构移动。

白肌纤维和红肌纤维——骨骼肌也可以根据纤维类型进行划分。在家禽肉业中,白肉和深色肉之间有区别。白肉是指鸡/火鸡的胸肌,而深色肉是指腿肉。这种分类是基于肉的总体颜色,其通常相对于肌肉中红色和白色纤维的比例。大多数肌肉含有红色和白色纤维的混合物;非常少的肌肉是全部由白色或红色组成。

红色、白色和中间纤维具有不同的功能,因此具有不同比例的某些亚结构(例如线粒体)和代谢率(表3.6.1)。应当指出,这些差异是根据相对尺度判断的,并且这些差异可以存在于每个特征内。中间纤维(在表中未描述)具有中间特性。含有高比例的红色纤维的肌肉用于长期活动,例如以直立位置支撑骨骼。由于它们具有独特的代谢方式,所以不容易疲劳。

表 3.6.1　家禽红色和白色肌肉纤维之间的相对比较

特性	红色纤维	白色纤维	特性	红色纤维	白色纤维
肌红蛋白含量	高	低	糖原含量	低	高
颜色	白色	红色	糖酵解活性	低	高
收缩速度	慢	快	脂质含量	高	低
线粒体数量	高	低	氧化代谢	高	低
线粒体大小	大	小	纤维直径	小	大

恒定的氧供应是重要的,并且与高比例的参与氧化代谢的酶一起,纤维可以在更长的时间段内起作用。它们还具有更高的肌红蛋白(参见第16章中的结构)含量,这导致其具有更深/更红的外观。与白色纤维相比,红色纤维以较慢的速率收缩,但具有运作更久的能力。更多和更大的线粒体的存在以及更高的脂质含量允许纤维在原处产生能量并且收缩更长的时间。

另一方面,与红色纤维相比,白色纤维具有较少的肌红蛋白和较低的氧化活性(表3.6.2)。在白色纤维中占优势的糖酵解代谢可以在有氧或无氧的情况下发生,即分别为需氧或无氧代谢。具有相对高含量白肌纤维的肌肉表现出较低的毛细血管密度,因为它们不依赖于营养物的快速转移。与红细胞相比,白色纤维能够更快地收缩并且具有更短的脉冲,然而它们更容易疲劳。在一些活跃的野生型鸟类中,例如在迁移期间长距离飞行的鸭和鹅,胸肌显示为红色,因为红色纤维的比例较高(即当鸟横穿大的水域时,其肌肉可以运作好几天）。

表 3.6.2　鸡肌肉中的血红素、肌红蛋白和血红蛋白含量

肌肉类型	n	总血红素	血红蛋白(mg/g)	肌红蛋白
心肌	9	3.75 ± 0.64^a	2.67 ± 0.65^a	1.08 ± 0.41^a
内收肌	8	1.39 ± 0.31^b	0.83 ± 0.21^b	0.56 ± 0.17^b
耻骨肌	8	0.10 ± 0.04^c	0.09 ± 0.04^d	0.01 ± 0.00^c
缝匠肌	6	0.79 ± 0.12^c	0.67 ± 0.11^b	0.12 ± 0.02^d
胸肌	10	0.24 ± 0.04^d	0.24 ± 0.04^c	ND

[a-c] Per parameter, means with no common superscript differ significantly as analyzed by t test($P<0.05$).

Vaalues are means$\pm$SD of the numbers(n) of samples indicated.

ND= not detectable.

注:来自 Kranen et al(1999)

3.7　肌肉蛋白与肌肉收缩

3.7.1　肌肉蛋白

肌肉的物理结构主要由氨基酸链组成的蛋白质构成。肌肉蛋白质的质量占了瘦肉质量的 18%～20%,而水的含量约为 75%,脂肪为 5%。肌肉中含有超过 50 种不同的蛋白质,但大约只有 5 种是占主要地位。表 3.7.1 列出了基于蛋白在水和盐溶液中的溶解度而划分的三类主要蛋白质(Asghar 等,1985)。蛋白质也可以其他方式分类,但对肉类科学家来说,这是最常见的分类方式。在实验室中,通过在高速混合器/均化器均化一份瘦肉组织(例如,1∶1 的肉与水)来实现蛋白质提取。然后将匀浆放入试管中进行离心,以分离含有水溶性蛋白质的水相(表 3.7.1;肌浆蛋白)。在倾到出含水顶层之后,将盐溶液(通常使用 0.6 mol/L 氯化钠/氯化钾)加入沉淀中,充分混合(或均化),并离心。将盐溶性蛋白质分离成顶层(表 3.7.1;肌原纤维蛋白)和不溶性蛋白质分离到底层(表 3.7.1;基质蛋白质)。

a.肌浆蛋白　在细胞液(即肌浆)中分布,它们由肌红蛋白(赋予该部分其独特的红色的携氧分子;参见第 16 章中的结构)以及不同的酶组成。肌浆蛋白占肌肉蛋白总量的 30%左右。

b.肌原纤维蛋白　这些蛋白质是肌肉的构建基本单元,也称为收缩或细胞骨架蛋白。主要的蛋白质是肌球蛋白和肌动蛋白(表 3.7.1),分别构成粗丝和细丝。关于它们结构和功能的更详细描述可

以在下文找到。总体上,该类蛋白占肌肉蛋白总量的 55%左右。

表 3.7.1　肌肉中的主要蛋白质。
根据其溶解度(参见正文)分为三类,以及它们在肌肉湿重中的相对百分比(基于 19%的总蛋白)

分组	蛋白	%
肌浆		(5.5)
	肌红蛋白	0.2
	血红蛋白	0.6
	细胞色素	0.2
	糖酵解酶	2.2
	肌酸激酶	0.5
肌纤维		(11.5)
	肌球蛋白	5.5
	肌动蛋白	2.5
	原肌球蛋白	0.6
	肌钙蛋白	0.6
	C-蛋白	0.3
	α-肌动蛋白	0.3
	β-肌动蛋白	0.3
基质		(2.0)
	胶原蛋白	1.0
	弹性蛋白	0.05
	线粒体蛋白	0.95

c.基质蛋白　水或盐都不溶,这些蛋白质约占肌肉蛋白总量的12%。其中两种主要蛋白质分别是胶原蛋白和弹性蛋白,它们是结缔组织的一部分。它们形成结构组件,例如围绕细胞、肌肉束(图3.6.2)、韧带和腱的膜,并且通过提供间隙材料来缓冲关节。

以下章节简要描述参与肌肉收缩的主要肌肉(盐溶性)蛋白质,它们的独特结构和它们的三维排列。

a.肌球蛋白　肌球蛋白是占肌原纤维蛋白总量最多的蛋白质(45%),并在肌肉中形成粗丝。它是一种细长的棒状蛋白质(图3.7.1),分子质量约高达450 000 Da。该结构具有两条重链和四条轻链,当肌球蛋白受到特异性蛋白水解酶作用时,它们可以分离。重酶解链由肌球蛋白"头部"组成,轻酶解链由"尾部"组成。头部具有将腺苷三磷酸(ATP)分子分裂成腺苷二磷酸和磷酸(ADP＋PO₄)的独特能力,能够产生肌肉收缩所需的能量。在收缩期间,肌球蛋白头部与肌动蛋白分子形成交叉桥,同时利用能量改变其取向并引起运动(下面进一步描述)。

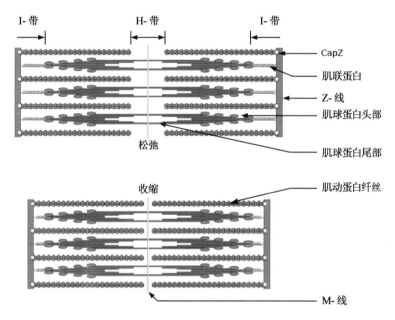

图3.7.1　参与肌节结构(最小收缩单位)和肌肉收缩的主要蛋白质微结构。粗丝由肌球蛋白形成。细丝由肌动蛋白、肌钙蛋白和原肌球蛋白形成。肌联蛋白是连接粗丝与Z-线的蛋白质。

来自:http://de.wikipedia.org/wiki/Muskelkontraktion#/media/ File:Sarcomere.svg

b.肌动蛋白　肌动蛋白是细丝的构件。它具有42 000 Da的较低分子量并且由两条F－肌动蛋白链组成,而F-肌动蛋白分子是由G-肌动蛋白单分子组成的(图3.7.1)。在特定的盐浓度下细丝形成双螺旋结构,这有利于链的形成。

c.原肌球蛋白　这种蛋白质缠绕在细丝上(图3.7.2),是一种围绕于肌动蛋白螺旋结构的棒状蛋白。它占据肌原纤维蛋白的5%左右。每7个肌动蛋白分子会有一个原肌球蛋白分子。总体上,它"位于"肌动蛋白分子旁边并且定位在肌动蛋白双螺旋的螺旋结构的凹槽中。

d.肌钙蛋白　肌钙蛋白是另一种蛋白质,覆盖于细丝上。它是一种球状蛋白,约占肌纤维蛋白的5%左右。它还存在于两个肌动蛋白丝之间的凹槽中,其中它"位于"原肌球蛋白丝内。肌钙蛋白单位以重复模式沿着肌动蛋白丝方向定位的(图3.7.2)。总的来说,有以下三种类型的肌钙蛋白分子。

- 肌钙蛋白C——约束Ca⁺⁺
- 肌钙蛋白I——抑制ATP
- 肌钙蛋白T——约束原肌球蛋白

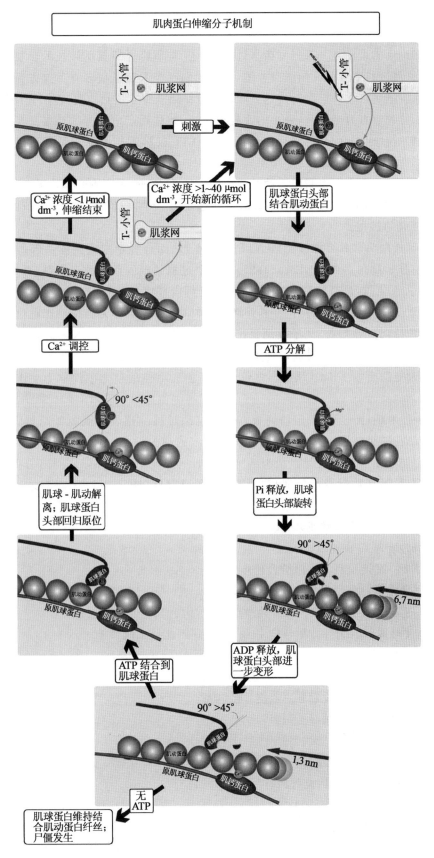

图 3.7.2　滑动细丝理论的例证。

来自：http://de.wikipedia.org/wiki/Muskelkontraktion#/media/File:Muskel-molekular.png

3.7.2　肌肉收缩

肌肉收缩及其产生的运动是一系列复杂事件的结果。本节将介绍其所涉及的步骤和过程。然而,读者应该意识到,有许多教科书专门介绍肌肉收缩,虽然我们已经了解了很多有关这方面的知识,但是我们的认识还是不全面。虽然许多人已经通过这方面的研究结果获得了诺贝尔奖,但研究结果应该不止于此。肌肉运动是数以千计到数百万个肌节(最小的收缩单位)一致移动产生张力的结果。在这个过程中,储存的化学能(来自我们所食用的食物,已经以三磷酸腺苷-ATP 的形式作为高能量键被存储)被转化为物理运动。

滑动细丝理论是目前用于解释肌肉运动的最全面的理论,该理论是基于肌球蛋白粗丝如何在肌动蛋白细丝之间滑向 Z-线的基础上建立的(图3.7.2)。在这个过程中,我们可以测量肌节的缩短和富含能量的 ATP 转化为 ADP 的过程。

如前所述,肌球蛋白头部具有能够裂解 ATP 的位点,从而释放弯曲或扭曲头部所需的能量,使得它们可以将肌球蛋白分子拉向 Z-线(Pollack,1990)。这个过程的触发信号源自大脑,并通过神经系统传递(图3.5.1)。通过去极化膜,信号传播通过神经,其快速将内部电势从约-80 mV 改变到$+20$mV。在休息时间期间,细胞建立并能够维持细胞内部和外部之间的电位差(也称为静息动作电位)。通过三种机制实现,这三种机制包括:将 Na^+/K^+ 离子主动泵出细胞,选择性渗透以防止 Na^+ 进入,并且使用捕获在细胞膜内部的大量阴离子蛋白。当信号通过细胞时,存在电势的快速反转(也称为去极化)。在恢复原始静止电位之前,极化改变需要约 1 ms。从静息电位到下一静息电位的整个事件称为动作电位(即,去极化,复极化,超极化)。

当信号到达神经末梢(图3.5.1;运动终板)时,信息通过神经递质乙酰胆碱跨越突触间隙转移到肌肉,作为神经递质的乙酰胆碱从神经末端释放并引起肌细胞膜去极化。这种化学信使通过乙酰胆碱酯酶非常快速地分解以防止信号连续传导。肌肉细胞膜中的电去极化通过在肌质网内的特殊排列的 T 小管转移到肌原纤维,引起钙释放以及导致肌肉收缩的一系列事件(图3.7.3)。收缩过程的各个步骤概述如下。

　　a. 钙从肌浆网末端偏囊释放到肌浆中。

　　b. 游离钙被肌钙蛋白-C 快速结合。

　　c. 原肌球蛋白移位以揭示肌动蛋白结合位点。

　　d. 肌动蛋白和肌球蛋白分子形成交联桥(图3.7.2)。

　　e. 肌球蛋白头通过肌球蛋白-ATP 酶活性激活,其转化 ATP→ADP + Pi。

　　f. 交联桥的重复形成和断裂导致粗丝向 Z-线滑动,并因此导致肌节缩短。

　　在松弛阶段,变化如下。

　　a. 神经的信号减弱。

　　b. 肌纤维膜和 T 小管复极化,为下一个信号做准备。

　　c. 肌浆网中的钙泵主动补充钙。

　　d. 交联桥被破坏,不能重组。

　　e. 原肌球蛋白分子覆盖肌动蛋白结合位点。

　　f. 由于肌节恢复到休息状态,因此导致纤维的被动回复。

　　这些步骤如图3.7.3所示。

　　总而言之,肌浆中的钙浓度控制肌肉收缩。在休息期间,游离钙的浓度低于10^{-8} mol/L,当钙释放时,其增加至约 10^{-5} mol/L。这导致肌钙蛋白-C 结合钙,这反过来触发原肌球蛋白-肌钙蛋白系统运动离开肌动蛋白分子上的肌球蛋白结合位点。在放松期间,钙被重新分散游离并且其浓度恢复到约10^{-8}mol/L。

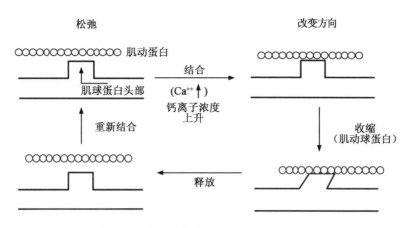

图 3.7.3　肌肉收缩中涉及的步骤的示意图

3.8　宰后僵直变化与肉的品质

上述章节描述了活体组织中肌肉收缩的结构和机制。在活的动物中,各器官工作协调,通过称之为体内平衡的过程将内部环境保持在非常小的温度、pH、氧和 CO_2 浓度变化范围内。身体使用数千个对物理压力、温度、气体浓度、血压等敏感的神经传感器,以收集关于外部和内部环境的数据。这些信息被处理并且根据需要采取校正动作(例如,抖松羽毛,奔跑以找到避难所,增加呼吸率以除去热量等)。

当动物被屠宰和放血时,机体会停止对肌肉的氧气和营养供应,并且许多内稳态机制会被破坏。屠宰之前的应激条件也影响内稳态条件,也会影响肉品质。应激可能来自对禽类的捕捉、装载、运输、卸载和固定等活动。家禽的固定,主要是通过让禽类失去知觉的方法,通常是整个屠宰过程的第一步。在大多数国家,法律要求使用人道固定方法,以尽量减少动物在随后屠宰过程中的痛苦。通常使用电击和气调击晕(CAS;通过 CO_2,氩气)等方法进行固定(参见第 8 章)。适当的固定方法也应该集中在减少应激,例如在击晕之前和击晕过程中的翼挫伤,以便使肌肉中的出血和骨折的发生率最小化。击晕后的下一步骤被称为放血或出血。这一步代表了在动物宰后阶段所能看到的主要变化的开端。我们需要将动物的血液去除,因为留在肌肉中的过量血液将导致胴体的外观总体上呈现深色或者有黑斑。通常,总血量的约 40%～50% 会被去除(第 5 章),其余的则被包含在重要器官中。这是因为当血压下降时,为了维持血压外周血管会收缩。移除血液能够停止肌肉和重要器官之间的交流。在健康的活体动物中,氧通过红细胞从肺穿梭到组织。一旦氧供应被切断,正常的有氧三羧酸(TCA)循环停止(图 3.8.1),并且能量代谢转换为无氧途径以向肌肉提供能量。应该记住,这样的无氧途径只能在活细胞中进行一段时间。在活组织中,产生乳酸(即通过无氧代谢途径),然后必须转运到肝脏或心脏以再合成葡萄糖,其中它通过特定的酶系统被分解成水和 CO_2(Aberle 等,2012)。当循环停止时,乳酸在肌肉中累积,直到存储在肌肉中的大部分糖原(约占静息肌质量的 1%)被耗尽,或者直到 pH 变得太低以至于糖酵解酶失去活性。

动物在死后 pH 会下降(图 3.8.2),最后达到的最低点,称为最终 pH,在不同的肉用动物之间该值不尽相同。在家禽胸肌中,pH 的下降幅度是发生在牛肉和猪肉中的 2 倍以上(Aberle 等,2012)。pH 降低速率和最终 pH 是对肉的质量和颜色变化产生主要影响的因素。正常的 pH 降低模式如图 3.8.2 中间线所示。这表示 pH 已经从活的胸肌的中性逐渐降低到 5.8 左右。在一些动物中,在屠宰之前,糖原贮存已经耗尽(例如,由于延长的活动或挣扎)。这导致乳酸生成量低,并且 pH 将发生小幅度的下降,并且最终将保持较高 pH。所得肉表现为深色、坚韧、干燥(DFD)。干燥的外观来自高的最终 pH,其远离肌肉蛋白的等电点,因此表现出更高的持水能力(参见第 13 章)。在另一个极端,肉的 pH 会在动物死后的初始阶段就快速下降,这导致所谓的苍白、柔软和渗汁(PSE)肉(Barbut 等,2008)。在这种情况下,肉的 pH 在第一个小时内快速下降,而肉的温度仍然高(例如＞35℃),可引起蛋白质变性。部分变性的蛋白质不能很好地保水,水渗出使得肉表面看起来较为湿润。与 DFD 肉的紧密结构相比,由于肌肉结构更松弛因此会反射更多的光,所以肉的颜色呈现苍白(Swatland,2008)。

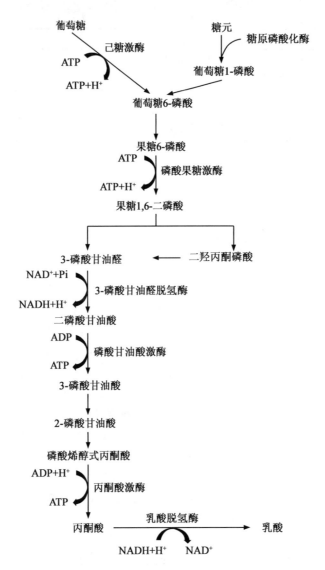

图 3.8.1 有氧三羧酸(TCA)循环停止。

来自:Scheffleretal(2011)

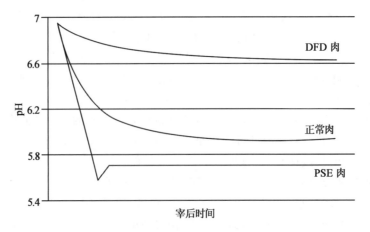

图 3.8.2 死后鸡胸肉肌肉 pH 下降的速率和程度

死后僵直,在拉丁语中表示"死亡的僵硬",在肌肉中的能量耗尽之后,肌肉出现短暂的变韧的现象。这种状态不会在屠宰后立即发生,而是在一定时间后发生(图 3.8.3)。其发生是由于糖原和其他能量源如细胞内的磷酸肌酸的逐渐消耗而产生的。Dunn 等(1993)建议当肌肉 pH 下降到 6.3 以下时,钙不再能被肌浆网有效地隔离。最终,细胞质中钙浓度开始上升,从而使更多的肌球蛋白位点暴露于肌动蛋白。在 ATP 的存在下,肌肉开始建立一些主动张力(如通过滑动丝状体理论所解释的),并且因此变得不可伸展(死后僵直开始)。当所有的能量源已经耗尽时,肌动球蛋白交联桥(在粗丝和细丝之间;图 3.7.2)不再能够分开,肌肉变得不可伸展,具有僵硬的质地,并且肌肉出现完全僵直的现象。屠宰后直到僵直开始发生的时间称为延迟阶段。这在图 3.8.3 中可以看出作为初始低张力。在一段时间后,肌肉再次变得柔韧(图 3.8.3 中所见的曲线的下降),主要由于蛋白水解酶缓慢分解肌节组分的原因。在所谓的老化过程期间的一些主要结构变化包括 Z—线的降解(导致肌原纤维和结缔组织的碎裂)和单个蛋白质例如肌联蛋白,伴肌动蛋白和结蛋白的降解(Scheffler 和 Gerrard,2007;Scheffler 等,2011)。负责降解的蛋白水解酶分为两大类:钙蛋白酶和组织蛋白酶。这些酶在其钙激活需求上不同。钙在宰后成熟期间从肌浆网和线粒体中释放。由于酶可以被钙激活,所以钙注射法已被建议作为一种改善嫩度的方法。这个方法很有用,并更多地用于红肉中,因为肉质坚韧是红肉所普遍有的问题。实验还表明,通过螯合钙离子来抑制这些酶可以延迟嫩度的发展。

pH 降低的速率明显受到死后温度的影响,因此温度是获得高品质肉的关键因素。在高温下,pH 下降非常快。高温(>35℃)和低 pH 的组合将引起蛋白质变性,特别是影响肌球蛋白(Bilgili 等,1989;Scheffler 等,2011)。宰后检验过程的最佳温度为 15~20℃。在屠宰后尽快开始降低肌肉温度,以帮助控制微生物生长。另一方面,将温度过快降低至 5℃以下可能导致家禽肉的嫩度问题(Dunn 等,1993)。在僵直完成之前,温度降低到零度以下会导致出现称为解冻僵直的问题。这是由解冻期间过量的钙从肌浆网释放到肌浆中引起的严重的肌肉收缩所导致的(Aberle 等,2012;Bilgili 等,1989)。肌肉结构的这种严重收缩将水排出肉,同时使肌肉变韧。这种条件下的无约束肌肉(即解剖时不通过韧带附着到骨骼上)可以在解冻后缩短超过其原始长度的 50%。通过显微镜对这些肌肉进行观察发现肌节会严重收缩且 I 波段几乎完全消失。

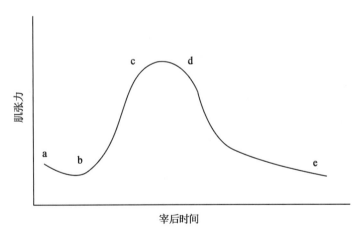

图 3.8.3 死后僵直肌肉张力随时间变化的发展阶段。发展阶段代表:延迟时间 a-b;僵直过程的发展 b-c;完全僵直时期 c-d;僵直的解除 d-e。每个部分的时间取决于诸如种类,屠宰前运动程度,击晕方法和温度等因素。
摘自:Aberle 等(2012)

冷缩短是较低程度的收缩现象,是当死后僵直(即在 ATP 存在下)温度降低至低于 5℃但高于冰点时可能发生的不太严重的收缩。该现象没有解冻严重且更常见,对肌肉的损害不大;然而,它仍然可以引起明显的增韧和水分损失问题。

在僵直的过程中将肌肉温度升高到高于50℃(高于正常体温),也会导致过度缩短,称为热僵直。这是ATP和磷酸肌酸盐快速消耗的结果。然而,这个问题在肉类工业中并不常见。

以上提供的信息阐述了在僵直之前和过程中对肉的品质有显著影响的因素。这包括在死后僵直过程期间保持适当的温度以防止肌肉的缩短和/或韧化。通常建议将温度保持在18±2℃,这个温度高于15℃,但仍然低于体温(肉仔鸡约39℃)。由于在家禽中的僵直过程发生比在牛肉中快得多(1～3 h对12～24 h,注意,1～3 h适用于经过如下所述的电刺激的过程的禽肉,如果不使用电刺激,范围更长,可以达到3～8 h),在现代加工厂中冷冻的家禽胴体在屠宰后30～60 min开始僵直,并在僵直完成或几乎完成时达到5～15℃(参见第5章)。

电刺激可以在屠宰后使用以加速僵直的过程进行,并克服快速冷却期间可能遇到的预僵直剔骨相关的一些问题。最初,该方法被开发用于红肉工业以达到加快加工速度的目的(即与非电刺激的屠体相比,在较早阶段对肉进行剔骨)。该过程包括使电流通过胴体并通过刺激神经系统触发肌肉收缩(Sams,1999;Aberle等,2012;Barbut,2014)。这样的收缩耗尽肌肉内的能量并导致宰后僵直过程的快速发生。在鸡出血期间施加高电压可能诱导过度的肌肉收缩。通过撕掉一些肌节可能会导致肌节结构的物理损伤,但这实际上可以增加电刺激的嫩化效果。然而,应该小心不要过度损伤肌肉结构。在中等高水平下对脱毛胴体进行电刺激不仅可以消除使肌节断裂的风险,而且在某种程度上会加速ATP耗尽使得在宰后3.5 h进行分切而不会有变硬的风险(这实际上是常见的用于家禽业的过程)。除了能够加速宰后僵直过程,并使得能够在较早阶段进行剔骨(见第9章),电刺激也有助于防止或尽量减少冷缩短问题(Sams,1999)。如第1章所述,电刺激在家禽中的使用正变得非常受欢迎,因为它使得肉鸡的脱骨在3.5 h内可行。关于所使用的程序和设备的额外讨论可以参见第5章。

参考文献

Aberle,E. D.,J. C. Forrest,D. E. Gerrard and E. D. Mills. 2012. Principles of Meat Science. Kendall/HuntPubl.,Dubuque,IA.

Asghar,A.,K. SamejimaandT. Yasui. 1985. Functionality of muscle proteins in gelation mechanisms of structured meat products. CRC Critical Rev. in FoodSci. 22:27.

Barbut,S. 2014. Review:automation and meat quality-global challenges. Meat Sci. 96(1):335.

Barbut,S.,A. A. Sosnicki,S. M. Lonergan,T. Knapp,D. C. Ciobanu,L. J. Gatcliffe,E. Huff-Lonergan and E. W. Wilson. 2008. Progress in reducing the pale,soft and exudative (PSE) problem in pork and poultry meat. Meat Sci. 79(1):46.

Bilgili,S. F.,W. R. EgbertandD. L. Huffman. 1989. Effect of postmortem aging temperature on sarcomere length and tenderness of broiler *Pectoralis major*. PoultrySci. 68:1588.

Dunn,A. A.,E. L. C. Tolland,D. J. Kilpatrick and N. F. S. Gault. 1993. Effect of post-mortem temperature on chicken *M. pectoralis major*:isometric tensionand pH pro les. Brit. PoultrySci. 34(4):677.

Grist,A. 2004. Poultry Inspection:Anatomy,Physiology and Disease Conditions. Nottingham University Press,UK.

Howlett,C. R.,M. DicksonandA. K. Sheridan. 1984. The nestructure of the proximal growth plate of the avian tibia:vascular supply. J. Anatomy. 139:115.

Kranen,R. W.,T. H. van Kuppevelt,H. A. Goedhart,C. H. Veerkamp,E. Lambooy and J. H. Veerkamp. 1999. Hemoglobin and myoglobin content in muscles of broiler chickens. Poultry Sci. 78:467.

Lucas,A. M. and P. R. Stettenheim. 1972. Avian Anatomy. Agriculture Handbook 362. US Dept. of Agric.,Washington,DC.

Pollack, G. H. 1990. Muscles and Molecules: Uncovering the Principles of Biological Motion. Ebner and Sons Publ., Seattle, WA.

Sams, A. 1999. Commercial implementation of post-mortem electrical stimulation. PoultrySci. 78:290.

Scheffler, T. L., S. Park and D. E. Gerrard. 2011. Lessons to learn about postmortem metabolism using the AMPKγ3^{R200Q} mutation in the pig. Meat Sci. 89(3):244.

Scheffler, T. L. and D. E. Gerrard. 2007. Mechanisms controlling pork quality development: The biochemistry controlling postmortem energy metabolism. Meat Sci. 77(1):7.

Summers, J. D., Adams, C. A. and S. Leeson. 2013. Metabolic Disorders in Poultry. Context Products Ltd., Leicestershire, UK.

Swatland, H. J. 2008. How pH causes paleness or darkness in chicken breast meat. Meat Sci. 80(2):396.

Wedel, M. J. 2009. Evidence for bird-like air sacs in saurischian dinosaurs. J. Experimental Zoology 311:611.

第4章 活禽处理

4.1 引言

与整个养殖过程相比,活禽从养殖场运输到屠宰厂的时间相对较短。禽肉加工业面临着一些挑战,因为装载、装笼、运输以及卸载等过程对于禽类来说是陌生环境。这些因素包括收禽、禁食以及运输过程中的温度变化。如果控制不当,这些因素可能会影响肉品质。本章阐述了目前禽类抓捕和运输的方法,主要包括可以提高效率、减少人群接触、降低禽类应激的机械化和自动化程序(图 4.1.1)。同时对比讨论了人工和机械抓捕、装载过程,监测及降低运输过程中的应激差异(例如,最小化满载运输车的高温和相对湿度,冷应激)。

图 4.1.1 用于鸡舍中机械化的收禽装置。
详见下文,由 CMC 提供

4.2 收禽——总述

由于物流、动物福利以及时间安排等问题,养殖场到屠宰场的活禽收集和转运过程困难重重。根据活禽的大小和饲养密度,每个现代化鸡舍养殖活禽总量为 20 000～30 000 只。商业化鸡舍一般为 25 m 宽,250 m 长。对于火鸡,养殖量为 5 000～15 000 只,同样取决于火鸡大小(大型公鸡经常与小型母鸡分开饲养)和鸡舍温度。大多数肉用型鸡饲养的填料为木屑或其他植物材料,这些填料会对鸡舍内收禽的方法和装备产生影响。肉鸡出栏日龄为 6～8 周,体重为 2.0～4.5 kg;火鸡出栏日龄为 13～23 周,体重为 5.0～20.0 kg(见第 2 章)。体格较大的鸡被分割后销售或深加工,体格较小的鸡则整鸡出售或用于餐饮。

在抓鸡和装载前,首先将鸡舍中悬挂在房顶的饮水和饲喂装置升起。为抓鸡人员和机械收禽机清空障碍。宰前禁食对禽类的质量和重量至关重要(例如,禁食时间短会造成加工过程中消化系统内的物质污染胴体,长时间的禁食会造成肠道脆弱和掏膛过程中的破裂)。通常推荐肉鸡禁食时间为 8～12 h,火鸡禁食时间为 6～10 h,接下来会详细说明。

改善装载的另一个因素是昏暗灯光。因此,肉鸡经常在夜间或鸡舍关灯的时候装载。这有利于肉鸡镇定和减少食物消耗。

4.3 人工抓鸡

世界上大多数活禽的抓捕和装载过程都是人工完成。Kettlewell 等(2000)表明基于动物福利的角度,最理想的抓鸡方式是双手放于肉鸡两侧。但这种方法不适用于商业化过程,因为不能保证较高的抓捕速率。为达到适当的抓捕速率,抓捕过程通常是从填料板上抓住肉鸡的腿。近些年福利指导方案包含肉鸡的抓捕和装载方式的描述(National Chicken Council,2005;National Turkey Federation,2004)。英国皇家防止虐待动物协会(1999)表明"肉鸡应当分开抓捕,抓住双腿,位置仅高于爪子上方"。指导方案同时说明,肉鸡成群搬运的情况下,必须确保它们舒适、无痛苦或受伤情况,且搬运距离必须尽量短。大鸡舍中,抓鸡人员为 7~10 人,装笼速率为每小时 7 000~10 000 只。理论上,人工抓鸡和装笼过程实际来说不会对肉鸡造成伤害。然而,Kettlewell 和 Mitchell(1994)表明这项工作耗费体力,因此在整个 8 个小时的搬运过程中很难一直保持需要的认真态度和集中注意力。假设一名抓鸡工人每小时要抓至少 1 000 只鸡,每只鸡质量在 2 kg,在 8 个小时的搬运过程中他需要举起 6~16 t 肉鸡。管理人员有时不得不处理旷工、员工动力不足和人员流动等问题。而管理人员有责任去训练并鼓动员工来确保适当的肉鸡管理。如果工作不能正确开展或是工人的动机仅仅是在尽可能短的时间内完成工作,这就可能对肉鸡造成大量伤害。抓鸡过程中常见的粗暴搬运和单腿抓鸡会伴随股骨脱臼(尤其是质量大的鸡)、翅关节脱臼和骨头断裂(Gregory 和 Austin,1992)。

有很多途径去雇佣一组抓鸡人员,比如固定人员的抓鸡小组和随机雇佣一批人员负责一次抓鸡任务。前者可以提供更多的训练和奖励来很好地完成这项工作,但需要补偿额外的薪水。早期一篇报道表明肉鸡加工中的腿、翅或胸部淤血发生率在美国达到 25%,在英国达到 20%(Lacy 和 Czarick,1998)。为了将损伤降至最低,需要建立明确的指导方案并由养殖人员、抓鸡管理人员和加工人员共同贯彻执行。总的来说,很难去衡量装载过程中总的损伤,因为肉鸡在养殖场装载后很难进行简单检查。我们可以推测发生在养殖场的肉鸡损伤或降级情况,但这一般发生在卸载或挂鸡环节(Kettlewell 等,2000;Barbut 等,1990)。瘀伤的颜色可以用于大概/快速推测瘀伤时间,但这不是准确的方法,因此应该尽可能遵循组织学检测结果。

4.4 笼子和容器

企业主要用三种类型容器将肉鸡运送到屠宰场:a)宽松鸡笼(塑料、木质和金属);b)卡车上固定的笼子(常为金属);c)大型模块化容器(塑料或金属)可以带入鸡舍。

a.宽松鸡笼是最传统的运输容器。它们最初由木头后来由金属网制成。目前仍然常见,但一般材质为塑料,且大小不一(图 4.4.1)。小号鸡笼(80 cm×60 cm×30 cm)可以装 12~15 只鸡。宽松鸡笼易于搬运且可以在装载过程中带入鸡舍,也可将鸡赶出鸡舍后进行人工装载。其他情况下,鸡笼可以置于装卸底托上用拖拉机移动。鸡通过笼子上方的开口处放入。开口有不同的尺寸,但如果开口太小则可能对鸡造成物理损伤,尤其是翅部(Kettlewell 等,2000)。总的来说,这种鸡笼系列可以为人工装载和肉鸡运输提供灵活、设备成本低的途径。本章节随后讲述该系统对运输过程中通风以及运输车中微环境的变化的重要性。在加工厂中可以通过人工或传送系统卸载此类鸡笼,将其转移到流水线后将鸡取出。同样需要注意不能弄伤肉鸡或损伤翅膀等。

b.固定的鸡笼作为有效组成部分固定于卡车上。使用这种设备肉鸡必须经过人工或装载设备进入卡车(图 4.4.2)。卡车上鸡笼通常排成两部分,每部分占据卡车半个宽度。鸡笼数量取决于鸡的大小(肉鸡或火鸡)。通常对肉鸡来说,笼子分布为 8 层,每层 12 个笼子,或总共 96 个笼子。装载过程从拖车的两

图 4.4.1 禽类运输用鸡笼。
来自 http：//agriculturalsupply.co/index.php？main_page＝product_
info&products_id＝1521

侧进行,同时需要将鸡从鸡舍搬出或赶出,从而直接装载或传送到卡车上利用工人填补上层鸡笼。对于火鸡,通常利用传送系统(装载器),通过移动并提高传送带末端将重量大的鸡转移到不同的鸡笼中。火鸡通常可以在传送带上行走(图 4.2.2 显示火鸡传送系统),而肉鸡一般是蹲在传送带上。根据生产商,该系统每小时可处理 1 000～2 000 只火鸡。需要指出的是该系统可以用于将雏鸡从养殖场运输到产蛋场。相对于转运母鸡而言,Kettlewell 等(2000)发现运送雏鸡的损伤率较低。相对于母鸡而言,这在某一程度上是由于雏鸡面对处理和运输过程有更高的承受能力,因为其骨头更加疏松。不管在哪种情况下,都需要注意降低损伤发生率并保持设备处于好的形状(如:不会卡住翅膀,无锋利角度)。在屠宰场,卡车通常停靠在传动带附近,借助液压升降塔架来卸载不同高度的鸡群。

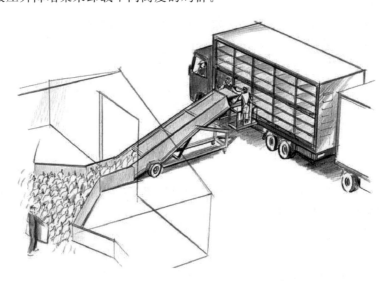

图 4.4.2 运送肉鸡至配有固定鸡笼卡车的机械化梯子示意图

　　c.大型可移动模块化容器/鸡笼系统是目前市场上机械化程度最高的系统。它依赖于大型容器,需要车上车下的机械化处理(图 4.4.3)。该系统与小型和固定鸡笼相比有质的变化,因为它考虑到了提高机械化程度和改善动物福利。有两个基本模块:宽松的鸡笼和倾卸台。宽松鸡笼模块由一定数量的塑料鸡笼组成,这些鸡笼放置在金属框架上。鸡笼的数量取决于鸡的大小(如对于肉鸡,典型的鸡笼尺寸是1.2 m×2.4 m×0.3 m)。该笼子的容量是 25 只,每只鸡质量为 2 kg。装笼密度可以根据天气条件和鸡的质量来调节。笼子可以由叉车移动至鸡舍中放置到需要的位置。每人每小时手工收鸡量为 1 000～1 500

只。顶部的大开口有助于减少肉鸡在装载和卸载时的应激和损伤。到达加工场后这些模块被卸载在传送带上转移至靠近挂鸡架的地方,通过人工抓鸡或倾卸模块使鸡滑出(见第 8 章图示带有可控气体击晕装置的倾卸系统)。这种倾卸系统中,每个模块都是倾斜的,肉鸡将被转移到传送带上,因此可以轻松地从鸡笼中出来(Kettlewell 等,2000)。

图 4.4.3　用于养殖场肉鸡运输的模块化鸡笼系统。注意装载使用的大开口。当一层装满后,将顶部一层向前拉出。由 Stork 公司提供

　　影响产品质量的因素很多。收鸡和运输过程中导致的淤血和损伤非常严重,应当尽量避免,因为这会造成非必要、昂贵的辅料以及产品降级。对于一个固定的鸡笼系统,Barbut 等(1990)表明一辆维护良好的卡车配有铁丝网和钢板相比于一辆破旧配置木板的卡车,更不容易造成产品的降级。后者则会造成更高概率的断翅、腿部淤血和胸部划痕(表 4.4.1)。

表 4.4.1　卡车类型对火鸡产品降级百分比的影响。详见本文

降级原因	卡车类型						差异显著性
	铁丝网笼			钢板			
	最小值	最大值	平均[1]	最小值	最大值	平均[1]	
	（%）						
断翅	1	16	7.27	0	22	7.40	NS
断半翅	4	18	10.03	3	23	12.26	$P<0.05$
腿伤	0	19	1.83	0	7	2.44	$P<0.05$
胸部划伤	0	2	0.10	0	3	0.22	$P<0.05$
断腿	0	1	0.07	0	1	0.04	NS
背部划伤	0	10	1.33	0	11	1.48	NS

[1] 数值为 28 辆运输车中鸡的平均值;每车 100 只鸡。

注:来自:Barbut 等(1990)。

　　铁丝网状的笼子(卡车上共 130 只笼子;笼子尺寸为 1.12 m×1.20 m×0.43 m)保存完好(无锋利边角或断裂的金属丝),门完全盖住开口(笼子底部右侧关闭状态)。木质的笼子(卡车上共 140 只笼子;笼子

尺寸为 0.95 m×1.02 m×0.33 m),保存不一定完好且容易发生卡住翅膀的现象(根据实验结果得出)。为了区分源于养殖场造成的淤血和运输过程中造成的淤血,作者利用组织学观察来研究淤血部位。肉鸡在烫毛后(皮肤暴露在 52～55℃)进入检查/修边程序时取样,5 μm 薄片用苏木素和伊红染色后观察巨噬细胞的个数,巨噬细胞吞噬的色素、细胞和碎片数来判断淤血和划痕的时间。卸载程序造成的淤血或损伤新鲜组织部位不含有巨噬细胞。装载和运输导致的组织损伤会产生部分巨噬细胞。而在养殖场就已经造成的组织损伤则含有一定数量的巨噬细胞,而这些巨噬细胞吞噬色素、细胞和碎片。组织学研究有助于开发一系列照片用于培训员工记录生产线上的损伤数据。总的来说,淤血部位呈现亮红和暗红色的区分标准为是否少于 19 h,如果是则显示为新鲜损伤。

4.5 机械化收鸡

正如上文提到的,收鸡过程在肉鸡生产链中是机械化程度最低的环节。但是随着更多自动化操作的研发,这种形势也在逐渐改变。在过去的 40 年中,已经开发了一些系统,其中有一部分完全失败,而其余系统则逐渐发展应用到商业系统中。

下文将介绍几个还未商业化使用的系统(移动垫和真空吸尘器),因为这些系统有助于理解整个过程。随后将介绍目前工业使用的两个系统。

a. 内置传送带于 20 世纪 70 年代早期在佐治亚研发。该系统包括机械化的养殖、收鸡和运输系统。鸡舍的混凝土底板中嵌入一个固定的传送带。在抓鸡过程中,用缠绕在金属轨道上的大桨机械化地将肉鸡赶上嵌入式传送带。聚群装置配有灯光和喇叭以转运肉鸡。传送带将肉鸡从鸡舍运出至短的倾斜运输机从而将其托举到卡车上。总的来说,这个系统过于复杂并且从未在商业中运用。

b. 收集垫系统由欧洲研发,用于收集鸡舍中的鸡。在抓鸡前几个小时将垫子分块铺于鸡舍地板上。随后,垫子和上面的鸡一起从鸡舍拖出,鸡掉入可叠起堆放的箱子。该系统需要大量的劳动力来铺开垫子,因而没有继续研发。此外,这个过程由于世界各地的鸡舍设计的差异更加不切实际(如长度、宽度以及鸡舍地板的倾斜度)。

c. 配有自推进式收鸡机的大型橡胶桨叶式装载机由北爱尔兰于 1980 年研发。该系统利用大型橡胶桨叶在鸡的上方向下旋转并将其推入传送带,将其运送至装载平台并存储于模块中。这些模块由一系列分层隔间组成,并由机器装载(这最后的部分与目前正在使用的一个系统相类似)。装载平台配备有称重装置,显示笼子是否装满(同样用于目前的某些系统)。整个装置固定在一个动力车上,可以调动进入鸡舍内部,几乎能通过任何种类的填料。但总的来说,这个装备被证明太慢、不可靠并且维修保养花费多(Kettlewell 和 Turner,1985)。

d. 气压传送系统(也可称为大型真空清洁器)于 1980 年前后研发,在该系统中,鸡悬浮在空气中通过管道系统(羽毛可以帮助免于或减少淤血发生)。鸡由人工抓捕,放置到漏斗状的孔穴中,通过管道抽吸到位于卡车上的笼子里。操作人员引导鸡有规律的进入鸡笼。根据 Kettlewell 和 Turner(1985),该系统操作并不顺畅而且当鸡进入漏斗的速率太快就会出现问题,这会造成故障发生和对鸡难以接受的损伤。

e. 第二代基于真空系统由荷兰一家公司研发。该自力推进式机器有一个约 2.5 m 宽的摄像头可以来回摆动,进而延展抓捕区域至 5～6 m。鸡进入到摄像头视线的时候就会暴露在柔和的吸力中,从而将它们带上传送带并将其转移到装笼装置中。

f. 有齿的叉子系统用于将鸡赶到鸡舍的某一角落,随后利用大型有齿的叉子将其从地板上舀起。叉子连接小型翻斗叉车,每次可以举起 100 只鸡。尽管该装载原理被报道是有效的,然而将肉鸡转移到笼子里的过程却不尽人意,因此该系统没有得到广泛运用。

目前,工业上主要使用两种机械抓捕系统。包括装载器向鸡移动 a) 将其放置到移动的传送带上或 b)利用长的橡胶棒将鸡聚集起来并引导其向传送带移动。

a. 移动的传送系统在本章节开始已有介绍(图 4.1.1)可以在图 4.5.1 中查看更多细节。总的来说,配置有装载设备的拖拉机开入鸡舍,鸡被移动到某一块区域。该装置底部缓慢移向鸡群,当它们站上底部时传送带载着它们至中心位置,随后第二个倾斜的传送带将其收起并转移至装笼系统中。该设备安装有模块化系统和/或计数器,因此每个鸡笼都会装载预期质量/数量的鸡。当一个模块装满后会自动后移,另一个模块跟上继续装填。生产商表示利用系统每小时可以装载 10 000 只鸡。相比于北美和南美洲,该系统目前在欧洲广泛使用,但在随后的几年中很有可能会发生变化。

图 4.5.1　用于装载并将鸡装笼的一套完整系统。
拖拉机配有传送带并能计数,因此可以自动化装笼。由意大利 CMC 提供

　　b. 橡胶棒收集系统由一些软、长的反向旋转的橡胶柱将鸡引导至传送带(图 4.5.2)。这些长的橡胶棒是柔软的,因此可以避免损伤,但它们同样足够坚硬因此鸡不能挣脱或扑翅(Ramasamy 等,2004)。一旦抓住后,鸡被举起至倾斜的可伸缩式的传送带(最大扫描范围 24 m),进入位于机械后面的经设计的标准转储系统中。某些关键性的操作因素包括滚筒间距、旋转速率以及机械靠近鸡群的速率。该机器在配有 4 个工人的情况下每小时可以处理 8 000~12 000 只鸡。与其他抓捕程序一样,该操作在夜间或鸡舍灯光较暗时候进行,以便减少太多移动和鸡的过度兴奋。

图 4.5.2　利用长橡胶棒的机械化收鸡系统。
由英国 Anglia Autoflow 提供

利用机械化收鸡器的主要优势包括改善抓鸡人员的工作环境,降低劳动成本,减少鸡的应激和损伤。在过去的几年中,动物福利和员工安全健康问题受到越来越多的关注,因此,禽类企业也密切关注机械化收鸡装置的进步。15 年前,英国只有少数的机械收鸡器,每台每天只能收鸡 35 000 只(Kettlewell 等,2000),而在美国和澳大利亚几乎没有。而目前,一些企业估计,欧洲有 20%的肉鸡是机械化装载的,而在北美该比例则是 5%。对于火鸡而言,欧洲及美国的机械化装载率达到 80%。在沙特阿拉伯某些地区机械抓鸡率达到 100%。总的来说,可以预期的是,随着公司对自动化程度的关注,机械装载器的使用程度将会逐渐增加。

有些文献对比了人工和机械装载,大多数有效数据来源于机械制造商(Ramasamy 等,2004)。Lacy 和 Czarick(1998)对比人工和机械收鸡的淤血率发现,使用机械收鸡装置(橡胶棒转轮机)时腿部淤血率可以减少 50%以上,背部以及胸部淤血率同样也得到了降低(表 4.5.1)。然而,同时发现了翅部轻微、不严重淤血现象的增加。理论上来说,人工抓鸡可以避免损伤,但事实上鸡的应激、抓鸡人员在抓捕鸡的过程中的应激和时间限制经常难以达到最适情况。Duncan(1989)表明,设计合理的机械化收鸡装置可以减少应激、提高福利。他们对比了人工抓捕和利用由 Silsoe 研究机构研发的旋转橡胶棒收鸡装置对鸡的生理指标的影响。这些研究表明:采用机械装置抓捕的鸡,回归正常心跳速率的时间更短,且强直静止过程更短。然而该研究没有检测随后将鸡放于运输笼子中后的相关指标,因为在那个时候还不存在这样的装备。Duncan(1989)表明,人工抓捕过程无论是温和还是粗鲁,都会造成应激的发生,因为鸡还未习惯与人接触。其他研究人员同样表明,与人的直接接触,尤其是不频发的,会对鸡造成生理应激。机械化收鸡装置可以减少人与鸡的直接接触。

表 4.5.1　机械化收鸡装置(橡胶棒型)和人工抓鸡造成的胴体损伤的平均发生率和标准差[1]。来自 Lacy 和 Czarick(1998)

抓鸡方式	瘀伤			
	背部	胸部	腿/关节	翅部
	（%）			
人工抓捕	3.5	1.0	16.5[a]	10.5
	(2.5)	(2.0)	(5.9)	(3.4)
机械抓捕	2.0	1.5	7.0[b]	11.5
	(2.0)	(1.0)	(3.3)	(3.0)

[1] 加工厂人员对 50 只鸡中的 4 个样品按照这两种抓捕方式进行分级。

[a,b] 每一列字母不同代表差异显著(P≤0.05)。

关于人工和机械化收鸡操作的非商业化成本对比并不多见。因此,我们使用了较早的文献对比这两种方法。Lacy 和 Czarick(1998)估测一个典型的 9 人组抓鸡队的劳动成本为 215 000 美元/年。相比较而言,需要 3～4 人操作机械化收鸡装置的劳动力成本为 72 000 美元/年,这表明每年节省了 143 000 美元。假设一台机械化抓鸡装置的成本是 175 000 美元,仅仅劳动力成本的降低就可以在 15 个月内购买一套机械化抓鸡装置。根据作者所述,回报率还不包括降低鸡损伤带来的节省,降低工人赔偿金以及降低工人健康保险花销等。

4.6　禁食

禁食时间对屠宰过程中鸡肉质量、出成(也称为体重损耗)和屠宰厂的污染问题有显著影响。总体来说,供水和供料装置应在鸡装载前就移除或升起,以便排空其肠道内容物。鸡的肠道在屠宰过程中处于相对放空状态对于减少粪便污染很重要(当肠道内容物较多时,使用自动掏膛设备和人工掏内脏时肠道破损的概率增加,见第 5 章)。通常,肉鸡的禁食推荐时间为 8～12 h,而火鸡则为 6～10 h(Buhr 等,1998;Duke 等,1997;Zuidhof 等,2004)。但需要指出的是不同公司使用不同的禁食时间,这取决于很多因素,比如从养殖场到加工厂的距离、天气因素以及屠宰厂的污染历史(工厂禁食时间 6～14 h 不等)。需要指出禁食时间代表鸡不接触食物的总时长。这包括在养殖场的时间、在卡车上的时间以及在屠宰厂的候宰时间(Zuidhof 等,2004)。当考虑到排空肠道内容物速率时,每个阶段的相对时间也很重要。比如,Summer 和 Leeson(1979)报道当肉鸡处于笼中时比处于地面上的可以接触到水的时候排空肠道内容物所需的时间更长。这可能由于高应激水平和低活力造成。相似的是,放置在黑暗中的鸡排空肠道内容物的速度也很慢。Buhr 等(1998)报道称鸡暴露在灯光和水的条件下 6 h 后,肠道内容物的 60%～70% 被清空,12 h 后清空 80%,而 18 h 后则全部清空。一些公司推荐在装载前 3～4 h 禁食,但不禁水。如果鸡仅在加工前 4～6 h 才禁食的话,在屠宰过程中如电击晕/刺激(造成肌肉收缩)导致肠道内容物泄露到胴体上的概率增高。反之,同样不推荐太长时间的禁食(如 14 h),因为这可能会造成肠道强度减弱。Bilgili 和 Hess(1997)报道当禁食时间从 6 h 增加到 18 h,小肠的抗拉强度减小 20%。他们同样发现了性别(母鸡肠道强度比公鸡低 15%)和季节作用的差异(冬季强度要高 15%)。总的来说,如果禁食时间过长,肠道微结构就会发生变化(如绒毛变长,黏液层降低),胆囊变长,肝脏和胴体的胆汁污染概率增加。

禁食时间的长短同样影响鸡加工后的出成/体重损耗。一些研究关注了体重损耗,发现每小时变化的数值为 0.2%～0.5%,取决于鸡的质量、日龄、气候、日粮组成等。Petracci 等(2001)报道称数值的变化范围是 0.27%～0.48%,而 Buhr 等(1998)发现在禁食的前 6 h,每小时的体重损耗为 0.25%～0.35%。Duke 等(1997)则表明对火鸡而言,该变动范围为 0.2%～0.4%(注:体重较大的鸡每小时损耗的体重更多,即更多的利润损失)。

4.7　运输

将鸡运输至屠宰厂是整个宰前管理操作过程很重要的一部分。当鸡暴露在新的条件下(如气候、心理压力、新环境、禁食),需要被特别关注以减少潜在的损伤发生。减少运输过程中应激的发生不管是在动物福利还是在肉品质方面都很重要。考虑到有大量的鸡需要运输至加工厂(如在欧洲有超过 40 亿),运输过程是个主要的问题。家禽养殖在农场,分布在农村,一般来说运送至加工厂需要 1～5 h(一些研究表明小于 2 h 合理)。前期研究表明,禁食和抓鸡造成生理应激。此外,运输应激的综合作用(如热、加速、噪声和混群)会对鸡造成轻微到严重不适,甚至死亡。Bayliss 和 Hinton(1990)表明在英国,到达工厂时 40% 鸡的死亡(一般来说占据一车鸡的 0.0%～0.2%)都归因于运输应激。此外,他们指出随着运输时间的增加死亡率也增加。作者同样表明,在英国,鸡的平均运输时间小于 3 h,但是临时情况下鸡在运输车上甚至需要呆长达 12 h。相同的情况也发生在北美,所谓长时间的运输,运输时间长达 5 h,而鸡在车上待的时间为 10～12 h。Duncan(1989)利用行为和生理反应(心率、血浆皮质酮水平和强直静止)来反映运输过程发生在鸡体上的应激情况。鸡经过运输后血浆皮质酮水平升高,这反映出下丘脑-腺垂体-肾上腺皮质轴的激活。这与观察到的嗜异细胞:淋巴细胞比例升高相吻合。也有报道表明运输应激会造成组织损伤,这由血液中酶活(肌细胞内如肌酸激酶)增加的反映。

运输过程主要应激因素是环境温度。基于这个原因,在寒冷条件下,车都是要盖起来的。这些年来,一些研究检测并模拟了运输过程中热应激对鸡体代谢速率的影响(Mitchell 和 Kettlewell,1998;Yahav 等,1995;Knezacek 等,2010)。Webster 等(1993)表明羽毛完整的鸡在狭窄的环境温度范围会经历热舒适。他们推测通过合理控制车内的气流,无论是在移动中还是在静养状态下(在静养和停止的情况下最小的自然风)都可以将应激控制最低。随后,Mitchell 和 Kettlewell(1998)完成了一个很重要的温度模型研究用于指导禽类运输。在此引用他们的研究用于表明监测车内所谓热微环境区域(如需要指出的是目前不昂贵的数据记录仪可以用于监测任何车上的状况以快速建立数据库),测定应激以及为不同的地理区域提供实际过程中的操作指导。

首先作者描述了一个数值称为明显的等效温度（AET），用来表明鸡所经历的"有效温度"。通过计算来定义鸡在面对定量热条件的反映，该数值考虑到温度、水蒸气压力以及心理常数。随着相对湿度的增加，在一个恒定的温度，鸡体通过喘气散热将变得很困难，因而将感知到较高的体温（鸡没有汗腺）。该数值与湿球温度相关并描述在潮湿表面和环境的总热量交换（如用相似的原理监测相对湿度以控制烟房的操作，见第 13 章描述）。需要指出的是在开放空间相似条件下，热量损耗的影响对于鸡笼内部相比于对单只鸡的影响更为显著。

图 4.7.1 显示一条线经过温度和湿度条件下产生的 AET 数值为 64℃（基于鸡的生理），作者指出在最大数值情况下鸡更加舒适。AET 数值 65℃ 在理论上可以通过环境温度 65℃ 在完全干燥的空气中或 22℃ 相对湿度为 100% 的条件下达到。比如，空气温度 40℃ 和 21% 的相对湿度可以达到相同的数值。总的来说，不考虑温度，在商业运输车内部相对湿度低于 50% 并不现实。因此，最大允许的干球温度应为 30℃，更加实际的相对湿度范围是 70%～80%；因此，卡车温度需要保持在低于 25～26℃，并保持充足的通风以降低水蒸气负荷。在卡车内部通过安装监测系统，可以降低热应激并提高动物福利。需要强调的是呈现在此的计算是基于模仿装笼密度为 53～58 kg/m²，运输时间为 3 h。这些条件基于欧盟标准（EC 91/628，1993）。

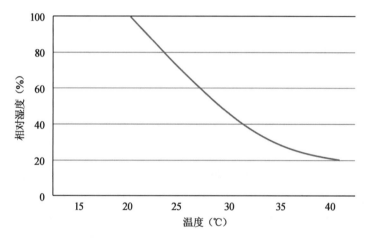

图 4.7.1 干球温度和相对湿度的结合产生明显等效温度（AET）64℃，
推荐可以接受的商业家禽运输车内部热应力的上限。
经允许，参考 Mitchell 和 Kettlewell（1998）重新制作

在他们的研究中（图 4.7.2），Mitchell 和 Kettlewell（1998）利用一个配有模块化容器系统（1.3 m× 0.7 m×0.25 m）的典型肉鸡运输装置，可以装载 6 000 只平均体重在 2 kg 的肉鸡。装笼密度为 53 kg/m²，每个笼子夏天可以装载 21～22 只鸡，冬天最多可以装载 23 只鸡。笼子间有垂直缝隙，每个孔隙 1 cm 宽，相距 5.5 cm。卡车头部坚实，有最高限度和敞开的尾部。温度和相对湿度探针分布在车上的 6 个位置用于不间断收集数据（探针放置于与肉鸡相同水平）。运输过程中对外部温度和空气流速同样进行测定。该研究形成了运输车夏季（遮布打开）和冬季（遮布关闭）的三维热图。在冬季的几个月内，数据表明当温度和蒸汽密度都有显著增加的地方出现了微环境（VD；图 4.7.2b）。

总的来说，平均温度增加 14.5℃，蒸汽密度增加 6.2 g/m³（图 4.7.2）。这表明，当遮布关闭时，即使外部温度很低，"矛盾的热应激"在热核心区域仍然会发生。夏季，仅仅发现 2～5℃ 的温度变化。在设计新型卡车或提高现有车辆通风系统的情况下，应当首先考虑温度耗散和湿度变化以及卡车内部热应力的合理分布。

冬季数据（图 4.7.2）表明从车的前部到尾部存在一定的差异。该"热核心区域"可以在车的前部上方发现，该部位通风少，热应激的风险比例较大。另一个非常重要的观察发现是当车在强制"驾驶休息"（在 78～118 min 时）温度以及蒸汽密度大量增加。这是非常重要的一点，因为当卡车静止不动时，很多卡车

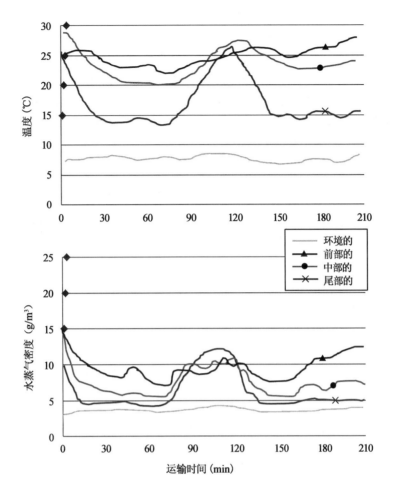

图 4.7.2　代表冬季运输过程分布在禽类运输车的温度(图1)和三个不同部位水蒸气密度(图2)在连续时间段内的变化(遮布关闭)。

车在强制"驾驶休息"的时候于 78～118 min 时静止。经允许，参考 Mitchell 和 Kettlewell(1998)重新制作

依赖于"自然通风"。在运输过程中，温度和水蒸气密度在"热核心区域"最大且相对恒定。在通风不良的条件下(卡车停止时)，夏季高温和高蒸汽密度使鸡处于更高的热应力负荷。

　　总的来说，作者研究表明平均等效温度(AET)约为 50℃。夏季(遮布打开)最大 AET 为 60℃ 左右，冬季(遮布关闭)在 60～80℃ 变动。需要指出的是这些数据从他们所谓的"典型运输过程"得来；然而，在其他商业条件下，数值可能会超过这里报道的数值，特别是在春、秋季较温暖的时段，卡车在运输过程中仍然保持遮布关闭的状态。作者同样在实验室进行了"笼中"实验来表明 AET 对应激条件下生理反应的作用。在模拟运输后，进行体温测定和收集 0 h、3 h 的血液样品(表4.7.1)。AET 在笼内温度为 22～30℃ 以及蒸汽密度为 10.5～27.0 g/m³ 达到。将鸡限制在笼子内容易在热负荷时导致过高热。当 AET 为 70℃ 时，过高热变得显著，而 AET 在 80℃ 或更高，过高热则更为显著甚至危及生命。血液肌酸激酶在所有处理组中均增加，反映出在这些条件下的机体应激。当暴露在 AET 超过 45℃ 条件时，肌酸激酶的活力均大于 1 000 IU/L，尽管该反应往往与 AET 是成比例的。当暴露在 AET 为 81.1℃ 和 91.5℃ 时，肌酸激酶活性增加 45%～50%，这表明肌膜完整性的破裂带来了严重的肌肉损伤。当 AET＞70℃ 时，皮质酮激素分泌显著增加。作者指出由于热冲击，激素增加伴随着酸碱平衡的打破以及血液部分二氧化碳压力。总的来说，应激剖面图表明 AET 热应力达到 45～50℃ 时生理应激水平最低、最温和。为 50～70℃ 时，应激水平为中等到严重，生理应激的增加伴随着一些平衡系统的打破，这可能会潜在地造成死亡率的增加

(温度调控作用的灾难性丧失,严重的过高热和重要系统的崩溃)。前面所示,应当避免 AET 大于 65℃ 的发生。作者发明出一种实用方法用于日常在线监测商业运输车辆的内部环境。该程序利用生理反应模型来提醒司机降低运输过程中热应激增加的风险。可以通过简单的变动如调整边帘或升高车顶的高度来降低运输过程中的热应激风险。热力学参数描述卡车内部情况显示出微环境的复杂性。作者指出如果一只 2 kg 的鸡平均代谢率为 15 W,蒸发水 10.5 g/h,那么 6 000 只鸡将会产生 90 kW 的热量以及 63 kg/h 的代谢水,必须通过通风来驱散。通过该结构的空气流平衡的打破会造成热量和水分的堆积,对鸡造成更高的热应激风险。此外,随之而来的热应力刺激将进一步增加水蒸发(急促呼吸的鸡),造成恶性高热的反复循环。

表 4.7.1 肉鸡暴露在 3 h 运输状态下的一系列热应力条件下($\theta * app$)体温和血液肌酸激酶(CK)变化。数值为平均值±标准差($n=10$)。经允许,转自 Mitchell 和 Kettlewell(1998)

$\theta * app$	体温		血浆 CK 活性	
	T^0	T^1	T^0	T^1
	———— (℃) ————		———— (IU/L) ————	
45.0	41.6±0.13	42.0±0.25	693±257	888±324
58.0	41.7±0.17	42.4±0.29	696±296	1 043±432
70.4	41.5±0.17	42.5±0.30	652±178	996±241
81.1	41.5±0.11	43.0±0.33	830±323	1 205±393
91.5	41.3±0.23	44.6±0.33	810±215	1 239±410

目前,人们更多关注车辆设计因素,如卡车中部的空气间隙,从底到上的空气流动。当卡车停止或在非常炎热的时候,可以通过提升顶部以增加通风。顶部高度的调节可以用于协助模块化笼子的装载和卸载。图 4.7.3 显示的特殊地板设计可以使空气流通更好,不至于当上层笼子被粪便覆盖而造成问题。

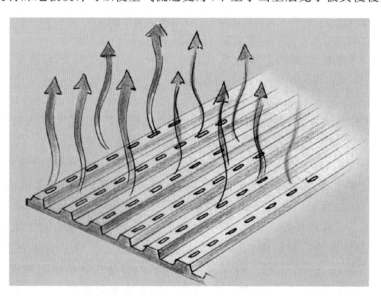

图 4.7.3 该设计在少量粪便污染的情况下仍然能满足足够的空气流通(Air Flo)。
由 Stork 公司提供

Mitchell 和 Kettlewell(1998)提供了计算空气流速的例子。它们表面当外界温度为 20℃、相对湿度为 50% 时,水蒸气密度为 8.6 g/m³。如果加上由车上鸡呼吸产生的水分,将相对湿度增加至 90%(温度没有任何的变化),那么水蒸气密度则会增加到 15.6 g/m³。他们计算水分增加为 63 kg/h(来自车上

6 000 只鸡)且如果保持湿度现状则需要空气流速为 2.5 m³/s。该计算假设在商业化运输车中实际并不存在的没有温度增加且内部环境均一的条件。

Knezacek 等(2010)利用热图来模拟加拿大冬天肉鸡运输的情况(图 4.7.4)。这里引用他们的研究以表明热图在检测和修复微环境问题时的获益之处。研究人员利用外部数据记录仪和核心体温检测器在 4 次运输过程中测定温度。总的来说,在运输过程中可以发现所有模块间的温度多相性,平均笼内温度范围为 11~31℃,9~28℃,2~26℃ 以及 1~16℃,运输时间为 191 min、193 min、178 和 18 min,环境温度为 −7、−27、−28 和 −18℃。温度监测显示产生过高热以及过低温的潜在可能,表明冷应激可能发生在靠近进风口位置,而热应激则发生在通风不良的区域。卡车内部被动式通风会造成笼内温度比外界温度高 18~55℃。通过描绘卡车的状态,可以解决问题区域并提供更多均一的状态。运输过程中持续监测可以进一步帮助维持理想温度,因为车内状态在整个途中都会发生改变(如风向、车速和休息期间)。目前一些卡车在运输动物过程中偏向于在关键点安装风扇,可以将空气导向特定区域,这可以结合监测系统来降低/消除微环境问题。

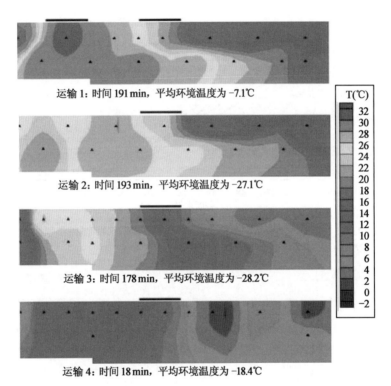

运输 1：时间 191 min，平均环境温度为 −7.1℃

运输 2：时间 193 min，平均环境温度为 −27.1℃

运输 3：时间 178 min，平均环境温度为 −28.2℃

运输 4：时间 18 min，平均环境温度为 −18.4℃

图 4.7.4　冬季 4 次运输过程中在 16 m 拖车中心的插入式温度变化
每张图片上方的黑色破折号显示通风口位置。
每张图片内部的黑色小三角显示为温度感应器的位置。经允许转载自
Knezacek 等(2010)

Mitchell 和 Kettlewell(1998)利用他们发明的模型来比较传统运输车和配备改善通风系统运输车的差异。这些修改是基于针对传统运输车周围压力区域的数学和物理建模而来。这么做的目的是在运输过程中确定压力梯度位置,协助推送自然通风。在测定过程中,作者使用相同的对照,在相同的路线进行 4 天重复运输过程。记录温度和相对湿度以及两辆车上鸡的生理应激状态,测定血液样品的嗜异细胞:淋巴细胞(H:L)比例和血液肌酸激酶水平。在标准运输车中,平均温度为 28.7℃,相对湿度为 63%(水蒸气密度为 17 g/m³)。这相当于等效温度为 68.8℃,超过了推荐水平的 65℃,同时根据测定,显著增加的 H:L 水平(0.97)表明鸡处于生理应激状态。在改善后的运输车中,相同的外界气候条件(11.7℃)下平均车内温度为 22.5℃,相对湿度为 51%(水蒸气密度为 10.2 g/m³),等效温度为 45℃。因此,生理应激指

标较低(如与标准车相比,血液肌酸激酶为 310∶407 IU/L,H∶L 比例为 0.30∶0.97)。实验表明利用物理参数改善卡车设计对生理状态的利好。该改善同样降低了死亡率(0.43%∶0.49%),提高了 10% 的卡车装载能力(相当于两个模块或约为 500 只鸡)。

在运输过程中避免热应激的另一个重要原因是热应激容易诱导类 PSE 肉的发生。据报道,当肉鸡/火鸡暴露在极端天气状况下类 PSE 肉的发生概率增加。McCurdy 等(1996)表明火鸡在夏季热的月份与冬季运输相比,色泽苍白的鸡胸肉增多,保水性降低(图 4.7.5)。McKee 和 Sams(1997)同样表明火鸡在生长过程中暴露在热应激条件(白天和夜间温度分别为 38℃ 和 32℃)一个月与生长在 24℃ 和 16℃ 条件下相比呈现出较高的亮度值,较低的宰后 pH 以及较高的滴水损失和蒸煮损失。随后的一个研究表明肉鸡在加工厂待宰区域的温度>18℃ 和 12℃ 相比(宰前),类 PSE 肉发生率升高(Bianchi 等,2006)。这个信息强调了在养殖、抓捕和运输过程中维持良好环境的极度重要性。总的来说,对卡车构造、装载密度、频率以及静养时间等因素的深入了解,对禽肉加工业将有极大的帮助。多学科交叉方法包括动物生理、营养、机械工程和电子方面将有利于工厂提高改善运输过程。

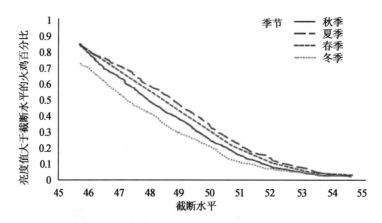

图 4.7.5 折线图反映不同季节火鸡胸肉的亮度值。详见文中。
参考 McCurdy 等(1996)重新制作

参考文献

Barbut,S. ,S. A. McEwen and R. J. Julian. 1990. Turkey downgrading: Effect of truck,cage location and unloading. Poultry Sci. 69:1410.

Bayliss,P. A. and M. H. Hinton. 1990. Transportation of broilers with special reference to mortality rates. Appl. Anim. Behav. Sci. 28:93.

Bianchi,M. ,M. Petracci and C. Cavani. 2006. The influence of genotype,market live weight,transportation,and holding conditions prior to slaughter on broiler breast meat color. Poult. Sci. 85:123.

Bilgili,S. F. and J. B. Hess. 1997. Tensile strength of broiler intestines as influenced by age and feed withdrawal. J. Appl. Poultr. Res. 6:279.

Buhr,R. J. ,J. K. Northcutt,C. E. Lyon and G. N. Rowland. 1998. Influence of time off feed on broiler viscera weight,diameter,and shear. Poult. Sci. 77:758.

Duke,G. E. ,M. Basha and S. Noll. 1997. Optimum duration of feed and water removal prior to processing in order to reduce the potential for fecal contamination in turkeys. Poult. Sci. 76:516.

Duncan,I. J. H. 1989. The assessment of welfare during the handling and transportation of broilers. Proc. Third European Symposium on Poultry Welfare.

EC 91/628. 1993. Directive of the Commission of the European Communities-Welfare of Animals in Transport. http: // europa. eu/legislation _ summaries/other/l12052 _ en. htm. Accessed

November 2014.

Faure,J. M. and A. D. Mills (Eds). French Branch of the World's Poultry Science Association,Tours,France. p. 93.

Gregory,N. G. and S. D. Austin. 1992. Causes of traumain broilers arriving dead at poultry processing plants. Vet. Record. 131:501.

Kettlewell,P. J. and M. A. Mitchell. 1994. Catching,handling and loading of poultry for road transportation. World's Poultry Sci. 50:55.

Kettlewell,P. J. and M. J. B. Turner. 1985. A review of broiler chicken catching and transport systems. J. Agric. Eng. Res. 31:93.

Kettlewell,P. J. ,C. H. Hampson,P. S. Berry,N. R. Green and M. A. Mitchell. 2000. New developments in bird live haul and unloading in the UK. Proc. World Poultry Congress. Montreal,CAN.

KnezacekT. D. ,A. A. Olkowski,P. J. Kettlewell,M. A. Mitchell and H. L. Classen. 2010. Temperature gradients in trailers and changes in broiler rectal and core body temperature during winter transportation in Saskatchewan. Can. J. Anim. Sci. 90(3):321.

Lacy,M. P. and M. Czarick. 1998. Mechanical harvesting of broilers. Poultry Sci. 77:1794.

McCurdy,R. D. ,S. Barbut and M. Quinton. 1996. Seasonal effect on pale soft exudative (PSE) occurrence in young turkey breast meat. Food Res. Intl. 29:363.

McKee,S. R. and A. R. Sams. 1997. The effect of seasonal heat stress on rigor Development and the incidence of pale,exudative turkey meat. Poult. Sci. 76(11):1616.

Mitchell,M. A. and P. J. Kettlewell. 1998. Physiological stress and welfare of broiler chickens in transit: solutions not problems! Poultry Sci. 77:1803.

National Chicken Council. Animal welfare guidelines and audit checklist. 2005. http://www.nationalchickencouncil.com/aboutIndustry/detail.cfm? id＝19. Accessed June 2014.

National Turkey Federation. Animal care guidelines for the production of turkeys. 2004. http://www.eatturkey.com/foodsrv/pdf/NTF_animal_care.pdf. Accessed June 2014.

Petracci,M. ,D. L. Fletcher and J. K. Northcutt. 2001. The effect of holding temperature on live shrink,processing yield,and breast meat quality of broiler chickens. Poult. Sci. 80(5):670.

Ramasamy,S. ,E. R. Benson and G. L. Van Wicklen. 2004. Efficiency of a commercial mechanical chicken catching system. J. Appl. Poult. Res. 13(1):19.

Royal Society for the Prevention of Cruelty to Animals. 1999. Welfare standards for chickens. Freedom Food Ltd. ,RSPCA,Causeway,West Sussex,UK. p. 27.

Summers,J. D. and S. Leeson. 1979. Comparison of feed withdrawal time and passage of gut contents in broiler chickens held in crates or pens. Can. J. Anim. Sci. 59:63.

Webster,A. J. F. ,A. Tuddenham,C. A. Saville and G. B. Scott. 1993. Thermal stress on chickens in transit. Brit. PoultrySci. 34:267.

Yahav,S. S. Goldfield,I. Plavnik and S. Hurwitz. 1995. Physiological responses of chickens and turkeys to relative humidity during exposure to high ambient temperature. J. Therm. Biol. 20:245.

Zuidhof,M. J. ,R. H. McGovern,B. L. Schneider,J. J. R. Feddes,F. E. Robinson,D. R. Korver and L. A. Goonewardene. 2004. Effects of feed withdrawal and live haul on body weight,gut clearance,and contamination of broiler carcasses. J. Appl. Poult. Res. 13(3):472.

第5章 禽肉的初加工

5.1 引言

　　随着禽肉加工业的成熟,全球范围内建立起大规模专业化的加工厂。第1章中提到,自动化能提高生产效率和生产线速度。50年前,生产线最大速度大约是2 000只/h。而具有自动净膛和分割的现代化工厂(图5.1.1a和b)可以在单条生产线上达到13 500只/h。人工生产线通常加工量较少,劳动力输出较低(见第2章)。加工厂中应用的新技术如计算机图像视觉,可以对禽肉进行分级、分类和兽医学检验。由于这些新技术拥有较高的精确度,且有助于提高工人面对重复性工作时的工作效率。一些政府机构目前正在评估这些技术,传感器、控制单元和摄像机价格的降低,促进计算机设备和监视系统进入禽肉加工厂以提高生产力。机器视觉系统(图5.1.2)捕捉到的信息也可以用来判断每一只家禽怎样销售(整只、分割)或如何分割(去骨胸肉、带骨腿肉),从而最大化满足市场需求。这种系统最大的优点之一是管理人员可以在家禽进入分割区前3 h就做出决定。这种线上计算机系统已经应用于加工厂中(见第1章)。未来,线

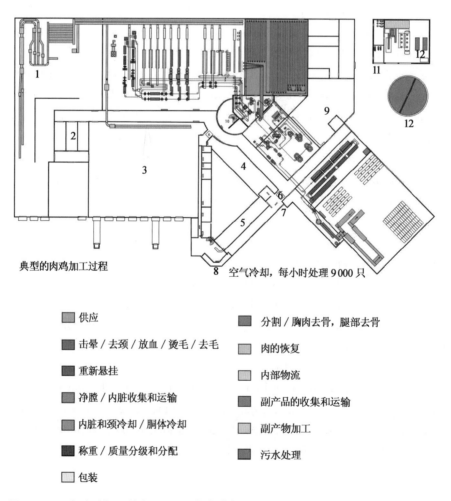

典型的肉鸡加工过程

8 空气冷却,每小时处理9 000只

- ■ 供应
- ■ 击晕/去颈/放血/烫毛/去毛
- ■ 重新悬挂
- ■ 净膛/内脏收集和运输
- ■ 内脏和颈冷却/胴体冷却
- ■ 称重/质量分级和分配
- ■ 包装

- ■ 分割/胸肉去骨,腿部去骨
- ■ 肉的恢复
- ■ 内部物流
- ■ 副产品的收集和运输
- ■ 副产物加工
- ■ 污水处理

图5.1.1a 每小时加工量为9 000只的肉鸡加工厂平面图

上计算机系统有望提高精细度并应用于溯源。

现代专业化禽肉加工厂主要进行单一种类禽(如肉鸡、火鸡、鸭)加工,包括宰杀、去毛、净膛、预冷、分割和包装。通常情况下,为方便运输,初级加工厂都建在次级肉品加工厂附近,方便鲜肉运输。

禽肉加工厂中典型步骤见图 5.1.3,可以对这些步骤进行调整(如卸载在击晕之前或之后、鸭肉加工中用热蜡浴去除纤毛),但所有工厂中基本步骤都大概一致。另一张图展示整个加工流程、重点关注HACCP 的图表见第 6 章。下文将会讲到,所有操作过程根据资金、劳动力成本、实用性和加工量等因素都能实现不同程度的自动化生产。

本章着重介绍禽肉初加工中的不同步骤。各步中的微生物和卫生指标将会在第 6 章和第 15 章解释。总之,过去半个世纪以来,禽肉加工业取得了巨大的发展,如今在劳动力成本较高的国家(如西欧),则推行更高程度的自动化。然而,传统上劳动力成本较低的地区也寻求提升自动化水平的可能,因为提高生产力逐渐成为企业的首要任务(如与其他工厂竞争)。

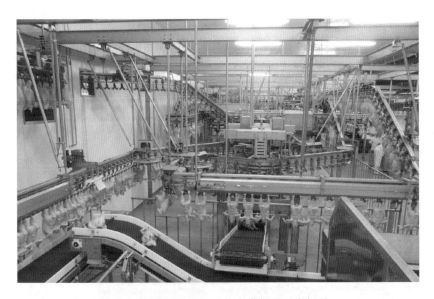

图 5.1.1.b 每小时加工量为 13 500 只的禽类加工厂内部图

图 5.1.2 肉鸡加工中的机器视觉系统

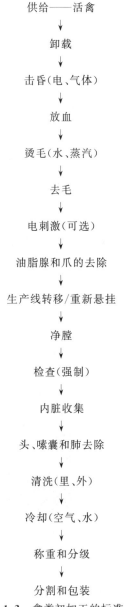

供给——活禽
↓
卸载
↓
击昏(电、气体)
↓
放血
↓
烫毛(水、蒸汽)
↓
去毛
↓
电刺激(可选)
↓
油脂腺和爪的去除
↓
生产线转移/重新悬挂
↓
净膛
↓
检查(强制)
↓
内脏收集
↓
头、嗉囊和肺去除
↓
清洗(里、外)
↓
冷却(空气、水)
↓
称重和分级
↓
分割和包装

图 5.1.3 禽类初加工的标准步骤

5.2 供给——活禽

家禽通常装在板条箱或笼子中通过卡车运输到工厂(见第4章)。卡车在进入工厂时或者卸载前首先对家禽进行称重。活禽重量作为向养殖户付款的依据。在某些地方,根据活禽重量(减去死禽重量),得出去除内脏后的重量,结合分级计算后向养殖户付款。当家禽到达工厂时,建议静养一段时间。这对暴露于恶劣环境条件(如极热、极寒或长途运输)的家禽尤为重要。降低应激水平,提供恢复正常呼吸和心率的时间,对减少加工线上的问题非常重要。例如在采用气体击晕情况下,建议在加工前将家禽放置在安静凉爽的地方1～2 h,因为诸如呼吸速率和肌糖原水平等因素对防止因抽搐造成的肉品质下降非常重要(详见第8章)。

5.3 卸载

传统上从笼子中卸下家禽并将它们放在链条线上都由人工完成,且目前世界上很多地方仍然这样做(图5.3.1)。笼子可以卸载到传送带上,然后由工人卸下并放置在移动的链条线上。如果这些笼子固定在卡车里,那么这些家禽会由站在剪刀式升降机上的工人直接放在链条线上。已经研发出自动卸载系统,并且通常作为大型模块化箱系统的一部分(图5.3.2)。在这种情况下,整个模块升起并倾斜,家禽可以走到传送带上。由于该系统完全自动化,运动或光传感器用于探测在倾斜后是否还有家禽留在笼中。如果检测到家禽,那么笼子将再次倾斜或发出警报,以便工人检查。

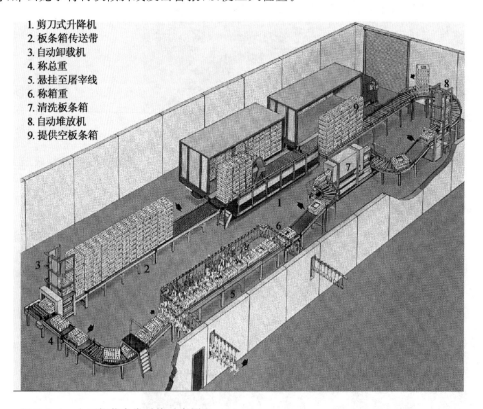

1. 剪刀式升降机
2. 板条箱传送带
3. 自动卸载机
4. 称总重
5. 悬挂至屠宰线
6. 称箱重
7. 清洗板条箱
8. 自动堆放机
9. 提供空板条箱

图 5.3.1 人工卸载禽类系统示意图

在采用电击晕的工厂中,家禽是手动放置到挂钩上。如果采用气体击晕,家禽通常被卸载到传送带上(通常是倾斜的。注意此步骤也可以用于电击晕),然后移动到击晕区域,通过二氧化碳、氩气或混合气体击晕。在其他气体击晕系统中,家禽在击晕期间留在笼子里,然后轻松地移动到链条线上。在笼中取出无

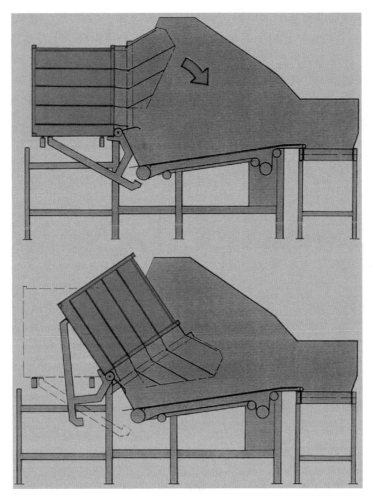

图 5.3.2　卸载家禽的自动化倾斜系统

意识状态的家禽相比于从笼中取出有意识的家禽更容易,且有助于减少瘀伤。家禽击晕后挂到生产线的工序应在其苏醒前迅速完成。当使用剧烈且不可逆的气体击晕和电击晕时会发生一些例外。不管卸载操作如何,都应特别注意尽量减少家禽的瘀伤。一些大公司目前正采取一些额外措施,尽量减少家禽在抓捕、运输、静养和卸载中遭受的应激。在最后两阶段采用的措施包括喷淋、通风、特殊照明(主要是不刺激家禽的蓝光),及减少灰尘和使用低噪声的通风系统。许多研究表明,兴奋状态下的家禽比放松状态下的家禽更加活跃,更容易导致扑翅和胴体损伤(McEwen 和 Basbut,1992)。

5.4　击晕

　　击晕使动物在宰杀之前失去知觉。击晕可以通过直流电、气体或机械方式完成。击晕的最初目的是为了固定动物以便更容易和更安全地处理,尤其是大型的红肉动物。而近些年击晕主要用于减轻动物的痛苦和改善动物福利。从这个角度看,击晕应当让动物快速处于无意识状态并保持这种状态直到死亡(Fletcher,1999)。击晕的参数设置通常严格按照政府规定,这也包括因特殊宗教考虑而产生的条款(如犹太和伊斯兰法律中的犹太认证和清真认证)。更多信息详见第 8 章,其中专门介绍了家禽击晕的不同方法。

5.5　放血

　　放血过程通常采用切断颈部方式(图 5.5.1)。家禽中有几种割断血管的方法:用单刀片切割颈动脉和静脉,单/双刀片切割颈动脉和静脉,切断一个或两个椎骨动脉。所谓"改良犹太认证"方法是最常见的放血方式之一,切断颌下方的颈静脉使气管和食道保持完整。当使用自动化设备拔出气管时,保持这些部位的完整性非常重要。其他不太常见的方法包括断头和机械击晕,包括刺入大脑和切割口腔顶部静脉。"改良犹太认证"方法容易由人工或自动化设备实现,放血充分并保持头部、气管和食道完好无损(Mountney,1989)。高速自动放血设备采用栏杆系统,保证精确定位到家禽颈部,以精确切开血管。在传统的犹太和清真认证屠宰中,只允许手动切割血管。通常由经过特别训练的传教士操作。

根据家禽大小和类型,沥血时间为 2~5 min。沥血过程能够去除总血量的 35%~50%,牲畜和家禽间可能存在较大差异。有报道表明使用"改良犹太认证"方法相比断头和穿孔,放血率更高(Mountney,1989)。影响放血的其他因素包括宰前应激、击晕方法及击晕和放血的时间间隔。

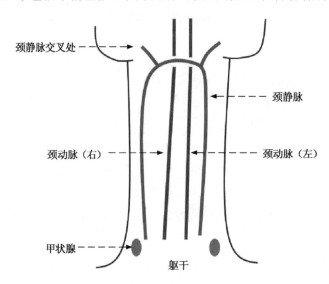

图 5.5.1 鸡颈部血管的剖面图

表 5.5.1 显示了 4 种不同击晕方法之间的区别。总的来说,放血受到击晕方法和击晕到放血时间的显著影响。值得注意的是,放血不足会增加胴体血斑,尤其是因充血或出血的翼静脉导致胴体等级下降发生率增高(Gregoy 和 Wilkins,1989;Raj 和 Johnson,1997)。表 5.5.1 中表明高频电击晕会提高放血率。一些国家通常采用 50 Hz,在击晕后 1 min 内割断血管保证充分放血,击晕到放血的时间超过 3 min 会导致放血量减少。与 50 Hz 电击晕相比,二氧化碳和氩气混合气体击晕会减少放血量。放血率不受腹侧或单侧切割颈部的影响;然而延迟放血会降低放血量。在氩气击晕后,延长 3~5 min 放血对放血量没有显著影响。作者总结与 50 Hz 电击晕相比,二氧化碳和氩气击晕效果更好。关于气体击晕的更多讨论见第 8 章。

表 5.5.1 击晕方式对放血率的影响

处理	持续时间	放血方式	放血量(g/kg) Mean(SE)
50 Hz(120 mA)电击晕	1	V	34.2(1.88)[de]
		U	29.7(1.74)[e]
	3	V	26.0(1.41)[ab]
		U	28.4(1.79)[abc]
	5	V	29.1(2.19)[abc]
		U	24.8(1.33)[a]

续表 5.5.1

处理	持续时间	放血方式	放血量(g/kg) Mean(SE)
1 500 Hz(120 mA)电击晕	0.3	V	36.1(0.93)[e]
90%氩气	1	V	31.0(1.56)[cd]
		U	29.8(1.11)[bc]
	3	V	26.5(1.46)[abc]
		U	29.8(1.68)[bc]
	5	V	30.0(2.13)[bcd]
		U	29.7(1.89)[bc]
二氧化碳＋氩气	1	V	30.0(1.01)[bc]
		U	28.7(1.76)[abc]
	3	V	26.1(1.67)[ab]
		U	28.1(1.50)[abc]
	5	V	26.0(1.00)[abc]
		U	25.0(0.98)[a]

V＝腹面放血,颈动脉和颈静脉

U＝侧面放血,颈动脉或颈静脉

a-e 不同字母代表差异显著($P<0.05$)

参考 Raj 和 Johnson(1997)

5.6　烫毛

将家禽浸泡在热水中使羽毛蓬松是非常重要的步骤,可以更容易去除羽毛。传统方法是用热水,现在许多大规模操作中已经应用蒸汽烫毛。在小型加工厂中烫毛可以手动进行(如将胴体旋转到固定的烫毛槽中并取出)。大型加工厂则使用流水线,家禽悬挂在移动的链条线上浸没在热水槽中。水浴包括长时间的单次水浴、多级烫毛水浴系统和蒸汽烫毛系统(图 5.6.2)。有 3 种常用的烫毛方式:

a.软/半烫:50～53℃,1～3 min,用于肉鸡和幼龄火鸡。

b.亚/中烫:54～58℃,1～2 min,用于成年家禽。

c.硬烫:59～61℃,0.75～1.5 min,通常用于水禽。

烫毛方式的选择取决于去除羽毛的困难程度、预冷方法(如水、空气)和家禽日龄等因素(Barbut,2010;2014)。较高的烫毛温度可以更好地从毛囊中放松羽毛(见第 3 章中肉鸡毛囊的组织学切片),但也会导致皮肤更加粗糙。在硬烫情况下,皮肤的外层(见第 3 章皮肤结构尤其是表皮)变得松弛,随后在去毛操作中使用橡胶"手指"摩擦皮肤时能去除。去除表皮会使来自饲料(如玉米)的典型黄色素沉积消失,导致皮肤颜色变亮。然而因为一些市场对白色皮肤家禽的偏好强制使用硬烫。硬烫也可用于家禽的某一部分,例如在中国,脚和爪单独使用热水浸烫(如剥离外皮是传统加工工艺的一部分)。对整只家禽来说,如果在随后的空气预冷期间过于干燥,硬烫会导致皮肤变色。在任何情况下,硬烫是去除水禽羽毛常用的方法。一般来说,水禽皮肤较厚,硬烫不会使水禽出现类似于幼龄肉鸡中的褪色情况。在幼龄肉鸡中,即使较温和的中等烫毛处理也会去除部分外皮层,造成皮肤发黏。如果家禽保持在较为潮湿的环境中(如水冷和喷淋预冷)则不会导致过度变色。

通常幼龄肉鸡和火鸡使用软/半烫,不会损伤大部分皮肤外层,但仍能较为容易地去毛。在烫毛水槽中充分的搅拌和均一的水温确保了良好的热传导,并有助于随后的去毛工艺。通过在槽底部引入气泡或使用泵产生喷射流,水流会迫使羽毛分离且不形成隔热层(图 5.6.1)。为改善卫生,需要仔细设计烫毛设备。羽毛上黏附的 1 g 土壤或粪便包含 $10^8 \sim 10^9$ 个微生物,因此将烫毛槽中的交叉污染降到最低是非常重要的。

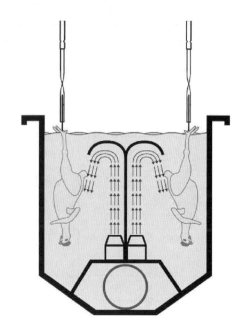

图 5.6.1 放松羽毛的热水槽。使用喷水系统加速循环并增多水和皮肤的接触

维持和控制水温是控制细菌数量的关键。另一种方法是使用逆流设计,在烫毛槽的出口端引入清水,并向家禽方向流动。安装多级烫毛槽操作可以进一步减少污染问题。多级操作包括 2~4 个水箱,彼此由转移区分隔开,家禽上多余的水会滴到转移区。胴体会由污染较严重的槽转移到更加洁净的槽里,而转移区滴液单独收集并排放(第 15 和第 18 章;详细涉及微生物和废水)。烫毛是一个高能耗和水耗的过程。新型系统采用蒸汽作为传热介质(图 5.6.2)。蒸汽烫毛相对于传统热水烫毛可以节省近70%的水,大大节约了水和能源。

还应该注意的是,真正的犹太认证处理禁止烫毛。没有热水使羽毛松弛,可能会导致更多的皮肤破损。

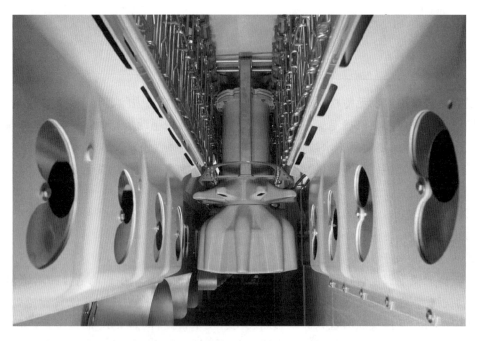

图 5.6.2 新型蒸汽烫毛系统显示,顶部的固定线和两侧有效位置处的出蒸汽孔

5.7 去毛

现代工厂中的去毛操作通过配有橡胶"手指"的脱毛机脱掉胴体上的羽毛。在连续操作中,家禽倒

挂在移动的链条线上通过 2～3 组覆盖有橡胶"手指"的鼓或转盘上进行。图 5.7.1 显示了能够较好覆盖家禽的转盘设计。去毛设备包含安装在特殊框架上的许多这样的转盘。可以调整盘的高度和间隔以适应不同大小的家禽。"手指"也可以安装在鼓上。"手指"(图 5.7.2)由橡胶制成并含有不同含量的润滑剂以控制其硬度和弹性。所有用于制造"手指"的化学用品,必须获可与食品接触的批准,任何修改都应得到监管机构批准。"手指"的弹性和长度根据家禽类型、所需工艺(如去尾羽)和机器速度等因素而异。

图 5.7.1　垂直表面安装去毛转盘。家禽在装有该转盘的两侧移动;可根据家禽大小来调整间距

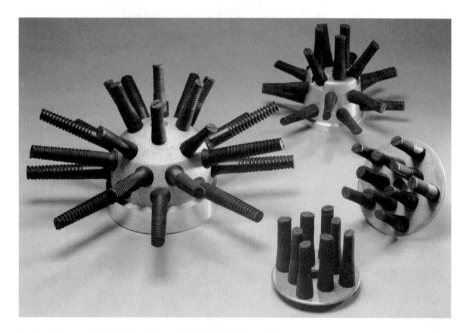

图 5.7.2　去毛设备中不同型号转盘和"手指"示例

　　如上文所述,"手指"的尺寸和所需要的力度取决于家禽的类型、位置(翼、尾)和去毛的难易程度。肉鸡羽毛毛囊分布如图 5.7.3 所示。

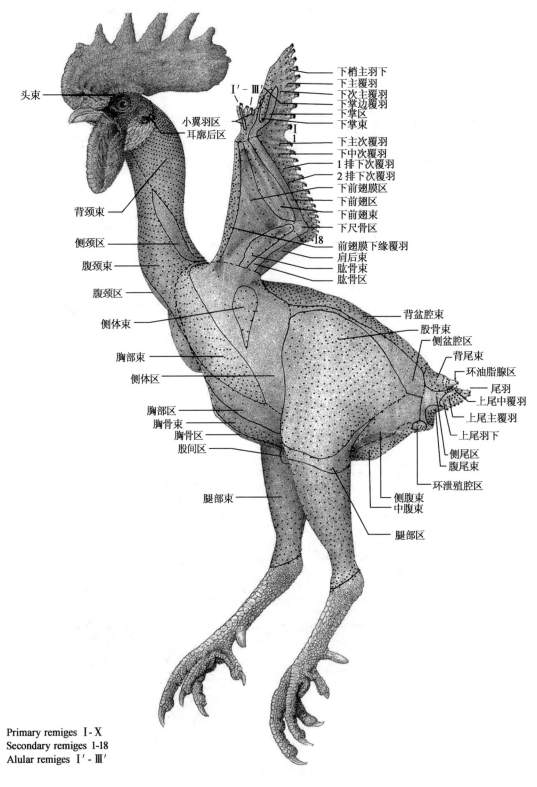

头束

小翼羽区
耳廓后区

背颈束

侧颈区

腹颈束

腹颈区

侧体束

胸部束

侧体区

胸部区
胸骨束
胸骨区
股间区

腿部束

I′-Ⅲ′

下梢主羽下
下主覆羽
下次主覆羽
下掌边覆羽
下掌区
下掌束
I

下主次覆羽
下中次覆羽
1 排下次覆羽
2 排下次覆羽
下前翅膜区
下前翅区
下前翅束
下尺骨区
18
前翅膜下缘覆羽
肩后束
肱骨束
肱骨区

背盆腔束
股骨束
侧盆腔区
背尾束
环油脂腺区
尾羽
上尾中覆羽
上尾主覆羽
上尾羽下
侧尾区
腹尾束
环泄殖腔区
侧腹束
中腹束

腿部区

Primary remiges Ⅰ-Ⅹ
Secondary remiges 1-18
Alular remiges Ⅰ′-Ⅲ′

图 5.7.3 鸡的毛囊分布。来自：Lucas 和 Stettenheim（1972）

羽毛密集区有更多毛囊。一些羽毛附着非常牢固(如翅尖),去毛需要的力度更大。为了达到这个目的,橡胶"手指"应当更靠近胴体,或者在关键位置处附加旋转盘。Klose 等(1961)研究发现在 50℃下烫毛,比去除活禽同样部位羽毛的拉力低 30%。当烫毛温度升至 53℃时,力度减少 50%,当采用 95℃时,减少 95%。作者还使用麻醉药(苯巴比妥钠)帮助放松羽毛,发现力度比未麻醉的家禽减少 50%。

当他们将麻醉药物与烫毛结合时,在 50℃和 53℃下,使用麻醉药导致的力度有额外的减少。在 60℃烫毛时差别不大,因为烫毛已经显著降低了去毛力度。然而作者表明 60℃对肉鸡来说温度太高,推荐温度低一些。Buhr 等(1997)研究了肉鸡的羽毛滞留力(表 5.7.1)。肉鸡电击晕(50 V 交流电,持续 10 s;每只鸡平均电流 30 mA)、放血(切断颈动脉和至少一个颈静脉)但不烫毛。结果表明胴体悬挂于钩环(倒置)或放置在桌子(仰卧)上,腿部去毛所用力比胸部大,胸骨部位去毛所用力最小。在其研究中没有烫毛,因为他"忽略掉一些小因素如去除羽毛的角度、取样侧面、击晕、脊髓切断或胴体方向"。

表 5.7.1　肉鸡羽毛滞留力

屠宰方向	取样方向	宰后初期[1](2 min)			宰后末期(6 min)		
		羽毛区域			羽毛区域		
		胸部	胸骨	腿部	胸部	胸骨	腿部
仰卧	仰卧	425	311	618	434	338[ab]	677
	倒置	423	363	631	424	367[ab]	649
倒置	仰卧	422	344	667	437	325[b]	637
	倒置	380	366	663	405	394[a]	709
位置							
左		396	337	632	433	372	667
右		429	355	657	417	340	669
合计标准误差	40	37	49	40	41	59	
		概率					
变化的来源:							
屠宰取样方向		0.143 4	0.052 4	0.233 7	0.507 6	0.019 3	0.157
位置		0.055 7	0.222	0.240 2	0.310 9	0.051 5	0.953 2

[a,b] 纵列中不同字母上标表示差异显著($P<0.05$),$n=4$
[1] 击晕和放血后 2 或 6 min。所有肉鸡在链条线上击昏和放血

注:引自 Buhr et al.(1997)

成熟火鸡和鸭中羽毛毛囊分布如图 5.7.4 和图 5.7.5 所示。总体来说,火鸡和鸭所需去毛力度比肉鸡高,并随着火鸡成熟度的增加逐渐升高。另一个区别是在水禽中存在纤羽,很难用常规的橡胶"手指"去除。因此水禽(如鸭、鹅)加工厂中,在第一次去毛操作(即除去大羽毛)后使用热石蜡浴浸泡胴体,取出胴体后预冷,再用另一组橡胶"手指"将硬化的蜡剥离。随后将蜡融化,过滤除去纤羽并重新使用。在传统肉鸡加工过程中仅存在小程度的纤羽问题时,通常使用烧毛(灼烧小羽毛)的方法。这种方法使用清洁的燃料(如天然气),不会在胴体上留下任何异味或气味。在链条线上移动时,通过高压喷嘴冲洗胴体去除羽毛和烧毛过程中留下的污垢。

在小批量操作过程中,去毛过程在分批式设备中进行,包括胴体放入装有橡胶"手指"的大型旋转鼓中或手工摘下羽毛的操作。如果收集花式羽毛用于装饰、运动设备等,也可使用手工去毛(见第 18 章)。

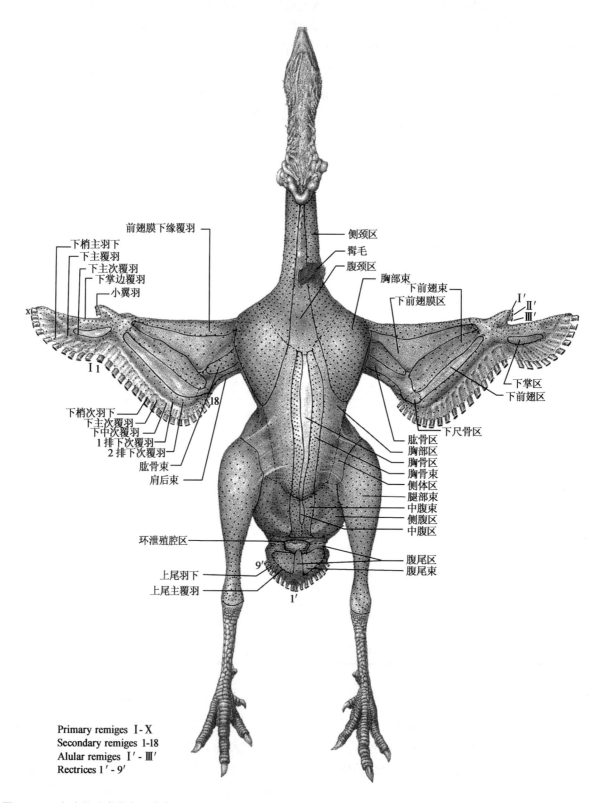

下梢主羽下
下主覆羽
下主次覆羽
下掌边覆羽
小翼羽

前翅膜下缘覆羽

下梢次羽下
下主次覆羽
下中次覆羽
1 排下次覆羽
2 排下次覆羽
肱骨束
肩后束

环泄殖腔区

上尾羽下
上尾主覆羽

侧颈区
髯毛
腹颈区
胸部束
下前翅束
下前翅膜区

下掌区
下前翅区

下尺骨区

肱骨区
胸部区
胸骨区
胸骨束
侧体区
腿部束
中腹束
侧腹区
中腹区

腹尾区
腹尾束

Primary remiges Ⅰ-Ⅹ
Secondary remiges 1-18
Alular remiges Ⅰ′-Ⅲ′
Rectrices 1′-9′

图 5.7.4 火鸡的毛囊分布。来自:Lucas and Stettenheim (1972)

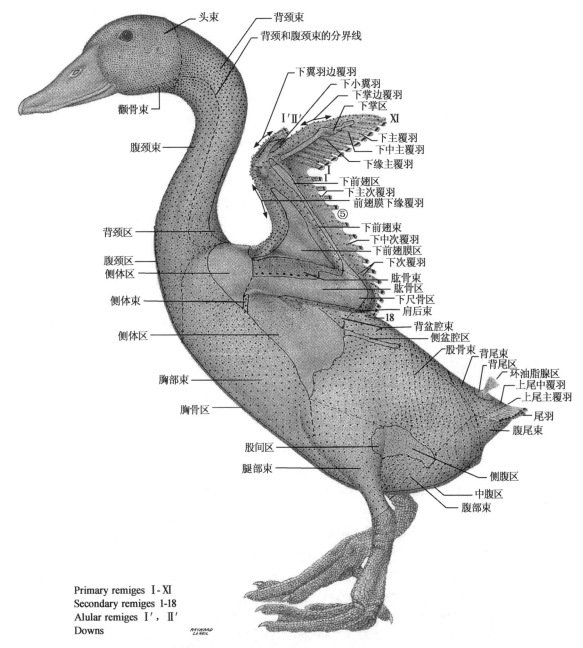

图 5.7.5　鸭的毛囊分布。来自：Lucas and Stettenheim（1972）

5.8　电刺激

电刺激是一种可选择的处理方式，可以应用在放血或去毛工艺之后，以促进肌肉收缩并加速宰后的代谢变化（见第 3 章关于僵直的背景信息）。过去，电刺激几乎只在红肉中使用，但现在各种新型家禽加工厂都在使用。最初新西兰的羊肉加工业开发了这种方法以减少肉质变硬，并缩短冷收缩时间。该方法现在还可以对牛羊肉进行所谓的"加速处理"或"热剔骨"，并缩短 12～24 h 完整僵直过程的等待时间。

电刺激最早在 20 世纪 60 年代初在家禽中尝试，但在接下来的 20～30 年中没有受到太多的关注。在 20 世纪 90 年代末，一个名为"最短加工时间系统"加工专利的出现又引起了人们的兴趣。这个专利是一个去骨工艺，可在宰后 24 min 得到嫩化肉。然而 Li 等（1993）的综述指出，该研究过程中测试条件（如电压、频率、电流、方法和应用时间）变化较大造成结果不准确。不管怎样，工厂对该方法产生了很大的兴趣，并且已经开发出几种商业化系统。后来 Sams(1999)也报道,在加工线上实行刺激可以提高预冷后去骨的速度。目前大部分新型的禽类加工厂和一些传统的禽类加工厂正在安装电刺激装置以缩短加工时间,可以在预冷后立即得到嫩化的胸肉(即在禽类宰后 3 h)。在东方国家的某些地方,传统的去骨过程在放血1 h 后进行,电刺激有助于(一定程度上)减少肉变硬。电刺激设备与电击晕设备类似,胴体悬挂在移动的链条线上并接触通电的金属板(注意:击晕器中使用的是盐溶液)。通常设备可以提供高达 500 V(AC)并可以设置 0.2~2 s 间隔的脉冲。

5.9　去油脂腺和脚

在自动化生产线中,油脂腺的去除通过一组金属杆(位于链条线上)实现。每个金属杆对应一只家禽,使得旋转叶片可以从尾部区域切除油脂腺。切口必须精准,保证切下整个腺体而不损伤其他组织(如从大型家禽转到小型家禽时需要调整设备)。在少量的加工中可以人工去除油脂腺。

脚的切除通常通过沿链条线固定的圆形刀片实现,在膝关节处切断。值得注意的是,切割的地方是关节而不是骨头,因为切断的骨头可能会使预冷后的家禽变红或变暗,并且在烹饪之后会变暗甚至变黑。一些新型的自动脚切割器首先会使腿弯曲,然后在圆形旋转刀片的接头处切割。根据市场需求,有时候只切脚(切断关节)而不是切下整个腿(如日本某地区一些市场需求)。

5.10　转移/重新悬挂

当胴体需要移动到另一条加工线上时,需要进行重新悬挂。这可以在胴体落在分拣台上时,手动完成或者立即自动将家禽转移到另一条生产加工线(图 5.10.1)。起初家禽从笼子里卸载,将脚悬挂在链条线上,通过烫毛和去毛操作后脚被切除,然后从膝关节处重新挂起。将家禽转移到另一条加工线也有助于减少污染,因为半加工的家禽从用于活禽的脏钩移动到了更干净的地方。用于活禽的钩环通常在下一批加工之前进行洗涤。用于连续洗刷操作的装置包括刷子都可以在市场上购买到。

转移设备有不同的配置。图 5.10.1 是一种常见的结构,包括一个有凹槽的大轮子用于在膝关节下固定家禽,然后将它们移动到下一条线(净膛线)。值得注意的是,去毛和净膛两条线同步进行,可以通过耦合驱动器或建立缓冲区来完成。使用自动重挂设备的优点是节省劳动力,保证卫生(因为家禽在分拣台上不会彼此接触)以及使僵直过程更统一。后者非常重要,因为在没有延迟的情况下将家禽

图 5.10.1　禽类自动转移装置示意图

重新挂起确保了所有家禽在相同的时间间隔悬挂和僵直,类似于在肌肉上的力道等同,因此不会发生形变。

5.11　净膛

净膛包括打开体腔和取出内脏(图 5.11.1)。该过程首先使用移动刀片打开体腔,然后使用铲形臂抽出内脏,整个过程可以使用刀和剪刀人工完成,也可以半自动或全自动完成。全自动净膛在高速生产线上每小时能处理 13 500 只家禽(Barbut,2014)。传统的传送带设计如图 5.11.2 所示。在任何情况下都不应该破坏内脏,这会使肉暴露于高微生物水平,进而污染胴体(如 1 g 肠内容物可携带 10^9 个细菌)。在某些国家中,这种受到溢出物污染的部分或整个胴体会立即丢弃;而在另一些国家,中等污染的胴体则被修剪或清洗。

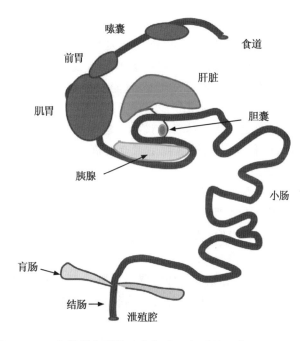

图 5.11.1　禽类消化系统。来自:Swatland(1994)

图 5.11.2　禽类自动净膛机器

当讨论到更快速的生产线时,解释设备的设计和规划发展非常重要。诸如净膛操作需要一定的时间,并且随着生产线速度的增加,需要更多的空间来执行操作。对于人工操作,已通过延长加工线解决,使更多工人在沿着链条线移动方向工作。另一种方法是使用蛇形或环形线(图 5.11.3)。

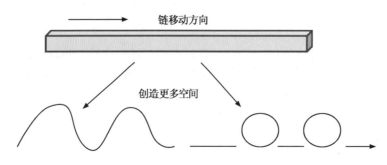

链移动方向

创造更多空间

图 5.11.3 扩展工作线空间原理图

对自动化操作来说,家禽工业(以及其他工业)已经研发出安装在生产线内的环形区域,因此有额外的空间和时间来执行某个操作。装置与家禽一起移动的旋转设计目前非常受欢迎(图 5.11.2)。如图 5.11.2 所示,在传送的入口处插入勺子在家禽移动时能够继续工作。另一个发展是引入了圆锥形的设计使得家禽在转盘的底部间隔更大。如果有必要,可以在生产线上安装多个内脏清除转盘(或其他设备)。总的来说,这是高速移动生产线中的常见设计。还应注意的是,蛇形设计在各种烫毛生产线中很常见,因为减少设备的占地面积以及能量消耗是工业发展中重要的驱动力。在这种情况下,加工线在较宽的浸烫槽中能前后移动。

在传统的人工操作中,将腹部皮肤沿胸骨的前部朝泄殖腔的中线切开。泄殖腔周围的皮肤通常被切成圆形,以将肠道内容物溢出到胴体上的要概率降到最低。近年来,自动化设备中已经增加了泄殖腔内容物的真空清洁以降低潜在污染的可能。随后人工或用"勺子"机械去除内脏。1962 年关于手动过程的描述非常有趣:

"用一只手固定住家禽,另一只手穿过腹部的切口取出内脏。三个中间的手指(有时只有中指)延伸,滑过内脏直达心脏部位。然后轻轻地夹住其中一部分然后轻柔地扭转,将内脏从胴体中取出"(Childs 和 Walters,1962)。

自动净膛设备的基本操作步骤与手动过程一致。该过程的机械化需要对不同操作进行精细控制。调整设备以适应胴体大小非常重要,因为不调整设备可能会破坏肠道或胴体,导致肠道内容物溢出。由于现在没有自动调节设备(如没有测量压力的传感器或骨头位置的 X-射线映射),因此应当持续监测净膛家禽。值得注意的是 X-射线和其他图显装置已经出现在红肉的分割中,当预测到动物存在很大的差异时,加工线速度就会减慢(即至少 100;见第 1 章讨论和图表)。如前所述,家禽的净膛线专门用来加工一种禽类(如鸡、火鸡),尺寸的变化通过沿线提升或降低装置(如击晕器、去毛器)来实现。

在半自动或全自动净膛线中,第一步是用圆形旋转刀片切割泄殖腔(图 5.11.4)。通过机械装置将切割器放置在泄殖腔周围。叶片直径应当与待处理家禽尺寸相匹配。前面提到过一些新装置配有真空处理,因此粪便污染的可能性会降低。切割头通常会在每次插入后进行清洗(图 5.11.4 三条线中的一条用于冲洗)。全自动净膛过程涉及的步骤如图 5.11.4 所示。精确的定位对减少胴体和内脏的损伤非常重要。同时应当指出的是,市场上"勺子"的配置不同,但主要作用相同。在一些操作中胴体会在净膛后立即冲洗(取决于当地法规),本章后面会进行讨论。

在传统的半自动或全自动生产线中,为了方便检查,内脏从体腔中取出后依然附着于胴体上。然而在一些自动化生产线中,内脏在取出后完全与胴体分离。该过程可以进一步改善胴体的卫生情况。如果内脏(如肠、肝、胃和心脏)从胴体中分离,则应当与该胴体一起交予检验员,这需要两条线精确同步。

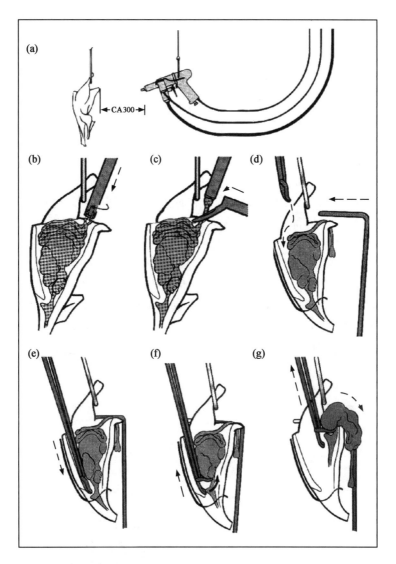

图 5.11.4　净膛操作原理图

5.12　检验

检验通常在净膛即所有器官暴露后进行。附着或分离的内脏可以反映内部器官或外部污染以及疾病情况。不同国家的检验要求不同(见第 7 章),通常由政府官员决定。检验非常重要,它确保只有健康无疾病的家禽能够进入市场。有的国家要求合格的兽医或政府官员对每只家禽分别进行检查,其他国家则将鸡群作为一个整体,只检查一定数量的胴体。然而在有大范围传染病时,检验员可以选择检查所有家禽。还应注意的是一些国家没有检验要求。如果不仅仅在当地消费,这样可能会导致国际贸易问题。检验区域光线应当足够明亮(当地检验法规定的条件),应配备洗手站、处理可疑家禽的区域(即进行更详细的检查和修剪)和用于放置处理家禽的箱子。当需要单独对家禽检验时,应当调整加工线速度,以便检验员可以检查每一只家禽。在高速操作中,可以用线分开使几个检验员同时进行检查。另一个选择是使用带有标记钩环的单线,检验员可以分配每一只家禽(如每 3 或 4 只家禽分配到不同颜色的钩环上)。胴体应当以清晰的方式呈现在检验员面前,且每只之间应有足够的间隔。通常检验员通过镜子看到家禽两侧而不会接触它。第 7 章提供了加拿大政府法规的一个例子。计算机视觉系统已经可以减轻高速生产线上的检查压力(见第1章)。然而这些系统现在在许多国家并没有用来做全面检查。如前所述,相机捕获胴体的数字图片并将其与完好胴体进行比对。在进行某些计算后,系统可以将任何偏差标记为可疑,然后将这些家禽从生产线上移除进行更彻底的检查。有的系统已经配备了"模糊逻辑",允许在新的变量引入时"学习"。欧盟的补充文件中描述了其中一些选项(Löhren,2012)。

5.13　内脏获取

在检验之后,从胴体和残留物(肝脏、心脏和胃)中分离内脏(如使用特殊设备同时检验胴体和内脏导致未分离),在另一条线上清洗。这是一个可选择的步骤,可以根据市场价值选择性获取任何部位。过去这个步骤完全手动,现在可以全自动或半自动进行。在将内脏分开到不同线进行检验时(见前面章节),支持架可以作为操作台用于收集不同部位内脏。在这种情况下,自动化设备可以先从悬挂的胴体上移除心脏和肺。随后另一台机器轻柔地移除肝脏,另一个模块从胃部切断肠道,然后另一个模块分离心脏和肺。所有步骤都在移动线上进行(如每小时12 000只)。这种设备可以用于肉鸡、火鸡和珍珠鸡等。将鸡胗(研磨食物作用,因为禽类没有牙齿)从胴体中分离(手动或机械)、切开,取出内容物并且剥离内皮。剥离设备包括两个凹槽滚轴(图5.13.1;左右方固定)。基本操作是将胃放到滚轴上,凹槽/齿轮抓住并拉下黄色/白色内皮。除此之外还有自动化选项。随后对胗进行检验、清洗和冷藏以延长保质期。心脏和肝同样也经过检验、清洗和冷藏。内脏可以分开出售或包装在防水纸袋中(有时包括颈部)放回到净膛后的胴体中,可以单独出售(鸡肝、鸡胃)或由工厂进一步加工。

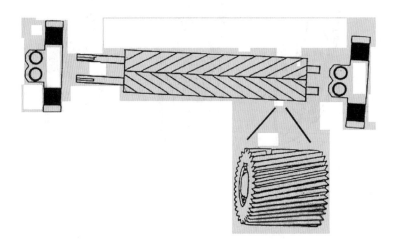

图5.13.1　清洗嗉囊的滚轴工作原理

5.14　头、嗉囊、颈和肺的移除

头和嗉囊通常在检验后移除。然而在某些操作中可以在检查之前去除。此外,如果在净膛时没有去除肺(见前面章节),则必须将耙状装置插入体腔中或通过使用半自动真空枪来手动去除。在高速生产线上这可能需要更多的员工。真空枪的总体结构类似于本章前面提到的排气切割枪(图5.11.4),但尺寸更大。真空枪通常连接到工厂中央真空系统(用于将原料和副产品运送到中心位置)。设备通常使用张力绳悬挂在天花板上因此员工不需要承受这一部分重量。全自动化过程使用相同类型的设备,但在胴体放在转盘上后,与净膛操作类似,插入真空管。当胴体大小变化时正确调整设备对于获得高质量产品(没有残留物)非常重要。可以用刀手动完成头部移除。空气压力剪的使用可以减少员工重复性的运动损伤。机械剪可以悬挂在天花板上以改善工作条件。自动化系统通常包括头部拉伸,即导轨将头部置于槽状结构上。当胴体在链条线上移动时,拉回头部并在颈部最弱的部位(在寰椎和轴椎骨之间)折断。该装置的优点是可以同时从胴体去除食道和气管,节省劳动力。前面我们已经提到,工厂使用这种去除气管的方法应当注意在放血期间不能损坏食道和气管。此外还可以安装切割颈部的装置,使颈部与肩部分离。

5.15　清洗(里/外)

沿加工线不同区域有各种清洗家禽的装置。包括简单的小型水量喷淋系统到去毛之后清洗胴体的复杂中/大型水量系统,后者还配有插入腹腔喷嘴的移动轴。喷淋去除有机物和外来物的效率取决于喷嘴覆盖范围、时间、水量和压力等因素。需要注意大体积和/或压力不一定让清洗效果更好。通常清洗操作在预冷之前。具有多个喷淋点的内/外部家禽清洗装置见图 5.15.1。

图 5.15.1　胴体里/外清洗

图示喷头定位可以使碎屑从顶部冲洗下来,且关键区域有额外的喷嘴覆盖,以保证血液和碎屑的去除。胴体内部由具有高压喷嘴的回缩轴冲洗,且在回缩时喷淋腹腔。工厂现在研发出两种方法来排水。第一种是通过小型的杆状轴和旋转的喷嘴在颈部的开口处上下移动(移除气管和嗉囊后)。这种操作还可以去除颈部一些松散的组织。第二种方法是在喷淋之后倾斜胴体,使水通过腹部的开口(净腔后)彻底排出。可以根据线上清洗时间(去毛后或净腔后)来调整机械。我们还注意到,在清洗的同时保持皮肤上的水膜(通过周期性喷淋)有助于清除烫毛、去毛或净腔后留在胴体上的细菌和碎屑。适当的喷嘴位置(调整到相应胴体大小)对于实现良好和高效的清洁非常重要。条件允许,也可以使用杀菌剂如氯和有机酸。氯是最常见的化学品之一,通常使用高于 20 ppm 的水平。杀菌剂通常在预冷之前使用。参见第 15 章中关于不同杀菌剂和保持水膜的讨论。

5.16　预冷

大多数国家法规要求肉在一定时间内(如 2～6 h 预冷到 4℃,取决于家禽大小)预冷,以减少微生物生长。在大多数工厂中,剔骨前进行彻底预冷,但有些工厂剔骨在预冷之前(称为热剔骨或部分热剔骨)。预冷最常用的方法包括水预冷、空气预冷、喷淋预冷和上述方法的组合(如在水中一段时间,在空气中一段时间)。浸入式预冷(图 5.16.1)通常使用较长的预冷池(10～50 m),冷水逆流,有时补充碎冰,使胴体温度在 30～75 min 达到 4～5℃。胴体放入到配有大直径螺旋转头的槽状结构里,使家禽向前移动。另一种设计是采用了大的划桨慢慢将家禽往前拖动。目前许多工厂仍使用平流预冷器(即胴体和水流沿相同方向移动)和沿线添加冷水/冰的预冷池。

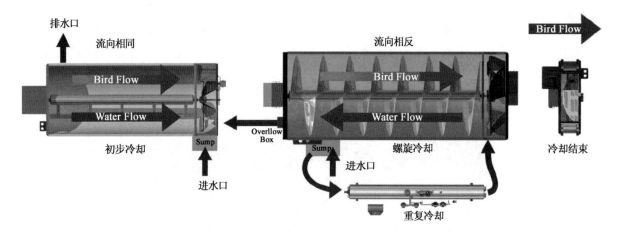

图 5.16.1 水冷系统,逆流设计可减少微生物污染

现在最常见的是逆流设计,即胴体与预冷水的流向相反。与平流设计相比,能更有效地预冷胴体(槽的末端最冷)。这也有助于减少微生物污染,改善卫生状况。由于许多微生物被冲走,预冷后的家禽微生物含量通常比预冷前少(见第 15 章)。预冷槽的长度和直径根据屠宰产量决定,预冷时间可以通过修改螺旋桨叶的转速来调整。中小型肉鸡平均停留时间为 30～40 min,火鸡通常为 60～90 min。不断搅动预冷水可以提高预冷效率。一种简单经济的方式是沿管线各处将空气吹入预冷槽底部或类似于浸烫槽用泵来实现。清洁空气(优先选择工厂外部)和水量可以增大或减少。应注意搅拌程度会影响产品的吸水量。

预冷是获得洁净产品的另一种改进措施。在一次预冷中,用水来预冷和清洗胴体(见第 15 章图表和其他讨论)。逆流设计有助于去除残留的血液和附着的碎组织,然后将产品提起排干水后转移到较大的二次预冷槽中。使用干净的冷水进一步预冷产品。可以在不同区域加冰,但通常添加在预冷槽的后半部分。一些国家规定了预冷槽的水量。例如欧盟要求家禽质量≤2.5 kg 需要用 2.5 L 水,2.5～5.0 kg 需要用 4 L,≥5 kg 需要用 6 L。

在胴体离开预冷槽时,需要几分钟沥水以除去过量的水。这可以在传送带或下一个链条线上进行。许多国家通过预冷时胴体吸收的水分来调节质量。例如美国允许的最大吸水量如下:

- 4.5 磅以下肉鸡和 10 磅以下火鸡为 8.0%。
- 10～20 磅火鸡为 6.0%。
- 20 磅以上火鸡为 4.5%。
- 其他类型家禽为 6.0%。

欧盟专门用于预冷方法的法规(♯1538/91 EEC)规定了最大值:空气预冷为 1.5%,喷雾预冷为 3.3%,浸入式预冷为 5.1%(Löhren,2012)。

欧洲和中东一些国家通常使用空气预冷,因为相比于北美和南美,他们淡水和废水处理的价格更高。目前空气预冷也开始出现在北美和其他地方。冷空气作为预冷介质,应当注意不要使胴体表面过度干燥。通常通过增加湿度(同时也加速热传递)和/或沿预冷线湿润产品来解决这个问题。这样可以使脱水损失降低至 0%～1%。在大型工厂中,这些装置沿预冷线的天花板迂回旋转,可以延伸几千米(图 5.16.2)。

图 5.16.2　空气预冷系统

　　工厂中有几种空气预冷装置。最简单的是在进入式的预冷器固定架上预冷家禽。预冷器用于预冷禽类的参数并不总是最优,空气温度、流速和相对湿度通常取决于特定的设置。可以使用定向流动空气,调节空气流速、温度和湿度以实现特定尺寸家禽的最佳预冷速率。专用的预冷隧道采用单层或多层架空运输系统(每层传送带都分开,防止滴落到下层)。空气吹过预冷物,然后在房间四周以不同的模式高速循环。根据预冷隧道容量和产品体积,可以在 60~150 min 内进行预冷。建议在关键区域增加湿度,而不是整个房间增加湿度,这样有利于控制交叉污染。通常保湿单元位于主房间/隧道外半圆形轮子上。该过程改进后被称为成熟预冷,包括将冷空气通入胴体腹腔和表面较厚的部分(如胸、腿)。这个过程可以缩短预冷时间并提高效率。但是应当避免肌肉的冷收缩(僵直完成前预冷过快)。因此在表面快速预冷之后,使温度升高且减小空气流量。空气预冷的一个优点是减少水分吸收,获得最终的干燥产品,包装时无渗水(滴水损失)(Huezo 等,2007)。这在部分市场较受欢迎(人们愿意购买)。一些加工厂声称空气预冷产品的微生物含量比水冷更少,但事实并不总是如此(见第 15 章的进一步讨论)。

　　喷淋预冷是水和空气预冷的结合。胴体在线上移动时冷水间歇或不间断喷洒。喷淋预冷水分吸收少于水冷,但比空气预冷多。Young 和 Smith(2004)比较了水冷和空气预冷后吸水量,发现空气预冷减少1/2。该研究中,空气预冷的胴体减少了 0.68% 的质量,但在随后的贮存和切割过程没有损失。水冷的胴体吸收了 11.7% 的水分,但是储存后(1℃下 24 h)仅保留了 7%,在切割后立即降到 6%,额外贮存 24 h 后(宰后 48 h)只有 3.9%。腿部比胴体前半部损失更严重。目前,新型空气预冷系统(蒸发空气预冷)也包含了加湿系统,防止空气预冷引起的质量损失。

　　总而言之,预冷方法的选择取决于各种条件,诸如市场的需求、水电成本和资本投资等因素。当建立新工厂时生产商应当咨询设备制造商、检查人员和消费者群体,以选择能够在当地多年持续使用的最佳方法。

　　在过去几年中,使用数学建模来设计新型预冷方法或验证现有预冷方法逐渐增多。建模的优点是预测结果并优化过程(见第 11 章中关于肉烹饪建模的讨论,如热量质量传递模型)。图 5.16.3 显示了肉鸡胴体不同区域多相热导率(k)和比热(C_p),该信息用于建模以模拟不同区域的预冷速率。图 5.16.4 显示了空气预冷过程开始时每 30 min 和随后每 3 h 的模拟。

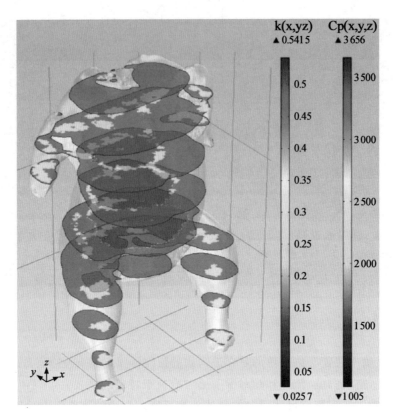

图 5.16.3 肉鸡胴体横截面显示有不同的热传导性和特别的热量值。来自：Cepeda 等（2013）

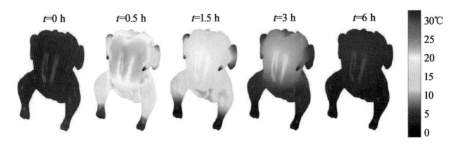

图 5.16.4 使用 Comsol 软件模拟禽胴体空气预冷。来自：Cepeda 等（2013）

5.17 称重和分级

预冷后将家禽称重、分级（详见第 7 章），并在销售和/或进一步加工前包装或脱骨。大多数工厂使用联网的自动称重设备记录每个胴体/部分的质量并进行分类（图 5.17.1）。更复杂的计算机系统还可以综合质量和图像分析数据（前面的讨论）以决定每只家禽的最佳销售方式（如整个胴体、分割产品）。该决定取决于每部分的价格、特定的市场需求、工厂肉类供应要求等。这种方法在中、大型工厂中每天能处理数十万只家禽，极大地节约了成本。

在称重之前或之后进行分级，主要是为了促进交易的便利，通常不是强制性的。分级操作由合格的工人或在计算机视觉系统的帮助下完成。详见第 7 章中关于分级标准的讨论。总而言之，重要的是意识到本章中描述的不同步骤（如卸载、击晕、脱毛、预冷等）和养殖场的条件（如饲喂和动物健康）会严重地影响最终产品等级和整体肉品质。

整禽、分割部分或碎肉通常小包装零售或组合供工厂使用。包装材料能够防止由于蒸发引起的产品水分损失,细菌交叉污染(如员工和消费者手上),灰尘和外来物质污染,同时还为厂家提供广告宣传的空间(如公司标志、食谱和营养信息),进一步的讨论见第 11 章中关于膜特性的讨论。

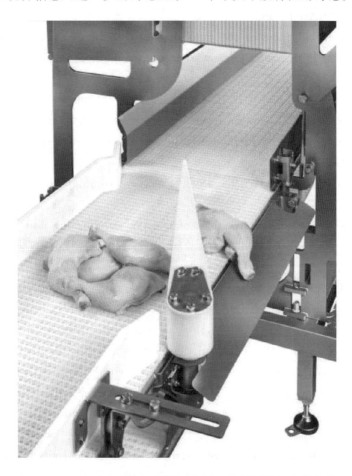

图 5.17.1 自动分类装置示例。在另一条较短的传送带上称重后进行(独立的快速称重系统)。称重系统在分拣系统前 5～10 min,有足够的时间进行数据处理和分析

5.18 分配和包装

根据最终用途,家禽可以单独或成批分配和包装,分别见第 9 章和第 11 章。

参考文献

Barbut,S. 2010. Past and future of poultry meat harvesting technologies. World's Poultry Sci. 66:399.

Barbut,S. 2014. Review-automation and meat quality-global challenges. Meat Sci. 96:335.

Buhr,R. J. ,J. A. Cason and G. N. Rowland. 1997. Feather retention force inbroilers ante-, peri- and post-mortem as influenced by carcass orientation,angle of extraction and slaughter method. Poultry Sci. 76:1591.

Cepeda,J. F. ,S. Birla,J. Subbiah,and T. Harshavardhan. 2013. A practicalmethod to model complex three-dimensional geometries with non-uniformmaterial properties using image-based design and COMSOL multiphysics. Proceedings 2013 COMSOL Conference. Boston,MA. http://www.comsol.com/paper/download/180747/cepeda_paper.pdf. Accessed February 2015.

Childs,R. E. and R. E. Walters. 1962. Methods and equipment for eviscerating chickens. U. S. Dept. Agric. Mktg. Res. Report ♯549.

Fletcher,D. L. 1999. Recent advances in poultry slaughter technology. PoultrySci. 78:277.

Gregory,N. G. and L. J. Wilkins. 1989. Effect of slaughter method on bleedingefficiency in chickens. J. Sci. Food Agric. 47:13.

Huezo,R. ,J. K. Northcutt,D. P. Smith,D. L. Fletcher and K. D. Ingram. 2007. Effect of dry air or immersion chilling on recovery of bacteria from broilercarcasses. J. Food Protect. 70:1829.

Klose,A. A. ,E. P. Mecchi and M. F. Pool. 1961. Observations of factors influencing feather release. Poultry Sci. 40:1029.

Li,Y. ,T. J. Siebenmorgen and C. L. Griffin. 1993. Electrical stimulation in poultry- a review and evaluation. Poultry Sci. 72:7.

Löhren,U. 2012. Overview on current practices of poultry slaughtering and poultry meat inspection. Supporting Publications 2012:EN-298. http://www.efsa.europa.eu/en/search/doc/298e.pdf. Accessed January 2015.

McEwen,S. A. and S. Barbut. 1992. Survey of turkey downgrading at slaughter:carcass defects and associations with transport,toe nail trimming and type of bird. Poultry Sci. 71:1107.

Mountney,G. J. 1989. Poultry Products Technology. Food Products Press,NewYork,NY.

Raj,A. B. M. and S. P. Johnson. 1997. Effect of the method of killing,intervalbetween killing and neck cutting,and blood vessels cut on blood loss inbroilers. Brit. Poultry Sci. 38:190.

Sams,A. 1999. Commercial implementation of post-mortem electrical stimulation. Poultry Sci. 78:290.

Swatland,H. J. 1994. Structure and Development of Meat Animals and Poultry. Technomic Publ. ,Lancaster,PA,USA

Young,L. L. and D. P. Smith. 2004. Moisture retention by water- and air-chilled chicken broilers during processing and cutup operations. Poultry Sci.83:119.

第6章 基础加工过程中危害分析
和关键环节控制点

6.1 引言

危害分析和关键环节控制点系统（HACCP）最早于 20 世纪 70 年代研发食品，由皮尔斯伯里食品公司为美国国家航空和宇宙航行局计划以及美国陆军研究实验室设计（Mortimore 和 Wallace，1995）。HAC-CP 代表一种科学预防方法，用以控制和降低食品生产过程中的风险。总的来说，它的发展是为了取代随机成品质量管理系统（一种不能保证航天系统所需安全等级的系统）。如今，HACCP 具备了其他的附加价值，比如生产前期对于问题的识别和质量的监控，从而节约时间和金钱。最开始，HACCP 的概念仅仅应用于很少的产品（例如低酸度罐头食品），而如今 HACCP 体系已经应用于世界范围内的众多食品，并贯穿国际贸易。当前，绝大多数大型食品公司、超市和快餐连锁店采用某种 HACCP 体系，并且更多地需要供应商经过 HACCP 批准。这种综合方法促进行业内更好的合作，以确保高质量和安全食品。这种综合方法被诸如全球食品安全倡议组织所提倡（GFSI，2014）。全球化的工业发展激发协调和提供食品安全管理系统控制的积极性。许多国家强制执行 HACCP 系统，而有些国家则仅推行其使用以创建更有效的食品检验系统。对于加工厂，经过 HACCP 批准需要管理层的坚实保障（例如资源，时间）和来自不同部门的员工达成共识（Yiannas，2009）。HACCP 计划的实施从整合组建工作小组开始。工作小组成员涵盖企业整个生产线上各个环节的人员（例如工程、生产和维护）。

总体而言，有效的 HACCP 体系是保证生产安全食品（无微生物、化学和物理危害）的基础，通过系统方法监测每个加工步骤，从接收原料到包装和贮藏，再到最终产品。通过识别危险和干预措施以尽量减少风险。下面的章节将介绍国际认可的 HACCP 七大原则（1993）以及食品法典委员会和美国国家食品微生物标准咨询委员会所述内容（Mortimore 和 Wallace，1995）。本章节涉及的内容为有关初级家禽/肉加工企业通用模型操作或与现有程序进行比较。在后面的章节将介绍其他 HACCP 模型，用于即食肉制品（第 12 章）和面包类制品（第 14 章）。这些模型不仅说明了 HACCP 计划的使用，还向读者提供有关过程的附加信息（例如牲畜/禽类管理，第 4 章内容；保藏，第 11 章内容；产品制备，第 13 章内容；微生物学，第 15 章内容）。

国际上许多食品公司已经实施或正在实施 HACCP 和/或 ISO 9000 体系。这些公司的经验说明实施 HACCP 和/或 ISO 9000 体系能够使公司获得切实的利益，使产品符合法规标准、保证产品质量始终如一、提高产品安全性、确保产品能够顺利通过第三方机构审核。目前，一些企业旨在同时实施 HACCP 和 ISO 9000，因为两个体系互补（Barbut 和 Pronk，2014；Sandrou 和 Arvanitoyannis，1999）。需要指出的是有几本专门介绍 HACCP 技术方面的书，包括对雇员承诺和动机的处理。

6.2 HACCP 的七大原则

1.进行危害分析

预先了解易造成显著危害的加工步骤并描述其预防措施。有如下三类危害。

a.生物危害——这类危害主要涉及致病细菌(例如肠炎沙门氏菌,金黄色葡萄球菌,空肠弯曲杆菌,产气荚膜梭菌,肉毒梭菌,单增李斯特菌和大肠杆菌 O157：H7)和寄生虫(例如猪源旋毛虫)。

b.化学危害——有毒成分或可能不利于消费安全的化合物(例如清洁剂,消毒剂,杀虫剂,杀虫剂,杀鼠剂,油漆,润滑剂,真菌毒素,抗生素)。1999 年 1 月发生于比利时的二噁英事件引起了社会的轩然大波。事件是由于意外地将二噁英污染的多氯联苯(PCB)混合物添加用于生产动物饲料的再循环脂肪的原料中。此次事件波及了 2 500 多个农场,导致了一场严重的粮食危机,并且迅速蔓延全国,致使政府实施了大型多氯联苯／二噁英食品监测行动。比利时二噁英事件是由于单一来源的多氯联苯被引入食物链造成。加入的多氯联苯到再循环脂肪总量大概为 50 kg,相当于约 100 L 的多氯联苯油。在家禽中发现最高浓度的多氯联苯和二噁英,特别是在繁殖动物(母鸡)中,中毒症状表现为鸡水肿病。猪也受影响,但是观察不到严重症状且无中毒迹象。

c.物理危害——可能造成消费者损伤的外源物质(例如石头,木材,羽毛,金属,玻璃,螺栓,螺钉,塑料,刀片,针,头发)。

2.通过使用决策树识别过程中的关键控制点(CCP)(在 6.4 节中描述)

CCP 定义为点、步骤或食品加工过程的生产系统,可以通过采用控制措施以防止,消除或将危害降低到可接受水平。潜在的 CCPs 实例如下。

a.热/辐射防治特定病原体。

b.达到并保持一定的 pH 水平,防止病原体生长。

3.为每个相关的预防措施建立关键限值识别 CCP

临界极限定义为必须满足的标准且与 CCP 相关的预防措施(例如熟肉制品的温度为 72℃;参见第 12 章)。每个 CCP 有一个或多个必须适当控制的预防措施,以确保预防、消除或减少危害,达到可接受水平。

4.建立 CCP 监控要求

建立检测每个加工过程结果的程序。结果涉及记录表以及每个确定的 CCP 及其限制。结果必须记录并保存记录预期的时间段(例如 5 年)、监控参数(如温度),可以通过图表记录器来展示已经实现并维持的特定蒸煮温度的时间。

5.建立监测指示时应采取的纠正措施

存在与已建立的临界极限(超出极限)出现偏差的行为时,应将该过程调整到控制条件下,并消除偏差行为为可能产生的危害。如果无法补救,那么该产品应被去除。总的来说,采取的措施必须表明危害已经得到控制。

6.建立 HACCP 文件的有效记录保存程序系统

这是运行程序的关键步骤。整个 HACCP 计划必须留档并确保能够随时接受政府监督。用于记录的表格示例将附录在本章后。有些检查机构要求使用标准化形式,也有些机构允许企业自行制作,但必须得到批准后方可使用。

7.建立验证程序

这能确保 HACCP 系统的有效运行,并且保证所交付的产品符合要求。验证过程包括符合企业要求所规定的程序和测试。验证步骤示例如下：

验证的方法很多,比如可能在被标记的包装里固定或随机混入一些金属,一旦这些金属被识别,那么当实际存在潜在的危险时系统也能够准确的识别。验证措施应确保能发现所有危害;而某些验证措施也需要符合政府或工业要求的标准(例如,微生物学测试参照要求)。验证程序应包括如审查 HAC-CP 计划,检查 CCP 记录/偏差,随机样品收集和书面记录验证等活动。报告还应包括 HACCP 计划各个阶段负责人姓名。

6.3　通用 HACCP 模型

政府机构和全球范围的行业机构已经开发了几种通用模型,可用于肉类加工操作(例如家禽/牛肉/猪肉的初级加工,即食肉制品)和其他食品(例如酸奶,冷冻蔬菜)参考。通用模型为生产者提供可以根据自身需要进行调整的模板。如一些国家授权 HACCP 使用。例如,美国农业部(USDA)于 1996 年 7 月裁定 HACCP 作为所有美国农业部检查的过程控制系统,应用于肉类和家禽生产企业(以及供应美国市场的企业)。为了帮助业界,政府机构如美国食品安全检验局(FSIS)和加拿大食品检验局颁布了通用模型。然而,应该注意的是,在此之前就应当准备好几个程序。这些程序包括:良好生产规范(GMP),标准操作程序(SOPs)和卫生标准操作程序(SSOPs),良好的生产规范是最低卫生和加工要求,且适用于所有食品加工企业;有关食品企业不同部门的章节可在互联网上找到。标准操作程序主要是工厂程序的分步指导描述和控制每个程序的方法。SOPs 的设计是为保障最低标准并且应当定期进行评估(即每天,每周或每月,取决于步骤),以确认正确和一致的应用。也应该根据需要对其进行修改以确保适当控制。一旦 GMP 和 SOPs 确定,HACCP 通用模型就可以用作根据企业环境通用模型的开发过程特定计划的起点。开发用以解决与特定产品生产相关的危害(例如,考虑不同的机械、工厂布局、特定的干预方法、地方法规等)。另见第 15 章中关于电流要求的设备设计内容。

6.4　家禽屠宰——HACCP 通用模型

该通用模型反映了加拿大食品检疫机构(CFIA)用于冷藏,限制和整鸡的模型(CFIA,2011)。从 1998 年开始,CFIA 对先前的模型进行反复修订,使关键控制点个数从 9 个降低到 5 个且更多关注前提方案。注意:美国农业部模式中的相关文件仍在继续修订(FSIS,2014)。

在修订版 CFIA 模型介绍中有一些重要的注释:"这个通用模型基于原料和一系列常规的肉鸡屠宰加工步骤所建立,目的是使基于检测系统的 HACCP 正常运行(包括在线再处理和线下缺陷检测的再调节)。考虑到肉鸡屠宰过程中参数设置的变化。产生多种类型的产品,很难包括所有的可能情况。因此,需要根据模型制定适应生产环境的 HACCP 计划;同样,它们也负责企业的食品安全。

当这个模型用于其他种类的家禽时也必须考虑额外的危险;例如,成熟家禽如产蛋鸡或育种母鸡(任何种类的家禽),在掏膛和冷却过程中由于鸡蛋和鸡蛋蛋白导致的污染和交叉污染,必须被认为是一种重要的化学危害,应该控制和/或监控以防达到不可接受的水平。最终的控制可通过在所有产品及副产品上粘贴标签提示过敏原,防止发生过敏反应"(CFIA,2011)。

CFIA 模型流程图(图 6.4.1)从接收活禽(鸡、火鸡、鸭等),开始在过程中使用开始包装材料和各种化学品(例如抗微生物试剂,盐类)。图 6.4.1 列出了所有步骤,并概述该过程,重点介绍潜在危险和可控点(CCPs)(另见第 5 章图 5.1.3)。除了流程图外,还需要工厂管理层提交员工培训计划。该示意图为评估潜在交叉污染区域提供基础:

a.原材料,成分和成品流通过程。

b.流通过程包装材料。

c.企业员工的交通模式,包括更衣室、洗手间和晾衣架。

d.废弃物,不可食用产品和其他非食品产品的流动可导致交叉污染。

e.手/靴清洗和消毒装置/摆放位置。

官方 HACCP 文件从产品说明开始(表 6.4.1),包括关于产品的预期使用、保质期、贮藏温度等。如上所述,这是一个通用模型,每个工厂应修正后以满足自身需要/预期用途(例如在使用冷水与空气冷却的工厂中可能存在不同危害)。拟合/调整模型是制定 HACCP 计划的一个非常重要的步骤,随后将成为企

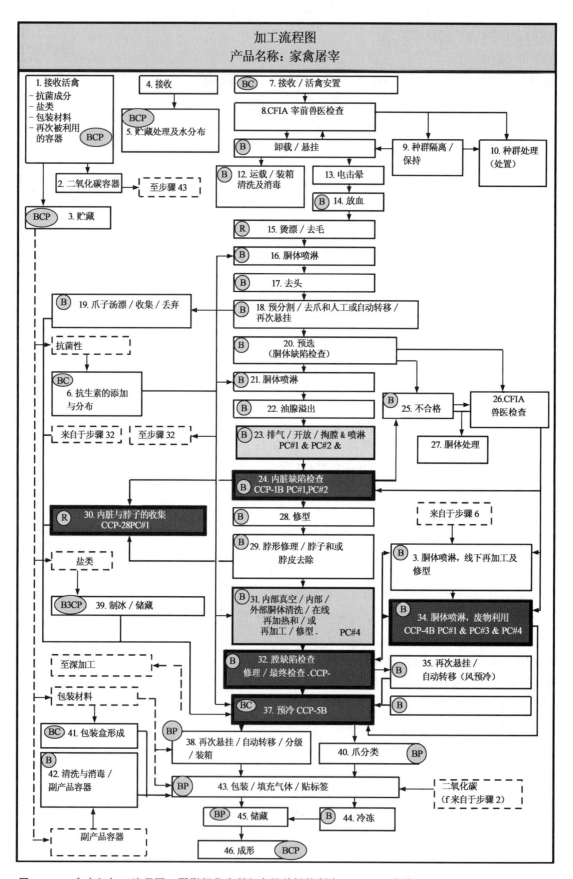

图 6.4.1 禽肉初加工流程图。阴影部分为所包含的关键控制点（CCPs）。来自 CFIA（2011）

业与政府合作的官方文件。表 6.4.2 和图 6.4.1 所示的是接收中的三个主要流程:活体/肉,非肉成分(如水/冰,改进的气调包装,盐类)和包装材料(如泡沫聚苯乙烯托盘,吸收垫,塑料膜和纸板箱)。所有非肉成分和包装材料都将与食品接触,因此应满足某些商业规定(在前提方案中概述或来自供应商的保证书)。

表 6.4.3 列出了来自原料的潜在危害案例。目的是系统地识别所有危害并确定其优先级,以便进行控制和设计程序来消除或最大程度降低风险。HACCP 体系应当得到科学证据的支持。总的来说,不同科学研究表明关键控制点可最大限度地减少熟制禽肉中细菌总量。

a. 适当禁食导致空肠;减少肠内残留物溢出。

b. 提高预冷池中水质。

c. 用足够的水量和水压喷洒、清洗胴体除去 $0.5\sim1.0$ log CFU 的细菌量(即,高达 90%)。更多讨论和实际参考见第 15 章。

d. 风冷过程中加入臭氧。

e. 胴体可见粪便/其他污染的后处理或污染去除(参见表 6.4.3 中的步骤 33)。

f. 冷却肉温低于 40℃,使细菌生长降至最低。

g. 使用流量计和冷水机(参见第 5 章和第 15 章)

h. 在胴体的洗涤和/或水冷却期间使用抗菌剂(如果允许)如氯、热水或乳酸(见第 15 章)。

i. 常规清洁器械(例如采用用于排空操作的喷雾器)减少交叉污染。

j. 经常清洗传递带和自动掏膛设备。

表 6.4.1　官方 HACCP 文件关于产品说明示例

产品描述 处理/产品名称:家禽屠宰		产品描述 处理/产品名称:家禽屠宰	
1. 产品名称	—未加工整鸡 —未加工分割产品(带骨和不带骨) —鸡杂(心、肝、胘) —鸡爪	5. 货架期	消费者要求规格(改良的气调包装): —整鸡或部分——4℃以下 Y 天 散装 —新鲜整鸡或部分——4℃以下 Y 天 —新鲜鸡杂或鸡爪——4℃以下 Y 天 —冻藏整鸡——−18℃以下 Y 天
2. 重要的产品特性 (水分活度、pH、防腐等)	无		
3. 预期用途	整鸡、分割产品、鸡杂、鸡爪: —加热即食 —深加工	6. 售卖地点	消费者要求规格 —零售——母体 散装 —联邦注册的深加工公司 —机构 —餐馆
4. 包装	消费者要求规格(改良的气调包装) —聚苯乙烯泡沫塑料托盘(食品接触) —吸水垫(食品接触) —保鲜膜(食品接触) —纸箱(非食品接触) 散装 —塑料/金属胸标(食品接触) —蜡封纸箱(食品接触) —塑料衬套/包(食品接触) —组合框(金属笼/塑料/硬纸板) 　(非食品接触) —塑料容器(食品接触) —不锈钢桶(食品接触) —塑料/金属夹(非食品接触)	7. 标签说明	冷藏 冻藏 保质期 安全操作说明(推荐)
		8. 特殊的分布控制	新鲜产品:4℃以下保存 冷藏品:冷藏状态下保存

来源于 CFIA(2011)

表 6.4.2 用于新鲜禽肉生产和分类的产品成分与原材料示例

产品各部分和引入材料清单

产品名称：家禽屠宰

活的动物	编号	非肉产品	编号	包装材料	编号
鸡	BC	水	BCP	食品接触	
		冰	BCP	聚苯乙烯泡沫塑料托盘	BCP
		CO_2（改进气调包装——MAP）	C	吸水垫	BCP
		盐	C	塑料衬套/包/薄膜包装	BCP
		空气（加压）	BC	塑料/金属胸标	BCP
				蜡封纸箱	BCP
				不锈钢桶	BP
肉制品				塑料容器	BCP
返修品	BCP			非食品接触	
				纸箱	P
				组合框（金属笼/塑料/硬纸板）	P
				塑料/金属夹	
				托盘	P
抗菌剂	编号	其他	编号		
抗菌剂，例如： 氯气 酸化亚氯酸钠 磷酸三钠 乳酸 二氧化氯					

编号含义：

B：生物的；C：化学的；P：物理的

来自 CFIA（2011）

通用模型还包括选择性处理方案的规定，例如，使用手动重新悬挂与自动转移的对比（参见图 6.4.1 中的步骤 35）。另外一个示例是企业装备不同的掏膛设备（例如在检测过程中将内脏与胴体完全分离或保持内脏附着在胴体上）。这些程序应在 HACCP 文件中有明确的标注，以便得到政府批准。

表 6.4.3 列出了每个加工步骤中潜在的生物（B），化学（C）和物理（P）危险（注意：完整的 CFIA 2011 文件包含更多的示例，也可在互联网上的危害数据库中查找）。确定所有潜在问题是 HACCP 团队的责任，以便采取适当措施尽量减少对企业的危害。第一个示例是关于进入企业原材料（例如生菜，水，盐）的危害处理。通过使用决策树来（参见表 6.4.3，问题 1～5）确定如何分类和处理每个危害。

此表是认证时提交给政府的程序包中的一部分。它为检查员提供一种审查团队思维方法，并通过提出建设性意见帮助指导员工。它也是工厂管理的一个非常重要的文件，特别是使用次数和设备周转的次数（文档用于指导并为持续改进提供参考）。需要再次指出的是，现阶段的大量危害（应当）由 GMP 控制。

表 6.4.4 关注的是基于上述决策树过程确定的关键控制点（CCP）。第一个列出的 CCP 是"内脏缺陷的检测"，并标识为 CCP 1B。它提供了关于危害的详细描述，以及特定的监测、偏差和验证程序的严格限

表 6.4.3 采用决策树确定关键控制点和其他控制方法用于鉴定家禽屠宰生产的危害识别示例

列出每一个已经鉴定有危险危险的成分或处理	鉴定危险（B，C，P）并描述。判定方案会否被前提方案全部控制。YES—表明移到下一个危险 NO—表明移到问题1	问题1：控制方法是否可以使用？ NO—表明危险怎样使用（最后一行）。移到下一个危险 YES—描述方法。移到问题2	问题2：污染的发生是否有可能超过可接受度？ NO—鉴定原因。移到下一个危险 YES—鉴定可接受度。移到问题3	问题3：这个处理是否为了阻止或消除偶然性而特殊设计？ YES—临界点（最后一行） NO—移到问题4	问题4：下一步将会消除或减少危险？ NO—临界点（最后一行）。移到下一个危险 YES—鉴定下一个控制步骤到问题5	问题5：步骤提供了局部的控制？ YES—处理控制（最后一行）。移到下一个危险 NO—移到下一个危险	控制：临界点 处理控制 前提方案—处理前后
活鸡	生物——羽毛、皮肤、肠道中病原菌的出现 NO	NO					农场等级：饲养方法和农场食品安全计划。深加工：使用导致致病菌减少 7 log 的热处理。消费者层次：通过对肉合适的处理和蒸煮的最终控制
	生物——去内脏过程中由于操作不正确导致的停食源污染的病原菌 YES						前提方案：1, 3, 4, 5, 6*
	化学——活鸡中药物的不可接受层次（抗生素、抗球虫药）YES	NO					前提方案：1, 3, 4, 5, 6

续表6.4.3

列出每一个已经鉴定有危险的成分或处理	鉴定危险(B,C,P)并描述。判定方案会否被前提方案全部控制。	问题1:控制方法是否可以使用? NO—表明危险怎样控制(最后一行)。移到下一个危险 YES—表明移到问题2	问题2:污染的发生是否有可能超过可接受度? NO—鉴定原因。移到下一个危险 YES—鉴定可能的接受度。移到问题3	问题3:这个处理是否是为了阻止或消除偶然性而特殊设计? YES—临界点(最后一行) NO—移到问题4	问题4:下一步将会消除或减少危险? NO—临界点(最后一行)。移到下一个危险 YES—鉴定下一个控制步骤。移到问题5	问题5:步骤提供了局部的控制? YES—处理控制(最后一行)。移到下一个危险 NO—移到下一个危险	控制: 临界点 处理前 处理后
水	化学——活鸡中的重金属或杀虫剂层饮 NO						农场层次:避免暴露在化学产品,并进行农场食品安全计划
	生物——致病菌不满足政府建立的饮用水标准 YES						前提方案:2*
	生物——致病菌的出现(例如,沙门氏菌属,空肠弯曲杆菌,金黄色葡萄球菌,志贺氏杆菌属,链球菌属,耶尔森菌属,大肠杆菌,单增李斯特菌) YES						前提方案:2*

续表 6.4.3

列出每一个已经鉴定有危险或危险成分的处理	鉴定危险(B、C、P)并描述。判定是否被前提方案会否被全部控制。YES表明移到下一个危险。NO表明移到问题1	问题 1: 控制方法是否可以使用? NO—表明危险怎样控制(最后一行)。移到下一个危险。YES—描述方法。移到问题2	问题 2: 污染的发生是否有可能超过可接受度? NO—鉴定原因。移到下一个危险。YES—鉴定可能的接受度。移到问题3	问题 3: 这个处理是否是为了阻止或消除偶然性而特殊设计? YES—临界点(最后一行)。NO—移到问题4	问题 4: 下一步将会消除或减少危险? NO—临界点。移到下一个危险。YES—鉴定下一个控制到问题5	问题 5: 步骤提供了局部的控制? YES—处理控制(最后一行)。移到下一个危险。NO—移到下一个危险	控制: 临界点 处理控制 前提方案 处理前 后
盐	化学—非食物层次或者源头污染 YES						前提方案:1、3、4、5、6
3. 贮藏	生物—由于不恰当的处理和实践所导致的污染 YES						前提方案:1、3、4、5、6、8
	生物—由于害虫产生的病源污染 YES						前提方案:1、3、4、5、6、8、10
	化学—储藏过程中引入或包装材料的污染(例如清洁剂、防腐剂、润滑剂) YES						前提方案:1、3、4、5、6

续表 6.4.3

列出每一个已经鉴定有危险的成分和处理	鉴定危险(B,C,P)并描述。判定方案是否被前提方案全部控制。YES—表明移到下一个危险。NO—表明移到问题1	问题1:控制方法是否可以使用? NO—表明危险怎样被控制(最后一行)。移到下一个危险。YES—描述方法。移到问题2	问题2:污染的发生是否有可能超过可接受度? NO—鉴定原因。移到下一个危险。YES—鉴定可能的接受度。移到问题3	问题3:这个处理是否是为了阻止偶然性而消除特殊设计? YES—临界点(最后一行)。NO—移到问题4	问题4:下一步将会消除或减少危险? NO—临界点。移到下一个危险。YES—鉴定下一个控制步骤5	问题5:步骤提供了局部的控制? YES—处理控制(最后一行)。移到下一个危险。NO—移到下一个危险	控制:临界点处理控制前处理控制后
5.治疗、分配和贮藏水	生物——由"死胡同"或虹吸引起的污染 YES						前提方案:2
	化学——过多的氯 YES						前提方案:2
7.活禽获取	生物——去内脏过程中由于不正确的禁食所引起的污染 YES						前提方案:1,3,4,5,6
	化学——接收残余的禽类(例如抗生素,抗球虫药) YES						前提方案:1,3,4,5,6

续表6.4.3

列出每一个已经鉴定有危险的成分或处理	鉴定危险（B,C,P）并描述。判定被鉴定前提方案会否被前提控制。YES—表明移到下一个危险。NO—表明移到问题1	问题1：控制方法怎样控制是否可以使用？NO—表明危险（最后一行）。移到下一个危险。YES—描述方法。移到问题2	问题2：污染的发生是否有可能超过可接受度？NO—鉴定原因。移到下一个危险。YES—鉴定可能的接受度。移到问题3	问题3：这个处理是否是为了阻止或消除偶然性而特殊设计？YES—临界点（最后一行）。NO—移到问题4	问题4：下一步将会消除或减少危险？NO—临界点（最后一行）。移到下一个危险。YES—鉴定下一个控制步骤。到问题5	问题5：步骤提供了局部的控制？YES—处理控制（最后一行）。移到下一个危险。NO—移到下一个危险	控制：临界点 处理控制 前提方案—处理前 处理后
11. 卸货或悬挂	生物—抵达时死亡仍被挂起而不是弄掉的败血不是弄掉的活禽类病禽类 YES						前提方案：1,3,4,5,6
12. 拖车/箱清洗和消毒	生物—由于笼子持续的不清洁子持续的带来的活鸡污染 YES						前提方案：1,3,4,5,6,9,10
14. 出血	生物—由设备中有机碎屑的堆积或后援工人手和刀的错误清洁导致的内出血的污染 YES						前提方案：2,7,8,9,10

续表 6.4.3

列出每一个已经鉴定的成分危险或处理	问题1:控制方法是否可以使用?	问题2:污染的发生是否有可能超过可接受度?	问题3:这个处理是否是为了阻止消除偶然性而特殊设计?	问题4:下一步将会消除或减少危险?	问题5:步骤提供了局部的控制?	控制:临界点处理前后
鉴定危险(B,C,P)并描述。判定方案会否被前提方案全部控制。 YES—表明移到下一个危险 NO—表明移到问题1	NO—表明危险怎样控制(最后一行)。移到下一个危险 YES—描述方法。移到问题2	NO—鉴定原因。移到下一个危险 YES—鉴定可能的接受度。移到问题3	YES—临界点(最后一行) NO—移到问题4	NO—临界点(最后一行)移到下一个危险 YES—鉴定下一个控制问题5	YES—处理控制(最后一行)。移到下一个危险 NO—移到下一个危险	
15. 烫毛/去毛	生物——由于不合适的温度和不恰当的用水导致的病原菌的扩散 YES 生物——皮肤的破损导致的肉的污染: 1.不合适的烫毛温度:YES 2.去毛机不给与的调整:YES 3.屠宰线的停工和过度烫毛产品:YES					前提方案:2,7,8 1.前提方案:2,8 2.前提方案:7,8 3.前提方案:2,7,8

续表 6.4.3

列出每一个已经鉴定有危险的成分或处理	鉴定危险（B,C,P）并描述。判定方案会否被前提方案全部控制。 YES—表明移到下一个危险 NO—表明移到问题1	问题1:控制方法是否可以使用? NO—表明危险怎样控制（最后一行）。移到下一个危险 YES—描述方法。移到问题2	问题2:污染的发生是否有可能超过可接受度? NO—鉴定原因。移到下一个危险 YES—鉴定可能的接受度。移到问题3	问题3:这个处理是否是为了阻止而消除或消除偶然性而特殊设计? YES—临界点（最后一行） NO—移到问题4	问题4:下一步将会消除或减少危险? NO—临界点（最后一行）。移到下一个危险 YES—鉴定下一个控制步骤。移到问题5	问题5:步骤提供了局部的控制? YES—处理控制（最后一行）。移到下一个危险 NO—移到下一个危险	控制: 临界点 处理控制 前提方案—处理前后
16.胴体喷淋	生物——由于一种抑制菌体黏附的水膜和胴体上可见污染的去除的不恰当操作导致的病原菌层次未能降低（例如,不充分的水量和水压,喷嘴未在正确的位置）YES						前提方案:2,7,8
	生物——由于抗菌剂的不充分导致的病原菌存活 YES						前提方案:7

续表6.4.3

列出每一个已经鉴定有危险的成分或处理	鉴定危险（B、C、P）并描述。判定方案会否被前提方案全部控制。YES—表明移到下一个危险。NO—表明移到问题1	问题1：控制方法是否可以使用？NO—表明危险怎样控制。移到最后一行）。YES—描述方法。移到问题2	问题2：污染的发生是否有可能超过可接受度？NO—鉴定原因。移到下一个危险。YES—鉴定可能的接受度。移到问题3	问题3：这个处理是否是为了阻止而特殊设计？YES—临界点（最后一行）。NO—移到问题4	问题4：下一步将会消除或减少危险？NO—临界点（最后一行）。移到下一个危险。YES—鉴定下一个控制步骤。移到问题5	问题5：步骤提供了局部的控制？YES—处理控制（最后一行）。移到下一个危险。NO—移到下一个危险	控制：临界点处理控制前提控制后
18. 滚刀、关节切割器和人工自动化/重新悬挂传输	生物——由于有机废屑的堆积致的污染 YES						前提方案：1，3，4，5，6，7，8，9，10*
	生物——下水道泄露导致的交叉污染。随后：1. 胴体与胴体接触：YES 2. 斜槽、桌子或传送带与胴体的接触：YES						1. 前提方案：1，2，3，4，5，6，8，9，10 2. 前提方案：1，4，5，6，8，9，10
19. 烫爪/收割/丢弃	生物——由不恰当的水温导致的表面污染的不充分去除 YES						前提方案：2，7，8

续表 6.4.3

列出每一个已经鉴定有危险的成分或处理	鉴定危险（B，C，P）并描述。判定方案是否被前提控制全部控制。YES—表明移到下一个危险。NO—表明移到问题1	问题1：控制方法是否可以使用？NO—表明危险怎样控制（最后一行）。移到下一个危险。YES—描述方法。移到问题2	问题2：污染的发生是否有可能超过可接受度？NO—鉴定原因。移到下一个危险。YES—鉴定可能的接受度。移到问题3	问题3：这个处理是否是为了阻止或消除偶然性而特殊设计？YES—临界点（最后一行）。NO—移到问题4	问题4：下一步将会消除或减少危险？NO—临界点（最后一行）。移到下一个危险。YES—鉴定下一个控制步骤到问题5	问题5：步骤提供了局部的控制？YES—处理控制（最后一行）。移到下一个危险。NO—移到下一个危险	控制：临界点处理控制 前提方案—处理前
	生物——由于处理过程中的拖延导致原病菌的生长 YES						前提方案：1，3，4，5，6
	生物——未能成功丢弃被弃胴体的爪子 YES						前提方案：7，8
21. 胴体喷淋	生物——一种抑制菌体黏附的水膜和胴体上可见污染的水的去除不恰当的操作，例如，不充分水压或位置摆放不恰当。YES						前提方案：2，7，8

续表 6.4.3

列出每一个已经鉴定有危险或处理的成分	鉴定危险（B，C，P）并描述。判定方案会否被前提方案全部控制。YES—表明移到下一个危险。NO—表明移到问题1	问题1：控制方法是否可以使用？ NO—表明危险怎样可以使用？移到最后一个危险。YES—描述方法。移到问题2	问题2：污染的发生是否有可能超过可接受度？ NO—鉴定原因。移到下一个危险。YES—鉴定可能接受度。移到问题3	问题3：这个处理是否是为了阻止、消除偶然性而特殊设计？ YES—临界点（最后一行）。NO—移到问题4	问题4：下一步将会消除或减少危险？ NO—临界点（最后一行）。移到下一个危险。YES—鉴定下一步骤。移到问题5	问题5：步骤提供了局部的控制？ YES—处理控制（最后一行）。移到下一个危险。NO—移到下一个危险	控制：临界控制点 处理控制 前提方案—处理前 后
23. 通风/打开/去内脏和喷淋	生物——由于去内脏出现的问题导致的来自内脏部分的污染（不正确的禁食操作/调整，仪器操作、备份失败）	YES—监控以下步骤：1. 去内脏标准 2. 展示标准 3. 缺陷检测标准	YES	NO	YES 步骤#24临界点 #1生物 步骤#30临界点 #2生物 步骤#32临界点 #3生物 步骤#34临界点 #4生物	YES	处理控制：#1 处理控制：#2 处理控制：#3
24. 内脏缺陷检测	生物——由于未能成功检测到可见表面污染导致的内脏中的病原菌。结果：1. 内脏的错误展示。YES 2. 在胴体和内脏之间缺乏同步。YES 3. 不恰当的照明。YES						1. 前提方案:7,8 2. 前提方案:7,8 3. 前提方案:2

续表 6.4.3

列出每一个已经鉴定有危险的成分或处理	鉴定危险(B、C、P)并描述。判定被前提方案是否会全部部分处理。 YES—表明移到下一个危险。 NO—表明移到问题1	问题1：控制方法是否可以使用？ NO—表明危险怎样控制(最后—行)。移到下一个危险 YES—描述方法。移到问题2	问题2：污染的发生是否有可能超过可接受程度？ NO—鉴定原因。移到下一个危险 YES—鉴定可能的接受度。移到问题3	问题3：这个处理是否是为了阻止或消除偶然性而特殊设计？ YES—临界点(最后—行)。 NO—移到问题4	问题4：下一步将会消除或减少危险？ NO—临界点(最后—行)。移到下一个危险 YES—鉴定下一步骤。移到问题5	问题5：步骤提供了局部的控制？ YES—处理控制到下一行)。移到下一个危险 NO—移到下一个危险	控制：临界点 处理控制前后
	生物——由于去除可见可致表面或内脏内脏菌的出现。 NO	YES 监控对内脏的缺陷检测标准的应用	YES	YES			临界点—1 生物
32. 空腔缺陷探测和检验	生物——由于探测成功移除内部或营养物质的未导致病原菌的出现 NO	YES 监控胴体修补标准的应用	YES	YES			临界点—3 生物
33. 胴体喷淋、停工重新处理和条件更换	生物——由于抑制细菌黏附的水膜的不适应用导致的未能成功减少病原菌等级(例如,喷淋头的喷洒方向,不充分的水量/水压) YES						前提方案:2,7,8*

续表 6.4.3

列出每一个已经鉴定有危险的成分或处理	鉴定危险（B、C、P）并描述。判定方案会否被前提控制。	问题1：控制方法是否可以使用？	问题2：污染的发生是否有可能超过可接受度？	问题3：这个处理是否是为了阻止或消除偶然性而特殊设计？	问题4：下一步将会消除或减少危险？	问题5：步骤提供了局部的控制？	控制：临界点处理控制
		NO—表明危险怎样被控制。移到下一个危险。YES—表明移到下一个危险。NO—表明移到问题1	NO—鉴定原因。移到下一个危险。YES—鉴定可能度。移到问题3	YES—临界点（最后一行）。NO—移到问题4	NO—临界点（最后一行）。移到下一个危险。YES—鉴定下一个控制步骤到问题5	YES—处理控制（最后一行）。移到下一个危险。NO—移到下一个危险	
所有步骤	化学—被非食用性化学物质污染（例如，矿物油、液压机液体、清洁剂、消毒剂、制冷剂）。YES						前提方案：1，2，3，4，5，6，7，9，10
所有步骤（从16号或更前开始考虑）	物理—来自仪器表面的金属/塑料碎片的污染（例如，传送带）。YES						前提方案：2，7

* 与该模式相关的前提方案包括：1.运输；2.假设；3.采购；4.收货；5.运送；6.贮存；7.设备；8.人员；9.卫生；10.害虫控制

引自 CFIA（2011）

表6.4.4 HACCP通用模型中各关键控制点的详细内容（图6.4.1）

临界控制点
产品名称：禽类屠宰

处理步骤	临界控制点/危险编号	危险描述	关键限值	监控程序	偏差程序	验证程序	HACCP记录
24. 内脏缺陷检测	CCP-1B	由于未能成功检测可见排泄物或消化道中的污染或内脏成功去除不恰当所导致的内脏病原菌状况或内脏表面出现的病原菌（例如，败血症/血毒症或肝浆）	每个MOP（19.6.2.4手动操作程序）内脏缺陷检测对应一个DDS项目	随机，每小时一次，"CCP-1B监控"随生产线选择生产线上"X"号内脏，对于排泄物营养物或病原菌探测物作为每一个DDS程序。把观察现象和日期/时间以及迹象记录于CCP-1B表格中 注：见公司随机选择程序	如果被大量拒绝，"CCP-1B监控"将联系维护并来发现并纠正偏差。"CCP-1B监控"将联系食品安全管理员来实施评估并添加额外的成员对"X"号生产线。"CCP-1B监控"将重新测试。如果重新测试仍然失败，上一次测试成功之后的产品将被保留，并且DDS决策树将遵循每个MOP 19.6.2.5.2.10 如果大多是因为败血症/血毒症被拒绝，冷却后即时的胴体和内脏检测对应单个DDS决策树MOP 19.6.2.5.2.10接下来的信息记录在误差CCP-1B表中： 1. 关于偏差和原因的描述 2. 控制受影响产品所采取的措施 3. 用来修复临界点控制行为所采取的纠正措施 4. 抑制误差的再次发生所采取的措施 接下来的信息记录于"冷却产品验证缺陷检测标准" 这两个表格必须包括纠正和抑制措施的具体时间 任何偏差都需要支持PC 1和2的评估	"CCP-1B监控"验证员每Y天观察一次"CCP-1B监控者"（验证频率），以此确定他/她按照既定程序完成任务 "CCP-1B生物"验证员同样每Y天检测"CCP-1B表格"的X天数以及"缺陷记录"，以此确定完成既定程序实施。同时完成表格，采取必需合适的纠正和抑制措施。同样要确保合适的保装运前的检查。如MOP 11, USA, Annex Q. Q. 1.1b一样完成 如果在验证过程中发现缺陷，将实施根本原因分析和食品安全评估。纠正/抑制措施可能包括CCP-1B监控员或者雇员的再培训或者监控/误差程序的再评估 验证观察、验证员签名和日期/时间记录于"CCP-1B"验证表中	"CCP-1B表" "CCP-1B验证表" "冷却产品验证的缺陷和缺陷标准检测记录"

续表 6.4.4

临界控制点
产品名称：禽类屠宰

处理步骤	临界控制点/危险编号	危险描述	关键限值	监控程序	偏差程序	验证程序	HACCP记录
30. 鸡杂和鸡脖获取	CCP-2B	导致没能成功丢弃污染内脏排泄物和营养物的出现带来的内脏病原菌污染	CDS程序（MOP 19.6.2.7）中定义的没有可见排泄物污染和合物可食用内脏	每Y小时一次，CCP-2B监测员将选择X数量并检查肝脏，评估排泄物和营养物的出现。把观察现象和日期/时间以及痕迹记录在CCP-2B表格中	如果观察到排泄物/营养物在可食性鸡杂中或观察者在脖子中观察到营养物/合物部分，CCP-2B监测员将所有的产品（正如每个公司的测试和成功的保留程序一样），因而回加工或产品将会被再加工或产品安全评估并丢弃。将会联系管理员来评估并确定缺陷以及实施纠正措施 接下来的信息将被记录在CCP-2B表格中： 1. 关于偏差和原因的描述 2. 控制受影响产品所采取的措施 3. 用来恢复纠正措施的有效验证 4. 纠正措施再次发生所采取的措施 5. 抑制误差再次发生的有效验证 6. 抑制措施的有效验证 CCP-2B表格必须包括缩写，数据和制作的具体时间 任何偏差都要支持PC1的评估	"CCP-2B"验证员每Y天观察一次"CCP-2B监测员"，以此确定按照既定程序完成任务 "CCP-2B"验证员同样每Y天一次检测"CCP-2B表格"，以此确定监测按照既定程序实施。同时完成适合的纠正和抑制措施。同样要确保运送前的检查如MOP 11, USA, Annex Q.Q.1.1b一样完成 如果在验证过程中发现缺陷，将实施根本原因分析和食品安全评估。纠正/抑制措施可能包括评估。纠正/抑制措施可能包括员工的再培训或雇员/误差程序的再评估 "CCP-2B监测员"或验证者签名和日期/时间记录在"CCP-2B验证表"中	"CCP-2B表" "CCP-2B验证表"
		由于营养物的出现的和合物的部分残留的鸡导致脖鸡的内脏病原菌污染	CDS程序（MOP 19.6.2.7）中定义的没有可见排泄物污染和合物成分	每Y小时一次，CCP-2B监测员将选择X数量评估营养合物的出现。把观察现象和日期/时间以及痕迹记录在CCP-2B表格中			

续表 6.4.4

临界控制点
产品名称：禽类畜牢

处理步骤	临界控制点/危险编号	危险描述	关键限值	监控程序	偏差程序	验证程序	HACCP记录
32.空腔缺陷检测和修正/最终检测	CCP-3B	由于未能成功去除内部或外部营养物/排泄物污染和来自胴体的胃肠道部分导致的病原菌出现	每个CDS探测组拒绝组FS1（食品安全）、FS2、FS3接受/拒绝数量（MOP 19.6.2.7）	随机，每小时一次，CCP-3B监测员根据CDS程序监控X个眼监控选择的胴体（预冷前）进行排泄物、营养物和胃肠道探测。把观察的现象、日期/时间和迹象记在CCP-3B表格中 注：见公司随机选择程序	如果因为营养物或胃肠道被大量拒绝，CCP-3B监测员将联系维修系人员找到并纠正误差原因。CCP-3B监测员将联系管理员进行食品安全评估和评估上游程序，判定根本原因 如果大部分因为排泄物被拒绝，需要对预冷前/预冷后快速的产品实验，对每个CDS决策树（MOP 19.6.2.7） 当程序评估导致食品安全组的拒绝时，CCP-3B监测员将进行重新测试。如果重新测试失败、上次测试成功的产品会如CDS决策树一样被保留（MOP 19.6.2.7.6.7） 接下来的信息记录在偏差CCP-3B表格中： 1.关于偏差和原因的描述 2.控制受影响产品所采取的措施 3.用来修复CCP采取的纠正措施 4.抑制偏差的再次发生所采取的措施 接下来的信息记录在偏差缺陷验证"预冷后胴体分割标准记录验证"中。所采取的纠正和抑制措施的有效性验证	"CCP-3B"验证员每Y天观察一次（验证过的频率）"CCP-3B监测员"，以此确定他按照既定项目一般进行他的任务 "CCP-3B"验证员同样每X天检测"CCP-3B表格"和每Y天缺陷记录，以此按照既定程序实施具体化控制，同时完成表格，按照需要采取合适的纠正和抑制措施。同样要确保采取完成装运前的检查如MOP 11, USA, Annex Q.Q.1.1b 如果在验证过程中发现缺陷，将会实施根本原因分析和抑制措施会安全评估。纠正/抑制措施可能包括"CCP-3B"监测员或雇员的再培训或监测者/误差程序的再评估 验证观察、验证员的签名和日期/时间记录在CCP-3B验证表中	"CCP-3B表" "CCP-3B验验验证" "预冷后胴体分割缺陷验证"

续表 6.4.4

临界控制点
产品名称:禽类屠宰

处理步骤	临界控制点/危险编号	危险描述	关键限值	监控程序	偏差程序	验证程序	HACCP记录
					这两个表格必须包括缩写、数据制作的具体时间 任何偏差都需要支持 PC 1,2,3 和 4 的评估		
34. 胴体喷淋、废物利用	CCP-4B	废物利用:由于未能成功有效移除可见污染的部分而导致污染的出现和病菌的出现和迹象（例如员工不恰当的操作或太多缺陷胴体）	CDS 程序定义的（MOP 19.6.2.7）无可见排泄物和营养物的污染	每小时一次，CCP-4B 监测员选择 X 个部分并评估排泄物的出现和营养物的现象。把观察到的现象和日期/时间和迹象记录在 CCP-4B 表格中	如果观察到营养物或排泄物，CCP-4B 监测员将保留程序的保留和产品（如每个公司的保留程序），因此上次的测试和产品将会被返工或丢弃。将产品管理员进行食品安全评估并评估部分获取偏差程序并鉴定任何的缺陷以及分获取偏差程序并实施纠正措施 接下来的信息记录在偏差的 CCP-4B 表格中： 1. 关于偏差和原因的描述 2. 控制受影响产品所采取的措施 3. 用来修复 CCP 采取的纠正措施 4. 纠正措施的有效性验证 5. 抑制偏差的再次发生所采取的措施 6. 抑制措施的有效性验证 CCP-4B 表格必须包括缩写、数据和制作的具体时间 任何偏差都需要支持 PC 1,2,3 和 4 的评估	"CCP-4B"验证员每 Y 天观察一次"CCP-4B 监测员"，以此确定他按照既定项目散正在进行他的任务。 "CCP-4B"验证员同样每 Y 天检测"CCP-4B 表格"X 天、价值以此确定按照既定程序实施具体化的控制，同时完成表格、采取合适的纠正和抑制措施。同样要确保运营之前的检查如 MOP 11, USA, Annex Q, Q. 1. 1b 如果在验证过程中发现缺陷，将会实施根本原因分析和食品安全评估。纠正/抑制措施可能包括"CCP-4B"监测员或雇员的再培训或者监控/误差程序的再评估 验证观察，验证员记录在 CCP-4B 验证表中 /时间记录在 CCP-4B 验证表中	"CCP-4B表" "CCP-4B验证表"

续表 6.4.4

临界控制点
产品名称：禽类屠宰

处理步骤	临界控制点/危险编号	危险描述	关键限值	监控程序	偏差程序	验证程序	HACCP记录
37.冷冻	CCP-5B	由于时间/温度的把握不当导致不恰当的冷冻从而带来病原菌生长	如 MOP (19.8.2.4.1 & 19.8.4.1) 中每个"分割禽肉的最厚处插入校正好的数字温度计并在验证的预冷程序特定的时间/地点冷却到"去内脏 2 h 后鸡脯/鸡杂被冷却到 4℃或更低(火鸡胸肉、腿、琵琶腿和大腿应该在去内脏 4 h 内被冷却到 4℃或更低),如 MOP 19.8.2.4.2	每 X 个胴体 Y 小时,CCP-5B监测员在胸肉的最厚处插入校正好的数字温度计并在验证的预冷程序特定的时间/地点记录产品温度 每 X 个分割品/鸡脖/鸡杂,CCP-5B监测员在每个样品嵌入一个校正好的数字温度计并在验证程序特定的预冷程序的时间/地点记录产品温度	根据预冷步骤如果胴体或单个部分的温度没有根据预设温度而降低,联系管理员并且启动适当的 MH—MOP 中设定的时间。无论何时注意到偏差,产品要么被蒸煮或者如果预冷偏差,产品要么重新评估,产品要么重新评估。如果货架期之前的产品必须的损坏,产品必须被丢弃以防止其进入人类的食物链。就分割品/鸡脖/鸡杂而言,产品必须被丢弃以防止其进入人类的食物链 分割好的禽肉胴体必须达到产品表面温度 7 度或更低,才能被运送到另一个公司,否则产品必须处于允许的持续的冷冻过程中直至温度达到一标 接下来的信息记录在偏差 CCP-5B 表格中：1.关于偏差和原因的描述 2.控制受影响产品所采取的措施 3.用来修复 CCP 采取的纠正措施 4.纠正措施的有效性验证 5.抑制误差的再次发生所采取的措施	"CCP-5B"验证员每 Y 天观察一次"CCP-5B监测员",以此确定他按照既定项目进行他的任务 "CCP-5B"验证者同样每 Y 天检测价值"CCP-5B"X 天,以此确定按照既定程序实施具体化表格,同时完成表格,采取合适的纠正和抑制措施。同样要确保完成装运前的检查如 MOP 11,USA,Annex Q,Q.1.1b 如果在验证过程中发现缺陷,将会实施根本原因分析和食品安全评估。纠正/抑制措施可能包括"CCP-5B"监测员或雇员的再培训或者监控/误差程序的再评估 验证观察,验证员的签名和日期/时间记录在 CCP-5B 验证表中	"CCP-5B表" "CCP-5B验证表"

续表 6.4.4

临界控制点
产品名称:禽类屠宰

处理步骤	临界控制点/危险编号	危险描述	关键限值	监控程序	偏差程序	验证程序	HACCP记录
			运输前产品的表面温度降到7℃或更低,分割好的禽肉胴体可以运输到另一个公司	强烈推荐操作员设定的监控频率必须允许进一步有效冷却产品,而不超过规定的时间 CCP-5B监测员把观察现象和日期/时间以及迹象记录在CCP-5B表格中	6.抑制措施的有效性验证 CCP-5B表格必须包括缩写、数据和制作的具体时间		

制。这些程序应该经过 HACCP 团队深思熟虑,因为它们将成为官方限定程序(即,也可以在审计过程中经历同行评议)。

从表 6.4.3 可知,一些可识别的危害可能通过先决程序和/或各种过程控制,而其他危害则通过关键控制点(CCP)控制。该模型的相关前提条件列在表 6.4.3 的底部。每个详细文档可从 CFIA 网站获取。过程控制(PC)针对时间点或步骤的控制有助于 CCP,或宰后检验活动有效性的提高。根据加拿大模式,有关家禽生产过程控制要求家禽屠宰场必须采用加拿大食品检验局程序手册第 19 章(MOP)。任何 CCP 偏差需要对支持 PC(s)作为偏差程序且从属该 CCP 进行评估。

以下列举家禽 CCP 及其支持 PC 的家禽通用模型(CFIA,2011)详见表 6.4.3 和表 6.4.4。

- CCP-1B.步骤 24 内脏缺陷检测:
  - PC♯1(取内脏标准)
  - PC♯2(演示标准)
- CCP-2B.步骤 30 内脏和颈部获取:
  - PC♯1(取内脏标准)
- CCP-3B.步骤 32 终审:
  - PC♯1(取内脏标准)
  - PC♯2(演示标准)
  - PC♯3(缺陷检测标准,胴体组)
  - PC♯4(胴体分割标准)
- CCP-4B.步骤 34 废物利用:
  - PC♯1(取内脏标准)
  - PC♯3(缺陷检测标准,胴体组)
  - PC♯4(胴体分割标准)
- CCP-5B.步骤 37 冷却:
  - PC♯1(取内脏标准)
  - PC♯3(缺陷检测标准,胴体组)
  - PC♯4(胴体分割标准)

在加拿大,要求操作员为每个控制制定书面计划。材料必须满足第 19 章中加拿大食品检验局程序手册的要求(CFIA,2010)。

6.5　持续改进 HACCP 计划

持续改进是构建完善的 HACCP 计划不可或缺的一部分,新的发现和不断积累的经验能够获得更安全的产品。在美国,食品安全检验局(FSIS)授权验证工厂前提(PR)/HACCP 系统能否有效控制生肉和家禽中与人类致病细菌相关风险。美国政府对沙门氏菌标准设置特定产品,屠宰场、生产生碎肉和家禽产品的企业必须满足其要求(Eblen 等,2006)。性能标准基于沙门氏菌的流行,由食品安全检验局微生物菌落研究决定,并且以给定样本中允许出现的沙门氏菌阳性样本的最大数量来表示。从 1998 年 1 月至 2000 年 12 月,为了分析沙门氏菌,联邦检查员从大型、小型和非常小规模的企业共收集 98 204 个独立样品和 1 502 个完整/批次样品,这些企业至少生产七种生肉或家禽产品中的一种:肉鸡、生猪、奶牛与公牛、小公牛与小母牛、牛肉碎、鸡肉碎以及火鸡碎。FSIS 进行的基线研究调查显示,实施 PR/HACCP 计划后比 PR/HACCP 实施前,大多数产品沙门氏菌发生率降低。1998 年至 2000 年所有规格组合的测试结果显示大于 80% 的样品组满足沙门氏菌流行率性能标准(例如,肉鸡流行率≤20.0%,生猪市场为 8.7%,母牛和公牛为 2.7%)。减少沙门氏菌发生率一定程度上反映工业改善,如改善过程控制、纳入抗菌干预措施和增加微生物监测,所有这些都与 PR/HACCP 实施相结合。2003 年的跟进研究显示,81% 的机构从来没有失败测试。在遇到样本集问题的企业中,这些问题一般在企业测试史早期发生。小企业可能比大企业或微企业经历更多的失败(Eblen 等,2006)。FSIS 对失败沙门氏菌样品集、深入的验证审查和有关企业的纠正行动,可能帮助企业减少设置过程中的失败次数。作者提到,小企业食品安全措施重点应放在进一步减少不符合沙门氏菌性能标准的采样集数量。欧洲食品安全局的总结报告(EFSA,2010)也进行了减少微生物趋势和改善方法的讨论。

总体而言,应验证干预措施以确定其有效性。下面提供了几个例子,然而,这绝不是所有可能干预程序的全部清单。Stopforth 等(2007)研究有氧平板计数(APC),总大肠菌群计数的变化(TCC),家禽胴体分割以及家禽生产产生的废水中的大肠杆菌计数(ECC)和沙门氏菌发病率。他们检查单独干预前后的样品,三个不同企业暴露在屠宰过程不同阶段连续多次干预的样品。干预措施包括剔骨后清洗,内/外胴体清洗,二氧化氯洗涤(注意:氯目前在北美被允许使用,但是在欧洲则被禁用),二氧化氯洗涤加氯化物冷却器,冷却器出口喷雾,冷却器洗涤,三聚磷脂钠冲洗。个体干预有效并显著($P<0.05$)减少胴体、分割部分和加工用水的微生物种群和数量。通过样品冲洗将三种企业中的菌落总数范围降低至 $0\sim1.2$ log CFU/mL。经过连续多次干预可使菌落总数显著降低($P<0.05$),三个企业的 APC,TCC,ECC 和沙门氏菌发病率分别为 2.4、2.8 和 2.9 log CFU/mL 和 79%,1.8、1.7 和 1.6 log CFU/mL 和 91%,和 0.8、1.1 和 0.9 log CFU/mL 和 40%。这些结果验证了企业家禽生产过程中的干预措施并提供信息来帮助工厂选择适合的抗菌策略,尤其是一些特定的病原体,如沙门氏菌。Gill 等(2006)研究了 HACCP 中包含的不同菌属在肉鸡屠宰加工过程中的变化。好氧菌、大肠杆菌、假定的葡萄球菌和李斯特菌经 58℃ 烫漂和拔毛后在胴体上的平均对数约 4.4、2.5、2.2 和 1.4 log CFU/cm²。细菌数量与去除内脏后胴体的数量相近。经过去除内脏、肺、肾和颈部一系列步骤,好氧菌减少约 1 个对数单位,但其他数字没有变化。经过水冷后,大肠杆菌减少 1 个对数单位,胴体中估测的金黄色葡萄球菌和李斯特菌的计数经过预冷后减少约 0.5 个对数单位,但好氧菌数量未变。关于另一些干预措施的进一步讨论见第 15 章。

另一个新出现的问题是禽流感病毒(AIV),全称为 H5N1 的高致病性菌株。由于其对人类健康可能产生威胁,人们密切关注感染这种病毒的家禽对食品安全产生的影响(注意:目前没有与加工厂 HACCP 计划直接相关,但可以在各种农场 HACCP 程序中找到。总的来说,肉类加工者应该意识到这些程序作为农场到餐桌的一部分)。欧洲食品安全局和美国农业部动植物卫生检验局确定受感染家禽商品的合法和非法进口(Beato 等,2009)。作者指出,AIV 可以从多种家禽产品中活化。然而,它的存在受到其特征病毒株的影响,尤其是具有引起全身感染(致病性)的能力。因而,宿主也会影响病毒存在的可能性。总的来说,数据仍然不够完整,还需进行广泛、综合研究,以建立由家禽产品和/或宿主传播到给定区域的风险评估机制。虽然只有一定数量的研究,加热和加压处理是降低选定商品中任何有繁殖能力的病毒至可接受水平的有效手段(Beato 等,2009)。

设备和机械在维护操作清洁中也发挥重要的作用,如果设计正确,可以减少交叉污染问题(即设备包含在前提方案中)。例如掏膛线,使用形成通向腹腔的开口。高功能机器高速(例如,每小时 13 500 只肉鸡)运行,对胴体几乎没有损坏,可防止受损的肠道泄漏(肠道内容物的细菌计数为每克 $10^8\sim10^9$)。切口的长度应根据禽类尺寸来调整。这些调整可以快速并轻松完成,因为批次间有一定的间隔时间。虽然设备设计与前提方案有关(不是 HACCP),本文讨论的是在操作期间机器的清洁保证。即使简单的功能,如避免盲点的倾斜表面,也能使机器在操作期间保持清洁并且可以通过喷水去除设备某些位置的原料肉(参见第 15 章关于设备设计原理)。

消费者教育以及提供充分的指导在整体过程中也是关键点。例如,2007 年发生在美国,冷冻鸡肉和火鸡馅饼经过消费者烹调后被召回,表明清晰的烹饪说明书是非常必要的(Anonymous,2007)。这导致了在 31 个州范围内,152 例沙门氏菌中毒和 20 例住院。公司的回应是:a)要求客户退回可疑产品;b)提醒客户这些产品尚未准备好,并且必须彻底煮熟;最重要的是 c)修订标签上的烹饪说明(包括微波炉和其他加热方式,加热至中心温度 71℃)。

参考文献

Beato,M. S. ,I. Capua and D. J. Alexander. 2009. Avian influenza viruses in Poultry products：a re-view. Avian Path. 38：193.

CFIA. 2011. HACCP generic model. Poultry slaughter-chilled ready to cook whole chicken. Canadian Food In spection Agency,Ottawa,Canada.

CFIA. 2010. Food Safety Enhancement Program Manual. Chapter 19,Section 3. 2. 8. Canadian Food In spection Agency,Ottawa, Canada.

CODEX. 1993. Guidelines for application of Hazard Analysis Critical Control Point(HACCP)System. Codex Alimentarius Commission,ALINORM 95/13,AppendixII,Rome.

Eblen,D. R,K. E. Barlow and A. L. Naugle. 2006. U. S. food safety and inspection service testing for Salmonella in selected raw meat and poultry products in the United States,1998 through 2003：an establishment-level analysis. J. Food Prot. 69：2600.

EFSA. 2010. European Food Safety Authority. The community summary report on trends and sources of zoonoses,zoonotic agents and food-borne outbreaks in the European Union in 2008. EPSAJ. 8 (1)：1496.

FSIS. 2014. Food Safety Inspection Service. Modernization of Poultry Inspection. USA Federal Regis-ter. 79：Parts 381 and 5000.

GFSI. 2014. What is the Global Food Safety Initiative. http：// www. mygfsi/about-us

Gill,C. O. ,L. F. Moza,M. Badoni and S. Barbut. 2006. The effects on the microbiological condition of product of carcass dressing,cooling,and portioning processes at a poultry packing plant. Int. J. Food Micro. 110：187.

Mortimore,S. and C. Wallace. 1995. HACCP-A Practical Approach. Chapman and Hall Publ. ,New-York,NY.

Sandrou,D. K. and I. S. Arvanitoyannis. 1999. Implementation of hazard analysis critical control point in the meat and poultry industry. Food. Rev. Int. 15：265.

Stopforth,J. D. ,R. O'Connor, M. Lopes,B. Kottapalli,W. E. Hill and M. Samadpour. 2007. Validation of individual and multiple-sequential interventions for reduction of microbial populations during pro-cessing of poultry carcasses and parts. J. Food Prot. 70：1393.

USDA. 1999. Guidebook for the preparation of HACCP plans and generic HACCP models. US Dept. of Agriculture,Washington,DC.

Yiannas,F. 2009. Food Safety Culture：Creating a Behaviour-based Food Safety Management System. Springer Pub,NewYork,NY.

第 7 章　检验和分级

7.1　引言

大多数国家针对用于肉品加工的动物都有一套强制性的检验体系,以确保消费者买到的肉类产品是安全的,不会传播疾病。然而,在实际生活中这并非一贯如此。最早的关于肉品检验的法规记载在圣经中(例如,不允许出售已死亡动物),但这些法规并不总是强制性的。12 世纪,欧洲患病动物不允许进入贸易流通。1906 年,Upton Sinclair 在他的《丛林》一书中揭示了一家芝加哥肉品厂存在严重的卫生问题,后来美国为此出台了肉类检验法。该法案规定必须对红肉的安全性进行强制性检验。当时,由于家禽屠宰业被认为是一个小行业,因此并没有列入法案。直到 1924 年,纽约州爆发了严重的禽流感,家禽才被纳入法律。

检验通常由指定的政府机构执行,因此可以最大程度维护广大消费者的利益。这个过程通常包括宰前检验和宰后检验(见下文)。如果是活体动物直接出售给消费者,通常不需要进行安全性检验。但是,如果是疾病暴发时期,政府将加大监测和检验力度。一些国家的市场环境大多比较潮湿,政府正试图对其进行规范。在过去的 10 年中,禽流感的暴发使得对环境潮湿市场的监管加强,甚至直接取缔。

本章讨论家禽(例如:肉鸡,火鸡,鸭)的相关检验,并以美国为主要案例,举例说明一些国家的相关法规。本章还包括原料的分级,这在有些国家不是强制性的,但原料分级可以促进贸易。本章最后还讲述了主要的家禽分类体系。

7.2　建立检验站

宰后检验站对于确保健康、无污染(例如,动物肠道致病菌污染)的食用动物进入食物链是非常重要的。因此,检验站应提供给检验人员最佳的工作环境(图 7.2.1)。下面是美国一联邦肉类安全检验厂的要求,各国关于检验站的要求可以在本国法规中找到。

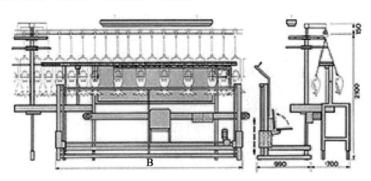

图 7.2.1　检查站示意图:检查员站立区,清晰可视的被检查禽类(包括在背景设立镜子)和一个悬挂架

空间:检验人员所需的空间大小取决于检验方法(在下一节中讨论)。
照明:照明要求取决于检验方法。最低照明要求如下:

a. 传统检验：50 英尺烛光。

b. 改进型检验系统（SIS）：200 英尺烛光。

c. 新增强型在线检验（NELS）：200 英尺烛光。

d. 新型火鸡检验系统（NTIS）：200 英尺烛光。

其他重要因素：光源的质量和方向。此外，光源不能影响被检胴体的颜色，且无阴影。

洗手设施：检验工作人员的最低洗手水温为 65 ℉，且方便在宰后检测站工作的检验员。

装载不合格胴体的容器：通常分为两种类型。一种用来装载分割制品，另一种用来装载整个胴体。这些容器必须密封且做好适当的标记，标记的"美国不合格产品"文字要确保清晰可读，为此字母高度不得小于 2 英寸。胴体的处理必须按照批准的方法进行（例如，焚烧，用化学试剂和染料做变性处理，蒸汽；受到化学/生物污染的胴体，必须填埋或烧毁）。

检验表固定器：工厂用这个设备来收集很多统计表或者 FSIS 表 6000-16 （USDA，1999），以方便工厂检验助理做检验记录。

截留架：主要用于将疑似有问题的胴体截留下来，等待兽医检验和处置。也可用于截留已死亡胴体和外观异常的胴体。

其他设施的要求：每个检验站都必须设置可调整的平台，在预冷前和冷却后区域必须设置一个二次检验站。

总体来说，工厂管理应尽可能在去除内脏过程中减少胴体的暴露，防止胴体受到污染。加工机械大多使用改良后的 J 型切割，但条形切割也仍然在使用。

工厂卫生设备和其连贯性对于合理处置胴体至关重要。传统的手动操作流水线和自动化屠宰流水线上，内脏被完全去除，或自然悬挂在动物体腔内。目前多数家禽屠宰厂使用自动化设备将内脏完全摘除，并分放在另一条流水线上。该设备复杂，需要仔细调试，以确保流水线的连贯性和同步性。工厂必须确保机器在任何情况下都能正常工作（例如，胴体的大小，质量发生变化时）。

根据工厂所使用设备的不同和工厂的习惯，可以用不同的方式悬挂胴体，如肉鸡采用三点悬挂，火鸡采用两点悬挂。胴体必须在宰后以统一的方式带上挂钩，必须至少有一个检验员进行确认。如使用带有颜色的编码牌、机械分离（如自动分离设备，自动剔除不符合要求的胴体）。后者通过采取"搜索因子"的方式进行胴体检验，有助于降低劳动量。

7.3　检验

检验人员通常是经过专门培训的政府人员，他们确保只有健康新鲜的禽类和禽类产品才能进入消费市场。政府监管有助于确保检验人员免受市场压力的影响。此外，由独立的机构决定、批准并强制执行相关法律法规，这在公共卫生领域是必不可少的。工作人员通常为指定的授权人员，如兽医或受过专门培训的人员。

家禽检验通常分为不同部分。美国的检验系统分为八大领域（美国农业部，1987，2014），包括如下：

a. **活禽宰前检验**：在板条箱或者其他容器内观察禽类，或者从板条箱中取出挂在钩线上观察。检查员检验活禽是否有疾病及水肿、皮肤病变、腹泻、呼吸系统异常等迹象。在到达工厂时已经死亡（DOA）的禽类将被自动剔除。检验人员决定活禽是否通过检查，是否疑似疾病或者被剔除。疑似疾病的活禽与健康的活禽必须分开屠宰（通常在当天结束后统一处理，对个体进行更为细致的观察）。

b. **宰后检验**：识别和剔除有潜在疾病可能影响人类健康的动物。该方面检验的具体细节将在本章后面讨论。

c. **拒收和处置**：详细内容将在本章后面讨论。

d. **卫生条件检验**：减少或防止肠道泄漏导致粪便对机体和可食用部分/表面造成污染，是屠宰卫生系统和屠宰作业中的最重要的环节之一。不合格的胴体从检验站的流水线上剔除（图 7.2.1），或拒收或进行再加工。后期的处理操作包括对某些特定部位的修剪（如剔除有问题部位、使用浓度为 20 ppm 的氯水洗涤（加拿大使用三聚磷酸钠）、真空吸尘清洗，或几种方法结合使用。

　　e. **家禽冷却**：政府要求在规定的时间内冷却胴体，以减少病原体的扩散。深层肌肉温度达到 4.4℃ 的时间取决于胴体的质量：4 磅的肉需要 4 h，4～8 磅的肉需要 6 h，8 磅的肉鸡或火鸡肉需要 8 h（除非立即煮熟或冷冻）。内脏需要在 2 h 内冷却 4.4℃ 及以下。水冷却时，检测器同时检验肉对水的吸收情况，吸收量的标准也取决于胴体质量（详见第 5 章）。

　　f. **工厂的卫生监督系统**：检验员必须在工厂运行之前和运行过程中确保工厂卫生清洁（工厂具备有效的清洁和卫生工序）。如今，大多数工厂使用 HAACP 操作规范（Barbut 和 Pronk，2013；参见第 6 章），并使用诸如卫生标准操作程序（SSOP）这类的必要程序。这种程序被分割为不同部分，通常包括工厂平面结构、场所、加工设备、个人设施、供水、废物处理、冷却和冷藏、人员培训、病虫害防治方案等。

　　g. **加热即食禽类胴体的二次检验**：工厂检验员对冷却后的家禽要进行二次检验，确保它们已经经过妥善处理（例如，所有的内脏和羽毛都被去除）。这些检查包括预冷和冷却后的监测，工厂的质量控制人员通常每小时检验 10 个样品，而每次检验进行 2 次及以上平行测试（获批后可更多）。

　　h. **监测残留**：供人消费的肉制品需要进行违禁药物和化学品的含量检测。这些残留物可能是由于意外暴露或不当使用抗生素、杀虫剂、除草剂等造成。

　　总体来说，检验过程的目的在于防止患病动物进入食品供应链，减少人畜共患疾病传播。此外，检查员确保处理后的肉类产品按照规定进行包装，标记。如果有必要，检查员有权停止流水线作业，并处置部分或整个流水线。

　　已通过检验的禽类将得到检验合格标志（图 7.3.1），表示它们已通过检验，可供人类食用。

　　图 7.3.1 为禽类检验合格标志，表示产品已经过规范的检验流程并被证明完全适合人类食用。

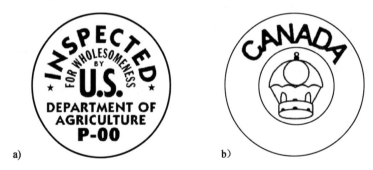

图 7.3.1　（a）美国检验合格标志，底部注明工厂号；（b）加拿大检验合格标志。

7.3.1　宰前检验

　　检查员对运送至工厂的禽类（卸载前/后）的健康状况进行检验。在这个环节，监测禽类的健康状况，如果整个批次都出现问题（例如，腹泻），检验员可以通知工厂放慢流水线速度，或拒收本批次活禽。一些国家在农场装运前进行沙门氏菌监测，检验人员将会对结果进行评估，并决定是否推迟到该日结束时处置这批活禽（以防止污染其他活禽）。许多工厂如果预测到某批次活禽存在问题，会提前通知检验员，将该批次活禽的检验工作推迟至该日的最后。检查员还将监控 DOA 率，如果怀疑存在动物福利问题，则进行调查并处以罚款。

7.3.2　宰后检验

　　宰后检查由受过专门培训的人员进行，他们可以依照科学原则和统一的评价标准识别、评估和判断出各种动物疾病和异常情况。例如,在美国,联邦检验局会对每一只活禽进行检验。工厂必须准备好胴体以供检验,否则,工厂会被要求降低生产线速度。员工通常在检验前各就各位,并负责准备好胴体等待检验。这对于后期的机械除羽和掏膛过程至关重要,在此过程中可能发现如羽毛、内脏去除不充分等一系列问题。检验员检查胴体(内部和外部)以及内部器官。内脏可附着在胴体内部,或被分离到另一流水线。在后一种情况下,这两条流水线必须同步,这样有利于防止胴体被肠道内容物污染。内脏与胴体分离也改善了胴体的外观。检验站通常有一面镜子,便于检查员看到移动胴体的背部。员工通常指定为政府检查员的助手,负责在流水线终端修整胴体,标记不合格的胴体,并在流水线上剔除,将它们置于特殊的架子上以待进一步检验,将其与粪便分离,并记录污染原因。

7.3.3　拒收和处置

如何处置不合格胴体一般取决于疾病的发展阶段和疾病发现的时间或屠宰过程。如果疾病发生在动物活体上,屠宰后其发病机制便被切断,但造成器官的损伤却是不可逆转的。检验员负责评估和解释在准备好检验的已屠宰动物中出现的病理学损伤,并在胴体检验通过后,修整、清洗后将其分类,等待兽医的处置或责回。下面提供了 USDA/FSIS 点检表(USDA,1987,1998)拒收标准实例。

(1)肺结核。禽结核病(TB)是由结核分枝杆菌引起,通常是一种慢性疾病,并且发展缓慢。其在美国家禽中发生率已极大地降低,偶尔发生于成年禽类。

患结核病禽类的特征为体重降低和腹泻。尸检发现胴体通常消瘦,呈现灰色至黄色。在肠道及其他可能分布器官中有硬结节,尤其肝脏和脾脏。即使在先进的条件下,任何器官或组织都可能被感染,但肺部一般无恶性病变。禽流感可以感染人类,但不会严重破坏免疫系统。只要发现一例结核病特征的病变,该家禽胴体就会被工厂拒收(见 Lohren,2012)。

(2)白血病。这类包含由多种病毒引起的肿瘤性疾病,都呈现相似的恶性病变。肿瘤的发生情况与家禽年龄和物种有关。根据病情只能做出初步诊断,因为不同疾病类型之间的病征有相当大的重叠。最常见的白血病有:①马立克病,仅发生于 6 月龄以内的鸡;②淋巴细胞性白血病,在半成熟和成熟的鸡中发病率最高;③禽网状内皮组织增生病,在火鸡中偶尔表现为肝、脾肿瘤,在肉鸡中也会有罕见的发育不全症状;④淋巴组织增生性疾病,发现于火鸡,表现为脾脏以及其他器官的肿瘤增生。目前还没有证据表明该病毒导致人类白血病。为辨别胴体是否患有该病,找到明确的病变特征十分必要。

(3)败血症。败血症是一种由微生物感染引起的血液系统疾病。该疾病引起全身病变,而非局部病变。败血症使禽类器官组织系统的正常功能受到破坏,全身细胞发生恶性变异。当受到高致病性微生物感染时,这种恶化可能非常迅速,但如果是受到致病性不强的微生物感染时,可能表现为逐渐恶化。在某些情况下,败血症会导致禽类死亡。若禽类的免疫系统及时消灭致病微生物,则会恢复健康。败血症所表现的临床症状,不一定在同一患病的胴体上全部表现出来。因此,正确的判断该疾病十分重要。患有败血症的胴体通常表现为心脏、肝脏、肾脏、肌肉和浆膜出现血点。体腔出现血分泌物。肝、脾常肿胀、充血,因为它们依靠血液循环将绝大部分的细菌移除。肾脏可能出现肿胀和堵塞。患坏血病的禽类皮肤可能充血。根据败血症发生的原因和时间,不同屠宰时期的患病胴体可能表现为充血、发绀、贫血、脱水、水肿或这些症状的组合。但没有胴体发生全部以上症状。败血症通常被称为 SEP/TOX。如果胴体发生系统性变化,它将被拒收,这种类型包括有败血症或毒血症或两者综合的胴体(参见 Lohren,2012)。

(4)结膜炎。结膜炎可由一些生物体引起,最常见的是支原体。受伤和营养不足也会导致结膜炎,造成急性或者慢性炎症。关节经常肿胀,也可能有不定量的连续的渗出液。肝脏、肾脏和脾脏也可能肿胀,肝脏有时会被淤积的胆汁染成绿色。伤害大小取决于该病仅仅影响关节还是影响禽类的整体健康,或者说破坏了禽类的防御机制而引起系统性的病变。患有结膜炎以及有败血症迹象的系统性病变的禽类将被拒收。换句话说,仅患结膜炎的胴体是可以接收的,但如果出现了系统性的改变则另当别论。

（5）肿瘤。除了白血病的几种复杂类型的肿瘤（如上所述）也会影响国内家禽。一些更为常见的肿瘤包括鳞状细胞肿瘤、腺细胞肿瘤、子宫肌瘤、纤维瘤。

鳞状细胞肿瘤是发生在幼鸡中的皮肤癌。腺细胞肿瘤常见于长日龄的禽类，通常发生于腹部器官。子宫肌瘤发现于家禽输卵管，纤维瘤发生于结缔组织，常见于长日龄的禽类。许多其他类型的肿瘤也发生在家禽中，但发生率较低。目前没有证据表明，这些类型的肿瘤对人类健康构成威胁。处置患有肿瘤胴体的一般原则是：对单个肿瘤进行修剪并再次检验；两个或更多的肿瘤，如果证据确凿，则拒收，除白血病肿瘤。白血病是单独类别。

（6）瘀伤。如果身上的伤痕是全身性病变导致，那么就要拒收胴体且记录在伤痕类别中。

（7）死尸。禽类死于其他原因而不是屠宰，记明死尸类别。一般来说，禽类在进入烫池前没有死，但是进入烫水后死亡。

（8）污染。胴体被污染到一定程度而不能接受有效的检验需被责回。例如被胆汁或粪便污染到一定程度的胴体，检查员不能确定胴体是否符合健康标准。但胴体落入下水道或弯槽则归为污染类别。

（9）烫伤。拒收被烫伤的胴体。很多时候，这些胴体会被切割机肢解。

（10）气囊炎。大量微生物均可以引发气囊炎。通常，被感染家禽会受到多种传染性病原体的感染。支原体属最常见。处于应激下禽类更容易受到感染。接种疫苗，其他疾病，营养不良，卫生条件极差，通风不良都可能引起该病。急性或慢性肺泡炎，表现为囊膜渗水，出现轻微混浊，囊膜增厚，有奶白色干酪样分泌物。分泌物可见于气囊和憩室，囊膜破裂扩散到其他器官，进一步引起肺炎、心包炎、肝周炎。严重时整个呼吸道（鼻腔、鼻窦、气管、支气管、肺和气囊，和憩室）都会受到影响。其他部分未受到影响的情况少见。能引发禽类气囊炎的微生物包括鹦鹉热衣原体，可能引发人类疾病。这种疾病的暴发是分散性的，一般发生于火鸡，而不发生于肉鸡。火鸡工厂要注意发病症状，在屠宰前识别和处理。然而，检验人员必须对任何表现该疾病迹象的家禽都保持警惕。如果发生气囊炎并引起系统性变化，胴体将被责回。是否因气囊炎而拒收胴体也取决于表现的气囊炎症状程度。如果渗出液量少，可以保证整个胴体的健康性，则可不被责回。如果渗出物不能有效去除，胴体必须被责回。

（11）其他。其他处置情况如下：

A. 炎症过程：如果普遍发生，胴体被责回。

B. 工厂拒收：如果工厂选择拒绝检验胴体，那么这个胴体就会被责回。

C. 无内脏胴体被责回：处置无内脏胴体由兽医负责，基于该种群内脏相关疾病发病率的预测。

D. 黄瘤病：如果确认，胴体被责回。

E. 寄生虫：如果确定感染，胴体被责回。

若胴体仅部分不合格，则需局部情况对待。如果胴体不健康的部分能有效去除，那么剩下的部分可以视作合乎卫生。一些依据局部情况只去除器官或其他部分而不责回整个胴体的情况如下：

a. 肝脏：产生较多脂肪的肝被责回。有大范围瘀点或出血点的肝脏必须责回；肝脏发炎、脓肿、有坏死区或者被坏死区影响的部位需责回；肝硬化、有非白细胞组织增生肿瘤或肝囊肿瘤的肝脏也被责回；由于胆汁系统紊乱或宰后变化导致肝脏变色也被责回；被肠道内容物或有害物质污染的肝脏亦被责回。

b. 肾脏：患有肾脏、脾脏或肝脏疾病的肝脏必须被责回，肾脏必须切除；责回所有脏器时也需要切除肾脏；若禽类发生气囊炎但治疗恢复，肾脏必须切除。

c. 骨折：若骨折不伴有出血，则无须修整，直接通过检查。但是，如果骨折部位发生出血问题，则必须修整。若骨折的同时伴随皮肤破裂，无论是否出血，都必须要修整。

d. 脱臼：脱臼没有出血现象或皮肤破损，不需要修整。出血蔓延到肌肉时则需要修整或切割/冲洗。轻微的皮肤发红不需要采取措施。

为了保持较高的生产效率，经过专业培训的员工分配到各个检验员手下作为助手，帮助检验员进行以下工作：

　　a.从流水线上将不合格家禽或家禽的特定部位剔除,并将它们放置在专用容器内。

　　b.从生产线上将保留下来的胴体放置在截留架的适当区域,等待兽医检验。

　　c.将从生产线上移出作为回收的胴体放置在截留架的适当区域。

　　d.在检验员的指导下于工作表指定位置记录被责回的胴体(FSIS 6000－16)。

　　e.在检查人员的指导下,对胴体进行修整或回收。

　　f.修整异常部位。

　　g.尽力协助检验员进行宰后检验。检验员和助手必须作为一个团队来工作。检验员可以使用各种方法来指示助理人员。有时候这种指示信号是手势,但有时候是声音。

　　如在开篇中提到,检验还包括工厂的卫生屠宰条件,工厂的整体卫生和冷却系统(以确保工厂及时达到所需的低温)。检查员还需负责检验/监测残留水平(药物和化学物质,如杀虫剂)。

7.4　生产线速度

　　流水线上的检查人员的数量取决于生产线速度。不同国家有不同的要求,取决于宰前和宰后检验(例如,一些国家要求对宰后家禽进行一一检验,而有些国家只有在发生疾病情况下才一一检验)。在美国就需要逐一检验(Bilgili,2010)。主要有五大类：

　　a.传统系统：每条流水线上每分钟 35 只家禽,流水线上仅有 1 名检验员。

　　b.简化检测系统(SIS)：生产线速度每分钟 70 只,流水线上有 2 名检验员(交替检验;钩环标有不同的颜色)。

　　c.新型强化生产线速度(NELS)：每分钟 91 只的生产线速度,3 名检验员交替检验。

　　d.新型火鸡检测系统(NTIS)：家禽质量＞7 kg,生产线速度每分钟 82 只,轻量级家禽为生产线速度每分钟 102 只。

　　e.新系统自动流水线：生产线速度每分钟 140 只,4 个检测器。当有 3 个检测器时,速度为每分钟 105 只。

　　食品安全检验局不需要统一生产线速度,因为宰后胴体状态不一致。工厂管理负责调整生产线速度。食品安全检验局通过以下因素决定是否调整生产线速度。

　　a.禽肉的级别以及同级别中禽类的大小。

　　b.死亡发生率。

　　c.呈现错误(比如内脏的错位)。

　　d.工厂人员掏膛操作达到最低污染标准的能力。

　　e.检察人员的体力。

　　f.工厂设备。

　　掏膛操作的最大速度要保证在最适可行操作条件内。当达不到要求时(如：死亡,高发生率的肠道破裂,外观极差),则需要调整生产线速度。检察员责任在于指导工厂管理人员适当降低流程速度以同时确保检测的方便度和流水线的通畅度。最新的现代化家禽屠宰法(USDA,2014)在保证维持之前生产速度的同时,还要求所有家禽场采取措施防止沙门氏菌和弯曲杆菌的污染,而不是在污染发生后再想办法。

7.5　分级

　　肉品分级使得买卖双方对于产品的品质建立了共同的认知(比如地方的或者国际的)。产品分级还促使生产商建立商标品牌。通过强制的检查后,禽肉的分级通常是自愿为之。每个国家和商业团体会建立自己的分级标准,以适应特殊的产品。然而对于大部分的禽肉产品,制定一个共同适用的标准也很有必要。一些指标如产品的总体构造、羽毛/纤羽出现、变色、缺失等标准的建立适用于所有禽类。

分级可以由政府工作人员或在政府管制下的私立机构执行(例如一些国家为降低成本已经制定了自己的分级系统)。为使参与人员(生产者、加工者和消费者)接受的国家标准更好发展,最好由一个让国内外消费者都能认同的中心机构进行监督。大部分时候,对产品进行分级是需要付费的。图7.5.1是分级标记的实例。美国烹饪禽肉的通用分级标准如下。对于等级A的鸡肉具体描述可见下文表格。其他的信息在表7.5.1、表7.5.2、表7.5.3中,分别对应等级A、B、C(USDA,1998)。

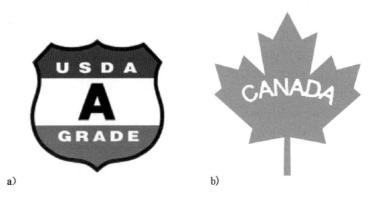

a)　　　　　　　　　　　　b)

图 7.5.1　等级标识:(a)美国 A 等级(b)加拿大标识—等级字母,标在"加拿大"字样的下面(分级后)。

表 7.5.1　对美国禽肉标准中 A 等级的整个胴体和分割部分的总结(USDA,1998)

A 等级					
构造:		正常			
胸骨		轻微的弧线或凹痕			
背部		轻微的弧线			
腿部和翅膀		正常			
新鲜度:		十分新鲜,令人满意			
脂肪覆盖:		层状覆盖良好,特别是厚羽毛部位			
脱毛: 无羽毛和纤羽脱落	火鸡（羽毛低于3/4英寸）		鸭和鹅[a]（羽毛低于1/2英寸）		其他所有禽类（羽毛低于1/2英寸）
	胴体	部分	胴体	部分	胴体	部分
	4	2	8	4	4	2
暴露面[b] 质量范围	胴体		大的胴体部分[c]（半个,前后半个）		其他部分[c]
最小值	最大值	胸腿	其他	胸腿	其他地方	
无	2 磅	1/4 英寸	1 英寸	1/4 英寸	1/2 英寸	1/4 英寸
＞2 磅	6 磅	1/4 英寸	3/2 英寸	1/4 英寸	3/4 英寸	1/4 英寸
＞6 磅	16 磅	1/2 英寸	2 英寸	1/2 英寸	1 英寸	1/2 英寸
＞16 磅	无	1/2 英寸	3 英寸	1/2 英寸	3/2 英寸	1/2 英寸

续表 7.5.1

褪色： 胴体		轻微暗色		中度暗色^d	
		胸和腿	其他地方	腿肘	其他地方
无	2 磅	3/4 英寸	5/4 英寸	1/4 英寸	5/8 英寸
＞2 磅	6 磅	1 英寸	2 英寸	1/2 英寸	1 英寸
＞6 磅	16 磅	3/2 英寸	5/2 英寸	3/4 英寸	5/4 英寸
＞16 磅	无	2 英寸	3 英寸	1 英寸	3/2 英寸

褪色： 大部分胴体 （半个,前后半个）		轻微暗色		中度暗色^d	
		胸和腿	其他地方	腿肘	其他地方
无	2 磅	1/2 英寸	1 英寸	1/4 英寸	1/2 英寸
＞2 磅	6 磅	3/4 英寸	3/2 英寸	3/8 英寸	3/4 英寸
＞6 磅	16 磅	1 英寸	2 英寸	1/2 英寸	1 英寸
＞16 磅	无	5/4 英寸	5/2 英寸	5/8 英寸	5/4 英寸

褪色： 其他部分		轻微暗色	中度暗色^d
无	2 磅	1/2 英寸	1/4 英寸
＞2 磅	6 磅	3/4 英寸	3/8 英寸
＞6 磅	16 磅	1 英寸	1/2 英寸
＞16 磅	无	5/4 英寸	5/8 英寸

脱节和骨头破裂：	胴体——脱节但骨头未破裂。部分——大腿以及后部,小腿骨已经从髋关节脱离。其他部分——无
损失部分：	翅尖和尾巴。鸭子和鹅的翅膀超过第二关节的部分要去除。尾部也要去除
冷冻损失：	背部以及鸡腿的颜色轻微变暗。总体是明亮的颜色。由于干燥处理偶有凹痕。偶有小部分出现淡红色冰晶

^a 胴体允许有毛发,短于 3/16 英寸。而且要分散均匀,表面清洁,特别是胸和腿部

^b 最大暴露面积。另外,切割肉的暴露面积也不能超过规定值

^c 允许对边缘皮肤的修整,但是正常皮肤不少于 75%。剩下皮肤表面平整,外观良好

^d 瘀伤造成的变色允许。但是胸部腿部除外,邻近关节部分可不计

表 7.5.2　对美国禽肉标准中 B 等级的整个胴体和分割部分的总结(USDA,1998)

B 等级						
构造： 胸骨 背部 腿部和翅膀	适当破损 适当的弧线或凹痕或弯曲 适当的弯曲 适当的变形					
新鲜度：	适当新鲜					
脂肪的覆盖：	充足脂肪层,特别是胸部和腿部					
脱毛： 少量羽毛和纤羽	火鸡		鸭和鹅[a]		其他所有禽类	
	（羽毛低于 3/4 英寸）		（羽毛低于 1/2 英寸）		（羽毛低于 1/2 英寸）	
	胴体	部分	胴体	部分	胴体	部分
	6	3	10	5	6	3

暴露面 质量范围		胴体	部分
最小值	最大值		
无	2 磅	暴露部分不超过 1/3	暴露部分不超过皮肤覆盖面积的 1/3
＞2 磅	6 磅		
＞6 磅	16 磅		
＞16 磅	无		

褪色[b]： 胴体		胴体 轻微和中度暗色	
		胸和腿	其他部分
无	2 磅	5/4 英寸	9/4 英寸
＞2 磅	6 磅	2 英寸	3 英寸
＞6 磅	16 磅	5/2 英寸	4 英寸
＞16 磅	无	3 英寸	5 英寸

褪色[b]： 大部分胴体(半个,前后半个)		大的胴体部分 轻微和中度暗色	
		胸和腿	其他地方
无	2 磅	1 英寸	1/4 英寸
＞2 磅	6 磅	3/2 英寸	7/4 英寸
＞6 磅	16 磅	2 英寸	3/2 英寸
＞16 磅	无	5/2 英寸	2 英寸

褪色[b]： 其他部分		其他部分 轻微和中度暗色 胸、腿和其他
无	2 磅	3/4 英寸
＞2 磅	6 磅	1 英寸
＞6 磅	16 磅	3/2 英寸
＞16 磅	无	7/4 英寸

续表 7.5.2

脱节和骨头破裂：	胴体——2 个脱节但骨头未破裂或者一个脱节一个没有显著的破裂 部分——关节脱离,无骨头破裂;翅膀超过第二关节的部分去除	
损失的部分：	翅尖、翅第二关节和尾巴	
	胴体	部分
修整：	允许轻微的修整,不能影响胴体的产量。背后修整的宽度不能超过尾部到髋关节的 1/2	修切边缘使胴体得体
冷冻损失：	胴体变暗。干燥会留下凹痕。适当产生淡红色的冰晶	

a 胴体允许有毛发,短于 3/16 英寸。而且要分散均与,表面清洁,特别是胸和腿部
b 允许瘀伤造成的变色,但不能超过总体的 1/2

表 7.5.3 对美国禽肉标准中 C 等级的整个胴体和分割部分的总结(USDA,1998)

C 等级					
构造： 胸骨 背部 腿部和翅膀	正常 严重的弧线或弯曲 严重的弯曲变形				
新鲜度：	不新鲜				
脂肪的覆盖：	缺乏脂肪覆盖				
脱毛： 分散的羽毛和纤羽	火鸡		鸭和鹅a		其他所有禽类
	(羽毛低于 3/4 英寸)		(羽毛低于 1/2 英寸)		(羽毛低于 1/2 英寸)
	胴体	部分	胴体	部分	胴体 部分
	8	4	12	6	8 4

暴露面 质量范围		胴体	部分
最小值	最大值		
无	2 磅	无限制	
>2 磅	6 磅		
>6 磅	16 磅		
>16 磅	无		

褪色		胴体	
胴体		胸和腿	其他地方
无	2 磅	如果对于食用没有影响,对于胴体变色和瘀伤部分的大小和颜色没有限制	
>2 磅	6 磅		
>6 磅	16 磅		
>16 磅	无		

褪色： 部分(包括大的胴体部分)	部分 胸部、腿部、其他

续表 7.5.3

无	2 磅	
>2 磅	6 磅	如果对于食用没有影响,对于胴体的变色和瘀伤部分的大小没有限制
>6 磅	16 磅	
>16 磅	无	

脱节和骨头破裂:	无限制	
	胴体	**部分**
损失的部分:	翅尖、翅和尾巴 髋骨的肉和皮都要保留,包含在肠骨部位的肉(内脏)可以除去。 脊椎骨和肩胛骨连皮带肉,背部骨头可以去除	
修整:	允许胸腿肉的修整,不能影响胴体产量。 背后修整的宽度不能超过尾部到髋关节的 1/2	
冷冻损失:	留下很多凹痕和大部分干燥的区域	

ᵃ 胴体允许有毛发,短于 3/16 英寸。而且要分散均匀,表面清洁,特别是胸和腿部

等级 A 的主要标准如下。

A.**构型**:整个胴体或分割部分没有缺损,不会影响外观和肌肉正常分布,可以适当有轻微的凹痕。

B.**肉质**:胴体肉质覆盖良好。胸部拥有适当的长度和深度,肉质充足饱满,很好的覆盖在胸骨上(图 7.5.2)。腿部的膝关节和髋关节的肉质适当宽、厚和圆润,肘关节到髋关节的肉质圆胖。琵琶腿的膝关节和髋关节的肉质适当程度的宽、厚和圆润,肘关节到髋关节的肉质圆胖。大腿肉和翅膀肉质适当圆润充足。

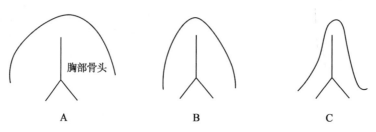

图 7.5.2 覆盖在胸骨上的禽类胸部区域(横截面)新鲜度差异示意图。
左侧图是等级 A。A=非常新鲜,B=相对新鲜,C=不新鲜

C.**脂肪覆盖**:拥有很好的皮下脂肪,分布均匀,特别是在厚羽毛部位显而易见。

D.**去毛**:外观干净,特别是胸部腿部,没有突出的羽毛。某些等级的胴体和分割部分可以有突出的羽毛,见表 7.5.1(注:B 和 C 等级的见表 7.5.2 和表 7.5.3)。

E.**变色**:该部分要求适用于带皮禽肉和无皮禽肉的皮肤和肉质的变色。可以有轻微变色,不影响总质量要求。

胴体允许有轻微变色产生阴影部分,但总面积有上限,见于表 7.5.1。胴体放血不充分,比如羽毛毛囊造成的非偶然性发红是不允许的。

源于瘀伤的胴体适当变色是允许的,具体如下:

a.发生部位不在胸部和腿部,肘关节处除外。

b.没有血块。

c.总面积不能超过表 7.5.1 的限定值。

分割部分允许有轻微变色产生的阴影部分,但总面积有上限,见表 7.5.1。胴体放血不充分,比如羽

毛软泡造成的非偶然性发红是不允许的。源于瘀伤的分割部分适当的变色是允许的,具体如下。

a.发生部位不在胸部和腿部,肘关节处除外。

b.没有血块。

c.总面积不能超过表 7.5.1 的限定值。

大型分割部分,按照酮体各部位的特性分成两份,前半部分或者后半部分可能有轻微的变色阴影,变色区域聚集,并不会超过表 7.5.1 详细说明的圆形直径。可允许的胴体瘀伤情况如下。

a.瘀伤不在胸上或是腿上,除非接近肘关节。

b.伤处没有结块。

c.瘀伤的范围不超过表 7.5.1 中规定的圆形区域。

d.脱臼的、被破坏的骨头和遗失的部分:分割部分没有破碎的骨头。分割部分骨头没有脱臼,除非带有后背部分。腿或者腿的 1/4 从大腿骨至臀关节处脱臼。胴体无破碎的骨头,脱臼的骨头不超过一处。

关节处的翅尖可以去除,鸭子和鹅在第二个关节外的翅尖可以去除,翅膀尖端在关节处可以去除(切除)。尾部可在底部去除。

从胸骨分离出的软骨不算脱臼或者碎骨。

G. **肉体暴露**:本章节包括的这个要求适用于有切口,撕裂,缺失皮肤的肉体暴露。

大型分割部分,特别是前半部分或者后半部分可能由于切口、撕裂、缺失皮肤而暴露出肉体,该暴露区域不能超过表 7.5.1 详细规定过圆形区域。

胴体由于切口、撕裂、缺失皮肤而暴露出肉体,该暴露区域不能超过表 7.5.1 详细规定的圆形区域。

对于所有分割产品,倘若至少 75% 的正常皮肤覆盖剩余部分,或换句话说,剩余的皮肤以某种方式上遮盖外表面,并且不从该部分脱落,沿着边缘对皮肤进行修剪是允许的。

其他部分可能由于切口,撕裂,缺失皮肤而暴露出肉体,所有暴露的肉体不能超过表 7.5.1 详细规定过的圆形区域。另外,胴体或者分割部分可能已经切掉或者撕裂而且不能扩大或者不明显地暴露出肉体,表现出一定长度:该切口或者撕裂口不能超过表 7.5.1 详细规定的尺寸。

H. **冷冻缺陷**:让消费者很舒服安全地打包带走整只家禽,或者家禽的某些部位,或者指定的家禽产品,这些产品尤其不能有来自加工处理、冷冻或者存贮过程中的缺陷。如果胴体、分割部分、指定的禽肉产品的外观改变很轻微,以下这些缺陷(一个或是多个组合缺陷)是允许的:

a.皮肤内层干燥时,背部和鸡腿部分有轻微的变暗,整只冻鸡或者分割部分的外观总体很鲜亮但偶尔有凹坑。然而,对于体重 6 磅或者更小的家禽来说,不能出现直径超过 1/8 英尺的圆形区域(即凹坑);对于体重大于 6 磅的家禽,不能出现直径 1/4 英尺的圆形区域(即凹坑)。

b.偶尔有小区域的清晰、略带粉红色的皮肤(肉皮)。

c.偶尔有小区域的脱水,颜色发白或者浅灰,肉体没有皮,分割部分或者指定的禽肉产品不能超过在表 7.5.1 中提到的可允许的污点区域范围总和。注:合格的家禽脊背应当满足本章节涉及的所有规定,并包含髂骨上的肉,骨盆上的肉和皮肤、肋骨和肩胛骨上的肉和皮肤。

内在的(国内的)去骨肉、分割部分的内部系统有时候可以用以参考,包括以下几点:

a.存在擦伤、凝血。

b.存在骨头或者软骨。

c.其他情况。

另外一个例子来自英国的等级指南(DEFRA,2011)。根据这个指南,家禽分割制品和胴体可以按照构造和外观分级为 A 或者 B。该定义以等级 B 开始,对于一个完整鸡胴体判定为 B 等级的最低标准如下。

a.完整无损;按规则描述全部考虑。

b.干净,无肉眼可见的异质问题,污渍或血。

c.无异味。

d. 无可见血斑,除非很小而且不突出。

e. 无凸出的骨头。

f. 无严重擦伤。

g. 对于新鲜的家禽,不应该出现被冷冻过的胴体痕迹。

除上述提到的几点,下列条件适用于等级 A 的胴体:

a. 必须有良好的结构。

b. 肉体必须丰满(圆胖)。

c. 胸部良好(描述为宽广、长、肉质丰满)。

d. 腿部必须肉质丰满。

e. 对于鸡、幼龄的鸭子或者小鸭子、火鸡,在它们胸部、背部、大腿,应该有一层薄脂肪层。

f. 公鸡、母鸡、鸭子、幼鹅允许有较厚的脂肪层。

g. 鹅的整个胴体上应该有适度到较厚的脂肪层。

h. 少量的小羽毛,刺,毛发可以出现在胸、腿、背、脚关节、翅尖。

i. 煮制鸭子、火鸡、鹅可以在其他部位出现少量毛。

j. 如果损伤部位很小、不明显,并且不是出现在胸部和腿部,一些损伤如擦伤、污点(变色)是允许的。

k. 翅尖要去掉。

l. 允许翅尖和滤泡有轻微红色。

m. 冷冻或者速冻家禽的胸或者腿不应出现冻灼(食品表面失水干燥发硬)痕迹。但是胴体的其他部位可以有小的冻灼痕迹。

近些年,企业商讨使用一个以肉质分布为基础的分级系统,如持水力和质地。该系统对于不考虑皮肤是否撕裂或者缺失,只寻找能保持水分(高质量蛋白质)、在烹饪过程中不会裂解的肉(质地好)类深加工者来说很有益(Barbut,1998)。

7.6 家禽分级

不同种类的家禽(如鸡、火鸡、鸭子)可以进行分级。下面是在美国使用的各种家禽的分级方法(USDA,1998)。

7.6.1 鸡肉分级

a. Rock Cornish game hen or Cornish game hen——是幼年不成熟鸡(通常年龄小于 5 周),有公有母,待烹饪时体重不超过 2 磅,从 Cornish 鸡或者是 Cornish 鸡和另一饲养的鸡交配的后代中培育。

b. Rock Cornish fryer,roaster,or hen——是纯种的 Cornish 和纯种 Rock 杂交的后代,不讨论胴体质量。然而,仅当胴体来源于具有一定年龄的鸡且特征符合在本章节 c、d 段落的描述,才能使用“fryer”“roaster”“hen”等术语。

c. Broiler or fryer——幼年鸡(通常小于 10 周),有公有母,肉质柔软、柔韧(圆滑、易曲折)皮肤质地光滑,胸骨软骨比较灵活(柔韧)。

d. Roaster or roasting chicken——幼年鸡(通常小于 12 周),有公有母,肉质柔软、柔韧(圆滑、易曲折)皮肤质地光滑,与 Broiler or fryer 品种的鸡相比,胸骨软骨稍微不灵活(柔韧)

e. Capon——外观上失去性别特征的雄鸡(通常小于 4 个月)肉质柔软,柔韧(圆滑、易曲折),皮肤质地光滑。

f. Hen,fowl,or baking or stewing chicken——成熟母鸡(通常超过 10 个月大),肉质没有 roaster or roasting chicken 那样柔韧,胸骨尖也不灵活(柔韧)。

g. Cook or rooster——成熟皮肤粗糙的公鸡,肉质坚硬黑暗(色深),胸骨尖坚硬。

7.6.2　火鸡分级

a. Fryer-roaster turkey——年幼不成熟火鸡(通常小于 12 周),有公有母,肉质柔软、柔韧(圆滑、易曲折)皮肤质地光滑,胸骨软骨比较灵活(柔韧)。

b. Young turkey——通常小于 6 个月,肉质柔软、柔韧(圆滑、易曲折)皮肤质地光滑,胸骨软骨没有Fryer-roaster Turkey 那么灵活(柔韧)。

c. Yearling turkey——完全成熟的火鸡(通常小于 15 周)肉质相当柔软带有质地光滑的皮肤。有公有母。

d. Mature turkey or old turkey(hen or tom)——老年火鸡,有公有母(通常超过 15 个月),皮肤粗糙肉质坚硬。

注:为达到分类目的,在分级名字的范围内,性别的指定是可以选择的。两个分类中的幼年火鸡可以组合并命名为"young turkeys"。

7.6.3　鸭分级

a. Broiler duckling or fryer duckling——年幼鸭子(通常小于 8 周),有公有母,肉质柔软,带有很柔软的嘴和柔软的气管。

b. Roaster duckling——年幼鸭子(通常小于 16 周),有公有母,肉质柔软,嘴不完全坚硬,气管很容易凹陷。

c. Maturate duck or old duck——通常超过 6 个月,有公有母,肉坚韧,嘴硬,气管很硬。

7.6.4　鹅分类

a. Young goose——有公有母,肉质柔嫩,气管易凹陷。

b. Maturate goose or old goose——成熟的鹅或者老鹅,有公有母,肉坚硬,气管很硬。

7.6.5　珍珠鸡分类

a. Young guinea——肉质柔嫩,有灵活的胸骨软骨。

b. Mature guinea or old guinea——有公有母,肉体坚硬和胸软骨坚硬。

7.6.6　鸽子的分类

a. Squab——年轻、不成熟,有公有母,肉质特别柔嫩;

b. Pideon——成熟,有公有母,皮肤粗糙,肉体坚硬。

参考文献

Barbut,S. 1998. Estimating the magnitude of the PSE problem in poultry. J Muscle Foods 9:35.

Barbut S. and I. Pronk. 2013. HACCP. Poultry and egg processing using HAACP programs. In: Food Safety Management. Lelieveld, H. and Y. Motarjemi (Eds). Elsevier Pub., San Diego, CA, USA.

Bilgili,S. 2010. Poultry meat inspection and grading. In: Poultry Meat Processing. Owen, C., C. Alvarado and A. Sams (Eds). CRC Press, New York NY, USA.

DEFRA. 2011. Poultry Meat Quality Guide. Department ofFood Environment and RuraIAffairs. London, UK. https://www. gor. uk/govemment/uplods/setem/uploads/attachment_data/file/69331/pb13457-poultrymeat-quality-ruide. pdf. Accessed April 2014.

Löohren, U. 2012. Overview on current practices of poultry slaughtering and poultry meat inspection.

European Food Safety Authority Supporting Publication 2012：EN-298. htps：// www. efsa. europa. europa. eu/en/search/doc/298e pdf. Accessed January 2015.

USDA. 2014. Modemization of Poultry Slaughter Inspection：Final Rule. http：// www. fsis. usda. gov/ wps/wcm/connect/fb8c866a-a9b7-4b0d-81c9-f190c4a8d4d/2011-0012F. htm？ MOD ＝ AJPERES. Accessed January 2015.

USDA. 1999. Poultry Postmortem Inspection ＃703c & 904. United States Department of Agriculture，Washington，D. C. ，USA.

USDA. 1998. Classes，Standards and Grades for Poultry ＃70. 220. Handbook No. 31. United States Department ofAgriculture，Washington D. C. ，USA.

USDA. 1987. Meat and Poultry Inspection Manual. Food Safety Inspection Service. United States Department of Agriculture，Washington，D. C. ，USA.

第8章 击 晕

8.1 引言

宰前击晕能使动物快速停止挣扎,并失去知觉和意识(有助于提高动物福利)。从而,有利于进行简单和安全的宰杀工序(通过机械击晕、电击晕或气体击晕使动物停止挣扎)。总的来说,由于动物福利越来越受重视,如今有更多机构评价/监测击晕方式是否符合动物福利的标准。例如,在 2013 年生效的欧洲新提议法规(EU,2009),明确规定了具体的击晕条件和环境,此部法规和以往法规最大的区别在于,其规定了采用电击晕时流经每只家禽的电流范围,而以往法规仅规定了通过水浴击晕槽的一组家禽的条件(下文将做进一步说明)。在其他地区,没有对家禽击晕条件进行立法(例如,美国 1978年人道主义屠宰法规就不包括家禽)。然而,美国所有的家禽屠宰厂都按照国家的指导采用击晕技术(电击晕、气体击晕或机械击晕)。

宰前击晕能减少家禽挣扎,从而有利于自动屠宰线的有效运行。起初,采用电击晕技术应用于减少动物挣扎,从而满足自动宰杀放血设备的高速运转。随后,气体击晕技术才被用于家禽屠宰(Fletcher,1999),如今这两种击晕技术在世界家禽屠宰企业中均得到广泛应用。通常,一些宗教传统惯例规定不能采用击晕技术,如伊斯兰教和犹太教(Regenstein 等,2003;Velarde 等,2014)。对于这类情况,相应的政府机构会给予一定豁免权,但应采用快速的宰杀方法和锋利的宰杀设备以减轻家禽的痛苦(参照本章不采用击晕部分)。有趣的是很多地方规章实际上是基于古老的圣约法典而建立的,其中规定了应以人道主义的方式对待动物,防止它们遭受痛苦,并规定动物源食品必须通过宰杀,不得食用因自然原因、疾病或突发事件致死的动物。

没有统一的动物福利法规给屠宰企业带来了挑战,屠宰企业既要满足不同的动物福利法规,还要开发不同的设备。不管是对击晕技术有不同要求的监管机构,还是一些民族和宗教群体,都存在动物福利法规不统一的事实。需要特别指出的是,世界动物健康组织有一套针对动物屠宰的指导方针(OIE,2014),但此方针并没被全世界公认。总之,电击晕和气体击晕是目前最普遍的两种家禽击晕方式。正如上文所述,电击晕技术是最早应用的家禽击晕技术,并且目前其仍然广泛应用于世界半数以上的家禽击晕过程。气体击晕技术(CAS)在欧洲越来越受欢迎,据估计目前在欧洲半数以上的家禽击晕采用该技术。对击晕技术的不同要求是气体击晕技术在欧洲广泛应用的真正原因,例如,欧洲新颁布的击晕法规比其他地区的击晕法规要严,前者要求击晕后肉鸡昏迷程度更深,即要求电压更高、频率更低,从而导致了肉品质下降(肌肉收缩更严重可能导致胴体淤血加重,表 8.1.1)。当对动物进行同样深度的击晕处理时,气体击晕却能解决这些问题,因此气体击晕在欧洲越来越受欢迎。

需要注意的是:在两个相邻的甚至在同一个屠宰场中,采用同样的击晕方法,实验结果也可能不同。

本章节主要关注家禽的击晕方法,但这些击晕方法也适用于其他产肉型动物,其原理与此大致相同。对其他物种而言,单一的击晕方法更为常见(如,牛——机械击晕;猪——电和气体击晕;鱼——电击晕),击晕方法的参数(电压、频率、时间、气体种类和浓度)可能不同(Gregory,2008;Grandin,2014)。

表 8.1.1　不同击晕方法对胸部和腿部淤血评分表(n＝144)。摘自 Schreurs 等,(1999)

击晕方式[1]	平均淤血得分		宰后肌肉 pH			宰后肌肉 R 值		
	大腿肉	胸部肉	1 h	2 h	4 h	1 h	2 h	4 h
全身(电击晕)	3.15±1.17[a]	3.56±1.17[a]	6.47[a]	6.21[a]	6.05[a]	0.87[c]	0.94[c]	1.20[b]
头部(电击晕)	2.42±0.94[b]	3.07±1.23[b]	6.01[c]	6.00[b]	5.98[b]	1.14[a]	1.27[a]	1.35[a]
氩气(气体击晕)	2.08±0.96[c]	1.75±0.89[d]	6.11[bc]	6.04[b]	6.00[ab]	0.94[b]	1.09[b]	1.29[a]
二氧化碳(气体击晕)	2.07±0.92[c]	1.66±0.93[d]	6.30[ab]	6.21[a]	6.02[ab]	0.88[bc]	0.93[b]	1.17[b]
捕捉器(机械击晕)	2.04±0.90[c]	1.96±0.93[c]	6.29[ab]	6.23[a]	5.97[b]	0.94[b]	0.99[c]	1.29[a]

[1] 全身——100 V、120 mA、50 Hz、10 s;头部——120 mA、300 Hz、1 s;氩气——70%的氩气和30%的二氧化碳;二氧化碳——40%的二氧化碳、30%的氧气和30%的氮气组成的麻醉混合剂,再以80%的二氧化碳和20%氮气组成的缺氧混合剂;捕捉器——机械击晕

[2] 同列中不同上标字母表示差异显著(P＜0.05)

注:平均值也取决于实际使用条件,例如,较低的电流和较高的频率也能拉低分数

8.2　电击晕技术

8.2.1　概论

电击晕是目前最常用的击晕技术。采用家禽电击晕系统,主要目的是减少家禽屠宰过程中的挣扎或使其昏迷时间足够长,从而有利于人工或机械自动化宰杀。这套设备具有价格相对便宜、所需空间小、能满足流水屠宰线、易于维护等优点(Bilgili,1999)。然而,据报道选择合适的电流对屠宰场而言是个难题(Raj,2003)。市场上有不同的电击晕系统,包括电压高低、频率高低、交流电(AC)、直流电(DC)或先交流后直流等各种类型(例子见下文)。通常,玻璃纤维电击晕槽(或其他不导电、耐盐腐蚀的材料)安装在屠宰链条的正下方,倒挂在链条上的家禽移动到充满水或盐水(推荐1%盐)的水浴槽内。为了确保家禽的头部能够完全浸没在水中,水槽的高度要便于调整。在动物身体内通过足够强的电流,并保持一定时间来完成电击晕过程。电流可以使家禽处于麻痹或昏迷状态,这取决于所用电流的特性。无意识的状态是由于运动系统和躯体感觉系统中脑电脉冲被压制而引发的(脑电图数据记录如下),到达脑部的电流必须足够引起脑部癫痫的发作。电击晕造成的无意识状态,被认为是由于神经核和保持清醒状态的脑内部结构(丘脑内层核)遭到损坏引起(Butler and Cotterill,2006)。正如前言中所述,世界各地使用的击晕电流不同。美国采用的电流强度通常较低,不能导致动物心室颤动和不可逆昏迷状态。因此,击晕电流强度要合适(根据水浴中的家禽大小和数量调整),击晕后应立即放血,防止家禽重新恢复意识(Bilgili,1999;Joseph et al.,2013)。较低的电流可能会使家禽停止挣扎,但不能阻止疼痛和应激的产生。为了有效地使用电流,应采用能够覆盖整个水槽底部的金属网作为电极。有时采用水浴电击晕后还会应用干式电击晕(水槽底部是没水的金属板,家禽通过接触金属板击晕)。一般链条端接地形成负极,水浴槽接正极,从而形成一个闭合电路,家禽连续通过击晕设备(快速屠宰线能够达到 180 只/min),电流从鸡的身体中穿过。水槽中倒挂在链条上的家禽组成了一系列并联电阻。通过每只家禽的电流强度取决于击晕电压、每只家禽的电阻值。研究表明肉鸡电阻范围为 1 000～2 600 Ω(Woolley et al.,1986)。随着家禽进出水浴槽,整个击晕系统的电阻不断变化。当击晕电压恒定时,通过家禽的电流与其自身电阻成反比。

有效击晕电流大小不仅取决于击晕电压,也取决于能够影响家禽电阻的因素,例如腿和挂钩的接触强度和面积、体重、身体组分、性别和羽毛等。因此,界定和标准化击晕过程中的可变因素是此领域研究和发展的主要目标之一。

8.2.2 参数设置

如上所述,不同地区对家禽的击晕要求不同。欧洲法规(EU)比北美洲法规要求的击晕程度深。为了满足这些法规的要求,欧洲使用的击晕电压较高(如:50~60 V),确保通过每只家禽的电流为100~400 mA,该最低电流大小取决于家禽的种类(肉鸡、火鸡、鸭、鹅、鹌鹑)以及所用的频率(表 8.2.2.1);而北美则采用较低的电压(10~25 V)和较高的频率(大于 400 Hz),确保通过每只家禽的电流较低(如:25~50 mA)。

表 8.2.2.1 击晕电流(50 Hz 正弦交流电)对鸡胴体的影响,用百分比来表示胴体损伤($n=1\,300$,实验室研究)。来自:Gregory 和 Wilkens(1989a)

外观	击晕电流平均值(mA)						
	45	85	121	141	161	181	220
红翅尖	7	8	15	16	8	9	9
翅部淤血	4	7	11	16	12	8	9
肩部淤血	12	—	22	23	14	18	13
胸部深层肌肉淤血	15	10	17	25	23	28	19
胸部浅层肌肉淤血	8	3	5	8	5	8	5
腿部深层肌肉淤血	5	5	4	3	5	4	6
腿部浅层肌肉淤血	12	5	13	14	14	19	13
心室纤维性颤动	21	80	87	99	99	100	100

电击晕设备所用电流的波形不同(图 8.2.2.1)。在这一领域,对波形的研究很少。我们下文将讨论于 1987、1994 和 2014 年分别从三个不同地区搜集到的波形。

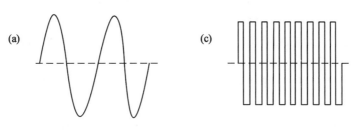

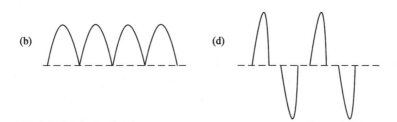

图 8.2.2.1 水浴击晕设备使用的主要波形。基于 Gregory 和 Wotton (1987)在英国的调研,详见下文

第一个调研发生于英国的 13 个屠宰场(Gregory 和 Wotton,1987),其中 7 个屠宰厂的水浴电击晕设备采用了频率为 50 Hz 的正弦交流波(图 8.2.2.1a)。1 个采用频率为 100 Hz 的全波整流(图 8.2.2.1b)。也有应用矩形波的电击晕器(图 8.2.2.1c),其变化取决于频率(通常为 280 或 550 Hz)和是否有一

个尖顶。另有击晕设备采用部分正弦波(图8.2.2.1d),该波形通过一个半导体闸流管以50 Hz的频率传入正弦交流电的电路中,以此来改变交流电的电压形成。研究表明击晕设备接错了电极,导致击晕槽中的水不带电,而链条带电(此项研究不包括这个设备)。这也表明了恰当安装、维修、监控和调整击晕设备的重要性。在调研的大多数工厂中,都能够根据家禽大小合理调节击晕电流,但也有因为设备太旧或操作者资历不够/训练不足而无法合理调节电流的情况,因而导致击晕电流不足,击晕后家禽昏迷时间短,在放血的过程中苏醒,或击晕电流大导致胴体淤血和断骨加重等(Joseph等,2013)。Gregory和Wotton(1987)总结称由于应用的频率和波形不同,很难推荐一个能够击晕或引发心搏停止(例如击晕致死)的标准电流。当一些国家(例如欧洲)努力去建立一套标准时,这些结论尤为重要。随后修订的EU法规(EU,2009)做了一些调整,要求流经每只禽的电流必须满足特定大小(表8.2.2.2)。之前的法律仅仅规定了流经一组家禽的电流量,但由于每只家禽体型大小、脂肪含量等不同,因而流经每只家禽的电流会随着个体的变化而变化。Gregory和Wotton(1987)研究表明,当采用50 Hz和148 mA的正弦交流电击晕,能够使99%的家禽心搏停止。最小电流为100 mA是基于如下实验提出:当频率为50～350 Hz时,此电流能使鸡脑部引起躯体知觉的反应永久消失。偶尔电流频率较低时,也能使大约90%的鸡心跳停止。

表8.2.2.2　水浴击晕设备的电流要求(以每只动物的平均值计)EU(2009)

频率(Hz)	鸡	火鸡	鸭子和鹅	鹌鹑
小于200	100 mA	250 mA	130 mA	45 mA
200～400	150 mA	400 mA	不允许	不允许
400～1500	200 mA	400 mA	不允许	不允许

第二个调研(Heath等,1994)表明,在美国329个应用电击晕设备的家禽屠宰厂中,低电压击晕设备最受欢迎。总的来说,92%的工厂采用电击晕是为了使动物宰杀前停止挣扎。其余8%采用宗教式的屠宰程序。77%的工厂应用低压(10～25 V)、高频(500 Hz)型的击晕设备,其余工厂击晕参数多样,电压从7.5到600 V、电流从0.3到10 mA,且波形不固定(交流或直流)。作者认为,尽管击晕和屠宰的方法不同,但大多数工厂仍愿意遵守人道主义屠宰规定,即家禽被充分击晕后立即放血以确保其处于无意识的状态。

第三个调研包括一些小规模的工业问卷,内容涉及一些美国的击晕条件的设定。三个最普遍的情况如下。

a. 频率500～600 Hz、电压33～38 V、电流25～35 mA(流经每只禽的电流参数)。

b. 频率350 Hz、电压25～30 V、电流40 mA(流经每只禽的电流参数)。

c. 首先采用水浴击晕:直流电、12 V、9 s,然后采用干式击晕:直流电、14.5 V、3 s(流经每只禽的电流量大约为13 mA)。

北美的低压击晕系统和欧洲的高压击晕系统不同,欧洲法规规定电击晕应快速(动物触电小于1 s便失去意识),同时引起心脏衰竭防止鸡意识重新恢复。为了保证动物福利,这是一种不可逆击晕,但不可避免地加重了胴体损伤。高电压击晕可能会导致红翅尖、内脏受损、翅关节擦伤、胸部淤血、锁骨断裂以及肩部肌腱分离(Bilgili,1999)。商业情况下,有时很难将抓捕、悬挂、扑翅、放血不充分以及打毛等导致的损伤和电击晕导致的胴体损伤区分开(Kranen等,2000)。尽管还没有研究表明击晕电流和胴体损伤之间的确切关系,但一些研究人员发现随着击晕电流的增加,胸部深层肌肉淤血加重(表8.2.2.1)。数据显示,当通过每只鸡的电流为121～161 mA时,胴体损伤比例升高。尽管高频击晕能减轻腿部和胸部的淤血程度,减少骨头擦伤/受损的可能性,但高压击晕仍与红翅尖和断骨的发生率增加有关。总之,多种因素导致了肌肉淤血,涉及生产、装载、卸载、倒置悬挂和击晕等因素。许多家禽被同时连接成电路,形成了一个平行的电路系统,由于家禽自身电阻的变化,此电路系统不能控制流经每只禽的电流,这是水浴击晕系统的一个难题。而且,实际上流经每只禽大脑中的电流量也不确定。

近几年,为满足家禽快速流水屠宰线的要求,我们尝试设计了一套头部电击晕设备(Lambooij 等,2010)。然而,该系统应用在商业屠宰线上受到限制。在高速的商业屠宰线上,如果可能的话,很难把家禽间分开足够的距离(挂钩间大约间隔 15 cm)而确定它们的电阻,并按要求向它们输送精准的电流。因此建议进一步改进这套系统。

注意到击晕、宰杀及放血是相互关联的三个过程很重要。在很大程度上,电击晕设备的选择与屠宰线上不同操作/程序相关(例如,放血时间、烫毛时间、掏内脏的自动化程度)。通常,掏膛速度决定屠宰线速度。在美国,典型的情况是每条屠宰线配套 2 条掏膛线,然而在欧洲普遍情况是一条屠宰线配套一条掏膛线(Bilgili,1999)。

8.2.3 关于知觉和心跳停止的研究

科学家/从业人员使用多种方法来判断击晕后家禽的意识状态,包括观察角膜映像反应、眨眼、肢体运动及自发性呼吸等方法。然而,目前脑电图(EEG)分析被认为是最科学的方法(Coenen 等,2009),在准确判断意识状态方面,应用脑电波研究击晕对动物大脑功能影响的实验不断增加。因此,脑电波数据也被用来确定击晕条件(如下文所述)。通常,脑部电位活动主要有三个阶段(图 8.2.3.1)。第一阶段是正常警戒线;第二阶段在击晕过程中才出现,它类似于癫痫发作阶段的脑电波;第三个阶段是电中性或"等电位"阶段。研究表明最后两个阶段代表电击晕后动物处于无意识状态。Gregory 和 Wotton(1987)用 50 Hz 正弦交流电研究了不同电击晕条件对肉鸡脑电波的影响。

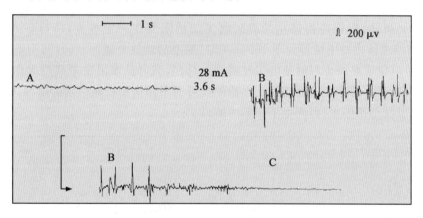

图 8.2.3.1 电击晕引起低频尖波活动的鸡脑电图。A 击晕前阶段 B 癫痫发作阶段 C 等电位阶段。Gregory 和 Wotton(1987)

其研究表明:当每只肉鸡的击晕电流为 20~143 mA 时,电击晕便能引起三种类型的 EEG 波形。第一种波形包括两个阶段:首先是低频尖波的癫痫发作阶段(小于 5 Hz),紧接着是等电位阶段(表 8.2.3.1)。此次实验共用了 18 只肉鸡,其中 16 只出现了低频尖波形的脑电波活动,因而低频尖波形的脑电波活动是水浴击晕的典型反应。剩下 2 只鸡在频率为 6 Hz 时,出现高频率癫痫活动(图 8.2.3.2)。

通常,在击晕开始后 17 s(8~36 s),尖波活动突然消失和出现。尖波活动过后是一个等电位阶段。作者认为:这一阶段的持续时间不可能被确定,因为在恢复正常的 EEG 活动之前,鸡一直处于放血的状态。作者认为图中显示的低频多尖波形是轻微癫痫发作的表现。红肉动物(羊、猪)脑部癫痫表现出较高的频率波动(8~13 Hz),癫痫突然发作过后是一个表明无意识状态的"等电位"阶段。

图 8.2.3.3 为应用较高电流(大于 100 mA)击晕的肉鸡脑电图。虽然心跳停止的鸡出现了尖波脑电活动,但因被抑制在一定范围,所以一直没有出现癫痫波。Gregory 和 Wotton(1987)也确定了当采用 50 Hz 的正弦交流电击晕时,100 mA 是能引起心搏停止的最低电流量。这项研究目的在于,有报道称在某些条件下水浴电击晕能使动物失去意识同时也能引起心搏停止。这种击晕方式和不能引起心搏停止的传统击晕方式相比,可能有一定的动物福利优势,因为心搏停止能导致动物快速死亡,而且不依赖于放血

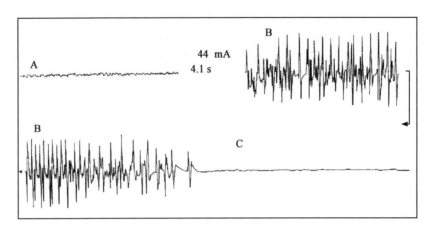

图 8.2.3.2 电击晕引起高频尖波活动的鸡脑电图。A 击晕前阶段 B 癫痫发作阶段 C 等电位阶段。Gregory 和 Wotton(1987)

过程。为了确定一个合适的电流范围,作者研究了 50~270 V 的击晕电压(组间电流增量为 30 mA,每组处理至少用 25 只家禽),并在击晕后立即监测心脏活动,判断是否引发心搏停止。引发心搏停止的平均电流是未引发心搏停止的 2 倍。正如上文所述,能引发 99% 的家禽心搏停止的电流是 148 mA(95% 的置信区间是 132~164 mA)。家禽体重对心搏停止没有显著影响。当电流为 30~60 mA 时,少于 5% 的鸡出现心搏停止。如上文所述,出现心搏停止的鸡脑电尖波被限制在一定程度,所以一直没有出现癫痫波(图 8.2.3.3)。当流经鸡体内的电流量大于 100 mA 时,脑电活动就会减弱。同样,当电流量大于 100 mA 时,采用头部电击晕可以明显减少鸡的脑电尖波活动。总之,高电流水浴击晕有两大作用,首先减少癫痫发作的可能性,其次提高心搏停止的可能性。心搏停止可能不是抑制癫痫活动的原因,因为采用相同电流击晕鸡头部时没有引发心搏停止,但产生了相似的结果。

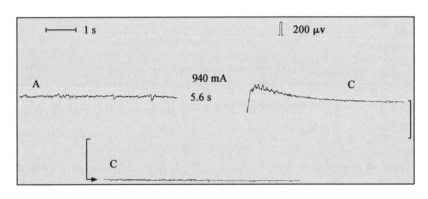

图 8.2.3.3 电击晕后没有引发"尖波"活动的鸡脑电图。A 击晕前 B 癫痫发作阶段 C 等电位阶段。Gregory 和 Wotton(1987)

Lambooij et al.(2010)用 EEG 来评估头部电击晕设备,结果表明使用 190 mA 以上的电流(大约 100 V、50 Hz),时间分别为 0.5 s、3 s 和 5 s,可以观察到一种普遍的癫痫活动。这种活动包括三个阶段:首先是主阶段,紧接着是阵挛阶段和衰竭阶段,之后家禽苏醒。据观察,这些家禽处于无意识状态的时间可能分别是 30 s、44 s 和 65 s。根据相关分析表明(注:若要查看更多信息,详见 Coenen et al.,2007),这些持续时间分别是 18 s、12 s 和 16 s。如果用 EEG 来判断家禽击晕数量,在 95% 的置信区间内,当平均电流为 (190±30) mA 时,有效击晕率为 0.95~1.00。击晕后的心电图(ECG)显示出现了心搏停止和心率显著下降(P<0.05)的情况,但随后恢复。据推测仅用头部电击晕,只能使鸡处于昏迷且无意识的状态。因为鸡能快速恢复意识,因此建议电击晕后应立即宰杀放血(Lambooij et al.,2010;Raj,2003)。Prinz et al.

(2010)用 EEG 研究表明,采用 120～150 mA 的电流、200 Hz 的频率或者用 100 mA 的电流、70～100 Hz 的频率击晕肉鸡,80％以上的鸡不会恢复意识。表明在击晕效果方面,电流和频率之间相互影响。通常较高的频率需要较高的电流。

8.3　气体击晕技术

8.3.1　概论

早期,气体击晕技术主要用于大型的红肉动物(例如猪)。虽然在 20 世纪 50 年代已经研究出针对家禽的气体击晕技术(Kotula 等,1957),但其在 20 世纪 90 年代欧洲屠宰场中才开始投入使用。由于高压电击晕后胴体损伤严重(对于分割产品更加明显),人们开始对适用于家禽的气体击晕技术产生兴趣。Schreurs 等(1999)发表了不同击晕方式对胸部和腿部肌肉淤血影响的数据(表 8.1.1)。数据表明,两阶段(二氧化碳或者氩气)气体击晕(CAS)导致的淤血率低于高电流击晕。随后他们又发表了更多关于不同混合气体击晕效果的研究和产业数据(Raj 等,1998;McKeegan 等,2007)。这些研究的目标是为了寻找一个既满足福利标准又降低肉品缺陷的击晕条件。

自动化是发展气体击晕技术的另一驱动力。气体击晕过程不需要手动卸鸡笼和挂鸡。因此,这项技术能改善工作条件,减少从鸡笼中抓鸡造成的损伤。图 8.3.1.1 展示了一个能自动卸载的气体击晕系统。该系统因为不用人工搬运家禽,故其擦伤可能性被降低。目前,这样大规模的击晕系统在欧洲和世界上其他地区已有应用。其他操作包括,将鸡留在封闭的货车内,然后导入二氧化碳和一些其他的气体,或从货车上卸下鸡笼,并传送到已导入气体的隧道或凹槽内(因为二氧化碳的密度比空气大)。这种方法能够减少卸载和挂鸡过程造成的应激。但仍需更多的试验来评价整个操作过程造成的应激(如:卸载、挂鸡和击晕)。现在大多数研究都仅集中在击晕方面。

低气压击晕技术(LAPS)的原理是通过真空泵抽出氧气,制造缺氧环境。Joseph 等(2013)声明关于低气压击晕技术的研究很少,但 Purswell 等(2007)认为它可能是针对鸡的一种有效击晕方法。目前,虽然这个系统未被广泛应用,但其在美国的许多工厂试运行过。Purswell 等(2007)报道称当家禽从系统中运出后,其动脉血的氧分压从 80 mmHg 减少到 23 mmHg。正如上文所述,对于低气压击晕技术来说,抽搐持续时间(无意识状态之前或者之后)和程度也是一个值得关注的问题。

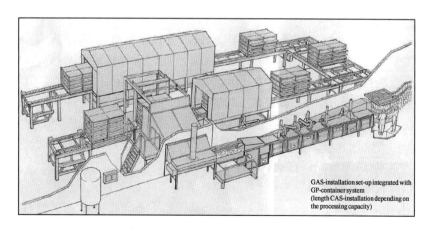

GAS-installation set-up integrated with
GP-container system
(length CAS-installation depending on
the processing capacity)

图 8.3.1.1　一套气体击晕系统。中间一排:装载家禽的笼子到达传动带后,慢慢倾斜使家禽被运到离读者最近的一排,气体击晕隧道也建立在这排上。最里面的一排用于清洗鸡笼。Stork 股份有限公司提供。

8.3.2 参数设置

过去 20 年,已经发表了很多关于不同混合气体和低气压击晕的研究。混合气体主要包括二氧化碳、氩气、氮气和氧气,在这些气体条件下,意识的丧失可能由组织缺氧、低氧高碳酸血症(二氧化碳过量)、缺氧高碳酸症(前面两者的结合)、高氧高碳酸血症(提高氧含量至 30%,同时增加二氧化碳含量)或者低气压引起(Hoen 和 Lankhaar,1999;McKeegan 等,2007;Coenen 等,2009;Joseph 等,2013)。McKeegan 等(2007)提到,虽然气体击晕可以减少某些与电击晕相关的动物福利,但最重要的是家禽并未出现对麻醉的排斥现象,而且这种击晕方式减轻了家禽的应激和疼痛。Raj(2003)表示,这种击晕方式存在隐患,即家禽离开气体环境后能够很快恢复意识。我们已初步了解不同气体的击晕效果,因此,应以恰当气体/混合气体浓度击晕恰当时间。例如,氩气是一种惰性气体,高浓度时可以诱发缺氧症(如氩气含量大于 90%,氧气含量小于 2%)。另一方面,二氧化碳是一种酸性气体,对于肉鸡和火鸡来说,当吸入浓度超过 40% 时,二氧化碳会成为一种刺激性气体。二氧化碳也是一种强呼吸刺激剂,在动物丧失意识前可以导致呼吸困难。从动物福利角度看,这意味着家禽吸入高浓度二氧化碳会出现不舒适的感觉。据报道,对于 8 只母鸡中的 3 只和 12 只火鸡中的 6 只,当它们进入充满 72% 和 47% 的二氧化碳容器内寻觅食物和水时,表现出排斥行为(Raj,2003)。相反,全部的 6 只母鸡和 12 只火鸡中的 11 只会自发地进入氧含量小于 2% 的容器内寻觅食物。最后,当容器内含有 30% 二氧化碳、60% 氩气和 10% 的空气时,80% 的火鸡进入后不会表现出排斥行为。对在混合气体环境中喂养的火鸡表现行为分析表明,如果环境中含有轻微或中等浓度的二氧化碳时,火鸡会表现出厌恶,具体表现为食量减少和摇头,若将氧气含量提高到 30%,火鸡会表现为食量增加,摇头现象也会减少(McKeegan 等,2006)。为了避免击晕初期二氧化碳浓度过高的情况,一种两段式的小型系统被广泛应用(Hoen 和 Lankhaar,1999)。第一阶段采用含有 40% 二氧化碳、30% 氧气和 30% 氮气的混合气体,第二阶段采用含有 80% 二氧化碳和 20% 氮气的混合气体(诱发缺氧症)。用相似的系统试验(表 8.1.1)表明,相比于高电流击晕,这种气体击晕能有效降低胴体损伤。采用英国的气体击晕系统(由 70% 氩气和 30% 二氧化碳组成的混合气体)也能达到这种效果。总之,相比于研究中测试的两种电击晕方式,这两种气体击晕方式都显著降低了鸡腿部和胸部淤血的可能性,而且机械击晕比电击晕造成的淤血程度低。然而,由于技术的局限性,机械击晕并未广泛应用于大型屠宰线,稍后会详述。

在气体击晕系统中,将肉鸡和火鸡装于笼中,笼子放在卡车上或置于传送带上,随后运至击晕隧道,或放到一口含有氩气和二氧化碳混合气体的深井中。根据击晕时间调节传送速度,传送通道和井内安装多种安全设备,保障雇工工作区域安全,房间内安置二氧化碳和氩气探测器,防止员工处于危险的环境中。

击晕后处于昏迷状态的家禽被倒挂于移动链条上,这种方式操作简便,并且比移动或转运清醒的家禽造成的损耗少。如果家禽在笼子里被击晕,那么到达击晕地点之前死亡的家禽(DOA)必须被剔除,因为世界管理机构禁止在这种情况下死亡的家禽进入食物链。采用气体击晕系统,工厂必须证明他们能够处理 DOA 的情况。表 8.3.1.1 显示,家禽被放置于移动的传送带上,有工作人员观察传送带上的家禽及其状态。虽然这种方法比带笼击晕复杂,但为了保证食物的安全必须采用此方法。另一方面,应注意从击晕到放血的时间。如果两者之间耗时过长(一次击晕整卡车的动物),会导致放血不足。另外,更难脱毛,也会增加翅关节脱臼的概率(肌肉陷入僵直状态)。

研究表明电击晕和气体击晕对宰后鸡肉 pH 下降速度的影响存在差异。一些研究人员表明,电击晕可以延缓僵直的发生(参考表 8.1.1 的数据)。Papinaho 和 Fletcher(1995)报道称,击晕电流为 0~200 mA 时会影响宰后早期僵直速率,但不影响最终肉质。他们的研究表明,电击晕比气体击晕后的鸡胸肉 pH 高,并且指出这可能是由于电击晕抑制了糖酵解速度。气体击晕会引起肉鸡和火鸡剧烈扑翅,导致宰后肌肉 pH 快速下降,但所有样品宰后 8 h 的 pH 差异不显著。关于鸡胸肉糖原含量的研究结果表明,电击晕组肌肉糖原下降速度慢。对保水性(当击晕方法和时间之间没有很强的相关性时,取其均值)研究表明,头部电击晕组保水性最差,然而二氧化碳气体击晕组僵直后的肌肉保水性最好。从表 8.1.1 中可以看出类似的趋势,宰后 4 h 所有处理组 pH 差异不显著,宰后 4 h 和 8 h 的 pH 差异不显著(宰后 8 h 的 pH 没有列出)。

8.3.3 意识的研究

使用气体击晕不能使家禽意识即刻丧失,因此气体击晕的关键是确保家禽意识丧失之前不会引起应激反应。Coenen 等(2009)评估了商业应用的三种混合气体的击晕效果。

a. N_2 和低于 2% 氧气残留组成的缺氧气体。

b. N_2、30% CO_2 和低于 2% 氧气残留组成的严重缺氧气体。

c. 采用两段式击晕方式,首先采用 40% CO_2、30% O_2 和 30% N_2 击晕 80 s,随后采用 80% CO_2 和 20% 空气引起安乐死。

用于实验的家禽被放置在含有两个舱室的小型商业设备中(按照大型商业设备等比例的缩小版),家禽随传送带进入第一个舱室击晕 80 s,所有的肉鸡在第一个舱室内表现出无法站立,随后进入第二个舱室击晕 120 s,(注意:仅第三种处理方式采用了不同的混合气体,但所有的家禽都要经历前两个阶段)。图 8.3.3.1 记录了所有家禽原始脑电图和心电图图谱(45 s)以及安乐死第一阶段的状况(高达 105 s)。从图

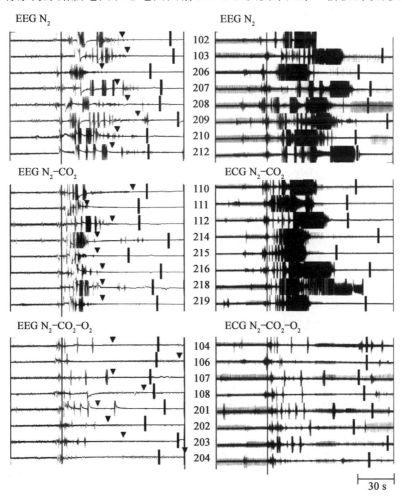

图 8.3.3.1 三种处理(氮气;氮气和二氧化碳混合气体;两段式:氮气、二氧化碳和氧气混合气体)的家禽脑电图(EEG,左侧)和心电图(ECG,右侧)。当家禽进入第一舱室时开始记录。如图谱所示,脑电图和心电图大概记录了 45 s。在脑电图中,用箭头指示等电位的出现。伪影下降(第一、二舱室过渡过程)在记录的中间点以黑色竖线凸显。Coenen 等(2009)。

中可以看出,当把家禽放入测试系统后立即开始记录图谱,图谱变化由家禽肢体运动引起(例如:扑翅、抽搐、挣扎),这个结论已通过比较脑电波和行为记录得到验证(他们发表的文章中有详细信息表)。在第一个舱室图谱中出现了运动伪影,但随着时间的推移,它们的数量逐渐变少,且长度逐渐变短。在第二舱室图谱中有个别出现或未出现运动伪影。数据表明,尽管第一舱室含有的是高氧混合气体,但伪影持续时间和数量在两段式击晕组(c组)中都最低。

总之,除了两段式击晕组(c组)外,其余组的伪影持续时间都比脑电图记录时间长。数据显示,第三种和前两种击晕方式的脑电图伪影之间存在显著差异,心电图与脑电图伪影几乎一致(由家禽明显运动产生)。然而,缺氧击晕组家禽心电图和脑电图伪影只有部分一致。总之,伪影比干扰持续时间长。经观察发现,这些较长的心电图伪影与家禽发生痉挛有关(例如扑翅),通常会伴随翅膀保持僵硬向前的姿态。这种现象被认为是强直性惊厥,尤其是胸肌持久性收缩。因此,心电图伪影是由运动伪影和强直性惊厥引起的伪影组成。结果表明,这两种缺氧处理方式(N_2 和 N_2+CO_2)会诱导非常严重的强直性惊厥现象产生,然而这种情况仅在两段式击晕组中观察到一次。此外,缺氧组比两段式击晕组的家禽扑翅时间长,这也解释了许多研究者观察到的缺氧击晕后肌肉 pH 快速下降现象。

当脑电波出现等电位时被认为家禽丧失意识,当脑电波出现不可逆的等电位时表明家禽死亡。当心率极低(鸡心率少于 180 次/分钟)时总会出现这种情况。在图 8.3.3.1 中,由箭头标出每只家禽等电位的出现。数据表明,尽管 N_2+CO_2 组具有达到等电位时间最短的趋势,但处理组之间并没有显著差异。总之,上述三种方式都能达到非复苏击晕效果,每只家禽丧失意识的时间是由观察出的等电位时间和计算出的脑电波范围决定。严重缺氧会导致快速丧失意识和不可复苏的击晕效果。两种缺氧处理都易使家禽产生扑翅和持续强直性惊厥,在未丧失意识之前可以观察到这些反应。两段式击晕易导致呼吸中断,但未引发抽搐和强直性惊厥。实验结果表明,气体击晕第一阶段的氧气是为了使家禽减少痛苦。其研究结果(McKeegan 等,2007;更多讨论详见下文)表明,虽然呼吸不适会使鸡感到不舒服,但优于剧烈扑翅和由挣扎导致的胴体损伤。

Raj 等(1998)同样研究了三种混合气体对脑电图判断的无意识状态和失去呼吸(SEP)时间的影响。实验如下。

a. 仅含氩气;

b. 空气中混合 60% 的氩气和 30% 的二氧化碳;

c. 二氧化碳 40%、氧气 30% 和氮气 30%。

采用 100% 的氩气击晕,导致 16 只家禽中有 10 只产生高振幅低频活动(HALF)的脑电波,从击晕开始 10 s 后出现这样的脑电波(图 8.3.3.2)。另外 6 只肉鸡没有出现这种(HALF)脑电波,而表现出逐渐抑制脑电波信号振幅的情况,开始出现脑电波信号抑制现象的平均时间是 17 s($n=16$)。在高振幅低频活动或脑电波被抑制现象出现后,所有肉鸡都会发生间歇性惊厥。在惊厥发作期间,脑电波表现出癫痫(两极高振幅尖峰,$n=4$),高振幅低频率活动($n=7$),多尖峰活动(单极高振幅峰,$n=2$),或出现脑电波被抑制的现象($n=3$)。肉鸡暴露于氩气平均 58 s 后出现等电位脑电波。

第二种处理方式,当采用含有二氧化碳(30%)和氩气(60%)的空气击晕,结果 12 只肉鸡中仅 1 只出现高振幅低频率活动的脑电波(10 s),然而 12 只鸡都出现脑电波被抑制现象(未引用图表),并且脑电波抑制现象开始出现的平均时间是 19 s。所有肉鸡都在脑电波被抑制后出现间歇性惊厥。在惊厥发作的过程中脑电波表现出癫痫($n=6$),多尖峰($n=4$),保持被抑制状态($n=2$)。肉鸡暴露于这种混合气体中平均 41 s 后出现等电位脑电波。

第三种处理方式,采用含有 40% 二氧化碳、30% 氧气和 30% 氮气的混合气体击晕 2 min,17 只肉鸡都未出现高振幅低频率情况活动。相反,击晕开始 40 s 后出现低频率脑电波抑制现象(图 8.3.3.3)。采用这种气体击晕,17 只肉鸡中仅 3 只死亡(分别在 77 s、83 s、93 s 出现等电位脑电波),然而采用另外两种混合气体击晕,所有家禽都在击晕 2 min 后死亡。采用第三种混合气体击晕 2 min 后,活下来的 14 只肉鸡表现出两种电活动,其中 8 只鸡的脑电波保持被抑制状态,另外 6 只鸡在被抑制的脑电波中会随机出现图

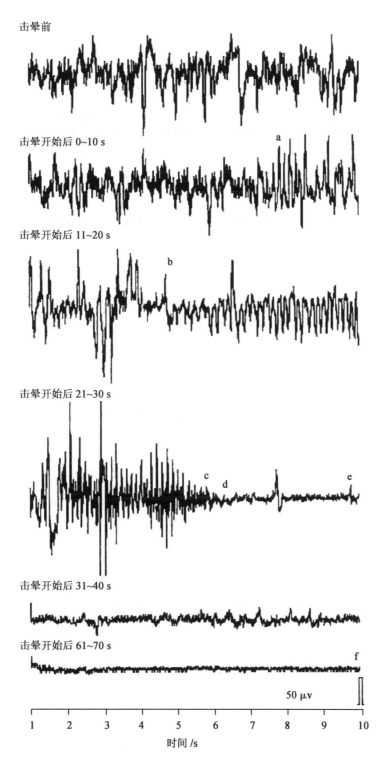

击晕前

击晕开始后 0~10 s

击晕开始后 11~20 s

击晕开始后 21~30 s

击晕开始后 31~40 s

击晕开始后 61~70 s

50 μv

1　2　3　4　5　6　7　8　9　10

时间 /s

图 8.3.3.2　氩气(氧含量低于 2%)击晕过程中肉鸡脑电图。a=高振幅低频活动;b=发生惊厥现象;c=惊厥现象的结束;d=出现脑电波抑制现象;e=停止呼吸;f=出现等电位脑电波。Raj 等(1998)。

8.3.3.3 所示频繁发生的单极低频高振幅电波。一般情况,峰的振幅在初始阶段会逐渐增大。方差分析表明,在这种情况下,脑电波抑制开始发生的时间与仅氩气击晕时相似,仅氩气击晕、二氧化碳和氩气的混合气体击晕(时间分别是(17±1.9) s,(19±1.9) s),前两种击晕方式要比氧气、二氧化碳、氮气的混合气体击晕时脑电波抑制的开始发生的时间短（40±2.3）s。以出现脑电波抑制为标准，肉鸡放置于前两种混合气体，意识丧失时间显著快于最后一种混合气体。第一段采用第三种击晕条件击晕，第二段采用高浓度二氧化碳杀死肉鸡，这种两段式击晕是供选择的另一种击晕方式。

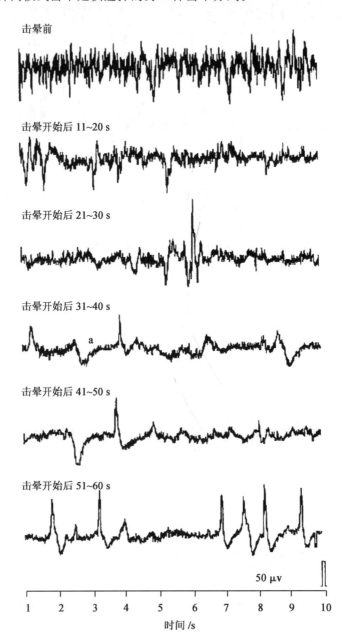

击晕前

击晕开始后 11~20 s

击晕开始后 21~30 s

击晕开始后 31~40 s

击晕开始后 41~50 s

击晕开始后 51~60 s

50 μv

1　2　3　4　5　6　7　8　9　10

时间 /s

图 8.3.3.3　肉鸡暴露于 30％氧气、40％二氧化碳、30％氮气混合气体下的脑电图。a＝发生脑电波抑制。Raj 等 1998

　　三种混合气体诱导麻醉的时间，由大脑中失去控制呼吸能力的时间决定。肉鸡和火鸡暴露于氩气中失去控制呼吸能力的平均时间分别为 29 s 和 44 s，在氩气和二氧化碳混合气体中时间分别减少到 19 s 和 22 s。结果表明，在氩气和二氧化碳混合气体条件下，肉鸡和火鸡大脑功能的丧失速度比在仅含氩气的条件下快。然而，火鸡大脑似乎要比肉鸡更耐受缺氧环境。Raj 等（1998）研究表明，采用二氧化碳杀死肉鸡，与空气中含有 90％氩气或空气中含有 60％氩气和 30％二氧化碳相比，似乎并没有动物福利优势。就火鸡而言，暴露于 50％、65％或 85％二氧化碳条件下，呼吸丧失的时间分别为 20 s，15 s

和 21 s。这些时间与二氧化碳和氩气混合气体击晕条件下测得的时间没有显著差异。作者表明，在商业实验中，相较于 50 Hz 正弦交流电击晕，氩气击晕或氩气和二氧化碳混合气体击晕更能减少胸部肌肉淤血和胴体损伤。

McKeegan 等（2007）评价了三种处理方式的动物福利意义（在有意识阶段诱发痛苦的可能性）。

a. 氮气或氩气组成的缺氧情况，两者氧气残留量低于 2%。

b. 含 30% 二氧化碳的氩气或者含 40% 二氧化碳的氮气组成的严重缺氧环境。

c. 两段式击晕，第一段采用含 40% 二氧化碳、30% 氧气、30% 氮气组成的混合气体击晕 60 s，第二段采用含 80% 二氧化碳的空气击晕。

缺氧混合气体引起剧烈扑翅（图表在文中），关联维数分析脑电图（非线性测量复杂度）表明，无法在有意识时避免由缺氧引起的扑翅行为。高氧混合气体易引发强烈的呼吸反应，两段式击晕加重了呼吸反应，但消除了在有意识时期可能产生的剧烈反应。正如上文所述，作者认为出现呼吸不适要好于出现剧烈扑翅现象，在气体击晕过程中家禽在有意识时期扑翅易导致鸡体损伤。

8.4　不采用击晕技术

一些传统宗教法律规定，屠宰过程中禁止使用击晕技术。众所周知的是犹太和穆斯林规章（分别以犹太和清真而著称）。其规定动物不能被击晕，而只能放血宰杀。然而，有些穆斯林机构已接受对家禽采用优于宗教宰杀的高频电击晕技术，其是一种可逆、心脏不停搏的击晕技术。在不采用击晕技术宰杀的过程中，训练有素者用锋利的刀切断颈静脉，整个过程要祷告，并快速完成以使动物免受痛苦（Regenstein 等，2003）。如上文所述，在这些虔诚或风俗的屠宰过程中，必须依照严格的规章宰杀动物，其中许多规章以健康和卫生为原则。例如，作为食物的动物必须是被杀死，因疾病或事故死亡的动物不能作为食物。非宗教政府机构也执行这样的规章制度。Velarde 等（2014）评估了以清真和犹太方式宰杀家禽、牛、羊的现行规章。为了使信息标准化，其为每种动物设计一个问卷，并通过调研澳大利亚、比利时、德国、意大利、荷兰、西班牙、土耳其以及英国的宗教屠宰场收集数据。结果表明从抓捕到宰杀的时间、放血时间、切割程序时间都不同。

8.5　机械击晕

包括敲击在内的机械击晕方式，在除家禽外的大型红肉类动物（如奶牛、肉用公牛）中应用都相同。目前，还没有一种机械击晕系统大规模应用于家禽击晕，因为其不符合动物福利标准，并且在快速流水线上很难准确确定位家禽的头部。总的来说，由于缺少一个能够满足动物福利、适合快速固定头部的装置，因此用于肉鸡、火鸡或鸭子机械击晕系统的研发及商业应用受阻。另外，机械击晕要对家禽进行充分的固定，防止击晕后可能出现的痉挛造成胴体损伤（如剧烈扑翅）。过去几年，一家欧洲公司曾尝试开发一种固定家禽头部和躯体的系统，这种系统主要用于高速的头部电击晕，然而，这一系统还未被证明经济可行。

表 8.1.1 表明能够充分固定头部和躯体的机械击晕达到与气体击晕有相同的胴体损伤得分。Lambooij 等（1999）评估了一种螺栓（直径 5 mm，穿进深度 25 mm）和一种类似的空心螺栓（针状物）的击晕效果，这需要向头部注入压缩空气（2 atm）击晕肉鸡。尽管主要目的是确定螺栓击晕对胴体损伤和肉品质的影响，但作者也评价了这种击晕技术的效果，结果表明该技术符合家禽动物福利的要求。然而，需要更多的研究来评估螺栓击晕技术能否引起家禽意识和知觉的快速丧失，以及确定这种击晕技术的规模和速度。

8.6 断颈和放血

在击晕(电击晕、气体击晕、机械击晕)之后切断动物颈部的血管。在北美,通常在电击晕结束后 8~10 s 内切断动物两侧的颈动脉和静脉,通常使用自动宰杀设备和人工辅助。确保快速的放血可以引起缺氧,从而防止动物在 80~90 s 放血期间苏醒。在欧洲,通常在背两侧或其一侧进行宰杀。由于放血速度慢,通常放血时间在 120~180 s(Bilgili,1999)。这种宰杀方式不能完全阻止血液流向大脑,如果宰杀或放血不充分,家禽有重新苏醒的可能性。从动物福利的角度出发,这种可能性是欧洲规定每只家禽的击晕电流不得低于 100 mA(EU,2009)的主要原因(一种瞬时、不可逆击晕技术)。正如前文所述,与欧洲不同,北美一般控制每只家禽击晕电流在 25~45 mA 范围内。在欧洲,过去禁止采用两侧深入宰杀的方式,主要是因为这种宰杀方式经常割断气管,并且有可能割掉头部。

为确保放血充分,应严密监视击晕到宰杀的过程(详见第 5 章)。采用电击晕,尤其低压高频电击晕,应在击晕结束后 10 s 内完成宰杀。气体击晕结束后到宰杀之前的时间间隔较长,因为家禽从鸡笼中或传送带上到挂上链条需要一定时间。研究表明,如果击晕后立即宰杀放血,气体击晕不影响肉鸡的放血速率,但延迟宰杀放血时间会影响放血率,增加与之有关的胴体损伤。但气体击晕后延迟火鸡宰杀放血时间,不影响最终的放血率,这可能是由于肉鸡和火鸡的胴体冷却速率不同引起,但也可能包括其他因素(Raj 和 Johnson,1997)。通常放血量占毛鸡质量的 4%~5%(一些血液残存在胴体中)。然而,直接宰杀与击晕后宰杀相比,早期放血速率慢,这可能由于直接宰杀不能使心脏急速停止跳动。鉴于美国法规规定肉鸡和火鸡最低放血时间分别为 90 s 和 120 s,企业应通过双侧宰杀达到充分放血的目的(Gregory 和 Wilkins,1989)。

在气体击晕和电击晕过程中,有时会导致家禽心搏停止引起死亡导致翅尖淤血,这是由于其翅膀下垂,翅尖较低,翅尖中有血液残留引起。在这种情况下,打毛机和翅尖的摩擦会加重红翅尖发生率。同样,击晕电流的增加会引起心搏停止,增加红翅尖、翅部淤血和肩部淤血发生率。

关于水禽,Fernandez 等(2010)研究了 4 种击晕鸭子和 3 种击晕鹅的方式,并测定了放血率、pH、肉质和肉感官特性。击晕方式分别为水浴电击晕(50 Hz,交流,4 s,130 mA),头部电击晕(仅鸭子采用,50 Hz,交流,4 s,600 mA),机械击晕和气体击晕。结果表明机械击晕后鹅的苏醒率最高,水浴电击晕后鸭子的放血率最低。宰杀后 5 min,机械击晕组家禽抽搐和扑翅现象较严重,头部电击晕和机械击晕组,鹅和鸭出现摆头的概率较高。击晕方式不影响肉质构(仪器判定)和滴水损失。

参考文献

Bilgili,S. F. 1999. Recent advances in electrical stunning. Poultry Sci. 78:282.

Butler,A. B. and M. J. Cotterill. 2006. Mammalian and avian neuroanatomy and the question of consciousness in birds. Biol. Bull. 211:106.

Coenen,A. M. L. ,J. Lankhaar,J. C. Lowe and D. E. F. McKeegan. 2009. Remote monitoring of electroencephalogram,electrocardiogram,and behavior during controlled atmosphere stunning in broilers:implications for welfares. Poultry Sci. 88(1):10.

EU. 2009. European Union:Council regulation No 1099/2009 Protection of animals at the time of killing. http://eurlex. europa. eu/LexUriServ/LexUriServ. do? uri=OJ:L:2009:303:0001:0030:EN:PDF. Accessed September 2014.

Fernandez,X. ,E. Lahirigoyen,A. Auvergne,C. Molette and M. Bouillier-Oudot. 2010. The effects of stunning methods on product qualities in force-fed ducks and geese. 1. Carcass downgrading and meat quality. Anim. 4(1):128.

Fletcher,D. L. 1999. Symposium:recent advances in poultry slaughter technology. Slaughter technology. Poultry Sci. 78:277.

Grandin,T. 2014. Animal welfare evaluation of gas stunning(controlled atmosphere stunning)of chickens and other poultry. http://www. grandin. com/gas. stunning. poultry. eval. html. Accessed November 2014.

Gregory,N. G. 2008. Animal welfare at markets and during transport and slaughter. Meat Sci. 80(1):2.

Gregory,N. G. and L. J. Wilkins. 1989a. Effect of stunning current on carcass quality of chickens. Vet. Record 124:530

Gregory,N. G. and L. J. Wilkins. 1989b. Effect of slaughter method on bleeding efficiency in chickens. J. Sci. Food Agric. 47:13.

Gregory,N. G. And S. B. Wotton. 1987. Effect of electrical stunning on the electroencephalogram in chickens. British Vet. J. 143:175.

Heath,G. E. ,A. M. Thaler and W. O. James. 1994. A survey of stunning methods currently used during slaughter of poultry in commercial poultry plants. J. Appl. Poultry Res. 3:297.

Hoen,T. and J. Lankhaar. 1999. Controlled atmosphere stunning of poultry. Poultry Sci. 78:287.

Humane Methods of Slaughter Act. 1978. United States Code Annotated. United States Department of Agriculture. Title 7: Agriculture,Chapter 48. Sections 1901-1907.

Joseph,P. ,M. W. Schilling,J. B. Williams,V. Radhakrishnan,V. Battula,K. Christensen,Y. Vizzier-Thaxton and T. B. Schmidt. 2013. Broiler stunning methods and their effects on welfare,rigor mortis,and meat quality. World's Poultry Sci. J. 69(01):99.

Kotula,A. W. ,E. E. Drewniak and L. L. Davis. 1957. Effect of carbon dioxide immobilization on the bleeding of chickens. Poultry Sci. 37:585.

Kranen,R. W. ,E. Lambooij,C. H. Veerkamp,T. H. Van Kuppevelt and J. H. Veerkamp. 2000. Hemorrhages in muscles of broiler chickens. World's Poultry Sci. J. 56:93.

Lambooij,E. ,H. G. M. Reimert and V. A. Hindle. 2010. Evaluation of head-only electrical stunning for practical application: assessment of neural and meat quality parameters. Poultry Sci. 89(12):2551.

Lambooij,E. ,C. Pieterse,S. J. W. Hillebrand and G. B. Dijksterhuis. 1999. The effects of captive bolt and electrical stunning,and restraining methods on broiler meat quality. Poultry Sci. 78:600.

McKeegan,D. E. F. ,S. M. Abeyesinghe,M. A. Mcleman,J. C. Lowe,T. G. M. Demmers,R. P. White, R. W. Kranen,H. Van Bemmel,J. A. C. Lankhaar and C. M. Wathes. 2007. Controlled atmosphere stunning of broiler chickens: II. Effects on behavior,physiology and meat quality in a commercial processing plant. British Poultry Sci. 48:430.

OIE. 2014. Slaughter of Animals. In: Terrestrial Animal Health Code. http://www. oie. int/index. php? id=169&L=0&htmfile=chapitre aw slaughter. htmAccessed January 2015.

Papinaho,P. A. and D. L. Fletcher. Effects of stunning amperage on broiler breast muscle rigor development and meat quality. Poultry Sci. 74:1527.

Prinz,S. ,G. Van Oijen,F. Ehinger,A. Coenen,and W. Bessei. 2010. Electroencephalograms and physical reflexes of broilers after electrical water bath stunning using an alternating current. Poultry Sci. 89(6):1265.

Purswell,J. L. ,J. P. Thaxton and S. L. Branton. 2007. Identifying process variables for a low atmospheric pressure stunning-killing system. J. Appl. Poult. Res. 16(4):509.

Raj,A. B. M. 2003. A critical appraisal of electrical stunning in chickens. World's Poultry Sci. J. 59 (01):89.

Raj,A. B. M. ,S. B. Wotton,J. L. McKinstry,S. J. W. Hillebrand and C. Pieterse. 1998. Changes in the somatosensory evoked potentials and spontaneous electroencephalogram of broiler chickens during exposure to gas mixtures. British Poultry Sci. 39:686.

Raj, A. B. M. and S. P. Johnson. 1997. Effect of the method of killing, interval between killing and neck cutting and blood vessels cut on blood loss in broilers. Br. Poult. Sci. 38:190.

Regenstein, J. M. , M. M. Chaudry and C. E. Regenstein. 2003. The kosher and halal food laws. Compr. Rev. Food Sci. Food Saf. 2(3):111.

Schreurs, F. J. G. , H. Goedhart and T. G. Uijttenboogaart. 1999. Effects of different methods of stunning on meat quality and post mortem muscle metabolism. Proc. Eur. Symp. Qual. Poult. Meat. Bologna, Italy. p. 353.

Velarde A. , P. Rodriguez, A. Dalmau, C. Fuentes, P. Llonch, K. V. Von Holleben, M. H. AniL, J. B. Lambooij, H. Pleiter. T. Yesildere and B. T. Cenei-Goga. 2014. Religious slaughter: evaluation of current practices in selected countries. Meat Sci. 96:278.

Woolley, S. C. , F. J. W. Borthwick and M. J. Gentle. 1986. Flow routes of electrical current in domestic hens during pre-slaughter stunning. British Poultry Sci. 27:403.

第9章 分割、剔骨及肉的化学组成

9.1 引言和分类

如本书第2章所述,分割肉与剔骨肉市场发展迅速,这对机械分割和剔骨操作提出了更高的要求。目前已有的肉类加工设备多种多样,从简单的剔骨锥(手工剔骨的辅助工具)到可对整个胴体进行分割和剔骨的全自动化设备应有尽有。同时,禽肉修整和精细分割(表9.1.1)容易产生大量的骨架和碎肉,这也打开了机械剔骨肉的设备市场(详见后续论述)。

表 9.1.1 零售市场上的分割禽肉

	类型	描述		类型	描述
1	前四分体	见下图	6	翅根	一般用于快餐
2	后四分体	带腿和背肉	7	九分体	一般用于快餐
3	大腿	去/不去皮	8	背	主要用于煲汤
4	胸(1/4 或 1/2)	剔/不剔骨,去/不去皮	9	内脏	肝、心、胃
5	整翅	常用于烧烤	10	爪	鸡/鸭腿的末端

世界各国所使用的家禽分类体系各有不同,这对买卖双方的信息沟通具有重要影响。以美国为例,对其家禽分类体系(USDA,2014)具体描述如下。

a.鸡

(1)考尼什(Cornish)雏鸡:不足5周龄,雌雄不限,胴体净重不足2磅(约907 g)。

(2)肉仔鸡、炸鸡:不足10周龄,雌雄不限,肉质细嫩、松软柔韧,皮肤光滑,胸骨柔韧,有剑突软骨。

(3)烤鸡:不足12周龄,雌雄不限,肉质细嫩、松软柔韧,皮肤光滑,有剑突软骨,但胸骨要比肉仔鸡和炸鸡硬些。

(4)阉公鸡:经外科阉割的公鸡,不足4月龄,肉质细嫩、松软柔韧,皮肤光滑。

(5)淘汰蛋鸡、老母鸡、炖汤鸡:10月龄以上的成年母鸡,与烤鸡相比,肉质较老、胸骨较硬。

(6)大公鸡:成年公鸡,皮糙肉粗,胸骨坚硬。

b.火鸡

(1)煎烤火鸡:不足12周龄,雌雄不限,肉质细嫩、松软柔韧,皮肤光滑,胸骨柔韧,有剑突软骨。

(2)仔火鸡:不足6月龄,雌雄不限,肉质细嫩,松软柔韧,皮肤光滑,有剑突软骨,但胸骨要比煎烤火鸡硬些。

(3)周岁火鸡:不足15月龄,雌雄不限,肉质较嫩,皮肤较光滑。

(4)老火鸡:15月龄以上,雌雄不限,肤质粗糙,肉质较老。

c.鸭

(1)仔鸭:不足8周龄,雌雄不限,肉质细嫩,喙和气管都比较柔软。

(2)烤鸭:不足16周龄,雌雄不限,肉质较嫩,喙硬化不完全,气管易瘪。

(3)老鸭:6月龄以上,雌雄不限,肉质较老,喙和气管都非常硬。

d.鹅

(1)仔鹅:幼年仔鹅,雌雄不限,肉质细嫩,气管易瘪。

(2)老鹅:成年老鹅,雌雄不限,肉质老,气管硬。

e.珍珠鸡

(1)仔鸡:幼年仔鸡,雌雄不限,肉质嫩,胸骨柔韧,有剑突软骨。

(2)老鸡:成年老鸡,雌雄不限,肉质较老,胸骨完全硬化。

本章主要介绍禽肉分割、剔骨及托盘包装分割肉块的种类。尽管家禽种类不同(鸡、火鸡、鸭),但分割工艺基本一致。最后,还对禽肉的化学组成进行了讨论。

9.2 整禽切块

9.2.1 基本分割方法

消费者可根据需要选择购买整禽或者其中的一部分(例如翅、腿、胸脯)。整禽的主要切块和骨头如图9.2.1.1所示。根据市场需要,用于销售的可以是活禽,也可以是去除内脏以后的胴体(有/无内脏,参见表9.1.1),分成两半、四份或者更多的切块(翅、腿等),剔/不剔骨,去/不去皮,均可。

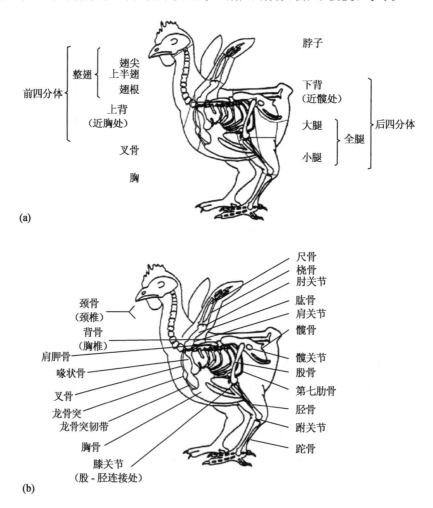

图9.2.1.1 禽肉的主要切块(a)和骨头(b)。来自:CFIA,2012

下面,我们将结合北美地区禽肉分割标准具体说明鸡肉的各主要切块,稍后还会就日本的禽肉分割标准做一简单介绍。这两种标准虽然有很多相似之处,但他们都是为各自市场服务的。对禽肉各部分切块的系统命名和详细描述,北美/加拿大食品检验署(CFIA,2012)规定如下。

a.禽肉:符合肉类检验法律法规规定的家禽的肉。产品说明中必须标明家禽种类的名称。

b.西装禽(整禽):指去除羽毛、绒毛、头、爪(跗关节以下)、尾脂腺和内脏的禽胴体。

c.二分体:将西装禽沿背骨(胸椎)、髋骨和龙骨(胸骨)的中间线切开而得到的两个对称部分,不含脖子,如图9.2.1.2所示。

d.前四分体(胸部):在二分体上第七胸椎、第七肋骨和胸骨后面,平行肋骨的方向,迅速切断,而得到的前半部分(含胸)。

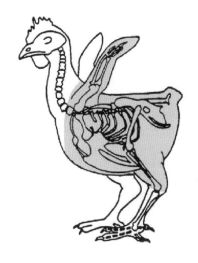

图 9.2.1.2　家禽分割部位示意图。(CFIA,2012;下同,图中阴影部分相对应段落,c～u 的描述)

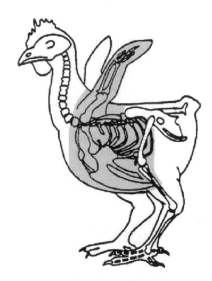

e.后四分体(腿部):按上述方法分割后得到的后半部分,包括腿部和背部。

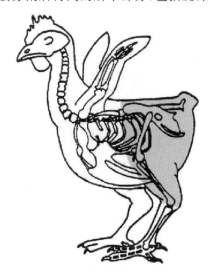

f. 整翅：从肩关节（锁骨、喙状骨和肱骨之间）分割而得到的部分，包括翅根、上半翅（含翅尖）。

g. 翅根：从整翅肘关节（肱骨和尺骨之间）分割而得到的近体部分。翅根与小腿相似，注意区分。

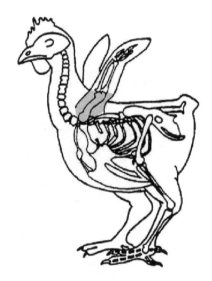

h. 上半翅（Ｖ形翅）：按上述方法，从整翅肘关节（肱骨和尺骨之间）分割而得到的远体部分，有时会把翅尖末端剪掉。

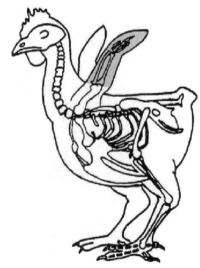

i. 全腿：从整禽髋关节（股骨和髋骨之间）分割而得到的部分，包括大腿和小腿，有时也连着臀肉，但不包括髋骨、背皮、腹皮、腹脂。

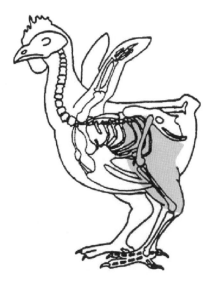

j. 大腿：从全腿膝关节（肱骨和胫骨之间）分割而得到的近体部分。可能包括臀肉，但不包括髋骨、背皮、腹皮、腹脂。

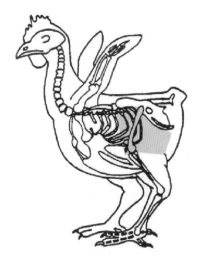

k. 小腿：按上述方法，从全腿膝关节（肱骨和胫骨之间）分割而得到的远体部分。

l. 胸肉(全胸):从整禽肩关节处切下翅膀,从第十二颈骨处切下脖子,从脊椎和肋骨连接处切下背部,从第七根肋骨和胸骨后面切下后四分体,如此而得到的剩余部分,包括肋骨的"Y"形末端,但不含脖皮。

m. 半胸:沿胸骨正中线分割而得到的两个对称部分。注意胸部可以按此方法直接分成两个对称的半胸,也可先剔除叉骨然后再沿胸骨正中线分割而得到三个部分。为了保证每个包装的质量均一,胸肉常被进一步分成大小不等的切块,在不影响产品属性的前提下进行组合包装。

n. 叉骨:从叉骨尖和胸骨前的韧带处开始,沿着叉骨与喙状骨之间的缝隙,直到叉骨和肩部连接处,切开而得到的部分,不包括脖皮。

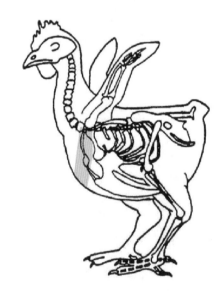

o. 精修全胸:沿着胸椎和肋骨连接处进行切割而得到的部分,不含胸肋和脖皮。注意精修全胸可以按下述方法直接分成两个对称的精修半胸,也可先剔除叉骨然后再沿胸骨正中线分割而得到三个部分。为了保证每个包装的质量均一,精修全胸也可被进一步分成大小不等的切块,在不影响产品属性的前提下进行组合包装。

p. 精修半胸:将精修全胸沿胸骨正中线分割而得到的两个对称部分。

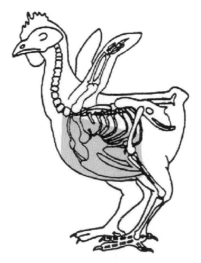

q.大胸肉:龙骨(胸骨)两侧的表面光滑、长条状、梭形肌肉。

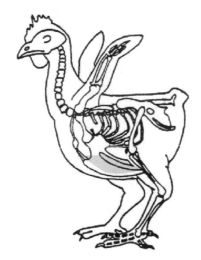

r.整背:按上述方法将胸肉从整禽分割开以后剩余的部分,包括脖子、胸椎、髋骨和尾,可能带着部分肋骨。

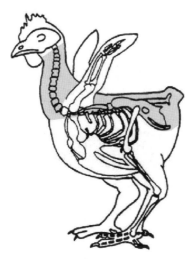

s.背部:从肩关节附近将脖子从整背分割开以后剩余的部分(约在第十二颈椎处),包括胸椎、髋骨、尾、皮及附着的肉,不包括椎肋和肩胛骨。

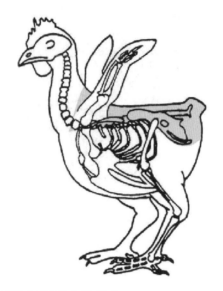

t.精背:将附着在髋骨上的肉剔除以后剩余的部分。

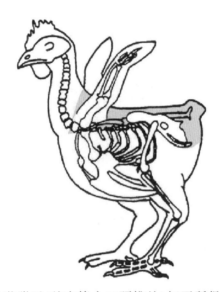

u.脖子:将整背或整禽从肩关节附近(约在第十二颈椎处)切开所得到的前端部分,可能带皮。

v.家禽内脏:肝,心,胃等。

w.肉糜:将新鲜的、剔骨的、去/不去皮的禽肉进行粉碎处理而得,按照脂肪含量分为合格(23%～30%)、中等(17%～23%)、偏瘦(10%～17%)、特瘦(<10%)四类。

图 9.2.1.3 是市场贸易过程中某《禽肉分割手册》的局部截图,可指导消费者准确识别各部分的分割肉块。

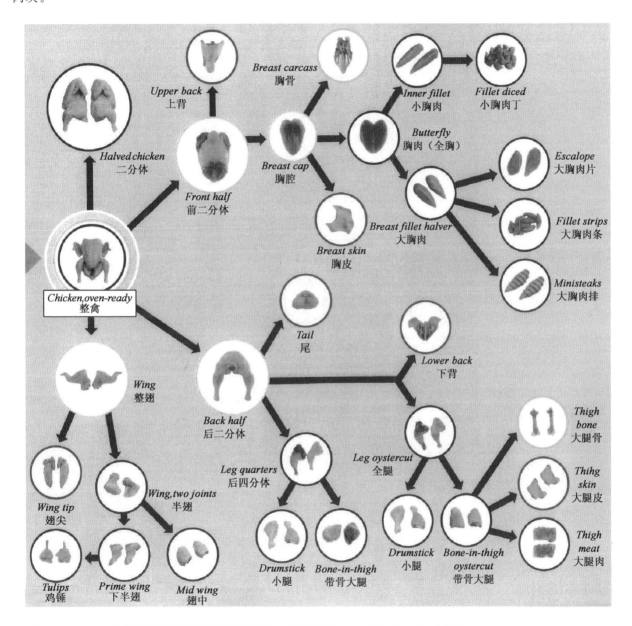

图 9.2.1.3　禽肉各分割部位的英语和汉语名称。图片由 Emsland Frischgeflugel 提供

日本黄皮书中也收录了许多用于买卖双方信息沟通的图片(本书未做具体介绍,可在网上查询)。这本书在日本使用率很高,但各国出口到日本的禽类制品均需采用规格为 2 kg 的袋子统一包装(根据实际销售情况,超市可再行二次分装)。这一点与欧洲和北美市场的要求有所不同。

图 9.2.1.4a 介绍了禽类(如鸡、火鸡、鸭)胸肌的组成。如本书第 3 章所述,不同禽类的肌肉纤维类型也不同:飞禽(如野鸭)红肌纤维含量高;而家禽(如鸡)白肌纤维含量高,不宜长途飞行(详见 Swatland,1994)。去皮腿肌的情况如图 9.2.1.4b 所示。

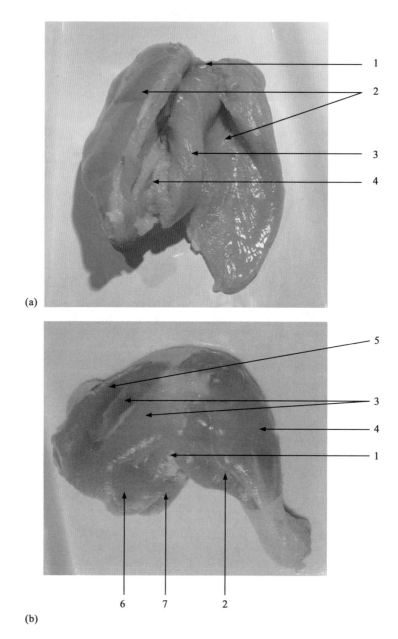

图 9.2.1.4 去皮带骨鸡胸肉(a)和腿肉(b)。a:1-锁骨,2-胸肌,3-喙上肌,4-胸骨;b:1-肱二头肌,2-腓肠肌,3-髂胫带,4-腓骨长肌,5-缝匠肌,6-半腱肌,7-半膜肌。具体情况详见本书第 3 章有关肌肉的表述。图片由 Barbut 提供

9.2.2 传统手工分割

家禽的手工分割和剔骨方式已经传承了上千年,即使到了今天,在小型屠宰车间或劳动力成本较低的地方仍然能够看到。剔骨操作通常是在分割台或剔骨锥上进行(图 9.2.2.1)。剔骨锥可以是固定不动的,工人只需站在原地,将整只禽胴体一次性地分割成各种肉块;也可以安装在流水线上,每位工人只负责完成禽胴体上特定部位的某一或几块肉的分割操作。

分割过程通常先从翅膀开始,然后再分割胸肉(去/不去皮)。也可以先在胸肌前端(图 9.2.1.4a)切开一个口子,再将其从骨头上扯下来;但这种方法通常会在胸骨两边残留一些喙上肌,只能手工剔除。对

于肉鸡或火鸡而言,这些少量的喙上肌经常作为"里脊"出售。

全腿可以通过先切开腹部皮肤再分开髋-股关节而得到。如果最终产品要求不带皮,则应预先将皮剥下来。在股-胫关节(图 9.2.1.4b)处切开就可以得到大腿和小腿,剔除股骨和主要的筋膜可以得到去骨大腿肉。

图 9.2.2.1　辅助手工剔骨的禽肉剔骨锥系统

9.2.3　自动化分割与剔骨

随着对剔骨禽肉需求的增长,自动化高速切割系统(图 9.2.3.1)逐渐得到普遍应用,图 9.2.3.2 所示胸肉剔骨机的处理速度可达 3 600 只/h。有趣的是,通过对市场上相关设备的发展历程进行分析,发现此处所提及的设备均已属于第五六代产品。促进自动化设备发展的一个重要因素是消费者对不同部位分割

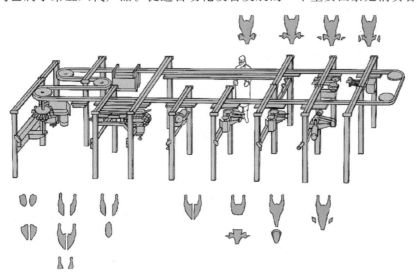

图 9.2.3.1　后进式腿肉剔骨系统。包括下述处理模块:后二分体固定,腿部分割,整腿去皮,右大腿剔骨,左大腿剔骨,左大腿采肉,右大腿采肉,小腿分割,小腿剔骨和小腿采肉。图片由 Stork 提供

肉的需求差异,如北美地区对胸肉的需求量较高(详见第2章),而日本则偏爱腿肉。分割处理主要就是按照客户需求程度将不同部位的肉进行分离。

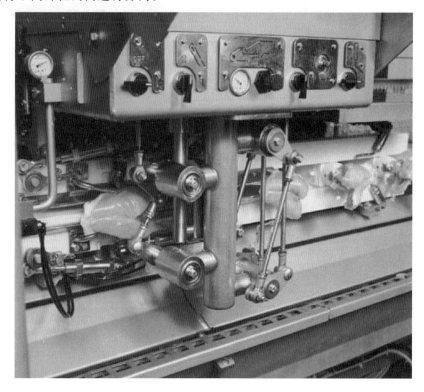

图 9.2.3.2　胸肉自动剔骨机。图片由 Stork 提供

在北美和欧洲,为了获得更高利润,常将剔骨腿肉加工成各式制品,或作为剔骨肉直接销售。自动化设备对剔骨效率和精度(无/低骨屑)的要求都比较高。但是对于设备企业来说,更大挑战则是要求设计出来的自动剔骨设备,能够在同样高效前提下适用于不同尺寸和形态的禽胴体(个体差异越小越好)。当然,为了与新的终端产品(如以前作为分割废料的蹄筋和软骨)相匹配,还需不断开发新的功能模块。下面结合几个目前常用的家禽分割和剔骨设备方面的案例,进行具体阐述。

图 9.2.3.3 所示装置可将禽类后二分体进一步分割为两个后四分体。首先通过一个带有弹簧夹紧功能的中心引导机构使后二分体(前二分体分开以后)充分展开并完全居中,然后通过一个旋转圆形刀沿相反方向将其一分为二,或使用双面刀进行分割。该装置是整套禽胴体自动分割设备的一部分,每小时可处理数千个产品。

图 9.2.3.4 为肉鸡全腿自动化剔骨工艺流程示意图。根据熟练技工的操作行为,将其具体动作逐步分解并通过特定机构进行模仿,这样的工作速率可以提高 10 倍。在设备设计和具体运行过程中,主要考虑的问题是如何尽量减少终产品中的软骨和骨头碎片,同时保持较高的出品率。为此,在切割之前,首先需要精确测量腿骨长度并计算出切割参数。在日本,为了满足消费者可在超市购买到无破损全腿剔骨禽肉的需求,主要用于剔除腿肉中骨头的高精度剔骨设备应运而生。这无疑会导致设备和终端产品的价格上涨,但同时也避免了机械性重复动作对一线操作工人身体方面可能造成的劳损。

图 9.2.3.5a 所示为一个用于小腿自动剔骨的模块系统。图 9.2.3.5b 所示为一个全腿自动剔骨机构,它能够剔除大腿和小腿的骨头,从而得到一块完整无损的剔骨全腿(膝盖骨附近需要适当修整)。总体而言,含有大腿、小腿、胸部等剔骨模块的设备在大型企业越来越被普遍认可。根据市场需求(如对剔骨大胸肉的大量需求)、价格差异、质量等级,禽肉可以通过不同模块进行处理,这也有利于提高生产效率、灵活满足不同市场的产品需求。该机构可轻松调整高度以便灵活处理不同尺寸的胴体,同时也方便检查、清洗和维修(参见第15章关于机构设计时有关卫生因素方面的内容)。

图 9.2.3.3　后四分体（全腿）自动分割装置。图片由 Baader/Johnson 提供

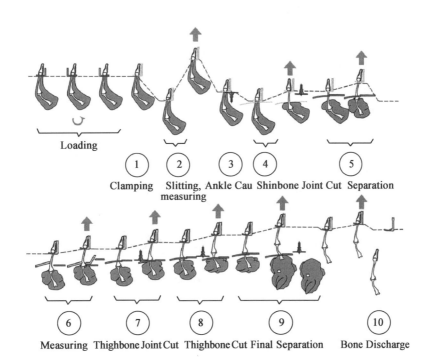

图 9.2.3.4　肉鸡全腿剔骨工艺。图片由 Mycom 提供

　　如图 9.2.3.6 所示，为一款用于日本市场的高精度胸肉剔骨机。该机器同样从精确测量骨头长度和宽度等参数开始，进而计算出最佳的切割方式，然后再据此对固定在流水线上的每一块胸肉进行精确分割。当然，剔骨肉品质和外观也是衡量机器性能的重要指标。

　　关于剔骨肉销售环节，最重要的一点就是要确保肉中不含骨头和骨头碎片（许多大型连锁快餐店在采购剔骨肉时都要求供应商提供一份保证书），可借助各种光板和 X-射线检测仪进行检测，其中光板仅限于

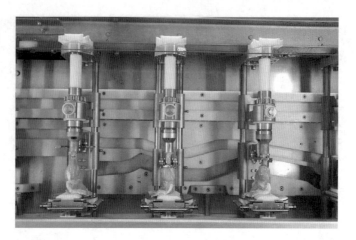

图 9.2.3.5a 推切式小腿剔骨机构。图片由 Meyn 提供

图 9.2.3.5b 全腿自动剔骨机构。图片由 Foodmate 提供

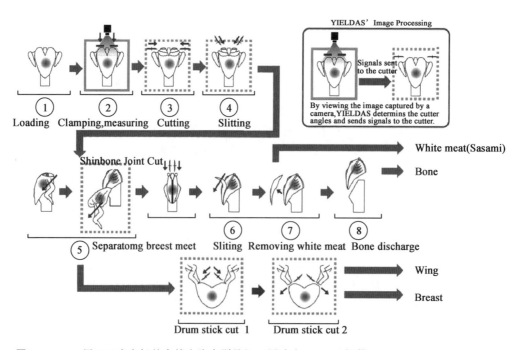

图 9.2.3.6 用于日本市场的高精度胸肉剔骨机。图片由 Mycom 提供

检测较薄的去皮肉片。图 9.2.3.7 所示为一台常用的 X-射线检测仪,该设备在使用前必须先行校准并设置阈值;这样就可以快速、在线检出和分离带骨部分,以便品控人员复检和剔骨;也可将 X—光照片保存并提交到主机,以便工作人员快速确定骨头所在位置;借助现代的软件系统,还可通过不同颜色将识别出来的异物直接显示在屏幕上(也可为自动定位相关肉块提供智能解决方案)。

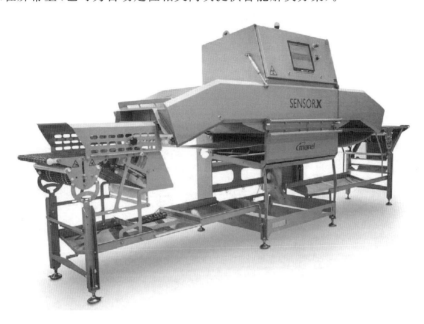

图 9.2.3.7　X-射线检测仪。图片由 Marel 提供

9.3　剔骨肉的自动切割

肉类的工业化切割方法多种多样,包括传统的手工切割,以及利用激光制导仪和水射流切割机进行快速、自动切割。图 9.3.1 所示为一个快速移动刀片切割装置,切割速度可达 1 000 次/min。当传送带运动

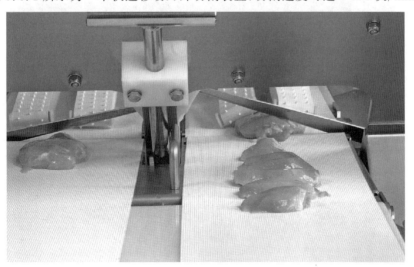

图 9.3.1　激光制导高速切片机。工作流程:首先将高速传送带上的肉块称重,然后通过激光扫描以确定体积,最后根据预先设定好的程序按指定规格进行切片;该图所示为切好的肉片从机器中出来时候的情况;这台仪器的切割速度能够达到每分钟几百次。图片由 Marel 提供

时,待切割肉块(鸡胸肉、猪排和鱼肉等)需要先称重,然后通过激光扫描生成三维图像;再根据这些信息,由电脑进行分析并计算出可满足特定重量和形状规格要求的最佳切割位点;最后,在传送带移动过程中完成切肉操作。

图 9.3.2 所示为一种应用高压水射流技术进行肉类切割的设备。随着传送带的移动,首先从不同角度对肉块进行拍照以获得三维图像,进而计算出满足特定重量和形状要求的切割线;然后将肉块传送到定位了一个或多个水射流的切割位点进行切割处理。设备由电脑控制,内置了多种形状肉块的切割选项(如:块状、片状、蝴蝶形),并可根据瘦肉和脂肪密度精确计算出每个切块所对应的体积。该设备具有精确、快速等优点,每分钟可处理"蝴蝶形"切块 80 个。但因需要超高水压、高性能水过滤等配套系统,购买和维护的成本要远高于上述其他切割设备。

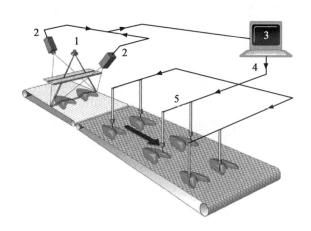

图 9.3.2 水切割与射流定位系统。图片由 JBT 提供

如图 9.3.3 所示为一款快餐行业常用的切割设备,它能够将肉块按照预期的体积、形状进行规范切割。传送带上的孔洞尺寸可根据需要进行调整,孔洞下方为镂空设计,以便存储切好的肉块。

图 9.3.3　借助特定模具按预期规格进行切割的机器。图片由 Stork 提供

9.4　机械去骨肉

随着市场对分割禽肉需求的增加,在剔骨加工过程中就容易产生大量的下脚料。对于手工或自动分割剔骨后残留在颈部和背部的肉,一般借助机械去骨设备进行摘取,所得到的碎肉称为机械去骨肉(MDM)或机械分离肉(MSM),有时也带有畜种名称,如机械去骨鸡/火鸡/牛肉。该设备也可用于整只淘汰蛋鸡/老母鸡或低值肉的去骨操作,以避免手工去骨所带来的高成本;但在日本,手工去骨脖肉更受欢迎。其实早在 20 世纪 40 年代,日本人就发明了第一台鱼肉去骨机(后续介绍)。手工剔骨后残留在骨头上的碎肉仍具有较大的回收价值,可进一步加工成鱼饼、法兰克福鸡肉肠等产品。

从工作原理来看,目前市场上的机械去骨设备有三种基本类型。

a. 滚筒式　这种设备最初只是为鱼肉去骨而设计的,后来经过改造也适用于禽肉和其他软组织肉。工作过程中,带骨肉进入橡胶带和多孔滚筒之间的缝隙,肉在传送带压力作用下穿过筛孔进入滚筒内部,而较硬的骨头和结缔组织则留在筛孔外面。传送带压力可调,有时还可通过压力辊轮辅助带骨肉在滚筒上均匀分布(Field,1988)。这是一种相对比较温和的机械去骨方法,与另外两种方法相比,所得到的肌肉更加完整。

b. 螺杆式　与绞肉机比较相似。带骨肉首先被骨头粉碎机粉碎,经由螺旋推进器加压(沿螺杆移动过程中不断增压)后进入骨肉分离器,这部分主要由螺杆和多孔滚筒组成(图 9.4.1)。在压力作用下,碎肉穿过筛孔排至滚筒外侧,而不能穿过筛孔的骨头颗粒和结缔组织则继续前行至螺杆尾部排出。筛孔大小可调,一般在 0.5 mm 左右。

c. 液压式　该设备属于间隙操作。如图 9.4.2 所示,带骨肉(进料前可作预粉碎处理)进入缸体后,在液压活塞的挤压作用下,碎肉通过缸体端部孔板和周围多孔滚筒上的筛孔(一般为 1.0~1.5 mm)排出,残留骨渣和结缔组织最后从缸体一次性卸料。

由于受到去骨过程中压力的影响,肌原纤维呈小片化(显微镜下可见明显的 Z-线断裂和肌节变形),得到的机械去骨肉(MDM)主要为糊状肉糜,尤其适于加工成法兰克福、波洛尼亚等肠类肉糜制品(详见第 13 章)。也可作为粗绞产品的填充剂和黏结剂,如火鸡熏肠就是利用均匀的精绞肉糜,将粗绞的手工剔骨肉黏结组合在一起制作而成的。

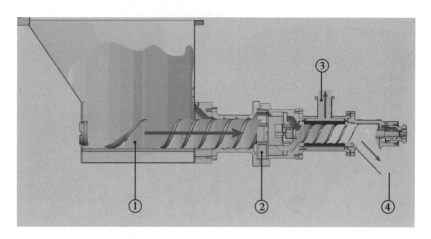

图 9.4.1 螺杆式机械去骨设备工作原理示意图。1-螺旋推进器;2-压力调节机构;3-碎肉出口;4-骨渣出口。图片由 Townsend 提供

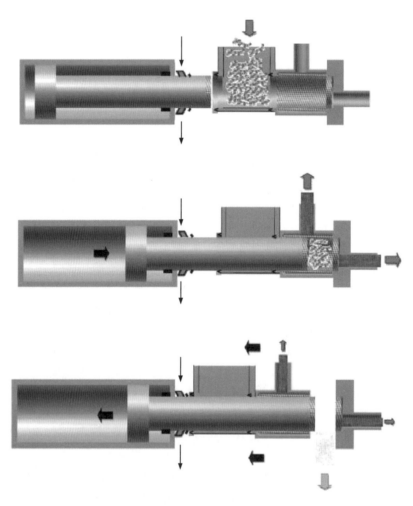

图 9.4.2 液压式机械去骨设备工作原理示意图。上图:进料;中图:压缩取肉;下图:骨渣卸料。图片由 Townsend 提供

机械去骨过程中,由于细胞膜受到破坏,酶释放,极易引起肉中脂质的氧化,此外,骨髓脂质和血红素铁暴露在空气中也容易发生氧化酸败(Froning,1981;Field,1988;USDA,1994;Daros 等,2005),可通过

除氧(真空包装)、饲养过程添加维生素 E、加工过程添加抗氧化剂等方法来缓解。脂质氧化速率与去骨过程所施压力大小有关(此处所分析的数据均通过螺杆去骨机获得:分离滚筒长 10 cm、筛孔尺寸为 1 mm),增加压力能够提高出品率(表 9.4.1),但同时也会提高产品中血红素铁和某些不饱和脂肪酸的含量。150 磅/in² 的高压几乎可以使出品率翻 1 倍,但也会使铁元素的含量增加 70% 左右,增加的这些铁主要来自血红蛋白(Froning,1981)。当然,血红素含量与家禽年龄也有一定关系。随着压力的升高,肉糜中钙元素的含量也会显著提高(表 9.4.1)。许多国家对机械去骨肉中的钙含量和骨渣颗粒均有规定(Froning,1981;Daros 等,2005)。在北美地区,产品中骨渣颗粒含量不能超过 1%,因此,去骨机械的工艺参数也必须调整到相应水平。骨渣粒径也是非常重要的参数,因为粒径较大的骨渣可能会影响产品质地和口感,更为重要的是,还可能会误伤消费者。因此,规定要求相关产品中所有骨渣的粒径都不能超过 0.85 mm,90% 骨渣的粒径不能超过 0.5 mm,以避免较大颗粒可能引起的问题(如崩到牙齿)。然而,在手工剔骨肉中时常会发现较大的骨头碎片(>1 mm)。在北美地区,机械去骨肉(MDM)在婴儿配方食品中禁止使用;同时,为了防止氟化物摄入过量,其在儿童食品中也限制使用(通常含量<20%)。

微生物污染是非常容易引发食品安全问题的一个重要原因,如果处理不当,生鲜肉类可能会迅速腐败变质。影响微生物降解速度的因素主要包括:原料肉直接暴露在空气中,不同洁净度肉类之间的交叉污染等。一般建议,原料肉(背肉、脖肉和鸡架)应在手工剔骨操作后 1 h 内冷却到 4℃ 以下;如果 72 h 内不使用,根据 USDA 规定,应在 −18℃ 条件下进行冷冻;解冻肉应在 24 h 时内用完,否则也应再行冷冻。在机械去骨过程中,极易发生摩擦升温(粉碎过程可升高 1~6℃,分离过程可升高 5~7℃)。为了控制微生物生长,在去骨操作期间及以后,需要对其进行有效冷却,方法可采用机械制冷,或通过干冰、液氮等制冷剂进行制冷;制冷剂可直接添加或喷洒在产品表面;但有研究表明,CO_2 可能会导致脂质氧化(因其可使产品 pH 下降),尤其是贮藏 6 个月以上的冻肉。

表 9.4.1 去骨压力对机械去骨鸡胸肉(带骨、带皮)化学组成和出品率的影响及机械去骨与手工去骨肌肉化学组成的比较。摘自 Barbut 等,1989

压力 (磅/in²)	水分 (%)	蛋白质 (%)	脂肪 (%)	灰度 (%)	钙 (ppm)	铁 (ppm)	酸类[a] (%)	出品率 (%)
机械去骨								
40	69.82[b]	20.65[b]	8.13[b]	1.05[cd]	582[c]	10.00[c]	23.0[bc]	45
75	70.37[b]	20.76[b]	7.88[b]	1.04[cd]	534[c]	11.70[c]	22.8[bc]	44
120	70.28[b]	20.10[b]	8.47[b]	1.12[bc]	568[c]	10.60[c]	24.7[bc]	42
150	71.05[b]	20.68[b]	6.78[c]	1.23[b]	764[b]	17.85[b]	27.3[b]	82
手工去骨								
	73.20[c]	23.67[c]	3.10[d]	0.94[d]	164[d]	6.25[d]	20.1[c]	—

[a] 总脂肪酸的百分比;
[b-d] 同列不同上标者,表示差异显著(P<0.05)

机械去骨肉的销售情况与其脂肪和蛋白质含量密切相关,而脂肪含量主要取决于其所用原料(去/不去皮)。例如在美国,市场上销售的肉糜及其制品主要分为两种,一种要求脂肪含量≤30%、蛋白质含量≥14%,另一种则对脂肪和蛋白质含量不做任何要求。

近些年来,如何使机械去骨肉(MDM)具有良好的肉类质地成为行业关注的热点,而这主要依赖于设备性能(尽量减少细胞伤害、保留肌肉结构)。在日本,有一项通过对绞碎鱼肉进行水洗,进而用于仿造各种鱼糜制品的传统技艺(Dawson 等,1989;Daros 等,2005)。水洗目的是为了去除肌原纤维蛋白中的酶类、脂肪和血红素,最终得到的产品通常更为白皙且具有良好的凝胶和保水性能。在鱼肉制品加工行业,水洗过的碎肉可用于制作人造鱼糜制品(如人造虾仁、人造蟹腿)。对于像小鱼、含较多细小骨头的原料,一般不宜直接食用,需经机械去骨、水洗和特殊工艺处理(一般是先通过挤压变形,再将其扭曲成绳状或丝状),以使其具有类似肌肉纤维的结构。Dawson 等(1989)深入研究了不同溶液(自来水、磷酸盐缓冲液、0.1 mol/L 氯化钠溶液、0.5%碳酸氢钠溶液)对机械剔骨禽肉的水洗效果;结果表明,碳酸氢钠溶液对色素蛋白的去除效果最好,肌肉的光泽度得到明显提高,具有非常好的凝胶特性和似白胸肉的色泽。

9.5　禽肉的化学组成

数千年来,肉类已经成为人类膳食的重要组成部分。不管是禽肉、牛肉、猪肉、鱼肉甚至昆虫肉,都是优质蛋白、B 族维生素和矿物质的良好来源。事实上,禽肉因其比红肉相对便宜,且瘦肉率较高,所以在世界各地的消费量也偏高(详见第 2 章)。禽肉在膳食中的作用主要与文化、产量和营养价值等三个因素有关。不同种类禽肉的化学组成如表 9.5.1 所示,火鸡肉的脂肪含量要低于鸡肉,但鹅肉和鸭肉的脂肪含量则比较高。因为皮常附有皮下脂肪,所以不去皮可以提高禽肉整体的脂肪水平。而一旦脂肪含量升高,则水分含量就会随之降低(表 9.5.1),因此,可以说水分与脂肪呈负相关。然而,蛋白质含量受这些因素的影响却并不大。虽然禽肉中的脂肪最终也会转化为热量,但与红肉相比,禽肉还是属于瘦肉类型。与牛肉和猪肉的另一个重要差异在于,禽肉脂肪的饱和度更低(表 9.5.2),因此具有更加广泛的应用价值。不饱和度较高会降低脂肪熔点(表 9.5.2),高到一定程度时还会促使脂肪稳定性下降、氧化加速,同时可引起肉糜斩拌过程中的温度升高。总之,禽肉消费时只要将皮去除就可得到精瘦肉,因为禽肉中的大部分脂肪仅蓄积在皮下而不是肌肉中(这与红肉有所不同),也就是说,鸡胸肉不可能有大理石花纹。

表 9.5.1　不同种类禽肉的化学组成和营养价值。数据来源:USDA,2011

肉的来源			水分	蛋白	脂肪	钙	铁	热量
畜种	部位	皮	(%)	(%)	(%)	(mg)	(mg)	(kcal)
鸡	胸肉	+	68.6	20.3	11.1	0.86	0.8	186
		—	74.9	23.2	1.6	0.98	0.7	114
	腿肉	+	65.4	16.7	18.3	0.76	1.0	237
		—	75.9	20.1	4.3	0.94	1.0	125
火鸡	胸肉	+	69.8	21.6	7.4	0.90	1.2	159
	胸肉	—	73.8	23.5	1.6	1.00	1.2	115
	腿肉	+	71.1	18.9	8.8	0.86	1.7	160
	腿肉	—	74.5	20.1	4.4	0.93	1.7	125
	全部	+	70.4	20.4	8.0	0.88	1.4	160
鸭	全部	+	48.5	11.5	39.3	0.68	2.4	400
鹅	全部	+	50.0	15.9	33.5	0.87	2.5	370
	全部	—	68.3	22.7	7.1	1.10	2.5	160
鹌鹑	全部	+	69.7	19.6	12.1	0.9	3.9	192
野鸡	全部	+	67.7	22.7	9.3	1.3	1.1	180
鸽子	全部	+	48.1	15.7	20.2	1.0	—	250

注:以每 100 g 肉(去/不去皮)计。

不同种类禽肉的化学组成与营养价值如表 9.5.1 所示,表中数据均来自美国农业部(USDA)建立的一个非常庞大的涵盖诸多食品并定期更新的数据库(USDA,2011)。由表 9.5.1 可知,鸡胸肉的蛋白质含量相对较高,带皮鸡肉的蛋白质含量为 20%,去皮鸡肉的蛋白质含量为 23%。去皮后,脂肪含量从 11.1% 降至 1.6%。更多带皮生鲜鸡胸肉营养组分方面的详细数据如表 9.5.3 所示。由表 9.5.3 可知,烹饪方式对鸡肉营养成分的影响较大。炖煮有利于提高蛋白质含量;烘烤和油炸也能提高蛋白质含量,但水分和脂肪流失严重;与烘烤相比,炖煮可减少烹饪损失,产品水分含量较高。然而,正如第 17 章所述,烹饪过程中的蛋白质变性可导致产品保水性降低。

表 9.5.2　皮(禽类)和皮下(牛和猪)脂肪的脂肪酸组成。摘自 Arberle et al.2001

脂肪酸	分子式	脂肪中的脂肪酸组成(%)		
		鸡肉	牛肉	猪肉
棕榈酸[a]	C16:0	26	27	28
硬脂酸[a]	C18:0	7	21	12
软脂酸	C16:1(9c)	7	2	3
油酸	C18:1(9c)	20	42	47
亚油酸	C18:2(9c,12c)	21	2	6
亚麻酸	C18:3(9c,12c,15c)	—	0.5	0.7
花生四烯酸	C20:4(5c,8c,11c,14c)	0.6	0.4	0.8
饱和脂肪酸(%)		33	54	42
不饱和脂肪酸(%)		67	46	58

注:[a] 为饱和脂肪酸,其他均为不饱和脂肪酸;该表仅列举了几种主要的脂肪酸

油炸制品,经上浆、裹粉之后(表 9.5.3),碳水化合物含量由 0 g/100 g 上升到 9.5 g/100 g,总脂肪含量由 11 g/100 g 上升到 17 g/100 g,饱和脂肪酸的比例也有所提高;胆固醇水平与烘烤制品相似,可能是因为油炸所用的植物油中不含胆固醇;但高温油炸可使热敏成分、维生素(如抗坏血酸)的含量显著降低。

表 9.5.3　三种不同烹饪方式对带皮鸡胸肉营养成分的影响。数据来源:USDA(2011);http://ndb.nal.usda.gov/ndb/foods/

营养素与单位		每 100 g 肉(可食部位)中的平均值			
		生肉	油炸	烘烤	炖煮
基本指标:					
水分	g	68.6	49.4	62.51	53.01
热量	kcal	186	289	190	285
蛋白质(N×6.25)	g	20.27	22.55	20.37	26.88
总脂肪	g	11.07	17.35	11.38	18.87
总碳水化合物	g	0	9.5	0	0
矿物质:					
钙	mg	11	18	10	11
铁	mg	0.79	1.26	1.07	1.16
镁	mg	23	18	17	17
磷	mg	163	132	155	153
钾	mg	204	157	180	155
钠	mg	65	250	75	62
锌	mg	0.93	1.46	1.23	1.50

续表 9.5.3

营养素与单位		每100 g 肉(可食部位)中的平均值			
		生肉	油炸	烘烤	炖煮
维生素:					
维生素 B₁(硫胺素)	mg	0.059	0.98	0.05	0.080
维生素 B₂(核黄素)	mg	0.086	0.161	0.120	0.200
尼克酸	mg	8.908	5.987	6.305	4.928
维生素 B₆(维他命)	mg	0.48	0.264	0.29	0.212
叶酸	mg	4	21	4	4
维生素 B₁₂	mg	0.34	0.24	0.23	0.2
维生素 A	IU	99	79	71	33
脂质:					
总饱和脂肪酸	g	3.91	4.00	3.10	4.34
12:0	g	0.01	0.01	0.01	0.01
14:0	g	0.09	0.09	0.09	0.08
16:0	g	2.33	2.76	2.25	2.07
18:0	g	0.63	1.2	0.62	0.56
总单不饱和脂肪酸	g	4.52	6.02	4.59	6.11
16:1	g	0.6	0.45	0.57	0.53
18:1	g	3.74	5.79	3.51	3.23
20:1	g	0.12	0.09	0.12	0.11
	g	2.34	3.48	2.48	3.59
总多不饱和脂肪酸					
18:2	g	2.07	3.24	1.98	1.83
18:3	g	0.10	0.18	0.09	0.08
18:4	g	—	—	—	—
20:4	g	0.06	0.07	0.09	0.08
20:5	g	0.01	0.01	0.01	0.01
22:5	g	0.01	0.01	0.02	0.02
22:6	g	0.02	0.02	0.03	0.03
胆固醇	g	67	84	84	74
氨基酸					
色氨酸	g	0.227	0.268	0.326	0.294
苏氨酸	g	0.839	0.963	1.202	1.084
异亮氨酸	g	1.015	1.171	1.458	1.316
亮氨酸	g	1.477	1.723	2.119	1.910
赖氨酸	g	1.654	1.841	2.374	2.142

续表 9.5.3

营养素与单位		每 100 g 肉（可食部位）中的平均值			
		生肉	油炸	烘烤	炖煮
氨基酸					
蛋氨酸	g	0.541	0.616	0.776	0.699
胱氨酸	g	0.27	0.326	0.385	0.347
苯丙氨酸	g	0.788	0.938	1.13	1.019
酪氨酸	g	0.655	0.762	0.94	0.848
缬氨酸	g	0.985	1.147	1.412	1.273
精氨酸	g	1.268	1.445	1.811	1.629
组氨酸	g	0.597	0.682	0.858	0.774
丙氨酸	g	1.177	1.334	1.679	1.509
冬氨酸	g	1.807	2.04	2.587	2.33
谷氨酸	g	2.967	3.75	4.254	3.835
甘氨酸	g	1.291	1.466	1.823	1.629
脯氨酸	g	0.973	1.238	1.381	1.238
丝氨酸	g	0.714	0.869	1.021	0.919

　　如表 9.5.4 所示，烹饪方式对禽肉制品的烹饪得率也有影响。即使同一种烹饪方式，由于烹饪温度、烹饪时间、前处理（如腌制）和原料状态（如冷冻、冷藏等）的不同，烹饪得率也会有所不同。

表 9.5.4　不同条件下禽肉制品的烹饪得率。数据来源：USDA，2011

产品	烹饪方式	肉	肉＋骨[a]	肉[b]	肉＋皮[c]
肉仔鸡	烘烤	全部	66	77	65
		胸肉	68	73	68
		腿肉	64	75	63
	炖煮	全部	75	79	73
		胸肉	78	80	77
		腿肉	73	78	69
仔母火鸡	烘烤	全部	73	77	74
		胸肉	76	81	78
		腿肉	70	72	70
仔公火鸡	烘烤	全部	72	72	71
		胸肉	73	76	73
		腿肉	70	67	67

[a] 占带骨原料肉的百分比，%；

[b] 占去皮不带骨原料肉的百分比，%；

[c] 占带皮和脂肪原料肉的百分比，%。

　　不同种类禽肉的化学组成各有差异，这主要和动物个体的大小、品种、饲料等因素有关。火鸡肉的化学组成与鸡肉相似(表 9.5.1),但因其个头大、产肉多,所以皮/肉比相对较低,也就是说单位质量肌肉所带的皮更少,这只要将带皮火鸡胸肉(脂肪含量 7.0%)与带皮鸡胸肉(脂肪含量 11.0%)一比即知,腿肉亦然。仔母火鸡和仔公火鸡的平均烹饪得率如表 9.5.4 所示,都比鸡肉高,可能对于大块头的火鸡而言,它的骨/肉比更低。

鸭子原属迁移禽类,且其生存环境多水,需要蓄积一定量的皮下脂肪用以保暖和隔水,因此,鸭肉的脂肪含量比鸡肉和火鸡肉都高。此外,鸭肉中的铁元素(血红素)含量也相对较高,所以鸭肉看起来颜色更深。这可能与野鸭胸肌中红肌纤维比例较高、以满足长距离飞行的体能需求有关(详见第三章)。但是,一些家养鸭子的脂肪含量也很高,尤其是带皮的鸭肉。

同样重要的是,单胃禽类肌肉的化学组成受其饲料情况的影响也很显著。尤其是脂肪含量和组成,对饲料类型特别敏感。一般来说,高热量、低蛋白饲料可显著增加胴体脂肪。研究表明,可以通过调整饲料中脂肪的来源,改变禽肉的脂肪酸属性(Yau 等,1991)。在过去的几十年里,以提高肉类营养为目的,通过向动物饲料中添加大量不饱和脂肪酸尤其是 ω-3 脂肪酸开展了一系列研究;因为这些不饱和脂肪酸有助于预防心血管疾病和某些免疫失调症状,同时对早期的神经发育也很重要。亚麻籽和鲱鱼油常作为饲料添加剂以提高鸡肉中 ω-3 脂肪酸的含量,但前者主要蓄积 α-亚麻酸,后者与 ω-3 脂肪酸有关。虽然 ω-3 脂肪酸融合在禽肉中是个循序渐进的过程,但所有 ω-3 脂肪酸的蓄积均与其在饲料中的浓度成正比。Gonzalez-Esquerra 与 Leeson(2000)通过研究表明,α-亚麻酸优先在腿肉中蓄积,而长链 ω-3 脂肪酸则优先在胸肉中蓄积。通过连续 14 天饲喂亚麻籽 100 g/kg(处理组 a)、鲱鱼油 7.5 g/kg(处理组 b),以及连续 7 天饲喂亚麻籽 100 g/kg+鲱鱼油 0.75 g/kg(处理组 c),发现 3 组胸肉的感官品质均未受到显著影响,但 b 组和 c 组腿肉的感官品质有所下降,这可能是由于 ω-3 脂肪酸含量过高所致。宰前 7 天饲喂适量亚麻籽和鲱鱼油,可使鸡肉中的 ω-3 脂肪酸显著增加。总之,α-亚麻酸和长链 ω-3 脂肪酸分别优先在腿肉和胸肉中蓄积,这可能会影响到不同部位肉的感官品质。这种情况与牛等反刍动物明显不同,因为他们的饲料需要在胃中经过一个发酵的过程,所以,要想改变牛肉中的脂肪酸组成就显得尤为困难。

参考文献

Arberle,D. C. ,J. C. Forrest and D. E. ,Gerrard. 2001. Principles of Meat Science. Kendall/Hunt Pub. Debuque,IA.

CFIA. 2012 Poultry Meat Cuts Manual. Canadian Food Inspection Agency. http://www. inspection. gc. ca/food/meat-and-poultry-products/packaging-and-labelling/meat-cuts-manual/poultry/eng/1348762157481/1348762229876♯vm. Accessed January 2014.

Barbut,S. , H. H. Draper and P. P. Cole. 1989. Effect of mechanical deboner head pressure on lipid oxidation in poultry meat. J. Foof Protection 52:21.

Daros,F. G. ,M. L. Masson and S. C. Amico. 2005. The influence of the addition of mechanically deboned poultry meat on the rheological properties of sausage. J. Food Eng. 68:185.

Dawson,P. L. ,B. W. Sheldon and H. R. Ball,Jr. 1989. A pilot-plant washing procedure to remove fat and color components from mechanically deboned chicken meat. Poultry Sci. 68:749.

Field,R. A. 1988. Mechanically seprarted meat,poultry and fish. In:Advances in Meat Research,Vol. 5. Elsevier Applied Science,New York,NY.

Froning,G. W. 1987. Mechanical deboning of poultry and fish. In:Advances in Food Research,Vol. 5. Academic Press,New York,NY.

Gonzalez-Esquerra,R. And S. Leeson. 2000. Effects of menhaden oil and flaxseed in broiler diet on sensory quality of lipid composition of poultry meat. British Poultry Sci. 41:481.

Swatland,H. J. 1994. Structure and Development of Meat Animals and Poultry. Technomic Publishing Co. ,Inc. ,Lancaster,PA.

USDA. 2014. Classes,Standards and Grades for Poultry # 70. 220. United States Dept. Of Agriculture,Washington,DC. http://www. fsis. usda. gov/OPPDE/rdad/FRPubs/99-017P. htm. Accessed February 2014.

USDA. 2011. National Nutrient Database for Standard Reference Release 27. United States Department of Agriculture. Washington,DC. http://hdb. nal. usda. gov/ndb/. Accessed November 2014.

USDA. 1994. Meat Produced by Advance Meat/Bone Separation Machinery and Meat Recovery Systems. Fed. Reg. 59:62551. United States Dept. Of Agriculture,Washington,DC.

Yau,J. C. ,J. H. Denton,C. A. Bailey and A. R. Sams. 1991. Customizing the fatty acid content of broiler tissue. Poultry Sci. 70:167.

第 10 章　深加工——设备篇

10.1　引言

　　肉类工业生产的肉类产品种类繁多,从整个生肉制品到市场上的熟肉制品,每一个加工环节都需要不同的设备。本章阐述了肉类加工设备的操作原理,这些设备已经发展了多个世纪,帮助工人和屠夫执行不同的任务(例如,绞肉,盐水注射,灌装,蒸煮,切片等)。设备的设计、尺寸和配置多种多样,但大多数操作都依据相似的原则。以前,设备是专为个人、单一的任务(例如,混合)设计的,但今天许多生产线的设计,以实现连续、自动化操作为目的。

　　在消耗非常少的人工劳动情况下(例如,员工可能会执行质量控制或调整),全自动切块/香肠生产线每小时产量达到几千个(图 10.1.1),这是向自动化大规模迈进的一部分(见第 1 章)。这样的连续生产线提高了制造业速度,使工厂生产更多的产品,可以实现更强的集中控制,减少潜在的交叉污染问题,从而节约成本。

图 10.1.1　大型全自动切块生产线。图片由 Townsend 提供

肉类加工基本工艺见表 10.1.1。

表 10.1.1　肉类深加工的基本操作流程*

本章各节	加工单元	具体操作
10.2	切割/切碎	绞肉 斩拌（粗斩，精斩） 刨片
10.3	搅拌、混合 （肉，盐，水等）	混合（桨式/带式搅拌机） 盐水注射 搅拌/滚揉
10.4	成型、灌装和网套包装	成型（肉饼，肉丸） 灌装（常规肠衣，共挤出复合材料） 网套包装 裹袋加热
10.5	烟熏	烟熏（烟熏房）
10.6	蒸煮/加热	水煮 热空气加热（线形/螺旋炉） 微波加热 油炸
10.7	冷却	风冷 水冷 低温冷却
10.8	剥皮	香肠剥皮
10.9	切片	切片 切块
10.10	包装	软包装 硬包装
10.11	安全检查	金属探测 X 射线探测
10.12	贴标签	快速贴标
10.13	贮藏和分销	低温冷冻贮藏 分销渠道

* 生产的一般顺序；并不是所有的加工单元都包括在一个单独产品的制造中。

根据不同的产品如肉块香肠、碎肉香肠等,生产商将选择不同的工艺进行加工。一般来说,在蒸煮前进行的所有过程都是在冷藏温度下进行的,以尽量减少微生物的生长。此外,良好的生产操作规范和充分的 HACCP 计划也可以提高产品的安全性(见第 12 章)。

10.2　切割/切碎

肉块切割/切碎是香肠和肉饼制作的一般工艺环节,根据成品中所需的粒径,需要使用不同的设备。肉块切割/切碎中常用的三个基本操作包括:绞肉(粗、中、细)、刨片、斩拌(粗、精)。

10.2.1 绞肉

最早用于将肉尺寸变小的方法是手动切割/切碎,后来是绞肉。在绞肉过程中,肉块通过一个由旋转刀片组成的绞肉挡板。挡板的孔眼具有不同的尺寸和形状(图 10.2.1.1),螺杆用于推动肉通过旋转刀片和挡板(图 10.2.1.2)。该设备的大小取决于其处理数量,手动绞肉机每小时可以处理几千克肉块,大型电动绞肉机每小时能够处理成千上万千克肉块。还有泵驱动绞肉机,用泵(例如,正位移泵)把肉直接推进绞头(图 10.2.1.3)。这种设备具有一定的优势,当涉及保持产品如干意大利腊肠的原有风味时,或者进行"家庭式"绞肉时,它将是零售肉馅商所需要的。然而,应该指出的是,大多数工业螺旋式绞肉机,为了最大限度地减少热量的积累,特别是在绞头受压的部位,刀片应保持锋利,挡板应保持良好的形状(例如,不磨损)。刀片和挡板配对在一起共同组成绞头。如果在生产过程中,操作者注意到一些不均匀的肉从绞头出来,应该关闭机器并取出被卡在挡板后面的结缔组织(或任何其他异物)。一些大、中型绞肉机还带有特殊的系统,通常在绞肉挡板的中心或侧面保留一个开口,可以不断收集并去除肉块中的筋、结缔组织和骨残渣。这些边角料由一个管或软管导引出来,不会与肉馅混合。该操作很重要,因为它可以显著减少打开和清理在挡板表面难以去除的残留物所需的时间;此外,还可以减少因残留物会堵塞挡板的开口造成摩擦而产生热量积累,防止脂肪融化混入肉馅内。为了提高效率,一些绞肉机配备了两套或三套绞头(图10.2.1.2),首先进行粗绞,随后细绞,这样可以避免将粗绞的肉料再运送到下一个绞肉机进行细绞的工艺。刀片的大小和数量,以及挡板的开口,取决于所需绞肉的程度。在一个单一的绞肉机,肉块通常先通过一个大孔眼挡板(例如,孔眼约 50 mm×20 mm 的肾形板),再通过一个小开口挡板(例如,孔眼 5 mm)。与香料混合(用搅拌机)的肉馅,也常用于发酵香肠,但需要发酵剂和香料都均匀混合到肉馅中。绞肉机操作应注意的一个重要问题是防止"回料"(back-up)现象。通常情况下,绞肉挡板在塞入过多的肉料时会发生"回料"。回料导致低效运行、肉料过热和脂肪融化;在小型的、手动操作的绞肉机上是可控的,但在大型的自动生产线上应该通过设计来避免这个问题。

图 10.2.1.1 旋转刀片和具有不同孔眼大小、形状的挡板。图片由 Speco Inc 提供

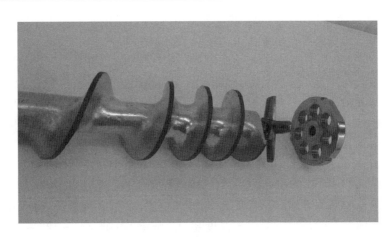

图 10.2.1.2 绞肉机的主要部件。注意螺旋间距从大到小的变化。刀片必须保持锋利,获得良好的绞碎效果,避免融化和热量积累。有些绞肉机在同一轴上配备 2~3 套绞头,即肉块从较大的挡板逐渐移到较小的挡板。这种配置节省了时间和劳动力,但需要更大功率的电机来驱动系统。某些型号的绞肉机可从绞肉挡板的内表面将筋和骨残渣收集,并从其边缘/中心清除。照片由 S. Barbut 提供

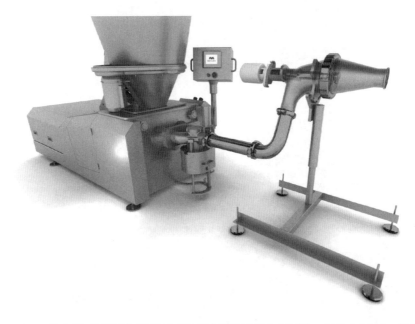

图 10.2.1.3 绞肉机,采用正位移泵(左侧)把肉移动到绞头(右侧)。图片由 Marlen 提供

　　冻肉块预切碎也是一种减小尺寸的绞肉方式,所用设备有两种常规类型:第一种是"削片机"类型,它是一个坚固的磨床,可以处理冻肉块且不破坏其纹理,通常配备了一个强大的低速转子以使切片从冻肉块上分离,也可以通过使用不同大小的转子来控制切片的大小;第二种是"叶片/铡刀式"类型,其移动铡刀并按照要求把冻肉块预定大小的部分切下来。

10.2.2　斩拌——粗斩和精斩

　　斩拌是指通过一组刀片来把肉切碎(图 10.2.2.1)。颗粒的大小是由旋转刀片的数量及其与斩拌盘的距离控制的。斩拌的程度受斩拌时间、刀片数量和转速控制。斩拌过程可生产相对大的颗粒,也可生产较小的颗粒。斩拌通常用于生产精细粉碎的产品,有时也被称为乳化型产品,如香肠、腊肠(见第 13 章配料和工艺)。混杂粗颗粒的乳化型肉制品也可通过先制备精细的乳液,然后再采用反向运动刀片(即无切

割作用)使粗颗粒均匀混入乳液。图中所示为肉类行业中两种常见的斩拌机(图 10.2.2.1)和乳化机(图 10.2.2.2)。盘式斩拌机,是把肉放在斩拌盘里,斩拌盘以相对缓慢的速度(15~30 r/min)旋转,由一组镰刀形刀片(3~15 片)以每分钟几千转的速度切割肉块。为了加快这一进程,一些新的设计有两套切割头。乳化机把粉碎和切碎结合在一起,有时被认为起到乳化剂的作用。预绞肉送入乳化机,通过快速旋转的刀片后穿过多孔板。刀片和多孔板的设置类似于绞肉机,可垂直或水平定位;也可包括实时的真空系统,以消除空气,这能最大限度地减少脂质氧化(易导致异味或褪色)和成品产生气泡或孔洞等问题,因而对产品是非常有益的(见第 13 章)。真空斩拌机在工业生产中很受欢迎。在这种情况下,真空的实现需要一个圆顶/盖以封闭斩拌盘(Barbut,1999)。

乳化机在一个非常高的速度下运行(颗粒大小由孔板的孔径大小控制),肉料受到非常大的摩擦力,这导致在非常短的时间内温度迅速增加(例如,从 5℃上升至 8℃只需几秒钟)。因此,操作这些设备时应特别注意。关于精细粉碎肉制品制备过程中斩拌温度超过一定范围(通常 8~12℃)带来的风险在第 13 章中进行了讨论。自动化生产线上采用乳化机效果更好,因为这可使得物料以连续方式批量处理,同时迅速实现肉组织的高度斩拌。如果在这个工序中肉馅中的空气没有被清除,最好在填充操作中进行,这将在后面的章节中讨论。无论如何,最好在斩拌和填充操作过程中把空气清除,为了确保质量,大多数大型工厂已经这么做了。

图 10.2.2.1 斩拌机——斩拌盘转动时肉料通过一套高速切削刀片(上);通过改变刀片的旋转方向也可仅起混合作用。一个老式的斩拌机/搅拌机(下),注意其底部皮带传动机构。照片由 S. Barbut 提供

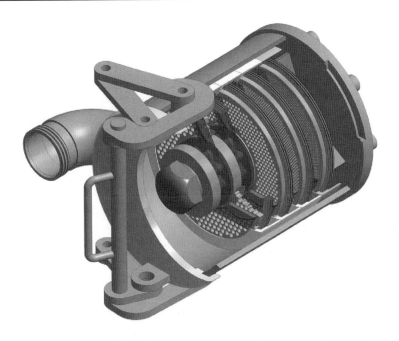

图 10.2.2.2　用于制备精细粉碎肉制品的卧式乳化机。图片由 Cuzzini 提供

10.2.3　刨片

　　冻肉块通过刨片机(图 10.2.3.1)刮/剥离小片也可减小其尺寸。该机有一个圆形的切割头和高速旋转的叶轮,利用离心力的作用推动肉料靠近刀片。刨片的大小由切割头到立式刀片的间距确定。这种方法解决了传统的绞肉机有时会导致肉中的肌纤维受到机械挤压而失水的问题;然而应该考虑到,通过冻结保持肉料刚性结构也可能会带来其解冻过程中水分损失。肉块经过刨片机刨片后能获得很大的表面积,可以作为重组肉制品的良好原料。重组肉制品是由小块肉重构而成的具有像肌肉一样纹理的肉制品。

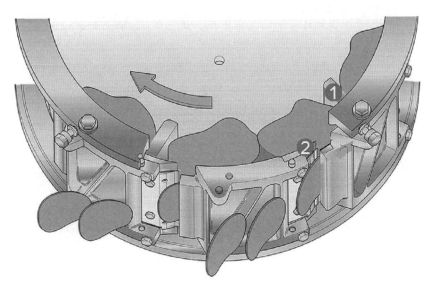

图 10.2.3.1　刨片机示意图。叶轮高速旋转,肉/食物被离心力推到切割头刀片上。刨片大小可由刀片的尺寸和与切割头的间距确定。图片由 Urschel Inc 提供

10.3　搅拌、混合

肉制品深加工中,要添加调味剂和黏合剂等配料、提取肌原纤维蛋白(例如通过盐;见第 13 章)、不同的肉混合在一起,搅拌、混合是必不可少的步骤。

混合方法取决于肉粒/块的大小和所需的最终产品的特性等。肉粒小、水分少的原料可以采用桨式或带式搅拌机,而大块肌肉(例如,火鸡胸肉,火腿肉)则采用盐水注射和滚揉的方法。

10.3.1　搅拌机

绞肉制品如香肠和肉饼都是在桨式/带式搅拌机上加工的,搅拌机具有以下功能:

a. 将肉馅与调味料(例如,盐,香料)混合均匀;

b. 使用不同的肉源时,能够良好地均质;

c. 使肌肉结构充分地吸收盐水溶液;

d. 机械搅拌法提取肌肉中的盐溶性蛋白。

市场上有不同设计形式的搅拌机/混合机。桨式搅拌机(图 10.3.1.1)采用桨来搅拌肉馅。桨通常安装在水平轴上,而且搅拌过程非常温和。另一种是带式搅拌机,每条带的直径和间距经过设计以实现最大程度的混合。这种搅拌机通常能比桨式搅拌机更高效地促进蛋白质溶解。无论哪种形式的搅拌机,都应精确控制混合过程,以确保均匀的混合。当使用一个新的配方或改变混合方案时,可以通过食品着色,芥末种子,或把小冰块放置在搅拌机的一个角落里来检测混匀的效果。为了确保混合程度最佳,最好参考制造商的设备使用指南,同时填料不要过多或过少;另外也应避免过度搅拌,以免导致肌肉纤维分离和脂肪融化。

粗磨产品(例如,早餐香肠,意大利腊肠)是将原料肉绞成所需的颗粒大小后在搅拌机中制备的。搅拌机也可把被乳化机粉碎的肉和非肉组分均匀地混合,这优于单一的、几乎不发生混合的乳化机操作过程。

在一些情况下,产品生产前要进行预混合,以掺入食盐,通常需 12～24 h 以使预混合达到最佳的效果。这会促使盐溶蛋白(例如,肌动蛋白,肌球蛋白)有足够的时间溶出,从而提高持水力和各个肉颗粒间的结合力。若只在瘦肉中加盐,盐浓度相对要高(见第 13 章)。

图 10.3.1.1　连续开放型桨式搅拌机。照片由 S. Barbut 提供

10.3.2　盐水注射

在完整大肉块产品上加入盐和香料是非常耗时且昂贵的(例如,干腌大火腿),所以它有理由被认为是高端产品。要想迅速将盐水(水、盐和调味品)注入大肉块中需要注射设备,但在此设备开发出来前,大肉

块产品的两种主要腌制方法是干腌法和湿腌法。现在特定产品依然采用这两种方法,但盐水注射更受欢迎。一个简单的注射机由单一的手动操作的注射针组成,更先进的注射设备则由几十根自动精确控制盐水体积的注射针组成(图 10.3.2.1)。

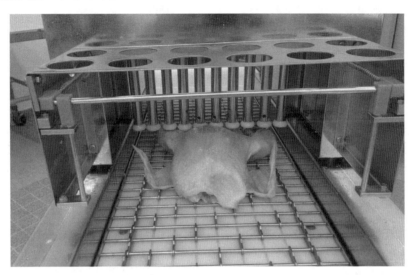

图 10.3.2.1 用于有骨和无骨肉制品的盐水注射机,详见文本。照片由 S.Barbut 提供

通常的盐水溶液组分包括:

冷水	75%
盐(NaCl)	18%
糖/淀粉	3%
磷酸盐	4%
抗坏血酸钠	0.5%
亚硝酸钠	0.16%

根据风味(例如,咸味,甜味)和政府法规(例如,精确的亚硝酸盐水平)的要求确定注射盐水的具体数量是非常重要的。以下不同注射情况说明,如果注射系统发生错误可能会出现风味问题:

- 拟注入 10% 的盐水,产品最终盐含量 1.63%
- 低量注入 5% 的盐水,产品最终盐含量 0.81%
- 超量注入 15% 的盐水,产品最终盐含量 2.45%
- 超量注入 20% 的盐水,产品最终盐含量 3.26%

例如,由于针头堵塞,可能会导致盐和亚硝酸盐的浓度低于预期。注射量只有 5% 时将导致只有一半的盐被产品吸收,但更重要的是亚硝酸盐浓度也只有一半,这可能带来严重的安全问题。在过量注射的情况下(例如,15% 和 20% 的注射量),产品将太咸,亚硝酸盐含量也会超标。过量注射也会导致肌纤维束之间的分离和盐水团的形成。注射时产品温度均一也非常重要(例如,冷冻原料应彻底解冻)。应特别注意注射过程要均匀,以防止有骨头存在的局部区域盐或亚硝酸盐的浓度过高。将特殊的传感器连接到针头上,可以检测到压力变化和针的运动情况(即当它碰到骨头时注射针便停止运动)。如果持续在骨头附近注射,高浓度的盐和亚硝酸盐会导致风味劣变,甚至有人声称产品中出现亚硝酸盐灼伤,但是后者是非常罕见的。在操作和质量控制过程中应经常进行注射器检查及其他常规检查。具体的注射百分比和产率计算如下:

例如:

鲜重(原料肉初重)	500 kg
注射后重量(鲜重+盐水重)	560 kg

$$注射百分比 = \frac{注射后重量-鲜重}{鲜重} \times 100\% = \frac{60 \times 100\%}{500} = 12\%$$

例如，

成品重量=蒸煮、烟熏或者烘干后的重量　　　　　　　480 kg

$$产率 = \frac{成品重量 \times 100\%}{鲜重} = \frac{480 \times 100\%}{500} = 96\%$$

如果成品重量是　　　　　　　520 kg

$$产率 = \frac{520 \times 100\%}{500} = 104\%$$

成品的重量用来计算实际注入生肉的盐、糖、磷酸盐以及亚硝酸盐的浓度。在加热过程中，水分会蒸发（除非在密闭包装中加热），但添加的盐、糖、亚硝酸盐不会蒸发。盐和糖都溶在产品里，而部分亚硝酸盐将转化为一氧化氮气体。因此，要想制定一个可行的配方，并在最终产品中实现所需不同成分的浓度，弄清楚所有处理过程的具体参数是至关重要的。

所使用针头的物理形状和直径也很重要，应该与肉种类相匹配。注射鸡肉（低结缔组织含量）时，针头应该足够细，避免造成肌肉外观的破坏。处理弱结缔组织结构的肉类时（例如，火鸡的大胸肉）这是至关重要的，粗针或过高注射压力将导致肌肉结构严重受损。在其他情况下，如注射大腿肉，粗针甚至小的穿透刀片具有注射和嫩化的作用（图10.3.2.2）。应该指出的是，嫩化操作也可以单独进行，目前已开发了独立于注射操作之外的专门设备来进行嫩化。

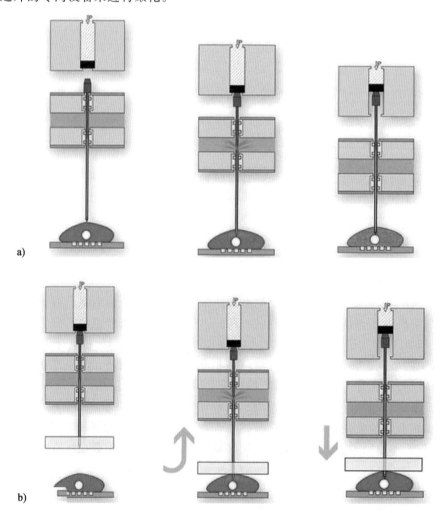

图10.3.2.2　盐水注射原理图。(a)接触注射，(b)强制注射。照片由 JBT/ Wolf-Tec 提供

通常会对注射盐水后的肉进行滚揉,以促进盐水的均匀分布和吸收,并促进盐溶性蛋白溶出(Lin 等,1991)。

10.3.3　搅拌和滚揉

搅拌和滚揉有助于大块肌肉将注射盐水充分吸收,或将小块肉条在盐水中翻滚达到腌制目的。这两个操作有助于促进盐水吸收和蛋白质的溶出,进而有助于后期各成分的结合(如加入的水和肉表面的蛋白质);同时,在这两个操作过程中肉受到一定程度的搅拌,而使盐和其他成分均匀分散以及肌原纤维蛋白溶解。搅拌是在一个固定的混合容器中通过桨叶缓缓搅动肉,而滚揉是在一个旋转的滚筒中进行,滚筒内侧可设计有不同的挡板/条带(图 10.3.3.1)。与滚揉相比,搅拌由于没有肉的提升或下降被认为是柔和的操作。然而,一些滚揉机制造商声称可实现柔的类似于搅拌的混合工艺。如图 10.3.3.1 所示,二螺旋条带和四螺旋条带的设计据说可提供比配备水平挡板(位于滚筒的内侧壁,可把肉连续旋转)的滚揉机更柔和的混合。螺旋条带慢慢将肉推到滚筒的上端,然后将肉从另一边缓缓滚下。这种工艺对切割弱结缔组织结构的肉非常重要。滚揉机和搅拌机的容积范围可以从几千克(厨房测试模型)到几吨。在充分搅拌/滚揉并且不破坏肉的组织结构情况下填充度(肉量占总体积比)也很重要。例如,一个较大的滚揉机在低填充度情况下,肉块会从一个更高的高度坠落从而导致更多的结缔组织破坏(注:这对于较硬的肉来说是可取的,但是对于弱结缔组织结构肉来说会带来问题)。

操作过程中温度是另一个重要因素。滚揉机/搅拌机通常放在冷藏区或者有双壁结构可以通过冷却剂快速冷却。为了促进蛋白提取(研究表明 2~4℃是最理想的)和抑制微生物的生长,消除摩擦产生的热量(移动肉块)和保持肉块低温是重要的。搅拌/滚揉可能持续一到几个小时(例如,整夜低速或间歇运行;见第 13 章烤火鸡胸肉产品制作方法),以促进盐溶性蛋白的提取,这有助于把肉块结合在一起(即加热后形成蛋白凝胶)。在真空下进行机械作用,可以进一步提高蛋白质的提取。大多数商业的搅拌机/滚揉机的真空泵通过软管连接到滚筒盖子上,这样在开盖时真空泵不受任何干扰。这也有助于消除在注射过程中造成的小气泡。加工商应该检测滚揉机的性能。

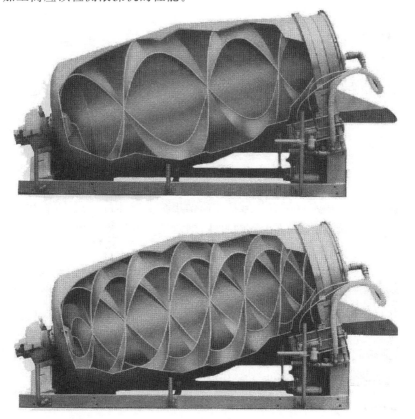

图 10.3.3.1　二螺旋条带和四螺旋条带滚揉机的结构图。照片由 Challenge Inc 提供

检测设备性能可在供应商的帮助下进行批次测试来完成。图 10.3.3.2 表示不同滚揉时间(5,10,14 和 18 h)和用 KCl 替代 NaCl(0,15%,37%,60%,75%)对火腿肠弹性的影响,数据由物性测试仪测得。滚揉时间在 13 h 内,NaCl 替代率在 37% 以内时弹性呈非线性增加(滚揉机、温度、肉源等条件不变)。作者还进行了多维优化并得出结论:当转速为 12 r/min,氯化钠替代率为 15% 时,滚揉 15.6 h 能够得到最大产率和持水力。当转速为 17 r/min,氯化钠替代率为 18% 时,滚揉 12.4 h 能够得到最佳的感官评分(Lin 等,1991)。

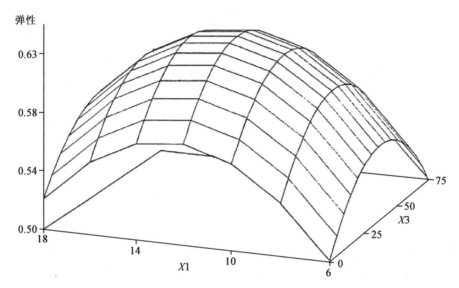

图 10.3.3.2 响应面显示 17 r/min 条件下滚揉时间函数($X1$ 轴:h)和 KCl 替代 NaCl 的量($X3$:%)对火腿弹性的影响。经允许,摘自 Lin 等(1991)。

10.4 成型、灌装和网套包装

手动、半自动和全自动的机器被用于把肉固定成不同的形状(如肉饼、肉丸)和大小(小肉块、大型汉堡肉饼)。把原料肉馅填充到肠衣中是另一种定型方式(例如,传统的细长圆柱形,不同直径的弯曲的香肠,详见第 13 章肠衣部分)。

10.4.1 成型机

这种设备通常用于将混合好或乳化好的肉馅制作成肉饼和肉块。传统成型机的基本结构是一个不同形状的模板,可以用来把原料固定成所需的形状。肉馅用泵从搅拌机/均质机直接转移到成型机内;或是先被运送(无论是重力或螺旋)到成型机顶部的料斗,然后填充到所需的模具中。模具通常由金属或硬塑料制作,可以有一个或多个腔(图 10.4.1.1)。

传统的成型机有一个出坯机构可将肉饼放到传送带上。市场上普通设备的运行速度为 20～60 击(stroke)/min,可形成 30～250 g 的定型肉饼。新一代成型机采用压缩空气进行脱模,该方式更为柔和(图 10.4.1.2),可通过使用背面多孔的金属模具来实现。根据这一新技术原理开发的先进设备在食品工业首先应用,进而成功推广到冶金业。新一代机器没有嘈杂的出坯机构,并且对肉饼也未施加高压。

定型后的产品最初通常并没有很好地结合在一起,因此先是通过冷冻或裹面油炸 30～90 s 来固化。在某些情况下,上浆上粉设备用于定型操作之后,冷冻或蒸煮之前给产品(如鸡块)包裹上一层均匀涂层。成型的块/饼状产品则通过一系列的传送带运送到上浆上粉设备上(设备的详细说明见第 14 章)。

用于制作肉饼的塑料模具

图 10.4.1.1　一个采用圆形模具的小成型机（上；从 www.birosaw.com 下载），和一个用于快速生产线的模具平面图（下）

图 10.4.1.2　新一代压缩空气低压成型机。图片由 Townsend 提供

10.4.2 灌装

灌装机的大小和自动化程度各不相同,从手动到全自动活塞泵驱动灌装机,再到全自动共挤出系统多种多样。传统的灌装机可分为两种类型:活塞式灌装机和真空灌装机(Pearson 和 Gillett,1996)。活塞式灌装机由人工或液压驱动将肉从圆柱形筒中通过灌装口挤出(图 10.4.2.1)。灌装口的直径、填充速度和压力由操作者控制,而且灌装口应该与肠衣的尺寸和类型匹配(例如,高速自动化设备需要质地坚韧、外观统一的肠衣,如人造胶原蛋白、塑料或纤维素肠衣)。不同的肠衣(例如,天然胶原蛋白、人造胶原蛋白、纤维素、塑料肠衣;详见第 13 章)也被用于不同类型的肉制品。

图 10.4.2.1 活塞式灌装机。可看到在较低的位置有一个用膝盖操作的顶板。在背部有一个旋钮来控制活塞的运动,将肉推到填充管中;可选用不同直径的填充管,这取决于肠衣的尺寸。图片由 S. Barbut 提供

泵操作的真空灌装机(图 10.4.2.2,参见插页图 10.4.2.2)采用叶轮推动肉糜。叶轮通常有反馈和弹出连接器,真空能除掉肉糜中的空气,也能把肉糜推进叶轮。是否应用真空是可选择的,真空灌装机价格更高。然而,大多数(即使不是全部的)大型肉类生产商会采用真空灌装技术,因为这样能提高产品的外观品质。肉糜中遗留下的空气泡可能会在熟制品中出现孔隙。孔隙中可能会充满明胶(融化的胶原蛋白),或在加热操作过程中充满融化的脂肪,尽量减少孔隙的存在是有利的,因为这是不受消费者喜欢的。此外,排空被锁住的空气(特别是氧气)将最大限度地减少氧化的问题,延长保质期。图 10.4.2.2 显示设备在料斗处进行初步排除空气(注:不是所有的真空灌装机都有此功能)操作。然后,进料螺杆(见垂直轴)将肉糜转移到泵中继续受到真空作用。该泵的单叶片旋转 270° 后反转,并开始另一个摆动周期。在每一个摆动周期结束时,入口、出口阀相互配合旋转,将从顶部料斗进入的肉糜引导到叶片推动排出的物料形成的空腔中。总的来说,细碎/乳化肉制品和细绞肉产品通常通过泵来灌装。粗碎香肠或混入大颗粒如肉/脂肪/奶酪/甜椒的产品,旋转泵由于其结构存在潜在的危害,一些人更喜欢活塞式灌装机。然而,新的旋转叶轮泵和椭圆齿轮泵被设计出来用以处理特殊的产品,如干香肠的混合。在任何情况下,预混合和混合也可在真空条件下完成。

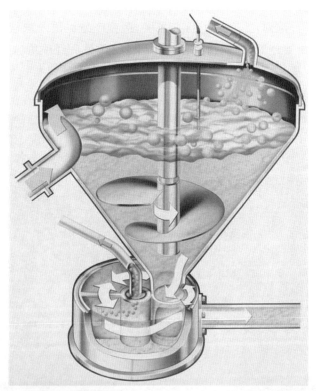

图 10.4.2.2 真空灌装机(上:彩色插图),与旋转叶轮泵工作原理细节图(下:黑白照片)。图片由 Handmann 提供

全自动共挤出系统现在越来越受中型和大型肉类加工厂的欢迎。一个概念上的突破已经成为其创新点,就是肉糜从灌装口推出的同时在外面涂上一层可以交联的半液体肠衣(即直接在产品表面形成一层坚韧的肠衣),而不是使用预制肠衣(Barbut,2014)。有了这个新的概念,工厂现在可以从一个批处理操作即当肠衣用完后工人需要停止灌装,变为一个连续的、完全自动化的操作(见第 1 章)。图 10.4.2.3(参见插页图 10.4.2.3)展示了一个用胶原蛋白凝胶形成肠衣的共挤出过程。肉糜以恒定的速率泵出,并立即覆盖着一层薄薄的胶原蛋白凝胶(通常是 5% 的胶原蛋白凝胶,但也可以是一种胶原蛋白和海藻酸钠组成

的混合凝胶,或单独的海藻酸钠凝胶)。共挤出头分为内、外锥体,以相反的方向旋转。本设计使胶原蛋白凝胶纤维在产品表面平行排列,并增加了肠衣强度,接着产品被浸入浓盐溶液中去除新形成的膜/肠衣表面的水,形成的长肉肠被分段/卷曲后穿过空气干燥箱,最后经喷雾或烟熏,将胶原蛋白凝胶纤维与醛基交叉连接(见第13章)。此时该产品可以完全煮熟、冷冻或出售。使用海藻酸钠时通过钙盐作用使亲水胶形成交联结构(见第13章)。

图10.4.2.3 图示共挤出头展示的是肉糜从灌装口挤压出来并立即覆盖液体胶,液体胶由浓盐溶液脱水(蓝色软管排出浓盐溶液,然后香肠浸入其中)。最后通过烟熏交联。见文中详解。照片由 Townsend 提供

　　当使用传统肠衣时,灌装结束后需将肠衣两端系住或把产品分为一个个独立的段。小香肠产品可通过手工或使用特殊的设备扭转打结,中型产品用细绳系住两端,粗/重型产品使用金属夹打结。粗香肠通常是一端绑或夹在挂环上,然后挂在烟棒或钩上,这样香肠整个表面就不会与设备或其他产品接触了。这使气流在香肠烟熏房内流通良好并能防止由于与相邻悬挂产品接触产生碰痕和斑点。非常大、非常重的产品(例如,博洛尼亚肠将肉糜塞进长达1～2 m长的纤维素肠衣内),像所谓的"原木"一样横放在金属网或大型模具上。这种水平的处理方式有助于保持一个统一的圆柱形。总的来说,与垂直放置相比,25%～30%以上产品可以水平放置在烟熏房中(熏制的程度同时取决于空气流通程度和热容量)。生产商可以选择不同类型的全/半自动灌装机。现在,通过生产线大批量生产灌装香肠是很常见的(例如,每分钟生产几百根法兰克福肠)。一些高速灌装线是全自动化的,并由计算机控制,实现高度集成和同步生产。生产小直径产品如法兰克福香肠时,可用自动臂来吊挂连续移动生产线上的产品,将其直接熏制。总的来说,目前高速生产线和高容量共挤出操作是香肠行业生产的基础。

10.4.3　网套包装

　　当进入烟熏阶段时,将大型整块肌肉(例如,火鸡、火腿)或分块后的产品装于网套中是有利的,因为这样可以允许产品之间相互挨着,有助于保持形状,并使其表面美观。产品也可放置在某些类型的成型模具中,以生产所需形状的产品。套网设备最基本的组成是一个缩小漏斗,产品通过漏斗被推到一个预拉伸的网套(图10.4.3.1)中。将这一过程实现机械化可有多种选择,但最常用的是一个大直径管(通过泵喂料)。网套的种类也有许多选择,包括开口的大小、图案、强度、涂层(加热后能快速释放的蛋白质/脂肪)等。

图 10.4.3.1　装在网套中的整块肌肉产品。照片由 S. Barbut 提供

10.4.4　裹袋加热

裹袋加热是在密封袋中加热不同产品的一种技术。熟后的产品可以从袋子中取出，并在工厂中切片或由消费者/零售商（后者可以增加产品的保质期）自行分割。用于填装密封袋的设备类似网套包装的设备，但包装袋通常是由更坚韧、更耐用的塑料（更多的关于包装薄膜的讨论见第 11 章）制作的。通常袋子放置在某种成型模具或筛板上，以产生所需的形状。

10.5　烟熏

许多肉制品在被消费前都经过烟熏。烟熏肉是通过传统烟熏法、液体喷雾烟熏法或通过直接添加烟熏剂来制作的，该产品可出售给消费者后再经加热食用。此类产品外表面可呈现烟熏特有的外观，这是烟熏导致的颜色变化形成的（羰基与还原糖和蛋白质反应），所以用适当的标签来提醒消费者是很重要的。通常生产商在工厂中将烟熏后产品熟制（如香肠、腊肠、火腿），也就是烟熏操作完成后，紧接着将加工好的肉进行蒸煮，而且这两个操作往往是在同一个房间进行。但是，应该意识到这两个操作是不同的。一般情况下，烟熏通常是在蒸煮之前进行，但也有一些生产商更喜欢在蒸煮后进行。

烟熏是最古老的保存肉的方法之一。干燥和沉积的许多抑菌化合物（在烟雾中发现的，例如醛、酸）都有助于防止腐败。如今，烟熏是在专门的烟熏房进行的（图 10.5.1，参见插页图 10.5.1）。虽然基于相同的原理，但轻度烟熏和干燥是当前发展的主流，主要是为了提供独特的味道和色泽。因此，研究发现沉积在产品表面上的抑菌化合物数量有限（即穿透产品不超过几毫米）。烟熏操作过程中，烟雾是在另一个区域（烟熏室外面）产生的，温度相对较低。另外，也可使用专门工厂生产的液体烟熏剂。

液体烟熏剂是通过将小水滴与烟雾一起通过一个长的烟囱并将烟雾捕获而生成的。传统烟熏法和液体烟熏法的烟雾都是用各种硬木（如樱桃、胡桃木、橡木）的湿锯末或木屑燃烧产生的。偶尔也用软木，但要特别注意避免产生苦味。总之，已经在烟雾中发现并识别出超过 300 种不同的化合物（Maga，1989；Toledo，2007）。

烟熏和蒸煮被认为是两个独立的过程，然而，如上所述，二者通常被放在一起讨论，因为往往紧密衔接，甚至同时在同一位置发生（Rust，1987）。现代烟熏炉配备了加热元件和风扇，不再需要搬运产品。为了达到最佳的烟熏效果，产品应该是生的状态，因为在蒸煮过程中形成的变性蛋白膜将阻碍烟雾渗透到产品内部。尽管常常需要一些热量来烘干产品表面的水分，但总的来说烟熏通常是在较低的温度下进行。烘干是为了确保烟雾不会被从产品表面冲洗掉（例如，在冷产品表面上会发生冷凝从而带来问题）。

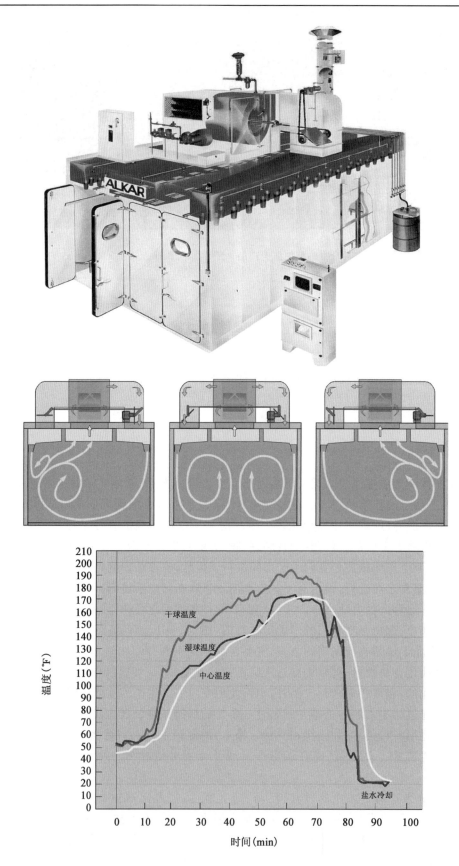

图 10.5.1 顶部配有空气循环单元、加热器和加湿器的烟熏炉示意图。烟熏单元在右边（上）。通过阻尼器改变空气循环模式实现良好的热分布（中）。直径为 24 mm 的香肠加热曲线的例子（下）。图片由 Alkar 提供

使用液体烟熏剂时,产品在蒸煮前要浸泡或喷淋。在所有的情况下,都应使用可透烟的肠衣(如胶原蛋白、纤维素)。不过,如果烟熏剂是直接添加到原料中——使用一种特殊的处理方法(例如,烟气成分吸附在糖或葡萄糖载体上;作为干燥成分出售),肠衣就不需要能够透烟。

现代的烟熏房都有专门的加热和通风系统(通常位于顶部),包括风机、阻尼器、加热元件和蒸汽供应系统。许多系统是计算机控制的,因此,操作员可以编程和保存一个特定过程所需的所有参数(例如,加热,烟熏,相对湿度,空气流量)。

10.6　蒸煮/加热

肉类产品加热的方式很多。简单总结如下,也可在第 11 章中了解一些相关信息。总的来说,加热可在水中、油中、热空气中进行,或采用红外/微波技术。蒸煮会产生不同的味道/香气化合物,使质地发生不同的变化,这都是由于不同肌肉蛋白变性造成的(见第 13 章和第 16 章)。

a. 热空气加热——使用烤箱/烟熏房是加热香肠型产品最常见的方式之一。产品被放置在一个腔室中或移动通过一个长的隧道,其中的燃烧器、电气元件或热流体产生热空气。图 10.6.1(参见插页图 10.6.1)展示的是一个现代的螺旋炉,可采用热空气(热量来自热流体)加热肉制品。影响升温速率的主要因素是产品和热空气之间的温差(也被称为"ΔT")、风速、相对湿度、产品尺寸和炉容量。相对湿度(表示为一定的温度下,空气中水分含量占可被空气所保存的最大水分含量的百分比)是特别重要的,因为水是一个很好的热导体。

图 10.6.1　一种特殊的利用热空气加热肉制品和其他产品的螺旋炉。该炉由两部分(塔/室)组成,每部分可以在不同条件下(如温度、湿度、风速)操作。图片由 Marel 提供

b. 水加热——相对于热空气,水加热是一个更快的加热方法。水煮和蒸汽主要用于加热香肠和装在防潮包装、玻璃瓶、金属罐中的整块肌肉产品。但有些情况下,肉可切块直接浸入水/汤中加热。往往是需要较长加热时间的肉块才会采用直接浸入水/汤中加热的方法,因为湿热的环境是将坚韧的结缔组织嫩化所必需的。

c. 油炸——通常使用 180～195℃ 的热油。这是一种快速有效的加热方法,因为 ΔT 非常大。油炸也会产生表面酥脆的质地,适合在鸡肉块和猪肉块产品上应用。第 14 章以连续深度油炸锅为例对油炸操作进行了详细讲解。

d.**微波加热**——利用电磁波来使产品中的水分子产生振动,这是目前最快的蒸煮/加热方法之一。在电磁场的高频(915 MHz 和 2 450 MHz,通常被允许用于商业微波,以免干扰通信波长)波动下,由于水分子快速旋转并相互摩擦而产生热量。微波加热在整个产品内外同时进行,因此,该过程往往无法使表面有足够时间发生褐变。因此,其他的方法,如红外线,也常一起用于加热和给产品上色。低的微波能量也用来解冻肉。然而,特别应注意的是水和冰的加热系数差异非常大(见第 11 章)。

e.**红外加热**——使用一种能产生高能量红外辐射的特殊的灯,来加热产品的表面。然后热量通过传导逐渐转移到产品的中心。红外加热主要用于加热熟制品,在展示柜台中保持产品的温度,并使微波熟制品表面上色。

10.7 冷却

如果热的肉制品不能马上被消费掉那就需要对其进行降温冷藏。将产品降温至一定的冷藏或冻藏的温度通常是政府强制的(见第 12 章 HACCP 部分),也是食品安全的需要(见第 15 章 *C. prefringens* 的例子)。

可以采用不同的介质和方法进行冷却。最常见的包括:

a.水冷是用冷水喷淋烟熏香肠或将防潮包装的产品浸没在冷水中。当使用浸泡方法时,应采用逆流,也就是产品和水流动的方向相反。

b.风冷是在特制的冷藏区域用冷空气(−5～5℃)进行降温。风速、温度以及湿度是保证冷却速率的主要因素。

c.接触板冷却用于均匀包装的产品,产品与温度很低的冷板接触,冷板作为一个大的"散热器"迅速移除来自产品的热量。有些冷板是中空的,冷的液体可在内部循环。

d.低温冷却在需要快速降温的情况下使用,通常用干冰或液氮。这些材料的沸点非常低,因此它们可以迅速带走热量。图 10.7.1(参见插页图 10.7.1)展示了低温冷却/冷冻操作。

图 10.7.1 低温冷却/冷冻操作。图片由 Praxair 提供

10.8 剥皮

剥皮是由工厂或消费者将肠衣剥离。小直径的产品,如热狗、法兰克福香肠,肠衣通常是在工厂的自动化设备上剥离。产品通过一个短的蒸汽隧道,这有助于将肠衣变得松弛,再用小刀沿着产品移动的方向将肠衣划开。这种机器每分钟可以剥几百节香肠肠衣。这类产品采用纤维素肠衣俗称"易剥"肠衣(详见第 13 章)以防止粘连。当大直径产品准备切片时(例如,博洛尼亚肠),粗纤维素/塑料肠衣通过手工或半自动化设备剥离。

10.9 切片

蒸煮/加热好的香肠和产品,例如整块肌肉的烤肉/火腿通常在工厂里切片和包装。这使消费者食用起来更加方便。工厂开发出了自动、快速且能够精确控制的切片机。计算机称重设备的引进对现代切片设备的发展有着重要的贡献。图 10.9.1 是一条高速切片生产线示意图,包括切片机和真空包装机。切片机有一个大的圆形刀片将产品切成设定的厚度,通常将产品切为长卷(例如,1～2 m),也可将长卷按照预定的数量和方式(例如,像瓦一样排列)进行堆叠,形成堆垛,然后将其放在传送带上,并移动到自动真空包装机上,也可通过编程让设备在片或堆垛之间插入或不插入纸/膜。今天市场上的许多新机器可使用快速反馈控制机制,通过增加/减小层厚度来自动校正重量。这是通过计算机连续地监控每一堆垛产品的重量而实现的。

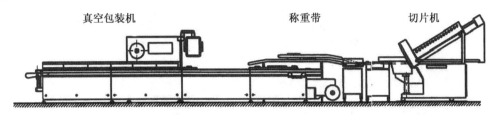

图 10.9.1 高速切片生产线示意图。图片由 Dixie Inc 提供

根据各种不同的需求可生产立方体、条状或块状的产品。快餐公司或居家消费者可以将这些产品用于制作玉米饼。图 10.9.2 展示的是不同切片设备由冷冻或冷鲜肉生产条状和块状产品的原理。当传送带将肉块运送到横切刀时,送料辊保持其平顺,横切刀将其切成条(厚度可通过插入更多/更少的刀调整),也可继续由第二套圆形刀切成丁。总的来说,可通过调整刀片的间距来生产不同大小和形状的产品。

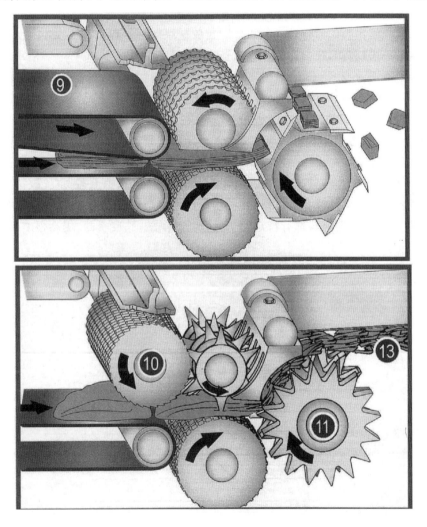

图 10.9.2 不同切片设备生产条状和块状产品的原理。图片由 Urschel Inc 提供

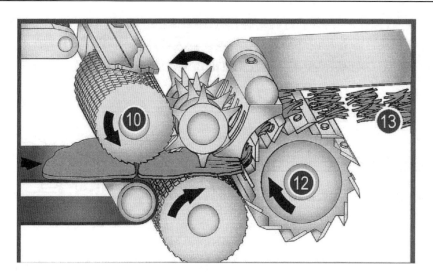

续图 10.9.2

10.10 包装

大多数肉类产品在运出工厂前就已包装完成。包装材料能够保护产品不受物理损坏和环境污染,同时也可作为一种营销手段(例如,公司商标,广告,蒸煮/食用建议等)。肉类行业所使用的包装材料和设备的多样性远远超出了本书的范围。读者可参考如 Robertson 编写出版的教科书(2013)。不过,在本书的第 11 章分别介绍了真空包装和贴体包装两种基本的肉类包装概念,同时也介绍了常见的用于食品/肉类包装的薄膜。图 10.10.1(参见插页图 10.10.1)是一种肉类产品的真空包装机。盖子关闭后,施加一定量真空,空气从腔室中排出。通过加热使一种特殊的聚合物在密封区融化的方法将塑料袋密封。该过程可手动完成也可在自动化高速线完成。手动操作是一个批处理过程(即,每个包通过人工放置并从腔室中取出)。而自动化高速线是连续过程,即产品被放置在一个特殊平台上,盖上盖,空气被抽出,然后密封;这通常是在一个圆桌形装置(为获得空间)上进行,其特别设计的平台可保证有足够的时间将空气去除。包装薄膜通常由多层材料构成,每层材料都有特定的功能(例如,隔氧,热胶密封,提高强度,详见第 11 章)。

图 10.10.1　真空包装机。包装袋开口朝向真空喷嘴侧放置并压在加热封口条(灰色条带)上方。当盖上盖子时就开始抽真空(调整前面板上的真空度按钮)。当达到所要求的真空水平,上部加热封口条下降进行封口。注:袋必须有一个热封聚合物的内层,允许热封口正常进行。照片由 S. Barbut 提供

切片或未切片肉制品包装是将产品放在一块软或硬的纸板或塑料板上,然后由柔性膜(图 10.10.2)将其包裹。在真空包装机中,对接缝处加热,特殊的聚合物密封材料融合在一起(从两边),以实现整体密封。该软包装通过沿密封圈周边切割自动分离,贴标签,再移动到装箱区。

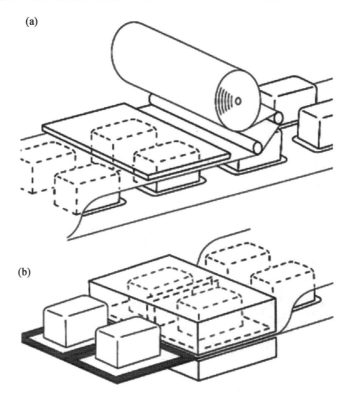

图 10.10.2　从入口到密封室(a)和密封条(b)的贴体包装示意图。图片由 Dixie 公司提供

充惰性气体的特殊脊状塑料包装,常用于可能粘在一起发生变形的易碎产品,如预切午餐肉。

肉类包装机可选择使用不同的包装材料,包括单层膜和多层膜。如前所述,大多数的包装膜由多层构成,以实现所需的特性并能使效益最大化,同时相对较轻,便于操作。保鲜膜具有较低的透气性和透水性,在多层膜生产中使用非常普遍,若连同其他材料如聚丙烯一起使用,还可提高伸缩性。现代包装膜有的多达十几层,包括可印刷材料、保护印刷涂层,以及防尘层、阻氧层、阻紫外线层等。

10.11　安全检查(异物、密封性检查)

质检人员随机抽样进行各种检查。此外,所有的产品都要通过金属探测器,在许多国家这是强制性的,现在大多数加工厂都已安装。监管机构,如美国农业部表示:"一些产品密集地暴露于金属设备如绞肉机、斩拌机、混合机、铲等,存在金属污染的可能性……因此,强烈推荐使用电子金属探测器……"

为了达到监管机构的要求,这些探测器对加工厂有如下帮助:

a.防止损坏加工设备;

b.符合各种零售商的质量标准;

c.避免消费者投诉和产品召回的成本。

在食品工业中最常见的金属污染类型包括铁、铜、铝和各种类型的不锈钢。其中,黑色金属最容易检测,相对简单的探测器,甚至是磁选机,都能很好地执行这项任务(Anonymous,1996)。不锈钢合金被广泛用于食品工业,是最难发现的,尤其是普通的、非磁性的如 316(EN58J)和 304L(EN58E)。有色金属,例如铜,检测难度处于两者之间。检测其他材料,如硬质塑料或玻璃,可使用 X 射线探测器。

　　金属探测器,通常采用一个平衡的三线圈系统,能够检测到小颗粒的有色金属和不锈钢。三线圈绕在一个非金属框架上,线圈之间完全平行(图10.11.1)。中心线圈连接到高频无线电发射器,其两边的线圈作为天线或无线电接收器。由于这两个线圈是完全相同的,与中心线圈距离也相同,它们捕获相同的信号,从而每一次都产生完全相同的电压。当线圈连接在一起,它们相互抵消,输出信号为零;但当一个金属粒子通过线圈,因高频场的干扰使得完美平衡的状态被打破,输出信号不再为零。得到的输出信号可处理、放大,并用于检测不需要的金属(Anonymous,2014)。为了防止空气中的电信号或附近的金属物品和机械干扰探测器,完整的线圈装置安装在一个金属外壳内,在中心留一个孔,以允许被检测产品通过。对于经过包装的新鲜肉或冷冻油炸产品,建议安装的关键控制点分别在第6章和14章HACCP一般模型中介绍。

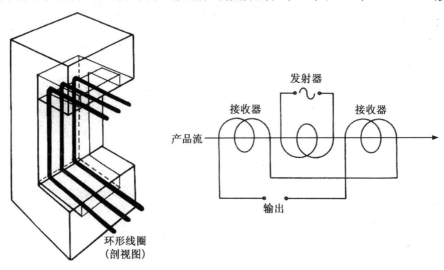

图 10.11.1　金属探测器工作原理示意图。图片由 Safeline 公司提供

　　图10.11.2展示的为 X 射线探测器,也可用在生产线的末端。透过产品的 X 射线可显示食品基质内不同密度的成分(即与医疗成像或机场安全检查使用的相同)。该设备扫描的每一包产品或材料,其所反射的 X 射线成像均可在计算机屏幕上看到。再由计算机图像分析系统来发出警报、拍照或将产品从生产线上移除。许多快餐店和连锁超市都要求他们的供应商使用这些设备。

图 10.11.2　在线 X 射线探测器。该设备可同时检测和自动清除带有异物(如骨碎片,允许的最小尺寸为2 mm)的产品。保存的图像和数据能够帮助员工确定位置,并快速处理淘汰的样品。图片由 Marel 提供

10.12　贴标签

　　包装袋上贴标签通常是在工厂完成，因为每个超市/杂货店的标签不难定制。快速称重设备和打印机可保证每个包装上附有准确的信息（例如，重量，价格，保质期）。这通常是先印在预先制作的彩色标签/贴纸上，然后再贴在产品上。图 10.12.1 是一种自动快速贴标机概念图。

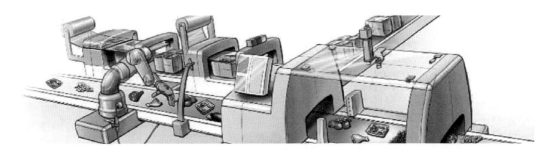

图 10.12.1　采用图像分析和自动机器人系统的快速贴标机概念图。图片来源于 www.picknpack.com

10.13　贮藏和分销

　　产品包装后可直接运送到商店（即，放在卡车上）或存贮在工厂/仓库一段时间。冷冻可作为延长产品保质期的另一种选择。由于生和熟的肉制品容易腐败（除非罐装或完全干燥），它们应该在低温下贮存。今天，肉类公司和超市投入了大量资金来维持和改善他们的冷链分销渠道。此外，政府机构对分销系统进行监控和检查，以确保消费者的安全。

参考文献

Anonymous. 2014. The Guide to Reducing Metal Contamination in the Food Processing Industry. Safeline Ltd. , Salford, UK. Available on Web.

Barbut, S. 2014. Review-Automation and meat quality-global challenges. Meat Sci. 96(1): 335.

Barbut, S. 1999. Advances in determining meat emulsion stability. In: Quality Attributes of Muscle Foods. Xiong, Y. L. , C. -T. Ho and F. Shahidi (Eds). Kluwer/Plenum Publishers, New York, NY, USA.

Hanlon, J. F. 1992. Handbook of Package Engineering. Technomic Publ. , Lancaster, PA, USA.

Lin, G. C. , G. Mittal and S. Barbut. 1991. Optimization of tumbling and KCl substitution in low sodium restructured hams. J. Muscle Food . 2: 71.

Maga, L. A. 1989. Smoke in Food Processing. CRC Press, Boca Raton, FL, USA.

Pearson, A. M. and T. A. Gillett. 1996. Processed Meats. Chapman & Hall Publishing, New York, NY, USA.

Robertson, G. L. 2013. Food Packaging: Principles and Practice, 3rd Edition. CRC Press, New York, NY, USA.

Rust, R. E. 1987. Sausage products. In: The Science of Meat and Meat Products, 3rd Edition. Price, J. F. and B. S. Schweigert (Eds). Food & Nutrition Press, Westport, CT, USA.

Toledo, R. T. 2007. Wood smoke compounds and functional properties. In: International Smoked Seafood Conference Proceedings. Kramer, D. E. and L. Brown (Eds). Alaska, USA.

第11章　热加工、冷却和保鲜方式

11.1　引言

食品保鲜在人类的发展历史中占有非常重要的地位。有效的采集/保藏食物的技术方法在人类历史的发展过程中被保留传承下来。有些食品易于加工保藏,而有些则容易腐败变质,不易被保存下来,如鲜肉的加工保藏对肉品加工者、零售商和消费者来说都是一个巨大的挑战。肉制品营养丰富,水分含量高,且肉的 pH 又有利于大多数微生物的生长,因此极易腐败变质。如果不采用适当的贮藏条件(例如冷藏)或保存处理(例如腌制、热处理、辐射),肉制品在几小时或几天之内就会变质。在无法进行冷藏的场所,肉制品的腐败极易发生,如农贸市场。而其他地方则使用特殊程序(例如 HACCP;见第 6 章)来确保加工过程中微生物数量低以及消费产品的安全性是非常重要的,因为肉制品及其他食品能携带不利于消费者健康的病原菌。如今,所有国家都采取了相应的规章制度来监督食品生产并保证其卫生健康。

一些较为普遍的保鲜技术至今已有几千年的历史,尽管那时人们对微生物腐败和化学腐败等机理还缺乏科学认识。我们的祖先通过干燥、加热、冷却、冷冻、发酵及添加添加剂(例如盐)来保藏食品。随着科学的发展,我们掌握了更多食品保鲜技术。如今我们甚至能够利用分子生物学的方法选择微生物菌株来生产抗菌化合物(例如本章后面讨论的细菌素),以使肉制品及奶制品发酵过程中的致病菌失活。科学的进步也带动了加工设备(例如微波炉)和用于优化热处理(图 11.1.1,参见插页图 11.1.1)、冷却及其他工艺的数学模型的发展。本章介绍了工业中一些常用的技术及实例。

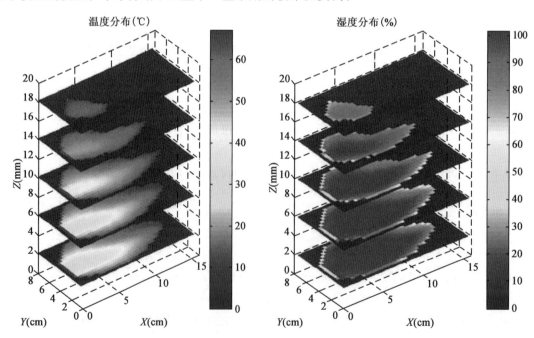

图 11.1.1　加热过程中鸡肉片的温度和水分含量模型图(其中 $T_{oven}=170℃$,$T_{dew}=90℃$)。[资料来源:van der Sman(2013)]

　　人类食品保鲜技术历史悠久。历史学家将食品消费划分为两个主要时期:第一个时期称之为食物采集期,人类起源至 8 000～10 000 年前;第二个时期则是持续至今的食品生产时期(Jay et al.,2005)。在第二时期初期,人们在生产和贮藏食物的过程中遇到了食品腐败问题。不恰当的保存方法会引起食物腐败和食源性疾病的发生,这些问题都需要解决和革新。干燥是最早用来储存谷物和肉片等食物的方法之一。太阳将谷物和肉品晒干后可延长其保存期。随后人们发现在干燥肉的同时加以篝火熏制能够大幅度地延长其货架期。后来,谷物的发酵带动了啤酒的生产,这个革新可以追溯到约公元前 7000 年的古巴比伦王国。撒玛利亚人被认为是世界第一个畜牧饲养者,也是首个制作黄油的人(公元前 3000 年)。在公元前 3000 年前,他们已经学会制作咸肉、咸鱼和风干皮制品来延长食品保质期。公元前 3000 年的早期,埃及人以发酵乳制品及制作奶酪而著称。咸肉随后传入了以色列、中国和希腊等国家,希腊人随后又将该技术传入了罗马。早在公元前 1500 年前,古中国人及巴比伦人就发明了香肠发酵技术,当时人们对微生物发酵延长食品保质期的原理并不理解,但他们很成功地掌握了发酵技术。公元 1000 年间,人们对食物中毒和腐败有了更进一步的了解(Jay et al.,2005)。屠宰方式在关于 1156 年瑞士屠夫处理可售的和非营利性肉的记载中首次提到。1276 年,奥格斯堡发布了强制屠宰及检验的命令。尽管那时候人们已经意识到质量这一属性,但是关于肉与微生物之间是否存在真实因果关系的本质还是存在疑问的。A. Kircher 是首次提出细菌在食物腐败及尸体腐烂中起作用的人之一,他提到“蠕虫”是肉眼看不见的,但是他的发现并没有被广泛接受。1765 年,L. Spallanzani 表示牛肉汤煮沸 1 h 并密封,只要保持无菌就不会腐败。他的实验的目的在于反驳自然发生理论,但是它并没有使批判者信服,因为他们认为氧气对这个过程至关重要。100 年后,Schwann 重复了一个相似的实验,只是把空气换成了无菌空气(使空气通过加热线圈),证明了没有自然腐败现象发生。

　　约 200 年前发展起来的巴氏杀菌法对食品保藏来说是最重要的里程碑之一。Francois Appert 将肉装在玻璃瓶中,并在沸水中煮制一定时间成功地延长了肉的保质期。1795 年法国政府对他发明的一个对食品保藏有用的罐装工艺进行了表彰。1810 年,Appert 针对他的工艺申请了专利。这个发现实际上领先了路易斯巴斯德约 50 年。巴斯德是当代微生物学之父,论证了细菌在啤酒腐败中的作用并提出了防止污染/二次污染的方法,从而防止了腐败。巴斯德发明的方法现在被称为巴氏杀菌。

　　下面是常用的食品保鲜技术的起源时期:

1774—海上运输肉时首次广泛使用冰(Jay et al.,2005)

1810—商业罐装开始

1878—首次将冷冻肉成功地从澳大利亚运至英国

1890—美国开始对牛奶进行商业巴氏杀菌

1890—芝加哥开始用机械制冷贮藏水果

1908—美国官方将苯甲酸钠正式列为防腐剂

1916—德国发展了食品快速冷冻技术

1920—首次报道了孢子,且其耐热温度为 100℃

1923—首次报道了计算热处理过程的“一般方法”

1928—欧洲首次在商业上用气调贮藏苹果

1929—法国申请高能量辐射加工食物的专利

1943—首次应用电离辐射保存汉堡肉

1950—D 值概念(微生物杀伤力)开始广泛使用

1954—乳酸链球菌素用于某些加工的奶酪在英国取得专利

1955—美国批准山梨酸作为食品防腐剂

1967—首个商用食品辐照设施在美国诞生(第二个 1992 年在佛罗里达州开始运作)

1967—美国给予乳酸链球菌素公认安全级的地位

1990—美国批准辐照在禽类中的应用

本章讨论了肉品工业所用的不同保藏方式及设备。读者也可借鉴第 15 章有关初加工期间的干预（如去除内脏、分割）及微生物学方面的内容。在第 6 章和第 12 章中，介绍了栅栏技术（多种技术的结合）。

11.2 热处理

11.2.1 引言

热处理是食品（如肉、烘焙食品、果酱）加工过程中最常用的方式之一。使用热处理加工食品有很多优点，如它能够改变食品的质构，使食品产生特殊风味和色泽，并且使微生物失活。热处理杀菌也应用于其他行业（如医疗），微生物失活的程度取决于热处理温度和时间。一般来说，食品加工中常用的热杀菌方式主要有以下两种：

  a. 60～90℃的巴氏杀菌用来灭活一些腐败菌及大部分使食品腐败的非芽孢微生物。巴氏杀菌延长了产品的货架期，但是产品必须冷藏或者辅以其他方式保存（降低水分活度）。

  b. 高于 100℃的热处理可达到商业灭菌，即食品（如在 121℃灭菌的罐头食品）能在室温下保存较长时间。此灭菌过程使得所有腐败菌及食品致病性微生物及其孢子失活。

值得注意的是，上述两种处理都会使食品的质地、风味、气味及微生物数量发生变化。变化的程度随着温度及处理时间的增大而提高。

肉品熟制方法有多种，如清炖（通常低于 100℃），油炸（通常是 180～195℃）以及烧烤（烧烤的温度通常是 350℃）等。热传递的方式有以下几种：

  a. 传导——物质之间直接接触进行热转移。从外部热源进行传导并且从一个微粒直接转移到相对没有混合或者移动的产品的另一个微粒（图 11.2.1.1）。热传导通常适用于固体或黏稠度高的食品。

图 11.2.1.1 热通过传导、对流和辐射转移至食品示意图。〔资料来源：NASA http://www.ces.fau.edu/nasa/module-2/correlation-between-temperature-and-radiation.php.〕

  b. 对流——液体微粒通过混合或者移动进行热传递。受热的微粒因密度低而移动到上部，而较冷的微粒因密度较大而沉在底部，即自然对流（注：强制对流也可通过在烘箱中使用风扇或者循环水浴中使用泵来实现）。对流能使冷热微粒通过热气流而混合，因此比传导效率更高。搅拌、泵或者其他方式能进一步提高热处理效率。当罐头食品加热时，将热电偶放置在罐头温度最低的地方尤其重要。液体食品(如带有小颗粒的罐头鸡汤)罐头里温度最低的地方约在底部起 1/3。而固体食品温度最低的地方为罐头的几何中心。

c.辐射——热能通过场进行传递,由高温物体传向低温物体。在食品加工中,电加热元件及红外线灯常用于发射能量而被产品表面吸收。

影响热传递的因素很多,如热源与受热食品之间的温差(ΔT)、热源的长度、食品组成(如水分脂肪比例)以及热传递介质(如水和油)。热导率是用来表示热量通过某一材料转移快慢的术语(如通过传导或对流进行转移)。另一个术语是比热,它是指每克材料的温度变化 1℃所需的能量。瘦肉较肥肉水分高,因此比热较高,也就是说加热到相同温度所需要的能量较多。

通常在热风烘箱、微波炉、水及油中加热肉及其他食品,不同的方法处理产品有不同的质地与风味。一种方法是否优于另一种方法通常取决于诸如所需产品的特性(如油炸食品的表皮)、可用设备、操作成本及政府规章等因素。此外,烟熏也是一种加工肉制品的方式,是在特殊设计的烤炉中进行的。烟熏的贮藏作用将在后面的章节进行讨论。

11.2.2　热风烘箱

热风经常用于加热及熟化肉类等食品。小型家用型烘箱可用来处理几千克产品,而工业烘箱每小时可处理几吨产品。家用型烘箱通常通过电器元件进行加热干燥。在加热干燥过程中可能会出现结皮或表面褐变等现象,因此热风烘箱并不是热处理的最佳方式,但却是最常用的一种方式。一般来说,提高烘箱内湿度则可以避免不良现象的发生。这个方法常用于工业烘箱,因为产量是重要因素之一。通过多种方式对空气进行加热,如使空气通过一个热的表面(例如电器或者热油加热的金属表面)或者采用火焰直接加热空气(例如烤箱内的气体燃烧器),然后热空气在产品周围循环,热量通过对流传递到肉块上。图 11.2.2.1(参见插页图 11.2.2.1)为一个工业热风烘箱,其核心设置是具有独立加热柜,使用传送带来移动食物的线性烘箱,以及比线性烘箱具有更立体轨道的螺旋烘箱,它可以使产品移动到不同的高度。通过调节风速、相对湿度和温度来控制烘箱内的环境。操作者通过控制这些参数来预估所需要的加工时间、产量、微生物灭活程度、颜色、质地等。为了优化生产条件和确定微生物灭活程度,操作者需要掌握烘箱和产品的具体参数。用于测量温度、相对湿度、风速、颜色和重量的传感器可以放置在烘箱内的不同位置。最常见的传感器是温度传感器,它指示的是温度的变化,可用于 HACCP 程序的检验。对特定产品加热曲线的监控有助于获得优化加工条件的重要信息。表 11.2.2.1 显示了用于处理鸡胸肉片样品的六种加热条件,图 11.2.2.2(参见插页图 11.2.2.2)所示为鸡胸肉片外表面和中心的温度分布。

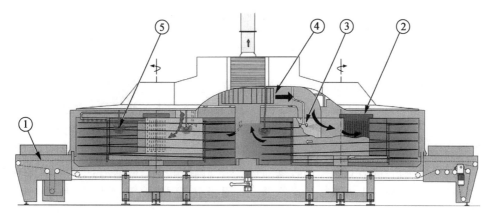

图 11.2.2.1　大型两室/塔工业热风烘箱示意图:(1)输送带,(2)加热元件,(3)蒸汽喷射,(4)风扇,(5)清洁系统。[资料来源:Courtesy of Townsend]

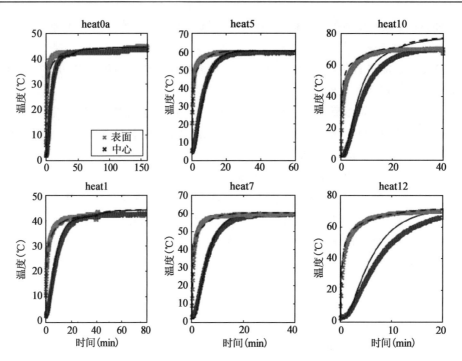

图 11.2.2.2 六组加热条件下鸡胸肉片表面和中心的温度随时间的变化情况。[资料来源：van der Sman，2013]

表 11.2.2.1 六组鸡胸肉片加热条件参数

[资料来源：van der Sman，2013]

项目	T_{oven}（℃）	T_{dew}（℃）	v_{air}（m/s）	t_e（min）	质量（g）
Heat0	45	45	10	160	192
Heat1	45	45	10	80	164
Heat5	60	60	10	60	174
Heat7	60	60	10	40	142
Heat10	80	70	10	40	196
Heat12	80	70	10	20	156

　　上述数据来源于一个直线型的工业通道式烘箱,在烘箱中鸡胸肉放置在网格托盘上(注:与没有网格的直线型烘箱相比,网格托盘可能引起气流的轻微差异;但在本实验中所有的处理都用相同的托盘)。烘箱温度(T_{oven})、露点(T_{dew})及风速(v_{air})都可以在这个相对封闭的环境中控制。所得结果具有代表性,图中显示在 20 min 后外表面和中心的温度达到稳定值。该值也就是所谓的湿球温度,与空气流过鸡肉片时的露点温度非常接近。van der Sman(2013)也报道了 55、70 及 100℃下加热所得的数据,结论与之类似。达到湿球温度的时间取决于气流速度,因气流速度决定了外部热传递系数,因此能确定能量传输的时间。在不断加热过程中,随着表面处的水分活度逐渐降低,表面温度开始偏离湿球温度。此时,表面温度需要升高才能满足表面的局部平衡,随后表面温度将逐渐接近空气温度。一段时间后,中心温度也开始上升。当空气温度低于沸点时,中心温度也逐渐接近空气温度。而当空气温度高于沸点时,内部将发生蒸发,且中心温度将保持与沸点一致。

　　正如引言中所说,对加热过程进行建模越来越普遍。对过程的模拟有助于预测产品的温度以及优化烘箱条件。图 11.1.1 是用烘箱加热鸡胸肉片建模实验的结果。为了模拟水分含量,作者以持水力作为温度的函数,拟合出 S 形函数(图 11.2.2.3)。

前人也做过相关研究，并得出了类似的曲线。只有样品形状和体积数据精确，才能更好更准确地模拟。图 11.2.2.4（参见插页图 11.2.2.4）为鸡肉切片的线性扫描图，用于模拟 170℃ 的加热过程（图 11.1.1），结果显示了 28 min 后的温度和水分分布，这时候表面温度已经接近沸点且鸡肉已经完全干燥，此外还可以看到水分含量的梯度变化。因为使用 Levenberg-Marquardt 的非线性参数预测不会收敛，所以利用最小二乘法拟合实验数据来获得模型预测（图 11.2.2.2），通过重复试验进行参数预测。通过比较模型预测与实验结果（图 11.2.2.2），在熟化时间不超过 40 min（即实际生产过程中常用的熟化时间）时，该模型在大多数实验中均能很好地预测温度的变化。在上述实验中，对熟化产量的预测也较好（误差小于 5%），然而也有一些试验的模型和结果之间存在差异。当熟化时间超过 40 min 时，对于

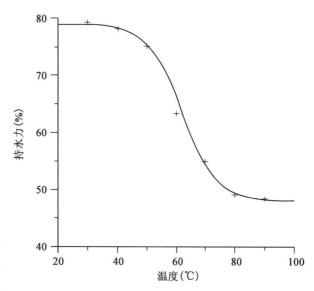

图 11.2.2.3　蒸煮损失试验反映的持水力随加热温度变化的情况。[资料来源：van der Sman，2013]

温度的预测会发生偏离，这可能与恒定干燥速率状态的结束有关。在这些试验中，预测模型不能准确地预测肉制品的最终质量。这可能是在达到干燥速率下降的状态后，模型对水分转移的预测值太低。蒸发冷却效应太低以至于中心温度迅速上升到烘箱温度。然而，作者发现模型预测与实际温度变化在趋势上是一致的。当干燥速率恒定时，表面温度与湿球/露点温度一致，当速率下降时，表面温度逐渐升至烘箱温度。

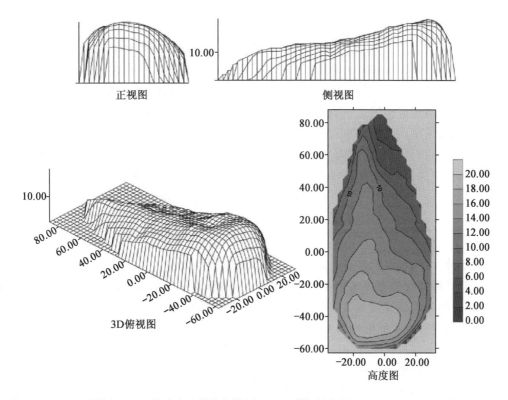

图 11.2.2.4　重量为 104 g 的鸡肉片线性扫描图（mm）。[资料来源：van der Sman，2013]

11.2.3 水浴加热(煮制、灌装)

与空气相比,水是肉制品加工中传热更好的介质。在肉类工业中常用水作为加热介质来加热不同类型的肉块。肉可在带包装或不带包装方式下加热。在无包装条件下加热时,肉与加热介质相互作用,这时液体/风味物质可以进入肉制品或者从肉制品中释放。在实际生产中通常通过沸水或肉汤中加热生肉来完成。例如香肠及腌腊肉等加工肉制品,通常用防水肠衣包装后,再放入装有热水(80~100℃)的水浴中。

水也是罐头食品高温热处理方式中常用的热传递介质。由于灌装操作中通常使用的加热温度为120℃,所以一般都使用高压设备(防止水在该温度下沸腾)。高压容器的尺寸和形式比较多样,小型压力锅通常为家用,而大型的则为工业使用。

灌装过程通常是在一个能承受一定压力强度的大型金属室中进行以实现"商业无菌"。高温(120~122℃)有助于减少杀死耐热性微生物的孢子所需的时间(如肉毒梭菌,见第15章)。罐装肉汤、卤肉块、蔬菜炖肉块等肉制品都用这种方式加工,这些产品通常使用金属罐、玻璃罐或柔性蒸馏袋等包装,并且可以在室温下储存。如上所述,食物的性质决定了热传递的方式。对于诸如鸡肉等固体食物,通过传导传递热;对于液体或颗粒状食物(例如有固形物的鸡汤),对流则是更快的热传递方式。传热速率还取决于容器的材料[不锈钢容器的热导率约为 20 W/(m·K),而玻璃和聚乙烯容器分别为 0.52 W/(m·K)和0.55 W/(m·K);Fellows,2009]、尺寸、产品与加热介质之间的温差、容器形状及容器搅拌。

操作中必须测量热穿透速率来计算在容器的最冷点处微生物被破坏所需的停留时间。当热电偶放置在样品罐中时,最慢的受热点因食品是固体还是液体而有所不同。实现商业无菌(即降低 12 对数或称为12-D)的时间-温度计算可以参见 Fellows(2009)的报道及其他资料。市场上存在的各式各样的蒸煮方式,可以分成间歇式和连续操作两种类型。在间歇式操作中,罐头/瓶子/袋子被放置在大篮子中,随后将篮子降至室内进行密封。然后通过注入蒸汽来提高温度。在连续式操作中,罐头在移动中通过一个两根水柱(腿)之间产生的静水压头系统。这样更有利于精确控制加工条件并因此生产出更均匀的产品。第一根水柱用于在产品传送到蒸汽室之前逐渐升高产品的温度。蒸汽室中,将食物加热至所需温度(通常为121℃),并在该温度下保持预定时间。第二根水柱在产品进一步被喷水和冷水浸泡之前对产品进行冷却。操作之前对罐头进行密封至关重要。高温导致罐内部形成压力,因此接缝应能承受压力。在密封槽内通常会有塑料聚合物(如玻璃罐金属盖中的白色塑料环)。密封不正确或接缝处存在缺口将导致泄漏和外部水或空气的吸入,从而污染内部的食物。金属罐的封口通常为双缝结构,这是通过封口机实现的。封口的第一步为辊子在罐的主体周围形成盖钩,第二步是将两个钩扣紧在一起以产生双缝。热塑性密封化合物也放置在罐头和盖子之间,并在加热过程中熔化以填充缝隙,成为防止污染的另一层屏障。蒸煮袋由许多层(如铝箔、聚乙烯)组成,其中一种是当加热和密封时变成半流体的热塑性材料。

11.2.4 油炸

油作为一种加热介质,可以提供非常高的加工温度(175~195℃)。当油温达到烟点温度时,油开始燃烧并迅速分解。油炸可实现快速加热并形成独特的表面纹理,即常说的结皮(注:结皮也可在热风加热期间形成)。油炸的时间与油温直接相关,温度越高,产品熟化时间越短。Kovácsné-Oroszvári 等(2005)研究了锅内温度和肉饼直径对双面煎炸制备汉堡的加热速率和传质的影响。煎炸是同时涉及传热和传质的过程,最终产品的质量受到熟化温度、时间、产品的形状及产品的热物理特性影响。图 11.2.4.1 显示了在不同温度下,由胸肉制备的肉饼(脂肪含量39%)温度[中心(5 mm)和表面下 2 mm 测量]与加热时间的函数曲线,结果表明,100℃加热(表面下 2 mm 处进行测量)比油炸的传热过程慢。100℃加热也能形成和油炸类似的小面积的结皮(肉眼观察)。

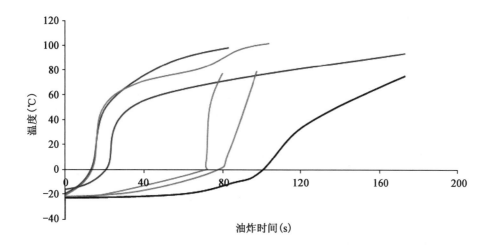

图 11.2.4.1 不同油炸温度下用肥胸肉制备的汉堡肉饼($D=10$ cm)的中心温度(5 mm 处)和外表温度(外皮内 2 mm 处)的变化情况。[资料来源:Kovácsné-Oroszvári et al.,2005]

注:左侧三条线分别为油炸温度 175、150 和 100℃下外表温度的变化情况,右侧三条线为油炸温度 175、150 和 100℃下中心温度的变化情况。

水分损失与初始含水量有关,它随着油炸温度的升高和肉饼直径的减小而增加(图 11.2.4.2)。当油炸温度为 100℃时,直径(D)为 10 cm 的肉饼的平均失水率为 33%,而直径(D)为 3 cm 的肉饼平均失水率为 39%。肉饼在油炸后,表面下 2 mm 处的温度约为 88℃,远低于水的沸点。因此,可以认为在最低加热温度下的水分损失主要是以水滴渗出的形式为主。

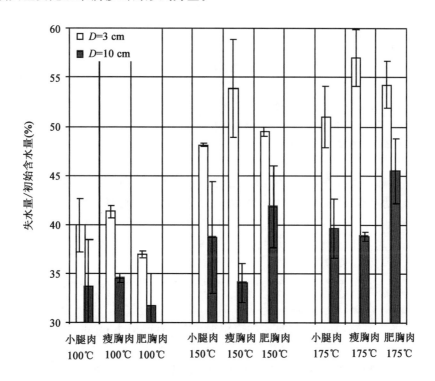

图 11.2.4.2 不同油炸温度下直径分别为 3 cm 和 10 cm 的小腿肉、瘦胸肉、肥胸肉的失水率(失水量/初始含水量)情况。[资料来源:Kovácsné-Oroszvári et al.,2005]

11.2.5 微波及射频加热

微波和射频均属于非电离辐射类别(图 11.2.5.1)。为了防止与其他通信频带形成干扰,微波允许使用的频率为 433,915,2 450 和 5 800 MHz,无线电频率为 13.5,27.1 和 40.6 MHz(这取决于国家的规定)。频率加热基于诱导食物中水分子(如瘦肉的含水量为 70%)发生分子碰撞。水分子是由两个氢原子和一个氧原子组成的,是电偶极子,由于氧原子带有负电荷,而氢原子带有正电荷,因此形成了 107°的角度。微波形成快速振荡的电场,使水分子进行重新排列,这种重排引起分子之间的碰撞摩擦,从而达到加热产品的目的。在偶极子对振荡电场做出响应之前存在短暂的延迟,称为松弛时间。松弛时间受介质黏度的影响,而介质黏度与温度有关。当水变成冰时,介电常数(即,食物的电容与空气的电容的比率,某些情况下是真空)降低并且随着温度的进一步下降而继续降低,这说明冰比水对微波能量更敏感,导致食物在微波炉中解冻时会出现问题。

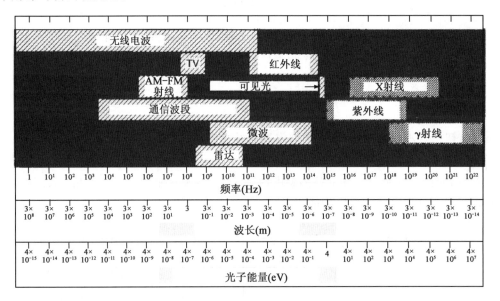

图 11.2.5.1 电磁波谱主要的频率、波长和光子能量。[资料来源:CAST,1986]

注:为了减少部分重叠的现象,TV 电磁波和红外辐射之间的波长称之为微波,可见光辐射和
X 射线之间的波长称之为紫外线

微波设备可以以多种形式存在,但基本是以磁控管(圆柱形二极管)为核心,将热量辐射到物料所在区域的波导器。磁控管(功率范围在 300~3 000 W 之间)由阳极(谐振腔环)和阴极(位于阳极环之内的能够产生自由电子的热金属圆筒)组成。施加高电压时,电子失去能量,形成快速振荡的微波能量,然后通过电磁体传到波导器上。加热室中的食物可以在转台上旋转,或者可以使用旋转天线使热量均匀分布(Fellows,2009)来减少辐射不到的区域。

射频烘箱中的电极发生器被称为 RF 施加器。工业设备中有两种不同的施加器:第一种是电极与发生器紧密相连的传统 RF 设备;第二种是 50 Ω RF 设备,其电极和发生器用高功率同轴电缆连接并由匹配箱控制。这两种系统各有利弊,具体要根据实际应用来选择(Aymerich et al.,2008)。

由于产品的形状、成分、介电性质和包装不同,高频加热(特别是微波加热)易于产生热点和冷点。控制热点和冷点的产生的一种方式是将蒸汽注入微波炉以实现热量均匀分布(Aymerich et al.,2008),而这对操作人员的专业水平、设备的维护和设备制造商的要求较高。由于频率较低,射频加热比微波加热更均匀,穿透度更深。但是,射频加热的物理特性还有很大挑战(Tornberg,2013),如当样品上的电场强度过高时发生的拱起和热逃逸加热(即在异质介质中形成热点)。

微波加热不受产品厚度的影响,比传统烘箱的热传导耗时更低,是一种"从内部加热"的加热方式。但是快速加热时间较短,在肉的表面不容易形成褐变。因此,对于一些有特殊外观颜色需求的产品,在生产过程中会复合采用微波加热和烘箱,以同时达到熟化和上色的目的。

微波加热还可用于肉及肉制品的解冻,在微波加热下比较大的肉块也能很快解冻。但是如上文所述,水具有比冰更高的介电常数,因此水比冰更易于被加热。这就可能导致加热不均匀的现象发生,即一个较大的肉块有可能部分已经被解冻,而其他部分可能仍保持冷冻状态。在实际生产过程中为了避免这种现象的发生,在解冻过程中降低微波功率,延长加热时间,促进温度充分平衡。肉类工业使用微波解冻肉类时(如将产品温度从-25℃加热至-3℃),相变有限,过热现象不是微波加热中存在的主要问题。解冻后的肉块更方便切块和去骨处理。使用微波加热能缩短解冻时间(如大的肉块可以在几分钟内完成解冻),减少滴水损失及微生物数量(由于微生物萌发和生长可用时间较短)。高频微波加热还可用于微生物的灭活。Apostolou 等(2005)用 2 450 MHz,650 W 微波处理鸡肉 35 s,大肠杆菌 O157:H7 的数量下降了 6 lg CFU/g。但是应当注意得是,样品的大小、微波设备内的均匀性和加热温度是非常关键的因素。

包装材料应对微波无干扰,如金属材料会反射微波能量并导致包装材料拱起或过热现象。因此,在实际应用中,微波加热时采用具有低介电常数的材料作为产品的包装材料(Fellows,2009)。

11.2.6　红外加热

红外加热主要用于食物表面的加热,保持食物的温度和干燥。红外装置与食物不直接接触。该技术通过红外发射装置发射电磁波,被食物吸收而引起食物温度的上升。与微波加热相比,红外加热更不易被控制,频率范围更宽(图 11.2.5.1),穿透力弱,且热量的传递实际上依赖于从食物的表面到内部的传导。热传递速率取决于食物与热源的距离、食物的表面特性以及食物和加热装置之间的温差等因素。设备包括装有电热丝的石英管/卤素管、陶瓷加热器和金属加热器。加热元件的温度范围为 900~2 200℃,辐射中等波长的石英管加热灯可达到 900℃,辐射短波长的加热灯可达 2 200℃。工业上常用红外辐射来保持食品温度和干燥可可、意大利面及面粉等食物。最早的天然干燥方式之一——利用太阳能干燥,其中约 48%的能量是红外能量。

11.2.7　欧姆加热

欧姆加热是基于食物本身的电阻将电能转化为热能的一种加热方式,也称为电子加热。加热速率取决于加热电压和食品的电导率(Yildiz-Turp et al.,2013)。由于固体食物均匀性较低,因此欧姆加热常用于液态食品的加热。一般来说,电能的转化效率很高,约 90%的电能都可被转化为热能。

肉及肉制品的结构比较复杂,因此会影响热量的均匀分布。电导率低的成分(如肥肉)与瘦肉产热速率不同而容易产生冷点。为了更有效地加热,产品的电导率须在 0.1~10 S/min 的范围内(Piette et al.,2004)。动物脂肪的电导率(0.1 S/min)比加工肉制品低(0.5~3.5 S/min)。欧姆加热的热效应和电穿孔作用也可使微生物灭活。Piette 等(2014)研究了在封闭加热单元中对接种粪肠球菌的大红肠进行欧姆加热处理,中心温度为 80℃时加热 14 min,菌落总数可下降 9 lg CFU/g,而当中心温度下降至 70℃时,加热时间延长至 31~40 min 才能达到同样的灭菌效果。此外,Piette 还指出产品的大小和形状对欧姆加热技术非常重要,片状的产品能与加热电极良好接触,保证加热效果。

与传统加热方法相比,欧姆加热的另一个优点是打破了限制性传热系数以及对较高表面温度的需要。此外,欧姆加热加工时间更短,产量更高,同时还可以最大限度地保持肉色和营养价值。随着固态电源技术的发展,现在可以在脉冲模式中使用欧姆加热,控制电解效应达到无害的水平。欧姆加热系统现在设计更完善,功能更全,成本更低,目前已有四家制造商可生产欧姆加热设备用于一般食品加工(Yildiz-Turp et al.,2013)。

11.3　冷却

使用冷却保存肉品及其他易腐食品的方法已经使用了数千年,在过去一个世纪,用于冷却及冷冻的大规模操作技术也已经得到了很大的改善(Leygonie et al.,2012)。全球肉类工业在初级加工、运输和销售(例如现代超市中的大型制冷和冷冻储藏柜)过程中也使用冷却和冷冻来贮藏肉及肉制品。此外,很多消费者也有用来保藏肉及肉制品的冷藏/冷冻柜。此章节主要集中阐述肉及肉制品的冷藏、冷冻及解冻的方法。

11.3.1　冷藏

冷藏是用于延长鲜肉货架期最常用的方法。在肉类加工厂中,原料肉在净膛后立即用冷水或空气进行预冷(见第 5 章),此过程在短短几小时内就能将肉的温度从 37～39℃降低至约 5℃。温度下降的速率取决于胴体尺寸、冷却介质、温差、导热不良的脂肪量、制冷单元的容量以及需冷却的产品数量等因素。许多国家都规定了预冷的最长时间(如禽类屠宰后要在 8 h 内达到 5℃或更低的温度)。冷藏肉品能快速阻止/减缓微生物的生长,但这也可能与冷收缩有关(见第 3 章)。不同品种、不同类型的肌肉僵直时间不同,一般预冷时间至少要长于僵直期,一些屠宰厂采用电刺激手段加速僵直的过程。一些大型动物在宰后 24 h 内进行去骨,而一些小型动物(如肉鸡)在宰后 4～6 h 进行分割与去骨。因此,在加工过程中应尽量缩短僵直期,并且所有加工步骤应在低温环境下进行。一般降低肉品的温度来抑制嗜温微生物(如沙门氏菌、金黄色葡萄球菌)的生长。适宜肉品贮藏和不适宜肉品贮藏的温度范围如图 11.3.1.1(参见彩图 11.3.1.1)所示。冷鲜肉,包括家禽胴体或半胴体的保质期通常限于 1～2 周,这取决于初始污染量、贮存温度、贮存期间温度的波动以及包装内气体组分变化等因素(后面还会进行深入讨论)。与4～6℃冷藏肉品相比,低温储藏(-2～0℃)能显著延长肉及肉制品的货架期。本书第 15 章将会对贮藏期间微生物的种类和生长进行充分讨论。

11.3.2　冷冻

冷冻技术常用于长时间贮藏肉及肉制品(数周、数月),但是在贮藏过程中肉的物理和化学变化(如冰晶的形成、脂质氧化)会限制肉及肉制品的贮存期。即使在适宜的贮藏条件下,冷冻肉的贮藏也不应超过一年。值得一提的是,全球肉类贸易(出口和国内)大多数在冷冻方式下贮藏和运输(Leygonie et al.,2012)。

尽管冷冻方式比较好,但同时也增加了成本。从延长贮藏期来看,贮藏温度很关键。家禽贮藏时间的实例表明:-12℃下可以贮藏 2 个月,-18℃下可贮藏 4 个月,-24℃下可贮藏 8 个月,-30℃下可贮藏 10 个月(Aberle et al.,2012)。牛肉中饱和脂肪酸含量比较高,其贮藏时间比较长,而鱼肉中不饱和脂肪酸含量比较高,其贮藏时间比较短。

总的来说,低温可以降低化学反应的速率,如可以减缓氧化酸败的速率,从而减少异味的产生(如不新鲜异味)。其他的变化可能是由于脱水造成的(如非正确包装引起的冻结损伤)。冷冻速率对产品的质构有显著的影响,缓慢冷冻会形成较大的冰晶,而快速冷冻形成的则是小冰晶体。这样的冻结损伤一般在解冻过程中显示出来,即缓慢冷冻会导致滴水损失增加,因为缓冻过程中所形成的大晶体对肌肉组织的细胞和膜结构有破坏作用。快速冷冻是指在 1 h 内温度降至约-20℃的过程。此过程可以通过在过冷介质(如液氮)中直接浸泡,还有肉与冷冻板直接接触或用非常冷的空气吹风来实现。慢速冷冻是指在 3～72 h 内达到设定温度的过程。快速冷冻的优点在于能最大程度保持产品品质,但成本较高。从微生物学的角度来看,快速冷冻时微生物没有足够的时间来适应快速冷冻带来的温度快速下降,与慢速冷冻相比,快速冷冻可以导致更大的热冲击。但是有些情况下,缓慢冷冻可能对微生物更有害,因为它们暴露于有害因子下的时间较长以及面临细胞中某些成分所谓的冷冻浓度的现象。

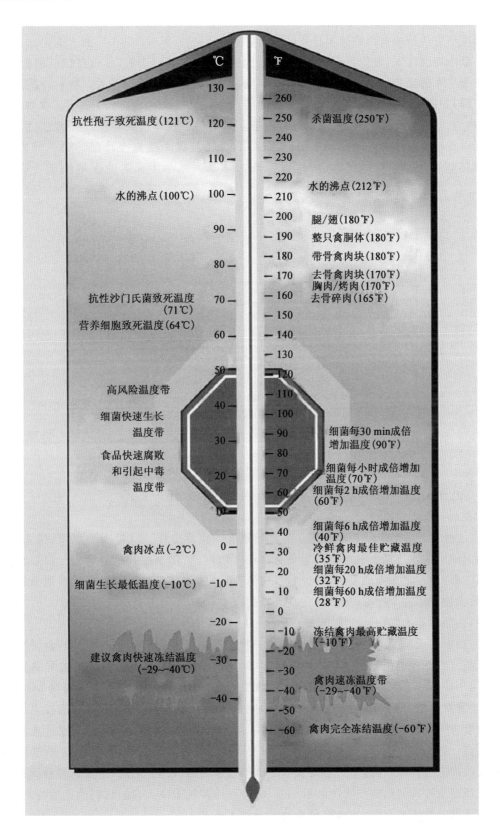

图 11.3.1.1　微生物的生长情况和禽肉及禽肉制品的最适贮藏温度。〔资料来源：http://www.strogoff.nl/content/594/download/clnt/27449_The_Meat_Buyers_Guide.pdf.〕

肉类工业使用许多冷冻方法,包括空气(静止或流动)冻结法、板式冻结法、液体浸泡/喷雾冷冻法和低温冷冻。不同冻结方法的相对冷冻速率是不同的,如图 11.3.2.1 所示。将 0℃ 的水变为冰的过程称为潜热去除期。在低冷冻温度下,改变物理状态(液体至固体)所需的时间变短,晶核在较低的温度下形成,则形成的冰晶较小。水的比热[4 200 J/(kg·K)]及熔解潜热(335 kJ/kg)都较大。物料冷冻过程中所需的能量均来自外部,如由干冰升华或冷空气循环(由电能产生)提供。图 13.3.2.1 显示了食物的温度达到其凝固点(瘦肉约为-2℃)以下的特征曲线。过冷状态下水仍然以液体形式存在,而后温度稍微升高(达到或略微低于凝固点),随着结晶潜热的释放而形成冰晶,保持温度不变直至产品冷冻。与快速冷冻期间形成大量小晶体相比,慢速冷冻期间则形成较少的大冰晶。冰晶生长的速率取决于冷冻期间热传递速率。

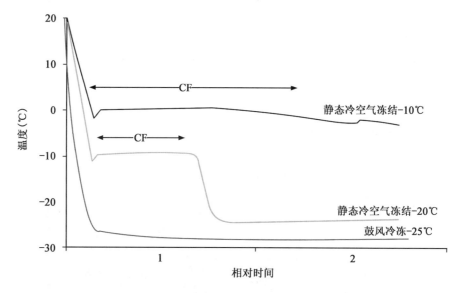

图 11.3.2.1 不同冻结方式下相对冻结时间(CF＝最大冰晶生成带)

慢速冷冻过程的另一个缺点是形成共晶溶液导致冻结速度变慢。这是因为溶质(如盐)在某些区域变得过饱和而其周围的水冻结。这可以产生具有高溶质浓度(氯化钠的共晶温度为-21℃)的区域,从而降低其凝固点。然而,在诸如肉的复杂系统中难以确定单独的共晶温度。即使所有水似乎都已经凝固的温度下,大多数食物也不完全冷冻(如保持在-20℃的肉中约 10% 仍未冻结)。

总的来说,肉品工业上常用的冷冻方法如下:

a.**板式冻结法**:通常用于单个肉饼和托盘包装肉品。将产品与低温(-12～-35℃)的金属冷冻器板或架子直接接触。板式冷冻还可用于薄包装的肉品(片),通过传导进行热传递。冷冻板的导热率远高于循环空气,因此可用于快速冷冻肉及肉制品。使用双侧板以及更冷的金属冷冻器板可以提高冷冻速率。

b.**液体浸泡/喷雾冷冻法**:用于较小的产品(如碎肉、立方体、小块),也可用于修整好的较大块肉。先将产品用塑料袋包装,然后使用液体如盐水、乙二醇或丙二醇进行浸泡。此外,产品还可通过装有冷却液喷射装置的冷冻隧道以达到冷冻的目的。冷冻的程度取决于产品在冷却液中暴露的时间、冷却液温度和肉块的大小。对大块肉进行冷冻时,通常先对其表面冷冻形成所谓的"硬壳"之后,再将肉转移到鼓风冷冻机进行冷冻。从浸渍槽或冷冻隧道中取出产品后,必须将冷冻液冲洗干净。包装材料的完整性对液体浸泡/喷雾冷冻法非常关键。冷冻液必须无毒,符合当地食品相关标准。

c.**冷空气冷冻法**:可以通过静止/缓慢流动的空气(如家用冰柜)或在空气快速流动的鼓风冷冻机中完成。使用静态冷空气制冷速度相对较慢,在肉类加工厂的冷藏室中有时会采用这种方法。空气温度通常为-10～-25℃,将产品中的热量缓慢置换。鼓风冷冻是指使用由大风扇产生循环的高速冷空气。如图 11.3.2.1 所示,鼓风冷冻过程的传热速率远高于静态空气的,因此冷冻速率也较高。商用鼓风冷冻机的空气流动速度通常为 1.5～6.0 m/s,温度为 -15～-50℃(Aberle et al.,2012)。单元之间应留有适当的间距,这有利于空气的流动。一般情况下将肉品置于传送带上通过鼓风隧道进行冷冻。在大多数情况下,一般都是在产品表面形成冷冻"硬壳"后,再进行包装并转入鼓风冷冻机中完成全部冷冻。

d. 低温冷冻:使用较冷气体的快速冷冻法。气体如氮气(N_2)和二氧化碳(CO_2)被液化或冷凝后使用。由于气体的沸点很低,因而冷冻速率很快(液氮及液体二氧化碳的沸点分别为 -196℃ 和 -78.5℃)。当液氮喷射到食物上时,总冻结容量的约 48% 被形成气体所需的蒸发潜热吸收(Fellows,2009),剩余的 52% 的加热能力(焓)还留在气体中,因此气体再循环可以实现其冻结能力的最佳利用。二氧化碳的焓比液氮的焓低,其低沸点产生的热冲击也比较低。其大部分冷冻能力(85%)来自升华固体。因此,它通常被喷洒到产品上,像雪一样,接触物体时升华成气体释放(Fellows,2009)。二氧化碳成本要大于液氮,但是其冷冻效果要好,贮藏损失少。两者之间的选择通常取决于成本、产品特性及设备等因素。

　　冷冻隧道如图 11.3.2.2 所示,其中 CO_2 或 N_2 可用于该隧道中,对食品进行冷冻。液氮可以通过喷射或浸泡对产品进行冷冻。在冷冻开始前就将物料置于相对应的气体中,可在某种程度上减少热冲击。能快速冷冻的较冷介质可能对产品带来较强的冲击力,导致机械损伤(例如,破裂或分裂),因此,通常对冲击力不敏感的小颗粒(立方体,小块)采用低温冷冻,这种类型的冷冻过程称为单体快速冷冻(IQF)。运用液氮或者液态二氧化碳冷冻箱对产品进行冷冻后,产品温度必须能平稳达到贮藏温度(通常低于 -20℃)时才能取出。液氮和干冰还用于螺旋式冷冻机(图 11.3.2.3),其主要优点在于占地面积小(参见本章中的螺旋熟化烘箱)且冷冻速率高。液氮或液态二氧化碳沿着传送带向下喷射以使效率最大化。应用螺旋式冷冻设备较为普遍成熟的产品是炸鸡块(裹面后再油炸 30 s;见第 14 章)。由于低温冷冻的冷冻速率较快,所以形成的冰晶比较小,这样对细胞损伤小,可以最大限度地保持产品的外观(见上述讨论)。但是在贮藏、运输和销售过程中低温的保持对保持产品的品质也至关重要。否则,冰晶将会生长(即重结晶),导致细胞膜破裂,损害食物的质构。冰激凌在温度波动的冰箱中贮藏几周后,会出现"沙质"现象,很多消费者对此现象较熟悉,就是因为温度波动引起重结晶,导致产品质构发生了不良改变。

图 11.3.2.2　鸡胸肉的低温冷冻隧道示意图。[资料来源:Courtesy of Praxair]

　　在高压环境下进行机械去骨会引起温度的上升,因此在实际生产过程中液氮和液态二氧化碳会用来维持较低的温度。但是,一些研究结果表明 CO_2 会影响产品的 pH(CO_2 可以溶解于水中形成碳酸),还有可能促进一些产品在贮藏过程中发生脂质氧化现象。

图 11.3.2.3　大型低温冷冻装置。［资料来源：Courtesy of JBT Food Tech.］

在冷冻和冷冻贮藏过程中对产品表面的保护也是非常关键的步骤，因为将产品直接暴露在冷空气中时可能引起冻结烧（freezer burn）。如果冷冻时间较短，则可不采取额外保护措施，但如果冷冻时间较长，产品外表必须进行包装。包装材料必须符合相关规定，此外，还需具有较好的防潮性和韧性（见下面的包装部分）。在实际生产过程中，真空包装和不透氧包装膜经常用于肉及肉制品的长期贮藏。空气的去除降低了绝缘性，而氧气去除降低了氧化速率和由于酸败而产生的异味。由于在加热过程已经诱导部分氧化反应的发生，因此冷冻熟肉制品的保质期比冷冻鲜肉短。产品的货架期还取决于熟制温度和添加剂（如盐分和抗氧化剂）等因素。Aberle 等（2012）的研究结果表明，在−18℃下贮藏，真空包装的炸鸡块货架期为3 个月；蒸鸡块为 9 个月；添加有三聚磷酸盐（作为抑制脂质氧化的螯合剂）的相同产品货架期则可高达12 个月。超过这些时间，产品没有安全风险，但是产品的风味已远不及新鲜制品。

此外，肉及肉制品加工厂还应该注意冷冻过程中会出现的其他问题。例如，幼鸡冷冻后可能会出现骨头变黑现象，即骨端和靠近骨的肌肉区域呈现黑暗/血腥颜色。这是因为在冷冻过程中当水膨胀时，血红蛋白可以通过多孔骨结构从骨髓中渗出。当血红蛋白渗透到骨表面时，在熟制过程中变成深色。虽然这并不是食品安全问题，但此类产品因为外观较差不受消费者欢迎。这种现象常见于腿、翼骨，有时也会在胸部和脊柱区出现。

11.3.3　解冻

不同的解冻方式会影响肉及肉制品的保水性（Leygonie et al.，2012）和冰晶熔化速率。冰和水之间的导热率差异显著［分别为 2.1 W/(m·K)，0.6 W/(m·K)］，这是在解冻过程中要考虑的重要因素。解冻时，温度快速上升到熔点附近（取决于产品的厚度）并在长时间的解冻过程中保持不变，这会导致解冻过程长于冻结过程（图 11.3.3.1），如此长的解冻过程更易发生化学反应和微生物改变。一般来说，在相近的温差下进行解冻时，解冻速度要慢于冻结速度。最初，产品的外侧开始解冻，形成水层，并且该层的热导率和热扩散率都要低于冰（或冷冻肉）。这种现象实际上随着解冻水层的增多而增加。由图 11.3.3.1 可知，在解冻初期，当食物周围仍没有显著的水层时，温度快速上升，随后当温度接近熔点时出现了一个平缓区。

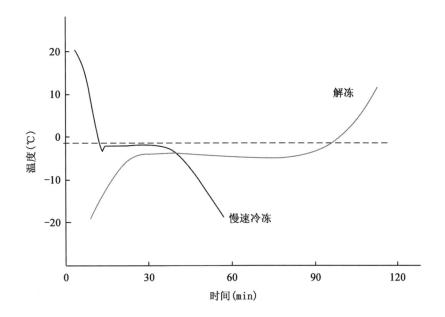

图 11.3.3.1 冻结和解冻过程中温度的变化情况。[资料来源：Fennema and Powrie，1964]

在商业上，主要采用以下四种解冻方式：

a. 低温流水（相对较快）

b. 低温室（温度要不利于微生物生长；几小时到几天）

c. 低档/功率微波（快速）

d. 蒸煮期间（非常快）

总的来说，解冻所需时间取决于肉块的大小、包装材料、温度差异及空气循环。应避免在室温下解冻，以防止微生物的广泛生长。

11.4　化学保鲜技术

11.4.1　引言

人类使用多种添加剂来保存食物已有数千年的历史。最常用的添加剂是盐，当盐的含量足够高时，可以降低水分活度从而抑制微生物的生长。其他的化学保鲜技术，例如烟熏结合干燥技术生产贮存稳定的产品也已经有几百年的历史。这是利用栅栏技术（Hurdle Technology）（多于 1 种的贮存方式用来增强对微生物的抑制作用）的早期实例，这种保藏方式将会在本章中进行讨论。应用栅栏保鲜保藏技术的另一个实例是发酵，发酵过程中，乳酸（细菌）或酒精（酵母菌）的产生能够抑制病原菌和腐败菌。尽管我们的祖先并不清楚细菌的种类，但他们仍然能有效利用这些保藏方法来贮藏食物。

11.4.2　**盐**

氯化钠（NaCl）是用于肉类贮藏的最古老的物质之一。其保鲜作用是通过降低水分活度，进而减少微生物生长所需的水分来实现的。此外，因为盐可以使水分从细胞中渗出，所以高浓度的盐能干扰细胞代谢。活细胞内的盐浓度约为 0.9%，当细胞外的盐浓度与之相同时，细胞所处的是一个等渗环境。当向细胞外界环境加入更多的盐时，水分就会从细胞内渗出以保持平衡。这会导致细胞质壁分离，同时，细胞会因失去水分而生长受阻或死亡。为了达到较好的抑菌效果,所用的盐浓度至少为 10%～15%。但这比大部分肉制品常用的盐浓度 1.0%～2.5%要高很多(Barbut and Findlay,1989;Sindelar and Milkowski, 2011),因此通过单独添加盐不足以达到抑菌效果,需要和其他添加剂共同使用或辅以加热从而显著延长货架期。值得注意的是,虽然 2.0%的盐足以抑制某些微生物的生长,但高水分活度(0.98～0.99)却不足以抑制大部分的细菌、霉菌和酵母菌(见第 15 章)。同样需要注意的是,盐是水溶性的,用于保藏的盐浓度应该基于瘦肉部分来计算(例如向含有 30%脂肪的香肠中添加 2.5%的盐,这样从细菌的角度来讲盐浓度增加到 3.6%)。其他水溶性化合物如糖类也可以用于降低水分活度,但在肉制品中高浓度的糖(30%～50%)使用较少,在水果保鲜中较为常用。

11.4.3　磷酸盐

工业中常使用不同种类的磷酸盐,其中最为常用的是三聚磷酸盐(TPP)。磷酸盐能改变 pH、引起细菌胞外盐失衡、乳化脂肪(即影响细胞膜结构)。用磷酸盐漂洗或浸泡鲜肉杀菌的方法在 50 多年前就被提出(Barbut and Findlay,1989),由于磷酸盐具有表面活性(即改变物料表面的疏水性),已经成功地作为抗菌剂被应用于肉类(包括禽类表皮)除菌。例如,1992 年在美国,一种三聚磷酸盐与其他物质复合的商业混合物被批准用于禽类表皮去污和再加工(磷酸盐允许用量为 10%)。关于磷酸盐的更多信息请参见第 15 章。

11.4.4　亚硝酸盐

肉类工业中可以使用的亚硝酸盐有亚硝酸钠($NaNO_2$)、硝酸钠($NaNO_3$)或其钾盐。亚硝酸盐用于不同肉制品的腌制过程见第 13 章。添加亚硝酸盐/硝酸盐的原因主要有以下三点:

　　a.抑制肉毒梭菌等致病微生物和腐败微生物的生长繁殖;

　　b.通过形成亚硝基血色素复合物使腌制肉呈诱人的粉红色;

　　c.有助于增强风味,抑制氧化,如抑制过热味的产生。

添加亚硝酸盐的主要原因是抑制肉毒梭菌孢子的形成,因为它们不能在低于 100℃的条件下被杀死(大部分的肉制品烹制温度不超过 100℃)。一氧化氮(NO)是亚硝酸盐的活性化合物,它通过干扰铁/硫酶如铁氧还原蛋白,阻止丙酮酸盐合成三磷酸腺苷(ATP),来抑制肉毒梭菌。

由于硝酸钠可被肉中的微生物还原成亚硝酸盐(见第 13 章),因此,通常是将硝酸钠添加到发酵肉制品中,这样亚硝酸盐就可以在长时间内缓慢释放。

在加工肉制品中使用的亚硝酸盐的量很低,通常在 100～200 ppm 范围内。由于亚硝酸盐可能会形成致癌物——亚硝胺,因此其使用量有相关规定。亚硝胺可由亚硝酸盐和仲胺/叔胺在酸性、高温条件中反应生成。肉制品在加入亚硝酸盐后不久(如热狗),通常需要加入还原剂(如约 500 ppm 抗坏血酸盐)来快速地将大部分亚硝酸盐转化为一氧化氮,减少亚硝胺形成的机会。在某些可能会暴露在高温环境中的产品(如油炸猪肉/火鸡培根)中,允许使用的亚硝酸盐含量更低。

Sindelar 和 Milkowski (2011)对亚硝酸盐的使用、风险和效益测定相关的大量文献进行了综述。总的来说,亚硝酸盐有利于降低食源性疾病的风险。此外,人们应该意识到肉制品不是我们膳食中亚硝酸盐的主要来源,某些蔬菜(如芹菜)的亚硝酸盐含量约 300 ppm。还有存在于人类肠道中的微生物会代谢产生大量的亚硝酸盐。并且当肉制品被加热时,亚硝酸盐会转化为一氧化氮气体,亚硝酸盐含量大大降低。在贮藏期间,可检测到的亚硝酸盐会进一步减少,当产品到达消费者手中时,其亚硝酸盐水平可以低至 10～30 ppm(初始～150 ppm)。在过去的几十年里,人们多次试图减少或消除肉制品中的亚硝酸盐含量,但这些方法都没有得到广泛接受。例如,向肉制品中添加 0.25%的含 40～80 ppm 亚硝酸盐的山梨酸钾,该复合物虽然能抑制肉毒梭菌,但风味显著变差。另一项替代技术是使用 35 ppm 亚硝酰亚铁血红素为着色剂和 3 000 ppm 次磷酸钠为抗菌剂的复合物替代亚硝酸盐用于维也纳小香肠(Yun et al.,1987;Sindelar and Milkowski,2011)。然而,这一配方在如今的商业规模中也不适用。

11.4.5　有机酸

天然有机酸(如柑橘类水果中的柠檬酸)可以作为腌制剂、喷雾/冲洗剂直接添加于其他产品中,或可以直接在发酵过程中生成(如熏香肠发酵期间产生的乳酸)。一些酸类能有效降低 pH、抑制微生物生长;其抑制作用取决于酸的种类和浓度。有机酸是栅栏技术系统(hurdle technology system)的一部分,这是因为如果仅添加酸会对产品的风味、质构和颜色产生不良影响。在加工初期用酸冲洗来抑制或去除微生物也是一种常用的方法,这在第 15 章会进行更深入的讨论。

肉块腌制时添加柠檬汁和醋等有机酸成分能抑制许多微生物的生长,有利于延长货架期。肉类腌制品(如鸡翅,见第 13 章中的配方)近几年很受欢迎,许多腌制品都作为烧烤预制品来销售。有机酸的抑菌机制:pH 低(低于微生物生长的范围);未解离酸分子的代谢抑制作用(Theron and Lues,2007)。可滴定酸度比 pH 能更好地衡量有机酸的抑菌作用,因为 pH 反映的是氢离子的浓度,但有机酸不能完全电离。测定可滴定酸度可以反映与已知数量的底物反应的酸含量,因此是一个更好的酸度指标(Jay et al.,2005)。发酵/酸化肉制品中的乳酸是由乳酸菌或添加乳酸生成剂产生的,降低产品 pH,从而延长产品的货架期。相关文献还报道了柠檬酸和葡萄糖内酯等其他应用于肉制品的乳酸生成剂(Barbut,2006)。乳酸及其盐类被广泛应用于肉类加工业中,用以抑制生肉制品和熟肉制品中的沙门氏菌、李斯特菌和大肠杆菌等病原菌的生长(Aymerich et al.,2008)。Sommers 等(2010)曾指出紫外线结合乳酸钾、二乙酸钠(即栅栏技术)能有效抑制 10℃ 冷藏热狗中沙门氏菌和李斯特菌的生长。

山梨酸是一种防腐剂,可作为一种真菌抑制剂(含量<0.2%),抑制肉和面包产品中霉菌的生长。山梨酸可以通过雾化喷淋添加入发酵香肠,pH 低于 6 时效果最佳,而当 pH 高于 6.5 时效果较差。一般来说,过氧化氢酶阳性球菌比过氧化氢酶阴性细菌对山梨酸更敏感,而需氧菌比厌氧菌更敏感。乳酸菌对山梨酸酯的抗性较强,因此山梨酸酯可以作为真菌抑制剂应用于发酵肉制品中(Jay et al.,2005)。如亚硝酸盐的讨论中所述,山梨酸盐和亚硝酸盐复合使用能够有效地抵抗肉毒梭菌,但是会导致不良风味的产生。

11.4.6　植物香料及其提取物

植物会生成多种化合物以保护其免受微生物的侵害。目前已知的植物源抑菌成分主要有酚类化合物、酸类、生物碱类、醌类、黄烷酮和凝集素(Gao et al.,2015;Gupta and Abu-Ghannam,2012)。如今,利用天然香料(图 11.4.6.1)延长食品货架期受到的关注日益增多,但是,植物提取物更为常用,这是因为所用香料的浓度通常很低,不足以达到抑菌的目的。香料抗微生物的活性强弱主要取决于其中某种化学物质,例如:

- 牛至——香芹酚、百里香酚
- 肉桂——肉桂醛、丁香酚
- 丁香——丁香酚
- 芥末——异硫氰酸酯
- 鼠尾草——百里香酚、丁香酚

更全面的列表可以参见 Shelef(1983),Jay et al.(2005)和 Gao et al.(2015)的报道。值得一提的是,一些能够阻止脂肪氧化的天然抗氧化剂也具有抑菌活性。具有酚醛结构的抗氧化剂如丁基羟基茴香醚(BHA)和二丁基羟基甲苯(BHT),当其浓度为 10~1 000 ppm 时,能抑制革兰氏阳性/阴性菌、酵母菌、霉菌;当其浓度>500 ppm 时,能够抑制鼠伤寒沙门氏菌、葡萄球菌等食源性致病菌;而假单胞菌属对 BHA 和 BHT 的抗性最强(Jay et al.,2005)。

图11.4.6.1 可用于食品加工中增香增色的香辛料(如丁香、红胡椒、肉豆蔻等)

11.4.7 烟熏

烟熏用于贮藏肉及其他食物已有几千年的历史,因为木材燃烧后可释放出多种抑菌化合物。总的来说,具有抑菌或杀菌作用的化合物主要有四组:酚类、酮类、醛类和有机酸。化合物的浓度取决于木材的种类和燃烧温度。酚类和有机酸是烟熏中对抑菌作用贡献最大的物质,从木材产生的烟中可分离出超过400种抑菌化合物(参见第13章)。在过去,当肉块在明火上以传统方法烟熏较长一段时间,高浓度的化学物质和干燥有助于产品贮藏。然而如今,大多数烟熏肉制品只是轻微地进行烟熏以提高其外观颜色,产生特殊的香味(山胡桃木、橡木),并产生一些抑菌化合物。这意味着烟气只能沉积在产品表面,穿透的深度仅有1～3 mm,因此抑菌效果只能在产品表面起作用。此外,在某些禁止使用山梨酸(霉菌抑制剂)等化学喷雾的国家和地区(如加拿大),冷熏也可以用来抑制干制发酵生香肠的霉菌。这种烟熏方法可能很有效。

11.4.8 抗生素和细菌素

微生物能代谢产生抗生素和细菌素,可抑制或杀死与之竞争的微生物。因此,这些生物保鲜剂也可以应用于食品保藏中,例如,乳酸菌可以产生细菌素和乳酸来抑制肉类发酵过程(如萨拉米)中其他病原菌的生长。细菌素通常为窄谱抗菌剂,只能影响特定的微生物群落。Castellano等(2008)综述了肉类工业中细菌素的有效性及使用情况。乳酸链球菌素是食品贮藏中应用最广泛的细菌素,在世界范围内约50个国家被允许使用。在奶酪工业中,它也被用于防止由丁酸梭状芽孢杆菌引起的瑞士奶酪腐败。乳酸链球菌素是天然生成的,热稳定性高,有良好的贮存稳定性,能被体内消化酶破坏,不会引起不良风味的产生,对人体无毒,不用于人类医学领域。乳酸链球菌素被认为是Ⅰ类细菌素。就像抗生素一样,细菌素能抑制或杀死其他微生物,但只对相近种或相同种的菌株有抑制作用(Jay et al.,2005)。

抗生素也是微生物的代谢产物。其中,一种在人类医学中最熟悉、最有效的抗生素(青霉素)是由青霉菌生成的。青霉素、四环素和枯草菌素等抗生素被严禁用于肉用动物。如果在生长期的家畜使用了任何一种抗生素用于治疗,那么后续则需要停药,直到在肉/奶/蛋中没有发现残留。在20世纪50年代的美国,四环素和枯草菌素是被批准允许使用的,但考虑到其残留物会转移到消费者身上以及产生耐受抗生素的细菌的突变(例如难以治愈对四环素耐药的细菌性疾病患者),它们随后就被停止使用了。

11.4.9　糖

糖类的保鲜作用与盐类相同(即降低水分活度),但二者之间最主要的区别是所需的相对浓度不同。为达到相同的抑制效果,蔗糖的用量约为 NaCl 的 6 倍(Jay et al.,2005)。大部分的肉制品都不用高浓度的糖来保鲜,但也有一些特殊的产品会用到高含量的糖。更为常见的是,葡萄糖等糖类会被添加到发酵肉制品中作为乳酸菌的底物,由此间接地起到了抑制微生物的作用。通常所用的葡萄糖浓度为 0.5%~2%,发酵结束后,大部分的葡萄糖被转化为乳酸。

11.5　干燥

11.5.1　引言

干燥是食品贮藏最古老的方法之一,在史前时代,火烤或日晒就被用于干燥薄肉片和鱼片。其目的是降低高含水量食物(含水量 75%~95% 的极易腐败产品)中的水分含量,其抑菌原理是基于降低水分活度以致微生物不能生长繁殖。干制食品通常含有≤25% 的水分且水分活度为 0.05~0.60;半干食品含有15%~50% 的水分且水分活度为 0.60~0.85(Jay et al.,2005)。干燥虽然增加了成本,但也延长了货架期、降低了运输成本、增加了便捷性,为反季消费干制肉制品提供了可能,并且也可以用于汤料包、露营食用、太空食用等干制食品的生产。

11.5.2　风干

风干是常用的降低水分活度的方法之一。据估计,85% 的工业烘干设备用的是基于热对流原理的热空气或燃气炉。这是一个能源密集型的过程,占到所有工业能源支出的 15%。在加热和干燥等能源密集型产业中,提高 1% 的能效就会使利润增长高达 10%(Kumar et al.,2014)。干燥肉制品最常用的方法是将小的或薄的肉片放在热风干燥箱中的托盘上,用热空气循环干燥。自然风干在商业上也常用于鲜鱼腌制后的干燥。大的肉块(如帕尔玛火腿)的干燥也是经过长时间的自然风干。在这种情况下,避免表面硬化非常重要(即水分从表面快速迁移,导致"壳"的形成,阻止进一步干燥)。一些产品还应该注意干制后的最终形态,由于干燥可能使其收缩、扭曲或变形,如薄片肉制品——牛肉干/火鸡肉干。此外,在干燥过程中,由于大表面积暴露在氧气中,会加速脂肪氧化。为了克服这个问题,通常添加一些抗氧化剂。常用抗氧化剂包括合成物(如 BHA、BHT)和天然物,如迷迭香脂(参见第 13 章)。

干燥空气的状态会影响产品的最终质量。较高的干燥温度虽然能缩短干燥时间,但可能导致品质变差,加热损伤表面,消耗更多的能源。而低温的干燥可以通过增加干燥时间来提高质量和降低成本。如果产品的形状和质构非常重要,则可以使用冷冻干燥(见 11.5.3)。间歇干燥也被视为一种能减少干燥时间同时又能保持品质的技术手段(Kumar et al.,2014)。根据这一概念,干燥条件可通过随时间变化不断改变空气温度、湿度、压力甚至供热模式(在需要时)而改变。此外,超声波、红外和微波也可以用于干燥过程,以使干燥工艺更加有效,时间更短。

11.5.3　冷冻干燥

冷冻干燥适用于对外观要求高、营养丰富的产品(使其高费用物有所值),因为冷冻干燥在脱水的过程中保持其原有的形状。冷冻干燥是指在高度真空(1.0~1.5 mmHg)的环境下,将已冻结了的食品物料中水分不经过冰的融化直接从冰固体升华为蒸汽,即物料中的水分不经液态直接转化为气态而将食品干制。在商用冻干机中,当产品置于较冷的表面(例如用冷却线圈制冷)时,通过真空和提升室内温度来实现快速升华。由于产品在冷冻状态下水分升华,使产品保持了原有的形状,结构不会发生改变(如收缩、塌陷)。对于那些快速复水和质构特性比风干更好的产品如汤料来说,保持原有结构非常重要。冻干肉制品的最终含水量通常≤5%,因此,冻干产品需要质量较高的包装来进行保存与防止水分进入。和风干的产品一样,冻干产品由于脂肪表面积大而容易发生脂质氧化。需要注意的是,产品复水通常达不到初始的含水量,导致风味变差,通常会添加香料和调味料来增进产品的风味。与直接干制鲜肉相比,在煮过之后再冻干肉可以使产品更稳定,部分原因是酶失活。如果产品被妥善包装,经煮制、冻干的产品货架期可长达几年,与鲜肉直接冻干相比,其货架期至少延长2~4倍。

11.6 包装

11.6.1 引言

包装是保持食品贮藏、流通和销售过程中品质的关键环节,主要起着延缓食品腐败、阻止水分的损失和防止冻结烧等作用。一般产品在最终到达消费者手中可能需要流通或贮藏几天(碎肉)、几周(真空包装的热狗),甚至几年(罐头产品),因此控制包装内环境是非常重要的。目前肉及肉制品的包装技术主要有普通无阻隔膜包装、阻隔性膜包装(阻隔氧气、水蒸气等)、气调包装和活性包装。为了能最大限度地延长产品的保质期,包装材料在使用前会进行消毒处理(如脉冲光和过氧化氢消毒)或添加活性物质(如抗氧化剂和除氧剂)。

在20世纪50年代早期,商店已经开始对冷鲜肉及肉制品进行预包装处理,并放在冷柜中开架销售,替代了按消费者需求售卖的模式,因此,先进的包装材料和技术尤为重要(McMillin,2008;Kerry et al.,2006)。最初,采用透氧率高且防潮的聚氯乙烯薄膜盖于装有鲜肉的聚苯乙烯托盘上。因为氧气可保持肉原有的鲜红色,展示给消费者的是鲜肉原有的状态。

随着现代经济的发展,社会分工更加细化,肉及肉制品的生产和销售模式发生了改变,尤其是鲜肉制品,不再以整个胴体销售,而是进行分割后零售(牛排、肉片),这些都推动了真空包装技术的发展。零售店和供应链日益增加的竞争(例如有吸引力的包装),对于安全、健康产品的需求,技能娴熟的屠宰工人的缺乏等,均可影响包装。为了保证产品的质量和产量,屠宰加工厂往往会批量加工,因此集中包装应运而生,即将产品集中成箱包装,进行贮藏、销售,批发至零售店,零售店在销售之前进行再包装。集中包装方式提高了空间和劳动资源利用率,提高了产品质量,减少了生产成本浪费,有效控制加工厂的库存量。包装材料的柔韧性范围比较广(图11.6.1.1,参见插页图11.6.1.1),可适用于不同运行速度的自动化包装机器。图11.6.1.2展示了现代快速包装区。

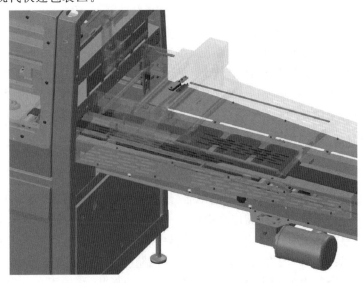

图11.6.1.1 一种托盘盖膜包装设备。[资料来源:Courtesy of Ross Industries]

图 11.6.1.2　大型肉类加工企业鲜肉包装生产线。[资料来源：Courtesy of Marel]

11.6.2　气调、真空和非真空包装

这一类包装技术是通过改变食品包装内的环境气体以延长食品保质期和新鲜度的一种方法。塑料是最常用的食品包装，因其具有低密度、耐破损、无锋利棱角、密封性好、可塑性、环保耐用、适合印刷、阻隔和渗透性和低温柔软性等优点。此外，塑料还具有其他物理和化学特性：玻璃化温度、结晶熔点、弯曲弹性模量、拉伸强度、撕裂强度、冲击强度、韧性、水蒸气透过率、O_2 渗透性、光学性能、热封性能和黏接强度。部分食品包装常用的塑料包装材料参数如表 11.6.2.1 所示。从销售方式、环境污染和成本方面来看，不同包装材料都各有优缺点。一般单层的塑料薄膜都不具有食品包装所需的多种属性，因此通过压层、涂层或是共挤出来形成塑料复合膜，获得所需的属性。通常塑料薄膜的热封性能和阻隔性都是通过涂抹相关材料来达到的。

目前，鲜肉和熟肉制品都需经过包装后才会进入市场，这样能有效防止外界环境的污染和水分等的流失。在不影响酶活性的条件下，鲜肉的成熟阶段也是在塑料包装中进行的，有助于酶促反应的发生，增加肉的嫩度。

常规的肉制品包装中主要的气体成分包括：氮气 79%，氧气 20% 和二氧化碳 0.03%（即大气的气体比例）。气调包装（modified atmosphere packaging，MAP）是通过改变食品包装内的环境气体以抑制微生物生长繁殖的一种包装技术，包装过程或者是排出所有空气（真空包装），或是人为增加一或两种气体的浓度。鲜肉制品较为常用的几种包装方式如表 11.6.2.2 所示。早在 20 世纪 20 年代就运用气调贮藏植物材料——将水果如苹果和梨贮藏在二氧化碳浓度提高的大房间内，以抑制微生物引起的腐烂，气体浓度可以连续调节。在 20 世纪 30 年代，将肉置于富含二氧化碳（为延长货架期）的大集装箱中，从澳大利亚和新西兰运往英国。Jay 等（2005）运用气调包装技术将解冻肉的货架期延长至 3～4 个月。Genigeorgis（1985）报道高浓度的二氧化碳可延长不同肉类的货架期。气调包装对包装材料的质量要求较高，必须能够维持所需的条件（如较高的 O_2/CO_2 阻隔性，以防止气体的迁移）。气调保鲜最常用的气体有二氧化碳（CO_2）、氧气（O_2）和氮气（N_2）。经过一周的冷藏，真空包装肉制品中二氧化碳的含量可达到 30%，二氧化碳含量的升高主要是由于微生物呼吸作用消耗了剩余的氧气导致的（Jay et al.，2005）。

在工厂中，气调包装中气体可以通过以下三种方式进行调节：

a. 通过真空泵抽真空，真空泵压力范围为 10～200 mmHg

b. 通过物理挤压或将包装底部没入水中以除去包装中原有的空气

c. 通过特殊的设备使混合好的气体充分流过需要包装的样品

表11.6.2.1　用于肉及禽的塑料包装材料的相关性能（膜厚度1 mm）。[资料来源：McMillin，2008]

包装专用材料	缩写	水蒸气透过率 [g/(m²·24 h)]	氧气透过率 [mL/(m²·24 h)]	抗拉强度 (MPa)	撕裂强度 (g/mL)	冲击强度 (J/m)	雾度 (%)	透光率 (%)	热封温度范围(℃)	备注
聚氯乙烯	PVC	1.5~5	8~25	9~45	400~700	180~290	1~2	90	135~170	不透水；耐化学物质
聚偏二氯乙烯	PVdC	0.5~1	2~4	55~110	10~19	—	1~5	90	200~150	防潮、硬度高；耐磨损
聚丙烯	PP	5~12	2 000~4 500	35.8	340	43	3	80	93~150	清晰；易加工
高密度聚乙烯	HDPE	7~10	1 600~2 000	38.2	200~350	373	3	—	135~155	结构材料
低密度聚乙烯	LDPE	10~20	6 500~8 500	11.6	100~200	375	5~10	65	120~177	盖膜材料；高强度，低成本；密封剂
线型低密度聚乙烯	LLDPE	15.5~18.5	200	7~135	150~900	200	6~13	—	104~170	热封强度高；油脂密封性
离聚物		25~35	6 000	24~35	20~40	150	—	—	107~150	聚乙烯酸性共聚物的金属盐；热封范围广
乙烯-醋酸乙烯酯	EVA	40~60	12 500	14~21	40~200	45	2~10	55~75	66~177	4%能提高热密封性；8%能提高韧性和弹性
乙烯乙烯醇	EVOH	1 000	0.5	8~12	400~600	—	1~2	90	177~205	防潮
聚酰胺（尼龙）	PA	300~400	50.75	81	15~30	50~60	1.5	88	120~177	耐高温；高耐磨损性；清晰；易加热成型；可印刷
聚对苯二甲酸乙二醇酯	PET	15~20	100~150	159	20~100	100	2	88	135~177	对苯二甲酸聚酯与乙二醇能发生反应；耐磨损；结构材料
聚苯乙烯	PS	70~150	4 500~6 000	45.1	2~15	59	1	92	121~177	坚固；结构材料

表 11.6.2.2　用于零售生鲜肉及肉制品的主要包装类型及特点。[资料来源：McMillin，2008]

项目	托盘透气包装（内包装为透气包装）	双层包装（内包装为透气包装）	真空贴体包装（VSP）	低氧包装（CO_2 和 N_2）	可剥真空贴体包装或低氧包装（CO_2 和 N_2）	低氧包装（CO）	高氧包装
说明	将食品放置在托盘中用无阻隔性能的材料进行包装	用无特殊阻隔性材料对单个或多个托盘包装的产品进行包装；托盘在销售时去除	将贴体包装膜加热软化后覆盖在产品及底板上，同时用于底板下面启用真空吸力，将贴体膜依产品形状成型并粘贴于底板上	热成型或预制托盘封盖薄膜；外包装可能是无特殊阻隔性包装	VSP 或产品外有两层膜；在销售时外面一层膜可剥除	VSP；热成型或预制托盘封盖薄膜	热成型或预制托盘封盖薄膜
顶空气体	空气	在外包装中通常填充 CO_2 和/或 N_2	无	CO_2 和/或 N_2	VSP 无顶空；CO_2 和/或 N_2	CO_2 和/或 N_2；VSP 无顶空	O_2 和 CO_2（通常为 80% O_2：20% CO_2）
除氧剂	无	建议添加	有时添加	建议添加	建议添加	建议添加	无
肉在贮藏过程中的颜色	红色	紫色	紫色	紫色	紫色	红色	红色
肉在陈列过程中的颜色	红色	红色	紫色	紫色；红色（从主包装中取出后）	红色	红色	红色
肉块的货架期(4℃)(天)	5~7	10~14	60~90	30~60	30~45	35	12~16
肉糜或者碎肉的货架期(4℃)(天)	2~3	7~10	45~60	20~40	20~30	28	10~12
陈列保质期(天)	2~7	2~7	30~60	15~40	2~7	28~35	7~16

续表 11.6.2.2

项目	托盘透气包装	双层包装（内包装为透气包装）	真空贴体包装	低氧包装（CO_2 和 N_2）	可剥离真空贴体包装或低氧包装（CO_2 和 N_2）	低氧包装（CO）	高氧包装
滴水损失（%）	8~10	3~5	2~5	1~5	0~7	1~7	0~5
优点	常见包装方式；产品可视性高；成本低；尺寸多	货架期长	货架期长；产品可视性高	货架期长	货架期长；产品可视性高（VSP）	肉色呈现诱人的红色；产品可视性高（VSP）	肉色呈现诱人的红色
缺点	陈列保质期短；在底部密封时可能发生包装破损现象	双倍包装成本；陈列保质期短；在去除外包装接触空气后产品质量发生变化	肉色呈紫色	气调包装肉色呈紫色；产品腐败可能会增加成本；增加主包装成本	在零售过程中包装膜可能会脱落；产品与空气接触后可能会使表面颜色不均匀，形成斑点；陈列保质期短；增加耗材成本和损耗成本	肉制品可能易发生腐败变质，从而会增加损耗成本；熟制肉制品可能会呈现粉红色	脂质氧化；骨头发黑，肉的嫩度降低；包装肉要求有顶空；肉在蒸制过程中过早褐变

真空包装和二氧化碳气调包装有很多相似处,因为其抑菌作用都是 CO_2 引起的。总的来说,革兰氏阴性菌比革兰氏阳性菌对二氧化碳更敏感,例如二氧化碳能更有效抑制假单胞菌(一种典型的腐败微生物),但是对乳酸菌和一些厌氧菌则抑制效果不明显。

真空包装肉制品中的优势微生物群落主要是革兰氏阳性菌和某些酵母菌,这与鲜肉有很大的区别。目前认为二氧化碳的抑菌原理主要有以下两种机制: CO_2 能特异性抑制脱羧酶的活性(如 *P. aeruginoxa*); CO_2 能溶解于细胞膜中,以至于细胞膜发生改变,从而改变了细胞膜的特性,抑制了细胞膜的一些功能。Enfors 和 Molin (1978)指出 1 ATM 的二氧化碳环境能抑制蜡状芽孢杆菌的孢子萌发和荧光假单胞菌的生长。还有相关研究表明, CO_2 的抑菌作用随着温度的降低而增强。这一抑菌原理目前已被广泛地应用于肉类及肉制品的保鲜中。Hotchkiss 等(1985)研究表明,60%~80%的 CO_2 气调包装方式结合 2℃低温贮藏,可使新鲜鸡腿货架期至少延长至 35 天。Marshall 等(1992)研究表明,80% CO_2,20% N_2 的气调包装方式结合 4℃低温贮藏,可有效抑制鸡块中荧光假单胞菌和单增李斯特菌的生长繁殖。

很多研究结果显示,引起真空包装制品腐败变质的优势菌为乳酸杆菌和热杀索丝菌(*B. thermosphacta*),部分情况下可能有其他优势腐败菌。影响产品中优势腐败微生物群落的决定性因素主要有产品的熟制程度、嗜冷微生物的相对负荷量、包装中的氧气含量、产品 pH 和亚硝酸盐含量(Jay et al., 2005)。

很多肉制品(如博洛尼亚香肠、萨拉米、法兰克福香肠)通常采用真空包装方式,防止脂肪和颜色的氧化,抑制腐败微生物生长繁殖,从而延长货架期。Neilson 和 Zeuthen(1985)对真空包装处理的博洛尼亚香肠中的微生物群落进行了研究,结果表明正常微生物群落可抑制小肠结肠炎耶尔森氏菌和沙门氏菌的生长,但是对金黄色葡萄球菌无抑制作用。正常的微生物群落也能抑制产气荚膜梭菌的生长繁殖。乳酸菌在低温贮藏环境下能够抑制大部分病原菌的生长繁殖,且贮藏温度越低,抑制效果越强。此外,本书的第 15 章对肉及肉制品中的腐败微生物进行了讨论。

11.6.3　智能活性包装

智能活性包装是近几年来兴起的一种新型保鲜技术。活性包装是指在包装中添加一些活性成分,从而保持食品原有的品质和风味,延长食品的货架期(Kerry et al., 2006;Aymerich et al., 2008)。活性添加剂主要用于:

a. 吸收/清除——O_2、CO_2、水分、调味剂和紫外线

b. 释放/激发——CO_2、抗氧化剂、防腐剂、二氧化硫和调味剂

c. 去除——对食品中的某些成分有催化作用如胆固醇

d. 温度控制——自动加热或制冷包装,绝缘材料,微波感受器和改性材料

e. 抗菌和质量控制——有机酸和螯合剂等抑菌物质

第二类智能活性包装通过传感器/指示剂的变化来反映贮藏过程中包装内环境和产品质量的变化情况。传感器可用于监测包装完整性、新鲜程度、贮藏时间和温度(例如检测贮藏温度的波动情况),并且还可以提供一些射频识别数据(Kerry et al., 2006)。目前,应用于智能活性包装中的一些物理传感器可以监测某些化学物质(如氧气、二氧化碳和酸)的浓度。此外,还有一些新兴的生物传感器,如酶、抗原、核酸和激素,可以用于监测食品在贮藏过程中代谢产物的变化情况。

尽管近几年来智能活性包装受到了较多的关注,但在肉类工业中的应用仍不广泛。预计智能活性包装在未来几年会有较大的发展,便于企业和消费者监测产品包装内的变化情况。

11.7　其他非热加工方式

11.7.1　引言

非热加工技术对食品中病原微生物和腐败微生物有灭活作用。非热加工技术处理不会引起物料温度

的显著升高,因此能最大限度地保留食品原有的生鲜风味和营养。但是,某些非热加工处理(如辐照)会引起脂质氧化,从影响食品原有的风味,因此,在实际应用过程中应采取相关措施尽量减少这种不良影响(如在低温/冷冻条件下进行)。

11.7.2　辐照

辐照是指由场源发出的电磁能量中一部分脱离场源向远处传播,而后再返回场源的现象,能量以电磁波或粒子的形式向外扩散。目前辐照已在各个国家作为一种保鲜方式应用于食品行业。波长和光子能量是电磁光谱的重要参数,如图 11.2.5.1 所示,波长越短,能量越高。电离辐射的发生一般都是以量子或光子为单位。当量子中的能量超过与相邻分子或原子结合的能量时,原子之间的化学键断裂,从而产生较小碎片,这些碎片可能是带电的(如离子)或中性的粒子。紫外线、X 射线和 γ 射线可以破坏稳定性较强的化合物,甚至是从原子中释放电子,因此,它们被称为电离辐射或电离能。波长不超过 2 000 Å(1 Å=0.1 nm)的辐射均可称之为电离辐射。食品工业中运用的辐射粒子主要有:γ 射线、β 射线、X 射线和 α 粒子。它们包含足够的能量来使路径中的分子电离,具有很强的杀灭微生物的效果,产生的热量极少而不引起食品温度的变化,因此被称为"冷杀菌"(CAST,1986;Ahn et al.,2006)。需要指出的是,辐照处理过的食品不具放射性。目前用于食品工业的辐射源包括电子射线辐射和同位素辐射(图 11.7.2.1,参见插页图 11.7.2.1)。电子射线辐射由能产生高能电子束或高能 X 射线的电子加速器产生。常用的 γ 射线同位素有 ^{60}Co 和 ^{137}Cs。^{60}Co 是由中子引起的自然产生的 ^{59}Co 嬗变核反应堆产生的。^{137}Cs 是聚变产物,是从核反应堆燃料的副产物中提取的。同位素源的"强度"通常用放射性核素的衰变率来表示,其单位是 Ci(居里),即 1 s 内发生 370 亿次衰变。此外,γ 射线的强度也是以此来衡量的。分别以 ^{137}Cs 和 ^{60}Co 为放射源,前者产生的 γ 射线强度只有 85%,而后者则有 200%。同位素另一个重要的特征就是其半衰期,是指元素的原子核有半数发生衰变所需要的时间。铯的半衰期是 30 年,钴的半衰期是 5.2 年,大部分同位素放射源选择 ^{60}Co,因为 ^{60}Co 产生的 γ 射线强度更强,且不溶于水(Ahn et al.,2006;Aymerich et al.,2008)。

在辐照过程中,物料所吸收的辐射量被称为"剂量",可以简单地比作食品在加热过程中所吸收的热量。辐射剂量的单位为拉德(rad)。1 rad 是指每克物质吸收 100 ergs(1 krad=1 000 rad,1 Mrad=1 000 krad)。Gy(戈瑞)是新的计量单位,简称 G,1 G 等于 100 rad(1 G=100 rad=11 J/kg;1 kGy=10^5 rad)。

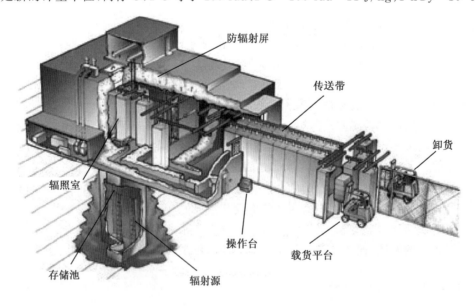

图 11.7.2.1　食品工业辐照装置,包括混凝土制成的围墙、辐射源室(^{60}Co)和输送系统。[资料来源:http://barc.gov.in/bsg/ftd/faq2.html]

辐照剂量通常分为三个水平：低剂量、中剂量和高剂量。与热处理类似，低剂量的辐射会达到巴氏杀菌的效果（即杀死一些腐败微生物和病原微生物），而高剂量的辐射会达到灭菌的效果。辐照杀菌属于低剂量辐照，其剂量范围：$0.75 \sim 2.5$ kGy，通常用于延长鲜肉、禽肉、海鲜、水果和蔬菜的货架期。类似于巴氏杀菌的牛奶的程度，其主要目的是降低非芽孢微生物的数量。典型剂量为 $2.5 \sim 10$ kGy。辐照灭菌属于高剂量辐照，类似于经过高温灭菌的罐头食品的程度，剂量通常为 $30 \sim 40$ kGy。

与传统热处理类似，用 D 值来表示各种微生物的耐辐照性能。辐照处理的效果与食品的种类有关（表 11.7.2.1）。与传统的热杀菌处理方式类似，芽孢具有较高的耐辐照性，不同类型的芽孢其耐辐照性也不同（肉毒梭菌 E 型和 B 型；表 11.7.2.1）。一旦毒素形成则需要非常高的辐照剂量灭活（36 kGy），如金黄色葡萄球菌的辐照致死剂量为 0.16 kGy，而其毒素则要 61 kGy。与传统热处理不同的是，肉毒梭菌毒素对热敏感，煮沸几分钟即可失活，而其孢子则需要煮沸几个小时。这是因为该毒素是一小段肽分子，在热环境下很容易变性失活，但是辐照处理则不容易破坏其结构和活性。由表 11.7.2.1 可知，与细菌相比，病毒的耐辐照性更强。

表 11.7.2.1　不同食品的辐照 D 值

微生物种类/产品	D（kGy）
细菌	
C 型肉毒梭菌，E 型 Beluga 株	0.8
C 型肉毒梭菌/62A 孢子	1
C 型肉毒梭菌/F 型孢子	2.5
C 型肉毒梭菌 A 型毒素（肉糜中）	36.08
大肠杆菌	0.2
单增李斯特菌	$0.42 \sim 0.43$
5℃冷藏肉	0.44
0℃冷藏肉	0.45
−20℃冷冻肉	1.21
恶臭假单胞菌	0.08
鼠伤寒沙门氏菌	0.5
肠炎沙门氏菌（禽肉中，22℃）	0.37
金黄色葡萄球菌	0.16
毒素 A（肉糜中）	61.18
小肠结肠炎耶尔森氏菌（肉中）	$0.19 \sim 0.38$
病毒	
腺病毒（4 株）	$4.1 \sim 4.9$

衡量确切的辐照剂量是非常重要的，辐照剂量值根据巴氏杀菌水平来划分。目前常用的衡量方法有两种：一种是硫酸铈-亚铈测定法。在酸性水溶液中 Ce^{4+} 吸收辐射能量后被还原为 Ce^{3+}，将引起紫外光区特定波长下吸光度的改变，在一定的剂量范围内吸光度的变化值与吸收剂量成正比。另一种是比色法，适用于较短时间的辐照处理。在大多数情况下，使用另外一种更简单的基于主剂量衡量系统校准的二级衡量系统。该二级衡量系统主要通过分光光度计测定聚甲基丙烯酸甲酯的相对亮度。

γ 射线和 X 射线的穿透能力要强于可见光。放射源一般蕴含 $0.15 \sim 4$ MeV 的能量，可以穿透 30 cm 的水层。Aymerich 等（2008）曾指出，常用的商业 γ 射线、X 射线和电子束放射源的能量分别为 1.3 MeV、

5 MeV 和 5～10 MeV。射线的穿透深度取决于所使用的射线类型,用于食品加工行业的 γ 射线和 X 射线系统其穿透能力为 80～100 cm,而电子束的穿透能力为 8～10 cm(与所用包装材料也有关)。此外,被加速的带电粒子(如电子、质子和 α 粒子)也具有一定的穿透能力。

如上所示,目前运用于食品领域的商业辐照设备主要有两种:分别使用放射性同位素和电子束加速器(图 11.7.2.2)。在大多数国家,辐照食品在包装上必须贴有辐照食品标识。辐照的国际标志由一个绿色圆圈和两片绿色叶子组成。一些行业人员反对对辐照食品要求强制性贴特殊标签,他们认为辐照与其他的食品加工技术如加热和冷冻相同,并无其他特殊之处,不需要在标签中特意标识。但是大多数国家还是认为对辐照食品做明确的标识是有必要的。为了解除消费者的担忧,目前已用名词皮波(picowave)替代辐照。与微波类似,皮波是按照辐照波长的长度定义的(在电磁波谱上,皮波＝一万亿分之一米,微波＝一百万分之一米)。皮波的概念早在 20 世纪 80 年代就已经被提出来,但并未被广泛接受。之后由于牛肉糜中大肠杆菌 O157:H7 的暴发以及在肉制品中沙门氏菌和弯曲杆菌不得检出的情况,辐照食品才逐渐被消费者所接受(Ahn et al.,2006)。

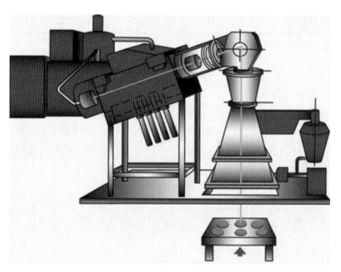

图 11.7.2.2 以电子束加速器为辐照源的食品辐照装置。〔资料来源:由 Iowa State University 提供〕

世界卫生组织在 1981 年曾指出,“用 10 kGy 以下的平均最大剂量照射任何食品,在毒理学、营养学及微生物学上都不存在问题,而且今后无须再对经低于此剂量辐照的各种食品进行毒性试验”(WHO, 1981)。WHO 是基于以下三方面的原因给出的结论:

a. 针对单一食品的大量的辐照食品毒理学研究结果未证明辐照具有副作用。

b. 辐照化学研究表明,食品经辐照后无非食品物质残留,辐照分解产物与其他加工食品中含有的成分相同,并无任何毒性。

c. 用辐照饲料喂养实验动物,在畜牧行业中应用辐照饲料,以及对患有免疫系统障碍患者提供辐照饮食,无不良副作用发生(Ahn et al.,2006)。

WHO 的结论和建议通过食品法典委员会的程序被纳入国际标准,并且在 1983 年获得了 130 多个政府的支持和认可。联合国粮农组织(FAO)在 2003 年的食品法典中也对辐照进行了推广。总体来说,国际权威组织提供的相关标准有利于辐照食品获得法律法规的认可。Thayer(1994)和 Ahn 等(2006)通过对历年来辐照相关资料的研究,认为 1.5～3.0 kGy 的辐照剂量即可控制食源性致病菌的数量。此外,相关研究还表明,无论是短期还是多代哺乳动物饲养试验,辐照饲料均无毒副作用。这一研究结果表明合理处理的辐照食品是健康的,食品中发生的辐照分解很小且可以预测。

辐照技术能有效抑制肉及肉制品中食源性致病菌(如沙门氏菌)和腐败微生物(如假单胞菌和乳酸杆

菌)的生长繁殖。Niemand 等(1977)研究了辐照对 2℃冷藏下的新鲜鸡胴体中微生物群落的影响,结果表明,对照组即非辐照组的货架期为 4～6 天,而辐照组(2～5 kGy)鸡胴体中微生物数量下降了 3～4 lg CFU/g,货架期至少增加 1 倍。当辐照剂量达到 5 kGy 时,货架期至少延长了 2 倍,这与前人的研究结果相一致。有研究表明,对净膛处理的禽胴体进行 2.5 kGy 剂量的辐照处理,基本可达到沙门氏菌零检出水平。Mulder(1982)曾研究了辐照对不同贮藏温度下的鸡皮的杀菌效果,相对应的 D 值如表 11.7.2.1 所示。该试验结果与前人用辐照处理对其他食品中大肠杆菌和沙门氏菌影响结果相一致,温度越低,微生物的耐辐照能力越强,即温度越高,辐照杀菌效果越好。Mulder(1982)报道 2.5 kGy 的辐照剂量不能保证荷兰家禽达到沙门氏菌零检出水平,但是能显著减少沙门氏菌检出阳性的家禽数量。目前荷兰家禽的卫生安全情况得到很大改善,因为在农场和初级加工厂均有沙门氏菌消除处理(农田到餐桌的过程,见第 15 章)。

中等或高辐照剂量会诱发脂质氧化,导致不愉快气味的产生。一般建议,肉及肉制品在真空包装或冷冻状态(如 −20～−40℃)下进行辐照处理,这样有利于减少不愉快气味的产生(Josephson,1983)。肉毒梭菌的芽孢是罐头食品中重要的有害微生物之一,其耐辐照能力强(表 11.7.2.1),所以需要高剂量的辐照才能将其杀死。高剂量的辐照处理通常是为了达到商业无菌的水平,相当于罐头食品的高温热处理,这些产品可在室温下贮藏。辐照处理相当于 70～77℃ 的热处理,可以使部分蛋白水解酶和脂肪酶失活,可以最大限度地保持食品原有的品质和风味,延长食品货架期(Josephson,1983;Ahn et al.,2006)。传统的热处理也可以使酶失活,延长货架期,但是热处理会导致食品原有的质构发生变化,还会导致一定程度的水分流失。为了确保杀菌彻底,12-D 的概念被提出。Anellis 等(1977)曾研究了鸡肉达到 12-D 水平的杀菌参数:74℃热处理进行酶灭活后,42.7 kGy 辐照(−30℃)结合 0.75% 的 NaCl 和 0.3%三聚磷酸盐处理。尽管肉毒梭菌在 0℃ 条件下对辐照最敏感,但是为了最大限度地保持罐头原有的风味,减少不愉快气味的产生,一般在 −30℃ 条件下进行辐照处理。

目前辐照处理结合其他添加剂对食品保质期的影响还有待研究。有学者对盐添加量分别为 1.5% 和 2.5% 的法兰克福香肠接种 5 株肉毒梭菌(10^3 孢子/g),结果表明在温度波动/高温条件下高浓度的盐能有效减少肉毒梭菌毒素的产生(Barbut et al.,1988)。报道指出,NaCl 的添加量超过 2.5% 时,辐照剂量为 5 kGy 甚至更大时,无论在 1℃ 还是 −30℃,都可有效抑制火鸡香肠中肉毒梭菌毒素产生,时间长达 40 天,而 NaCl 的添加量为 1.5% 时,5 kGy 或 10 kGy 的辐照剂量均不能抑制毒素的产生。

商业化的食品辐照技术是在第二次世界大战之后发展起来的,到目前已有半个多世纪了。辐照杀菌目前运用于医疗用品(如绷带、塑料管以及对热敏感的耗材)、香料和其他各种各样的食品。但是,消费者对辐照食品的接受也一直是世界各个国家面临的一个巨大挑战。这种情况目前随着各种食源性疾病的暴发(如沙门氏菌、大肠杆菌 O157)以及多方面的宣传和普及正有所改变。食品辐照技术能有效延长食品的保质期,有助于提高食品安全标准,未来辐照杀菌技术将会得到更广泛的应用。

11.7.3　高压

高压处理(HPP)是一项新兴的"冷加工"技术,可用于新鲜食品或熟制品。高压处理常用于果汁、牡蛎、鳄梨酱和肉制品中,此外,由于高压技术能够灭菌和破坏酶的活性,肉制品加工企业将其用于延长肉制品的货架期(如熟肉制品中李斯特菌和发酵干制品中大肠杆菌的灭活)。高压是由机械泵提供的 100～900 MPa 的液体高静压。如图 11.7.3.1 所示,压力室中充满水,泵产生的压力由水传递给受压物料。达到 500～600 MPa 的过程一般需要 10 min:加压 2 min,杀菌 5 min,泄压 3 min。在高压过程中温度也会有所上升,压力每上升 100 MPa,温度上升 3℃(Aymerich et al.,2008)。HPP 对物料的影响主要在分子水平,对疏水性和静电作用力影响最大,但是对氢键无影响。高压通过对细胞膜的破坏而导致微生物细胞失活,基本不影响食品品质和营养成分。细胞中的蛋白质、核酸和脂肪酸对压力也比较敏感。细胞死亡率随着压力的增加而增大,但是不遵循一级动力学(Garriga et al.,2005)。一般情况下,革兰氏阳性菌比革兰氏阴性菌的高压耐受能力更强。微生物的失活阈值还取决于细胞的生长阶段、处理时间、物料的种类和

pH 等因素。一些微生物的孢子需要＞900 MPa 的高压才能将其杀灭,而一些真菌的营养体的致死压力为 200～300 MPa,其孢子的致死压力为 400 MPa(Aymerich et al.,2008)。由于经高压处理后一些细胞仅仅处于亚致死状态,因此建议通过贮藏期的微生物数量评价高压灭菌效果。

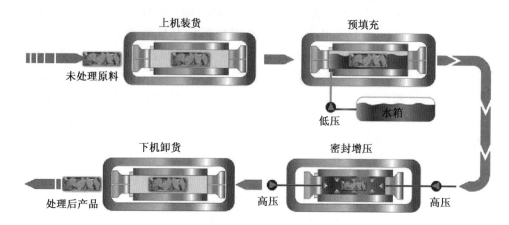

图 11.7.3.1　高压处理肉制品的过程示意图。[资料来源:http://www.hiperbaric.com/en/high-pressure]

Garriga 等(2005)对接种李斯特菌的火腿切片进行 400 MPa 高压处理,6℃下贮藏 42 天后检测到李斯特菌,而 1℃下贮藏 80 天后仍未检出。前人有相关研究报道,600 MPa 的高压能有效抑制 4℃冷藏肉制品中李斯特菌的生长繁殖。在实际商业应用中,压力不同、作用时间不同也会影响最后的杀菌效果。高压处理会影响鲜肉中肌原纤维蛋白和肌红蛋白部分结构,因此会影响其外观和弹性。最近的消费者调查结果表明,高压处理后食品可接受度比较高。

11.7.4　脉冲电场

微生物在高压电场的瞬时(毫秒)作用下,细胞膜的结构发生改变,这种现象也叫电穿孔。高压脉冲电场杀菌技术起源于 20 世纪 60 年代,近几年成为研究最多的非热加工技术之一。虽然目前关于高压脉冲电场技术对微生物的作用机理仍没有完全阐明(Sun,2014),最为人们所接受的理论是微生物在高压脉冲电场的作用下,形成"微孔",导致了细胞不可逆的膜功能丧失。微生物生长阶段(如迟滞期还是对数期)、食品加工参数(如 pH、水分活度、添加剂)和脉冲电场特性(如脉冲数、电场强度)等因素均可影响脉冲电场对食品的杀菌效果。一般认为,革兰氏阴性菌对高压脉冲的抗性比较强,而酵母菌细胞则比细菌敏感。

11.7.5　脉冲强光

脉冲强光杀菌技术是采用波长范围为 170～2 600 nm 的强光对食品(透明包装)闪照(≤0.01 s)的方法进行杀菌。该技术首先将电能贮存在高能量密度的电容中,然后以短时间、高强度的脉冲强光形式将电能释放出去,对核酸(尤其是在紫外线范围内)、蛋白质、膜和其他细胞组分造成破坏。目前,关于脉冲强光杀菌技术的研究主要包括以下几个方面:食品接触面、包装材料和加工肉制品、烘焙制品和水产品等食品的表面(Ray and Bhunia,2013)。

Paskeviciute 等(2011)研究表明,脉冲强光处理(闪照脉冲 1 000 次,闪照时间 200 s,总紫外线剂量 5.4 J/cm²)能将鸡肉表面鼠伤寒沙门氏菌和单增李斯特菌降低 2.4 lg CFU/mL,总好氧微生物降低 2.0 lg CFU/mL。与对照组相比,经过脉冲强光处理的鸡胸肉中丙二醛含量增加了 0.16 mg/kg,而生鸡肉、熟化后的鸡肉以及鸡汤的感官品质均无显著变化。对于全熟制品,其他研究者得出了类似结论。

11.7.6　超声波

超声波能产生高频声波,其抗菌效果是由于细胞内空化进而破坏细胞结构和功能成分。有研究表明,单独的超声波处理的杀菌效果不明显(Ray and Bhunia,2013)。但是,将超声波与热处理(>50℃)相结合,其杀菌效果则有明显的提升。Lawson 等(2009)比较了热水、蒸汽结合超声波、蒸汽结合真空和乳酸四种方式对沙门氏菌(来源于丹麦某市场)的致死效果,结果表明,四种技术均可使沙门氏菌数量从 2.2% 降至 0.2%~0.9%,其中乳酸效果最佳,蒸汽结合超声波效果次之。

11.7.7　冷等离子体

冷等离子体(cold plasma)是由自由电子、电离粒子和一些中性原子及分子组成的混合物。也有些学者认为,冷等离子体是物质的第四种状态(其他三种为固体、液体和气体)。Noriega 等(2011)研究了常压冷等气体离子体对鸡皮和鸡肉上英诺克李斯特菌(*Listeria innocua*)的净化效果。通过接种英诺克李斯特菌的膜过滤器对细菌最优灭活操作参数进行了优化。在载气中氧气存在的情况下,高交流电压和激发频率的微生物致死率更高,此结果在鸡肉和鸡皮上都得到了验证。在最优参数下,冷等离子体处理 10 s 可使膜过滤器上的英诺克李斯特菌数量至少降低 3 lg CFU/g;处理 8 min 可使鸡皮上的英诺克李斯特菌数量降低 1 lg CFU/g;处理 4 min 可使鸡肉上的英诺克李斯特菌数量至少降低 3 lg CFU/g。上述结果表明气体等离子体处理会受试验材料表面形态的影响。扫描电子显微镜图像结果显示,鸡肉和鸡皮的特殊表面结构有利于细菌的生长繁殖。气体等离子体技术在食品行业的商业化应用还有待进一步的研究和发展。

11.8　栅栏技术

本书的第 6 章介绍了一系列的食品保藏方法,为了提高食品的安全性,延长货架期,可以通过栅栏因子的交互作用保障食品的可贮性,降低单一保鲜技术带来的负面作用(如巴氏杀菌可引起不愉快气味的产生、质构的变化和维生素的损失),减少防腐剂的使用(如盐含量也会影响食品原有的风味和营养含量)以及降低加工成本(如充分干燥产品带来的动力成本)。目前市场上的产品大部分都运用了栅栏技术以保证其品质,如热狗,添加了盐、磷酸盐和亚硝酸盐,并且真空包装后再经过热杀菌处理。其中真空包装后热杀菌是减少微生物的关键步骤(通常可减少 4~6 lg CFU/g),也是 HACCP 的一个关键控制点(见第 12章)。而添加的盐则作为一种抗菌剂(如盐含量为 2%~3%,而盐含量在 15%~20%时才能完全抑制微生物的生长繁殖)。此外,产品需冷藏并在包装打开后几天内食用等,因为室温及有氧环境均可促进腐败微生物的生长繁殖。Sommers 等(2010)研究了紫外处理(0.5 J/cm²)结合乳酸钾、月桂酸精氨酸酯和双乙酸钠对法兰克福香肠保质期的影响,结果表明,在 10℃下贮藏 12 周,沙门氏菌、单增李斯特菌和金黄色葡萄球菌的数量下降了 3.6~4.1 lg CFU/g,并且该复合处理对法兰克福香肠的颜色和质构并无显著影响。其他学者也做了相关方面的研究,未来可能会有更佳的复合抑菌配方。在本章前面内容中也介绍了结合物理方法(如加热、辐照和高压)、化学方法(如盐、乳酸和烟熏)和生物方法(如细菌素和噬菌体)提高食品安全性,延长食品货架期。活性包装是抑菌的另外一种重要而有效的手段,尤其是对于运输时间长、货架期长的产品。发展气调包装和智能活性包装将成为为消费者提供高品质产品的重要手段。

参考文献

Aberle,E. D. , J. C. Forrest, D. E. Gerrard and E. D. Mills. 2012. Principles of Meat Science. Kendall/ Hunt Publ. ,Dubuque,IA.

Ahn,D. , E. J. Lee and A. Mendonca. 2006. Meat Decontamination by Irradiation. In: Advances in Technologies for Meat Processing. Nollet,L. M. L and F. Toldra (Eds). Taylor & Francis Group,New

York,NY.

Anellis,A. ,E. Shattuck,M. Morin,B. Srisara,S. Qvale,D. B. Rowley and E. W. Ross,Jr. 1977. Cryogenic gamma irradiation of prototype pork and chicken and antagonistic effect between *Clostridium botulinum* types A and B. Appl. Environ. Micro. 34:823.

Apostolou,I. ,C. Papadopoulou,S. Levidiotou and K. Ioannides. 2005. The effect of short-time microwave exposures on *Escherichia coli* O157:H7 inoculated onto chicken meat portions and whole chickens. Int. J. Food Microbiol. 10:105.

Aymerich,T. ,P. A. Picouet and J. M. Monfort. 2008. Decontamination technologies for meat products. Meat Sci. 78:114.

Barbut,S. 2006. Fermentation and chemical acidification of salami type products effect on yield,texture and microstructure. J. Muscle Foods. 17(1):34.

Barbut,S. and C. J. Findlay. 1989. Sodium reduction in poultry products:a review. CRC Critical Rev. Poultry Biol. 2:59.

Barbut,S. ,L. Meske,D. W. Thayer,K. Lee and A. J. Maurer. 1988. Low does gamma irradiation effects on *Clostridium botulinum* inoculated turkey frankfurters containing various sodium chloride levels. Food Micro. 5:1.

CAST. 1986. Ionizing energy in food processing and pest control. Wholesomeness of food treated with ionizing energy. Council for Agri. Sci. and Technol. ,Ames,IA.

Castellano,P. ,C. Belfiore,S. Fadda and G. Vignolo. 2008. A review of bacteriocinogenic lactic acid bacteria used as bioprotective cultures in fresh meat produced in Argentina. Meat Sci. 79(3):483.

Enfors,S. -O. and G. Molin. 1978. The influence of high concentrations of carbon dioxide on the germination of bacterial spores. J. Appl. Bacteriol. 45:279.

Fellows,P. 2009. Food Processing Technology:Principles and Practice,3rd Edition. Woodhead Pub. , Cambridge,ENG,UK.

Fennema,O. and W. D. Powrie. 1964. Advances in Food Research. Acad. Press 13:219.

Gao,J. ,P. Chen,S. Wang,M. Marcone,S. Barbut and L-T. Lim. 2015. Extraction and utilization of functional phytochemicals from food waste. In press.

Garriga,M. , B. Marcos,B. Martin,M. T. Veciana-Nogues,S. Bover-Cid,M. Hugas and T. Aymerich. 2005. Starter cultures and high pressure processing to improve the hygiene and safety of slightly fermented sausages. J. Food Prot. 68:2341.

Genigeorgis,C. A. 1985. Microbial and safety implications of the use of modified atmospheres to extend the storage life of fresh meat and fish. Int. J. Food. Micro. 1:237.

Gupta,S. and N. Abu-Ghannam. 2012. Recent advances in the application of nonthermal methods for the prevention of *Salmonella* in foods. In:*Salmonella*-A Dangerous FoodbornePathogen. Mahmoud,Dr. B. S. M. (Ed). http://cdn. intechopen. com/pdfs/26432. pdf. Accessed November 2014.

Hotchkiss,J. H. ,R. C. Baker and R. A. Qureshi. 1985. Elevated carbon dioxide atmospheres for packaging poultry. II. Effects of chicken quarters and bulk packaging. Poultry Sci. 64:333

Jay,J. M. ,M. J. Loessner and D. A. Golden. 2005. Modern Food Microbiology. Springer,New York,NY.

Josephson,E. S. 1983. Radapperization of meat,poultry,fin fish and special diets. In:Preservation of Food by Ionizing Radiation,Vol. III. Josephson,E. S. and M. S. Peterson (Eds). CRC Press, Boca Raton,FL.

Kerry,J. P. ,M. N. O'Grady and S. A. Hogan. 2006. Past,current and potential utilization of active and intelligent packaging systems for meat and muscle based products:A review. Meat Sci. 74:113.

Kovácsné-Oroszvári,B. K. ,E. Bayod,I. Sjöholm and E. Tornberg. 2005. The mechanisms controlling heat and mass transfer on frying of beefburgers. Part 2:The influence of the pan temperature and patty diameter. J. Food Eng. 71:18.

Kumar,C. ,M. A. Karim and M. U. Joardder. 2014. Intermittent drying of food products:A critical review. J. Food Eng. 121:48.

Lawson,L. G. ,J. D. Jensen,P. Christiansen and M. Lund. 2009. Cost-effectiveness of *Salmonella* reduction in Danish abattoirs. Int. J. Food Microbiol. 134(1):126.

Leistner,L. 2000. Basic aspects of food preservation by hurdle technology. Int. J. Food Microbiol. 55:181.

Leygonie,C. ,T. J. Britz and L. C. Hoffman. 2012. Impact of freezing and thawing on the quality of meat: Review. Meat Sci. 91(2):93.

Marshall,D. L. ,L. S. Andrews,J. H. Wells and A. J. Farr. 1992. Influence of modified atmosphere packaging on the competitive growth of *Listeria monocytogens* and *Pseudomonas fluorescens* on precooked chicken. Food Micro. 9:303.

McMillin,K. W. 2008. Where is MAP Going? A review and future potential of modified atmosphere packaging for meat. Meat Sci. 80:43.

Mulder,R. W. A. W. 1982. *Salmonella* Radiation of Poultry. Beekbergen Research Inst. , The Netherlands.

Nielsen,H. J. and P. Zeuthen. 1985. Influence of lactic acid bacteria and the overall flora of development of pathogenic bacteria in vacuum packed,cooked emulsion-style sausage. J. Food. Protect. 48:28.

Niemand,J. G. ,G. A. M. Haauser,I. R. Clark and A. C. Thomas. 1977. Radiation Processing of Poultry. Report PER-16. Atomic Energy Board,Pelindaba,South Africa.

Noriega,E. ,G. Shama,A. Laca,M. Díaz and M. G. Kong. 2011. Cold atmospheric gas plasma disinfection of chicken meat and chicken skin contaminated with *Listeria innocua*. Food Micro. 28(7):1293.

Paskeviciute,E. , I. Buchovec and Z. Luksiene. 2011. High power pulsed light for decontamination of chicken from food pathogens:a study on antimicrobial efficiency and organoleptic properties. J. Food Safety 31(1):61.

Piette,G. ,M. L. Buteau,D. De Halleux,L. Chiu,Y. Raymond,H. S. Ramaswamy and M. Dostie. 2004. Ohmic cooking of processed meats and its effects on product quality. J. Food Sci. 69:71.

Ray,B. and A. Bhunia. 2013. Fundamental Food Microbiology. CRC press,New York,NY.

Sebranek,J. G,M. C. Hunt,D. P. Cornforth and M. S. Brewer. 2006. Carbon monoxide packaging of fresh meat. Food Technol. 60:184.

Shelef,L. A. 1983. Antimicrobial effects of spices. J. Food Safety 6:29.

Sindelar,J. J. and A. L. Milkowski. 2011. Sodium nitrite in processed meat and poultry meats:A review of curing and examining the risk/benefit of its use. Am. Meat Sci. Assoc. White Pap. Ser. 3:1. http:// www. themeatsite. com/articles/contents/nitrite_report. pdf. Accessed August 2014.

Sommers,C. H. ,O. J. Scullen and J. E. Sites. 2010. Inactivation of foodborne pathogens on frankfurters using ultraviolet light and GRAS antimicrobials. J. Food Saf. 30(3):666.

Sun,D. 2014. Emerging Technologies for Food Processing,2nd Edition. Acad. Press,Salt Lake City,UT.

Thayer,D. W. 1994. Wholesomeness of irradiated foods. Food Technol. 48(5):132.

Theron,M. M. and J. F. Lues. 2007. Organic acids and meat preservation:A review. Food Rev. Int. 23:141.

Tornberg,E. 2013. Engineering processes in meat products and how they influence their biophysical properties. Meat Sci. 95(4):871.

van der Sman,R. G. M. 2013. Modeling cooking of chicken meat in industrial tunnel ovens with the Flory-Rehner theory. Meat Sci. 95(4):940.

WHO. 1981. Wholesomeness of irradiated food. Rep. 65. Joint FAO/IAEA/WHO Expert Committee Tech. ,World Health Org. ,Geneva,Switzerland.

Yildiz-Turp,G. ,I. Y. Sengun,P. Kendirci and F. Icier. 2013. Effect of ohmic treatment on quality characteristic of meat:a review. Meat Sci. 93:441

Yun,J. ,F. Shahidi,L. J. Rubin and L. L. Diosady. 1987. Oxidative stability and flavour acceptability of nitrite-free curing systems. Can. Inst. Food. Sci. Technol. J. 20:246.

第12章　HACCP在熟肉制品加工中的应用

12.1　熟制品-熟肉制品的通用HACCP模型

市场上售卖的绝大部分深加工肉制品是全熟肉制品,包括午餐肉(博洛尼亚熏肠、意式肉肠)、整肉制品(烘箱烤制的肉鸡/火鸡、火腿)和发酵制品(意大利香肠、夏季香肠)。本章介绍一种应用于熟火腿上的通用HACCP模型,该种火腿由火鸡肉、猪腿肉制成。该模型阐明了熟肉制品生产的一般步骤,并且指出了能够减少危害的潜在关键控制点。这个通用模型是由加拿大食品检测局(Canadian Food Inspection Agency,CFIA,1998)制定的,同时也可以应用于其他不同类型的熟肉制品。在第6章中介绍了HACCP和它的七个准则,本章中所介绍的模型与美国农业部(U. S. Department of Agriculture,USDA,1999)的模型有很多相似之处,后者的模型用于腌肉与熟制肉包括即食肉制品(RTE),但是一些产品需要通过加热来提高对消费者的吸引力,例如法兰克福香肠。肉制品经过腌制之后,含有不同的盐(氯化钠、磷酸钠、亚硝酸钠),这些盐在肉制品的保藏过程中起着重要的作用(参见第15章)。在加工完成之后,即食肉制品一般通过适当的冷藏或冷冻来保证安全性并且延长其货架期。表12.1.1介绍了产品信息,这是HACCP文件的一部分。

表 12.1.1　产品信息——熟火腿片(如火鸡肉、猪肉),参考 CFIA(1998)

产品名称	熟火鸡肉火腿片
重要产品特性(pH,水分活度)	盐,不低于 $X\%$;亚硝酸盐,X ppm
产品功能	切片,即食
包装	真空包装
货架期	切片后≤4℃保存 X 天(例如:50 天)
销售渠道	零售,食品供应商
标签说明	保质期前食用最佳,冷藏
特殊运输条件	冷藏或冷冻

12.2　加工步骤

图12.2.1为加工流程图,另外第10章详细介绍了加工熟肉制品所涉及的步骤以及所需要的设备。加工的第一步是接收所有肉及非肉组分,这也是生物、化学以及物理危害的第一个控制点(详见表12.2.1)。生物危害主要包括生肉原料中的微生物(如沙门氏菌),或者由工人在传递运输过程中转移到原料肉上的细菌(如葡萄球菌),最值得关注的是在包装之前将致病菌转移到熟肉制品上(交叉污染)。表12.2.1指出CCP-6B和CCP-7B(分别是熟制和冷却步骤)是这种危害的两个潜在控制点。总之,熟制步骤可以杀死大多数的非孢子形成细菌(李斯特菌),所以就像涉及切割熟肉制品的CCP-8B指出的一样,熟制后污染是主要的安全问题(详见第15章关于大肠杆菌和李斯特菌的讨论)。

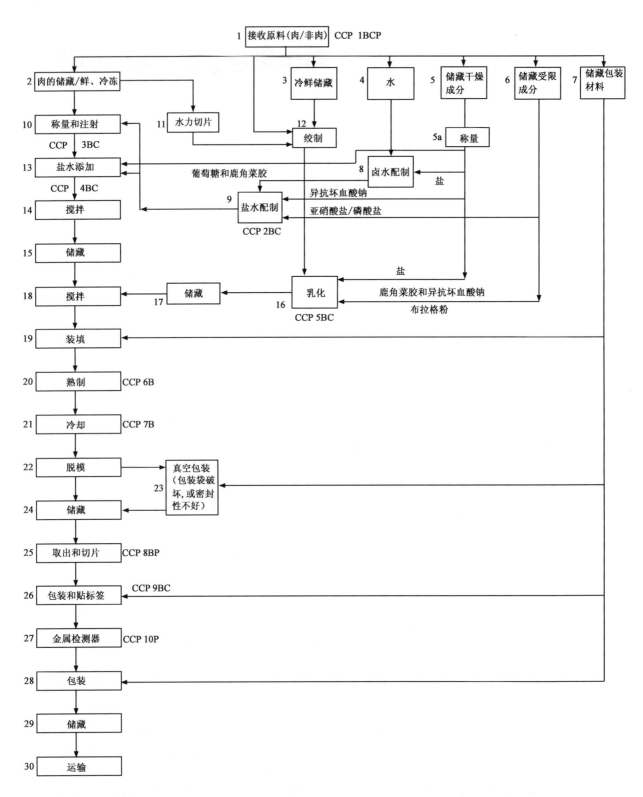

图 12.2.1 切片熟火腿(火鸡肉、猪肉)生产流程图,包括建议的生物(B)、化学(C)、物理(P)危害关键控制点(critical control points,CCP)。参考 CFIA(1998)。

表 12.2.1　熟切片火腿原料入厂与加工过程中生物（B）、化学（C）、物理（P）危害以及关键控制点（CCP）表。参考 CFIA（1998）。

已知生物危害（细菌、寄生虫、病毒等）	控制点
原料入厂	
生肉（刚接收到的）和修整肉 　非孢子致病菌——单核细胞增生李斯特菌、金黄色葡萄球菌、鼠疫菌、空肠弯曲杆菌、沙门氏菌、大肠杆菌等 　孢子致病菌——产气荚膜梭菌、肉毒梭菌等	CCP-6B CCP-7B
水（刚接收到的） ——大肠杆菌类、粪大肠杆菌	必要程序 （水质检测程序）
冰（刚接收到的） ——大肠杆菌类、粪大肠杆菌	CCP-1BCP
加工步骤	
♯1 接收没有被投诉过的原料——生肉和非肉组分：温度/时间控制不当和交叉污染导致的细菌（病原菌）生长	CCP-1BCP
♯2 肉的储藏——温度/时间控制不当导致细菌生长	必要程序（运输和储藏）
♯7 包装材料的储藏——环境导致的细菌性病原菌的生长（啮齿动物、昆虫等）	必要程序 （卫生系统和害虫控制）
♯9 盐水配制——因为盐水配方中亚硝酸盐含量不足导致最终产品中细菌的生长	CCP-2BC
♯10 称重和注射——最终产品中盐水含量过低导致细菌的生长	CCP-3BC
♯12 绞制——设备卫生条件不合格导致的微生物污染	必要程序（卫生系统）
♯13 盐水添加——盐水含量不足导致细菌性病原菌生长	CCP-4BC
♯15 储藏——温度/时间控制不当导致细菌性病原菌生长	必要程序（运输和储藏）
♯16 乳化——布拉格粉（Prague powder）添加量不足导致最终产品细菌性病原菌的生长	CCP-5BC
♯16 乳化——温度/时间控制不当导致细菌性病原菌生长	必要程序（员工培训）
♯17 乳液储藏——温度/时间控制不当导致细菌性病原菌生长	必要程序 （运输和储藏）
♯19 装填——温度/时间控制不当导致细菌性病原菌生长	必要程序（员工培训）
♯20 熟制——熟制时间/温度不当导致病原菌存活	CCP-6B
♯21 冷却——冷却速率不当导致产气荚膜梭菌孢子形成和生长	CCP-7B
♯22 脱模——操作不当导致细菌污染	必要程序（员工培训）
♯23 真空包装（破坏的密封性不好的袋子）——员工不当操作以及未清洗设备导致病原菌的交叉污染（沙门氏菌、单核细胞增生李斯特菌、金黄色葡萄球菌等）	必要程序 （员工培训）
♯24 储藏——温度/时间控制不当导致细菌性病原菌生长	必要程序（运输和储藏）
♯25 取出和切片——员工不当操作以及未清洗设备导致病原菌的交叉污染（沙门氏菌、单核细胞增生李斯特菌、金黄色葡萄球菌等）	CCP-8B
♯26 包装和贴标签——员工不当操作以及未清洗设备导致病原菌的交叉污染（沙门氏菌、单核细胞增生李斯特菌、金黄色葡萄球菌等）	必要程序 （员工培训）
♯26 包装和贴标签——错误编码（有效期）导致细菌性病原菌生长	CCP-9BC
♯29 储藏——温度/时间控制不当导致细菌性病原菌生长	必要程序（运输和储藏）

续表 12.2.1

已知化学危害	控制点
原料入厂	
生肉(刚接收到的)和修整肉 ——抗生素、杀虫剂、药物残留	
水(刚接收到的)——水中的化学残留	必要程序 (水质检测程序)
冰(刚接收到的)——冰中的化学残留	N/A
包装材料(刚接收到的)——供应商未正确标注的包装材料中非食品级化学物质的渗入	CCP-1BCP
加工步骤	
♯1 接收——接收没被投诉过的原料(参见上文)	CCP-1BCP
♯9 盐水配制——亚硝酸盐过多	CCP-2BC
♯10 称重和注射——腌制产品中过量的亚硝酸盐(过量注入)	CCP-3BC
♯13 盐水添加——毒性:亚硝酸盐过量(过度添加)	CCP-4BC
♯16 乳化——亚硝酸盐以布拉格粉的形式过量添加	CCP-5BC
♯26 包装/贴标签——(有些成分未在标签上标注)。因有错误标注的产品导致的过敏反应	CCP-9BC

已知物理危害	控制点
原料入厂	
肉中非金属异物	CCP-1BCP
冰中非金属异物	CCP-1BCP
盐中非金属异物	N/A
肉中金属粒子	CCP-10P
冰中金属粒子	CCP-10P
盐中金属粒子	N/A
包装材料被异物污染	CCP-1BCP
加工步骤	
♯1 接收肉及非肉组分——异物污染(参见上文)	CCP-10P
♯5 储藏/称量干燥成分——异物污染	必要程序(运输和储藏)
♯6 储藏受限成分——异物污染	必要程序(运输和储藏)
♯7 储藏包装材料——木材、金属等污染	必要程序(运输和储藏)
♯8 卤水配制——异物落入卤水中	必要程序 (提前监控,设备维护)
♯9 盐水配制——异物落入盐水中	必要程序 (提前监控,设备维护)
♯10 称量和注射——断针	CCP-10P
♯11 水力切片——由损坏的、未及时维护的设备上掉落的金属碎片	必要程序 CCP-10P
♯12 绞制——非金属异物	必要程序 (提前监控,设备维护)

续表 12.2.1

已知物理危害	控制点
♯12 绞制——由损坏的、未及时维护的设备上掉落的金属碎片	必要程序(设备维护) CCP-10P
♯14 搅拌——由损坏的、未及时维护的设备上掉落的金属碎片	必要程序(设备维护) CCP-10P
♯15 储藏——异物落入产品中	必要程序 (提前监控,设备维护)
♯16 乳化——由损坏的、未及时维护的设备上掉落的金属碎片	必要程序(设备维护) CCP-10P
♯18 搅拌——由损坏的、未及时维护的设备上掉落的金属碎片	必要程序(设备维护) CCP-10P
♯19 装填——由损坏的、未及时维护的设备上掉落的金属碎片	必要程序(设备维护) CCP-10P
♯19 装填——非金属异物污染	必要程序 (提前监控,设备维护)
♯27 金属探测器——金属探测器失灵导致无法准确检测含铁的金属和铝	CCP-10P
已知危害	指出处理危害的方法 (烹饪指南、公共教育、 有效日期等)
原料入厂	
化学——入厂的肉制品中的抗生素、药物残留、杀虫剂	生产商的教育和实践/适 当监督

存在于生肉原料中的化学危害包括抗生素、杀虫剂和其他法律禁止的药物残留,所以在接收原料时设置了 CCP-1 来检查生肉原料。在某些情况下,肉品加工者需要生肉供应商提供保证书来确保生肉原料中不含有抗生素和杀虫剂等,这些物质的添加除了违反法律之外,也会影响例如发酵等加工步骤,例如抗生素的少量存在会阻碍乳酸菌的生长,从而造成巨额的经济损失。

存在于生肉原料中的物理危害包括金属与非金属材料(玻璃、木头、塑料等),这些材料可能会意外掉入或者已经存在于产品之中(例如断针),CCP-1 这个关键步骤应通过从生肉原料上取材测定以排除异物颗粒。另外,一些公司启用供应商审核程序来调研和检查设备,如果关于异物或者其他安全问题的投诉增多,那么就会进行更进一步的审查,如果没有改观,那该供应商就会被取缔。在食品加工厂中,生肉原料通过例如金属探测器、X线(第 9 章图片)或者肉眼来检查然后消除任何潜在危险。金属探测器也会设置在生产线的末尾处,目的是在产品装运前进行检查(图 12.2.1),因为在加工过程中,金属零件(螺丝)可能会掉入产品中。但是,如果在生肉原料接收时就知道其存在金属物质,那么金属探测器就应该设置在生肉原料接收点。例如,香料供应商在装运他们的原料送往肉品加工厂之前会进行检查(金属探测器、过筛)并需要提供一份安全保证书。

表 12.2.2 介绍了一个 HACCP 计划详尽的设计过程以控制各种各样已知的危害,该表提供的信息包括关键限值、监控程序、纠偏程序、核对批准程序和 HACCP 记录,在第 6 章中有不同步骤的介绍。

表 12.2.3 是一个 HACCP 记录表例子,它用来监控最后熟肉制品的喷淋及冷却。对工序进行持续监控是很重要的,因为这样可以即时发现问题,从而使负责人员执行预先确定的纠正措施或补救措施。严格的工序和预先确定的纠正措施可以避免员工的主观猜测,使 HACCP 更加完善,同时也可以向检查机构证明实施了统一的纠正措施。每个偏差出现的时间和采用的措施需要提供给检查人员,这些记录通常会强制性地要求保存数年时间(例如 5 年)。这个方法帮助工厂管理层关注一些敏感区域并且利用改进循环理念来不断提高食品安全性。

表12.2.2 熟切片火腿（火鸡肉、猪肉）HACCP通用模型中建议关键控制点（CCP）细节表。参考 CFIA(1998)。

加工步骤	CPP/危害序号	危害描述	关键限值	监控程序	纠偏程序	核对批准程序	HACCP记录
#1 接收	CCP-1BPC	致病菌出现时间/温度控制不当和交叉又污染导致细菌性致病菌的生长	颜色和气味正常 产品符合合同规定 产品中心温度及表面温度不超过4℃ 鲜肉注明屠宰和包装日期（最大X天） 卫生屠宰和去骨/处理程序+运输温度符合要求	接收者根据合同规定对每一批来料进行检查 接收者每批测量每批产品的温度 检查屠宰包装 肉眼检查纸箱破坏程度 对产品进行感官检验	接收者将产品不符合要求将产品搁置并通知领班和供应商 产品被退回或交给质检员检测和决定	质检员每周校验日志和程序 质检员每周检查温度并为微生物实验验证取样 质检员审查供应商的工厂	接收者的日志 质检员的温度记录本 微生物实验室的分析记录
		无骨肉中的骨头碎片 异物：金属、木头	异物直径不大于2 mm	接收者检查每个原料上是否有合同规定的标志 供应商水平无骨火鸡肉检查程序 如果纸箱破损，接收者检查产品	产品搁置，通知领班和供应商	质检员每周检验日志 质检员每周X个产品进行无骨复验 产品随机取样	
#1 接收	CCP-1BPC	非食品级包装材料	仅限合同中获得"批准"的材料	接收者只允许通过批准的供应商/材料卸货	不允许卸货 通知质检员 质检员扣留货物并要求退回或要求批准		
#9 盐水配制	CCP-2BC	盐水混合物中亚硝酸钠（NaNO₂）含量过高/过低	每个配方中含量为"Y"ppm（体积测量的误差在实验室允许范围内）	用盐水生产商的库存管理表对每个配方每天进行检查 测试条验证盐水中亚硝酸盐的存在	盐水生产商通知领班、扣押产品 领班扣留已经注入过盐水的产品并通知质检员	质检员用测试条测试盐水每周2×测量一次再审记录	盐水储藏室检查表 实验室报告

续表 12.2.2

加工步骤	CPP/危害序号	危害描述	关键限值	监控程序	纠偏程序	核对批准程序	HACCP 记录
＃10 称重和注射	CCP-3BC	产品中 $NaNO_2$ 含量过低 腌制产品中 $NaNO_2$ 含量过高（过量注入）	注入后称重＝注入前称重＋"X"%	操作者在管理表上记录注入盐水前后的质量，确保达到所需的注入率	校准注射设备，扣留产品 将过量注入盐水的产品告知质检员	领班每天 2× 审查管理表，确认注入率 质检员每周校验管理表（注入盐水前后）并确认注入率	注射控制记录 管理表
＃13 盐水添加	CCP-4BC	盐水注入过少，产品中 $NaNO_2$ 含量过低 注入过多，产品中 $NaNO_2$ 含量过高	注入 X% 的盐水	每组重量＝注入盐水前质量＋X% 成品重量＝每个批次的配方重量	添加更多盐水，标准操作程序设置注入的盐水过少 盐水注射器操作人员对每批定量注射负责 调整盐水注射器	管理表 每日量表和重量检查 领班每天 2× 审查管理表 质检员每周校验管理表（注入前后）	管理表 量表检查表
＃16 乳化	CCP-5BC	乳液中 $NaNO_2$ 含量过低或过高	每份配方中加入适量的布拉格粉	批次管理表 配方由工作人员签字	搁置，联系领班和质检员 质检员重写配方	质检员每周随机 2× 实验室分析 领班每天检查 1×	批次管理表 质检员实验室报告
＃20 熟制	CCP-6B	因熟制时间/温度不当导致病原菌的存活	熟制室温度/时间循环运作 时间限制 X h，温度限制 Y℃	检查熟制循环 每组人工温度检查由工作人员进行，温度记录由工作人员检查并签字	熟制至中心温度为 Y℃（必要时延长熟制时间）	质检员每周校验热像图	质检员归档热像图

续表 12.2.2

加工步骤	CPP/危害序号	危害描述	关键限值	监控程序	纠偏程序	核对批准程序	HACCP 记录
#21 冷却	CCP-7B	产气荚膜梭菌的生长	12 h 内冷却到 4℃以下 工厂冷却工序中定义的冷却水温度循环	每组都有工作人员人工测温 给产品冲淋至内温为 Y℃，12 h 内冷却到 4℃以下 检查冷却水温度	工作人员监控偏差并记录偏差 温度轻过偏差目在 1 h 内不能解决，他/她就会联系主管生产的领班 产品移至最冷却的区域进行冷却	质检员每日复查记录 审查监管程序的频率为 X	室温和产品内温记录
#25 拆袋和切片	CCP-8B	产品交叉污染或员工不当的操作	清洗和消毒手套 接触除食品外的东西后需要在继续拆袋工作前将双手浸泡消毒杜绝被污染的手或手套	领班每天 2×随机检查员工操作并对结果进行记录	领班会教给员工正确的操作方法直到满意的操作为止 修整过的产品送回进行返工	质检员通过每周 1×周期性审查检验员工的操作 质检员每周至少一次采集手套表面拭子检查	各部门质检员检查表 设备和手套的拭子检查记录
#26 包装	CCP-9BC	有效期错误导致致病菌的生长	根据货架期确定正确的有效期	指定员工检查每批产品成分表的同时检查有效期	领班扣留有缺陷的包装并重新包装记录每个事件	质检员每月 X 次通过配方记录核实有效期和成分表	各部门质检员检查表
		因产品不完整/错误的成分表导致致敏症	产品要有正确的标签无例外	每批产品开始贴标时贴标员进行检查确保贴在正确的位置并记录	指定的员工会扣留产品以进行正确和重新包装贴标	领班每天 2×在每个产品生产前随机检查并记录 质检员每周检查各部门记录表	各部门质检员检查表

续表 12.2.2

加工步骤	CCP/危害序号	危害描述	关键限值	监控程序	纠偏程序	核对批准程序	HACCP 记录
#27 金属探测器	CCP-10P	因探测器失灵或不适当校准导致金属和铝的未检出	金属直径不大于 2 mm	用探测器检测每个包装每天工作开始前电工校准金属探测器并且在检查表上签字员工每天 4×通过测试棒检查探测器的功能	如果金属直径大于 2 mm，该产品无法通过产品检测器通知领班和质检员每次报警的批次由质检员进行检查质检留直到质检员找到原因产品因上个满足条件的检测而重检	质检员每周 4×用测试棒检查探测器每次报警由质检员进行检查	各部门每日检查表质检员提供的实验室污染报告污染档案

表 12.2.3　HACCP 持续记录表。熟制肉制品喷淋冷却监控和持续记录表例。参考 CFIA(1988)

频率	领班	每批		签名												
频率	质检员	频率 X	频率 X	结果/行动												
日期	小时	批号	起始喷淋时间	结束喷淋时间	产品温度为 Y℃	开始冷却时间	结束冷却时间	产品最终温度，最高 4℃	总冷却时间（喷淋开始到冷却结束）最多 12 h							

有一些文件可以帮助生产者设计或者完善这个通用模型(就像第 6 章中介绍的,工厂只是将这种通用模型当作设计完善 HACCP 的出发点),例如《美国农业部即食肉及鸡肉制品病原菌致死标准》就很有效。该文件中,USDA 为熟制切片肉制品制定了一个病原菌致死模型,该模型阐述了生产者如何确保达到特定的致死温度并且维持足够长的时间来使某些病原菌失活。

在 2001 年,食品安全检验局(Food Safety and Inspection Service,FSIS)颁布了名为《加工肉及禽肉制品产品标准》的条例(66 FR 12590),其中包括操作标准、李斯特菌检测要求以及猪肉制品中的旋毛虫致死标准,该条例同样适用于熟牛肉、烤牛肉、块状烤肉、咸牛肉以及禽肉制品。FSIS 的条例中还有病原菌致死准则(最终条例的附录 A),该准则介绍了肉制品中沙门氏菌达到 6.5 lg CFU/g 或者 7.0 lg CFU/g 致死量所需要的温度及时间(Dawson et al.,2012)。这些相似的准则也可以用于其他即食肉制品,例如肉饼。熟肉制品冷却次数的操作规范也被用来消除或者减少微生物危害,例如产气荚膜梭菌在冷却阶段的生长。

颁布的条例还指出:

a. 熟禽肉卷和其他熟禽肉制品在离开加热介质前需要其中心温度达到 160℉,但是腌制及熏制禽肉卷和其他腌制及熏制禽肉制品中心温度只需达到 155℉。如果即食肉制品因为在后续的加工过程中中心温度会很快达到 160℉,则在加热介质上的加工过程中不用等中心温度升到 160℉ 就可以进入下一个加工步骤。

b. 生产熟禽肉卷和其他熟禽肉制品的厂家应该有充足的监控设备,包括记录设备,以保证这个工序所需要的温度限制(误差为 ±1℉)。需要注意的是,同时需要人工检测来确保记录器的正常运行。FSIS 程序的雇员在需要时可以获取记录装置里的数据。

FSIS 的条例还包括为制作即食肉制品而完善的时间-温度组合,例如将以前发表的烤猪肉、烤牛肉文献中的时间-温度组合进行改善。完善后的材料前不久发表成了科学论文(Juneja et al.,2001)。该文章的作者们发明了一个根据即食肉制品脂肪含量的不同来实现沙门氏菌 7 lg CFU/g 致死量所需时间-温度组合的预测公式,同时给出了这些预测的标准误(见表 12.2.4 中举例)。完善后的时间比过去所认为的有效杀菌时间确实显著延长。生产商还可以参考由 FSIS 颁布的与该条例相似的关于控制李斯特菌的条例。

表 12.2.4　含 4% 和 8% 脂肪的禽肉制品达到沙门氏菌 $7\log_{10}$ 致死量所需时间-温度组合指南。基于 Juneja 等(2001)的数据。

脂肪＝4%					脂肪＝8%				
温度	所需时间		所需时间		温度	所需时间		所需时间	
℉	鸡	单位	火鸡	单位	℉	鸡	单位	火鸡	单位
136	67	min	64.9	min	136	73	min	66.9	min
137	53.2	min	52.8	min	137	58.2	min	54.7	min
138	42.2	min	43	min	138	46.4	min	44.8	min
139	33.6	min	35.1	min	139	37.2	min	36.7	min
140	26.8	min	28.7	min	140	29.8	min	30.2	min
141	21.5	min	23.5	min	141	24	min	24.9	min
142	17.2	min	19.3	min	142	19.4	min	20.5	min
143	13.8	min	15.9	min	143	15.6	min	17	min
144	11.1	min	13	min	144	12.6	min	14	min
145	8.9	min	10.7	min	145	10.2	min	11.5	min
146	7.2	min	8.8	min	146	8.2	min	9.5	min

续表 12.2.4

脂肪＝4%					脂肪＝8%				
温度	所需时间		所需时间		温度	所需时间		所需时间	
°F	鸡	单位	火鸡	单位	°F	鸡	单位	火鸡	单位
147	5.7	min	7.2	min	147	6.6	min	7.7	min
148	4.5	min	5.8	min	148	5.2	min	6.3	min
149	3.6	min	4.7	min	149	4.1	min	5	min
150	2.7	min	3.7	min	150	3.1	min	4	min
151	2.1	min	2.9	min	151	2.3	min	3.1	min
152	1.6	min	2.3	min	152	1.7	min	2.3	min
153	1.2	min	1.9	min	153	1.3	min	1.9	min
154	59.1	s	1.5	min	154	1.1	min	1.5	min
155	46.8	s	1.2	min	155	50.4	s	1.3	min
156	37	s	59.8	s	156	39.9	s	1	min
157	29.3	s	48.5	s	157	31.6	s	49.5	s
158	23.2	s	39.4	s	158	25	s	40.1	s
159	18.3	s	32	s	159	19.8	s	32.6	s
160	14.5	s	26	s	160	15.6	s	26.4	s
161	11.5	s	21.1	s	161	12.4	s	21.5	s
162	<10.0	s	17.1	s	162	9.8	s	17.4	s
163	<10.0	s	13.9	s	163	<10.0	s	14.1	s
164	<10.0	s	11.3	s	164	<10.0	s	11.5	s
165	<10.0	s	<10.0	s	165	<10.0	s	<10.0	s

参考文献

CFIA. 1998. HACCP generic model. Cooked sliced products. Canadian Food Inspection Agency, Ottawa, Canada.

Dawson, P. L., S. Mangalassary and B. Sheldon. 2012. Thermal processing of poultry. In: Thermal Food Processing: New Technologies and Quality Issues. Da-Wen Sun(Ed). CRC Press, New York, NY.

FSIS. 2014. FSIS compliance guideline: controlling *Listeria monocytogenes* in post-lethality exposed ready-to-eat meat and poultry products. http://www.fsis.usda.gov/wps/wcm/connect/d3373299-50e6-47d6-a577-e74ale549fde/Controlling_LM_RTE_Guideline_0912? MOD＝AJPERES. Accessed March 2015.

Juneja, V. K., B. S. Eblen and H. M. Marks. 2001. Modeling non-liner survival curves to calculate thermal inactivation of salmonella in poultry of different fat levels. Int. J. Food Microbiol. 70(1-2):37.

USDA. 1999. Guidebook for the preparation of HACCP plans and generic HACCP models. US Dept. of Agriculture, Washington, DC.

第13章 肉品加工原理

13.1 引言

肉品市场的持续蓬勃发展依赖于优质肉制品的创新以及稳定的生产。当前,消费者所寻求的方便食品要具有新颖的风味、质地等特性。简便、价廉,且富含各种必需营养素的混合干粉能够满足我们对于营养的需求;但是,消费者所期望的是食品的多样性和新颖性。本章将要介绍食品工厂在加工食品的过程中所采用的不同的方法以及各种原辅料。一个食品多样化的简单例子就是禽肉可以加工成烤鸡、油炸鸡块、蜂蜜蒜酱味烧烤鸡排/鸡翅或烟熏鸡肉肠(这些产品的配方会在本章的后面介绍)。在过去几十年中,畜禽肉加工厂积极推广新型肉制品。最初,很多产品采用红肉制作(如萨拉米、意大利辣香肠、火腿)。在过去 30 年中,禽肉加工厂开始采用禽肉开发鲜肉制品、腌肉制品以及全熟产品,但在生产过程中借鉴了红肉制品的工艺。在 50 年以前,从未听说过禽肉制作的法兰克福香肠,但是,在工厂的宣传介绍下,这类法兰克福香肠最终被广泛地接受,并且现在占据 1/3 的北美市场。这些新的发展增加了消费量,并且消除了肉制品需求的季节性(在过去,整只火鸡只有在感恩节以及圣诞节的时候才在北美地区进行销售)。工厂也认识到,销售大块禽肉,如整只火鸡,会限制其市场销售范围。因此,工厂开始将禽肉分割后销售,并将产品加工成小包装的产品。另一个特色禽肉食品就是快餐食品业在 20 世纪 70 年代开发的炸鸡块。这类产品极大提高了销量,并且显著改变了鸡肉制品的市场和加工工艺。此类禽肉加工业的创新发展由去骨生产线和销售副产品的需求所推动(在鸡块引进市场之前,主要是进行整鸡销售以及一些带骨的分割肉)。这也使得机械去骨的方法被引入用于分离鸡骨上残留的肌肉。所有这些发展促成了一个充满创新的肉制品加工市场(表 13.1.1;图 13.1.1)。总的来说,这是一个工厂成功满足消费者对于方便食品需求的例子,此类食品包括半预制食品以及预制食品。在这种情况下,禽肉消费量的增长(第 2 章)是积极的市场营销、肉品令人满意的营养成分以及有竞争力的价格所导致的结果。正如本书所述,这些发展伴随着自动化、电脑编程(参见下文中最低成本配方的讨论)以及生产线效率提升等的发展。

总的来讲,肉与肉制品主要由蛋白质、水、脂肪、矿物质(盐类),以及一些碳水化合物构成。蛋白质是肉制品的主要成分,本章中主要讨论的内容包含蛋白凝胶。Mezzenga 和 Fischer(2013)认为蛋白聚集不仅仅与食品工业有关(形成肉制品的质构,酸奶的凝胶),而且与制药等领域紧密相关(纤维蛋白原造成的血液凝固)。但是,食品中的蛋白聚集与制药领域中的蛋白聚集有本质上的区别,因为在制药行业,蛋白聚集的外界条件主要限制在人体体温范围内(如 37℃,pH 7.0,离子强度约 155 mmol/L)。

在食品工厂中,温度变动的范围为 0～300℃,pH 变化范围为 1～10,离子强度的变化范围达到 7 个量级。食品系统由复杂的混合物组成,包括蛋白质、脂肪、碳水化合物以及盐类。通常来讲,可根据氨基酸序列以及加热方式(thermal history)将食品蛋白分成不同的类别。蛋白结构可能是球状的或者无规卷曲的结构(分别为折叠或者未折叠状态,图 13.1.2)。在后面的内容中将进一步讨论这部分内容。

表 13.1.1 国际市场上主要肉制品及禽肉制品分类。注:大部分烟熏制品以及熟制品的配方及生产工艺见本章最后。

分类	举例	备注
a.整肉制品	炉烤火鸡胸肉	优质白肉制品
	烟熏鸡肉/鸭肉/鹅肉	
b.重组肉制品	禽肉卷	大/小肉块
	火鸡午餐肉卷	
	煮制鸭嫩肉	
	火鸡火腿	红腿肉肉块
c.肉糜制品	早餐肠	以冷鲜/冷冻形式销售
	意大利辣香肠	加热/冷冻即食肉制品
	萨拉米	半干/干即食肉制品
	鸡肉汉堡	
d.乳化肉制品	鸡肉维也纳香肠	均匀外观
	火鸡热狗	
	禽肉腊肠	
e.裹浆裹粉肉制品	炸鸡块	裹浆裹粉后油炸
	芝士鸡排	裹浆内加入芝士
	鸡翅	裹浆裹粉后油炸/煮制
	烧烤带骨鸡翅/鸡腿	腌制后煮制
	烧烤无骨鸡翅/鸡腿	腌制后煮制

图 13.1.1 不同产品展示。烤鸡、烤火鸡、意大利辣香肠、维也纳小香肠、火鸡火腿和火鸡培根。Barbut 和 Jinde 摄。

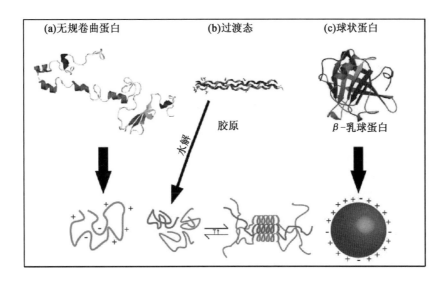

图 13.1.2 蛋白在软冷凝基质中的物理变化示意图。(a)假设的无规卷曲蛋白,是一种两性聚合物,既有正电荷也有负电荷。(b)明胶的过渡态,由胶原蛋白三条肽链水解得到;升高温度可使胶原蛋白的 α-螺旋结构展开,并在冷却过程中发生可逆的重组,α-螺旋影响溶液的凝胶化。(c)折叠的球状蛋白,如 β-乳球蛋白,为一个胶质球,表面分布正电荷和负电荷。(来源:Mezzenga and Fisher,2013)

13.2 肉制品的加工分类

如今的超市有为消费者生产的形形色色的肉制品。表 13.1.1 列出了一些主要的加工类别,但是市场上有几百种产品,不易于消费者理解。为了有助于消费者理解,采用了不同的分类系统。举例来说,基于制备的方法(Aberle et al.,2012)进行的分类主要包括以下 6 种类别:

a. 新鲜(未熟制)——例如:新鲜早餐肠

b. 未加热、烟熏处理——例如:意大利肠

c. 烟熏并熟制——例如:热狗,法兰克福香肠,博洛尼亚香肠,意大利大红肠

d. 仅熟制——例如:猪肝肠,肝酱

e. 干/半干腌制或者发酵——例如:夏季香肠,干腌萨拉米

f. 特殊熟制肉制品——例如:午餐肉,胶质产品,焙烤类食品

在这里需要提到,新技术能够促进产品的多样化发展,尤其是重组肉制品(如萨拉米肉糜制品),在这类产品中,小块的原料肉加工成整块的肌肉/牛排类产品。这种加工通常是将部分冷冻肉高速切下(通常从较硬的部分)后添加胶体(如海藻酸盐及钙盐),在压力处理下重新组合。萨拉米肉糜加工技术是利用鸡肉或者鱼肉肉糜,经过水洗后(去除色素及部分酶类)挤压使之具有肌肉状的纤维结构和质构。

13.2.1 小节进一步讨论了表 13.1.1 中的肉制品分类,并且介绍了每个分类的特点,随后介绍了工厂中使用的肉及非肉组分(分别在 13.3、13.4 节),蛋白凝胶基质的形成(13.5 节),肉的乳化(13.6 节),肠衣(13.7 节)以及 20 种肉品工厂中接受度高且产量较大的产品配方(13.8 节)。

13.2.1 肉制品分类

a.整肉制品——常见的大块整肉制品包括整块火腿以及烤火鸡胸肉(分为烟熏和非烟熏两种)。这是一类优质的肉制品,因为它们是由一块完整的肌肉加工而来,先将腌制液(通常包括水、盐、香料以及胶体)注射到原料肉中,然后进行熏制或者煮制,在本章的结尾,提供了该类产品的配方以及生产工艺。在配方中,需要添加 30% 的腌制液,但是在市场中,有些产品中添加了 50% 的腌制液,即使在这样的条件下,蛋白含

量也能达到14%。对于大块肉,腌制液可直接注射到肉中,但某些较小块的原料肉,腌制液在滚揉过程中添加进去(见第10章)。对于完整的火鸡鸡胸肉,为保证水分的充分吸收以及非肉组分在肌肉中的均匀分布,原料肉先经过搅拌和滚揉后再注射腌制液。滚揉是肉制品加工的关键步骤,未经滚揉的产品会导致添加剂分布不均,从而导致严重的风味、色泽以及质构问题。淀粉跟胶体(如角叉菜胶,见13.4节)通常添加在腌制液中,增加肉制品的持水能力。非肉蛋白,如大豆分离蛋白以及乳清蛋白可起到相同的作用(见章末配料表)。随后,火鸡胸肉置于煮制袋或者网套中(分为有外皮和没有外皮两种),并且在熏制室中进行烟熏或者煮制直到中心的温度达到71℃。

b. **重组肉制品**——禽肉卷是一类由红肉、白肉或者二者混合加工得到的产品。原料肉来源于胸肉、腿肉、皮以及机械去骨肉(来源有禽肉、牛肉、猪肉等)。在这类产品中,5～25 cm长度的块状肌肉组织被"黏合"在一起,形成完整的产品。在这个过程中需要提取肉中盐溶蛋白如肌动蛋白、肌球蛋白等(前文有具体阐述),因此需要加入盐。在混合过程中,这些蛋白在肉组织表面形成黏性膜。在加热过程中发生交联,形成凝胶(与蛋白混合液在加热中形成弹性结构的过程相似)。这些蛋白也有利于水分及脂肪在肉制品中的保持,这个在之后的章节中将会进行详细描述。脂肪、皮以及修剪下来的边角料通常进行充分搅碎(在行业中这个过程通常被称为"乳化",虽然并没有形成真正的乳化体系),填充于大块肌肉中的空隙部分。为了提高产品的多汁性,在产品中添加水分用于补偿加热过程中的水分损失。如果水分添加超过了某个特定值(根据各个国家的规定),则产品标签上必须进行说明。之后,将原料肉以及非肉组分进行充分混合直到肉糜黏度显著增加(说明盐溶蛋白充分溶出),并且所有添加的水分被充分吸收。然后将混合物放置在模具中或者填充进肠衣中,根据市场需求及设备性能选择用水(不透水肠衣)或者用烤炉(透水、透烟肠衣)进行熟制。

另外一类常见的重组肉制品是火鸡火腿,由大块的火鸡腿肉加工得到。该类产品中,通常脂肪含量比传统的猪肉火腿低,受到某些消费者的喜爱。这种产品的加工过程与传统的中到大型块状肉制品的加工工艺一致。在加工前期,通过注射或者滚揉将腌制液(包括水、盐、磷酸盐、佐料以及亚硝酸盐等)与整块原料肉混合在一起。通常经注射后进行滚揉,从而实现水分吸收,腌制料均匀分布,以及最大化提取盐溶蛋白。之后,将原料肉放置在模具(例如4×4火腿模具)中或填充进大直径的人造肠衣中,模具式肠衣决定了最终产品的形状和大小(见13.7节)。最后将产品进行烟熏,加热温度至少达到71℃。如果使用的是不透水肠衣或者金属模具,则烟熏风味物质可直接添加到原料肉肉糜中。

c. **肉糜制品**——早餐肠、意大利辣香肠、腌鸡肉/腌火鸡肉/腌鸭肉肠、萨拉米以及波兰香肠是常见的肉糜制品(粒径通常为0.5～2.5 cm),其加工工艺通常是,将肉糜填入肠衣中,烟熏、熟制、干制或不干制。在本章的最后介绍了上述五种产品的配方。这类产品通常选择禽肉中的白肉以及红肉作为原料肉,主要包括修剪后的边角料、皮、脂肪以及少量的机械去骨肉。这些肉在斩拌后加入食盐、水以及香料。在某些产品中,添加非肉蛋白(大豆蛋白、卵蛋白、乳清蛋白等)、胶体以及淀粉来提升肉制品结合水分、脂肪的能力。将混合后的原料肉填入可食用肠衣(胶原蛋白肠衣)或者非可食用肠衣(纤维素或塑料)中,在加工后,非可食肠衣必须去掉。新鲜的香肠需要消费者自行熟制,但是意大利辣香肠以及萨拉米等产品在出厂前就已经完成熟制。

另外一个特色的肉糜制品是禽肉/红肉夏季香肠,这是一种添加微生物进行发酵的发酵型肉制品。禽肉制品通常以红肉、皮以及脂肪为原料。在加工过程中,乳酸菌将肉制品的pH从约5.8降低至4.8,这增加了产品的储藏期,并提供了浓郁的特征性风味。在传统加工过程中,新批次产品中接入的菌种来自传统批次中产品(该行为被称为back-slopping),但是现如今,工厂使用的发酵剂其微生物组成是确定的。通过不同的温度分离出不同种类的微生物,可用于不同的风味需求。在过去30年中,基于基因工程技术的发展,某些微生物株的特性可被转接到其他株上。如今,采用现成的发酵剂,可保证乳酸菌在发酵过程中占主导作用,有效避免病原菌的污染,且生产出所期望的风味。发酵过程可以通过控制碳水化合物(微生物的能源物质)的添加量进行调控,或通过持续监控 pH,当 pH 达到目标值后进行热处理等方法进行控制。在发酵完成后,产品进行烟熏、熟制或者干燥。如果产品是作为干成品进行销售的,加拿大政府规定在货架期间,产品 pH 维持在 4.5 左右,且水分活度低于 0.90。

d.乳化肉制品——热狗、法兰克福香肠以及博洛尼亚香肠是一些常见的乳化肉制品,产品经过充分的斩拌。腿肉、修剪后的边角料、皮、机械去骨肉通常作为该类产品的原料肉。将原料肉放入斩拌机或者乳化磨(见第 10 章)中进行充分搅碎,保证肉粒较小并能充分乳化脂肪(有效减小脂肪粒径并且有助于蛋白覆盖小的脂肪球,下面将会有进一步解释)。加盐用于提取肉蛋白,从而能够结合肉颗粒并且将脂肪球固定在蛋白基质中(Youssef and Barbut,2011;Barbut and Findlay,1989)。添加亚硝酸盐是为了避免肉毒梭菌的生长,并且提供特殊的肉色(见第 15、16 章)。肉糜可填入用于加工小直径(热狗、法兰克福香肠)或大直径(博洛尼亚香肠)产品的纤维素肠衣中,烟熏,并且在烟熏室中进行熟制。现在较新的工艺为全自动肠衣共挤出,当肉制品从填充机出来时,将半液体肠衣材料直接喷于其表面。这种工艺需要应用胶原蛋白或海藻酸盐肠衣等可食性肠衣。与纤维素肠衣不同,此类肠衣在包装阶段不需要去除。由于这种方式最大化避免了工人与产品的接触,从而能够减少交叉污染(如李斯特菌等)的潜在危害。由于法兰克福香肠广受市场欢迎,一些大型工厂建设了专用于生产该类产品的生产线,保证该类产品的持续生产(24/7)。与其他肉制品一样,较低的微生物污染以及低温冷藏是这类产品的安全性及货架期的基础(一些生产厂家保证该类产品的货架期超过 60 天)。

e.裹浆裹粉肉制品——主要包括带骨及去骨产品,如鸡腿及鸡翅。该类产品表面被面粉糊或者面包糠(如上校鸡块)包裹或者在加热前使用腌制汁(如蜂蜜蒜酱、烤肉豆酱,在本章最后有具体的配方)腌制数小时,有利于提高多汁性及得率。添加水、盐以及香料能够有助于补偿在加热过程中的蒸汽损失,并且改善肉的风味及质构。第 14 章具体描述了包裹体系,包括面粉糊及面包糠。炸鸡块作为最成功的禽肉产品,于 20 世纪 70 年代被发明出来。这种产品由一块轻微腌制后的胸肉经面粉糊及面包糠裹粉后加工而成。后来,炸鸡块可由修剪后的碎肉(包括白肉、红肉、皮、机械去骨肉以及它们的混合物)为原料进行生产。这种鸡块通常在腌制后与腌制液混合进行加工。然后原料肉被修剪成需要的形状,裹浆裹粉进行深度油炸。油炸起到产品的定型作用,面粉糊及面包糠在产品表面定型,保证产品特有的脆度。

13.3　肉类原辅料及最低成本配方

各种不同块形的原料肉都可用于进一步的加工。根据之前的叙述,这些原料肉可来自不同的部位(例如胸肉、腿肉、肚皮肉)以及状态(鲜肉、冻肉),带皮或去皮。产品配方需要一些基本的计算。大部分中、大型肉类企业利用计算机程序对他们的产品进行配方计算,这样做的原因主要有两个,即根据加工的复杂性与时间,优化利用原料肉的生产条件(例如原料的价格,每日成本不同)以及配制出产品具体规格(例如蛋白水平、脂肪含量、色泽、结合力值)。在过去,加工者通常使用简单的配方,其中仅涉及少数几类原料肉组成。对于这类配方,"香肠公式"(包括 2~3 种原料肉来源的简单基质计算)就足够了。但是,原料肉的多样性以及国际市场上价格的波动性需要对多种产品共同进行计算及优化配方。在 20 世纪 50 年代后期,香肠加工中开始采用线性规划法。最低成本配方(LCF)这个最初术语可能误导并不熟悉加工的人,认为其目的是以最便宜的配方进行加工生产。然而,该方法是用来选择可满足各项需求(包括蛋白水平、脂肪含量、色泽、结合力值)前提下的最低成本配方。Pearson 和 Tauber (1984)描述的这个方法即使在今天依然有优势。这些优势包括:

a.在配方成分的限量范围内为特定的产品提供最经济的配料组合

b.达到其他方式都不能达到的复杂计算

c.相对于实验室的传统计算(笔算或者计算器运算),节省了更多的时间,这些时间可以被用于解决其他产品问题

d. 采用预混合或者其他方式得到参数,根据参数分析结果对配方进行调整

e. 配料利用率的最大化

f. 减少库存

g. 提供精确的工序信息

h. 能够进行即时的有关生产、价格以及劳动力使用等的管理决策

当前,由于格外重视灵活性和可溯源性,所有的数据,如 HACCP(第 6、12 章中有具体叙述)的数据都采用电子媒介存储。这是肉类企业利用自动化进行流水式生产、减少劳力成本和节省开支的又一例证。总的来说,需要注意的是最低成本配方(LCF)作为一种计算机程序,需要更多关于配料组成的基本信息(包括化学组成、相关参数、保水保油性等),以及操作计算机的技能型人才和设备。肉类行业的技术人员需要理解基本的科学原理,如原料肉的乳化稳定性以及功能特性等。这变得非常重要,因为非肉组分的数量越来越多(目前市场上可购买到数十种不同的改性淀粉)。了解原材料的特性并建立优化最终产品所需的“常数”至关重要。如在使用 LCF 程序过程中,两个重要参数,结合力值以及乳化能力值在程序使用最初就要进行设定。

罗伯特 萨弗尔(Robert Saffle)博士因在 20 世纪 60 年代早期引入肉品常数的概念而被熟知(LaBudde 和 Lanier,1995)。这些常数是根据肉类乳化稳定性试验设计的,在香肠的 LCF 程序中是必不可少的。为了更好地组合利用每日可用的不同部位分割体,线性规划需要大量用于描述肉类特性的参数。其目的是在满足设计人员设定需求的前提下,计算最佳的原料用量。正如前面提到的,这些需求包括蛋白、脂肪、水分含量(Pearson 和 Tauber,1984),以及色泽跟肉类结合力值等。值得注意的是,在萨弗尔(Saffle)提出乳化常数的概念之前,已经有至少一个主要的北美企业已经开始实行自己的肉类评价标准。萨弗尔的乳化常数是基于在某种斩拌条件下的盐溶蛋白比例乘以乳化能力计算得出的。如今,很多大中型企业还在一种或多种形式的产品中使用萨弗尔参数,然而很多大型肉类企业已经开发了自己的专利标准用于评估原料肉并将这些参数用到开发自身的 LCF 程序中。

13.4 非肉组分

肉类企业使用不同的非肉组分,从而达到:

a. 帮助盐溶蛋白溶出

b. 提供风味,增加可接受性

c. 通过非肉蛋白(如大豆蛋白、乳蛋白等)及碳水化合物(如淀粉、卡拉胶等)来结合水分

d. 增强多汁性

e. 通过添加变性淀粉增加冻融稳定性

f. 提升、改善质构(如大豆蛋白凝胶、海藻酸盐等)

g. 提供色泽(如辣椒粉)

h. 降低成本

i. 增加体积

j. 提升切片性(如形成卡拉胶凝胶)

k. 延长货架期(如乳酸、辣椒提取物)

为了简化本章的讨论,非肉组分主要分为以下几组进行讨论:水、盐、香料、黏合剂以及填充剂。

某些非肉组分的添加需要限制在一定范围内。在地方规范/肉类审查指导中规定了允许使用的最大量。举例来说,亚硝酸盐是一类添加量被严格限定的配料,把它添加到肉中,可用于控制致死微生物肉毒梭菌。但是,当添加量达到一定程度后,亚硝酸盐会造成健康风险,因此它的用量是被严格控制的(例如在美国和加拿大为 120～200 ppm)。其他功能性配料,如大豆蛋白等,也有严格的规范。举例来说,在美国,一些熟制香肠中大豆蛋白的添加量可达 3.5%,无论是单独使用或者是与其他黏合剂一起使用;但是,如

果超过了这个限度,则产品名称中必须包括"大豆添加"或者"人造",从而使消费者有所了解。在大部分国家,所有添加的配料都必须在配料表中列出。下面是一个加拿大产品的配料表实例,按照重量由大到小进行排列:

产品名称:鸡肉法兰克福香肠。原料:机械去骨鸡肉、鸡肉、水、小麦粉、盐、
玉米变性淀粉、香料、葡萄糖、异抗坏血酸钠、亚硝酸钠、烟熏剂。

肉类工业中大部分常见的非肉组分的名称及功能如下:

a.水——通常用于补偿加工过程中的蒸汽损失,增加多汁性,降低产品中的脂肪比例。通过添加剂如亲水胶体以及淀粉结合水分代替脂肪。在很多国家,水分添加的量是有规定的。如果在最终的产品中水分添加超过了一定值(加热后,并考虑蒸发损失),则需要在产品名称中进行标明(如天然鸡肉卷/注水鸡肉卷)。总的来讲,水分是新鲜及加工肉制品中的主要组分,含量达到 40%～80%。大部分水分来源于瘦肉部分(如去皮禽胸肉水分含量达 75%,见第 3 章)。工厂及消费者向产品中添加水分(见本章最后的配料)是为了避免较干的口感,如在家中或在工厂烟熏炉中加工的鸡肉片。最初,原料肉中含有 22%的蛋白,但是去除蒸煮损失和蒸汽损失,最终产品中蛋白含量达到 25%。对于大部分消费者,这样的产品较硬而不被接受。在产品中添加水分通过补偿加热过程中的水分损失,增加了产品的接受度。同时,添加水分作为香料的载体能够保证香料充分分布。在乳化肉制品中(表 13.1.1),产品斩拌过程中加冰能够保证该过程中温度得到控制,从而避免斩拌过程中摩擦产生的热量破坏乳化体系。关于这部分更多的讨论见第 13.6 小节。

产品中添加水的微生物含量及化学品质十分重要。在微生物方面,至少需要达到饮用标准(符合地方及国家标准)并且还应经常进行检验(见第 6 章)。在化学品质方面,水质被化合物如硝酸盐等污染会导致一些产品呈现粉红色,如烟熏烤鸡胸肉等。硝酸盐污染(1～5 ppm)在水源靠近施氮肥的田野中很常见。需要特别关注暴雨后的硝酸盐污染(见第 16 章)。另外一个潜在危害是高盐水。富含镁盐跟钙盐的水,又称为硬水,会导致乳化肉制品不稳定,并且损坏管道系统。

b.盐——在肉制品中添加了不同种类的盐。最常见的盐是食盐(氯化钠),它可用于调味、提取蛋白以及抑制微生物。磷酸盐是另一类提取和溶解蛋白的盐类(如三聚磷酸钠用于提取肌球蛋白跟肌动蛋白)。其他盐类包括亚硝酸钠(增长保存期)以及腌制催化剂如异抗坏血酸钠跟抗坏血酸钠。

b1.**氯化钠**是最常见的肉品加工配料,其具有以下三种主要贡献:

1.氯化钠提供产品持久的咸味风味。通常所指的咸味指的是氯化钠跟氯化锂的风味,然而其他的盐类与它们同时作用也会产生特别的风味,如甜味、苦味、酸味及咸味等。从化学角度看,是阳离子导致咸味,阴离子抑制咸味(Sebranek and Bacus,2007)。

在阴离子中,氯离子是咸味最弱的抑制剂并且本身不提供任何味道。一些阴离子不仅能抑制与它们结合的阳离子的味道,同时自身也提供风味。如某些磷酸盐提供的肥皂味来自它们阴离子释放的特殊风味。

通常,被广泛接受的描述咸味的模型认为水合的阴-阳离子复合物与 Shallenberger 和 Acree 提出的 AH/B 型受体进行结合。这种复合物的结构变化很大。在有水存在的前提下,OH 基团以及盐键(阴离子/阳离子)与特殊的受体结合。苦味有不同的呈味机制,这与阴离子跟阳离子的直径之和相关。当盐的离子直径低于 6.5 Å 时呈现咸味(LiCl=4.98 Å,NaCl=5.56 Å,KCl=6.28 Å),也有部分研究表明 KCl 呈现苦味。当离子直径增加后(CsCl=6.96 Å,CsI=7.74 Å,$MgCl_2$=8.5 Å),盐的苦味增加。

在加工过程中,加工者应该选择优质的盐。对盐而言,高品质指的是杂质含量低(例如重金属如铜、铁)。这些杂质是氧化的前体物质,并且会导致贮存过程中脂肪氧化加速,在后面将会有更加详细的讨论。

2.氯化钠在盐溶蛋白(主要包括肌球蛋白跟肌动蛋白,见第 3 章)的提取过程中起到关键作用,提取蛋

白是为了在原料肉表面形成黏性表面。这对于加热过程中肉块的黏合非常重要。这些蛋白也有助于结合水分(如增加水分结合能力,WHC),在乳化肉制品中辅助乳化脂肪颗粒(通过包裹脂肪球),并且增加肉糜黏度。随后,提取的蛋白将肉颗粒(利于保持产品结构)与水分(利于减少蒸煮损失)结合起来从而形成凝胶基质网络结构,这对于加热过程中的质构和保油特性十分重要。

自 20 世纪 80 年代以来,由于钠盐对于健康的影响(造成高血压等疾病),在食品/肉制品中降低食盐用量(主要是钠盐)成为一个研究热点。除了其对感官影响外,氯化钠替代需要考虑的重要问题是其对产品物理特性的影响。降低氯化钠用量可造成蛋白保水性变差。在加热过程中,这可能造成更高的水分损失,导致最终产品质地软、口感较干。当蒸煮损失过高时,最终产品将不被消费者接受。盐含量与保水性之间的关系已经被充分阐明,这取决于许多因素,如蛋白的数量与种类、pH 以及贮藏条件。对于成熟后的禽瘦肉,盐用量增加能够使产品收缩减少,在大约 5% 的盐用量时,减少值最大(图 13.4.1)。进一步增加盐用量会使保水性下降,这种现象称之为"盐析现象",这是因为蛋白分子表面电荷增加,从而导致蛋白沉淀析出。

3. 由于大部分微生物对高盐条件敏感,因此氯化钠能够抑制微生物增长。高盐含量能够制止或者持续减缓微生物的生长。在过去,高盐条件(10%～20%)是产品贮存的主要方法,因为在该条件下肉制品货架期稳定。该技术在缺乏低温设施或偏爱传统高盐性产品的地区(如过高的盐含量需在销售前被洗去)仍在使用。但是如今,在很多市场销售的产品为低盐产品(1%～2.5%),但需与其他配料混合使用(亚硝酸盐、乳酸),同时也应当采用冷藏方式,保证产品安全性(Barbut and Findlay,1989;Sebranek and Bacus,2007)。

b2.亚硝酸钠和硝酸钠——两种常见的腌制盐,添加量很低(通常在美国规定 120～200 ppm),有以下四种主要作用:

1. 抑制肉毒梭状芽孢杆菌孢子发芽。能使肉毒梭状芽孢杆菌孢子失活的活性化合物是一氧化氮。仅仅需要非常少量的活性化合物,添加上述腌制盐即可在肉中生成活性化合物,因此使用非常简便。使用实验室装置,还可以气体形式添加。

2. 形成特有的粉红色的腌制肉色。能起到这个作用的活性化合物也是一氧化氮。这种粉红肉色与鸡腿肉、火鸡腿肉、猪排或者猪大排等加热后形成的褐色完全不同。该颜色介于家常大排跟腌制火腿的颜色之间(见 16 章)。化学反应包括:

$$肌红蛋白 + 一氧化氮 \rightarrow 硝基肌红蛋白 \rightarrow 加热 \rightarrow 亚硝血红素$$

亚硝基血红素(nitrosohemochrome)形成腌制肉制品中特别的粉红色素。

3. 避免脂肪氧化。亚硝酸盐有抗氧化特性,能够帮助延长肉制品的货架期。

4. 增加风味。添加亚硝酸盐能够形成特别的风味。

总的来说,亚硝酸钠(在工厂中有时也使用亚硝酸钾)在肉制品中的化学反应如下。亚硝酸钠分解成如下几种化合物:

$$NaNO_2 \rightarrow HONO + Na + H_2O$$
$$3HONO \rightarrow HNO_3 + 2NO + H_2O$$

在肉制品中亚硝酸盐的使用量是受到严格限制的,因为其含量过高时呈毒性。值得注意的是,肉制品并不是饮食中亚硝酸盐的主要来源。与之相比,绿色蔬菜,如芹菜中亚硝酸盐含量达到约 300 ppm。此外,人类唾液跟肠道中的细菌能够产生更高含量的亚硝酸盐。肉制品中的亚硝酸盐随着时间的增长含量逐渐下降,尤其在加热过程中,如在法兰克福香肠中最初 150 ppm 的亚硝酸钠在最终消费环节含量会下降到 20～40 ppm,甚至更低。总的来说,肉制品中的亚硝酸盐含量仅占总摄入量的 10%～20%(Sindelar and Milkowski,2012)。也有研究表明,在肉制品加热过程中,残留的亚硝酸盐可能生成仲胺类化合物,这是一种潜在的致癌化合物。因此,在北美地区,一些产品中需要加入腌制促进剂(500 ppm 抗坏血酸盐),从而保证亚硝酸盐能够迅速转化为一氧化氮。有助于减少高温加热过程中(油炸温度>100℃)仲胺类化合物的形成。关于亚硝酸盐在加工肉制品中的应用与其安全性在 Cassens(1990)和 Sindelar 与 Milkowski(2012)的综述中有详细论述。

　　b3.**磷酸盐**——磷酸盐与氯化钠一起增强盐溶蛋白的提出,从而提高产品加热过程中的保水性,减少收缩(图 13.4.1)。市场上磷酸盐的种类很多。最常见的多聚磷酸盐和正磷酸盐见图 13.4.2。碱性多聚磷酸盐如三聚磷酸盐最常见,占肉品加工中磷酸盐使用量的 80%。在美国,最终产品中磷酸盐的含量限制在 0.5%以下。限制磷酸盐用量主要是为了限制水分添加,同时,根据消费者调查,过量添加磷酸盐可能对风味有不好的影响,如造成金属味或者肥皂味。在德国,一些产品中不允许添加磷酸盐。

　　添加 0.5%三聚磷酸盐、焦磷酸盐以及 KENA 牌复合磷酸盐成品(其中三聚磷酸盐含量超过 50%)对蒸煮损失的影响见图 13.4.1。当三聚磷酸盐与 2%~5%的食盐共同添加时,有明显的协同作用,同时添加二者的效果较分别添加的效果更好。在前文讨论到的"盐析现象"中,当盐含量达到 5%以上时,现象十分明显。焦磷酸盐跟氯化钠表现出较三聚磷酸盐更好的协同效果(图 13.4.1),但是,焦磷酸盐的应用较三聚磷酸盐少,因为它对产品的 pH 及其他特性有影响。六偏磷酸盐会导致更高的收缩率。这导致了加工者在使用过程中要准确掌握需要磷酸盐种类或者磷酸盐混合物的组成,但是这些信息是很多配料企业不愿分享的。但是,根据新材料安全数据表(Material Safety Data Sheet,MSDS)的要求,这些信息将更容易被加工者得到。

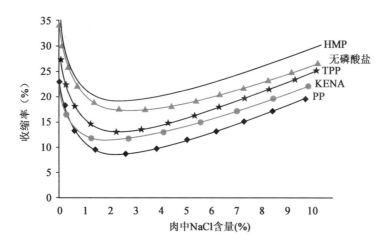

图 13.4.1　氯化钠对含有盐和不同多聚磷酸盐(0.5%)的鸡肉蒸煮(70℃)收缩的影响。HMP——六偏磷酸盐;TPP ——三聚磷酸盐;KENA——商业复合磷酸盐;PP——多聚磷酸盐(酸钠)(由 Shults 和 Wierbicki 重新绘制)。

　　肉品工业中使用的磷酸盐增强产品的物理和感官特性是由于:

　　a.提取盐溶蛋白,从而增强保水性和肉粒间的黏合性。

　　b.使肉的 pH 偏离肌肉蛋白的等电点,从而使氨基酸侧链带有更多电荷。这能够增加蛋白间的斥力,从而有更多的空间容纳水分子,暴露出更多的水分子结合域。

　　c.通过改变分子的亲水/疏水结构,增加乳化肉糜稳定性。

　　d.通过螯合作用降低氧化速度。

　　磷酸盐能够结合铁离子跟其他金属离子,从而避免它们成为氧化前体。这有助于肉制品货架期内的风味品质保持,同时避免肉源色素的氧化(导致颜色劣变)。

　　通常,磷酸盐在食品/肉品体系中作为一种多聚阴离子,能够增加离子强度,通过缓冲作用控制 pH 并且结合肉中的离子。一些研究人员报道,磷酸盐改善保水性是通过非特异性离子强度影响。正如上面提到的,增加凝胶网络的负电荷能够导致蛋白之间斥力增加,从而增加肌肉间更多的空间以容纳水分子。但是,焦磷酸盐对保水性的影响不仅仅是通过增加离子强度。因此,不少研究者认为存在"特殊的"焦磷酸盐效应,即通过磷酸盐分解肌动球蛋白形成肌动蛋白跟肌球蛋白(磷酸盐能够降低肌动球蛋白的复杂性),进一步改善蛋白凝胶保水性。

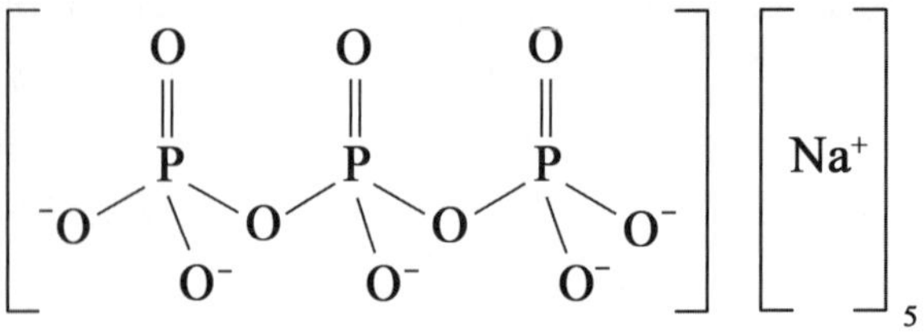

图 13.4.2 肉类工业常用的三聚磷酸钠(溶解度在 25℃ 下每 100 mL 14.5 g;1%浓度的 pH 为 8.0)的化学结构。来源于维基百科。更多来自材料安全数据表的信息可以在以下网址得到:http://www.sciencelab.com/msds/php? msdsId=9927608。

b4. 抗坏血酸钠和异抗坏血酸钠——又称为腌制促进剂,可加快亚硝酸盐在腌制液中还原为一氧化氮的速度。在肉品体系中,一些肌肉中的酶类能够还原亚硝酸盐。但是,为了加速一氧化氮的转化,故添加腌制促进剂以加速亚硝酸盐的还原。同时,它们加速了高铁肌红蛋白还原为肌红蛋白。这对香肠的连续生产很重要,因为在加工过程中,需要在添加并混合配料后的 1 h 内进行熟制。在其他情况下,如加工干腌香肠,要求一氧化氮的缓慢释放,因此不需要添加腌制促进剂。在这些情况下,加工者通常使用硝酸钠,它们的分解时间较亚硝酸钠长,因此可以延长一氧化氮的释放时间。

抗坏血酸钠和异抗坏血酸钠(或者它们对应的酸即抗坏血酸跟异抗坏血酸)的使用浓度为约 550 ppm。对于要进行高温加热的产品,如火鸡/猪肉培根等,很多国家要求添加腌制促进剂,因为高温能够增加亚硝胺形成(见上述讨论)。

c. 香料——用于增加产品的风味和色泽(如辣椒素),同时提供一些抑菌/抗氧化(迷迭香)特性。在多数情况下,它们能够用于改善产品外观(如在烤肉中加入干胡椒)。很多国家限制在加工肉制品中使用人工着色剂,添加食品的香料是基于上述原因。

下述举例说明了一些来源于不同植物的香料。

a. 种子——肉豆蔻,芥末

b. 叶子——鼠尾草,百里香

c. 鳞茎——大蒜,洋葱

d. 果实——青椒,红椒

e. 花朵——丁香

f. 树皮——肉桂

g. 根——姜

香料能以不同形式添加到产品当中,赋予产品更好的外观、更长的货架期等。在大部分商业应用中,它们以干燥的形式或热处理后进行添加,因为这样更容易控制(延长货架期,使导致产品产生不良风味/色泽的酶类灭活)并且更容易标准化(如辣椒的辣度)。总的来说,香料能够在被干燥前后(洋葱),以完整或颗粒的形式(黑胡椒、芥末籽),或浸提物的形式(迷迭香油树脂)等形式进行添加。这决定于最终产品的形式和外观。对于颗粒型的肉糜制品,如波兰熏肠(配料表见本章最后),能够添加完整的芥末籽,从而使产品的横截面外观更好。但是,对于乳化法兰克福香肠,添加完整的芥末籽对外观将有不好的影响。

香料中通常携带大量的微生物。因此,它们需要充分的清洁、杀菌或者灭菌。热处理是一个常见的方法,但是并不是最好的方法,因为在这个过程中将会挥发释放大量风味化合物。因此,普遍使用非热处理如电离辐射以及化学巴氏杀菌(环氧乙烷)。上述两种方式均是冷加工,不会导致风味化合物的挥发。电离辐射如今已经得到广泛应用,并且经过电离辐射的香料不需要在产品配料表中进行特别标注,因为香料的添加量很少。然而,如果整个肉产品经过电离辐射,一些国家要求在产品上标注辐射食品标识(见第 11章)。化学灭菌处理也得到广泛的应用,但是一些消费者组织对其残留物的潜在风险有所担忧。

肉类企业中大量使用含有精油和油树脂的香料提取物是从植物材料中浸提出来的。香料油提取的方法有压榨、蒸馏或者溶液浸提,为了提高最终产品的浓度,需经过进一步浓缩。如果经过了高温蒸馏或者使用了强溶剂,得到的香料油是无菌的。总的来说,利用油脂浸提物能够降低运输成本,延长货架期,并且不改变产品的外观。对于乳化肉制品,如热狗跟博洛尼亚香肠,保持产品的外观是十分重要的(添加可见的黑胡椒颗粒不能被消费者接受)。这些浸提物通常浓度很高,因此在使用前需要均匀地喷洒到一些载体如盐和糖(葡萄糖)上,从而保证最终在产品中均匀分布。

在使用天然的香料或浸提物时,风味强度的标准化非常重要。香料公司从全世界购买原材料,很多因素如生长条件、气候以及植物品种都可能导致口感的巨大差异。为了解决这个问题,香料企业雇用受过训练的专门人员进行风味标准化,获得既定的风味强度(如评定红辣椒的辣度系数),这对于产品的稳定性非常关键。在进行香料风味标准化的过程中,专业的风味评定小组根据一系列不同浓度的浸提物稀释液分辨最低的可以品尝到的浓度。这个最低的浓度阈值可用于风味标准化。其他的精密仪器如气相色谱也能够用于检测香料的关键风味物质浓度。对于赋色香料如辣椒素,颜色的强度根据美国香料贸易协会(American Spice Trade Association)的规定进行评价(测定样品丙酮稀释液在 460 nm处的吸光度)。

d.鲜味增强剂——与肉类风味成分协同增加肉香味。目前常用的有 5′-核苷酸、水解酵母蛋白和谷氨酸钠(MSG)。当添加量超过阈值时,这些化合物就会产生香味或者鲜味。当低于单独检测阈值,它们只能起到增强风味的作用。值得注意的是,某些人群对这类化合物十分敏感(当食用的时候会有头痛或者恶心症状)。因此,谷氨酸钠需要在包装或者餐厅的菜单上明确标明。

e.甜味剂或着色剂——这些配料以较低的含量添加到食品当中,起到增加甜味、降低咸度、增强着色(蛋白与碳水化合物之间的美拉德反应)和提供发酵基质(萨拉米加工过程中为发酵剂乳酸细菌提供能量物质)的效果。

总的来讲,天然糖跟合成糖的甜度有所不同。它们的甜度是以蔗糖(葡萄糖与果糖结合生成的二糖)为标准进行评价的,蔗糖的甜度记为 100。在这样的标准下,右旋葡萄糖(葡萄糖单糖)的甜度值为 74,果糖为 175,麦芽糖(两个葡萄糖结合成的二糖)为 40,乳糖(又称牛奶糖)为 16,玉米糖浆为 37(因此它也可以作为膨胀剂,讨论见下述内容),阿斯巴甜为 180,三氯蔗糖为 600。糖的种类很多,目前肉类企业通常利用的天然糖浓度大约为 1%～3%。糖类的选择根据使用需求决定。还原糖能够参与美拉德反应,在这个过程中糖与二级胺在加热条件下结合生成褐色色素。在肉制品中添加还原糖如葡萄糖、果糖或者麦芽糖能够增强表面褐色着色。这对于烟熏制品十分重要,因为这类产品的金色/褐色更受喜爱(见本章最后烟熏火鸡肠配料)。还原糖能够添加到煎炸产品中形成金黄色/棕色,避免香肠的过度加热或烧焦,产品在没有过度加热或者烧焦的前提下充分着色。

f.抗氧化剂——是抑制脂肪氧化的重要成分。在肉与肉制品当中,脂肪氧化是严重的问题之一,动物脂肪的脂肪酸组成(包括不饱和脂肪酸,见第 7 章)使其更容易被氧化。在加工过程中(如切碎、斩拌),细胞被破坏,在加工、加热以及整个贮藏过程中,酶类被充分释放。在活体组织中,有很多自然的抗氧化剂(生育酚/维生素 E),但是在加工中,这些天然抗氧化剂不足以保护肉/肉制品免于氧化。氧化的过程是由自由基驱动的,一旦开始,将以指数级数进行增长,如一个变为两个,两个变为四个,依此类推。食品工业中常用的抗氧化剂有以下三种:

a.自由基终止剂

b.去氧剂

c.结合金属离子的螯合剂

由于政府限制了一些人工合成抗氧化剂的使用,并且有些抗氧化剂是不允许使用的,天然的抗氧化剂如迷迭香油树脂等就成为较好的选择,因为它们对健康有益。此外,它们只需要以香料名称列出。一些风味强度较低的产品如迷迭香油树脂也是可以使用的,因为其大部分风味化合物被去除了,因此添加量可以增加。柠檬酸是另一种去氧剂(能够结合自由氧)。

工厂中也使用一些合成的抗氧化剂如丁基羟基甲苯(BHT)、丁基羟基苯甲醚(BHA)以及没食子酸盐(PG)。这些化合物是自由基终止剂,因为它们有一个环状碳结构能够与自由基分子反应。这三种化合物是脂溶性的,它们的使用量(允许使用的地区)限制在 200 ppm 以内。火鸡香肠中有 25% 的机械去骨肉,这种肉对氧化十分敏感(见第 9 章),向其中添加 BHA/BHT 混合物(200 ppm)与迷迭香油树脂可以有效延迟脂肪氧化(图 13.4.3)。BHA/BHT 混合物与迷迭香油树脂都能够有效控制肉制品贮藏过程中的脂肪氧化。相对于对照组,单独使用香料混合物也有部分抗氧化活性。图 13.4.3 也阐明了盐的作用,由于盐当中有少量的重金属离子(铁),因此它能够加速脂肪氧化。数据以丙二醛的量体现。因为在文献中丙二醛(氧化分解脂肪酸过程中生成的一种副产物)常常用来反映脂肪氧化。一些其他的副产物也在文献中列出(己醛、庚醛、戊醇,通过气相色谱检出),这些副产物产生一些不愉快风味,能够被感官评价人员检测出。

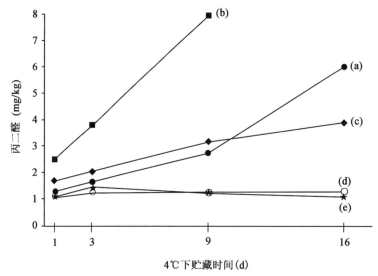

图 13.4.3 火鸡生香肠的氧化副产物。图例:a)无添加(●);b)1.7%的盐(■);c)仅香料(◆);
d)香料+迷迭香(○);e)香料+丁基羟基苯甲醚/丁基羟基甲苯(★)。摘自 Barbut 等(1985)。

g. 发酵剂——一些能够发酵产生乳酸的细菌被添加到发酵香肠中,如意大利辣香肠和夏令熏香肠。植物乳杆菌和乳酸片球菌被添加到发酵香肠中生产乳酸,降低产品的 pH。这能够帮助延长货架期,提供特殊的风味跟质构。生产者需要添加一些糖源(单糖、二糖),从而避免微生物利用脂肪和蛋白,否则将产生氧化物,生成腐烂气味。过去,生产者利用自然生成的乳酸菌或从之前的产品中分离培养的乳酸菌。然而如今,通常使用专业公司生产的标准化、可控的发酵剂。当每克肉"有益乳酸菌和细菌"的接种量达到 10^7 时,其在发酵中就会占主导作用。出于对大肠杆菌 O157:H7 的担忧,也促使工厂采用发酵剂,从而保证发酵的快速、高效。

h. 防霉剂——用于抑制没有真空包装(霉菌是需氧型微生物)的干制和半干制香肠表面的霉菌生长。由于产品中的水分能够允许霉菌生长,因此这是一个严重的问题。防霉剂能够通过浸渍或者喷洒的方式附着在肠衣表面。常用的化学防霉剂有山梨酸钾和山梨酸。这些化合物在一些国家是允许使用的(如美国),但在另一些国家则不允许(如加拿大)。在那些不允许使用的国家,烟熏处理能够通过生成天然抑菌化合物(见如下讨论)避免霉菌生长。

i. 黏合剂——用于帮助肉粒黏合,增加保水性(参见 13.5 节)。这些配料通常由蛋白组成,能够形成凝胶体系或者参与肌肉蛋白胶凝作用。黏合剂与肉类蛋白形成协同作用时其优势非常明显(参见图 13.5.1,

Aguilera 和 Kessler,1989)。这些配料通常价格高昂,因此加工者在使用过程中应该考虑它们的附加价值,如:

　　a. 增强质构

　　b. 保水性;即减少加工中的收缩

　　c. 优化产品配方

　　d. 提升乳化能力

　　e. 减少成本

肉品工厂通常使用乳类黏合剂(如奶粉与它们的衍生物)、植物蛋白(如大豆、绿豆)以及肉类蛋白(如胶原蛋白、血浆蛋白)。

乳类蛋白实例:

　　a. 乳清蛋白——奶酪加工的副产物,在肉制品中非常有效。在温和干燥(避免蛋白变性)过后,它们以粉状进行销售,蛋白含量为 70% 时标记为浓缩乳清蛋白,90% 时标记为分离蛋白。

　　b. 酪蛋白——干燥后作为高功能性蛋白进行销售,蛋白含量达到 80%～90%。主要用于乳化肉制品。

　　c. 脱脂奶粉——含 35% 蛋白(80% 是酪蛋白)和 50% 乳糖。

　　d. 低钙脱脂奶粉——用于肉糜类/乳化肉制品,若钙离子含量过高可能破坏乳化稳定性。

植物蛋白实例:

大豆蛋白——用于黏合原料肉如肉丸、肉糕以及香肠。在一些国家,它们的添加量限制在 2% 以下,大豆分离蛋白或者其他产品名称需要包括"大豆"二字。其他植物蛋白如豌豆也有少量应用。通常植物蛋白被分为以下几类:

　　a. 大豆/豌豆蛋白粉(微粒含 40%～60% 蛋白)

　　b. 大豆/豌豆粗磨粉——粗粉粒含 40%～60% 蛋白

　　c. 浓缩大豆/豌豆蛋白——含 70% 蛋白,无味

　　d. 大豆/植物分离蛋白——含 90% 蛋白,无味,保水/脂肪性很好

　　e. 结构性大豆蛋白/植物蛋白——蒸煮后压成特定大小的颗粒,有/无味,有/无色

需要注意的是,植物蛋白粉在浓度很高的时候有不同的风味(豆腥味)。过去几十年很多工作是为了解决这个问题,如今,豆腥味这种不愉快风味比之前有了明显改善。

j. 填充剂——是一类非肉组分,通常由复合糖(淀粉)组成,蛋白含量低,这利于结合水分,但不能黏合肉粒,通常被认为是很好的填充剂。

填充剂可以按照谷物来源区分(小麦、玉米、淀粉),可以粉状或颗粒状形式添加。在有水的情况下,当淀粉的加热温度超过其凝胶化温度后,淀粉结构打开,结合水分(结合水分比例达到 1:2～1:10)。在高温条件下,溶液变得更加黏稠,当温度降低后(在加热食品或肉制品后使其冷却),质地甚至会变得更加黏稠。肉类工厂也使用预凝胶化淀粉,这种淀粉通过对淀粉溶液加热后干燥而成。这使得该产品能够在较低的温度下结合水分,这对肉品加工是一个极大的优势,因为肌肉蛋白在加热中(变性过程中),结合水分能力下降。值得注意的是,面粉和淀粉的另外一种常见的应用就是用于加工裹浆裹粉类产品(见 14 章)。

k. 亲水胶体——是一类独特的化合物,它能够在很低的浓度下(在 1% 浓度下,卡拉胶经加热后能够形成坚硬的凝胶,可以很好地结合剩余 99% 的水分)形成水分含量很高的胶体基质。这样的胶体以很低的浓度加入肉制品中,能够结合腌制液/水分(见本章中 13.8.7 帕斯塔米火鸡肉)。在这种情况下,坚硬的凝胶(在冷却之后)也有助于增强质构。很多亲水胶体从海草中分离得到,一些从种子中分离得到,另外一些通过微生物发酵生成。以下是几种常见的亲水胶体实例:

　　a. 海藻胶——从褐藻中分离得到,褐藻通常种植在爱尔兰沿岸(Davis et al. ,2003)。海藻胶是由甘露糖醛酸和古洛糖醛酸单体组成的;二者的比例决定了凝胶的脆性、保水性等。由于海藻的种植地点和种植季节不同,海藻胶的凝胶特性也不同。因此,在肉品加工中选用优质、可控、标准化的原料褐

藻胶十分重要。海藻胶的一个独特性是在有少量钙离子存在的前提下,能够在室温/冰温条件下迅速形成凝胶。肉类工业使用海藻胶结合原料肉肉粒,如重组肉排(图13.4.4),可使小碎肉结合起来,并且在加热之前结合成一个整体。如今,海藻胶也用来制作肠衣(Harper et al.,2013),即直接共挤喷涂到产品上(见第10章讨论)。

图 13.4.4 碎肉通过海藻胶黏合起来形成重组肉制品。在氯化钙存在下,黏合能够在低温下进行,因为氯化钙有助于褐藻胶形成冷凝胶。图中展示了鸡肉和牛肉制品,以及加热后的牛肉制品。S. Barbut 摄。

b. 卡拉胶——从爱尔兰苔藓中分离而得,爱尔兰苔藓生长于不列颠群岛、欧洲跟北美的大西洋沿岸。由硫酸化半乳糖单体和半乳糖酐单体组成。这类亲水胶体是大约十种不同的聚合物的混合体。在肉类工业中主要应用的有 kappa 型跟 iota 型(注:一些 lambda 型也用于增加黏度,但其是非凝胶组分)。凝胶的类型是由原料的纯度(图13.4.5)、混合物中主要的聚合物以及加热诱导形成凝胶的阳离子决定的。卡拉胶形成可逆凝胶(能够再熔化和再成形),能够有效结合水分,通常添加到需要用水分代替脂肪的产品中,如烤火鸡/鸡胸肉产品和低脂香肠。

图 13.4.5 卡拉胶(1%)添加到热水(85℃)后冷却形成的凝胶(解释见正文)。左边的凝胶由未纯化的卡拉胶制备,右边的凝胶由提纯后的卡拉胶制备。后者能够形成一种更干净、更坚硬以及更有弹性的凝胶,但是会有更多的脱水收缩作用。S. Barbut 摄。

c. 黄原胶——通过微生物合成,是一种胞外多糖。由纤维素链结合低聚糖组成。低浓度的黄原胶能够形成黏稠的溶液。结合槐豆胶,黄原胶能够形成热可逆凝胶。

I. **酸/酸化剂**——用于降低 pH,增强风味,延长货架期或者生产类发酵肉制品。常见的酸有醋,常见的酸化剂有葡萄糖酸内酯(GDL;于20世纪60年代发现),它能够在加工乳化肉制品过程中加速和提升着色。

利用 GDL 的优势在于其缓慢的酸释放速度,不会影响蛋白结合(注:在加工初期向肉制品中添加大量液体酸将导致早期的蛋白变性,蛋白结合性变差,降低保水性)。虽然 GDL 最初用于加速原料肉加工操作,但是随后它被用于加工类发酵肉制品(如披萨的配料意大利辣香肠及其他酸化产品)。

胶囊化酸(如乳酸、柠檬酸等)是另一种加酸生产类似发酵产品的方式。胶囊材质(胶囊壁组分)通常由氢化植物油组成。这种植物油的熔点已经调高到略微高于主要肉类蛋白的变性温度(如 60~65℃)。其他的敏感化合物也能包埋在胶囊中(风味成分)从而使其在需要的时候才得到释放(包埋材质要求能被唾液、酶类或者机械作用力破坏)。总的来说,在过去的三十年间,风味成分、油以及维生素等胶囊的市场有了巨大的发展。

在食品配料市场中,微胶囊技术逐渐成为一个重要的课题。目前,胶囊技术有很多应用,但是很少能达到纳米尺寸。正如上文提到的,这些胶囊用于保护食品添加剂如风味化合物、维生素、ω-3-脂肪酸和微生物(保护一些益生素免受胃内酸度破坏,能够在到达肠后再释放)。这个课题内容超出了本书的讨论范围,欲知更多的内容见 Prakash 等(2013)和 Graffagnini (2010)所发表的综述。

m.**天然和液体烟熏剂**——主要用于提供烟熏风味、颜色(美拉德反应)和抑菌以及抗氧化作用。在历史上,明火直接烟熏肉切面被用于不同产品的保存。暴露在中/高温条件下一段时间(几天,目前已经不再使用)也导致明显的干燥。如今,烟熏的时间较短(10~90 min),目的是增加烟熏制品的风味物质和色素,延长货架期。

天然烟熏剂有几百种不同的化合物。Maga(1989)和 Toledo(2007)报道了在常用的硬木(枫树、樱桃树)中有 300 多种化合物。这些化合物可以被分为以下四类:

a. 羰基化合物——有助于风味和颜色形成

b. 有机酸——有助于保存以及表面蛋白凝集(如在剥肠衣中应用)

c. 酚类化合物——有助于风味和颜色形成,并抗氧化

d. 多环芳烃——在高温烧烤时形成,一些化合物如苯并芘等为致癌物

烟熏可以通过燃烧硬木(枫树、樱桃树)屑或者硬木块形成,或者利用液体烟熏液。前者能够通过烟熏室外的发烟器生成。湿木屑缓慢燃烧时,烟通过风扇系统作用循环进入烟熏室 10~30 min。在加工过程中,排风管道必须关闭,从而保证烟能够累积不浪费。产品表面必须是干燥的(由于冷凝物它可能是湿润的),否则烟味可能会减弱。液体烟熏剂是一种新型产品,通过专门设备,使烟流向一个高的烟囱中,由于水的逆向流动,从而将木料燃烧过程中产生的熏烟收集起来。之后,烟味化合物被浓缩起来,以浸泡、喷洒或者雾化喷淋的形式应用在肉制品当中。这个加工的优势是能够通过沉淀除去一些/大部分多环芳烃化合物。此外,一些液体烟熏剂能够在调整 pH 后直接添加到原料肉中。

n.**酶类**——一些酶类能够基于不同的应用添加到肉制品中。主要的两个种类是用于结合肉粒/肉表面以及嫩化硬的肉切面的酶类。转谷氨酰胺酶是一类用于在低温条件下(加工前)结合肉制品的商业用酶,如可以应用于重组肉制品中。这种特殊的酶在数百年来应用于生产鱼糜,虽然目前化学机制还不十分明确。转谷氨酰胺酶能够催化酰基转移反应,催化蛋白之间形成共价交联。目前通过微生物发酵法,商业化生产该类酶。

另外一种主要的酶类用于破坏结缔组织。木瓜蛋白酶跟无花果蛋白酶是从菠萝跟无花果中分离出来的,能够破坏结缔组织,用于嫩化肉类。但是,它们的水解蛋白的活性需要控制,否则肌肉将会被分解为肉泥。

13.5　肌肉蛋白凝胶及相互结合

第 13.5 和 13.6 节包含更多关于蛋白凝胶、蛋白结合以及蛋白乳化的内容,从而帮助读者进一步理解肉类加工科学原理与实际应用之间的关系。

蛋白是肉制品中的主要成分。因此,蛋白种类(如肌原纤维蛋白、肌浆蛋白、基质蛋白;见第 3 章)、结

构(图 13.1.2)、数量和质量(新鲜或冷冻)对最终产品品质有很大影响。产品也受到加工参数如肉块尺寸(大或者小),添加辅料(盐、酸化剂、胶体),以及加热方法(热风加热或者油炸)的影响。总的来说,在肉糜/肉制品中,蛋白与其他组分互相作用形成凝胶。无论如何,蛋白是肉制品中的主要功能组分,其他两种主要的化合物,水(30%~75%)和脂肪(5%~30%)也非常重要,但是对产品结构无直接作用。在讨论蛋白对结构的贡献时,研究其与其他组分的相互作用十分重要。

a.**蛋白-蛋白作用**:这是肉制品加热形成弹性凝胶的主要机制。如第3章讨论的,肉中有超过50种不同的肌肉蛋白。盐溶蛋白(肌原纤维蛋白)的数量和种类以及它们在加热过程中的交联显著影响肉制品的品质。值得注意的是,不是所有的肌肉蛋白都能够形成凝胶,一些蛋白(如胶原蛋白)在加热过程中熔化(65~72℃),并且只有在冷却过程中形成凝胶。在这里举这个例子是为了让读者知道生产一个品实际上十分复杂。肉制品加工者需尽可能地理解其中的机制,了解潜在的积极和消极作用(如使用结缔组织含量较高的原料肉更加便宜,但是可能破坏凝胶基质)。加工者需要了解添加的非肉蛋白(如大豆蛋白、乳清蛋白)的兼容性(如相似的凝胶形成温度)以及它们是如何与肌肉蛋白相互作用的。

b.**蛋白-水作用**:精瘦肉或者乳化肉糜/绞碎肉的含水量对于肉制品的可接受度(如多汁、柔软)和利润率(合理的得率)都至关重要。一块鸡肉瘦肉块的水分含量为75%。在一些产品中添加水分要保证水分(10%~50%;见本章末的配方)能够被产品持留。

c.**蛋白-脂肪作用**:肌肉蛋白与脂肪细胞、细胞膜或者直接添加到产品中的油脂/脂肪的结合对产品保油有较大影响。这对产品的感官特性和经济特性都有很大影响。

肌肉蛋白在加热过程中的结合是蛋白热变性后广泛发生蛋白-蛋白交联的结果。总之,可将肌肉凝胶基质看作一个复合结构。图 13.5.1a 展现了简单、混合、填充、填充-混合凝胶,可产生相反的结果(当使用两种蛋白时,可能增强或者破坏基质)。对于混合凝胶体系,两种蛋白/组分的结合可能导致协同作用。在之后我们会讨论到,在乳化肉制品(如法兰克福香肠)的凝胶基质中另一种可能的组分是脂肪颗粒或者脂肪球。当以小颗粒形式存在时,脂肪能够显著增加凝胶的硬度。

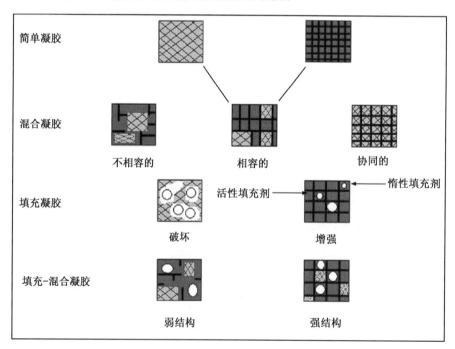

图 13.5.1a 简单、混合、填充与填充-混合凝胶的机械加工特性。由 Aguilera 和 Kessler (1989)重新绘制。

通常,肉制品由不同的可溶及不可溶蛋白、脂肪、水分跟碳水化合物组成。它们共同形成的复合物通过增大体积以及/或者界面特性增强基质的强度。一个非食品的例子就是橡胶,一种能够被看作填充凝胶体系的复合物。当添加了炭黑颗粒,凝胶的机械模量显著增加。在这种情况下,炭黑颗粒的大小跟它极强的界面吸引作用能够增强凝胶强度。Aguilera 和 Kessler(1989)的研究也表明,在一种包含界面修饰的脂肪球的混合乳凝胶中,存在这种增强现象。

Gravelle 等(2015)报道了鸡胸肉蛋白形成的颗粒填充复合凝胶的物理和机械特性。他们检测了不同大小(1.0～1.4,0.50～0.60,0.15～0.21,0.045～0.090,以及<0.50 mm)以及不同表面特性(疏水米糠蜡颗粒以及亲水玻璃珠)的固体填充物的影响。根据凝胶化后的液体损失、光学显微镜以及冷冻扫描显微镜分析的结果,当填充物体积比率(φ)高达 0.5 时,体系仍十分稳定。填充物的种类和尺寸共同影响杨氏模量和 50% 应变条件下的应力(图 13.5.1b)。可回收能量和压缩后回复高度主要受填充物的体积比率影响,受颗粒和凝胶交联的影响相对较小。有趣的是,填充物的种类和尺寸范围对结构的内聚力没有影响,因为内聚力仅与弹性填充物的体积比率有关。将杨氏模量的变化与 van der Poel 和 Kerner 提出的颗粒增强理论所预测的行为进行比较(图 13.5.1b)。

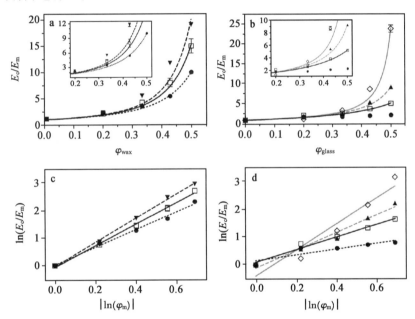

图 13.5.1b 填充物类型、尺寸和填充物体积比率(φ)对颗粒填充乳化肉蛋白凝胶的杨氏模量(E_c)的影响。(a)和(c)米糠蜡(wax);强结合填充物(插图中的数值在 y 轴上分得更开)。(b,d)玻璃珠(glass);弱结合填充物。(a)和(b)中的实验数据分别用 van der Poel 模型和 Kerner 模型拟合。拟合参数见论文。(c)和(d)中的数据分别由(a)和(b)的数据转换而来。注意:(c)和(d)中的 φ_m 表示凝胶基质体积比率即上述填充物体积比率。颗粒大小范围:● 1.0～1.4 mm;□ 0.50～0.60 mm;▲ 0.15～0.21 mm;◇ 0.045～0.090 mm;▼ <0.50 mm。引自 Gravelle 等(2015)。

蛋白凝胶可以看作是变性蛋白分子按照一定次序聚集的聚合物,由此形成连续的网络结构。这可以被分为两个步骤:变性和聚集(见 Totosaus 等,2002)。凝胶能够通过物理方法(热和高压)以及化学方法(如盐离子、酸、尿素以及酶类如转谷氨酰胺酶)诱导形成。Phillips 等(1994)以及之后的 Totosaus 等(2002)将影响凝胶的因素分为内在因素和外在因素。

外在因素是蛋白所处的环境条件,包括:

a. pH——影响蛋白的净电荷。在等电点,蛋白净电荷为 0,环境 pH 越远离等电点,蛋白所带电荷越大。

b. 蛋白浓度——通常,随机分布颗粒大小的大分子之间的相互交联对于凝胶的形成是必要的,这与蛋白浓度有关。蛋白浓度必须达到一个最低值,在这个浓度之下,不能形成三维网络结构。凝胶强度取决于蛋白浓度。

c. 离子强度——影响水分吸收、溶胀和蛋白溶解性,主要是影响蛋白的竞争性交联。离子强度影响凝胶基质的微观结构;在一价阳离子低离子强度(<0.1 mol/L)下,细丝状基质网络形成,然而在高离子强度(>0.1 mol/L)条件下,基质变为混合型基质(Foegeding 等,1995)。

d. 盐的种类——在离子强度小于 0.1 mol/L 时,氯化单价离子(Li^+,K^+)形成细丝状基质。盐浓度对凝胶微观结构的影响决定于盐在霍夫迈斯特序列中的位置。凝胶基质在低浓度($10\sim20$ mmol/L)氯化二价离子(Ca^{2+},Mg^{2+})的条件下也可形成(Foegeding 等,1995)。

e. 温度——温度是最重要的外在因素,因为它是蛋白的解折叠的驱动力。当凝胶温度系数较高时,凝胶形成的第一步(变性)比第二步(聚集)完成得更快。

f. 压力——能够影响蛋白溶液的溶胶—凝胶转换。高压($200\sim500$ MPa)改变了原子体积(组成体积)、分子内空隙体积、以及溶剂化效应(如水的存在),进而影响蛋白的原始体积。蛋白的原始结构决定了其生物活性,在多肽链和溶液稳定与不稳定的相互作用之间形成微妙的平衡。

内在因素是与蛋白自身相关的因素,包括:

a. 氨基酸组成——包含少于 31.5%mol 的疏水基团(如脯氨酸、亮氨酸和色氨酸)的蛋白形成块形凝胶,然而包含多于 31.5% 疏水基团的蛋白形成半透明凝胶。研究表明,净电荷与疏水作用的比例比单独的疏水作用更加重要(Totosaus 等,2002)。

b. 静电作用力——与蛋白分子的静电荷相关,受到吸引力和排斥力的影响。它们影响了蛋白-蛋白交联和蛋白-溶剂相互作用(Phillips,1994)。静电作用力受到离子强度和/或 pH(外在因素)的共同影响。

c. 疏水作用——当非极性氨基酸集合在一起,它们形成疏水的内核,周围围绕着的极性残基层与溶剂(水)相互作用。疏水作用是蛋白结合的重要作用,分析蛋白折叠作用时需加以考虑。有效的疏水作用反映了蛋白和周边介质的交联作用。

d. 分子量——平均分子量的不同和多肽链种类的流体力学尺寸的不同,与自支持凝胶网络结构的形成以及凝胶强度的变化相关。多肽形成凝胶的临界分子量大小约为 23 000 Da。

e. 二硫键和硫醇-二硫交联——增加多肽的表面链长而非作为蛋白凝胶中起始多肽链网络的稳定剂。二硫键不是蛋白凝胶化必需的,但是它们的存在能够增加平均分子量,因而增加链长。

肉类蛋白在不同温度下变性(图 13.5.2),然后形成凝胶结构。图 13.5.2 表明肌球蛋白和它的亚基最先变性($54\sim58$℃),然后是肌浆蛋白和胶原蛋白($65\sim67$℃),最后是肌动球蛋白中的肌动蛋白以及 F 和 G 单体碎片中的肌动蛋白变性($71\sim83$℃;Wright 等,1977)。

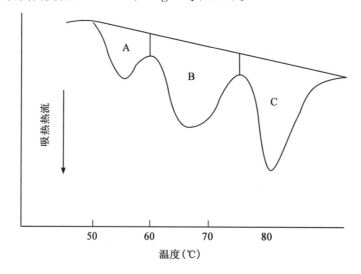

图 13.5.2 存在三个转变温度的肌肉热力曲线。图中有三个变性峰:(A)肌球蛋白亚基;(B)肌浆蛋白和胶原蛋白;(C)肌动蛋白。肌肉类型和环境条件改变,曲线的形状也会发生相应改变。引自 Barbut 和 Findlay(1989)以及 Wright 等(1977)。

　　研究加热过程中原料肉系统的结构变化并将其与分子变化结合起来对理解蛋白凝胶有重要的意义。同样,研究凝胶形成过程中的流变学变化(小型流变实验)有助于研究食品/肉体系中的分子间相互作用的顺序。过去几年高精密可编程流变仪的发展,使得流变学研究更加容易。在硬度扫描仪发明之前,由于需要调整样品的温度,从而导致时间变为连续的自变量。早期热扫描硬度仪的信息见图 13.5.3。Yasui 等(1980)研究了用纯肌球蛋白、纯肌动蛋白和它们的不同比例的混合物对凝胶基质形成的影响。研究者选择这两种蛋白是因为它们是肉结合过程中起主要作用的蛋白(如盐溶肌原纤维蛋白)。总之,肉制品中的肌原纤维蛋白的结合特性反映了凝胶形成的基本过程。图 13.5.3 表明肌球蛋白本身在 45℃ 开始形成凝胶。作者表明这种凝胶结构决定了肉制品的凝胶品质,凝胶强度与肌原纤维蛋白解离的肌球蛋白的数量有密切关系。数据也显示,肌动蛋白本身不能在这些条件下形成凝胶。

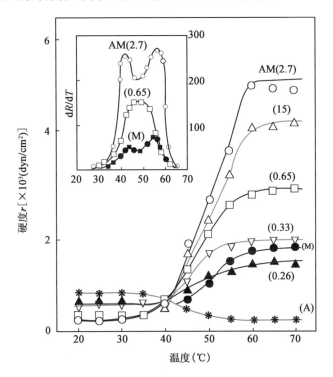

图 13.5.3　添加不同比例肌球蛋白、肌动蛋白的肌动球蛋白混合液的热诱导凝胶强度。蛋白样品(5 mg/mL)溶于 0.6 mol/L KCl 溶液、20 mmol/L 磷酸盐缓冲液(pH 6),在 20～70℃ 的不同温度条件下孵育 20 min。测定每个温度点的凝胶强度。M,纯肌球蛋白;A,纯肌动蛋白;AM,肌动球蛋白。图中括号所示数值表示肌球蛋白与肌动蛋白的比例。摘自 Yasui 等(1980)。

　　但是,在肌球蛋白存在的条件下,肌球蛋白和肌动蛋白之间存在协同效应。这是因为肌动蛋白在存在其他能产生交联的蛋白的情况下,能够提高凝胶强度。肌球蛋白和肌动蛋白的比例对凝胶强度的影响见图 13.5.3。该图解释了两种蛋白体系产生协同混合凝胶的作用(也可参见图 13.5.1 的第二行右侧)。当肌球蛋白与肌动蛋白之间的摩尔比为 2.7 时凝胶硬度最大(即肌球蛋白与肌动蛋白之间的重量比为 15∶1)。若进一步增加肌球蛋白的比例,凝胶强度会下降。Yasui 等(1980)认为协同效应可能与离子强度有关,或与不同离子强度条件下肌球蛋白本身的性质变化有关。温度<40℃ 时,肌动蛋白仍难以成胶,或许与其触变特性有关。进一步加热,凝胶就会分裂成线形或珠形的结构(此处未提供扫描电镜图)。肌球蛋白的不同片段对凝胶特性的影响各有不同,完整的肌球蛋白单体产生的凝胶硬度最强,其次是尾部(杆状)和 S-1 片段(肌球蛋白结构见第 3 章)。S-1 部分形成的凝胶具有较低的保水特性。如前面提到的,这些差异也可通过电镜观察评估。在加热过程中,肌球蛋白尾部形成延伸的三维网络结构,S-1 部分形成珠状的聚集结构。将肌球蛋白尾部和 S-1 混合后形成的凝胶强度不如完整的肌球蛋白所形成的凝胶强度高。这说明肌球蛋白一旦发生分解,将不具备其原有形成凝胶基质的能力。

商业上生产的肉糜类产品在加热过程中的结构变化能反映出蛋白体系(如包含有多种不同的蛋白)和结构之间的关系。鸡肉糜在20~70℃加热时,各温度条件下的凝胶强度(用穿刺力衡量)和可提取的蛋白的变化见表13.5.1。随着温度的上升,蛋白与蛋白之间的交联开始增多,而穿刺力从30 N增加到475 N。同时可提取的蛋白随之减少,因为蛋白慢慢交联形成了凝胶结构。在不同加热温度下的微观结构见图13.5.4。正如其他学者所公布的那样,凝胶的基本结构在肉糜的制备阶段(低温)就已形成,但会在加热过程中因形成共价键和二硫键而得以增强加固。

表 13.5.1　氯化钠(NaCl)、三聚磷酸盐(TPP)及加热温度对凝胶强度和蛋白提取量的影响。摘自 Barbut 等 (1996)

温度	穿刺力 (N)		蛋白提取量(mg/mL)	
	2.5% NaCl	1.5% NaCl[a]+0.4TPP	2.5% NaCl	1.5% NaCl[a]+0.4TPP
20℃	30.8[f]	25.3[f]	1.62[ab]	1.72[a]
40℃	43.3[ef]	40.1[ef]	1.58[b]	1.60[b]
50℃	60.0[e]	60.5[e]	1.38[c]	1.50[b]
55℃	189.0[d]	194.1[d]	1.18[de]	1.21[d]
60℃	356.6[b]	287.5[c]	1.07[e]	1.08[e]
70℃	475.8[a]	373.3[b]	0.37[f]	0.40[f]

[a] 2.5% NaCl 和 1.5% NaCl+TPP 处理组的离子强度(IS=0.42)相同。
同一类处理中具有相同字母表示在显著性水平95%上无显著性差异。

　　Barbut 等(1996)研究了添加有13%脂肪、2.5% NaCl 或低盐(1.5% NaCl 和 0.41%三聚磷酸盐)的火鸡肉(机械脱骨)肉糜的凝胶形成过程,测定了在20~70℃加热过程中的凝胶强度、可提取蛋白和电镜图片。采用穿刺法测定,在温度从50℃上升至55℃过程中凝胶强度增加了2倍,当温度上升到60℃时,凝胶强度再次翻倍(表13.5.1)。随着加热温度的升高,可提取蛋白的量逐步下降。可溶性蛋白含量的下降表明蛋白形成了凝胶结构(Asghar 等,1985)。冷冻扫描电镜图(图13.5.4)显示,在低盐配方的肉糜中添加磷酸盐所形成的蛋白基质网孔比 2.5% NaCl 配方处理更大(两种配方的离子强度相等)。两种处理在接下来的煮制过程中的微结构差异基本不变(每10℃拍摄一次微结构)。煮制过程中形成一定硬度的凝胶,有个显著的特征是蛋白基质中的一些蛋白丝会发生收缩。进一步分析发现,凝胶硬度的第一次明显上升是在温度从20℃上升至40℃时发生的。相应的,可溶性蛋白的量也初次出现少量的下降(表13.5.1)。温度自40℃上升至50℃时,凝胶强度进一步上升,接着在50℃至55℃时出现较大上升。凝胶强度上升达到原先的3倍,这或许与肌球蛋白变性和形成稳定的凝胶结构有关。Yasui 等(1980)报道指出在该温度范围,可溶性蛋白会发生大幅度下降。他们还发现,此温度下肌动蛋白和肌球蛋白之间的交联是形成稳定凝胶结构的重要因素(如虽然肌动蛋白本身不能成胶,但是它与肌球蛋白之间存在协同作用;图13.5.3)。温度从55℃上升到60℃,凝胶强度也随之继续上升。该温度区间对于肉糜系统形成热凝胶非常关键。温度高于50℃时,2.5% NaCl 处理和低盐处理组的可提取蛋白量均显著下降,同时凝胶强度大幅上升。比较发现,所有温度条件下,2.5% NaCl 处理组和 1.5% NaCl+TPP 处理组的平均可提取蛋白量均存在显著差异。

　　不同煮制阶段的微观图像(图13.5.4)显示了肉糜微结构的过程性变化。第一张图显示的是加热前有规则的凝胶结构。这种结构,其他研究团队也观察到过。加热到40℃,蛋白丝变粗,但网孔大小不变。继续加热到55℃,蛋白丝之间的交联增多。蛋白丝交联区增粗。但粗丝之间还存在细蛋白丝。蛋白基质的密度增加。这些变化可能与此时凝胶强度大幅增强有关(表13.5.1)。继续加热到70℃,蛋白基质密度更大,蛋白丝的生成量也增多,同时网孔直径变小。Wang 和 Smith(1992)用扫描电镜发现盐溶性蛋白溶液(30 mg/mL,pH 6.5)加热至55℃时会形成球形结构的聚集沉淀,球形结构之间有蛋白丝相连接。当温度加热到65℃,这些细丝就会变粗(从125 nm变为300 nm)。继续加热到80℃,蛋白变细,但是网络结构仍然很有规则。由于此试验中的结构变化是从55℃开始研究的,因此还不能与低于变性温度(20℃)的结构进行比较。

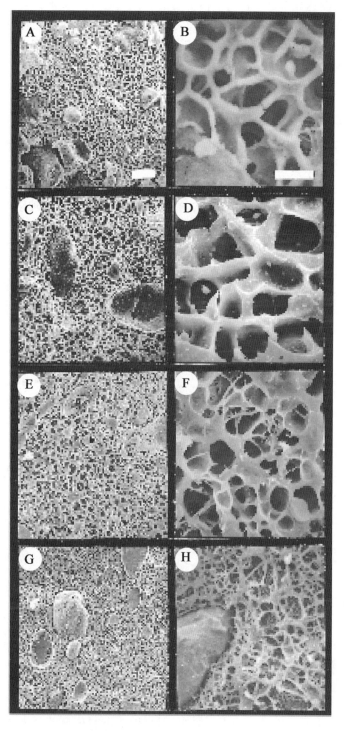

图 13.5.4 含 2.5% NaCl(离子强度=0.42)的肉糜的冷冻扫描电镜图,加热温度 (A,B)20℃;(C,D)40℃;(E,F)55℃;(G,H)70℃。图中左侧为低倍图像(标尺=15 μm),右侧为高倍图像(标尺=3 μm)。G 显示的是一个埋在蛋白基质中的脂肪球。经允许,摘自 Barbut 等(1996)。

肉制品结构的形成较大程度上受添加剂如盐和 pH 调节剂的影响。前面已经说明,盐的浓度对蛋白的提取量和蛋白交联均产生重要影响。将鸡肉糜(14％蛋白和 18％脂肪)的盐含量从 2.5％降低到 1.5％,会导致产品的最终硬度发生明显下降(从 12.2 下降到 4.9 kPa;图 13.5.5)(采用可编程流变仪测定)。在 55℃附近蛋白初步发生胶凝后,就能观察到弹性模量存在差异。两种肉糜都出现了弹性模量小幅度的线性增长,直至温度达到 55℃,表明蛋白基质的形成是连续平缓的。当温度上升到肌球蛋白变性温度区间 55℃左右时,弹性模量出现急剧的上升。但是,温度上升到肌原蛋白和肌浆蛋白胶凝温度区间及 63℃附近时,1.5％ NaCl 处理组的曲线出现了陡然下降,而 2.5％ NaCl 处理组的弹性模量值稳定。弹性模量曲线急剧降低可能意味着低盐肉糜的组织结构发生了崩塌。如图所示,2.5％ NaCl 处理组的凝胶模式与 Montejano 等(1984)报道的含 2.5％ NaCl 去骨火鸡肉的凝胶模式相似。总之,弹性模量在 56～70℃的快速上升表明形成了一个稳定、有弹性、可支撑自身结构的典型热诱导蛋白凝胶。当温度进一步上升直至 80℃,弹性模量都没有明显的上升。在低盐(1.5％ NaCl)肉糜中添加多聚磷酸盐,可避免凝胶强度在加热至 63℃左右时减小;然而,凝胶模式的差异与磷酸盐有关。添加 0.5％酸式焦磷酸钠(SAPP)与添加 2.5％氯化钠的弹性模量变化模式最接近。有意思的是,在另一研究中,感官评定小组也认为添加了酸式焦磷酸钠的低盐法兰克福香肠在质地上最接近含 2.5％氯化钠的法兰克福香肠。三聚磷酸盐(TPP)处理组的曲线表明,64℃以内,该处理组凝胶结构的形成与 1.5％ 氯化钠处理组类似;有所不同的是,三聚磷酸盐处理组的凝胶强度在温度上升至 80℃之前都不会降低,而是维持在恒定水平(弹性模量为 8.9)。添加酸式焦磷酸钠能使弹性模量值在 64℃以上温度继续升高。显然,肉糜从黏性结构向弹性结构的转变非常迅速;进一步加热会增强弹性模量,但只是增高到一定程度。需要注意的是,食盐和磷酸盐在肉糜的制备阶段就已经开始影响黏度。从图 13.5.5 20℃时 G' 的差异也可以看出。该文作者还采用较高的剪切速率测定了生肉糜的黏度和应力(图 13.5.6)。这两个参数对肉制品厂选择合适的物料泵来输送大量的肉糜非常重要。

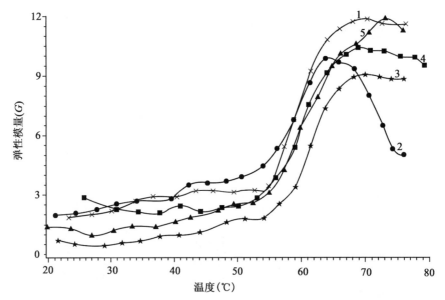

图 13.5.5 加热过程中普通和不同磷酸盐含量的低盐肉糜的剪切-弹性模量。1＝2.5％ NaCl;2＝1.5％ NaCl;3＝1.5％ NaCl＋0.5％ TPP;4＝1.5％ NaCl＋HMP;5＝1.5％ NaCl＋ 0.5％ SAPP。经许可,摘自 Barbut 和 Mittal (1989)。

以下简短讨论虽然并不直接涉及肌肉蛋白凝胶,但有助于解释肉糜的流变行为和帮助读者理解相关作用力。图 13.5.6 显示前一图中相同处理的剪切速率和剪切应力的关系。二者关系并非线性,而表现出宾汉假塑性流体行为(Bingham pseudo plastic behavior)。剪切速率比剪切应力增长的趋势快;即也会表现出一个特定的屈服值。通常认为,肉糜中的颗粒(如肌肉/结缔组织纤维)起初是随机排列的,但在外加剪切力作用下会逐步变得有序。颗粒间的相互作用对肉糜表观黏度的影响会随剪切应力的增大而减小。

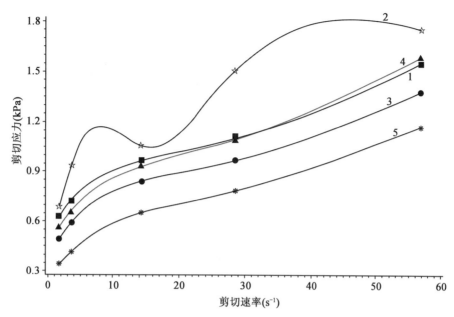

图 13.5.6　普通和添加三种不同磷酸盐的低盐肉糜的剪切应力和剪切速率之间的关系。1＝2.5％ NaCl；2＝1.5％ NaCl；3＝1.5％ NaCl＋0.5％ TPP；4＝1.5％NaCl＋HMP；5＝1.5％NaCl＋0.5％SAPP。经许可，摘自 Barbut 和 Mittal（1989）。

肉糜需要在一定的剪切力作用下才能发生可察觉的流动。从分子水平来看，宾汉材料（Bingham material）在静止状态下都可视为一种三维网络。该网络结构可抵抗一定强度的外力，但压力超过一定限度网络就会崩塌，变成真正的假塑性流体。两个 NaCl 处理组 pH 相同（6.35），TPP 会使 pH 略增加至 6.45，SAPP会使 pH 略降至 6.25。这种微小的 pH 差异不是导致黏性差异的主要原因。相反，盐离子类型和浓度的影响可能更强。有屈服应力的一般幂律模型（Herschel-Bulkley）可用于拟合数据。屈服应力（T_o）95％的置信区间是 291～580 Pa，而黏度系数（b）是 －11～191.0 Pa·sn，流变指数（n）则介于 0.50～0.82 之间。1.5％ NaCl＋SAPP组的 T_o 明显低于其他组。由此可见 SAPP 降低了肉糜的宾汉流体行为。类似地，对照组（2.5％ NaCl）的 T_o 明显高于其他组。因此，低 NaCl（1.5％）会降低 T_o。1.5％ NaCl 处理组的 b 值显著高于 2.5％ NaCl 处理组和 1.5％ NaCl＋磷酸盐处理组。n 值介于 0～1 之间，说明肉糜是假塑性流体。同理，1.5％ NaCl 组肉糜的 n 值显著低于其他组。根据前人研究，越是稳定的肉糜，b 值越高，n 值越低，屈服应力也越大。如前所述，这些参数及相互关系对于肉品加工厂的设备选型至关重要。

现在再看 pH 对肌肉蛋白凝胶的影响，需要注意的是 pH 不仅会影响凝胶的特性（如软、硬），而且某些 pH 条件还会阻碍凝胶的形成。Xiong 和 Brekke（1991）报道了鸡肉在 0.6 mol/L NaCl（或 KCl）中胶凝的最佳 pH，鸡胸肉肌原纤维蛋白为 6.0，鸡腿肉肌原纤维蛋白为 5.5。Wang 等（1990）研究了 pH 对 3％鸡胸肉盐溶性蛋白（SSPs）胶凝（30～80℃）的影响。表 13.5.2 显示的是储能模量（G'，代表弹性）和损耗模量（G''，代表黏性）。盐溶性蛋白在加热过程中 G' 始终高于 G''，显示出 SSPs 在从溶胶到凝胶的转变过程中的弹性特质。pH 5.5 和 pH 6.5 处理组的 G' 值最高，说明 pH 对凝胶的形成有很强的影响。在加热终点，SSPs 的 G' 在 pH 4.5 与 pH 7.5 没有显著性差异。在 pH 5.5 和 6.5 时，SSPs 的终点 G' 较高，表明形成了更有弹性的胶体，蛋白分子间的交联也更多。pH 5.5 时，SSPs 的终点 G' 最高，说明形成的凝胶体黏度也更高。

G'' 的增加被认为与蛋白质结构的部分展开有关，从而导致 SSPs 初始黏度增加。紧接着 G' 的增加（说明材料的弹性特征或固体特征增强）表明 SSPs 产生了相互交联从而形成一种弹性胶体。分析相位角（G''/G'）可了解材料的相对黏性/弹性的特性（如弹性流体的相位角是 0，而黏性流体的相位角则是无穷大）。加热前，所有 pH 条件下 SSP 的相位角都没有显著性差异。pH 4.5 时，SSPs 没有出现第二个峰，表明 G' 和 G'' 都没有发生转变。类似的 pH 5.5、6.5、7.5 时也没有观察到 SSPs 第一和第二个峰处的相位角有显著差异。在加热终点，蛋白凝胶在 pH 4.5 比在 pH 6.5 和 7.5 具有更高的黏度。这表明，凝胶在 pH

6.5 和 7.5 形成的是弹性更强的网络结构。

表 13.5.2 在 0.6 mol/L NaCl 中 3%鸡胸肉盐溶性蛋白，以 1℃/min 从 30℃加热至 80℃过程中，pH 对储能模量(G')、损耗模量(G'')以及损耗正切（相位角）的影响。改自 Wang 等(1990)

参　数	pH			
	4.5	5.5	6.5	7.5
储能模量(Pa)				
起点	34.2[b]	141.6[ab]	196.0[a]	187.0[a]
峰点	…	1 000.3[a]	1 190.7[a]	614.7[a]
终点	216.3[b]	1 725.7[a]	1 286.0[a]	575.9[b]
损耗模量(Pa)				
起点	6.8[b]	32.8[ab]	38.8[a]	31.4[ab]
峰点	…	116.6[a]	128.6[a]	82.8[a]
终点	24.4[b]	123.1[a]	30.6[b]	24.9[b]
相位角变化(温度;℃)				
起点				
温度(℃)	30	30	30	30
相位角	0.22[a]	0.23[a]	0.20[a]	0.17[a]
第 1 峰				
温度(℃)	37[b]	34[c]	47[a]	49[a]
相位角	0.24[a]	0.20[a]	0.19[a]	0.17[a]
第 2 峰				
温度(℃)	…	53[b]	57[a]	58[a]
相位角	…	0.15[a]	0.12[a]	0.15[a]
终点				
温度(℃)	80	80	80	80
相位角	0.12[a]	0.07[ab]	0.02[b]	0.04[b]

[a,b] 同行不同上标代表差异性显著($P<0.05$)，$n=3$。

该文作者研究了复合模量(G^*，使样品发生形变所需的力）。pH 4.5 的 SSP 溶液在加热过程中复合模量并未发生大的转变。原因在于，在如此低的 pH 条件下蛋白会发生聚集，而不能形成凝胶网络。这是蛋白体系在 pH 接近其等电点（蛋白的净电荷接近 0）时所具有的典型特征。肌动球蛋白的等电点在 5.0 左右，在该 pH，蛋白分子间会产生静电吸引。静电吸引会降低加热过程中蛋白分子的展开程度，并阻碍凝胶的形成。在 pH 5.5、6.5 和 7.5 条件下，经 35～47℃的初次转变之后，G^* 开始上升。接着 G^* 达到顶峰，然后随温度升高而下降，在 54～60℃发生第三次转变，随后 G^* 再度上升，直至 80℃。第一次转变会促使弹性形成，因为肌球蛋白分子尾部发生了展开。在加热终点，pH 5.5 和 6.5 的 G^* 显著高于 pH 4.5 和 7.5($P<0.05$)。该文作者还将复合模量对温度进行作图（dG^*/dT 对 T，本书没显示），指出蛋白在加热过程中的热转变与 pH 有关。该图揭示了加热过程中 G^* 的变化速率，以及蛋白在从溶胶到凝胶转变过程中，有关 pH 对蛋白构象变化作用的一些信息。在加热过程中，pH 4.5 处理组的 SSPs G^* 速率保持不变。pH 6.5 和 7.5 的处理组初次转变时，温度高于 45℃。pH 5.5 的处理组发生第三次转变时，高 pH 处理组还尚未发生任何显著变化。但是 pH 5.5 处理组之后的转变与高 pH 处理组类似；pH 5.5、6.5 和 7.5 处理组，第一次和第六次转变的温度差分别是 18℃，14℃，12℃。pH 6.5 和 7.5 处理组的转变温度和流变变化基本相同，说明二者凝胶过程中的蛋白构象变化也基本相同。这些结果还表明 pH 会影响加热过程中蛋白分子的解折叠和聚集行为，从而会产生不同的凝胶特性。

总之，上述数据表明要想获得稳定质量的产品，需对 pH 进行监控和调整（必要时）。肉制品的质构和保水特性，可通过调节 pH 和添加各种盐及黏合剂优化产品配方的方式加以控制。

13.6　脂肪的结合和乳化

　　充分斩拌的肉制品,有时也称为乳化肉制品(如波洛尼亚香肠和法兰克福香肠),主要由蛋白、脂肪、水和盐构成。世界各地的乳化肉制品都是由肉和非肉组分(如盐、大豆蛋白、淀粉)加工而成。在北美市场,乳化肉制品的占有率超过 35%。对于生产商而言,生产高品质的肉糜制品始终是一个挑战,因为他们要挑选的原料不仅数量众多且价格还在每天波动(参看 13.3 节最低成本配方)。乳化肉制品的基本结构如图 13.5.4 所示,脂肪球分散在蛋白凝胶基质中。该结构可看作一个海绵,其中有大量锁水的微小空间。图中所示的产品含有 60% 的水、20% 的脂肪和 14% 的蛋白。蛋白基质是构成产品的主要结构组分,也是吸持水分和脂肪的主要结构。该基质含有盐溶性蛋白、微小的肌肉纤维和胶原纤维。所有的配料都须在斩拌机或乳化磨(见第 10 章)中进行绞制处理,以减小肌肉颗粒,打开组织结构,提取盐溶性蛋白。绞制处理还能减小脂肪颗粒的尺寸,增加脂肪颗粒的稳定性(见后续叙述),从而形成均一的体系。但是,由于脂肪颗粒/球可能大于 20 μm,因此乳化肉制品并非是真的乳化体系,且维系乳化体系的作用力也难以解释其稳定性。不管怎样,肉制品企业所面临的挑战就是生产一种稳定的肉制品,能经得起烹饪加工且不会发生脂肪和水分分离(Acton et al.,1983;Barbut et al.,1996)。

　　对于肉品生产商而言,掌握产品稳定/结合脂肪的机制非常必要,因为多数乳化肉制品含有 15%～40% 的脂肪,而维系它们的蛋白含量相比较少。而且,蛋白还要维系肉制品中的水分,因此蛋白质必须是优质蛋白。弄清影响肉糜稳定性的机制非常重要,因为一旦发生“破乳”,其代价对于生产企业而言非常高。另外,掌握肉糜稳定性与加工设备之间的关系有助于加工企业选择合适的设备(如多种类型设备可供选择时),以及给某产品选择最佳的原料。需要说明的是,选择合适的原料并非易事,因为目前市场上的黏合剂种类繁多。弄懂肉糜的稳定性还有助于生产企业有效运用最低成本配方以及顺应消费者需求(如生产低脂/低盐肉制品,实际生产中不能简单通过削减脂肪/盐的含量来实现)。

　　从生产角度而言,研究肉糜稳定性的一个重要原因是在斩拌过程中,生产者难以看见或觉察到可预示“破乳”(即脂肪在煮制过程中发生分离)的任何先兆。如图 13.6.1 所示,斩拌时间会影响肉糜的稳定性。随着斩拌的进行,提取出来的蛋白增多,脂肪颗粒变小,产品所流失的汁液和脂肪也减少。大多数肉制品生产者都了解这一机制;但是,仅看肉糜通常看不到任何可预示煮制时汁液或脂肪流失量的迹象。这种困难会一直存在,因为原料及组分等因素变化会导致每批次的配方发生改变。因此,肉品企业通常会设置较高的安全余量(如提高蛋白含量和延长斩拌时间;但两者都会增加生产成本)以防止发生破乳。图 13.6.1 所示数据也说明对加工过程的了解有利于企业生产。该图还用于开发监测乳化过程的自动纤维光学。

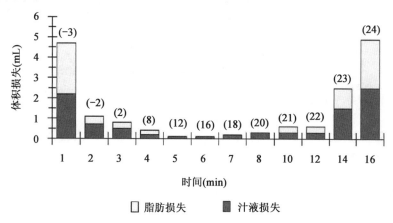

图 13.6.1　斩拌时间对牛肉肉糜蒸煮损失(mL)的影响。在条形柱上方是各时间点的温度(℃)。摘自 Barbut(1998)。

　　科学界对正确定义斩拌肉制品尚有争议:肉乳化体系(meat emulsion)还是肉糜(meat batter)? 该争议是因解释保油机制而产生的。图 13.5.4 显示的是斩拌后产品的微观结构,可见小脂肪球分散于水溶性蛋白基质中。Borchert 等(1967)是早期展示脂肪球外存在蛋白界膜(interfacial protein film,IPF)的研究者之一(图 13.6.2),并认为该膜能稳定脂肪。

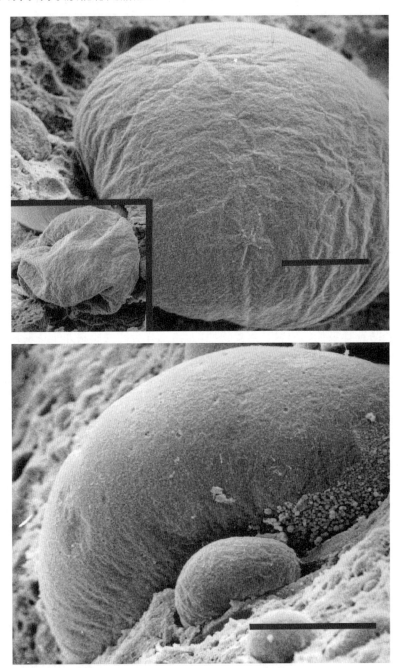

　　图 13.6.2　熟禽肉糜脂肪球外包裹蛋白界膜的扫描电镜图。低盐 1.5% NaCl(上);普通 2.5% NaCl(下)。标尺=10 μm。经允许,摘自 Barbut(1988)。

　　肌原纤维蛋白具有亲水和疏水基团,能以一种特定方式排列从而降低促使脂肪球聚集的表面张力和作用力,从而阻止脂肪分离。均浆后的乳液也有同样的现象,脂肪球外覆盖有乳蛋白即酪蛋白(以减少脂肪分离和分层)。如果斩拌的肉制品是基于这个机制束缚油脂的,那么可以认为是真乳化体系。但是,另一些研究者则认为蛋白基质是物理性束缚脂肪颗粒的主要因素(Lee,1985)。根据物理包埋理论(physical entrapment theory），黏性蛋白基质能限制脂肪球的移动及聚合。该机制认为充分斩拌的肉制品相当于肉糜。无论如何，大体上分辨出哪种机制更重要并非易事，因为产品加工过程中有大量变化产生，如法兰克福香肠和波洛尼亚香肠。在斩拌初期，形成的是一种可流动体，质构像牙膏一样，很容易输送（提示：注意极限剪切力，极限剪切力会导致脂肪球聚集，肉糜体系不稳定）。原料形成的组织结构见图 13.5.4A。接着，在初始加热阶段（20～40℃），脂肪开始熔化成液态。温度升高，肌原纤维蛋白开始变性和形成凝胶（50℃左右；见图 13.5.4E）。与此同时，熔化的脂肪开始膨胀，胶原蛋白开始转变为明胶（即液态），盐溶性蛋白开始形成凝胶。在加热的终点（70℃），产品结构是一种半刚性状态，已不能流动，因为盐溶性蛋白已经变性。如上所述，至今仍在争议哪种机制更重要，但目前有支持的观点认为脂肪的稳定是二者共同作用的结果，即蛋白形成界膜，以及蛋白形成的基质对加热前脂肪颗粒的移动起到物理限制作用（Youssef 和 Barbut，2011）。

不少研究者对蛋白界膜的厚度、弹性、全覆盖或部分覆盖脂肪球、膜的薄弱点等问题进行了讨论（Borchert 等，1967；Jones 和 Mandigo，1982；Barbut，1999，Ramirez-Suarez 和 Xiong，2003）。研究者论述了脂肪球外较薄的可延展的蛋白膜的形成，强调了煮制过程中（脂肪受热膨胀）形成孔隙对于"压力释放机制"的重要性。部分研究者还通过改变斩拌方式改变蛋白膜的厚度。总体而言，形成较薄且具有延展性的蛋白膜，稳定性最佳，反之形成较厚的不可延展的蛋白膜则容易在煮制过程中破裂形成大孔洞。图 13.6.3 显示的是稳定和不稳定的细斩肉制品的微观结构。在稳定的产品中，脂肪球被束缚在一个明显的球形结构中。在不稳定的产品（加入了吐温 80）中，脂肪球发生变形，并开始形成脂肪通道。

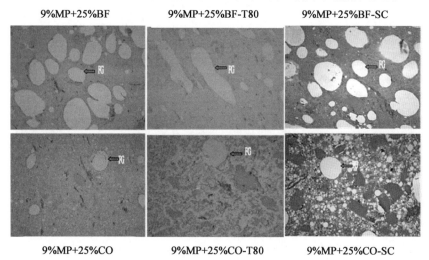

图 13.6.3 含有 T80 预乳化脂肪/油的肉糜的光学微观结构。FG（脂肪球）；MP（肌肉蛋白）；CO（菜籽油）；BF（牛脂肪）；用吐温 80（T80）或酪蛋白酸钠（SC）预乳化。标尺＝200 μm。经允许，摘自 Youssef 等（2011）

降低盐用量（如从 2.5％降低到 1.5％）也会导致不稳定，因为所提取的蛋白比例下降，从而导致煮制时脂肪和水分损失增大（Acton et al.，1983）。Schmidt（1984）观察发现脂肪的溢出还伴随着水分的流失，因此他指出斩拌肉制品中的脂肪和水分会同时流失，Schmidt 推测肉糜中形成的通道是水分和脂肪流失的重要原因。图 13.6.2 显示一个脂肪球在煮制过程中已经流失了部分脂肪，因为产品配方的盐含量降低了（2.5％降至 1.5％）。扫描电镜显示蛋白膜包裹了脂肪球。当溢出的脂肪过多时，蛋白膜就会收缩，表面形成凹坑及小孔。当盐含量增加时，没有或只有少量脂肪流失，可见脂肪球仍然呈球状。Whiting（1987）指出，根据煮制过程中脂肪和水分的流失量判断，1.5％食盐是法兰克福香肠的临界点。需要注意的是，稳定肉糜所需求的食盐量取决于脂肪和蛋白的含量及质量等多种因素。

脂肪颗粒大小与肌肉蛋白基质凝胶的关系见表 13.6.1。Youssef 等（2011）指出，对于含动物脂肪或菜籽油的肉糜，增加蛋白含量（9％～15％）会增加肉糜的硬度。总之，蛋白含量越高，形成的蛋白网络就越致密（未提供微结构图），从而抗压能力就越强。采用动物油制备的肉乳化物比采用菜籽油制备的脆度和硬度低。这可能是由于在单位体积内菜籽油所形成的小脂肪球数量更多(乳蛋白胶体也有类似现象)。有研究表明,在8%蛋白的体系内,用菜籽油代替牛脂肪,脂肪球大小从 6 627 μm^2 降低到 121 μm^2。图13.6.3 也显示具有同样特征。总之,脂肪球直径降低和蛋白含量增加,其抗压能力就增高。该结论与本节开头对凝胶组分的讨论一致。

吐温 80＋动物脂肪处理组比菜籽油-吐温 80 组和动物油脂肪的脂肪损失和水分损失高(表 13.6.1)。这导致蒸煮后的产品蛋白浓度增高,硬度增高;即形成更致密的蛋白基质。

表 13.6.1　蛋白含量和脂肪种类对蒸煮肉糜质构特性的影响。肉糜的蛋白含量为 9%、12% 或 15%;脂肪种类为牛脂肪(BF)、菜籽油(CO),脂肪或油含量为 25%;其中一组乳化剂为吐温 80(T80),另一组用乳化剂酪蛋白酸钠(SC)替代 2% 的肉蛋白。M＝肉蛋白;P* ＝2%SC 组的总蛋白含量。数据摘自 Youssef 等(2011)。

处理	处理代号	脆度(N)	硬度(N)	弹性(cm)	黏聚性(比率)	咀嚼性(n·cm)	黏结性(N)
1	9M＋BF	16.57±0.24[h]	17.13[j]	0.68	0.22	2.56±0.10[hi]	3.76±0.14[j]
2	12M＋BF	26.98±0.38[e]	33.99[g]	0.77	0.26	6.80±0.19[f]	8.83±0.17[g]
3	15M＋BF	29.99±0.39[abc]	61.50[e]	0.79	0.28	13.60±0.36[c]	17.22±0.28[d]
4	9M＋CO	29.53±0.28[bcd]	31.33[g]	0.81	0.34	8.62±0.25[e]	10.65±0.28[f]
5	12M＋CO	31.54±0.48[a]	66.35[d]	0.81	0.46	24.72±0.55[a]	30.52±0.60[a]
6	15M＋CO	29.27±0.35[bcd]	69.78[c]	0.85	0.43	25.50±0.67[a]	30.00±0.75[a]
7	9M＋BF-T80	19.38±0.68[g]	20.42[i]	0.71	0.25	3.62±0.20[h]	5.10±0.26[i]
8	12M＋BF-T80	29.01±0.82[cd]	46.27[f]	0.76	0.31	10.90±0.70[d]	14.34±0.90[e]
9	15M＋BF-T80	31.30±0.44[a]	73.69[b]	0.78	0.37	21.26±0.69[b]	27.26±0.45[b]
10	9M＋CO-T80	10.31±0.44[i]	13.78[k]	0.57	0.23	1.80±0.11[i]	3.31±0.12[j]
11	12M＋CO-T80	25.29±0.66[f]	27.71[h]	0.71	0.26	5.11±0.21[g]	7.20±0.21[h]
12	15M＋CO-T80	29.06±0.50[cd]	63.59[e]	0.84	0.40	21.36±0.33[b]	26.45±0.41[c]
13	9P* ＋BF-SC	10.54±0.33[i]	12.48[k]	0.60	0.21	1.57±0.06[i]	3.04±0.07[j]
14	12P* ＋BF-SC	30.75±0.68[abc]	32.60[g]	0.74	0.24	5.78±0.21[fg]	10.48±0.21[gh]
15	15P* ＋BF-SC	30.84±0.55[ab]	80.16[a]	0.78	0.33	20.63±0.85[b]	29.48±0.79[c]
16	9P* ＋CO-SC	7.87±0.47[j]	11.73[k]	0.59	0.26	1.79±0.18[i]	3.15±0.19[j]
17	12P* ＋CO-SC	27.98±1.02[de]	33.81[g]	0.80	0.31	8.38±0.53[e]	10.73±0.62[f]
18	15P* ＋CO-SC	31.64±0.61[a]	71.91[bc]	0.83	0.41	24.47±0.66[a]	31.23±0.59[a]

a-p 同列不同上标表示存在显著性差异($P<0.05$)。

CO-T80 组肉糜的硬度比 CO 组肉糜的硬度低,可能是由于形成的蛋白基质不均匀所致(图 13.6.3)。吐温 80 包裹脂肪球后会干扰蛋白界膜与蛋白基质的连接。Theno 和 Schmidt(1978)研究发现,类蛋白成分包裹脂肪球后,可以与蛋白基质形成交联,从而有助于法兰克福香肠稳定。有分析认为脂肪的物理固定作用可能是蛋白界膜与蛋白基质之间形成蛋白-蛋白相互交联的结果。

酪蛋白酸钠是一种肉品工业常用的脂肪稳定剂。在 9% 蛋白且 SC 替代 2% 蛋白的处理组,它降低了脆度和硬度(含 SC 时硬度 12.48 N,不含 SC 时硬度 17.13 N)。这是因为 SC 不能形成热诱导凝胶(72℃),而肌肉蛋白量少(7%)又不足以形成有硬度的质构。但是,当蛋白含量为 12%,其中 SC 为 2% 时的质构与肌肉蛋白为 12% 的质构相近。蛋白含量 15% 时(13% 肌肉蛋白,2%SC),其硬度高于对照组(15% 肌肉蛋白)。CO-SC 肉糜在蛋白含量 9% 和 12% 时,硬度低于相应蛋白含量的 CO 处理组。这种硬度变化表明,加入 SC 预乳化的油脂会显著影响肉糜的质构特性。

用 CO 替代牛脂肪还会增加弹性和黏聚性;这可能与脂肪球的尺寸和分布有关(表 13.6.1),这符合先前发表的数据。

　　总之,对照组即牛脂肪处理组揭示了典型肉糜内的脂肪球包埋在一个均匀的蛋白基质内(图13.6.3)。肉糜的微观结构受脂肪/油脂种类和蛋白含量影响。任何处理,若增加蛋白含量就会形成更加致密的蛋白基质结构,因为更高盐溶性蛋白的含量会增强蛋白-蛋白之间的相互交联。相比牛脂肪处理组,菜籽油取代牛脂肪会形成更多颗粒小、排列紧密的脂肪球。这主要是因为相比固态特性的牛脂肪而言,菜籽油具有液态性质,而这种特性在斩拌过程中具有重要作用。随着肉蛋白在菜籽油乳化体系中的含量上升,脂肪球会聚集形成更大的脂肪球,从而形成不规则脂肪球,并最终导致脂肪通道形成。蛋白基质的断裂会使脂肪和汁液流失。

　　牛脂肪-吐温80(BF-T80)处理组的蛋白基质聚集比牛脂肪处理组更多,表明脂肪的流动性已经超出蛋白基质的束缚能力。从而导致形成形状不规则且长长的大脂肪区;还导致肉糜稳定性下降(图13.6.3)。菜籽油-吐温80处理组在9%蛋白水平不能形成连续的基质,且只有少量脂肪球有可见的蛋白界膜。过去,非蛋白乳化剂,特别是吐温80,比蛋白更容易被脂肪球选择性结合,因为非蛋白乳化剂的亲水/亲脂比更高。这一特性会阻碍蛋白吸附于脂肪球表面,从而减少蛋白与脂肪的相互作用,导致脂肪球与蛋白基质的结合能力下降。

　　相比对照,油脂用酪蛋白酸钠预乳化能使脂肪球的分散度更好(图13.6.3);可能是由于酪蛋白酸盐的乳化能力高于牛肉。同时,蛋白基质不如其他各处理基质致密。其原因是酪蛋白(72℃下不能形成凝胶)替代2%的肉蛋白后,肉蛋白含量变少所致。

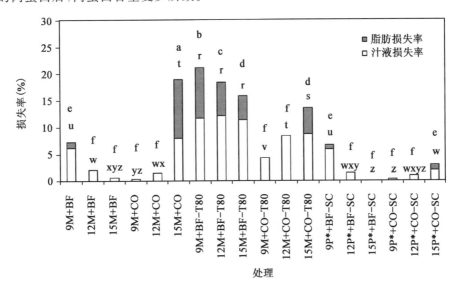

图 13.6.4　不同蛋白水平条件下添加 25％牛脂肪(BF)或菜籽油(CO)和添加 T80 或酪蛋白酸钠(SC)预乳化的油脂后肉糜脂肪和汁液损失的平均值。所有处理含 25％油或脂;酪蛋白酸钠替代 2％肉蛋白;M,肌肉蛋白;BF-T80,用 T-80 预乳化的牛脂肪;CO-T80,用 T80 预乳化的菜籽油;P,蛋白;BF-SC,用酪蛋白酸钠预乳化的牛脂肪;CO-SC,用酪蛋白酸钠预乳化的菜籽油;汁液流失的平均值(r-z)、脂肪损失的平均值(a-f)的上标不同表示具有显著性差异($P<0.05$)。后 6 个处理,2％的肉蛋白(M)被酪蛋白酸钠替代,标记的 P* 表示的是总蛋白量。摘自 Youssef(2011),已授权。

13.7　肠衣

　　将肉灌入天然肠衣已有数千年的历史。如今,工业生产中仍有这一工艺,但是自动化程度提高,人工肠衣也更加多样(图 13.7.1),还可采用肠衣共挤工艺。肠衣共挤技术是 20 世纪最重要的肠衣技术突破之一。该技术可持续性地将半液态基料(胶原蛋白糊)包裹到正从灌肠机内挤出的产品上,从而使批量式生产变为连续化生产(见第 1 章自动化部分)。连续化生产的关键概念就是降低劳动成本,提升生产效率,引入机械化。但是,共挤技术还不能适用于所有产品(如大直径香肠),另外初期投资成本还比较高。

图 13.7.1　应用于各种肉制品的不同类型肠衣。产品在圭尔夫大学制作。S. Barbut 拍摄。

生产香肠的过程中,经斩拌或绞制,生肉糜呈现非常黏的特性,可通过泵填充到各种尺寸的肠衣中。煮制时,肌肉蛋白发生变性并形成一种热稳定的凝胶(见 13.5 节)。煮后产品变硬,可直接脱去肠衣(如肉制品厂会将热狗的纤维素肠衣剥掉),或者让消费者在切分/食用时剥去肠衣(如消费者在家剥掉萨拉米肠衣)。对于可食用肠衣(如天然肠衣或人造胶原蛋白肠衣),则可保留肠衣(参见本章 13.8.12 欧式法兰克福鸡肉肠)。

正如前面所述,人类利用天然肠衣,如羊、牛的胃肠道,已有数千年历史。这些肠衣仍在一些产品中广泛使用,甚至在某些产品中是金标准。在 20 世纪,包括肠衣在内的新型包装材料迅猛发展(Savić 和 Savić,2002),如今市场上已有数百种不同的肠衣。总的来说,可以根据其来源,将肠衣划分为几个大类。

a. **天然胶原蛋白肠衣**来自猪、羊的消化道。由于牛的海绵状脑病(BSE),牛肠衣尚不够流行。制备肠衣需要彻底清洁肠道,刮除肠黏膜层,经数次清洗而成。肠衣的生产在专门的工厂进行,需要大量的人力。清洗检查之后的肠衣,存放于饱和盐溶液,可储存数月之久。这种肠衣的微观结构如图 13.7.2 所示,肠衣中有胶原蛋白纤维。胶原蛋白纤维使得肠衣在充填生肉原料和咬/啃熟制品时有一定的弹性。胶原蛋白肠衣可透水透气,还可随产品收缩,所以总是紧贴在产品表面。肠衣的收缩特性正是所要的理想特征,特别是对于在烟熏间热处理时或其后会冷却收缩的香肠。烟熏后收缩的一个实例是干香肠制作,在干燥过程中,香肠会蒸发大量的水分(多达 30%～50%),肠衣若脱壳则产品会卖相差。大多数天然肠衣可食用可消化,因此食用时不必剥掉。但是,如果肠衣很厚,消费者往往会剥掉。通常,天然肠衣相对较贵,因为肠衣的清洗和使用都需要大量的人力。目前,天然肠衣仍在某些产品中使用,给人一种"传统"形象。

b. **人造胶原蛋白肠衣**是用从红肉动物皮中所提取的胶原蛋白加工而成(Savić 和 Savić,2002)。其显微结构见图 13.7.2。人造胶原蛋白肠衣通常可直接食用(视肠衣厚度而定),因此食用时不必剥掉。人造胶原蛋白肠衣的规格非常均一,没有天然肠衣的尺寸不均匀和易破的问题。因此,人造肠衣比天然肠衣好用。人造胶原蛋白肠衣非常均一,因此灌装的质量控制非常容易,且价格便宜,人力要求低(如工厂用的是成卷肠衣,可以直接套在灌肠机肠衣套管上)。由于人造胶原蛋白肠衣是利用再生胶原蛋白挤压制得的,因此可以控制肠衣的厚度和交联度。人造胶原蛋白肠衣的微生物数比天然肠衣少得多,因为胶原蛋白是在较高的 pH 条件下提取而来的。跟天然肠衣一样,人造胶原蛋白肠衣可透水和透烟气,具有收缩性,并且包裹产品紧实。

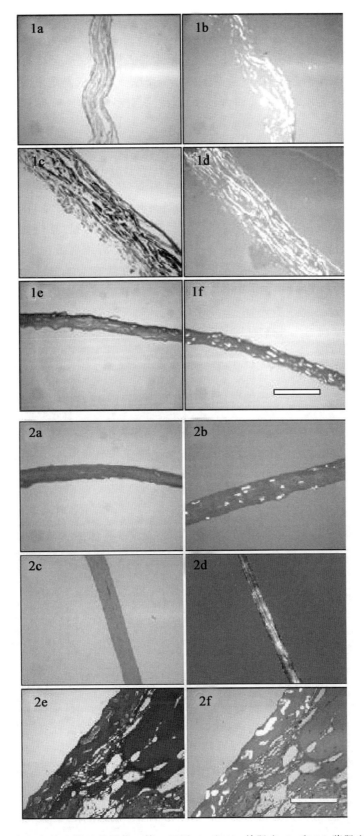

图 13.7.2 胶原蛋白肠衣的光学显微图像。第一组图：1a 和 1b，羊肠衣；1c 和 1d，猪肠衣；1e 和 1f，生鲜肠所用的人造胶原蛋白肠衣。为显示结缔组织纤维，1b,1d,1f 是偏振光图片。第二组图：2a 和 2b，烟熏肠所用人造肠衣；2c 和 2d，大直径香肠所用人造肠衣；2e 和 2f，共挤成型肠衣；右下显示的是肉糜。为显示结缔组织，2b,2d,2f 是偏振光图片。标尺＝200 μm。经允许，摘自 Barbut(2010)。

c.共挤成型肠衣所采用的原料与上述人造肠衣一样,而且往往出自同一生产厂家。厂家出售的胶原蛋白是 3.5%～5.5% 的蛋白糊。肉制品企业用特制的反旋转头(参看第 10 章对此设备的阐述)将胶原蛋白涂在刚从灌肠机中挤出来的产品表面。然后,肠衣在盐水中脱去部分水分,经烘箱干燥,最后用烟熏液(如醛类物质;参看本章的液体烟熏剂部分)促使胶原蛋白分子交联。接着就是蒸煮过程,可在袋内煮或在袋外煮。注意,有些共挤工艺还会添加海藻酸钠,但是感官特性与胶原蛋白肠衣会有所不同。胶原蛋白和海藻酸钠的复合胶也开始在市场上销售(Harper 等,2013)。

d.人造纤维素肠衣在体积大的产品如热狗、波洛尼亚香肠和萨拉米的生产上广泛使用。人造纤维素肠衣采用棉短绒为原料,可加工成各种尺寸(如直径 1.5～15 cm)。肠衣的微观结构见图 13.7.3。人造纤维素肠衣很结实,故可用于自动化设备。而且,这种肠衣均一性很好,生产商可以控制肠衣的延展程度,因此灌装质量控制相对容易。食用前应将肠衣剥掉,因为这种肠衣不可食用。小直径的产品如热狗,在工厂生产时就会用自动设备高速剥掉肠衣。大直径的产品如萨拉米,有时肠衣会保留,需消费者自己剥掉。产品可能会发生收缩,一般会在肠衣内层加入蛋白来提高产品对肠衣的黏着。纤维素肠衣透水也透烟气,但与塑料复合的除外(见下面的复合肠衣)。人造纤维素肠衣可染色,还可以在肠衣上印刷相关信息。人造纤维素肠衣带菌量很低,这要归功于它的加工方式。为了延长货架期,纤维素肠衣应存放在干燥的环境下,否则会滋生霉菌。

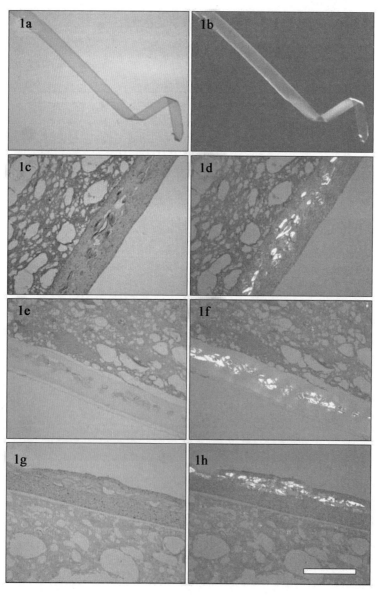

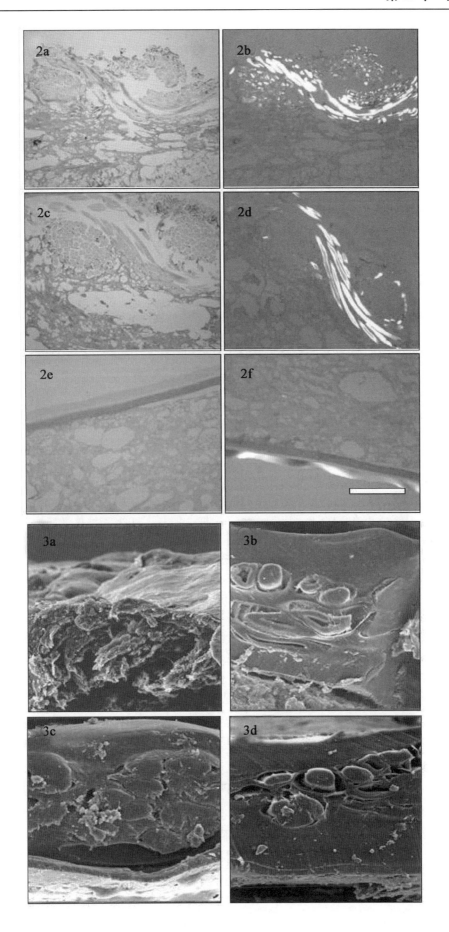

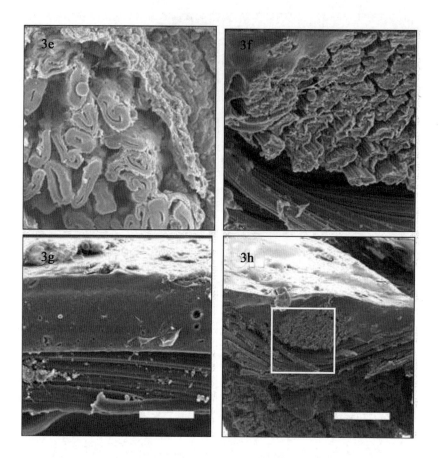

图 13.7.3 纤维素肠衣和塑料肠衣的光学显微图像。第一组图：1a 和 1b，"速剥"薄纤维素肠衣；1c 和 1d，大直径普通肠衣及其包裹的肉糜；1e 和 1f，外层复合聚偏（二）氯乙烯（PVDC）的纤维素肠衣；1g 和 1h，内层复合 PVDC 的纤维素肠衣。为显示纤维素纤维，1b，1d，1f，1h 为偏振光图片。标尺＝200 μm。第二组图：2a 和 2b，纤维素/棉肠衣及其包裹的肉糜；2c 和 2d，外层的纤维素/棉；2e 和 2f，挤压成型的塑料肠衣。为显示纤维素纤维/特殊塑料，2b，2d 和 2f 为偏振光图片。标尺＝200 μm。第三组为肠衣的扫描电镜图：3a，"速剥"薄纤维素肠衣；3b，大直径纤维素肠衣及肉肠；3c，外层复合聚偏（二）氯乙烯（PVDC）的纤维素肠衣；3d，内层复合聚偏（二）氯乙烯（PVDC）的纤维素肠衣；3e，普通纤维素/棉；3f，外层的纤维素/棉；3g，挤压成型的塑料；3h，"f"的低倍图像，见方框。所有图片标尺＝25 μm，但 3h 的标尺是 120 μm。经允许，摘自 Barbut（2011）。

e. 塑料复合肠衣 在水/蒸汽煮制的香肠中的应用非常广泛，因为塑料肠衣具有不透水的特性（这也是其优点，因为水是比干热空气更容易传递热量的介质）。一个简单的证明方法就是想象一下把手放入 100℃ 的烤炉和一锅沸腾的开水的区别。若产品不需要烟熏或进行表面干燥，那就可以将塑料肠衣作为备选。塑料肠衣的微观结构见图 13.7.3，使用塑料肠衣的产品见图 13.7.4。显微图片显示复合的各层基本都是致密的屏障。共挤成型塑料肠衣非常结实，也非常均一，因此可以用于大直径的产品。由于塑料肠衣不透氧，因此还有助于防止氧化。这也意味着塑料肠衣不透烟气。因此，如果需要烟熏风味，烟熏风味只能以混合的方式加入。现在有一些新的发展，液态烟熏剂可以在肉糜灌入肠衣前就添加到肉糜中。生产高分子聚合膜肠衣时，聚乙烯、尼龙、聚丙烯等材料既可以做成单层膜，也可以做成复合膜（Savić 和 Savić，2002）。共挤成型的塑料肠衣非常均匀，因此肠衣上不会有裂缝和材质薄弱点。塑料肠衣还能进行染色和印刷产品信息（如营养标签）。肠衣还可以采用紫外阻隔材料共挤成型，因此防褪色也不是问题（见第16 章）。

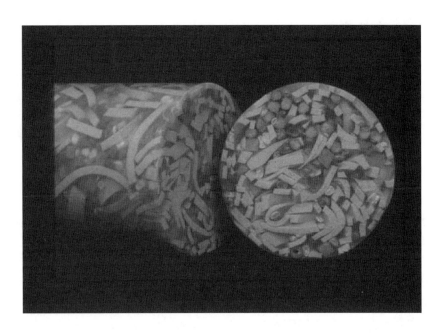

图 13.7.4　塑料肠衣应用于什锦肉冻条。圭尔夫大学制作，Barbut 拍摄。

f.金属套/模具常用于罐装肉制品(如密封罐装的肉条在 121℃的高温下加热)或用于较低温度(70~80℃)加热的较大个头的肉肠/火腿/肉块。模具还能赋予产品一定的形状。大块型肉制品加工时，模具成型还是非常重要的，自动化生产过程中模具成型对精确控制分量也有一定帮助。有时先将产品装入纤维素肠衣或塑料肠衣，然后再放入金属容器内，以方便煮制之后取出产品(不会粘连和/或表皮破损)和清洗模具。若在肉放入模具前先用塑料肠衣包装，煮制后通常不会把肠衣取下来，因此塑料肠衣不仅是一种包装材料，还是一种防止交叉/二次污染的屏障。在制作炉烤火鸡肉、4×4 火腿等产品时，都可见到这种技术。

g.蒸煮袋是一类质地柔软，由铝箔等合成聚合物制成的多层结构包装袋。蒸煮袋具有良好的隔水和隔氧特性。虽然蒸煮袋很薄，但是它能有多达十多层不同的材料。蒸煮袋可以用于需高温灭菌的肉制品。肉条类制品的切片，以及炖鸡/鸡汤通常都用蒸煮袋包装，然后进行高温如 121℃ 杀菌。包装薄的优点在于达到煮制温度的速度比传统圆罐快得多。和罐装方式一样，热处理后的产品品质稳定，不需要冷藏。

h.复合包装用两种及以上材料制作而成，如用棉网强化胶原蛋白，或塑料包裹棉纤维。图 13.7.3 中就有一例采用了两种材料(纤维素和塑料)。通过复合两层或多层材料，生产商就可以同时利用两种材料的优势(塑料的高强度与纤维素的烟气可透性相结合，或纤维素肠衣的易剥性与长棉纤维的高强度相结合)。

13.8　配方

　　本部分将介绍世界上各种常见肉制品的制作工艺。此部分配方工艺(recipe)由加拿大 Hermann Laue Spice 公司提供。虽然本书所举产品配方在工业中广泛采用，但在此仅作为一般性参考。另外，不同国家和地区的法规有所不同(如亚硝酸盐和磷酸盐使用规定)，因此在使用前请仔细查阅当地的法规规定。本部分涉及的配方包括整肉块制品、重组肉制品、无骨肉制品、带骨肉制品、肉糜和乳化肉制品。

13.8.1 熏烤鸡——自然腌制

配料

肉：

- 72.0 kg 去骨去皮鸡胸肉
- 8.0 kg 鸡边角肉

腌制液：

- 20.0 kg

配制腌制液,需混合：

- 12.0 kg 冷水
- 3.4 kg 碎冰
- 1.7 kg 海盐
- 1.2 kg 食醋(作为抑菌剂)
- 1.0 kg 蔗糖
- 0.6 kg 发酵芹菜提取物
- 0.058 kg 洋葱粉
- 0.040 kg 白胡椒粉
- 0.002 kg 迷迭香提取物

工艺

- 用 25 mm 孔板的绞肉机将鸡胸肉绞碎。
- 用 5 mm 孔板的绞肉机将鸡边角肉绞碎。
- 将腌制液搅匀后与碎鸡肉一起投入真空滚揉机。
- 真空滚揉 1.5～2 h,转速 10～12 r/min。
- 静置过夜。
- 将滚揉后的鸡肉灌入直径 105 mm 的纤维素肠衣,灌紧。
- 将产品放入已预热的烟熏间。
- 加热温度 55℃,相对湿度 30%,时间 30 min。
- 65℃干燥 20 min。
- 65℃烟熏 45 min 或至上色适宜即可。
- 85℃蒸煮至中心温度达到 74℃(图 13.8.1.1)。
- 快速冷却后低温下贮藏。

图 13.8.1.1 烤鸡。Barbut 和 Jinde 拍摄。

13.8.2　传统烤鸡/火鸡(注射量30％;可选注射量50％)

配料

肉:

- 100.0 kg 去骨去皮鸡/火鸡胸肉

腌制液:

- 30.0 kg

配制腌制液,需混合:

- 22.0 kg 冷水
- 3.6 kg 碎冰
- 4.0 kg 腌制剂(盐、糖、磷酸盐、异抗坏血酸盐、亚硝酸盐)
- 0.4 kg 烧烤调料(天然烤香剂,香辛料)
- 调味拌料:每 1 kg 滚揉后的肉,按 6 g 烧烤调料与 18 mL 水混合后加入。

工艺

- 火鸡胸肉中注射 30％腌制液。
- 真空滚揉 4 h,转速 12～15 r/min;注射后立即进行滚揉。静置过夜,然后滚揉 1.5 h,转速 12～15 r/min。
- 将 2 块火鸡胸肉叠合(厚端与薄端叠合),并用胶原蛋白膜包裹,然后装入 ♯22-3 网袋(即网袋每周有 22 个方孔,方孔之间有三针缝线)。将网袋两头夹紧。
- 将 5 份烧烤调料与 3 份水混合并搅拌成浓浆,然后均匀涂抹在烤肉表面。
- 将烤肉放于烟熏网上,然后放入烤炉进行烤制。
- 90℃干燥 1 h 或直至表面完全干燥。
- 78℃下蒸煮至中心温度达到71℃(图 13.8.2.1)。
- 冷水喷淋使其快速冷却。
- 注意:50％盐水注射量的烤肉是在 100 kg 去骨去皮的鸡/火鸡胸肉中注射了 50 kg 的腌制液。腌制液成分包括 35 kg 冷水,9 kg 碎冰,5 kg 鸡/火鸡烘烤腌制剂(食盐、糖、磷酸盐)和 1.3 kg 调味剂(大豆分离蛋白、糖、香料提取物)。

图 13.8.2.1　烤制后的有网袋包装的鸡肉。Barbut 和 Jinde 拍摄。

13.8.3 熏烤火鸡

配料

与前述传统烤鸡/火鸡类似。

工艺

- 注射与装填与前述传统烤鸡/火鸡的工艺类似。
- 65℃干燥 45～60 min。
- 65℃下烟熏 1.5 h 或至上色适宜为止。
- 78℃下蒸煮至中心温度达到 71℃（图 13.8.3.1）。
- 冷水喷淋使其快速冷却。

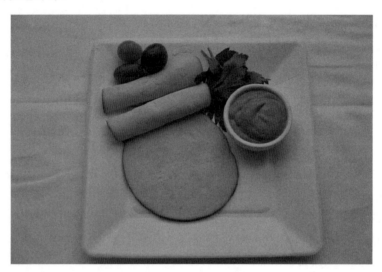

图 13.8.3.1 炉烤火鸡。Barbut 和 Jinde 拍摄。

13.8.4 烤火鸡切片——无盐

配料

肉：

- 100.0 kg 去皮火鸡胸肉

腌制液：

- 15.0 kg

配制腌制液,需混合：

- 7.2 kg 冷水
- 2.8 kg 乳酸钾/双乙酸钾
- 4.28 kg 烤火鸡无盐注射液
- 0.72 kg 谷氨酰胺转氨酶

工艺

- 用绞肉机将火鸡胸肉绞碎。
- 将谷氨酰胺转氨酶溶于冰水中。
- 将绞制后的火鸡胸肉与干腌料混合,搅拌 8 min。
- 添加谷氨酰胺转氨酶溶液,并搅拌 8 min。
- 添加乳酸钾/双乙酸钾,并搅拌 4 min。

- 装入适宜口径不透水的包装材料中,并压紧。
- 低温下冷藏至少 2～3 h 后进行煮制(酶作用需要一定时间)。
- 80℃下蒸煮至中心温度达到 72℃。
- 冷水喷淋使其迅速冷却。

13.8.5　烟熏鸡肉火腿——自然腌制

配料

肉：

- 72.0 kg 鸡大腿(无脂肪)
- 8.0 kg 鸡小腿

腌制液：

- 20.0 kg

配制腌制液,需混合：

- 12.0 kg 冷水
- 3.3 kg 片冰
- 1.8 kg 海盐
- 1.25 kg 醋(作为抑菌剂)
- 0.90 kg 蔗糖
- 0.600 kg 发酵芹菜提取物
- 0.058 kg 洋葱粉
- 0.050 kg 甜樱桃粉
- 0.040 kg 大蒜粉
- 0.002 kg 迷迭香提取物

工艺

- 用 25 mm 孔板的绞肉机将鸡大腿肉绞碎。
- 用 3 mm 孔板的绞肉机将鸡小腿肉绞碎。
- 将腌制液搅匀后与绞碎的鸡肉一起倒入真空滚揉机。
- 真空滚揉 2.5 h,转速 10～12 r/min。
- 静置过夜,再真空滚揉 20 min。
- 将滚揉后的鸡肉灌入直径 105 mm 的纤维素肠衣,灌紧。
- 将鸡肉肠放入已预热的烟熏间。
- 温度 55℃,相对湿度 30% 条件下加热 30 min。
- 65℃干燥 20 min。
- 65℃下烟熏 45 min 或至上色适宜为止。
- 85℃下蒸煮至中心温度达到 74℃。
- 快速冷却,并在低温下贮藏。

13.8.6　火鸡火腿(4×6)

配料

肉：

- 100 kg 火鸡去骨大腿瘦肉

腌制液：

- 40 kg

腌制液的配制,需混合:

- 28 kg 冷水
- 6.5 kg 冰
- 5.5 kg 腌制剂(食盐,大豆蛋白/乳清蛋白,磷酸盐,香辛料,异抗坏血酸盐,亚硝酸盐)

<u>工艺</u>

- 将火鸡腿肉划开,增加表面区域。
- 将肉与腌制液装入真空滚揉机,低温下滚揉 6 h,转速 12～15 r/min。
- 静置过夜,次日再滚揉 1.5 h。
- 将肉装入内煮袋(cook-in-bag)(也称 cook&ship bag)。
- 将装袋的肉压入 4×6 英寸的火腿模具,并压紧实。
- 在烟熏间用 78℃的蒸汽煮制,直至中心温度达到 71℃(图 13.8.6.1)。
- 用冷水喷淋使其快速冷却,然后转入冷藏间。

图 13.8.6.1 火鸡火腿。Barbut 和 Jinde 拍摄。

13.8.7 帕斯塔米火鸡肉

<u>配料</u>
肉:

- 100 kg 去皮火鸡胸肉

腌制液:

- 50 kg

腌制液的配制,需混合:

- 14.0 kg 冷水
- 12.3 kg 片冰
- 8.7 kg 乳酸钠/双乙酸钠
- 1.85 kg 红糖
- 0.35 kg 帕斯塔米液体香料
- 13.5 kg 腌制剂(食盐、大豆蛋白/乳清蛋白、磷酸盐、香辛料、异抗坏血酸盐、亚硝酸盐)
- 滚揉 1.0 kg 火鸡胸肉需要 10 g 精制/粗制帕斯塔米涂抹料

工艺

- 将所有干性配料充分溶于冷水。
- 添加冰和乳酸钠/双乙酸钠,搅拌直至冰融化。
- 注射 50% 的腌制液,然后立即进行滚揉。
- 真空滚揉 3~4 h,转速 10~12 r/min。
- 在低温下静置过夜,接着真空滚揉 30 min。
- 添加香辛料和拌料至滚揉机,低速搅拌直至表面形成均匀的包裹层。
- 将火鸡胸肉置于烟熏网上,送入烟熏间。
- 在 75℃ 干燥 1 h 或直至表面干燥即可。
- 65℃ 烟熏 30 min。
- 78℃ 蒸煮至中心温度达到 71℃。
- 喷淋 5 min,然后冷风快速冷却。
- 冷藏一夜后方可运输。

13.8.8　常规烟熏火鸡肠

配料

乳化部分(60 kg):

- 42.0 kg 火鸡大腿肉(经 3 mm 孔板的绞肉机绞肉一次)
- 8.0 kg 火鸡皮(冷冻,经 3 mm 孔板的绞肉机绞肉一次)
- 10.0 kg 冰

粗斩部分(40 kg):

- 34.0 kg 火鸡大腿(经 5 mm 孔板的绞肉机绞肉)
- 6.0 kg 冷水

香辛料和配料:

- 3.0 kg 调味黏合配料(食盐、马铃薯淀粉、葡萄糖、香辛料、异抗坏血酸盐)
- 1.0 kg 红糖
- 0.3 kg 腌渍盐
- 0.3 kg 磷酸盐
- 0.2 kg 大蒜粉
- 0.1 kg 黑胡椒粉(细粉)

工艺

- 提前一天,将粗绞后的肉与水、40% 的香辛料和配料充分搅拌混合。低温下贮藏过夜。
- 将经绞制待乳化的肉和皮放入斩拌机斩拌,斩拌过程中加入剩余的香辛料和配料。慢速斩拌几圈,加入一半的冰。高速斩拌至温度 12℃,加入剩余的冰,然后继续斩拌至终温 8℃。
- 将粗斩肉经预调味后加入,混合均匀,然后低速斩拌至合适的大小。
- 将肉灌入胶原蛋白肠衣(口径 29/32)或者其他烟熏用肠衣。
- 在烟熏间 55℃ 干燥 15 min。
- 温度 60℃,相对湿度 25%~30% 下烟熏 30 min,或直至上色适宜。
- 78℃ 蒸煮至中心温度达到 71℃。
- 冷水喷淋使其快速冷却。

13.8.9　槭树风味火鸡熏肠

配料

乳化部分(60 kg):

- 50.0 kg 火鸡带皮大腿肉(经 3 mm 孔板的绞肉机绞肉一次)
- 10.0 kg 冰

粗斩部分(40 kg):

- 25.0 kg 火鸡小腿肉(经 5 mm 孔板的绞肉机绞肉)
- 5.0 kg 火鸡皮和脂肪
- 10.0 kg 冷水

香辛料及配料:

- 3.0 kg 调味黏合剂
- 1.0 kg 槭树香料
- 1.5 kg 红糖
- 1.0 kg 专用淀粉
- 0.3 kg 腌渍用盐(异抗坏血酸盐、亚硝酸盐)
- 0.3 kg 磷酸盐
- 0.1 kg 黑胡椒粉(32 目)

工艺

- 按照前述产品(火鸡肠)工艺加工,直至充填步骤。
- 灌入胶原蛋白肠衣,肠衣口径 32/35,每节 110 g。
- 在温度 55℃,相对湿度 40% 的烟熏间加热 20 min。
- 65℃ 干燥 20 min。
- 65℃ 烟熏 40 min 或至上色适宜。
- 80℃ 蒸煮至中心温度 71℃。
- 喷淋冷却,冷藏过夜,然后进行包装。

13.8.10　马沙拉咖喱鲜鸡肠

配料

肉:

- 30.0 kg 鸡胸肉(经 8 mm 孔板的绞肉机绞肉)
- 55.0 kg 鸡大腿(经 8 mm 孔板的绞肉机绞肉)
- 15.0 kg 冷水

香辛料和配料:

- 16.0 kg 食盐
- 5.0 kg 马沙拉咖喱调味料
- 1.0 kg 马铃薯淀粉
- 0.2 kg 磷酸盐

工艺

- 将鸡肉与配料全部混合并充分搅拌。
- 边搅拌边加入冷水,分 2~3 次加入冷水。
- 将肉糜灌入合适尺寸的胶原蛋白肠衣,打结并包装。将产品冷却或冷冻后运输。

13.8.11　火鸡熏肠

配料

粗绞肉部分(70 kg)：

- 59.0 kg 火鸡大腿瘦肉(经 25 mm 孔板的绞肉机绞肉)
- 11.0 kg 冷水

细绞肉部分(30 kg)：

- 25.0 kg 火鸡大腿肉(经 3 mm 孔板的绞肉机绞肉)
- 5.0 kg 冷水

调味配料：

- 1.9 kg 食盐
- 0.9 kg 熏肠调料
- 0.8 kg 红糖
- 0.6 kg 腌渍盐(包括异抗坏血酸盐和亚硝酸盐)
- 0.3 kg 磷酸盐

工艺

- 正式加工前一天,将粗绞肉、冷水及 70% 的干配料放于真空滚揉机滚揉 1.5 h。
- 将滚揉后的粗绞肉密封,冷藏过夜。
- 正式加工前,再次滚揉搅拌 10 min。
- 将细绞肉、剩余的干配料和水搅拌混匀,直至形成良好的粘连状态。
- 将处理过的粗绞肉加入细绞肉中,混合,使其分布均一且结合良好。
- 将肉糜灌入胶原蛋白肠衣,直径 52 mm。
- 烟熏间内的加工：

  温度 50℃、湿度 40% 条件下,加热 30 min。

  60℃ 下干燥 15 min。

  60℃ 烟熏 45 min,或至上色适宜为止。

  78℃ 蒸煮至中心温度 71℃(图 13.8.11.1)

  喷淋产品使其冷却。
- 运输前先冷藏过夜。

图 13.8.11.1　火鸡熏肠。Barbut 和 Jinde 拍摄。

13.8.12 欧式法兰克福鸡肉肠

<u>配料</u>

肉：

- 40.0 kg 鸡大腿肉
- 26.0 kg 鸡小腿肉
- 7.0 kg 细嫩鸡肉(冷冻)
- 5.0 kg 鸡皮和脂肪

冰：

- 28.0 kg

调味料及添加剂：

- 1.7 kg 食盐
- 1.4 kg 葡萄糖
- 1.0 kg 改性淀粉
- 0.8 kg 法兰克福肠调味料
- 0.6 kg 腌渍盐(包括异抗坏血酸盐和亚硝酸盐)
- 0.2 kg 磷酸盐
- 0.1 kg 辣椒粉
- 0.1 kg 洋葱粉

<u>工艺</u>

- 用 3 mm 孔板的绞肉机将全部的肉和鸡皮绞碎。
- 斩拌机先慢速下转动数圈将肉斩碎,然后加入所有的调味料和 1/3 的冰。
- 高速斩拌至温度达到 8～10℃。
- 分两次将剩余的冰加入,同时高速斩拌至温度达到 6℃。
- 低速斩拌至温度达到 8℃。
- 将肉灌入羊肠衣,按一定尺寸打结。
- 烟熏和煮制：

  在温度 55℃、相对湿度 40％的烟熏间预热 20 min。

  65℃干燥 15 min。

  78℃下蒸煮至中心温度达到 71℃(图 13.8.12.1)。

  冷水喷淋冷却。
- 先冷藏过夜后再进行包装。

图 13.8.12.1 法兰克福鸡肉肠。Barbut 和 Jinde 拍摄。

13.8.13　鸡肉/火鸡肉热狗/博洛尼亚香肠

<u>配料</u>

肉：

- 86.0 kg 机械去骨鸡肉/火鸡肉

冰：

- 14.0 kg

调味料及添加剂：

- 黏结剂——8.70 kg（食盐、大豆蛋白/乳清蛋白、调味料、异抗坏血酸盐）
- 腌渍盐——0.3 kg（包括亚硝酸盐）
- 磷酸盐——0.3 kg

<u>工艺</u>

- 先慢速斩拌条件下斩拌数次，将微冻的肉和 5 kg 碎冰斩拌切碎。
- 添加黏结剂、盐和磷酸盐，高速斩拌，同时加入剩余的冰，斩拌至料温达到 8～10℃。
- 将斩拌乳化好的肉糜从斩拌机中刮出。
- 将肉糜灌入热狗肠衣，并按一定长度打结。
- 将产品放于烟熏架上。
- 烟熏和煮制：

  在烟熏间 55℃条件下加热使其表面干燥，时间 5 min 或至所需程度即可。

  温度 55℃、相对湿度 25%条件下，烟熏 20～30 min。

  75℃下蒸煮至中心温度达到 71℃（图 13.8.13.1）。

  冷水喷淋冷却 10 min。

- 冷藏过夜后再剥肠衣。

注意：对于博洛尼亚香肠，采用相同的配料和工艺，但灌入的是更粗直径的纤维素肠衣或人造肠衣。热处理过程应适当延长以使中心温度能够达到 71℃。

图 13.8.13.1　博洛尼亚鸡肉肠。Barbut 和 Jinde 拍摄。

13.8.14 意式火鸡辣肠

配料

肉：

- 60.0 kg 火鸡大腿肉
- 22.0 kg 火鸡小腿肉

水：

- 18.0 kg 冷水

调味料和添加剂：

- 1.7 kg 食盐
- 1.5 kg 温和型辣肠调料
- 1.5 kg 马铃薯淀粉
- 1.2 kg 醋液
- 1.0 kg 玉米糖浆干粉
- 0.6 kg 腌渍盐(包括异抗坏血酸盐和亚硝酸盐)
- 0.3 kg 磷酸盐

工艺

- 用 5 mm 孔板的绞肉机将鸡大腿肉绞碎。
- 用 3 mm 孔板的绞肉机将鸡小腿肉绞碎。
- 将肉和干配料全部加入 6 kg 冷水中,搅拌 2～3 min。
- 将剩余的水分两次加入,搅拌直至形成良好的黏性。
- 灌入胶原蛋白肠衣(口径 19～21 mm),每 60～65 g 打一个结。
- 烟熏和煮制：

  在烟熏间 65℃ 条件下加热 20 min,使表面干燥。

  65℃ 烟熏 20 min 或至上色适宜即可。

  温度 70℃、相对湿度 60% 条件下,蒸煮 20 min。

  温度 78℃、相对湿度 60% 条件下,蒸煮至中心温度达到 71℃(图 13.8.14.1)。

  喷淋冷却,冷藏过夜后再包装。

图 13.8.14.1 意式火鸡辣肠。Barbut 和 Jinde 拍摄。

13.8.15　哈瓦那辣火鸡肉棒

<u>配料</u>

肉：

- 40.0 kg 火鸡小腿肉，用 3 mm 孔板的绞肉机绞肉
- 10.0 kg 冻火鸡脂肪，用 5 mm 孔板的绞肉机绞肉
- 50.0 kg 火鸡大腿肉，用 5 mm 孔板的绞肉机绞肉

调味料和腌渍料：

- 5.55 kg 调味和腌渍混合料（食盐、葡萄糖、辣椒粉、调味料、异抗坏血酸盐、亚硝酸盐）

<u>工艺</u>

- 将所有的肉、脂肪，以及调味料和腌渍料一起混合搅拌，直至形成很好的黏性。
- 将肉糜灌入天然肠衣或胶原蛋白肠衣（口径 15～20 mm）
- 烟熏间的加工：

  55℃干燥 2 h。

  60℃干燥 1 h。

  65℃干燥 1 h。

  72℃干燥 1 h，或达到理想的干燥程度为止。

  根据需要，可以在第二轮干燥循环中进行熏制。

  仅冷风冷却。

13.8.16　蒜蓉蜜渍鸡翅

<u>配料</u>

肉：

- 90.0 kg 鸡翅

水：

- 10.0 kg（冷）

调味料：

- 5.5 kg 蜂蜜蒜蓉腌渍料（糖、食盐、大蒜、天然蜂蜜风味剂、醋、香辛料）

<u>工艺</u>

- 将调味料溶于冷水。
- 将低温冷却后的鸡翅和调味腌制液一起装入真空滚揉机，低速滚揉 30～45 min。
- 将调味腌制好的鸡翅从滚揉机中取出，真空包装或单体速冻（IQF）。
- 运输前，产品应冷藏或冻藏。
- 在家或餐馆食用前应加热至中心温度达到 72℃（图 13.8.16.1）。

图 13.8.16.1 鸡翅。Barbut 和 Jinde 拍摄

13.8.17 梅斯基特烤鸡翅

<u>配料</u>
肉：

- 95.0 kg 分割鸡翅

水：

- 5.0 kg（冷）

调味料：

- 5.0 kg 梅斯基特腌料

<u>工艺</u>

- 将新鲜的鸡翅放入真空滚揉机。
- 将烧烤腌汁和冷水混合后加入滚揉机。
- 真空滚揉 15～20 min。
- 取出已调好味的鸡翅，托盘包装。

13.8.18 姜柠檬味鸡腿棒

<u>配料</u>
肉：

- 85.0 kg 鸡小腿

水：

- 15.0 kg（冷）

调味料：

- 6.5 kg 生姜柠檬腌料（食盐、糖、柠檬汁、香辛料）

<u>工艺</u>

- 将香辛料与冷水混合。
- 将充分冷却的鸡小腿和腌制液倒入真空滚揉机，低速滚揉 30～45 min。
- 将腌制好的鸡小腿从滚揉机中取出，用塑料袋包装或立即冷冻。

- 注意:其他产品,如热法布罗鸡翅也可以照此加工,但调味料不同。
- 运输前,产品应冷藏或冻藏。

13.8.19 加勒比鸡腿棒

<u>配料</u>

肉:

- 95.0 kg 鸡小腿

水:

- 5.0 kg(冷)

调味料:

- 1.2 kg 精盐
- 1.5 kg 加勒比调味料
- 0.2 kg 磷酸盐

<u>工艺</u>

- 将冷却的鸡小腿投入真空滚揉机。
- 将干配料溶于冷水,倒入真空滚揉机,滚揉 15~20 min。
- 将滚揉调味的鸡小腿取出,托盘包装。

13.8.20 法士达鸡肉/火鸡肉/鸭肉/鹅肉

<u>配料</u>

肉:

- 82.0 kg 鸡/火鸡/鸭/鹅胸肉肉片或肉条

水:

- 14.8 kg 冷水

调味料:

- 3.2 kg 法士达鸡肉调料(食盐、葡萄糖、酱油粉、磷酸盐、大蒜粉、香辛料)

<u>工艺</u>

- 将法士达调料充分溶解于冷水。
- 将鸡肉和调料溶液倒入真空滚揉机,滚揉 40~50 min,转速 8~10 r/min。
- 腌渍后的鸡肉条单体速冻(IQF)后包装,或穿串后冻结。
- 烹饪时,将鸡肉条与红、黄和绿色灯笼椒条,以及新鲜或冷冻的洋葱粒一起煎炒。
- 食用时,常与皮塔面包或墨西哥饼搭配;还可根据需求搭配沙司。

13.8.21 鸡肉/火鸡肉/鸭肉冻条

<u>配料</u>

肉:

- 45 kg 烤白火鸡肉/鸡肉

蔬菜:

- 15 kg 蘑菇和/或花椰菜头罐头

胶冻:

- 40 kg 明胶溶液(7 kg 调味明胶粉加水)

<u>工艺</u>

- 将烤鸡肉/烤火鸡肉切成约 1 cm×1 cm×1 cm 的肉丁。

- 热水清洗蘑菇(和/或花椰菜),清洗干净后与肉丁混合。
- 将明胶粉充分溶于热水(>80℃)。可在热水中加入少许食用油以消除泡沫。
- 将肉和蔬菜装入透明的塑料肠衣(如 12 cm 直径)。
- 加入一定量的明胶溶液,排除气体,封口。
- 在冷水中冷却(图 13.7.4)。

13.8.22　辣鸡肉/火鸡肉/鸭肉酱

配料

肉:

- 31.25 kg 鸡/火鸡/鸭大腿肉

蔬菜:

- 25.00 kg 红芸豆(罐装)
- 28.15 kg 番茄酱(罐装)
- 7.80 kg 洋葱丁(冷冻)
- 7.80 kg 热水

调味料:

- 2.62 kg 辣椒调味混合料(糖、食盐、辣椒粉、大蒜粉、香辛料)

工艺

- 用 3 mm 孔板的绞肉机将鸡/火鸡腿肉绞碎。
- 将绞碎的肉和辣椒调味混合料、热水加以搅拌混合。
- 放入蒸汽(加热)锅,中火/大火加热至熟透。
- 加入罐装或冷冻的蔬菜,中火煮制 10～15 min。
- 充分冷却后,进行包装。

13.8.23　鸡肉块

参看第 14 章。

参考文献

Aberle,E. D,J. C. Forrest,D. E. Gerrard and E. W. Mills. 2012. Principles of Meat Science. Kendall/Hunt Publ. ,Dubuque,IA.

Acton,J. C. ,G. R. Ziegler and D. L. Burge. 1983. Functionality of muscle constituents in the processing of comminuted meat products. CRC Rev. Food Sci. Nutri. 18:99.

Aguilera,J. M. and H. J. Kessler. 1989. Properties of mixed and filled type dairy gels. J. Food Sci. 54:1213.

Asghar,A. ,K. Samejima and T. Yasui. 1985. Functionality of muscle proteins in gelation mechanisms of structural meat products. CRC Crit. Rev. Food Sci. Nutr. 22:27.

Barbut,S. 2011. Sausage casings—microstructure of regular and coated cellulose fabric and plastic casing. Ital. J. Food Sci. 23:208.

Barbut,S. 2010. Microstructure of natural,extruded and co-extruded collagen casing before and after cooking. Ital. J. Food Sci. 22:126.

Barbut,S. 1999. Advances in determining meat emulsion stability. In:Quality Attributes of Muscle Food. Xiong,Y. L. ,C. T. Ho and F. Shahidi (Eds). Plenum Publ. ,New York,NY.

Barbut,S. ,A. Gordon and A. Smith. 1996. Effect of cooking temperature on the microstructure of meat batters prepared with salt and phosphate. LWT-Food Sci. Technol. 29(5):475.

Barbut,S. and C. J. Findlay. 1989. Sodium reduction in poultry products: A review. CRC Crit. Rev. Poult. Biol. 2:59.

Barbut,S. and G. Mittal. 1989. Rheological and gelation properties of reduced salt meat emulsions containing polyphosphates. J. Food Proc. & Preserv. 12:309.

Barbut,S. 1988. Microstructure of reduced salt meat batters as affected by polyphosphates and chopping time. J. Food. Sci. 53:1300.

Barbut,S. ,D. B. Josephson and A. J. Maurer. 1985. Antioxidant properties of rosemary oleoresin in turkey sausage. J. Food. Sci. 50:1356.

Borchert,L. L. ,M. L. Greaser,J. C. Bard,R. G. Cassens and E. J. Briskey. 1967. Electron microscopy of a meaat emulsion. J. Food Sci. 32:419.

Cassens,R. G. 1990. Nitrite-Cured Meat:A Food Safety Issue in Perspective. Food Sci. And Nutr. Press. Trumbull,CN.

Davis,T. A. ,B. Volesky and A. Mucci. 2003. A review of the biochemistry of heavy metal biosorption by brown algae. Water Res. 37(18):4311.

Foegeding,E. A. ,E. L. Bowland and C. C. Harding. 1995. Factors that determine the fracture properties of globular protein gels. Food Hydrocolloids 9:237.

Graffagnini,M. J. 2010. Nanofoods:European and US regulatory approaches. Nanotech. L. & Bus. 7:351.

Gravelle,A. J. ,A. G. Marangoni and S. Barbut. 2015. Influence of particle size and interfacial interactions on the physical and mechanical properties of particle-filled myofibrillar protein gels. Royal Soc. Chem. Adv. 5:60723.

Jones,K. W. and R. W. Mandigo. 1982. Effect of chopping temperature on the microstructure of meat emulsions. J. Food Sci. 47:1930.

Harper,B. A,S. Barbut,L. T. Lim and M. T. Marcone. 2013. Characteristics of 'wet' alginate and composite films containing gelatin,whey and soy proteins. Food Res. Int. 52:452.

LaBudde,R. A. and T. C. Lanier. 1995. Protein functionality and development of bind values. In:Proc. Reciprocal Meat Conference,San Antonio,TX. 48:59.

Lee,C. M. 1985. Microstructure of meat emulsions in relation to fat stabilization. Food Microstruct. 4:63.

Maga,J. A. 1989. Smoke in Food Processing. CRC Press,Boca Raton,FL.

Mezzenga,R. and P. Fischer. 2013. The self-assembly,aggregation and phase transitions of food protein systems in one,two and three dimensions. Rep. Prog. Phys. 76:046601.

Montejano,J. G. ,D. D. Hamann and T. C. Lanier. 1984. Thermally induced gelation of selected comminuted muscle systems—rheological changes during processing;final strengths and microstructures. J. Food Sci. 49:1496.

Pearson,A. M. and F. W. Tauber. 1984. Processed Meats. AVI Publ. ,Wesport,CT.

Phillips,L. G. ,D. M. Whitehead and J. Kinsella. 1994. Structure-Function Properties of Food Proteins. Academic Press,San Diego,CA.

Prakash,A. ,S. Sen and R. Dixit. 2013. The emerging usage and applications of nanotechnology in food processing industries:the new age of nanofood. Int. J. Pharm. Sci. Rev. Res. 22(1).

Ramirez-Suárez,J. C. and Y. L. Xiong. 2003. Effect of transglutaminase-induced cross-linking on gelation of myofibrillar/soy protein mixtures. Meat Sci. 65(2):899.

Savić ,Z. and Savić ,I. 2002. Sausage Casings. P. 354. Victus Inc. ,Vienna,Austria.

Schmidt, G. R. 1984. Processing effects on meat product microstructure. Food Micro. 3:33.

Sebranek, J. G. and J. N. Bacus. 2007. Cured meat products without direct addition of nitrate or nitrite: what are the issues? Meat Sci. 77(1):136.

Shults, G. W. and E. Wierbicki. 1973. Effects of sodium chloride and condensed phosphates on water holding capacity, pH and swelling of chicken muscle. J. Food Sci. 38:991.

Sindelar, J. J. and A. L. Milkowski. 2012. Human safety controversies surrounding nitrate and nitrite in the diet. Nitric Oxide. 26(4):259.

Theno, D. M. and G. R. Schmidit. 1978. Microstructural comparisons of three commercial frankfurters. J. Food Sci. 43:845.

Toledo, R. T. 2007. Wood Smoke Components and Functional Properties. In: International Smoked Seafood Conference Proceedings. Kramer, D. E. and L. Brown (Eds), Alaska, USA, p55.

Totosaus, A. , J. G. Montejano, J. A. Salazar and I. Guerrero. 2002. A review of physical and chemical protein-gel induction. Int. J. Food Sci Tech. 37:589.

Wang, S. F. and D. M. Smith. 1992. Functional properties and microstructure of chicken breast salt soluble protein gels as influenced by pH and temperature. Food Struct. 11:273.

Wang, S. F. , D. M. Smith and J. F. Steffe. 1990. Effect of pH on the dynamic rheological properties of chicken breast salt-soluble proteins during heat-induced gelation. Poultr. Sci. 69:2220.

Whiting, R. C. 1987. Influence of various salts and water soluble compounds on the water and fat exudation and gel strength of meat batters. J. Food Sci. 52:1130.

Wright, D. J. , I. B. Leach and P. Wilding. 1977. Differential scanning calorimetric studies of muscle and its constituent proteins. J. Sci. Food Agric. 28(6):557.

Xiong, Y. L. and C. J. Brekke. 1991. Protein extractability and thermally induced gelation properties of myofibrils isolated from pre-and post-rigor chicken muscles. J. Food Sci. 56:210.

Yasui, T. , M. Ishioroshi and K. Samejima. 1980. Heat-induced gelation of myosin in the presence of actin. J. Food Biochem. 4:61.

Youssef, M. K. , Barbut and A. Smith. 2011. Effects of pre emulsifying fat/oil on meat batter stability, texture and microstructure. Int. J. Food Sci. Technol. 46(6):1216.

Youssef, M. K. and S. Barbut. 2011. Effects of two types of soy protein isolates, native and preheated whey protein isolates on emulsified meat batters prepared at different protein levels. Meat Sci. 87(1):54.

第14章　裹浆裹粉类产品的 HACCP

14.1　引言

形式多样的无骨和带骨的裹浆和裹粉制品在市场上越来越受欢迎(图 14.1.1,表 14.1.1)。1937 年在密苏里圣路易斯,首次在鱼肉片中使用了混合裹粉料,标志着裹粉制品的工业化开始。此外,裹粉制品的发展离不开裹粉设备的更新换代,第一套裹粉设备是由雪城大学的 Dr. S. Hart 成功研制出来的。起初,实验室规模的裹粉生产线需要大量的人工去裹粉和裹浆,就生产的连续性和卫生状况而言,仍有不小的挑战需要应对,此外产品的成本也较高。一开始的裹粉设备主要是提高人工的效率,每一工序点需要一台机器(Suderman 和 Cunningham,1983)。今天,现代化的全自动生产线可以在不需要人工的情况下每小时生产大量规格统一的鸡块(图 14.1.2)。裹浆裹粉的基本生产线如图 14.1.3 所示。

图 14.1.1　市场上的裹浆裹粉制品。由 S. Barbut 提供

总的来说,零售和食品服务消费的裹浆裹粉肉制品在过去 40 年里快速增加。1996 年美国大约有 12 亿磅的裹粉制品,其中最主要的是禽肉制品,余下依次为海产品和蔬菜制品(如洋葱圈)。在接下来的十年中,裹粉制品的消费量在美国和世界其他地区进一步增加。鸡块作为最成功的裹粉制品,由快餐业于 20 世纪 70 年代引入北美市场。起初鸡块由整个鸡胸肉条经上浆、裹粉、油炸而成。时至今日,肉块的原料不仅仅局限于整个鸡胸肉,还可包含不同品种的肉(鸡肉、猪肉、鱼肉);不同形状的肉,如整块肉、肉糜、大块的白肉和深色的肉,含有或不含有机械剔骨的肉和皮的碎肉(Barbut,2012)。传统肉块的椭圆形外观在一些市场上也在发生变化(如为

表 14.1.1　裹浆裹粉肉制品

整肉	鸡[*]胸肉片-不带皮
	鸡胸肉片-带皮
	鸡块
	炸鸡腿
带骨产品	鸡翅
	鸡腿
肉糜/碎块肉	鸡块(白肉/深色肉)
	鸡肉饼
压膜产品	鸡肉卷
	基辅炸鸡

[*] 鸡胸肉可以被其他禽肉,如火鸡肉、鸭肉;或者其他品种原料肉如鱼肉、牛肉、猪肉替代

吸引年轻人而设计的动物形状的肉块)。此外,依据市场的需求不同,裹粉料和香料的使用也有较大区别(如现在市场上全麦裹粉料越来越多)。

裹浆裹粉制品的最里层(内胚)是肉蛋白组分(如鸡胸肉片、整鸡腿、肉糜),外层是谷物基料裹粉(如小麦粉)。裹粉产品可由家庭自制也可在数百万美元的生产线上生产。简单的家庭自制过程似乎起源于欧洲,操作流程如下:肉片先粘裹一层干粉(预上粉),快速经过鸡蛋液,最后外层均匀地粘裹上家庭自制面包屑同时按压使得面包屑紧紧包裹在肉表面,随后油炸。这种流行的"传统"欧洲炸肉片通常用猪肉,但如今大量的禽肉和少量的牛肉也被加工成裹粉制品。现炸的裹粉制品具有诱人的香味和酥脆的质构。目前,商业化的鸡块、炸猪排、裹粉鱼肉条工艺大体类似。在裹粉和裹浆的流水线上,成本、卫生和质量控制要从每一步上进行精细化管理(见章末的问题列表)。由于工厂在工业化生产时的高效性和连续性,需要精细化管理每一步,控制产品在生产线上不同设备之间转运时的裹粉覆盖程度。产品在传输时,传输带的震动会导致外层裹粉的脱落,降低产品的裹粉率,因此产品需要一定的能力对抗传输的应力。其他的挑战稍后讨论,如表面不平整产品(鸡翅)的自动裹浆裹粉过程。

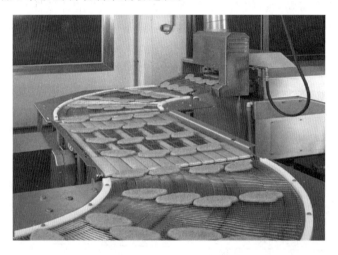

图 14.1.2 高度自动化生产线上的裹浆裹粉制品。Courtesy of Townsend

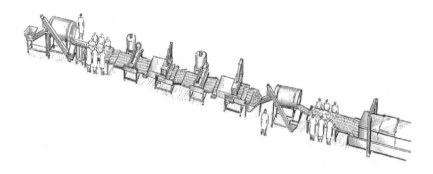

图 14.1.3 整肉或带骨产品(即不规则外形的产品如鸡腿)的裹浆裹粉制品的生产线示意图。生产线左端是一个预上粉的泵;接下来是人工手动整形,确保传输带上的产品处于正确的位置;后面接一个溢流式裹浆机。紧接着的是一个具有三次翻滚功能的裹粉机、一个二次裹浆机以及一个干粉裹粉机。随后另一个翻转滚筒确保不规则的产品全部都被粉料包裹。第二组人员确保产品离开滚筒后在传输带上的位置正确。最右端是油炸机。

14.2　加工步骤——概述

流程示意图 14.2.1 展示了工业化流程中的每个加工步骤,示意图是 HACCP 一般模型的一部分,HACCP 一般模型在本章后面有介绍。示意图中的工艺是最常见的产品工艺,但是也省略了某些工序(如预上粉),同时为了增加裹粉率,某些工序可能重复多次(如经过多次裹粉和裹浆操作)。生产线最后的油炸步骤是为了让产品完全熟化,也可进行预炸。预炸一般时间较短(如 190℃ 30 s),是为了让产品肉表面层与裹粉层更紧密结合,形成产品金黄色的表面和酥脆的咀嚼性。在大多数情况下,产品油炸后立即速冻,最终产品进入终端流通。

裹浆和裹粉过程是在不同的原料肉和非肉原料表面形成裹层。常见的流行的禽肉产品如表 14.1.1 所示。

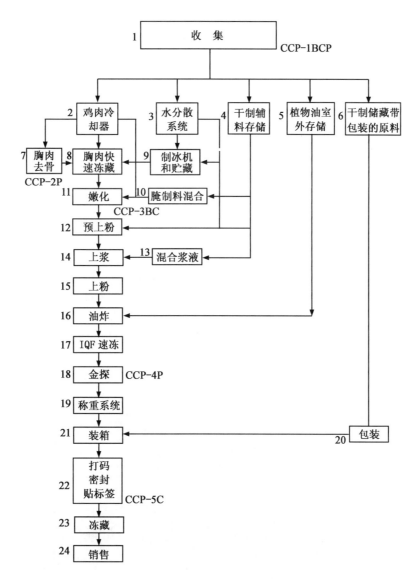

图 14.2.1　HACCP 一般模型中整块肉裹粉类产品的加工流程图,列出了建议的关键控制点(CCP);相关介绍见本章后面内容。示意图最早是为了裹粉鸡胸肉片所绘制,但是其他类型的裹粉肉制品的生产步骤与之也相似,如成型鸡块。CFIA(2008)

加工过程中,干粉料和浆料可黏合在规则的、有一定湿度的或者腌制(增加水分)的肉制品表面。良好的黏合度对制造商而言是一个挑战,因为其受产品表面的粗糙度(带皮、去皮)、温度(部分冻结、解冻)、表面的水分总量(成型后是半干的或者湿的)、表面的脂肪/油脂等因素制约。典型的鸡块产品加工步骤如下:

a. 整块肉/块肉约 25 g。见图 14.2.2。

b. 预上粉——≈5% 裹粉率。见图示设备。

c. 上浆——5%～10% 裹浆率。见图示设备。

d. 裹粉——20%～30% 裹粉率。见图示设备。

e. 185～195℃油炸 30～60 s(预炸),或者继续油炸、烘烤至熟化。

f. 冻结以保持结构和新鲜。

总的来说,肉表面特性(如带皮、去皮、表面部分微冻)、浆液的黏度和温度、粉料颗粒大小、油炸温度等都影响最终产品的裹浆裹粉率。

不规则鸡腿的裹浆裹粉过程包括反复的裹粉,操作步骤如下:

a. 整鸡腿(130～170 g)。

b. 预上粉*。

c. 裹浆——三次翻滚**。

d. 裹粉或者裹面粉。

e. 翻滚使得包裹更均匀和进一步嫩化肉表面**。

f. 二次裹浆。

g. 二次裹粉/裹面粉。

* 外形不规格的产品需要滚筒设备。

** 每一次翻滚/旋转是为了慢慢打开表面结构,增加裹粉裹浆率。

图 14.2.2(参见插页图 14.2.2)展示产品中不同的裹层。

在裹浆和裹粉制品中,经常计算裹浆裹粉率和出品率。裹浆裹粉率按照美国的规则,指的是在原料上附着的裹层的重量,一般根据最终的产品重量计算。例如,肉糜重 70 g,裹浆裹粉后为 91 g,则裹浆裹粉率是(91－70)/70×100%＝30%。在美国,如果产品的裹浆裹粉率＞30%,那么标签必须标注为油炸肉馅饼,因此在美国许多产品的裹浆裹粉率低于 30%。需要指出的是,不同国家对裹浆裹粉率的定义不同,并不一定都以初始肉重计算裹浆裹粉率。因此,必须查阅当地有关规定。出品率通常(包括美国)是指原料肉在经加热后,肉重增加或者减少的百分比。

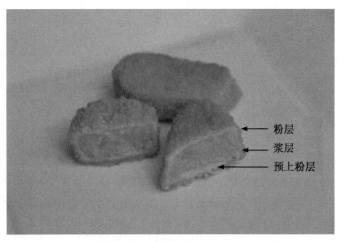

图 14.2.2 裹粉肉制品中不同裹层的示意图,以及鸡块裹浆裹粉预炸后的横切面。照片源于 S. Barbut

　　总之,首先将成型类产品(如肉块)或整块(带骨腿肉、去骨腿肉)产品调整至所需的重量和形状,然后进行预上粉、裹浆、裹粉和油炸。

14.3　成型

　　如果裹粉类产品中原料不是整块肉,那么碎肉必须经过重组来达到所需要的形状(如椭圆形、矩形、星形)。肉糜通常包括小肉块、搅碎的肉或者完全搅碎的肉。肉块或肉饼通常可采用手工或者机械成型。目前,市场上机械成型设备主要有高压成型机和低压成型机。高压成型机已上市半个世纪,主要由一个泵组成。泵把肉填充到模具中,随后肉被一个模拟模具形状的金属板挤压出来(图 14.3.1)。在过去的十年中,低压成型机陆续投入使用,它只用空气压力就可以把产品从模具中挤压出来(图 14.3.2)。这可能得益于多孔金属的发展,使得气体可以在模具背面运动。这种成型方式具有许多明显的优势,如可能产生更加精细的 3D 形状,消除喷水器(在高压成型机中通常作为金属板的"润滑剂")的需求,消除高压成型对产品保水性的影响,减少工厂内的噪声。目前低压成型的概念越来越主流,如一些快餐连锁店已经把低压成型作为主要的成型方法。

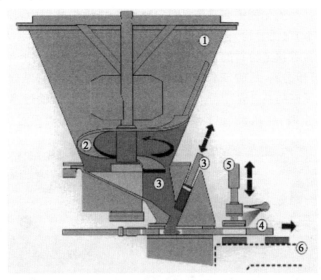

图 14.3.1　用于生产肉块和肉饼的高压成型设备。1.储料器;2.卷形的螺旋桨;3.压力区;4.成型金属板;5.挤压器;6.传送带。Courtesy of Marel

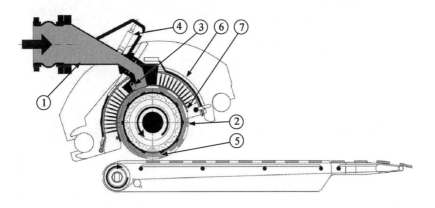

图 14.3.2　用于 3D 成型、肉块和肉饼成型的低压成型设备。1.集合管;2.滚筒;3.刀;4.压力传感器;5.释放位置;6.防磨框架;7.防磨板。Courtesy of Marel

14.4 预上粉

预上粉过程是指在肉的表面覆盖一层精面粉或者精细的面包屑。平台型预上粉机如图 14.4.1 所示。预上粉通常在裹浆和裹粉之前,是第一层裹粉。但需要说明的是,不是所有的产品都需要预上粉,需不需要预上粉取决于产品表面的湿度、产品表面溶出的蛋白(即在裹浆裹粉前的滚揉/搅拌造成的蛋白溶出)以及设备的利用率。预上粉料通过吸收肉表面的自由水而黏着于表面。随后成为肉表面与裹浆层之间的中间层。需要指出,产品表面在预上粉前必须达到预上粉所需的条件。冻结状态或者有小冰块的表面可与预上粉形成良好的黏合,如在肉表面形成均匀的良好的粉层。因此,必须充分考虑到产品在预上粉前,表面的水分含量和肉的温度。通过在预上粉料中添加蛋白如大豆蛋白、卵蛋白和乳清蛋白,或者通过与含盐的腌制液滚揉提取蛋白到产品的表面等方法,来提高预上粉的黏合力。产品表面的预上粉层类似于滚揉后肉表面的白色黏稠层。

连续化生产要求预上粉在通过设备时保持良好的流动性,不发生凝聚。如发生凝聚,会造成产品表面的不平整,还会妨碍后续的裹浆(如干的区域不能吸收浆液)。作为最常见的预上粉料,面粉本身不具备良好的流动性,因此需要添加一些流化剂提高其流动性。在预上粉操作过程中,使用网式输送带传输产品,面粉和其他配料(见裹浆小节)都需要均匀包裹在产品表面(图 14.1.2)。当产品通过输送带到达预上粉机时,会跌落到一层均匀分布着预上粉料的设备底部(图 14.4.1)。随后,预上粉再从顶部落下,产品再经过压辊(如充气型,容易调节压力)。压辊确保产品表面与预上粉之间紧密结合(即厨房里的手工操作)。如上所述,在产品表面形成紧密的结合是十分必要的,但是也必须去除表面过多的预上粉。因此,当产品转移到另一条网式输送带上时,吹风机(也称为风刀)打开,去除产品表面过多的预上粉。其他的去除

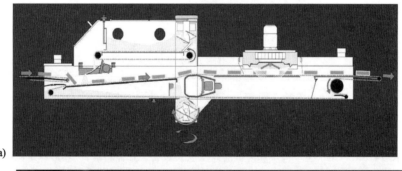

图 14.4.1 平台型预上粉机(a),产品通过该设备(b)

方法还包括:让产品在具有振动功能的传输带上运输,通过振动去除过多的预上粉;或者通过翻转的装置,让产品跌落到低的传输带上,通过跌落振动去除较多的预上粉。平台型传输装置对外观均一性的产品(如肉块、肉饼)有良好的裹粉效果,因为此类产品具有平整的表面和规则的几何外形;但是对表面不平整的产品效果不明显,这类产品包括带骨的翅中、鸡腿等。对这类产品,通常使用滚筒式上粉机(图 14.4.2),使产品跌落到由预上粉铺成的床层上。此设备类似于水泥混合机的滚筒,以一定的角度低速旋转,产品一开始位于顶端,缓慢翻转向前,在此过程中被预上粉均匀包裹。通过控制产品通过滚筒式上粉机的时间、产品表面的湿度达到所需的产品裹粉率。在此类上粉过程中,也需要利用吹风机、振动型网式传输带(图14.4.3)或者之前所述的翻转装置来去除过多的预上粉料。使用滚筒式上粉机的另一个好处是在产品的预上粉层中形成连续的小裂缝(在滚筒式上粉机转动过程中,产品被机内的挡板带到一定的高度以及随后跌落所造成),可增加产品的裹浆裹粉率。

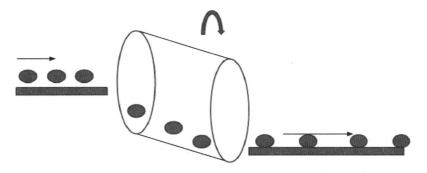

图 14.4.2　用滚筒式上粉机进行预上粉/裹粉(滚筒低速旋转),外观不规则的产品随干粉料一起翻转。

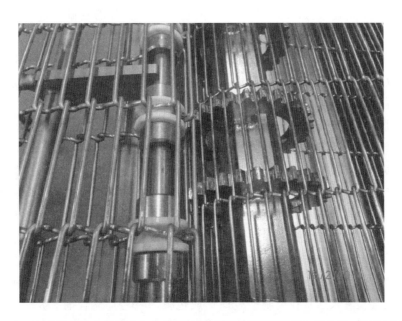

图 14.4.3　裹浆裹粉肉制品生产中使用的典型的不锈钢传输带。图片同时展示了两条传输带之间的传接点以及传动装置。图片由 S. Barbut 提供

　　因为预上粉层作为裹粉类产品的第一层裹粉,在油炸或者其他热加工过程中,起到传递香料和香气的作用。又因为香气一般具有较强的挥发性,所以香气可以被预上粉层所持留,并且在裹浆层和外裹粉层的协同作用下持留住产品的香气。因此,对比香料在最外层的产品而言,裹粉降低了产品对香料的使用量。

14.5 裹浆

在裹浆过程中产品被浆液包裹。浆液是由一系列干粉料(如面粉、淀粉、蛋白)组合的复合物溶于水而形成的悬浮物,包裹在产品周围,形成基底,为随后的裹面包屑提供黏附力。裹浆需要特定的设备,依据裹浆的类型,选择不同的裹浆设备(如浸泡式、溢流式)。

14.5.1 裹浆类型

裹浆液的类型可根据其黏度、固形物含量、碳水化合物和蛋白来源的不同而划分。浆液与产品之间的结合程度或者"黏合程度"非常重要。干燥速度是另一个控制合适的裹浆层的关键因素。这对于产品在金属传输带上连续传输的自动化设备非常重要。总的来说,有三种主要类型的裹浆液:

a. 黏合型裹浆液,黏合于肉制品表面

b. 结合型裹浆液,在产品表面形成包膜

c. 天妇罗裹浆液,通常不再继续裹粉,而是直接形成产品疏松的外层

总之,大部分肉制品工业中使用的浆粉是由焙烤食品配料公司提供的。因此在开始一条新的产品线时,与配料公司讨论确定准确的产品外形和特性是一个比较好的方法。

a. **黏合型裹浆**——淀粉由于其较高的固体含量和较低的黏度,常用于制作黏合型裹浆。其主要成分是玉米淀粉或者改性玉米淀粉(详见每种天然配料的附加讨论),通常在肉的表面形成一层相对较薄的裹层并且良好地黏合于肉品表面。此外,从肉中提取(如滚揉)的盐溶性蛋白,可在肉表面形成蛋白层,能有效加强裹浆与肉之间的黏合性。裹浆层通常作为裹粉之前的基底。裹浆液的干燥速度非常快很重要,以使黏附于肉品表面的裹浆液增加,为下一步的裹粉提供良好的基础。这一点对低黏度裹浆液特别重要,意味着在接下来的裹面包屑过程中,面包屑不能从裹浆层中吸收过多的水。此外,通过控制传输带的速度来选择淀粉类型,以求达到控制干燥时间的目的。淀粉的本身特性和固形物的百分比决定了裹浆液的流动特性。在食品工业中,通常情况下,裹浆液由浆粉料(固体)与水按1.0∶1.4到1.0∶1.9的比例混合配制而成。图14.5.1.1(a)(b)展示了黏合型裹浆使用的设备,展示了产品在连续生产线上经过溢流式裹浆机的过程。图14.5.1.2展示了一个打浆设备,其通过泵搅拌裹浆液,并确保裹浆液一直处于良好的混合状态(即超过一定的时间淀粉沉淀)。裹浆液还可在其地方制备,或者用设备上连接的自动打浆系统制备(图14.5.1.3)。系统通过传感器获得黏度、固形物含量和温度信息,对数据进行信息分析,可继续添加配料获得具有相同黏性的裹浆或者根据预定的操作规范重新制备一批裹浆。在线黏度检测是一个非常重要的质量控制工具,因为其能协助监控加工过程和纠正由裹浆裹粉率高/低带来的质量偏差。手工黏度测定非常常见,用旋转黏度计或者简单的漏斗(家庭用漏斗),测定一定体积的裹浆通过窄口径需要的时间。后者的检测方法更快、更经济,而且在生产中具有良好的可操作性。此方法在业内被称为Zhan/Stein杯法,下面提供了不同类型裹浆的流动时间值。

b. **结合型裹浆**——结合型裹浆通常在肉制品表面形成包膜,并作为"黏合剂"为下一步裹粉层提供基底。结合型裹浆形成的裹浆层一般比黏合型裹浆的厚。裹浆粉通常由面粉组成,含有中等程度的固体含量,面粉形成裹浆层的质构。干燥时间一般比黏合型裹浆的长,但因为其黏度高(28~30 s,Stein杯法测量),所以其流动时间较长。

裹浆粉与水的比例为:1.0∶1.5到1.0∶2.0。图14.5.3(译者注:原文中未发现此图)展示了用溢流式设备加工产品的裹浆过程。

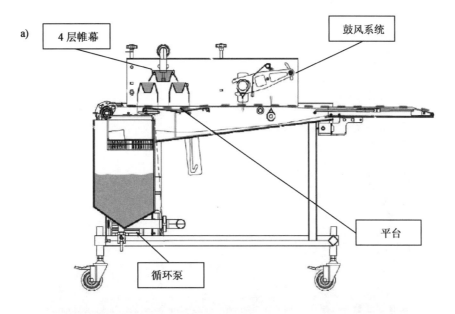

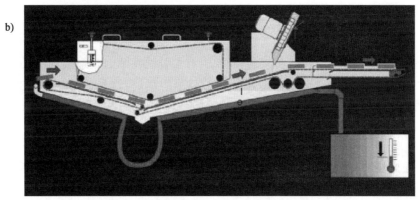

图 14.5.1.1　（a）一个溢流式的裹浆设备，(b)天妇罗裹浆用的沉浸式裹浆机。Courtesy of Marel

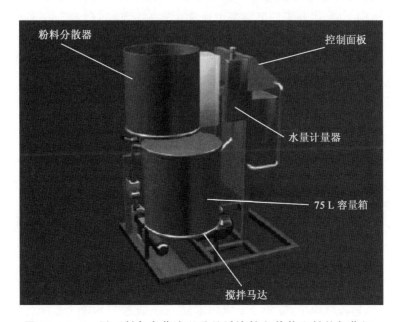

图 14.5.1.2　用于制备裹浆液以及悬浮淀粉和其他配料的打浆机。
Courtesy of Townsend

图 14.5.1.3 移动中的裹制产品通过溢流式设备

c.天妇罗裹浆——天妇罗裹浆是结合型裹浆的一种,含有大量的发酵剂。一般使用天妇罗粉裹浆后,不再进行裹粉,其裹浆层就是最外层。油炸后,形成疏松的较脆的裹层,这是因为裹层里面含有较多的空隙。天妇罗裹浆粉一般由淀粉、面粉混合而成,具有较高的固体含量。这也导致浆液具有较高的黏度(5～10℃下用 Stein 杯法测量大约为 45 s)。天妇罗裹浆一般具有良好的结合性,因其含有发酵剂,所以加热后裹层含有大量的气孔。此外,浆粉中的发酵剂使得浆液对过度打浆和用泵抽运比较敏感。打浆/搅拌程度越高,气体(如 CO_2)损失越快,而这部分气体本应在油炸过程中释放。总之,产品在用天妇罗裹浆后建议尽早油炸。

天妇罗裹浆粉与水的比例为:1.0∶1.0 到 1.0∶1.3,导致其裹浆率高和干燥速率低。天妇罗裹浆一般使用浸蘸/浸没的方式,不采用溢流式裹浆。裹浆和油炸的间隔时间也需要仔细控制。由于小麦面粉在油炸过程中使得裹层结构变硬,因此天妇罗裹浆中通常含有玉米淀粉,以起到打开裹层结构的作用(或者嫩化作用)。用于肉制品工业的天妇罗裹浆粉种类繁多,也可根据产品的需求重新设计裹浆粉。为了揭示主要成分的作用,简单的家庭用的天妇罗裹浆配方如下:1 杯面粉、1 大汤匙玉米淀粉、1 茶匙盐、产气成分如 1.5 杯苏打水。其中在一些有新意的配方中用啤酒取代苏打水。工业化的配方中通常含有碳酸氢钠(见如下讨论)。此外,鸡蛋液可以提供更强的结合能力。

14.5.2 裹浆粉

裹浆粉的主要成分是小麦粉、玉米淀粉、蛋白质、胶体和发酵剂。一般来说裹浆粉不一定含有上述的所有成分,不同的组分搭配可以实现特定的功能特性(如结合裹粉,具有脆性的外裹层)。其中,小麦粉和玉米淀粉是最常用的两种主要配料。

a.小麦粉——小麦粉一般由小麦胚乳精磨而成,富含碳水化合物和蛋白质。碳水化合物主要是淀粉,它可为产品提供良好的黏合性。变性淀粉能进一步增强黏合性。淀粉同样对控制干燥时间和油炸时形成的脆度起作用。裹浆中,高支链淀粉聚合物(支链淀粉)和直链聚合物(直链淀粉)的比例对淀粉的功能特性有显著影响。不同原料中,其比例差别较大,糯米中含有 99%的支链淀粉,而玉米淀粉中含有大量的直链淀粉。总的来说,在浆液制备过程中,淀粉分子吸收水分,某些淀粉持水能力较强(如变性淀粉),此外淀粉类型对浆液的黏性有显著影响(图 14.5.2.1)。Xue 和 Ngadi(2006)比较了由小麦粉和玉米粉、小麦粉和糯米粉以及玉米粉和糯米粉三种混合粉配成的浆液的黏度。结果表明,随着剪切速率的增加,三种混合物的浆液黏度下降,与典型的浆液剪切特性一致。在小麦粉和玉米粉组中,增加玉米粉比例,黏度迅速下降,表明此过程中小麦面筋蛋白所起作用被稀释了。同样,糯米粉也存在稀释小麦面筋蛋白作用的能力,这主要是因为浆液中可利用的游离水的含量增加了。游离水润滑颗粒,导致流动性增加,黏度降低。总的来说,相对于添加糯米粉,玉米粉能显著降低黏度值。

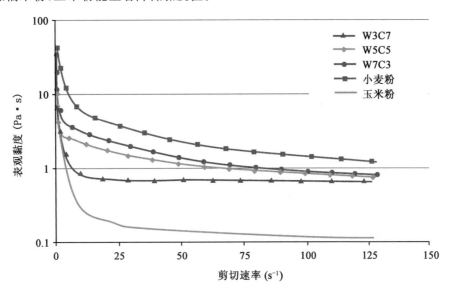

图 14.5.2.1　淀粉类型对浆液黏度和剪切特性的影响。W 表示小麦粉,C 表示玉米粉;数字代表淀粉所占的比例(W3C7＝30％的小麦粉和 70％的玉米粉)。Xue 和 Ngadi(2006)

b.**胶体**——胶体可增加浆液的黏度,还可通过改变浆液的保水性和黏度协助改善浆液中不同固体的悬浮能力。亲水胶体如黄原胶、瓜尔豆胶和改性膳食纤维通常用于增加酱汁和肉汁的黏稠度。在浆粉应用中,亲水胶体用于增加浆液黏度和降低加工过程中产品表面浆液流失(即控制产品表面的裹浆量)。甲基纤维素等胶体可增加浆液的黏度以及在加热过程中形成凝胶,凝胶在产品表面形成一层"保护膜",有助于减少产品在油炸过程中的吸油量。

c.**蛋白质**——蛋白质在浆液中起到黏合和结合的作用,包括小麦蛋白(主要是谷蛋白)、卵蛋白、酪蛋白和大豆蛋白。在产品裹浆后,浆液与产品初步结合,随后加热导致裹浆层的蛋白变性和形成坚硬的质构,进一步提高裹浆层与产品的黏合。浆粉中蛋白质作为形成裹层结构的成分,经热诱导后形成坚硬的凝胶结构(如浆液中无序状态的卵蛋白经加热后形成坚硬的凝胶结构)。在此过程中,蛋白发生乳化,在水分和脂肪之间形成一个中间层。相对来说,某些蛋白具有更好的乳化特性(如酪蛋白盐),可在需要形成水-脂肪界面的产品中使用(如裹浆带皮鸡腿)。

d.**发酵剂**——发酵剂通常在裹浆层中形成气孔,为油炸食品提供独特的质构特性(如脆度)。最常用的发酵剂是碳酸氢钠,一般配合一种或者多种酸性物质一起使用来达到释放气体的目的。当发酵剂发生水解时,释放 CO_2,最理想的效果是释放的气体被裹浆层包裹。因此,缩短裹浆前的打浆时间以及随后的油炸时间就显得十分重要。被包裹在裹浆层中的气体,一方面可以增加最终产品的体积,另一方面可以产生疏松的外层结构。CO_2 的释放速率取决于所用的酸的种类、碳酸氢盐颗粒大小、温度和时间。

e.**调味料**——一般使用香辛料、盐和糖对产品进行调味。香辛料主要指胡椒粉(白胡椒/黑胡椒),再复配少量的百里香粉、芹菜籽、马玉兰、迷迭香树脂等。不同的产品中香辛料的使用量差异较大,但平均使用量是裹浆液质量的 3％～5％,其中复合香辛料粉中含盐 10％～15％。当需要制作呈甜味的产品时,添加不同的甜味剂。

f.**着色剂**——香辛料中的红辣椒粉经常用于增加产品外裹层的红/暗色度(目前不太常用人工合成色素,因为其使产品较大程度地偏离自身的颜色)。焦糖色素或者能增强美拉德褐变反应的配料也经常用于促进最终产品产生金黄色外观。

14.5.3 打浆和应用

流动性对裹浆粉来说十分重要,避免裹浆粉在与水快速混合形成同质混合物的过程中发生沉淀。如果发生沉淀(如玉米淀粉快速沉淀),需要进行温和的持续的搅拌。正如前文所述,对浆液的黏度(流动特性)进行监控十分必要,因黏度决定了浆液在产品表面的附着量,即决定了产品的裹浆率。生产线上需要一个黏度计或者自动测量系统监控浆液的黏度。裹浆粉与水的比例和裹浆粉的类型是影响浆液流动特性/时间的内在因素,温度是外在影响因素。需要指出的是,浆液长时间使用后(泵抽运/循环时间长)也会导致黏度下降(如 Stein 杯中浆液漏完所需的时间)。

经典的 Stein 杯法测量黏度的时间:

a. 黏合型裹浆液,富含淀粉:9~12 s

b. 结合型裹浆液,富含面粉:28~30 s

c. 天妇罗裹浆液,富含淀粉和面粉:45 s

如上所示,在三种类型的裹浆中,黏合型裹浆液形成的裹层最薄。如果换算成裹浆率,从低到高,依次为黏合型裹浆液、结合型裹浆液、天妇罗裹浆液。裹浆的厚度影响干燥速率,按照前面裹浆液种类的顺序,其干燥速率依次从快到慢。

总之,肉制品工业通常从配料供应商那儿获得混合好的裹浆粉。裹浆粉包装后,送达工厂,一般储存在干燥的区域以消除可能的浆粉回潮。在使用前,浆粉与水按设定好的比例混合。用手动/半自动/自动打浆机配制裹浆液(图 14.5.2)(译者注:原文中未发现此图)。一些打浆机装配了冷却装置,这是因为浆液须保存在冷却状态,避免微生物的生长,同理肉制品也需要在此温度下加工。水温预冷(5℃)对加工而言也十分重要。一些打浆机内部装有黏度计,可通过外面的显示面板读出其黏度或者与外面编有自动质量控制程序的微处理器相连接。在整个加工过程中,注意浆液的分散悬浮性,预防浆液中结块的形成。如果浆粉的配方有问题,例如浆液中含有大量的天然玉米淀粉,浆液则须不停搅拌。

裹浆层的平整性十分重要。相比于表面不平整的原料(如鸡腿),表面平整的产品很容易达到裹浆后的外观平整。如上文所述,溢流式的裹浆设备(图 14.5.1.3)可用于黏合型和结合型裹浆。用泵从蓄料池或者直接从打浆机中将裹浆液抽运出来,送入料槽中,料槽中一方面底部是满溢状态,另一方面浆液还可从其顶部倾泻下来,通过这两方面的循环作用达到产品上部均匀裹浆的目的。随后,产品浸入盆状的腔体,再从底部裹浆。这种方式通常应用在表面不平的产品中,打浆或者泵抽运的过程对裹浆液的质量没有太大的不利影响。

对于含有发酵剂的裹浆液,通常使用浸入式的裹浆方式。产品传输到含有裹浆液的料液池中,从各个方面进行裹浆。同时,必须配合网状传输带,确保产品可以从底部包裹浆液。为了减少泵抽运,采用顶部-浸入式裹浆方式,因为过多的浆液搅拌和循环导致发酵剂在油炸前快速释放气体。

14.6 裹粉

一般来说,产品裹浆后,再进行裹粉(如果产品预上粉后表面较湿,会省略裹浆过程,直接进行裹粉),裹粉后会产生独特的产品外观、质构以及增加产品的裹粉重量。裹粉料可以是简单的面粉,也可以是有结构的烘焙面包屑。通常,裹粉料是从谷物类加工而来,一般经烘焙、碾磨得到精细的面包屑、中等颗粒的面包屑和大颗粒的面包屑。此外,一些供应商也会在粉料中添加芝麻。裹粉料通过粘连在有黏性的裹浆上达到裹粉目的(目前,一些加工商使用新鲜、柔软的裹粉料)。因此,裹浆与裹粉的相互匹配显得十分重要。大部分裹粉料是在大型烘焙食品公司的规模化连续化生产线上加工制成的。生产线上的大型混合机混合面粉、水、盐、糖等配料制成生面团,再经挤压、机械滚碾形成条状或者连续板状的面团,随后快速烘焙(如果使用化学发酵剂的话)。如果配料含有酵母,生面团在烘焙前需要一段醒发时间。烘烤后的面团先冷却,随后干燥到一定程度,再运用造粒机或慢速粉碎机进行破碎处理。得到的面包屑也可再进一步脱水。最后,对面包屑进行筛滤,再混合其他配料得到所需颗粒大小的面包屑。

14.6.1　裹粉类型

　　市面上有许多裹粉料产品,但大体上可以划分为四大类(图 14.6.1.1a,参见插页图 14.6.1.1a)以及一些小类(图 14.6.1.1b,参见插页图 14.6.1.1b 和如下讨论)。

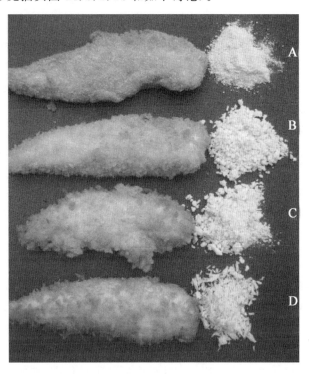

　　图 14.6.1.1a　裹浆类产品常用的四种裹粉料。(A)面粉;(B)薄脆型裹粉料;(C)美式/家庭式裹粉料;(D)日式裹粉料。图片由 S. Barbut 提供

　　图 14.6.1.1b　不同类型的裹粉料,同时展示了可供选择的不同颜色的裹粉料、玉米片和工业中使用的干香辛料。图片由 S. Barbut 提供

a.面粉——面粉是最简单、最经济实惠的裹粉料(适用于完全油炸的产品)。这种裹粉油炸后,表面褐色相对较浅,裹层结构致密。由于精细面粉在裹粉过程中产生的粉尘较多,为了防止粉尘对工厂空气的污染,需要使用特殊的设备。此外,其裹粉率相对较低,但是可通过两次/三次裹粉来达到较好的裹粉增重。由于当前经济发展的特点,在东西方市场,用面粉进行裹粉的方式在某些特定的裹浆裹粉类产品中越来越流行。

b.家庭式或者美式面包屑——此类裹屑料(crumb),顾名思义可在家庭中使用。不同颗粒大小的面包屑油炸后可产生特殊的裹层口感以及通过中度或者深度的表面褐色反应来达到诱人的外观。相对于面粉类裹粉料以及薄脆型裹屑料(如下讨论),此类裹屑料油炸后可产生更加开放的裹层结构,形成的裹层脆性更佳。就裹粉率而言,其裹粉率可以达到中等水平或者较高的水平,其成本比面粉类裹粉料和薄脆型裹屑料高,但是比日式裹屑料便宜。

c.传统型/薄脆型裹屑料——此类裹屑料通常是白色或者其他颜色的面包屑,其表面硬度低,成本较低,一定程度上被认为是常用商品。油炸后可形成平坦的、鳞片状的裹层结构,适合于在高速流水线上使用。通常此类裹粉的颗粒较精细,可在产品表面形成良好的平坦度。此外,油炸后,产品表面的褐色反应程度较低,适用于完全油炸熟制的产品或者烘烤熟制的产品。也可在预上粉过程中直接使用此类裹屑料。形成的鳞片结构致密,在最终产品中形成易碎的质构特性。

d.日式裹屑料(Panko)——此类裹屑料具有明显的外观形状,其外形类似狭长形的梭或者细长形的奶酪。由于其易碎的、精细的三维结构,加工中需要使用特殊的设备来减少裹屑料的破碎程度。此类面包屑含有较多的空隙(图14.6.1.1),通常为白色或者其他颜色。其制备过程中采用的加热方式通常为电加热方式,而不是传统的烘焙方式,这使得面包屑亮度更高,不会形成家庭式面包屑表面较暗的颜色。由于其表面的亮度高,可制备成较大颗粒的面包屑,而不必担心产生像其他较为流行的面包屑给人带来的较硬的颗粒感觉。适合在油炸或者烘烤类产品中使用。在此处介绍的裹粉料中,其成本最高,一般用在特殊的产品中,以使物有所值。其裹粉率一般在中等水平到较高水平之间。此外,在油炸过程中,可控制裹层的褐色反应程度从较亮到暗。

e.新鲜面包屑——对高速发展的产业链而言,新鲜面包屑是一个新概念。一般是指较软的面包屑,与面包中心的质构相似。由于面包屑较软,很容易变形,因此在加工中需要特殊的设备,以及需要回收剩下的面包屑(适用于如下产品)。此类面包屑带来的优势是,在产品表面产生特殊的质地以及外观。

f.种子和谷物的混合物——如今市场上,由于天然种子以及全麦概念的流行,导致含有此类成分的裹粉料快速发展。目前在裹粉料中流行添加芝麻籽、南瓜子、玉米片等,以增加产品的吸引力(即产品表面的外观和硬度),并传达出"对你有益"(good-for-you)的产品形象。

　　裹粉料的粒度通常可以划分为三种规格/类型(Mallikarjunan,2010)。不同颗粒大小的裹粉料可以达到不同的功能和质构特性,其裹粉率也不尽相同。

　　a.精细型裹粉料——精细型裹粉料(颗粒大小超过60目)如面粉,同时也包含部分小颗粒的面包屑。有时在面粉中添加自由流动助剂降低黏度和聚集问题。相对于粒度为中等大小或者粗糙的面包屑类型的粉料,其裹粉率较低(见如下讨论)。在连续使用此类粉料过程中,需要使用特殊的设备,以及利用筛分机去除在循环使用过程中聚集结团的粉料。此外,在设备内部或者周围需添加收尘器消除面粉在使用过程中产生的粉尘。

　　b.中等大小裹粉料——是指粉料的颗粒大小在20～60目之间。此类粉料具有较高的裹粉率,因此比精细型裹粉料更能增加产品的重量,在产品表面形成良好的、均匀的裹层。依据市场偏好及成本控制产品的裹粉率,例如根据肉与粉料较大的价格差。需要指出的是,某些产品中,内胚比粉料更便宜(如洋葱圈),但是在其他类型的产品中内胚的价格比粉料贵的多得多(如鸡肉片、虾)。

c. 粗糙型裹粉料——是指粉料的颗粒小于 20 目。与上述两种类型的粉料相比,其裹粉率最高,但是有时会造成表面均匀覆盖程度差。粗糙型粉料由于其颗粒较大,形成的裹层结构易碎。总之,随着粉料的颗粒增大,消费者感受到的脆性越强。此外,产品经粗糙型粉料裹粉后,外观独特诱人。

在预炸或者油炸全熟类产品中,面包屑吸油量取决于面包屑的大小和多孔性。结构致密的面包屑吸油量低于含有较多孔隙的面包屑(如薄脆型面包屑对比日式裹屑)。颗粒大小同样影响吸油量,如精细型裹粉料比粗糙型裹粉料在产品表面形成的裹层表面积更大,吸油量更多,这可能要归结于表面积的差异。如前所述,添加某些特殊的胶体或者裹浆都可以降低产品在油炸过程中的吸油量。

14.6.2 裹粉应用

图 14.6.2.1 展示了自动裹粉装置。产品裹浆后,经金属网状传输带转运到裹粉设备,设备底部铺满裹粉料,此外更多的裹粉料从顶部撒下。设备运行中内部装填的裹粉料的量远远大于产品裹粉率所需的粉料量。产品裹粉后,通常再进行低压压辊,目的是让裹粉料粘连在产品上。部分压辊采用气体进行轧辊,另外有些压辊则采用带有弹簧的固体装置进行轧辊;通过控制轧辊的高度和压力来控制产品的受力情况,进而调控产品的裹粉率。随后,鼓风机(风刀)吹去产品表面多余的裹粉料,形成平整的裹层。如果产品不经风刀去除过多的粉料,一方面粉料会在随后的传输过程中损失,另一方面更麻烦的是在油炸过程中产品表面松动的裹粉料会进入油炸锅中。在油炸过程中,产品表面过多的裹粉料的脱落会带来清理难题,需要额外过滤油的程序,因为从产品裹层脱落下来的粉料过度油炸后造成油的品质下降,进而影响肉制品的品质。此外,脱落下来的粉料在长时间油炸条件下,发生碳化,生成物会附着在产品表面。在日式裹屑裹粉过程中,使用的设备基本相同,但是需要用比较温和的方式进行运输和转运,目的是减少易碎裹屑的破碎程度。需要指出,日式裹屑是循环使用的,这也意味着裹屑在第一次裹粉后并没有被收集打包,而是通过升降机运回,为下一次裹粉做准备。如果在此过程中不够小心仔细,则连续的运输会造成面包屑结构破坏。

当使用精细型裹粉料或者面粉裹粉时,设备需要有处理较多粉尘的能力,并为产品提供一个均匀的裹层外观。在裹粉结束后,风刀去除表面过多的精细型面包屑或者面粉,但是同时需要提供良好的空气循环系统(从经济、健康和安全的角度)。

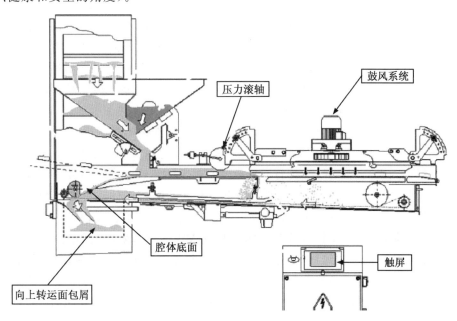

压力滚轴

鼓风系统

腔体底面

向上转运面包屑

触屏

图 14.6.2.1 薄脆型以及家庭式面包屑的裹粉装置。Courtesy of Townsend

14.6.3 配料

裹粉料的基本成分与裹浆粉相似(如面粉、淀粉),但其在制备过程中经过烘焙处理。其他重要的区别被着重列出:

a.**面粉**——面粉是裹粉料中含量最高的成分,根据不同的使用需求选择不同的面粉(如硬/软小麦)。

b.**发酵剂**——在裹粉料原料中添加发酵剂,可在随后的烘焙过程中产生气泡,增加多孔性。发酵剂可以是活的酵母细胞,它需要较长的时间产生气体(发酵数小时);也可以是化学制品,如烘焙粉,它能快速释放CO_2。气体进入结构中,改善质构并增加体积。

c.**调味料**——通过添加不同的香辛料和香辛料提取物,使产品呈现出独特的风味。如前所述,油炸时,外裹层中的香辛料比预上粉层或者通过注射腌制盐进入肉中的香辛料易损失。根据市场需求以及成本,选择不同类型的香辛料以及添加量。

d.**改良剂**——如脂肪调节剂和乳化剂等成分可以改善裹粉的质构特性,影响产品预炸过程中裹粉层的体积,以及面包屑的口感特性。

e.**色素以及褐变剂**——对消费者而言,裹粉类肉制品最终的产品颜色十分重要,其取决于许多因素(如裹粉的颜色、裹粉的成分、油炸温度以及时间)和因素之间的相互作用。实际的裹粉可以是白色的、含有一些褐色的面包屑以及/或者带颜色的香辛料。此外,焦糖成分也经常添加在裹粉料中,获得明显的较暗的颜色(根据消费者的喜好度)。香辛料或者香辛料提取物如红辣椒粉可使产品呈现红色或者其他的颜色。因为大部分消费者喜欢裹粉类产品呈现褐色/金黄色,所以在油炸或者烘焙过程中控制产品的显色变化就显得十分重要。配料供应商可以提供所谓的快速或者慢速的产品显色方案,选择哪种显色方案取决于产品在哪里和如何上市(如在餐饮系统中产品可能会有较长时间的热加工过程)。总之,产品的颜色和外观非常重要,因为大部分消费者购买新产品是因为其外观诱人(如今我们发现一个国际化调味融合的趋势,如辣味产品具有红色/橙黄的外观)。在裹粉类肉制品中,内胚是肉,对消费者而言,其明显不可见,因此裹层的外观,包括颜色以及"醒目"是影响消费者最重要的因素。

裹粉类产品在运输前,需要经过预炸或者完全熟化处理。在预炸产品中,通过添加特殊制品诱导产品发生快速的褐变反应,使得产品迅速获得所需要的金黄色外观。在家庭或者餐厅中,通过控制裹粉的类型以及烘焙的时间,可以利用烘箱获得更丰富多彩的产品外观颜色。添加蛋白和还原糖(葡萄糖),可增强美拉德反应,提高预炸过程中产品裹层的褐变程度。餐饮业中的裹粉类产品通常选用慢速褐变反应型的面包屑,因为主要褐变反应需要在二次烹调/加热过程中完成(如在最终消费前产品的加热过程)。

f.**减少脂肪吸收的配料成分**——在过去的数年中,对往油炸产品(如裹浆类肉制品、薯条)的裹层料中添加的特殊成分减少油炸过程中吸油量的效果进行了大量评估。当食品在热油中加热时,发出咝咝的声音,这表明产品表面的水分沸腾并蒸发(油温一般是185~195℃,而水沸腾的温度是100℃)。产品水分蒸发留下的空隙被油填满(图14.6.3.1)。此外,裹粉颗粒之间的空隙也可以承载油(之前提到的有关精细型裹粉料与粗糙型裹粉料之间吸油的差异)。裹粉原料中具有降低油脂吸收能力的成分如变性淀粉和亲水胶体,能在裹粉颗粒周围形成一层薄膜(如一系列已经申请专利的配料成分或者混合物)。Huse等(2006)评估了在Akara(利用豇豆糊制作的传统制品)油炸过程中,甲基纤维素、羟丙基甲基纤维素、玉米蛋白以及淀粉酶对裹层吸油的抑制能力,裹粉方式为喷洒式和浸入式两种。采用喷洒式裹粉的Akara中,含有淀粉酶组的产品表现出内胚的吸油量显著下降。所有的实验处理组中面包屑裹层的吸油量都显著下降。与未裹粉的对照组相比,裹粉后产品的总吸油量显著降低。采用浸入式裹粉的Akara中,与对照组相比,甲基纤维素实验组产品的总吸油量降低了49%。这是因为在加热过程中,产品中心温度上升,水分转化为水蒸气并从产品中蒸发出去,留下的空隙形成毛细管,随后油脂进入这些空隙中。而产品表面的裹层通过阻拦水蒸气的蒸发间接导致了产品吸油量的下降。裹粉层中的甲基纤维素具有增强阻拦水蒸气蒸发的能力,这可能是因为甲基纤维素的存在使得裹层厚度增加。

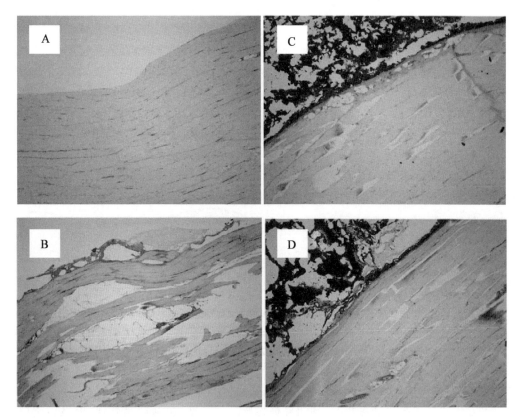

图 14.6.3.1 在不同油炸时间下，非重组肉制品裹浆裹粉后与未裹粉肉制品的微观结构比较：
(A)典型的鸡胸肉片中纤维排列方式，黑点是细胞核；(B)鸡胸肉片在 190℃下油炸 3 min，纤维大
量断裂并形成干燥的表面；(C)鸡胸肉片裹浆裹粉后油炸0.5 min；(D)鸡胸肉片裹浆裹粉后油炸
3 min。经允许，摘自 Barbut（2013）

14.6.4 粉料结合能力

根据最终产品的需求，选择相匹配的粉料（如预上粉、浆粉、外裹粉）。由于生肉制品表面形态差异大，
从表面部分带皮（鸡腿）到表面是瘦肉组织（鸡胸肉）以及肉糜（鸡块）。这三类产品的表面具有不同的物理
特性，其裹浆裹粉的方式也不相同。此外，通过盐腌或者预腌制的方式可在小肉块表面形成一层有黏性的
蛋白层，蛋白是从肉中提取出来的（如肌球蛋白、肌动蛋白）。预上粉、浆粉、外裹粉与肉表面良好的黏合能
力对获得可接受的最终产品而言十分重要。Suderman 和 Cunningham（1980）用扫描电镜研究了裹浆液
与鸡皮表面的黏合过程，提出了带角质层和不带角质层的鸡皮与裹浆液结合的模型（图 14.6.4.1）。鸡肉
经烫漂（约 60℃，见第 5 章）后，角质层脱落。依据之前的模型可知，鸡皮去除角质层后提高了裹浆与其的
黏合能力。这可能是由于裹浆后浆液颗粒存在于鸡皮的生发层延生的突出物之间，增加了黏合能力。总
的来说，鸡肉的处理方式有很多种（如带皮或者不带皮、高温/低温烫漂鸡皮、肉经过盐腌），处理显著影响
肉表面在裹浆裹粉中的特性。

肉的温度特别是肉表面的温度显著影响其与粉料之间的结合能力。部分或者全部处于冻结状态的表
面，给后续的预上粉和裹浆黏合造成麻烦。使用缓化的肉或者部分冷冻的肉并不罕见，原因比较复杂，从
肉糜容易成型（低温肉硬）到工厂的操作手册等都会造成上述现象的出现。表面的冰晶会导致较差的黏合
能力以及表面粉料分布不均匀。如果产品温度较高，产品会出现合并和"尾巴"（见后续的"问题解决"
部分）。

表面自由水的含量对预上粉和裹浆液形成良好的黏合能力有很大影响。成型鸡块表面含有大量的水
（如因表面冷凝和高压成型机中的喷雾器使得产品变湿），导致干粉料在表面分布不均匀（如产品裹层薄厚

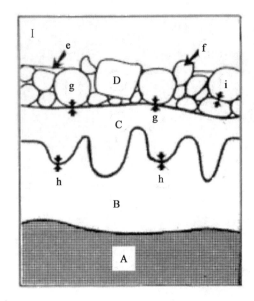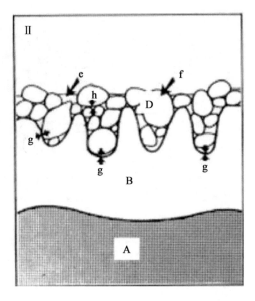

图 14.6.4.1 含有角质层或无角质层的鸡皮与裹浆裹粉潜在的黏合示意图（Ⅰ 含有角质层，Ⅱ 不含角质层）。图片展示：(A)真皮层；(B)生发层；(C)角质层，俗称表皮；(D)裹料；(e)裹粉基质；(f)裹料颗粒；(g)主要作用力；(h 和 i)次要作用力。引自 Sunderman and Cunningham(1980)

不一)，并在最终产品中形成"光秃"的斑点。

总之，当产品需要使用裹浆和裹粉时，须明确最终产品的特性，包括产品外观、价格和质构特性等，这些对满足消费者期望十分重要，同时这些特性也决定了裹浆料和裹粉料的类型。在设计完产品后，需确定配料、裹粉裹浆率以及加热参数，以达到预期的颜色、质构和外观。

裹浆裹粉生产线是由不同功能的设备排列组合而成的(图 14.1.3)。最简单的生产线由一台预上粉机、裹浆机以及裹粉机组成，通常其所能达到的裹粉裹浆率<30%。可通过多次(如两次或者三次)裹浆和裹粉操作达到较高的裹粉裹浆率。天妇罗裹浆生产线通常由一台预上粉机和一台能形成较厚裹浆层的裹浆机组成，其裹粉裹浆率在 30%～55%之间。天妇罗粉裹浆后，须尽快油炸，一方面是产品外观的定型需要，另一方面可形成多孔性的裹层结构。传统的裹浆裹粉操作完成后也需要进行油炸处理(强烈建议立即预炸)，但油炸过程并不像在天妇罗裹粉类产品中那么至关重要。

产品裹层的质构可以是硬的或软的，具有多孔特性或致密特性。可通过选择不同类型的裹粉料来达到上述特性，因为不同类型的裹粉料中淀粉和蛋白类型和含量都不一样。不同的发酵剂和粉料的颗粒大小可改变裹层的脆度。裹屑的颗粒大小决定了产品的外观(图 14.6.1.1)，精细型裹屑可形成平坦的裹层，粗糙型裹屑形成的裹层更加粗糙。添加玉米片、芝麻籽和干欧芹等成分，可达到更加诱人的效果(产品表面不同)。产品表面的褐色/金黄色受香辛料、食品色素以及增强美拉德反应的配料(如还原糖、蛋白等)等成分调控，同时加热时间以及加热介质(油、空气)也影响其色泽。此外，工厂中可使用的设备也决定了裹浆裹粉操作的可能性(如日式裹屑非常精致，需要特殊的设备)。

14.7 油炸和熟制

14.7.1 概述

使用油炸操作一般出于以下几个原因：一是让处于软状态的裹层固定在产品表面(如，裹浆不会掉落，产品不粘连在一起，裹屑不会从产品上掉落)；二是使产品形成褐色/金黄色的外表；三是熟化肉和非肉组分，以呈现出独特的质地和口感。另外还有一个重要的原因就是抑制致病微生物的生长。在油炸过程中，可采用短时间加热(预炸/滚油炸;少于 1 min)或者采用长时间加热,使产品完全熟制。根据产品需要,选用具体的油炸方式。油炸设备(fryer)的工作原理如图 14.7.1.1 所示,耐热传输带(如金属、聚四氟乙烯)通过 185～195℃热油。通过配料成分以及色素的搭配,依然可以改变油炸后产品的外观(图 14.7.1.2,参见插页图 14.7.1.2)。基于裹粉料供应商的支持,生产商可以判断预炸和完全熟制后产品的颜色(见上述配料部分)。图 14.7.1.3(参见插页图 14.7.1.3)展示了完全熟制后产品的内部情况。

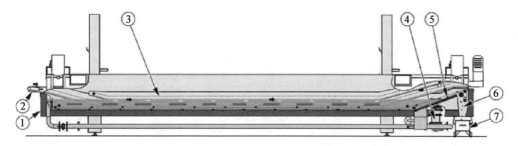

图 14.7.1.1　产品在传输带上进行油炸的示意图。采用上端传送带使产品浸没在热油中并以一定的速度移动。1)绝缘油槽,2)产品进入,3)输送产品的传送带,4)循环油泵,5)持续清除油槽底部残渣/炸糊颗粒装置,6)脱落碎片,和 7)残渣收集。Courtesy of Marel

图 14.7.1.2　生产厂区提供的冷冻的预油炸产品(右边),进行完全熟制(左边)。同时,展示了在完全熟制过程中潜在的颜色变化——由最初所选择的裹粉料配料决定。照片由 S. Barbut 提供

14.7.2　油

常用的油可分为植物油(如,玉米油、大豆油、坚果油和菜籽油)和动物油(如,牛脂)。油种类的选择往往根据以下几个因素,如成本、消费趋势(如选择不饱和油以应对健康关注)、稳定性和风味。

由于油长期处于高温状态(生产线持续运转多天,甚至一周),应该持续监测其品质。通过油的过滤和补充(产品经油炸后会吸入一定的油)来控制油的品质。高温会引起油化学成分的改变,进而影响其质量,

图 14.7.1.3　完全熟制的裹粉类产品的横截面。照片由 S. Barbut 提供

随着加工时间的延长,油会发生水解(释放游离脂肪酸)和氧化。另外,游离脂肪酸的聚合作用会进一步造成油风味、颜色和营养价值的劣化,褐变是其中最明显的变化,也会造成油炸产品颜色的加深。脂肪酸的降解和油的起泡性导致泡泡的产生以及外溅,因此需面对油的安全使用问题。

从产品质量角度看,随着时间的延长,油的黏度增大,产品会吸入更多的油并且造成热传导不充分。在大部分的常规操作中,油须持续过滤以除去其中炸焦的颗粒(如脱落的面包屑),并且加入新油以补充被产品带走的部分。通常,产品可以带走 10% 的油,所以必须持续补充,这种补充新油,并结合持续过滤,足以确保连续油炸操作。如前所述,在油炸过程中,产品水分的损失大部分被吸入的油所取代。图 14.6.3.1 呈现了加热过程中肌纤维收缩产生的空隙,这些空隙会被油填充。

总体来说,产品质量和油温之间存在权衡关系,低温时,产品会吸收更多的油,但高温会迅速造成油的劣化。如果要使产品在工厂达到完全熟制,制造商有两种选择:a)油炸至全熟,b)预油炸之后使用热风式烤箱烤熟(见加热章节)。每种选择都会使产品具有某种特定品质,一般来讲,热风式烤箱可以在不同的温度、速度和相对湿度下烤制产品,这些因素也决定了产品熟制时间和出品率。烤箱烤制的优点是让裹屑和裹浆类产品的质地与采用油炸熟制产品的质地相似。如,冲击型加热模式可使产品获得更加硬脆的裹层质地。

14.7.3　最终熟制/再加热

如果产品在工厂中只进行了预炸,那么该产品就必须由消费者/食品供应商再进行完全熟制。完全熟制的产品(在工厂中)通常在消费前也需由消费者进行再加热。消费者对产品进行再加热的方式决定了生产商对裹层类型的选择。完全熟制的裹浆和裹屑类产品,可在烤箱、油炸锅或微波炉中再加热。每种熟制方式的背后,产品中配料的搭配都不一样。微波炉加热时间较短;烤箱则需要较长时间(大于 30 min),确保热量从产品外部传至内部。在微波加热过程中,会导致产品水分流失等问题,因此裹粉料供应商在设计裹层体系时应把这点考虑进去。

14.8　冷冻

正如本章所述,产品裹浆裹粉后,裹层软、柔韧且具黏性。预炸或者完全熟制操作能让产品外层/内部变硬,以方便手持和包装。为了保持产品的质地、新鲜度和外观性状,油炸后通常进行冷冻处理。经过冷冻处理的产品裹层不易剥落且脂肪不易氧化。典型的冷冻方法如下:

  a.机械冷冻——使用可快速或慢速吹冷气的气流冷冻器,冷冻器可选用不同的配置(如固定式冷冻机、线性冷冻机、螺旋带式冷冻机)。

  b.低温冰冻——在小型产品中应用广泛,应用 CO_2 或液氮浸泡或喷洒进行快速冷冻。

低温冰冻成本高于机械冷冻,可在冷冻过程中形成很小的冰晶,因此对产品损伤较小。例如,单体速冻(individual quick freeze,IQF)适用于类似鸡块的产品中,这类产品在遍及全世界的速食连锁店中都有销售。在这种情况下,还需完整的冷链储存和运输系统来保持产品品质。

冷冻过程需全程监控,防止产品的裹层破裂以及因速冻造成的产品外观损伤。在一些情况下,初步冷冻在冷冻隧道(面包屑冷冻)中进行,余下在储存产品的仓库中完成,仓库中温度一般控制在 −20℃ 以下。除了冷冻方法外,产品的储存温度同样重要,储存期间避免温度升高或者波动,以免出现冰晶增大导致产品损伤现象。

14.9　问题解决

工业中裹浆和裹粉操作复杂,许多内在和外在因素影响裹浆裹粉效果,如加工过程中出现的各种问题。在成品中容易发现问题,但更应该在加工过程中及时发现并改正(即油炸之前的问题仍可以改正)。一些常见问题和潜在的解决办法介绍如下:

a.**熟制产品的秃斑**——该现象对于消费者而言是严重的视觉缺陷,应该尽最大可能避免。它产生的原因有可能是裹层原料在某一区域没有黏合上,或者是产品裹层在预炸/完全熟制后脱落。

第一个情况的原因可能是:

  a.风刀/鼓风机运转速度太快。

  b.部分冷冻或带有冰晶的表面没有充分地与预上粉或裹浆液黏合。

  c.裹浆液黏度低导致分布不均,进而使黏合到此区域的裹粉不足。

  d.肉表面的油斑阻碍裹粉黏合。

  e.传送带快速运转和系统超负荷,即每个操作步骤间应留有充分的时间和空间。

  f.不适当的运输可导致产品过分振动,对之前已附着于产品上的裹层的完整性造成破坏。

b.**裹粉不充分或过度**——过低或过高的裹浆裹粉率是由于配制裹浆液出现问题导致其黏度过高或过低。由于裹浆液是循环的,大量经过预上粉的产品经过裹浆设备时,预上粉会进入浆液中,造成黏度的改变。因此,需连续监控裹浆的黏度和温度。调整传送带在不同加工阶段(预裹粉、裹浆、裹屑)的链条速度,确保在每个加工过程中所有产品都有足够的滞留时间来进行裹浆裹粉。调整压辊的压力和风刀的速度,以便于去除多余的裹浆液以及更加精准地去除过多的裹屑料(包括控制传送带的空气压力)。通常来讲,在每个操作(预裹粉、裹浆、裹屑)之后传送带的速度都会略微增加,因此整个系统应协调同步。这对当今社会来说,通过控制箱的程序化操纵即可实现各个工作单元的协调同步。

c.**"合并"**——油炸产品黏合在一起。

  a.当产品从一个速度较快的传送带到一个速度较慢的传送带时,这样不均匀的线性传送速度使得产品跌落在其他的产品上并粘连在一起,也称为"成对"。解决方法是提供合适的产品间隙和适宜的传送速度。

    b. 黏度大的裹浆液也会造成两个相邻产品的"胶粘"。

d. **传送带印记**——表现为产品表面的条带

    a. 裹屑过程中压辊的压力较大。

    b. 表面黏附裹屑的量不稳定(可导致表面不均匀),这通常需要调整裹屑配方。

    c. 高黏度的裹浆液也可导致明显的传送带印记。

e. **"尾巴"和"喇叭"**——油炸产品黏附了过量的裹浆液。

    a. 高黏度的裹浆可在产品边缘形成"尾巴"。可以增加风刀压力去除产品上过多的裹浆,与此同时,也要调整裹浆的黏度。

    b. 过量的裹屑黏附在产品上也会导致"喇叭"和"尾巴"现象发生,这可能需要改变裹屑类型或者调整裹屑机出口处的辊压压力。

f. **颜色暗**——油炸或烘烤导致产品颜色变暗。

    a. 油炸温度过高可导致油品质劣化以及颜色变暗,油颜色变暗随后转移到产品上。

    b. 油炸/烘烤时间过长导致产品表面焦糊,这需要调整传送带速度、油温和油炸时间。

    c. 通过调整裹屑中添加的成分来控制褐变速率(见之前部分)。

g. **结壳**——常见于天妇罗类型的裹屑过程,这类产品在加热导致产品水蒸气散发之前形成硬壳。

    a. 产品表面黏附的较厚的裹浆层在油炸后形成坚硬的外壳。应持续监控裹浆的黏度,并根据需要调整黏度。另外通过"风刀"来调整裹层厚度。

    b. 在油炸之前,温度过高会导致气体大量释放(注意:天妇罗裹浆中含有大量发酵剂),进而降低了产品在油炸过程中气体的释放量,裹浆层的多孔性下降。产品在加热中生产的热空气与水蒸气被坚硬的裹层包裹住,因此结壳问题由此产生。

    c. 大量的预上粉附着于产品表面,这也会导致结壳。因此,需要改变预上粉的类型或者裹浆粉的配方。

h. **脱壳**——常见于油炸后,裹层与产品分离。这种分离后续会导致裹层破裂以及裹屑层的脱落。

    a. 这种现象的发生是由于在油炸操作中最外层裹层快速硬化,从而导致水蒸气不易散失。

    b. 如果裹浆变得太黏(例如,预上粉落入持续循环使用的裹浆中),这个问题就会被放大。因此,需要监控和调整裹浆液的黏度,同时需要控制产品表面裹浆层的厚度,后者可通过裹浆过程中最后的环节——"风刀"来控制。

    c. 将预上粉料的颗粒大小从精细型换成中等尺寸(或者从中等尺寸换成粗糙型),可使裹层气孔增多,便于油炸时水蒸气快速散失,降低裹层分离现象的发生。

    d. 增大裹屑颗粒的尺寸也可以提高表面气孔度。

    e. 调整裹浆液成分,如添加脂肪或胶体,可改变裹层的气孔性,促进油炸过程中水分的散失。

14.10　HACCP 的一般模型——裹浆和裹屑类鸡肉片

    肉制品的裹浆和裹屑操作已经在本章中做了阐述,下面将讨论 HACCP 模型中所提到的关键控制点。该模型由加拿大食品检验局(Canadian Food Inspection Agency, CFIA)于 1998 年提出。第 6 章中阐述了 HACCP 概念和 7 条准则的综述。该模型可在一系列预炸或完全熟制产品中通用,这里将特别介绍裹屑类鸡肉片产品(图 14.2.1)。文件从产品描述开始,罗列了产品名称、重要特性、预期用途、特殊标签和分布控制(表 14.10.1)。表格实际上是一种包含 HACCP 所规定内容的官方形式。

表 14.10.1　产品描述——裹浆和裹屑。引自 CFIA(1998)。

产品名称	裹浆和裹屑型调味鸡肉片
重要的产品特性	油炸(即 30～60 s 的油炸时间),单体速冻(IQF)产品,无防腐剂或低 pH 以阻止微生物生长
产品用途	熟制之前冷冻;必须充分熟制,中心温度至少达到 72℃
包装	运输纸箱装入大型塑料桶中/用防揭换胶带密封
货架期	≤−18℃条件下,保存一年
分布	酒店,餐馆,单位或零售
标签说明	批号;冷冻保存;熟制说明;成分列表
特殊分布控制	应用≤−18℃的冷藏车

在流程图(图 14.2.1)中,第一个关键控制点是"接收"的生鲜原料,包括:肉、水、小麦粉、糖和香辛料(详见表 14.10.2)。该表确定了生鲜原料中潜在的微生物危害,有可能是细菌聚集(B——生物性危害)、携带一些抗生素/农药残留(C——化学性危害)或者可能包含一些小的异物,例如金属、塑料或骨碎片(P——物理性危害)。这些危害应该在 CCP-1 环节解决,即生鲜原料在接收之前必须经过检测。随后,CCP-4,一个金属探测器检测点(图 14.2.1),是降低/减少最终产品中金属(如,金属屑可能落入肉中,注射时损坏的针头)危害的典型步骤。然而,如果有一种原料疑似经常含有(或以前检出过)金属碎片,则应该在接收点处增加金属探测器。应该指出的是,这个方法不同于先前在鲜禽加工部分(第 6 章)所讲,之前接收生鲜原料是通过保证书或先决条件程序来控制。总的来说,两种方法都在应用。在油炸类型的产品模型中,当接收生原料时,第一个 CCP 对保证微生物含量可控非常重要,如果接收高污染的肉原料(例如,由于长时间储存、高温、生产条件不卫生),将对产品安全不利。这也会引起产品风味缺失和货架期缩短,但需注意的是这些与 HACCP 安全问题无关。

表 14.10.2　与预制裹屑类鸡肉片产品的原料、原料接收、加工和产品流通相关的生物(B)、化学(C)和物理(P)危害以及关键控制点(CCP)。引自 CFIA(1998)

认定的生物危害(细菌、寄生虫、病毒等)	控制点
接收的原材料	
鸡胸肉和胸肉片——致病菌(例如,沙门氏菌、弯曲杆菌、葡萄球菌、小肠结肠炎耶尔森氏菌、单核细胞增多性李斯特菌、大肠杆菌、产气荚膜梭菌)污染	CCP-1BCP
水——没有达到加拿大卫生部规定的饮用水标准的水	必备条件(水的质量)
小麦粉、玉米粉、烘烤小麦面包屑和淀粉——存在霉菌毒素、大量好氧孢子、粮食甲虫	CCP-1BCP
糖、葡萄糖固体、右旋糖——在源头被致病菌(如产气荚膜梭菌、蜡样芽孢杆菌、单核细胞增多性李斯特菌、沙门氏菌)污染	CCP-1BCP
香辛料——在源头被致病菌(如产气荚膜梭菌、蜡样芽孢杆菌、沙门氏菌、大肠杆菌)和孢子污染或带有霉菌毒素	CCP-1BCP
加工步骤	
♯1 接收不符合规定的材料——见上述原料接收	CCP-1BCP
♯2 保持冷却——由于储存时间过长(不合适的存货周转)或不充分的冷藏,导致致病菌生长	必备条件(贮存)

续表 14.10.2

认定的生物危害(细菌、寄生虫、病毒等)	控制点
加工步骤	
♯3 水分布系统——由于水管受污染的水的虹吸返回或因为"死角",水管中致病菌污染、生长	必备条件(水的质量和保持)
♯4 干原料储存——由于啮齿动物、昆虫或不恰当的处理(储存容器损坏导致原料外露)而引起的致病菌污染	必备条件(害虫控制和员工培训)
♯7 胸肉去骨和切块——由于处理程序不当而导致致病菌污染	必备条件(员工培训)
♯8 胸肉片切块——由于处理程序不当而导致致病菌污染	必备条件(员工培训)
♯9 制冰机与贮存——由于清理不彻底和消毒不彻底而导致致病菌污染	必备条件(环境卫生)
♯10 腌制液混合——由于员工无良好卫生、工作习惯和缺乏设备使用经验导致致病菌污染	必备条件(员工培训)
♯11 搅拌——由于不恰当的操作和时间/温度随意变动或由于设备清洗不彻底而导致致病菌污染	CCP-3BC
♯12 预上粉——由于员工无良好卫生、工作习惯和缺乏设备使用经验而导致致病菌污染	必备条件(员工培训)
♯13 打浆机——由于员工无良好卫生、工作习惯和缺乏设备使用经验而导致致病菌污染	必备条件(员工培训)
♯14 裹浆过程——由于员工无良好卫生、工作习惯和缺乏设备使用经验而导致致病菌污染(时间/温度控制)	必备条件(员工培训)
♯15 裹粉过程——由于员工无良好卫生、工作习惯和缺乏设备使用经验而导致致病菌污染	必备条件(员工培训)
♯17 IQF 冷冻设备——由于产品冷冻不充分而导致的致病菌污染	必备条件(贮存)
♯19 称重系统——由于员工无良好卫生、工作习惯和缺乏设备使用经验而导致致病菌污染	必备条件(员工培训)
♯20 叠纸箱(装入塑料衬里)——由于与产品表面接触的灰尘污染而导致致病菌污染	必备条件(员工培训)
♯21 装箱——由于员工无良好卫生、工作习惯和设备使用经验而导致致病菌污染	必备条件(员工培训)
♯22 编码、密封和贴标签——由于对纸箱或包装袋密封不严密而导致致病菌污染	必备条件(员工培训)
♯23 冷冻库——由于纸箱损坏而导致污染,由于不恰当的冷却温度使致病微生物生长	必备条件(贮存)
♯24 运输——由于纸箱损坏而导致致病微生物污染以及由于时间/温度波动大导致微生物生长	必备条件(运输)
认定的化学危害	**控制点**
接收的原材料	
鸡胸肉和胸肉片——抗生素、磺胺类药物、杀虫剂、重金属残留	见表 12.3
水——有毒化学物质,例如重金属	必备条件(水的质量)
小麦粉、玉米粉、烘烤小麦面包屑和淀粉——农药残留、致敏原	CCP-1BCP
香辛料——熏蒸剂、农药残留、致敏原	CCP-1BCP
植物油——农药残留、致敏原	CCP-1BCP
塑料袋和衬里——从非食用级原料中发生化学转移	CCP-1BCP

续表 14.10.2

认定的化学危害	控制点
加工步骤	
♯1 接收不符合条件的原料——见上述"原料接收"	必备条件(环境卫生)
♯7 胸肉去骨和切块——由于操作不符合环境卫生程序而导致化学残留(排水系统不健全,接触产品表面)	必备条件(环境卫生)
♯8 胸肉片切片——由于操作不符合环境卫生程序而导致化学残留(排水系统不健全,接触产品表面)	必备条件(环境卫生)
♯10 腌制液混合——由于操作不符合环境卫生程序而导致化学残留(排水系统不健全,接触产品表面)	必备条件(环境卫生)
♯11 搅拌——由于操作不符合环境卫生程序而导致化学残留(排水系统不健全,接触产品表面)	必备条件(环境卫生)
♯11 搅拌——由于不合适的成分或配方比例导致有过敏原	CCP-3BC
♯13 打浆机——由于操作不符合环境卫生程序而导致化学残留(排水系统不健全,接触产品表面)	必备条件(环境卫生)
♯22 编码、密封和贴标签——由于非正确的列举成分(错误标签)而引起过敏反应	CCP-5C

认定的物理危害	控制点
接收的原材料	
金属部分:	
鸡胸肉和胸肉片——例如,刀芯片、金属碎片和设备碎片	CCP-4P
裹屑、裹浆、预裹粉、盐和香辛料——粉碎机上的金属碎片	CCP-4P
非金属部分:	
鸡胸肉片——骨头和塑料成分	CCP-1BCP
裹屑、裹浆、预裹粉和盐——外来材料的危害	CCP-1BCP
香辛料——木屑	CCP-1BCP
加工步骤	
♯1 接收不符合条件的原料——见上述"原料接收"	CCP-1BCP
♯6 包装材料的储存—滑轨上的钉子(颜料),包装使用的金属装置(钉子)和其他不恰当操作造成的环境污染,如纸板箱开口或损坏导致包装材料的暴露进而受到污染	必备条件(接收/储存;员工培训)
♯7 去胸骨——来自圆锥(cone)和切肉板的骨颗粒和塑料颗粒	CCP-2P
♯7 去骨——来自分割刀的金属碎片,网眼手套中金属碎片等	CCP-4P
♯8 胸肉片切片——来自分割刀的金属碎片,网眼手套中金属碎片等	CCP-4P
♯9 制冰机和储存——由于仪器老化和不恰当的维护而产生的金属屑和碎片	CCP-4P
♯10 腌制液混合——由于金属老化而使混合器叶片产生碎片,由于不恰当的维护,设备部分如螺丝脱落,破损称量勺的碎片	必备条件(员工培训)

续表 14.10.2

认定的物理危害	控制点
加工步骤	
♯11 搅拌——由于仪器老化和不恰当的维护而产生的金属	CCP-4P
♯12 预上粉——破损的称量勺,来自金属传输带连接处的碎片,来自原料容器的颗粒	CCP-4P
♯13 打浆机——由于金属老化而使混合器叶片产生碎片,由于不恰当的维护,仪器部分如螺丝脱落,破损的称量勺;来自原料容器的颗粒	CCP-4P
♯14 裹浆——由于不恰当的维护而产生的金属传输带连接处的碎片,设备部分如螺丝	CCP-4P
♯15 裹粉——破裂的称量勺,金属传输带连接处的碎片;来自原料容器的颗粒	CCP-4P
♯16 干燥器——金属传输带连接处的碎片	CCP-4P
♯17 IQF 冷冻设备——金属传输带连接处的碎片	CCP-4P
♯18 金属探测器——由于发生故障或不恰当的校准操作,致使对不可接受的金属碎片检测失败	CCP-4P
认定的危害	指出解决危害的方法(熟制加工指导,公共教育,在保质期前应用……)
接收的原材料	
化学——鸡胸肉和胸肉片 ——抗生素、磺胺类药物残留,杀虫剂,重金属	养殖户教育 在农场水平控制

接着模型对各个不同操作步骤、潜在的危害以及应用决策树过程(类似于第 6 章的过程描述)确定关键控制点进行详细说明。

表 14.10.3 依据 HACCP 的 7 条原则描述了关键限值、监控程序、纠偏程序、查证程序和记录信息等的建立。工厂相关人员应该确定关键控制点的限值,另外,整个 HACCP 计划(包括限值)应该得到政府适当的政策支持。

在大多数情况下,裹浆裹屑类产品采用冷冻的方式分销,合适的标签(即冷冻)应清晰标注在包装上。因一些产品售卖时并未完全熟制(如,30~60 s 预炸定型外裹层,但肉内部并没有完全熟制),所以进行正确的烹煮指导以破坏致病菌对消费者而言相当重要。裹屑肉制品可被生产商完全熟制,因此需要采用完全熟制的产品的 HACCP 模型(即在产品描述表格中清晰标明)。

表 14.10.4 是一个关于金属探测器(见第 10 章中对金属探测器的描述)和纸箱密封操作的记录表。正如第 6 章中所述,部分检测过程已经包含在用金属探测器检测样品的金属颗粒(样品应标记非常清晰)的过程中。HACCP 记录表中所搜集的信息应与所涉及的部分共享,才能确保一个行之有效的改正措施。表格应整理成册,以便政府检查员在任何时间都可以审阅到。一些国家要求表格保存5 年。

表 14.10.3 关于关键控制点,监控,偏差和查证程序等细节的通用的预制裹屑鸡肉产品的 HACCP 计划。引自 CFIA(1998)

加工步骤	CPP/危害编号	危害描述	关键限值	监控程序	纠偏程序	查证程序	HACCP 记录
		鸡肉:(致病微生物的危害)	工厂特殊合同详述,如细菌("X" APC/mL, gr 或 sg. cm. 的大肠菌群),在取内脏/去骨操作中无特殊的病原体和卫生操作程序,运输温度,从宰杀/包装日期开始最大的中心温度小于或等于"X"天数。运输容器干或湿,运输容器无损坏。接收时的中心温度小于或等于 4℃。感官检测并产品无损坏	对于每一批接收的原料,接收人员应提供给供应者重视。记录宰杀/包装日期(产品保质期),温度和容器情况并与纸相关说明比对。每个纸箱/托盘都应经接收者感官检测,并记录检测情况和产品温度	接收者拒绝不合格产品并告知供应者,质检人员和加工负责人,产品退回或经质检人员测试并妥善放置	质检人员核实接收者记录 质检人员每月"X"次核实产品温度和取样进行微生量实验	接收者的记录 质检人员的验证记录 细菌实验结果
#1 接收	CCP-1BCP	鸡肉:(骨和塑料碎屑)	骨或塑料碎片≤2 mm	接收者复查每一批运输的无骨鸡,直到"X"批全部通过,然后选择所有的"X"号装货	告知质检人员。搁置货物,退回或重制	质检人员每月"X"次核实无骨鸡记录	接收者记录 质检记录
		香辛料和植物油:(杀虫剂残留,霉菌毒素和过敏原,香辛料的薰料残留) 鸡肉:(抗生素,磺胺类药和球虫抑制药残留)	加拿大卫生部标准	对于每一批接收的原料,接收者应保证与供应者订的合同文件与记录一致。合同包括加拿大辅料大卫生部标准并符合工厂特殊规范,如外来辅料尺寸小于或等于 2 mm,操作时避免过敏原	接收者拒收不合格产品并报告质检人员,供应者和加工负责人,履行签订的合同暂不接收或者拒收货物	质检人员每月"X"次核实接收者记录	接收者记录 质检记录
		香辛料和盐(外来材料危害)	小于或等于 2 mm	对于每一批接收的原料,接收者应保证与供应者签订的合同文件和记录相一致。合同包括加拿大辅料大卫生部标准并符合工厂特殊规范,如外来辅料尺寸小于或等于 2 mm,操作时避免过敏原	接收者拒收不合格产品并报告质检人员,供应者和加工负责人,履行签订的合同暂不接收或者拒收货物	质检人员每月"X"次核实接收者记录	接收者记录 质检记录

续表 14.10.3

加工步骤	CPP/危害编号	危害描述	关键限值	监控程序	纠偏程序	查证程序	HACCP 记录
#1 接收		香辛料、糖、固体右旋糖(致病菌污染)	工厂特殊合同内容	对于每一批接收的原料,接收者应保证与供应者签订的合同文件和记录相一致。合同包括工厂特殊规范并符合加拿大卫生部标准,如外来辅料尺寸小于或等于 2 mm,操作时避免过敏原	接收者拒收不合格产品并报告质检人员,供应者和加工负责人暂不履行签订的合同或者拒收货物	质检人员每月"X"次核实接收者记录	接收者记录 质检人员核实记录
	CCP-1BCP	小麦粉、玉米粉、烘烤小麦、面包屑和淀粉:(霉菌毒素、杀虫剂残留和过敏原)	加拿大卫生部标准	合同中写明要求无霉菌毒素且符合加拿大卫生部标准	接收者拒收不合格产品并报告质检人员,供应者和加工负责人暂不履行签订的合同或者拒收货物	质检人员每月"X"次核实接收者记录	接收者记录 质检人员核实记录
		包装材料(非食用级别材料)	拒收没有被 AAFC 列出的包装材料	对每一批接收的原料的包装材料,接受者需保证都列出	接收者拒收不合格产品并报告质检人员,供应者和加工负责人暂不履行签订的合同或者拒收货物	质检人员每月"X"次核实接收者记录	接收者记录 质检人员核实记录
#7 去骨和切块	CCP-2P	(骨或塑料颗粒)	小于或等于 2 mm	指定员工在每批接收鸡去骨时(线上)或去骨后进行复查	通知质检人员检查每个返工产品,并对相关员工复查	质检人员每月"X"次核实复查过程和记录	复查记录 质检人员核实记录

续表 14.10.3

加工步骤	CPP/危害编号	危害描述	关键限值	监控程序	纠偏程序	查证程序	HACCP 记录
#11 搅拌	CCP-4P	（致病菌的生长）	在"X"℃下"X"h 的最高繁殖量	指定员工记录时间、产品内外温度和环境温度	指定员工搁置产品并通知质检人员 如果偏差没有超过"X"℃或"Y"时间，产品还可以在熟制产品中重新使用。 如果超过这些限制，质检人员决定如何处置产品	质检人员每月"X"次核实记录和产品标签	搅拌和质检人员核实记录
		（过敏原）	校正每一批配方中配料成分	指定员工进行配方检查/配方记录、完成和标签/ID产品	质检人员检查产品重新贴标签（正确）	质检人员每月"X"次核实记录和产品标签	配方记录 质检人员核实记录
#18 金属探测器	CCP-4P	肉产品中金属颗粒	铁和非铁颗粒小于等于 2 mm	负责人应每隔"X"h检查金属探测器，复查产品工作正常	负责人通知质检人员并开展示之前"X"h检查记录；维修检测器；复查产品出金属；如果产品检出金属，质检人员应找到原因并且要求工厂从源头改正或者通知供应商	质检人员每周"X"次核实记录并检测金属探测器	质检人员金属探测核查记录 金属探测器记录
#22 编码、密封和贴标签	CCP-5C	由于不正确的成分记录而导致的过敏反应	正确的标签	负责人每隔"X"h检查一次，保证正确编码和贴标签	负责人通知质检人员并拿出最后"X"h生产出的产品。100%复检正确条件	质检人员每周"X"次核实记录让标签执行记录一致	质检人员编码和贴标签记录

表 14.10.4 例子:HACCP 记录表——用来检测产品的金属探测器。引自 CFIA(1998)。

时间	产品名称	好的纸箱密封		正确编码日期[*]		正确标签[*]		金属探测器拒绝的金属测试样品	
		是	否	是	否	是	否	是	否

[*] 注意:贴一份带编码日期的标签。

图 14.10.1 为美国肉类产业和美国农业部建议的安全操作指南标签。标签以简单图标提醒消费者,当拿到容易腐败的肉制品时,学会用常识去分辨。考虑到并不是所有的消费者都会去认真阅读文字,所以图标的使用非常重要。

安全操作指南

为了指导肉和／或禽肉在通过检查后的一系列操作制定本操作指南。某些食品由于含有微生物,如果在接下来的过程中食品被错误加工或者不当烹调会导致疾病。因此,为了您的食品安全,请遵守下面的操作指南。

保持冷藏或者冷冻。
在冷藏中解冻或者微波解冻。

保持禽肉或者其他原料肉与其他食品分开保藏。
接触原料肉或者禽肉后,清洗工作台表面(包括案板)、器皿和手。

彻底加热。

保持食品处于高温状态。剩余食品立即冷藏或者丢弃。

图 14.10.1 北美一些企业正在使用的一个食品安全操作指南标签的例子

　　总之,一个良好 HACCP 计划的优势是:以安全的方式生产食品,以符合政府规定的系统性解决方案,快速响应产品所出现的问题。最后一点可作为实施 HACCP 计划的有力论据,因为工厂可以省钱、省时、节约产品。从政府角度分析,一个良好的全国性的 HACCP 体系能够帮助监管部门简化资源。正如第 6 章提到的,持续改进 HACCP 程序是 HACCP 计划的重要部分,因其对提高工厂程序效率大有裨益(Barbut 和 Pronk,2013)。

参考文献

Barbut,S. 2013. Frying-effect of coating on crust microstructure, texture and color of meat. Meat Sci. 93:269

Barbut,S. and I. Pronk. 2013. HACCP. Poultry and Egg Processing Using HACCP Programs. In: Food Safety Management. Lelieveld, H. and Y. Motarjemi (Eds). Elsevier Pub, New York, NY

Barbut,S. 2012. Product battered and breaded meat products. Meat Processing Technology Series. American Meat Science Association, Champain, IL.

CFIA. 2008. HACCP generic model for production of battered and breaded poultry products. Canadian Food Inspection Agency. http://www.inspection. gc. ca/english/fssa/polstrat/haccp/polvol/polv-ole. shtml. Accessed January 2014

CFIA. 1998. HACCP generic model. Chicken breast fillets-battered and breaded. Canadian Food Inspection Agency, Ottawa, CAN

Huse, H. L., Y-C. Hung and K. H. McWatters. 2006. Physical and sensory characteristics of fried cowpea paste formulated with soy flour edible coating. J. Food Quality 29:419

Mallikarjunan, P. K., M. O. Ngadi and M. S. Chinnan. 2010. Breaded Fried Foods. CRC Press, New York, NY

Suderman, D. R. and F. E. Cuningham. 1983. Batter and Breading Technology. AVI Publishing Com., Westport, CT.

Suderman, D. R. and F. E. Cuningham. 1980. Factors affecting adhesion of coating to poultry skin. Effect of age, method of chilling and scald temperature on poultry skin ultrastructure. J. Food Sci. 45:444

Xue, J. and M. O. Ngadi. 2006. Rheological properties of batter systems formulated using different flour combinations. J. Food Een. 77:334

第15章　微生物与卫生

15.1　前言

食品工业的总体目标是为消费者生产健康、营养和美味的食物。生产健康、安全和具有一定货架期的食物一直以来都是一项挑战,特别是在当今社会,受生产中的诸多流程(如农场、加工车间、分销渠道等)影响,大多数食物的生产已经远离消费者,生产出的食物可能经过数天甚至数周才会被消费。这对生产链中的养殖户(种植户)、加工商、零售商以及工人来说都是一项挑战,但这并不是一个新兴的问题(Newell 等,2010)。发达国家与发展中国家在处理食品安全和食源性疾病问题方面仍然有着较大的差别(如涉及处理这项问题的监管、预算等)。根据世界健康组织(WHO)的报告,发展中国家每年约有 1.8 万人死于被污染的食物和水所引起的腹泻疾病。然而,食源性疾病不仅仅是发展中国家所存在的问题。

在发达国家,如美国,约有 1/6 的人口感染过食源性疾病(约 4 800 万人),13 万人曾经住院治疗,3 000 人死亡。每年造成的经济损失约为 510 亿美元(Scharff,2011)。值得庆幸的是,大多数食源性疾病的发生率在逐渐下降。图 15.1.1 表明,1996—2012 年,北美洲的一些主要致病菌感染呈现下降趋势。虽然弧菌上升的趋势在逐渐增大,但值得注意的是,2012 年每 10 万居民的弧菌感染率是 0.41%,而弯曲杆菌是 14.3%。如图 15.1.2 所示,英国和威尔士地区的数据也表明,食源性致病菌感染呈现总体下降趋势。

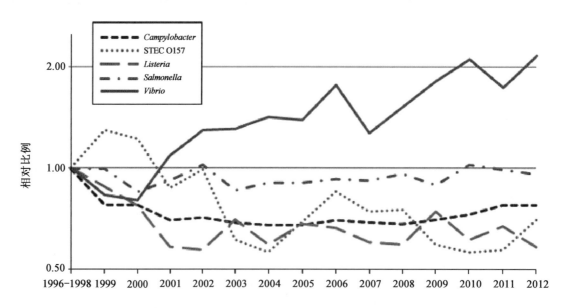

图 15.1.1　与 1996—1998 年相比,1998—2012 年经实验室验证的弯曲杆菌(*Campylobacter*)、产志贺毒素大肠埃希氏菌 O157(STEC O157)、李斯特菌(*Listeria*)、沙门氏菌(*Salmonella*)和弧菌(*Vibrio*)的相对感染比例。该数据来源于 1996—2012 年美国疾病预防控制中心(CDC)对食源性疾病动态监控网络。

这些数据表明,政府和食品行业在共同致力于提高食品安全并降低相关损失(例如工作时间和产率损失)。食源性疾病中考虑到病菌分布和疾病严重程度是十分重要的。图 15.1.3 表明,在美国约有 60%的案例与诺如病毒暴发有关(提示:部分案例与食物以及人与人的传播有关),2008 年约 540 万案例中仅有 150 人死亡(每 10 万居民的死亡数为 0.050),而沙门氏菌引起的约 100 万案例中有 38 人死亡(每 10 万居民的死亡数为 0.126)。诺如病毒感染的症状包括呕吐和腹泻,并仅持续 1～2 天(有时称为 24 小时流感)。致死率极低,通常是其他疾病的并发症。

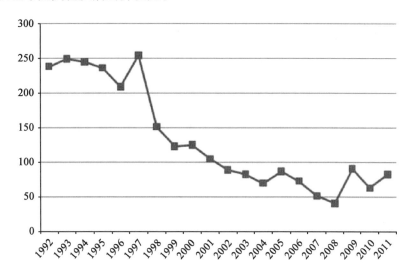

图 15.1.2　1991—2011 年英国和威尔士地区的食源性疾病暴发总数。来源于健康保护报告(2012 年)。http://www.hpa.org.uk/hpr/archives/2012/news1812.htm

图 15.1.4 表明疾病的暴发和数量与不同的食物有关。肉类是引起疾病的一类原因,而种植物(水果和蔬菜)因生长在土壤中,且常常不经热处理就食用,因而对消费者健康形成更高的威胁。这对整个产业链(从农场到消费者)形成整体的预防措施具有重要意义。

示意图 15.1.5 描述了大部分食品在产业链上所经过的流程。更多相关信息以及图 15.1.4 均摘自于 Gould 等(2013)的报告,该作者还调查了美国 1998—2008 年所发生的食源性疾病。

在美国,食源性致病菌的发生率在过去十年间已经显著下降,图 15.1.6 显示耶尔森菌、大肠杆菌 O157 和志贺氏菌污染引起的案例分别下降 53%、41% 和 55%(提示:美国拥有世界上最好的监控系

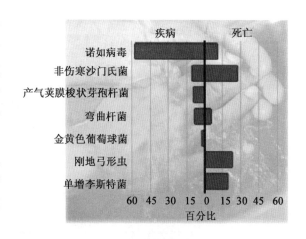

图 15.1.3　2000—2008 年引起食源性疾病和死亡的主要致病菌,来源于 CDC。http://www.cdc.gov/Features/ds-FoodborneEstimates/dsFoodborneEstimates_270px.jpg

统,可以对整体趋势做到实时监控)。此外,弯曲杆菌、李斯特菌和沙门氏菌分别下降 30%、26% 和 10%。整体的下降是由于采用了更好的监控和报告系统(例如更快地发现并解决问题),一些特定项目如危害分析及关键控制点(HACCP)和肉品工业微生物强制控制标准(参见第 6、12 章的 HACCP)的应用,对致病菌控制也具有重要作用。

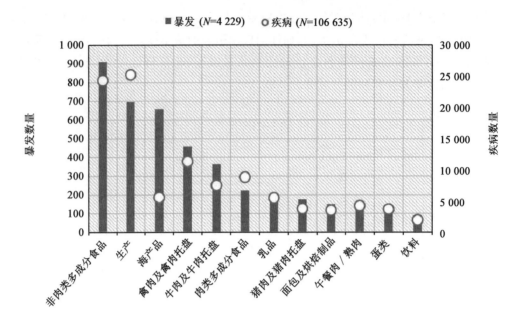

图 15.1.4 2001—2010 年食物引起的群体暴发和疾病数量,来源于 CSPI(2013)。

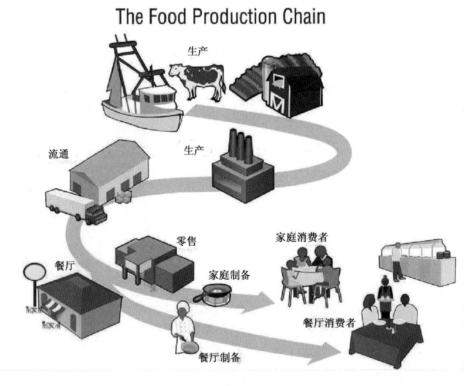

图 15.1.5 食品产业链,来源于 CDC。http://www.cdc.gov/foodsafety/outbreaks/investigating-outbreaks/figure_food_production.html

表 15.1.1 的进展报告显示了美国一些主要致病菌种类,包括目前每 10 万人的感染比例,以及 2020 年的预期值。大多数年份的感染比例都呈现下降的趋势。

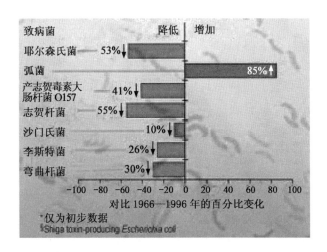

图 15.1.6　2009 年美国实验室确认的细菌感染比例变化。来源于
CDC。http://www.cdc.gov/Features/dsfoodnet2012/figure1.html

表 15.1.1　食品安全进展报告。来源于 CDC。
http://www.cdc.gov/foodnet/data/trends/trends-2012-progress.html

2012 年食品安全进展报告

致病原	2012 年对比 2006—2008 年的感染率变化		2012 年每 10 万人口的死亡率	2020 年每 10 万人口的目标死亡率	CDC 估计
弯曲杆菌	☹	⬆ 增加 14%	14.30	8.5	每有 1 例空肠弯曲杆菌感染报告，就有 30 例未诊断
大肠埃希氏菌 O157	😐	无变化	1.12	0.6	每有 1 例大肠埃希氏菌 O157 感染报告，就有 26 例未诊断
李斯特菌	😐	无变化	0.25	0.2	每有 1 例李斯特菌感染报告，就有 2 例未诊断
沙门氏菌	😐	无变化	16.42	11.4	每有 1 例沙门氏菌感染报告，就有 29 例未诊断
弧菌	☹	⬆ 增加 43%	0.41	0.2	每有 1 例副溶血弧菌感染报告，就有 142 例未诊断
耶尔森氏菌	😐	无变化	0.33	0.3	每有 1 例耶尔森氏菌感染报告，就有 123 例未诊断

更多信息详见 http://www.cdc.gov/foodnet/

　　该表格也指出了食源性疾病报告中的确切问题,即症状相对较轻的疾病案例并没报告(如这些患者并没有寻求医疗救助),或者这些案例并没有得到确切诊断(如医生在诊断时并没有将样品送至实验室)。该情况同样出现在澳大利亚(表 15.1.2)以及其他国家的数据报告中。表 15.1.2 还可与表 15.1.1 的美国数据进行对比。EFSA(2010)以及其他网站可以查到不同国家的相关信息。综上所述,食品工业的目标是为消费者提供全面、健康和安全的食物。

表 15.1.2　由潜在食品传播引起的发病率估计值以及研究总结发现。来源于 Angulo 等(2008)

疾病	全国报告案例数量	每年估计感染数量[a]（95%置信区间）	食源性疾病的估计比例（95%置信区间）	主要食品载体和研究发现
弯曲杆菌病	约 16 000	223 000（93 800～362 800）	75(67～83)	每 1 例监控报告案例就有 9.6 件社区案例;鸡肉感染案例 50 000 件,内脏感染案例 3 500 件,宠物案例 8 500 件,人类分离菌株的氟喹诺酮类耐药性水平较低,分子分型(flaA)有利于风险因素鉴定
沙门氏菌感染	约 8 400	48 700（15 000～91 300）	87(81～93)	每 1 例监控案例就有 7.6 件社区案例;密西西比沙门氏菌(每年约有 75 例案例,80%的案例发生于塔斯马尼亚居民中,引用未经处理的水是主要风险因素,当地禽类的传播也很重要);肠炎沙门氏菌(每年约有 380 例案例,其中约 50 例属于本地获取,75%发生于昆士兰居民中,主要是噬菌体型 26,商业蛋禽中无发现)
李斯特菌感染	约 60	120	98(92～100)	宿主因素是感染疾病最重要的预测方法,一般通过食用风险食物,临产死亡率为 25%,非临产死亡率为 25%
产志贺毒素大肠埃希氏菌感染	约 80	3 800（1 000～33 000）	65(48～82)	通过对南澳洲地区便血样品的密集筛查,证明该地区具有高感染率(2%～4%的便血样品呈 stx 阳性),主要血清型为 O157,动物暴露是重要的疾病预测指标

[a]为避免漏报而调整数据

　　我们知道这需要对从农场到消费者这一整体流程的全面控制(图 15.1.5),还包括提醒消费者在家庭厨房对食品的操作规范(图 15.1.7;更多讨论详见以下内容)。本章应用一些系统性数据包括大数据分析和大量重要研究的回归模型,讨论了生产、加工等主要环节(如养殖/种植场、运输、加工车间、流通和家庭/餐厅的食物准备)的微生物问题。还包括与食源性疾病相关的六种主要细菌的整体描述,并对设备卫生设计和清洁进行了讨论。

15.2　禽肉和红肉中的主要致病菌

　　鲜肉是一种易腐败的商品,因而需要小心处理。鲜肉的货架期与腐败微生物的生长有关,且由多种因素共同决定,其中最主要的是微生物的初始污染量、储藏时间和温度、肉的固有性质(如 pH、营养素含量等)以及加工程度。后面将针对禽肉进行更详细的讨论,另外,相同的加工步骤也适用于其他加工动物,包括净膛、分割和冷却。健康的肌肉组织一般无细菌污染,但是加工过程中肌肉组织会与微生物产生直接接触,包括动物外表(如皮肤、羽毛和毛发),环境(如空气、浸泡用水)以及动物内部(如肠道)。肠道内部的细菌以及羽毛/皮肤上黏附的细菌数量可达到 $10^8 \sim 10^9$ CFU/g(mL)。商店中销售的肉类一定不是无菌,即

图 15.1.7　食品安全教育合作标识。安全食品操作。www.fightbac.org/safe-food-handling

使非常新鲜，通常也会含有大于 10^2 CFU/g 的细菌。图 15.2.1 显示 20 世纪 60 年代肉类生产污染水平和货架期间的关系。除了微生物的腐败，肉还可能传播引起人类食源性疾病的致病菌（如大肠杆菌、沙门氏菌和弯曲杆菌），造成巨大的经济损失。一些人类致病菌在健康动物体内可以被无症状地携带。例如，空肠弯曲杆菌和鼠伤寒沙门氏菌对动物（如鸡和猪）来说并不是致病菌，Mulder 和 Schlundt（1999）总结了不同国家的大量数据，发现污染率在 0～100% 之间。Mead（2000）通过总结 1990—1994 年德国、印度、荷兰、英国和美国的鲜禽肉中沙门氏菌的污染率，发现范围在 4%～100% 之间。其他一些常见致病菌包括产气荚膜梭菌（一种常见的肠道微生物）也可能出现在肉中，以及金黄色葡萄球菌（在动物包括人类的皮肤上都有携带）。

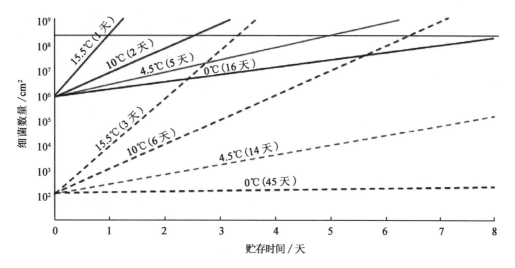

图 15.2.1　贮存时间、温度和污染水平对法兰克福香肠腐败的影响（接种高、低污染水平的嗜冷菌）。腐败检测（片状）基于表面区域达到 $1.5×10^8$ CFU/cm²。高污染水平为 $1×10^6$ CFU/cm²，用实线表示；低污染水平为 $1×10^2$ CFU/cm²，用虚线表示。根据 Zottola（1972）重制。

现代食品/肉品工业通过应用不同的干预手段(物理、化学和生物方法)将微生物污染最小化,结合不同细菌行为方面的变化模型进行多元化应用。微生物通过入侵宿主或者在宿主内增殖后产生毒素引起食源性疾病。入侵的微生物在肠道内可能引起肠道紊乱,并在进入血液和组织定殖后引起败血症或其他疾病(如肾脏中的 *E.coli* O157:H7)。值得说明的是,并不是所有的肠道紊乱都是由微生物引起的,也可能由过量进食、过敏反应和化学中毒引起。

综上所述,致病菌可以引起:

a. 摄入致病菌引起的感染。包括入侵并定殖在人类组织(如弯曲杆菌和沙门氏菌)。

b. 摄入毒素引起的中毒。非入侵微生物产生的毒素可以分为胞外毒素和胞内毒素,胞外毒素是细菌如产气荚膜梭菌将毒素释放到环境/食物中,而胞内毒素在细胞死亡后释放。

15.2.1　空肠弯曲杆菌

空肠弯曲杆菌是革兰氏阴性菌,杆形(约 4 μm 长,0.3 μm 宽),呈螺旋状,可引起食源性感染的微需氧型微生物(图 15.2.1.1)。感染剂量极其微量,约 500 个细菌就可致病。症状包括头疼、发热、严重腹痛,有时引起便血。

空肠弯曲杆菌通常在温度低于 30℃ 时不繁殖。一般存在于温血动物(家禽、牛和猪)的消化道以及污染的水中(如城市污水)。加工及人工处理过程中的交叉污染是空肠弯曲杆菌污染的重要环节(Guerin 等,2010)。偶发性的案例数据表明,人工操作、制备以及未经加热的肉(包括禽肉)的消费是重要的风险因素。在美国,肉鸡、考尼什雏鸡以及火鸡(程度较轻)消费与人类的弯曲杆菌病有直接联系。在大多数国家,空肠弯曲杆菌普遍存在于禽肉中,可能高达100%的活禽携带有该菌。家禽皮肤的弯曲杆菌数量可达到 10^4 CFU/g,而加工后的污染水平通常下降到 10^1 CFU/g或 $10^3 \sim 10^5$ CFU/胴体。从家禽的翅、胸肉和腹腔中分离出的细菌对胴体的整体污染情况具有指示作用。一些研究显示,与冷却肉相比,冻肉具有较低污染水平,这表明冷冻可以破坏细菌。然而,还有研究表明这种差异的出现可能受分离方法以及损伤细胞是否在解冻后被复原的影响。由于空肠弯曲杆菌是热敏性细菌,因此还可以通过热处理来控制,常规热处理温度足以破坏该细菌。

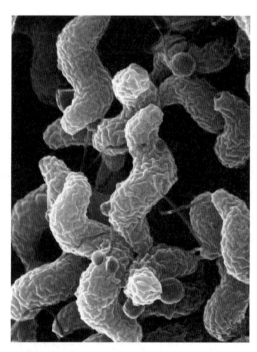

图 15.2.1.1　空肠弯曲菌和大肠杆菌的形态。
http://commons.wikimedia.org/wiki/file:ars_campylobacter_jejuni.jpg

2004—2008 年,空肠弯曲杆菌病是欧盟国家的人畜共患疾病中报告最多的疾病,而禽肉是使人类感染该病最重要的污染源之一(Pasquail 等,2011)。通过活禽/预收禽控制,欧洲食品安全协会(EFSA,2010)认为降低活禽的空肠弯曲杆菌污染率是降低食品污染以及人类弯曲杆菌感染疾病最有效的方法之一。目前的预收禽方法在降低禽肉加工中的空肠弯曲杆菌污染方面仍然有效,包括农场生物安全措施应用、粪便去污、饲喂含有抑制弯曲杆菌的化合物的食物以及饮用水处理(详见以下关于竞争性排除的讨论)。另外,新式方法可以对预收禽阶段的弯曲杆菌进行针对性控制,包括益生菌添加、疫苗接种、抗生素以及抗生素替代物(如噬菌体、细菌素)。

15.2.2　沙门氏菌

沙门氏菌是革兰氏阴性、兼性厌氧的杆形细菌(图 15.2.2.1),不形成孢子并在冷血动物、温血动物和环境中普遍存在。沙门氏菌是可运动的肠细菌,约 1 μm×(2～5) μm 大小,周生鞭毛。沙门氏菌是关于家禽以及红肉(如猪肉)消费的文献中出现的最常见的细菌之一,像其他细菌一样,一些菌株对人类致病但对动物不致病(如鼠伤寒沙门氏菌)。沙门氏菌病是约 2 600 种血清型中的某种的摄入所引起的感染。

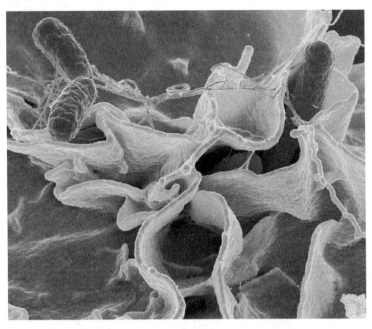

图 15.2.2.1　沙门氏菌形态。摘自维基百科。来源于落基山实验室, NIAID, NIH. http://en.Wikipedia.org/wiki/Bacteria

过去微生物学家将沙门氏菌的每一个血清型都分为不同的菌种;然而后来生物学分类系统发生了重大变化,将所有的沙门氏菌血清型分为两个菌种:鼠伤寒沙门氏菌和邦戈沙门氏菌。两个菌种又进一步分为 6 个亚种,大多数被分为鼠伤寒沙门氏菌亚种(Jay 等,2005)。只有部分血清型与沙门氏菌病有关,是宿主通过吸收细菌释放的内毒素引起的。常见症状包括反胃、呕吐、腹泻(是身体快速移除体内感染物质的抵抗机制)、发热和腹痛。在摄入污染食物后症状通常持续 6～24 h。健康成年人的感染剂量约 10^6 个细菌,但幼年儿童、老年人及免疫系统损害者的感染剂量较低(约 10^3 个菌株)。沙门氏菌病的致死性一般较低(见 15.1 节讨论部分),常发生于婴幼儿(小于 5 岁)、老年人或者已经患有其他疾病的人群。由于沙门氏菌可能存在于动物消化道但没有致病的症状,因此,引起胴体交叉污染的一个主要因素就是净膛和预冷过程中细菌向肌肉的转移。而后期生肉和熟肉间的交叉污染也是一个严重问题。沙门氏菌是热敏性细菌,热处理足以破坏绝大多数沙门氏菌血清型亚种(如 65.0℃处理 1 min,62.2℃处理 5 min,60.0℃处理 12 min,57.2℃处理 37 min)。大多数禽肉和红肉的热处理建议是内部最低温度 70℃,此温度下可在数秒内灭活细菌。

食品工业还在养殖阶段采取预防性措施如竞争性排除(Kerr 等,2013;详见本章后面的讨论部分)、疫苗接种(Bohez 等,2008),以及加工过程中的程序如氯/酸洗胴体减菌处理(详见后面讨论部分)。总之,活体中沙门氏菌控制变得更加重要(如耐药性细菌)。活禽可能通过以下三个主要途径感染沙门氏菌:母体/喂养家畜;外界环境(与野生鸟类和老鼠的接触);食用污染的食物。只有极少情况可能通过孵育的蛋传播细菌。另外,农场中携带沙门氏菌的鸟类可能通过饮用水、食物和粪便传播细菌。喂养家畜一般经过严格的沙门氏菌筛查,并通过注射抗生素或者竞争性排除,又或者在查出致病菌后捕杀。一些养殖农场(如欧洲)也会进行沙门氏菌检查并对问题家畜进行捕杀。

15.2.3　产气荚膜梭状芽孢杆菌

产气荚膜梭状芽孢杆菌是一种革兰氏阳性、厌氧、杆形、可形成孢子、可引起人类感染的细菌

(图 15.2.3.1)。其广泛存在于土壤、水、动物和人类的消化道。在暴露于人类身体的典型部位时,可产生多种毒素和大量的气体。对健康宿主来说感染剂量要大于 10^8 个活菌。症状相对较轻,包括反胃、腹泻、偶发呕吐,在摄入污染食物 24 h 内出现腹痛。由于毒素已经存在于食物中,因此感染时间相对较短。产气荚膜梭菌引起胃肠道症状的典型传染曲线显示,感染时间间隔在 1～24 h 之间,一般在 11～13 h。个体间的差异可能与食用量、其他食物摄入及个体的敏感性等有关。由于进行样品培养和毒素鉴定需要几天时间,因此,这一时间对医生诊断并制定治疗方案十分重要。

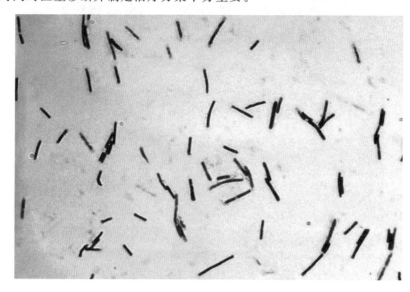

图 15.2.3.1 产气荚膜梭菌的形态。来源于 CDC。http://phil.cdc.gov/phil/home.asp

降低该菌的感染风险,需要对肉进行热处理和对其他食物产品进行快速冷却。合理的冷藏,特别是对剩余饭菜(最好使食物在小容器内达到快速冷却)和良好的卫生对降低污染是十分必要的。产气荚膜梭状芽孢杆菌由于可形成孢子,因此其引起的食品安全问题具有一定的特殊性。热处理过程可以破坏大部分无孢子形成的细菌。如果食物冷却速率慢,将使该菌的孢子在无竞争或小竞争条件下发育。食物在处于蒸汽面板上时,温度应高于 60℃。另外,剩余饭菜的重新完全加热对破坏细菌和毒素也有一定作用。

15.2.4 单增李斯特菌

单增李斯特菌是革兰氏阳性、无孢子形成的杆形细菌(图 15.2.4.1)。通过抗原识别,共有 11 种李斯特菌和 17 种血清型。其中有 13 种血清型致病。李斯特菌可以通过分解葡萄糖和其他可发酵糖产生乳酸,类似于其他细菌如乳酸菌产生乳酸。营养需求与其他典型的革兰氏阳性菌相似,可在常规实验室培养基中生长。尽管其最适生长 pH 是 6～8,一些菌株包括单增李斯特菌,在 pH 4.1～9.6 范围内也可生长(Jay 等,2005)。李斯特菌在冷藏温度下也可以生长,其最低生长温度可达 1℃。这对食品工业中的加工环境和销售环节构成严重威胁。感染李斯特菌病的症状包括发热、反胃、头痛、呕吐,严重情况下可引起脑膜炎(细菌进入神经系统)、孕妇流产以及败血症。症状通常在 1～4 周内出现,根据感染的严重性,也可能在 10 周后出现。

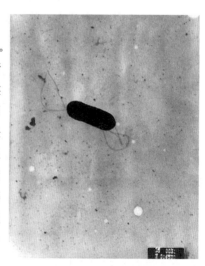

图 15.2.4.1 单增李斯特菌的形态。来源于 CDC。http://phil.cdc.gov/phil/home/asp

总的来说,李斯特菌广泛存在于环境中,在动物粪便、土壤的腐败有机物、水及废水中均有发现。一些研究表明,大城市人群的鞋子可以分离到大量的单增李斯特菌。新鲜的动物和植物食品也可能含有数量不一的单增李斯特菌。Mead(2000)研究表明约有 60％的生鸡胴体携带较低数量的单增李斯特菌。而值得庆幸的是,单增李斯特菌是热敏性细菌,通过常规热处理过程即可以破坏该菌(提示:一些国家要求产品的热处理时间和温度可以降低 10^9 数量的李斯特菌)。研究表明牛奶的巴氏灭菌(62.8℃处理 30 min 或者 72℃处理 15 s)完全可以将细菌数量下降到可检出水平以下。在过去,午餐肉、即食鸡肉块和低温熟肉是加工中交叉污染引起李斯特菌病的重要原因。在美国,李斯特菌病多态性暴发后大量火鸡热狗曾经被召回。该暴发后来改变了政府的食品检测策略。通过对患者样品和冰箱中冷藏的热狗进行细菌分离和鉴定,证实确实是李斯特菌。发现暴发源头是鉴定并改正问题的重要部分。确定源头是一项巨大挑战,特别是在初期因感染数周后才会出现症状,导致大多数人并不记得上周吃的什么,更别说上个月,而且一般包装被打开后不会储存太长时间,就会被丢弃。

15.2.5　金黄色葡萄球菌

金黄色葡萄球菌是革兰氏阳性、兼性厌氧的球形细菌(图 15.2.5.1),人们在摄入食品上细菌产生的胞外毒素后引起食物中毒。一些胞外毒素如肠毒素在宿主体内可能引起肠胃内膜炎症(称为肠胃炎)。感染剂量通常较高(达 $10^5 \sim 10^6$ 个细菌),像其他食物中毒一样,个体年龄、健康状况以及其他疾病都会影响中毒反应。症状主要包括反胃、腹痛、呕吐,并可能引起腹泻。毒素还影响中枢神经系统,作为抗原引起一系列免疫反应,但是致死率较低。如果发生致死情况,患者一般患有并发症。该菌广泛存在于自然环境(包括人类和其他动物的皮肤),并可从健康个体中分离出来。因此,被感染个体进行食物操作是引起葡萄球菌食物中毒最大的来源之一,并且该菌是北美国家食源性疾病报告最常见的细菌之一。该菌一般无竞争菌并喜好人体温度。在合适条件下,该菌将增殖至最大数量且不改变食物的味道、颜色和气味。毒素在食物中 20℃左右和中性 pH 条件下具有最快的产生速率。然而,该菌也可以在 7～45℃广泛范围内生长。引起葡萄球菌中毒的食物通常包括高蛋白食物(如奶、肉、奶蛋糕和奶油糕点)以及制备过程中经频繁手工操作的食物。该菌经热处理可以迅速被破坏(如 66℃处理 12 min,或者 100℃处理小于 1 min),肠毒素则需要过度热处理破坏(如 121℃处理 30 min)。

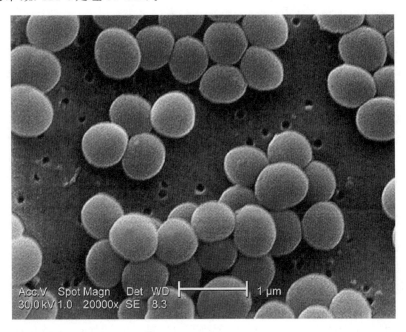

图 15.2.5.1　金黄色葡萄球菌形态,来源于 CDC。http：// phil. cdc. gov/phil/home. asp

15.2.6 肉毒梭状芽孢杆菌

肉毒梭状芽孢杆菌是革兰氏阳性、杆状、可形成孢子的厌氧细菌(图15.2.6.1),可在食物贮存过程中产生致命性毒素引起食物中毒。细菌能够形成孢子使其对传统的热处理(如罐头商品通常使用121℃处理)具有抵抗性。肉毒梭状芽孢杆菌主要存在于土壤和羽毛/皮肤上黏附的碎屑中。产生的毒素是人类目前所知最强烈的毒素,纳克级的质量即具有极度危险性。它通过阻断化学递质乙酰胆碱(用于神经和肌肉纤维间的信息传导)来影响中枢神经系统(详见第3章)。通过该途径,毒素可以有效阻断大脑的信息传导。由于大脑和周围器官的信息传导被阻断,初期症状包括视力、语言表达和呼吸功能损伤。呼吸系统衰竭是对受害者的首要威胁,因此初期最重要的治疗之一就是呼吸辅助,即将受害者置于压力仓内并使用深潜设备救治。毒素在宿主消化道内通过胰蛋白酶激活,并通过肠道进

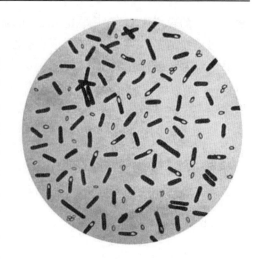

图15.2.6.1　肉毒梭状芽孢杆菌形态,来源于CDC。http://phil.cdc.gov/phil/home.asp

入血液循环。不合理的食物处理方式,低酸至中度酸性的家庭罐制蔬菜、水果和肉是造成中毒最大的潜在来源。由于该菌属于厌氧性细菌,罐制和真空包装食品包括肉都是该菌潜在的生长基质。一般来说,肉中肉毒梭状芽孢杆菌孢子的污染率相当低,罐制和真空包装肉品的中毒也极其罕见。过度热处理(如121℃,用于罐装食品操作)在肉品生产中不常用,因此常常使用亚硝酸盐(一种化合物)来抑制孢子。这是一种抑制真空包装肉制品中孢子生长的有效方法(见第11章)。毒素本身具有相对热敏性(85℃ 15 min,或者100℃ 1 min),而孢子如上所述具有极高的耐热性。其他一些抑制生长的方法是降低水分活度(小于0.94)、低pH(小于4.65)、添加盐(大于10%)以及低温冷藏。大多数肉毒梭状芽孢杆菌血清型在低于7℃条件下不生长。罐制产品由于微生物活动产生的气体而表现出膨胀后,应立即丢弃,因为该情况表明一些微生物(包括潜在的肉毒梭状芽孢杆菌)在热处理后存活了下来。

15.2.7 大肠埃希氏菌

大肠埃希氏菌是革兰氏阴性、杆状、兼性厌氧的细菌(图15.2.7.1),在健康动物和人类的肠道内大量存在,还存在于土壤、水以及水果和蔬菜的表面。大肠埃希氏菌于1971年被定义为食源性致病菌,这源于美国在进口的奶酪中发现引起数百人生病的肠出血型菌株。在此之前,其他国家报告了至少5例暴发事件,最早是1947年发生在英国。然而,证据表明,大肠埃希氏菌最早在1700年就被认为是引起婴儿腹泻的来源。类似于肠杆菌科其他属,埃希氏菌属通过血清分型分为6个菌种,已经有超过200种O血清型(代表细胞壁抗原型),代表鞭毛抗原型的H抗原也被用于分型鉴定(Jay等,2005)。

致病性大肠埃希氏菌主要有4种类型,但只有前2种是在北美洲引起食源性疾病的主要类型:

a. 肠毒素型大肠埃希氏菌(ETEC)——与腹泻和脱水有关。引起熟知的"旅行者腹泻",常常持续几天(提示:具有宿主特异性)。

b. 肠出血型大肠埃希氏菌(EHEC)——如大肠埃希氏菌O157:H7,低数量($10^1 \sim 10^3$)通过肠壁扩散和器官(如肾脏)定殖引起感染。症状包括腹痛、便血、呕吐,严重情况可能引起肾脏衰竭。通常与不完全热处理牛肉有关,称为"汉堡病"。

c. 肠道入侵型大肠埃希氏菌(EIEC)——需要高剂量感染(10^8细胞)。症状包括腹泻、脱水和发热。

d. 肠致病型大肠埃希氏菌(EPEC)——需要高剂量感染,症状主要为腹泻。

鲜肉中含有较高数量的非致病型大肠埃希氏菌表明加工和人工操作环节的卫生状况较差。事实上,大肠埃希氏菌是评价饮用水中排泄物污染水平的一项检测指标。

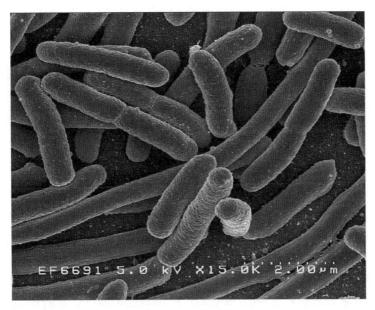

图 15.2.7.1　大肠埃希氏菌形态。来源于落基山实验室,摘自维基百科。http://en.wikipedia.org/wiki/Bacteria

15.3　养殖和宰前运输中的微生物问题

农场中的动物并不是在无菌环境下生长,微生物广泛存在于地面、土壤、设备、饲料、皮肤、羽毛中,并大量存在于动物消化系统内。活体动物进入加工车间时携带自然性、多样化的菌相,其中大部分微生物对人类来说并不是致病菌。该菌相反映了动物在有污物地面、暴露于自然环境以及与野生生物(腐生昆虫、老鼠和鸟类)接触条件下的生长状况。然而,动物也可能携带部分人类致病菌如沙门氏菌和弯曲杆菌。只有幼禽可能偶然表现出沙门氏菌感染的症状,大多数情况下动物只作为这类致病菌的健康携带者(Bilgili,2010;Jay 等,2005)。一些国家如瑞典已经启动全面的沙门氏菌消除计划,包括对祖代养殖户群体直至养殖场禽类控制。散户养殖的感染群体一般通过特定补偿计划来消除污染,而正规养殖的感染群体一般通过农场捕杀或在特定安排下进行屠宰车间宰杀(如工作日的最后阶段)。这种方式控制沙门氏菌的成本较高,大多数国家并没有采取以上所有措施。世界上较常见的方式是散户养殖管理,感染的群体通常会被治疗、接种疫苗或扑杀。

一种控制农场沙门氏菌的新式方法是竞争性排除(Garcia 和 Brufau,2010)。由于孵育环境一般经过严格消毒,这一方法认为新孵育的雏鸡对沙门氏菌具有敏感性。由于雏鸡与母体无直接接触,因此它们可以通过逐渐培养肠道菌相并对消化道内的致病菌形成竞争性抑制。Numihe Rantala(1973)通过对雏鸡饲喂无沙门氏菌污染成年个体的肠道内容物的厌氧培养物沉淀,来研究成年个体的消化道菌相对雏鸡的影响,结果表明处理组雏鸡对口服 10^6 CFU/只的沙门氏菌具有抵抗性。饲喂、菌株和性别对这一保护性作用无显著影响,但这取决于不同菌相的摄入,特别是厌氧微生物(Mead,2000;Garcia 和 Brufau,2010)。多年以来,人们不断尝试对保护性的细菌进行分离鉴定,并根据已知成分开发培养物。然而这些菌株与肠道内容物的厌氧培养成分相比,仍然具有较低的保护性,主要在于经过一段时间后它们会失去保护性的能力。大量基于盲肠中未明确成分的培养物被用于商业化保护性培养物制备。尽管这些培养物通过检查并无鸟类和人类致病菌,美国 FDA 目前仍然没有批准这类商业化未明确成分培养物的应用。制备的培养物喷洒在孵化场新孵育雏鸡的表面,雏鸡身体的上半部分变的潮湿,而后在各自梳理羽毛时摄入其中的菌种。该处理也可用于携带沙门氏菌的较大禽类/养殖群体。这种处理通常在进行抗生素治疗(一般通过饮用水)后进行。总的来说,竞争性排除必须在卫生的饲养环境下进行,因为保护性菌相在建立过程中,禽类仍然对感染具有敏感性。需要指出的是,目前仍然无法完全解释复杂的保护机制,但有可能受肠道 pH 和 Eh、抑制性物质如 H_2S 和细菌素以及受体位点的竞争性结合等因素的影响。

竞争性排除目前已被广泛应用,且对禽类健康和生长状况无负面影响。Kerr 等(2013)对当地 200 项研究进行的 meta 分析和 meta 回归表明,大量的竞争性排除产品在降低肉鸡中沙门氏菌定殖方面具有明显效果。最常用的方法是灌食法(占 64%),而孵化场中对雏鸡喷洒也同样有效。总之,这是帮助降低/消除活禽生长过程中抗生素使用的一项极其重要的策略。

其他一些因素也影响活禽生长阶段的微生物污染。其中包括禽舍的清洁(如生长季节禽群体的卫生)、禽舍条件(如相对湿度影响排泄物的干化),与野生生物的接触(如昆虫、小鸟和老鼠)以及饲料制备(饲料粒的热处理可以灭活微生物)。介绍这些所有的饲养因素将超出本书的能力范围,故不做详细介绍。

活禽宰前运输是从将饲料和水撤出(详见第 4 章)到收禽和将活禽运到加工车间之前。收禽操作可以是手动也可以是自动,运输箱/笼可以是木制(较难清洗)、金属或塑料(详见第 4 章)。装车和卸车操作中的动物应激最小化也是降低个体间交叉污染的重要步骤。运输过程中的应激反应引起肠道功能紊乱,进而导致排泄物组分变化。排泄出的致病菌如弯曲杆菌和沙门氏菌会引起同笼个体间的交叉污染,如果运输笼在设计充分通风的同时,并没有防止粪便的掉落,还会造成下方笼内个体的污染。

转移过程中的动物/禽类由于处于新的环境,会因不熟悉产生恐惧以及其他应激反应(如震动、噪声、风和食物缺乏引起的应激)。详见第 4 章关于运输时间和温度对活禽的影响。

运输笼在每次运输后要进行清洗和消毒,以避免禽群体和农场间的交叉污染。Rigby 等(1980)以及其他研究表明,未清洗的运输笼(来自前一批运输)可在下次运输时传播沙门氏菌。Jones 等(1991)研究表明运输并不一定使整个群体的弯曲杆菌污染呈现整体性上升。与木制箱对比,塑料或金属笼由于表面较光滑,更加容易清洗和消毒。现代的禽肉加工车间通常使用全自动的运输笼清洗和消毒系统。充分的清洗应该包括:通过刮擦或高压水枪对可见污物(如羽毛、粪便)进行物理消除,使用化学清洁剂清洗,充分浸泡,最终的消毒步骤(如氯化物)只应用于清洗干净的表面。清洗程序的效果要经过验证(见 HACCP,第 6 章)。

15.4 初级加工——微生物

整体来说,家禽加工车间的操作较为复杂(见第 5 章),且通常在高速下运转(见第 1 章)。如果操作不当,这些操作极易产生较高的交叉污染率。交叉污染可能来源于胴体与加工设备的反复接触、胴体间的接触、烫毛及预冷工序使用的普通水浴、人工操作以及刀等加工器具的接触。良好的生产规范、卫生的设备设计(见本章结尾)和完善的 HACCP 程序可有效减少交叉污染,提高产品安全性和货架期。在其他食品(乳制品、水果和蔬菜)加工过程中,应对车间工人进行培训以最小化或消除污染的发生。部分培训内容包含在 HACCP 的必要程序中(见第 6、12 章),其中包括穿洁净的衣服、佩戴发网及使用洗手台。更重要的是,车间工人须认识到,到达车间的动物其皮肤(包括土壤、附着在羽毛上的粪便)、肠道(数量高达 $10^8 \sim 10^9$ CFU/g)和呼吸系统中均携带大量微生物。

不同国家处理肉源性致病菌的监管原则有所不同,但近年增加监管的趋势大体一致(Barbut 和 Pronk,2014;EFSA,2010)。这都要求加工商采用更多的干预措施,并对整个加工程序有更好的了解。欧洲似乎更重视物理减菌方法,而北美则注重物理(如热水)和化学减菌方法(如次氯酸)。标准方面进步的一个例子是过去美国的沙门氏菌标准(USDA-FSIS,1996),要求污染率小于 20%(12/51)。后来,致病菌含量降低的数据(来源于 USDA 的国家基准研究)成为现行标准更新的推动力,新标准(USDA-FSIS,2011A)包括沙门氏菌和弯曲杆菌(首次),要求沙门氏菌污染率小于 7.5%(5/51),空肠弯曲杆菌污染率小于 10.4%。

15.4.1 卸载

卸载就是将活的家禽从运输笼转移到挂钩的过程。有意识或无意识(气体致晕等,见第 8 章)的家禽可通过手动或半自动卸载完成,在本环节,家禽的应激/挣扎会引起粪便流出进而导致交叉污染,因此将应激反应最小化是十分重要的。

15.4.2　击晕放血

击晕使家禽在放血前进入无意识状态。电击晕通常会导致肌肉收缩进而引起粪便流出,这取决于电流强度(电压和频率),气体致晕也会导致抽搐(特别是在缺氧条件下),两种情况都应注意预防/减少交叉污染。放血通过人工或机械切开颈部血管来实现。两种情况下,皮肤和羽毛上的微生物都会通过刀或刀片进入血液,而健康家禽对这类微生物是免疫的。即使大多数血液是流出的,一些回流的血液仍然会将微生物带入肌肉和器官。因此,应注意保持操作的清洁度,另外,放血结束时通常会观察到排便现象。

15.4.3　烫毛

烫毛可以使羽毛松动,使其在打毛环节更易去除。传统烫毛工艺通过一个或一列 50～63℃ 的水浴池完成浸烫(见第 5 章的软烫、中烫和硬烫)。目前较新的技术是使用蒸汽将热量传递到毛囊(称为汽烫)。该技术取消了普通水浴,降低了交叉污染的风险,并显著降低了用水量(据说可降低 70%),浸烫和汽烫的温度和时间(1～3 min)都会影响皮肤上的残余表皮量以及微生物数量。一些研究报告指出传统水浴的好氧菌数量可达 $5×10^4$ CFU/mL,通常情况下,菌落总数会在每天开始时出现增长,而后会稳定在一定数量并在一整天保持相对稳定的水平(Bailey 等,1987;Young 和 Northcutt,2000)。尽管浸入其中的胴体外表面被污染,但由于热灭活作用、新水的加入(依据该国的规定)、污染烫毛水的流出以及杀菌剂的使用(允许使用),微生物数量通常维持在一个相对稳定水平。水浴本身可能会导致交叉污染,但通常并不会导致同批次禽肉的污染出现显著性的差别。烫毛后的肉鸡皮肤菌落总数通常小于 $1×10^4$ CFU/cm² (Bailey 等,1987)。一些热敏感性细菌如沙门氏菌和弯曲杆菌更容易受烫毛过程的影响(NACMCF,1997),在硬烫操作中更少分离到。Cason 等(2000)等总结了 10 项研究发现,浸烫池内的水样具有不同的沙门氏菌污染水平,4 个浸烫池内未检出沙门氏菌,3 个浸烫池的沙门氏菌阳性率为 1%～10%,2 个浸烫池的沙门氏菌阳性率介于 20%～40%,1 个浸烫池为 100%。生产公司已经对浸烫池进行了修改以改善这一状况:逆流设计(清水自胴体出口方向流向胴体入口方向)、多级浸烫系统以及对每个胴体采用清水冲洗。目前已经证明逆流清洗是有效的,与多级浸烫系统(包含多个浸烫池)联合使用可显著减少肉鸡胴体的好氧菌数量(Cason 等,1999,2000)。通过使用系列式三级浸烫池(图 15.4.3.1)可以实现细菌污染的持续降低(图 15.4.3.2)。1 号、2 号和 3 号浸烫池的平均温度分别为 55.8℃、55.9℃ 和 56.2℃,大肠菌群的平均数量(6 周龄肉鸡处理 8 h 后采样 8 天)从 3.4 降至 2.0 和 1.2 log CFU/mL。1、2 号池内的 8 个水样中有 7 个检出沙门氏菌,但在 3 号池内的 8 个水样中只有 2 个检出沙门氏菌。沙门氏菌的平均数量从 1 号池至 3 号池呈下降趋势(8 天的采样时间)。他们过去的研究也表明了该系统具有较好的清洗效果,从 1 号池到 3 号池的有机和无机固形物含量以及好氧菌数量均呈现下降趋势(分别从 5.12 g/L 降至 1.04 g/L,4.61 降至 3.85 log CFU/mL;Cason 等,1999)。

James 等(1992)建议在逆流浸烫池后增设热水冲淋箱(以 40 psi 的压力将 240 mL 60℃ 的热水喷洒于每只肉鸡胴体),这些热水回收后再被送至浸烫池,为期 7 天的研究表明好氧菌和肠杆菌科在预冷阶段呈现明显的下降,然而由于烫毛阶段的交叉污染,胴体的沙门氏菌污染率呈现小幅上升。总的来说,浸烫在优化前后均可以减少细菌数量。而嗜冷菌偏好较低的温度,常出现在活禽的皮肤、羽毛和脚上,最常见的嗜冷微生物包括无色杆菌属、棒状杆菌属和黄杆菌属,它们的数量在浸烫后都会显著下降。

某些情况下浸烫水可能会进入气管引起肺部污染,洁净切割、放血时间超过 2 min 以及电击晕都可以降低这种污染(Bailey 等,1987)。

部分研究表明较高的浸烫温度(＞58℃)可能降低胴体货架期。这可能与表皮层被去除的程度有关,因为更高的温度可能导致后续机械打毛(橡胶手指摩擦)中更多的角质层被去除。而温和浸烫(约 52℃)不会破坏角质层(见第 3 章关于不同表皮层介绍),可能是因为角质层的去除提高了腐败微生物(如假单胞

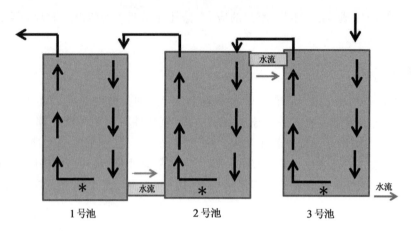

图 15.4.3.1　三级、双通、逆流浸烫池示意图。图中大箭头指示肉鸡胴体在浸烫池内的运动过程。清水在池 3 内加入,在重力的作用下流过池 2 和池 1,每池的采样点用 * 表示。来源于 Cason 等(2000)

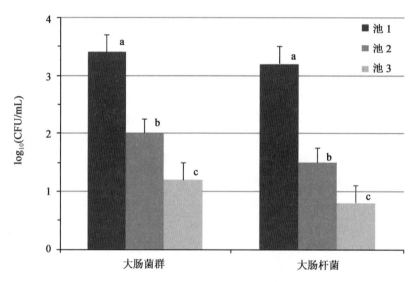

图 15.4.3.2　肉鸡屠宰加工厂三级逆流浸烫池中大肠菌群、大肠杆菌数量。不同字母表示具有显著性差异。($P<0.05$, $n=8$).改自 Cason 等(2000)

菌属)在表面的适应性。当使用硬烫(>58℃)时必须维持皮肤湿度以避免褪色,因此,生产商通常使用水预冷而不是空气预冷。而使用软烫时(52~54℃)时皮肤变干但不会褪色,此时可用空气预冷。

15.4.4　去毛

　　去毛操作用于羽毛的去除。通常是一个全自动化的过程。手动和批次型(例如将肉鸡胴体放入旋转滚筒中,见第 4 章)在大型加工车间很少使用,但可能会造成与自动脱毛同样的微生物污染。存在的一个问题是橡皮指因接触流水线上的每一个家禽,可能引起潜在的交叉污染(上千只胴体在同一个快速的生产线,见第 5 章图片),脱毛机内的环境(高湿度、适宜温度)也有利于一些微生物生长。Mead 和 Scott (1994)将指示微生物定殖于脱毛设备后,随后每个胴体的交叉污染水平出现上升。磨损或破裂的橡胶指可以让细菌渗入表层内部,使其逃过清洗流程和清洁剂的作用。报道称去毛可以产生更多的非嗜冷微生物和致病菌(NACMCF,1997),金黄色葡萄球菌被认为是此条件下生长最快的微生物之一(Mead,2000),而该菌由于缺乏其他微生物的竞争,因此引起了人们的注意,此外,研究表明该菌在去毛设备中经过数月的常规清洗仍然能够存在。此外,致病菌可能转移至胴体,并在羽毛去除后进入毛囊内部,

Clouser 等(1995)发现对火鸡使用四列打毛机进行传统去毛操作时(经 58℃ 1.3 min 浸烫操作后),会受到沙门氏菌显著的交叉污染。而在他们学习其他工厂使用蒸汽烫毛操作后,去毛后的沙门氏菌污染未出现显著上升,较高初始微生物污染量($>10^4$ CFU)的火鸡从放血至预冷过程中沙门氏菌污染呈现明显的下降趋势,而较低初始污染量($<10^4$ CFU)的胴体在加工结束后并未呈现明显的下降。大多数情况下禽类胴体在去毛后会有喷淋操作,这样有助于去除禽类皮肤上存在于水膜内的松弛羽毛、碎屑以及微生物。在微生物有机会黏附到皮肤前,去除表面的细菌并保持水膜(即避免皮肤表面干燥)是如今在学术界和工业层面大量关注的一个观点。去毛过程中连续的喷淋(是否添加次氯酸)也有助于预防微生物在设备表面的定殖。然而,喷淋时需要注意的是,高速旋转的橡胶手指上液滴可能会将微生物传播至工厂其他地方,因此大部分工厂会将设备的外围包裹起来,减少液滴飞溅,同时也可减少噪声。在任何情况下都需要注意将这一步骤考虑在内。现在有许多生产商将设备置于独立的房间内(如在打毛机周围建立隔离墙)。

水禽(例如鸭子、鹅)的去毛过程更为复杂。此类家禽的烫毛温度为 60℃,机械去毛后,通过 90℃的浸蜡来去除小毛。为了加速蜡的冷凝,家禽会浸入冷水后通过手工或机械来脱蜡,而后通过融化、过滤再利用。Mead (2000)报道称,高温处理有利用降低产品的微生物数量,浸蜡、水冷后的鸭胴体表面携带的大肠菌群数量通常较低。

15.4.5　净膛

净膛工艺包括开膛、去除消化系统、心脏、肺。小型车间通常通过手工操作,而大型车间的整个流程是通过独立设备(如肛门切除、开膛、掏膛)实现自动化(见第 5 章),自动化设备通过密集化、快速有效的方式实现重复操作。如果消化道破损,内容物外泄在设备或胴体上,都会引起在手工和自动操作中的潜在污染。破损可能是由于人员的不当操作(如手工操作),对设备操作不熟悉,或者禽类的具体情况(如禁食时间影响肠道的消化情况、患病情况,见第 4 章)。在第 1 章和第 4 章中介绍了现代加工流水线每小时能够处理 13 000 只肉鸡,掏膛操作极其迅速,因此设备的调节十分关键。高质量的设备设计可以将交叉污染降至最低(例如真空抽取泄殖腔),并会获得较高的投资回报。良好的自动化适配设备可以将禽类之间潜在的交叉污染问题最小化。如今人们还在关注在线连续清洗,不论是否使用清洗剂,设备通常会使用就地清洗(CIP)系统。同样,手工操作人员也应勤洗手,并将刀具浸入热水进行消毒。

开膛操作通常包括三步:第一步是切割泄殖腔,但不应分离附着的肠道,自动化生产使用一个圆筒状的旋转刀片(在某些情况下会在该区域使用真空和压力以清空末端);下一步是打开腹腔,应小心操作避免肠道破裂进而导致内容物外泄,因为 1 mL 内容物含有高达 10^9 CFU 的细菌(即极少的污染物也可能造成很高的污染水平),当家禽的大小不一致(如新一批家禽)、同一批次的家禽大小差别较大时,应对设备高度进行调整,必须对设备进行监控并调整至可连续工作的状态。腹腔打开后使用挖勺取出肠道、内脏杂碎、心和肺。其余部分被留在胴体或者从胴体分离并悬挂于独立的生产线以用于检验(见第 5 章),后面的操作早在 20 年前就被用于降低交叉污染,以提高产品的微生物质量(即肠道不再附着于胴体)。另一项降低交叉污染的改进是胴体自动运输系统(如从去毛线到掏膛线,以及后续的预冷线,见第 5 章),如此减少了车间人员对胴体的手工操作或接触,以及转移点胴体堆积时产生的交叉污染。

15.4.6　修剪嗉囊

去除嗉囊的过程也是一个潜在的污染点。Hargis 等(1995)研究表明,修剪嗉囊过程的污染风险比去除肠道和盲肠过程高 80 倍。他们还提到,嗉囊比盲肠更容易检出沙门氏菌。在 500 份家禽样品中 52% 的嗉囊呈沙门氏菌阳性,而只有 15% 的盲肠呈沙门氏菌阳性。他们后来发现弯曲杆菌也具有相似的趋势(分别为 60% 和 4%),并强调应特别关注去除嗉囊过程的污染。因此,这个处理环节也应该保持洁净(例如连续喷淋清洗)以将胴体间的交叉污染最小化。

15.4.7　清洗及其他措施

通常在净膛后对胴体进行清洗,以去除残渣、组织、血液和微生物(Notermans 等,1980;EFSA,

2010)。该过程通过高压/低压喷头或者胴体内外清洗设备实现。在过去的几十年里,为降低微生物数量,多种杀菌剂被列入使用范畴(USDA-FSIS,1996;USDA-FSIS,2011a 和 b;Barbut 和 Pronk,2014),例如 20～50 ppm 的次氯酸钠被用于喷淋清洗。如前所述,一些国家不允许加工过程中使用次氯酸(例如欧洲)。在使用水进行清洗时,通常不会规定水的用量和压力。总的来说,初级加工使用水进行清洗在去除非黏附微生物方面是非常有效的(Notermans 等,1980)。如前文所述,在皮肤表层保持水膜对冲洗掉微生物是很重要的。已经有多种设备被设计用于胴体的内外清洗(见第 5 章)。一些传统清洗机由一系列淋浴喷头组成,而新型清洗机可以自上而下对胴体进行清洗(例如在屠宰线的不同高度设置清洗机)。其他的内外清洗机包括一个装有喷头的连杆,可伸入胴体内腔进行清洗。清洗用水(是否添加清洗剂)可以从嗉囊开口(旋转连杆可以在嗉囊开口伸出)流出或者翻转胴体以使内腔内的水流出。该环节并不能完全去除所有的微生物,因为一些微生物已经黏附在皮肤和内腔膜表面。

近年人们已经对多种减菌剂进行了研究。Loretz 等(2010)总结了降低家禽胴体污染的不同干预措施(如物理方法、化学方法、生物方法),如表 15.4.7.1 所示。物理干预包括水清洗处理、辐照、超声、风冷和冷冻(注:见第 11 章关于辐照、超声和冷冻操作原则的探讨)。在这些方法中,热水、蒸汽、电解水和辐照技术可以有效减少微生物数量,热水、蒸汽和电解水分别可以将微生物数量降低 0.9～2.1、2.3～3.8、1.1～2.3 log。需要注意的是过热的水和蒸汽可能对胴体外观造成负面影响。化学干预主要包括有机酸、次氯酸和磷酸盐类处理。Loretz 等(2010)报道乙酸、乳酸、酸化次氯酸钠和三磷酸钠可使细菌数量降低 1.1～2.2 log。有机物可能会削弱某些化学杀菌剂如次氯酸的杀菌效果。他们还总结了不同处理的联用可提高减菌效果(表 15.4.7.2,更多表格详见该综述)。另外,生物干预(如噬菌体)有望取代化学减菌剂,但仍需进一步的研究。Loretz 等(2010)指出,尽管这些干预措施在一定程度上降低微生物数量,但单个减菌处理只能作为整个食品安全系统的一个组成部分。Bruckner 等(2012)还进行了 meta 分析,总结了不同干预措施(如次氯酸、有机酸、磷酸盐、电解水、氯化十六烷吡啶和硫酸氢钠)在降低沙门氏菌污染方面的作用。

表 15.4.7.1 禽类胴体的不同减菌处理[来源于 Loretz 等(2010)]

物理措施	化学措施	生物和综合措施
·以水为基础的处理	·有机酸	·生物减菌处理措施
水	乙酸	·噬菌体
蒸汽	乳酸	·多种减菌措施联用
高压水	柠檬酸	
电解水	·以氯为基础的处理	
臭氧水	氯水	
辐照	二氧化氯	
超声	次氯酸	
风冷	次氯酸钠	
冷冻	氯化钠	
	酸化亚氯酸钠	
	十六烷基吡啶	
	氯胺	
	·以磷酸盐为基础的处理	
	三聚磷酸钠	
	其他磷酸盐成分	
	其他化学处理	
	·过氧化氢	

如今,肉品加工工厂使用一系列减菌工艺(栅栏技术)来实现安全生产(在本章最后进行讨论)。例如同时应用化学和物理处理,Bautista 等(1997)测定了三组减菌剂(氯水 0~50 ppm;三聚磷酸钠 0%~20%;乳酸 0%~8%)在 40~90 psi(1 psi＝6.895 kPa)压力下(使用实验型胴体内外清洗机)对火鸡胴体的减菌效果。

表 15.4.7.2　不同化学处理联用对禽类胴体和分割产品表面的杀菌活性[来源于 Loretz 等(2010)]

减菌联用措施	微生物	减少量(log CFU)	作用方式[b]	参考文献
氯水 ＋ 乙酸	菌落总数	$1.4\ mL^{-1}$	浸泡/喷淋	1
	大肠菌群	$1.4\ mL^{-1}$		
	大肠杆菌	$1.4\ mL^{-1}$		
	鼠寒沙门氏菌	$2.0\ mL^{-1}$		
氯水 ＋ 三聚磷酸钠	菌落总数	$1.4\ mL^{-1}$	浸泡/喷淋	1
	大肠菌群	$1.7\ mL^{-1}$		
	大肠杆菌	$1.7\ mL^{-1}$		
	鼠寒沙门氏菌	$2.0\ mL^{-1}$		
乳酸＋ 山梨酸钾	菌落总数	$0.7\sim1.2\ g^{-1}$	浸泡	2
乳酸 ＋ 苯甲酸钠	菌落总数	$1.7\sim1.8\ g^{-1}$	浸泡	2
乳酸 ＋氢氧化钾	菌落总数	$2.0\ mL^{-1\,a}$	冲洗	3
	大肠杆菌	$>3.4\ mL^{-1\,a}$		
	产期芽孢梭菌	$>2.3\ mL^{-1\,a}$		
	葡萄状球菌	$2.6\ mL^{-1\,a}$		
乙酰丙酸 ＋ 十二烷基硫酸钠	菌落总数	$>7.0\ g^{-1\,a}$	浸泡	4
	肠炎沙门氏菌	$7.0\ g^{-1\,a}$		
Salmide® ＋ EDTA	鼠寒沙门氏菌	$1.7\sim2.7\ mL^{-1}$	浸泡	5
Salmide® ＋ 十二烷基硫酸钠	鼠寒沙门氏菌	$1.2\sim1.7\ mL^{-1}$	浸泡	5
Salmide® ＋三聚磷酸钠	鼠寒沙门氏菌	$3.0\ mL^{-1}$	浸泡	5
三聚磷酸钠 ＋乳酸	菌落总数	$1.5\ mL^{-1\,a}$	冲洗	6
	大肠杆菌	$1.1\ mL^{-1\,a}$		
	肠球菌	$1.3\ mL^{-1\,a}$		
	空肠弯曲杆菌	$2.7\ mL^{-1\,a}$		
	假单胞菌	$1.3\ mL^{-1\,a}$		
	葡萄状球菌	$1.7\ mL^{-1\,a}$		
三聚磷酸钠 ＋ 豆蔻酸	菌落总数	$1.1\ mL^{-1\,a}$	冲洗	6
	大肠杆菌	$0.6\ mL^{-1\,a}$		
	肠球菌	$1.4\ mL^{-1\,a}$		
	空肠弯曲杆菌	$1.4\ mL^{-1\,a}$		
	假单胞菌	$1.2\ mL^{-1\,a}$		
	葡萄状球菌	$0.3\ mL^{-1\,a}$		

[a]微生物最大减少量。

[b] IM,浸沉;SP,喷淋;R,冲洗。

1. Fabrizion 等(2002);2. Ismail 等(2001);3. Hinton and Eason(2008);4. Zhao 等(2009);5. Mullerat 等(1994);6. Hinton and Ingram(2005)。

结果表明,4.25%的乳酸处理能够最大程度减少菌落总数和大肠菌群数量,同时,超过 40 psi 的压力并没有表现出显著的效果。三聚磷酸钠和氯与水喷淋相比,并未显著地提高减菌效果。Bautista 等(1997)报道,当使用 4.25%乳酸对胴体进行浸洗时会发生部分褪色现象(漂白)。而对胴体进行水预冷后可以有效地解决这一问题。Mead 和 Scott (1994)对去毛阶段的胴体接种大肠杆菌标记菌株,经过净膛后的 20 ppm 次氯酸钠喷淋后,胴体的感染比例和感染水平并未降低。然而,他们认为次氯酸虽然对降低胴体污染具有微弱的效果,但是可以控制设备上的微生物定殖,并破坏供水中的腐败微生物。Tamblyn 和 Conner (1997)测定了不同温度下,醋酸、柠檬酸、乳酸酸、苹果酸、苯乙醇、丙酸和酒石酸(浓度梯度为 0.5%、1%、2%、4%和 6%)对松散或紧密黏附于肉鸡皮肤上鼠伤寒沙门氏菌的抑制作用。通过对比三种应用方式,与 Bautista 等(1997)结果类似,他们发现乳酸在浸烫(2 min,50℃)中应用具有最好的杀菌效果,在预冷中应用(60 min,0℃)效果次之,最后是深加工后的浸泡处理(15 s,23℃)。而在浸烫池或预冷池中使用浓度≥4%的酸可能会因大量的用水需求而提高成本,因此,一些预冷池制造商开发了小型的后预冷池,这样可以使减菌剂浓度保持在高水平(见第 5 章插图)。这些设备如今已经可以在北美的部分工厂见到。

15.4.8 预冷

预冷对于抑制微生物生长(包括致病菌和腐败菌)具有非常重要的作用,并且在世界很多国家已被强制实施。胴体达到特定深肌温度通常有推荐时间(例如,在美国,小于 1.8 kg、1.8~3.6 kg、大于 3.6 kg 的胴体达到 4.4℃分别需要 4、6、8 h,注:过去该时间在美国为强制实施,如今仅为推荐)。如第 5 部分所述,可以通过水冷或风冷使胴体冷却。冷却介质的选择要基于水的利用率、成本(新水还是处理后的废水)、能效成本和市场需求等。另外还有同时使用水冷和风冷的混合系统(如水冷 10 min,然后风冷)。水冷在美国较为普遍,而在欧洲风冷较为普遍。两种系统都可以将胴体温度从 40℃左右降低至 10℃以下。大部分风冷采用雾化或者水喷淋来促进冷却同时预防冷却中的干耗(操作时间通常大于 1 h)。大量研究对比了不同系统冷却后胴体的微生物污染水平,但是对于哪种系统更好并没有一致的结论。James 等(2006)总结了几十个研究并写道"很多人认为风冷的选择是基于控制微生物的考虑。然而,发表的数据似乎并不支持这种观点,浸冷系统在微生物控制方面更具有优势。早先 Mead 等(1993)对于这两种预冷方式进行了综合比较。他们对 5 个工厂(2 个采用水冷,3 个采用风冷)进行了调查,表明水冷后胴体表面的菌落总数与风冷相似或下降(表 15.4.8.1)。加工后肉鸡和火鸡胴体的假单胞菌属经过两种冷却过后均有所上升。

表 15.4.8.1 加工车间(5 种不同肉鸡车间,2 号为火鸡车间)和冷却方式对颈部皮肤的假单胞菌属污染水平的影响[改自 Mead 等(1993)]

工厂	#1		#2		#3		#4		#5	
预冷方式	水冷		风冷		水冷		风冷		风冷	
处理之后:										
·沥血	2.3[1]	(8)[2]	2.5	(8)	<2.0	(4)	<2.0	(8)	<2.0	(5)
·浸烫	<2.0	(3)	<2.4	(6)	<2.0	(1)	<2.0	(1)	<2.0	(0)
·去毛	2.5	(13)	3.2	(15)	<2.0	(1)	2.3	(8)	<2.0	(3)
·净膛	3.0	(15)	3.4	(15)	2.4	(11)	<2.1	(6)	<2.1	(6)
·冲洗	2.7	(12)	2.7	(15)	2.2	(13)	<2.1	(7)	<2.2	(7)
·预冷	3.3	(15)	3.9	(15)	<2.0	(2)	2.6	(9)	3.2	(15)
·包装	3.9	(15)	4.0	(15)	N/A	N/A	2.9	(13)	3.5	(15)

[1] 脖颈表皮的平均量(log) CFU/g 。

[2] 15 个样品中的阳性数量,通过直接涂布的方式。N/A:不可用。

　　一些研究表明,预冷水中的细菌数量取决于水的流量(表示为每 1 kg 胴体所需的水量)。Bailey 等 (1987)报道称 2∶1 的用水量可以将胴体表面细菌数量减少 60%～95%。这表明清水可用于减少细菌数量。然而,研究还指出携带少量致病菌的胴体可能在水冷浸洗阶段将致病菌传播到其他胴体上。一些研究表明水冷后胴体的沙门氏菌阳性率并未增加,而另外一些研究发现水冷后胴体的污染率有所增加。Busta 等(1973)调查了 3 个火鸡加工车间的预冷水样本,发现产气荚膜梭菌污染率是 53%,金黄色葡萄球菌污染率是 22%,沙门氏菌是 17.6%,大肠菌群是 100%。预冷前后这些微生物在火鸡胴体皮肤上的污染率并未出现显著下降(产气荚膜梭菌预冷前为 87%,预冷后为 83%;金黄色葡萄球菌预冷前为 71%,预冷后为 67%;沙门氏菌分别为 28% 和 24%;大肠菌群均为 100%),Waldroup 等(1993) 和 Waldroup (1996)的报道指出,沙门氏菌的污染率在预冷后增加了 20%。空肠弯曲杆菌增加了 5%。在一个控制良好的冷却系统内,胴体由于水流的冲洗和化学减菌剂的作用,微生物数量通常呈现明显的下降,同时将交叉污染降至最低。图 15.4.8.1 显示,预冷水在工作 2～3 h 后,其微生物数量保持稳定(与浸烫池结果类似)。工作 3 h 后预冷后胴体的微生物数量与工作 8 h 后的胴体微生物数量相似。向预冷池内添加化学减菌剂可以帮助控制微生物数量。不同形式的次氯酸被广泛使用,不同国家的限值也有所不同(0～50 ppm)。

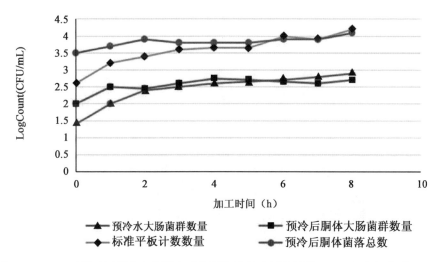

图 15.4.8.1　不同时间预冷水和预冷后的胴体的标准平板计数(SPC)和大肠菌群(log CFU/mL)。在每个点取样数为 5。重绘于 Blank 和 Powell (1995)。

　　20～50 ppm 的有效氯可以帮助控制微生物,但只有浓度达到 300～400 ppm 时才可以完全杀死沙门氏菌等致病菌。而这样的高浓度由于会严重影响肉的气味并漂白胴体的表皮,因此并不可行。在预冷池内使用低浓度的有效氯可以将微生物数量保持在易控制的水平之内,但应注意的是,由于氯会与有机物发生反应导致浓度降低,因此应对有效氯浓度进行频繁监测。Waldroup 等(1992)报道称预冷池内 5 ppm 的活性氯可以有效减少商业加工肉鸡胴体的微生物数量。他们还验证了其他经美国国家肉鸡委员会建议、食品安全及检察署(FSIS)批准的改性方案(胴体清洗、逆向水流)。所有的改性方案都有助于降低加工后胴体的微生物数量。过氧化氢是另一种有效控制微生物数量的减菌剂。然而,只有浓度超过 6 000 ppm 时才可以将微生物数量减少 95%。同样的,该浓度因为其会造成漂白和污痕的问题而不适用。使用多种酸性减菌剂,如醋酸,可以帮助降低肠杆菌科和其他微生物数量(Tamblyn 和 Conner,1997)。这与前面喷淋清洗操作中讨论的观点类似。在这种情况下,可以在预冷前设置一个较小的浸洗腔,使用较高浓度的酸/氯/磷酸,通过较为经济的办法,降低每个胴体所需的水量。然而,如上所述,在大型预冷系统内使用较低浓度的减菌剂就可以将微生物数量控制在合理范围之内。

　　风冷操作已被证明可以减少某些微生物数量,其效果取决于所使用的系统(例如,干冷对比连续喷淋系统)。Demirok 等(2013)评估了三个商业系统的效果:水冷、无水喷淋式风冷以及结合水冷和风冷的在线系统。水冷系统由于清洗和次氯酸的作用,在降低沙门氏菌(40%)和弯曲杆菌(43%)方面表现最佳,各方式处理后的胴体货架期无显著差异。

水冷系统增加了 6.5% 产量,水冷和风冷综合系统增加了 1.9% 产量,而风冷系统使产量下降 1.1%。然而风冷和水冷综合系统显著增加了胸肉的嫩度。不同预冷系统处理间胸肉和腿肉的感官品质没有显著性差异。Allen 等(2000)评估了 5 种商业风冷系统和一种水冷系统(添加 45 ppm 次氯酸钠的传统型、逆流型、三段型),胴体在风冷室内的停留时间取决于胴体大小、批次间隔时间、生产线停滞时间以及胴体是否需要在风冷室过夜。微生物的降低情况如图 15.4.8.2 所示。风冷室内温度控制在 3℃,并在第二、三、四风冷段内使用 50 ppm 次氯酸钠进行喷淋。总体来讲,图 15.4.8.2 的结果表明,风冷室的设计和操作方式严重影响胴体皮肤表面的微生物残留。当使用全程干式风冷系统时(第 6 系统),胴体内腔的微生物数量大约降低了 10 倍。水喷淋有可能增加胴体内腔的微生物水平,而持续的无氯喷淋会增加假单胞菌属数量。研究结果还表明浸泡预冷可以通过清洗作用降低胴体的微生物污染,但可能会增加初始假单胞菌属的数量。Sanchez 等(1999)报道称,风冷和水冷后胴体中的嗜冷微生物和大肠杆菌数量类似,但风冷后胴体具有更高的好氧菌和大肠菌群数量。风冷后禽类的沙门氏菌污染率约降低 20%,这表明风冷中使用水喷淋可能会引起交叉污染。而风冷引起的胴体皮肤干燥会降低某些细菌的数量。

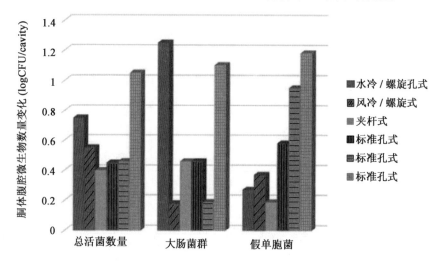

图 15.4.8.2 风冷/水冷后鸡胴体的微生物数量。

近年美国越来越多的家禽屠宰加工厂采用预冷工艺进行微生物干预(Nagel 等,2013)。因预冷工序杀菌干预措施的应用,可以引入新的致病菌干预措施或栅栏因子。小型的预冷后沉浸池与传统的预冷池类似,但其规模更小,胴体在其内的停留时间更短(通常是 30 s 左右),使用的减菌剂浓度更高。最初的预冷池可以容纳 20 000~50 000 只胴体(胴体停留 1.5~2.0 h),其效率和性价比更低。此外,由于有机物可能会削弱某些减菌剂(如氯)的作用,预冷后沉浸池可以增加这些减菌剂的效果。预冷后沉浸池已在多个工厂安装使用。Nagel 等(2013)依据美国政府指导,研究了其对于沙门氏菌和空肠弯曲杆菌数量的控制效果。

作者评估了含 40 ppm 氯,400 或 1 000 ppm 过氧乙酸、1 000 或 5 000 ppm 溶菌酶的预冷后池减菌效果。与 40 ppm 氯组、1 000 或 5 000 ppm 溶菌酶组、水处理组和阳性对照组相比,400 或 1 000 ppm 过氧乙酸显著降低沙门氏菌和弯曲杆菌的数量。预冷后的减菌池为肉鸡屠宰加工过程中致病菌控制提供了新的选择。

在 FSIS 7120.1(USDA-FSIS,2011b)中列了现行肉鸡屠宰加工过程中允许使用的减菌剂。在美国,应用氯来控制胴体浸冷和整个屠宰过程中的交叉污染已有很久的历史。然而,氯在高 pH 和有机物的存在下杀菌效率明显下降(Nagel 等,2013)。

近年,过氧乙酸以及乙酸和过氧化氢的结合物已经替代氯,成为家禽屠宰中抑菌剂应用的工业标准。

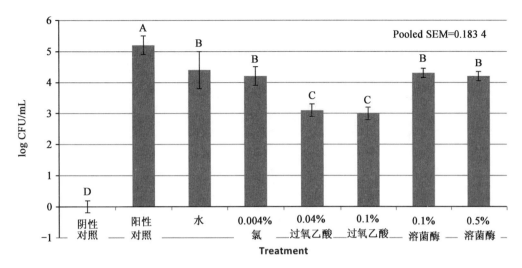

图 15.4.8.3　使用各种减菌剂的预冷池处理接种的胴体($n = 160$)后的鼠伤寒沙门氏菌数量,以 CFU 来表示每个样品的鼠伤寒沙门氏菌。PAA ＝ 过乙酸。a-d 表示无共同字母的均值显著不同($P \leqslant 0.05$)。来源于:Nagel 等(2003)

这种减菌剂由于兼有酸性和氧化作用而具有较强的杀菌效果。对于家禽屠宰过程中减菌剂的应用,后预冷工序的最大允许浓度为 2 000 ppm(USDA-FSIS,2011b)。

　　总的来说,因为减菌效果会受到温度、接触时间、浓度和范围的影响,所以确定在商业条件下所使用的减菌剂是非常重要的。

15.4.9　栅栏技术—初加工

　　减少肉制品的微生物数量需要多层面减菌措施共同完成。对养殖场母群健康状况和生长情况的监测、预防运输环节以及加工车间的交叉污染等,都已经被着重强调其重要性。如果致病菌在既定的产品中仍然存活或者保持活性,则需要多种措施或者"栅栏"的联合使用。这些栅栏可以包括高酸性、热处理、添加盐、低温贮藏等。以下,将对主要加工车间的多种干预措施综合使用进行讨论。

　　Stopforth 等(2007)研究了单独干预和多个过程干预在降低微生物数量方面的效果。图 15.4.9.1 显示某一个车间的家禽胴体的好氧菌菌落总数(APC)、大肠菌群总数(TCC)、肠杆菌科数量(ECC)和沙门氏菌污染率(记为车间 A,研究和报道了三个不同车间)。

　　该工厂每分钟加工 140 只肉鸡胴体,并包含以下干预措施:"纽约"清洗(在褪毛后,使用 20～50 ppm 氯水进行喷淋),净膛后清洗(使用 20～50 ppm 氯进行喷淋),胴体内外清洗 1 和 2(去脖后使用 20～50 ppm 氯进行喷淋),预冷前次氯酸钠清洗(通过 500～1 200 ppm 次氯酸钠和 pH 2.7 柠檬酸酸化的 ClO_2),含氯水的预冷(根据 HACCP 体系的规定,预冷池内使用 20～50 ppm 氯,pH 在 6.5～7.0),预冷池出口喷淋(使用 20～50 ppm 氯),分选后立即进行预冷后喷淋(使用 20～50 ppm 氯)。每天对每个干预前后的 15 份样品进行观察,周期为 5 天。三个车间的试验结果表明,每个主要的干预措施都可以显著降低胴体、分割品和加工用水中的微生物数量,每个单独干预措施使 APC、TCC 和 ECC 分别下降 0～1.2 log CFU/mL、0～1.2 log CFU/mL、0～0.8 log CFU/mL。依据不同加工类型和产品,单独干预措施使沙门氏菌下降 0～100%。车间 A 连续的干预可以使 APC、TCC、ECC 和沙门氏菌污染率分别下降 2.4、2.8、2.9 log CFU/mL 和 79%。另外两个车间分别有 6 个和 3 个干预措施。车间 B 对应下降 1.8、1.7、1.6 log CFU/mL 和 91%。车间 C 下降 0.8、1.1、0.9 log CFU/mL 和 40%。作者的结论验证了家禽加工过程中干预的有效性,并帮助加工者提供杀菌策略的选择信息。

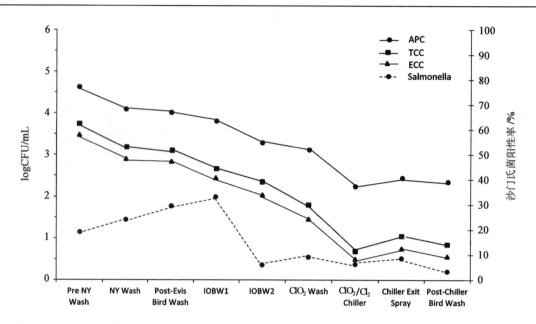

图 15.4.9.1 加工车间 A 内按照掏膛开始的加工顺序,通过应用多种干预措施后的微生物数量(CFU/mL,平均值±SD)和沙门氏菌阳性率(%)。第一点代表第一次干预前的阶段,后面的各点代表特定干预后的数量。NY Wash,纽约式清洗;Post-Evis,净膛后清洗;IOBW1,胴体内外清洗 1;IOBW2,胴体内外清洗 2;ClO₂,二氧化氯清洗;ClO₂-Cl₂,二氧化氯清洗加氯水预冷。来源于 Stoforth 等(2007)

表 15.4.9.1 某个家禽包装车间不同加工工序 25 个肉鸡胴体及胴体分割的好氧菌数量(CFU/cm²)。改自 Gill 等(2006)。

产品	加工阶段	统计-大肠菌群				统计-好氧菌数量			
		$\bar{x}$	s	log A	N	$\bar{x}$	s	log A	N
胴体	第二次冲洗之前	1.74A	0.79	2.45	3.63	3.53BCD	0.86	4.37	6.12
	第二次冲洗之后	1.53A	0.84	2.35	3.9	3.19CDE	0.68	3.72	5.22
	净膛之后	1.79A	0.77	2.47	3.89	3.08DE	0.96	4.13	5.53
	第三次冲洗之前	1.39AB	0.76	2.05[a]	3.56	2.77E	0.46	3.02	4.39
	预冷之前	1.25ABC	0.77	1.93	3.3	2.94DE	0.52	3.24	4.68
	预冷之后	0.17D	0.73	0.78	2.1	2.66E	0.89	3.58[a]	5.49
大腿皮肤	包装之前	0.80C	0.44	1.03	2.36	3.73BC	0.6	4.14	5.53
无骨胸肉	翻滚之前	0.85BC	0.31	0.96[a]	2.35	4.51A	0.43	4.72	6.17
	翻滚之后卤制	0.67CD	0.25	0.74	2.13	4.01AB	0.37	4.16	5.55

$\bar{x}$,代表 log;s,标准差;N,25 个样品总共回收到的数量的对数值。具有相同字母的平均值对数没有显著差异($P>0.05$)。[a] 一批次对数值不符合正态分布($P<0.05$)。

Gill 等 (2006)还验证了大型家禽加工车间内,不同环节干预措施的有效性。该车间使用 90 s 烫毛机 [(58±1)℃]和氯浸冷处理 1.3~1.6 kg 肉鸡。约一半的胴体不再加工直接包装和装车,另一半胴体进行分割、去骨或腌制。结果显示在表 15.4.9.1 中,该结果仅为评估不同干预步骤对特定微生物控制效果的一部分。该研究用于验证 HACCP(见第 6 章),因为 HACCP 系统基于客观评估每个单独干预措施的危害和风险。主观判断会由于粪便或其他可见的胴体污染与微生物肉污染水平之间不一致的关系可能导致结果不准确(Gill,2004)。不同车间相似的操作可能使产品的微生物情况产生较大的差别。Gill 等 (2006)通过从每个胴体上随机选择的位置上(图 15.4.9.2 中所示的取样程序)切下约 5 cm×2 cm 的皮肤条带,或通过漂洗胴体不同部位来进行取样。

如表 15.4.9.1 中所示,每一个值代表了在每一个采样点所采集的 25 个样品的平均值,每天采集 5 个样品,共采集 5 天。Log 值表示烫毛和去毛后好氧菌总数、大肠菌群、大肠杆菌、疑似葡萄球菌和李斯特菌数量分别为 4.4、2.5、2.2 和 1.4 log CFU/cm²。净膛后胴体的细菌数量与此类似。经过切除嗉囊、肺、脖子和颈部等一系列操作后,好氧菌数量与净膛后的胴体相比下降约 1 log,而其他菌并没有下降。水冷后的大肠菌群和大肠杆菌约下降 1 log 单位,疑似葡萄球菌和李斯特菌与去毛后胴体相比下降 0.5 log,好氧菌数量并没有减少。去骨和腌制后胴体的好氧菌总数量与无骨胸肉相比增加了 1 log,与带皮的大腿相比增加了 0.5 log,盐渍的鸡胸肉与冷却后的胴体相比增加了 0.5 log。大腿上的疑似葡萄球菌和李斯特菌与预冷后胴体相比高 0.5 log,这可能是额外进行了人工操作的结果,后面将进行详细讨论。

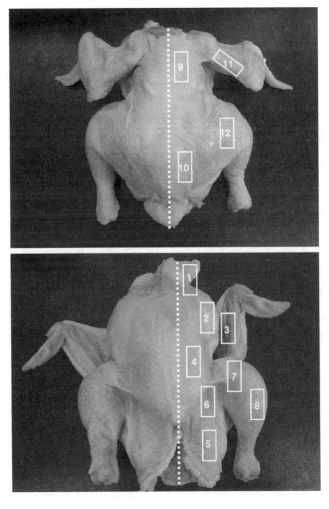

图 15.4.9.2　用于确定胴体皮肤采样点的图片(Gill 等,2006)

Guerin 等(2010)总结了加工过程中弯曲杆菌污染率的变化情况。他们通过关键词“弯曲杆菌”“鸡”“加工”,检索了 8 个数据库的信息,得到了 1 734 个引文。32 个研究涉及加工过程中多个工序的污染率,并在综述中进行总结。涉及特定加工工序前后弯曲杆菌污染率的研究中,预冷工序占最大比例(9),然后是清洗(6),去毛(4),烫毛(2)和净膛(1)。对烫毛和预冷前后的样品研究显示,弯曲杆菌污染率在某个工序后呈现急剧下降(烫毛下降 20%～40%,预冷下降 100% 到上升 26%)。然而弯曲杆菌污染率在去毛后上升 10%～72%,净膛后上升 15%,清洗后的污染率在不同研究间差别较大(下降 23% 到上升 13%)。11 个研究报道了弯曲杆菌的数量,和/或污染率。特定加工工序前后的采样显示,烫毛后弯曲杆菌呈现下降

（下降 1.3～2.9 log CFU/g），净膛后下降 0.3 log CFU/g，清洗后下降 0.3～1.1 log CFU/g，预冷后下降 0.2～1.7 log CFU/g，去毛后上升 0.4～2.9 log CFU/g。

Guerin 等（2010）指出，需要更多的数据来解释加工过程中弯曲杆菌污染率和数量变化的机制。这有助于研究人员和开发人员确定加工过程可能的污染点并实施有效的控制措施。Bruckner 等（2012）发表了涉及大范围的综述（检索了 6 个数据库），并对涉及胴体喷淋和浸泡处理应用在降低肉鸡胴体沙门氏菌阳性率和数量方面的研究进行了 meta 分析。森林图的视觉评价表明六种喷淋处理的总体减菌趋势：

    a. 磷酸三钠（$n=48$ 个试验）。

    b. 酸化氧化电解水（$n=2$）。

    c. 氯化十六烷基吡啶（$n=43$）。

    d. 乳酸（$n=24$）。

    e. 硫酸氢钠（$n=11$）。

    f. 清水（$n=36$）。

注：可以从 Bruckner 等（2012）的文献中查阅关于这些减菌剂及其他减菌剂的相关内容。作者指出了不同研究的内容和方法之间存在相当大的差异性，包括缺乏商业生产情况下进行的研究（即排除粗放 meta 分析的整体效应）。如前部分所述 Loretz 等（2010）的综述中也包含不同阶段干预措施的组合（表 15.4.7.2）。

15.5　次级加工

鲜禽通常以胴体、分割制品、肉馅（见第 9 章）或者熟食制品的形式（见第 13 章）出售。肉品可以单独包装、聚乙烯覆膜包装或者无独立包装的批量包装（见第 11 章）。次级加工涉及多个加工环节（例如分割、剥皮、卤制、翻滚、煮制），也可能会影响微生物水平。额外的人工或设备操作可能会增加微生物数量或改变其菌相（例如碎肉可能被处理 10～12 次）。例如，来自皮肤的细菌在滚揉或注射到肉内部的同时被转移到深层组织。如果添加碳水化合物，可能会立刻成为微生物生长的简单能量来源（例如用于特定肉制品发酵的添加剂）。延长的操作和贮藏时间也会影响产品的货架期（见图 15.2.1，初始微生物数量和贮藏温度的关系）和潜在的交叉污染（图 15.1.7）。另外一些次级加工处理可能会降低微生物数量并帮助破坏致病菌。

15.5.1　切割和分级

胴体分割涉及额外的操作，会暴露出更多的表面（如切割板、容器、安装在自动去骨设备上的刀具，见第 6 章）。已有研究证明，快速生产线上带皮家禽产品的分割操作能够增加好氧菌数量（表 15.4.9.1）。如前所述，肉糜通常被处理 10～12 次，与整块肉相比货架期更短（例如，3～5 天相对于 1～2 周）。

15.5.2　货架期

鲜禽产品的货架期取决于初始微生物数量（数量和类型）、储藏时间、pH、添加剂及其他因素。冷链中的温度波动情况非常重要。Bruckner 等（2012）在这方面对鲜禽和猪肉进行了研究（图 15.5.2.1），4℃储存条件下得到了相似的结果（注：这与 1972 年的研究相似，如图 15.2.1 所示）。当温度上升至 7～15℃时，货架期缩短（表 15.5.2.1）。总的来说，作者指出鲜禽和猪肉在动态温度条件下表现出类似的腐败模式，当储藏初始阶段出现短暂的温度上升时，货架期呈现明显的下降。正如预期，当温度升至 15℃时货架期短于 7℃。

早期的研究（Ayres 等，1950）通过对比贮藏温度对鲜肉、净膛后禽肉、分割禽肉的影响，发现 0℃具有

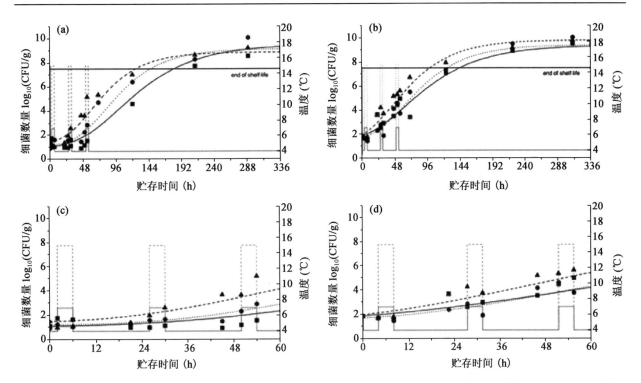

图 15.5.2.1　在试验 B 中，使用 Gompertz 模型拟合猪肉(左图)和鸡肉(右图)的假单胞菌生长曲线，(a，b):完整贮藏期;(c，d):贮藏期的前 60 h;(■ ——)0～4℃的方案 B，(● · · · ·)增长至 7℃的方案 B1，(▲ ‐ ‐)增至 15℃的方案 B2(灰色实线——温度曲线 B1，灰色虚线——温度曲线 B2)(Bruckner 等，2012)。

15～18 天的货架期、4.4℃具有 6～8 天的货架期,10.6℃具有 2～3 天的货架期。后来的研究表现出类似的趋势,肉在 10℃的腐败速度约是 5℃的两倍,而 15℃为三倍(Cox 等,1998)。温度对净膛后肉鸡的腐败菌相也有影响。Barnes 和 Thornley(1966)指出,刚刚加工的肉鸡胴体的主要污染菌相是初始的嗜温菌,如微球菌、革兰氏阳性杆菌和黄杆菌(分别有 50、14 和 15 种菌),然而,当肉贮藏在 1℃时,检测到的菌种数量降低至 3 种。在这种情况下,嗜冷菌——假单胞菌属最终成为优势腐败菌(所检测的菌种数量从 2 增加到 70)并导致腐败。自从 Barnes 和 Thornley(1966)发表研究以来,*P. putrefaciens*(鲜禽上的主要腐败菌)被重新分类为腐败交替单胞菌。这类细菌在胴体刚被加工后呈现相对较低的数量(未检出,可能是由于低于该检测方法的检出限),但在贮藏温度 1、10 和 15℃时分别上升至 19、4 和 4。在活禽上,这类细菌主要存在于羽毛和脚上,在随后的加工中,可以在预冷池水中分离出,但在肠道中几乎没有。如果肉贮藏在 10℃,假单胞菌属、不动杆菌属和肠杆菌科繁殖速度相当快。贮藏在 15℃时,不动杆菌和肠杆菌科将占主导地位,因为它们的最佳生长温度高于假单胞菌。

Pooni 和 Mead(1984)也指出,从温度失控状态下的鲜禽中分离的细菌与适当贮藏温度下(<5℃)分离的细菌不同。在 20～22℃条件下,整体细菌数量中 70%由变形杆菌(嗜温菌)组成,只有 20%为假单胞菌(嗜冷菌)。

尽管腐败菌可以在冷藏温度下生长,但它们的生长速率在低温下也较慢。大多数嗜温菌可以在冷藏温度下存活,但不会繁殖。有报道称,嗜温菌如大肠杆菌在−2℃、1℃、5℃、10℃、15℃、20℃、25℃和 30℃下的复制时间分别为 0 h、0 h、20 h、6 h、2 h、2 h、1.2 h、0.7 h 和 0.4 h(注:10℃和 5℃的迟滞时间可能分别超过 60 h 和 215 h;USDA,2015)。

表 15.5.2.1 不同动态贮藏试验下鲜猪肉和鲜禽肉的货架期和货架期缩短时间

贮藏实验	方案[a]	增长值	猪肉			鸡肉		
			货架期[b] (h)	货架期减少量[c] (h)	货架期减少百分比 (%)	货架期 (h)	货架期减少量 (h)	货架期减少百分比 (%)
在贮藏过程中持续处于受限温度(实验 A)								
A	A0	0	148.6	—	—	140.0	—	—
	A1	4	144.2	4.4	3.0	130.5	9.5	6.8
	A2	4	126.5	22.1	14.9	122.4	7.6	12.6
在贮藏开始阶段处于受限温度（实验 B，C 和 D)								
B	B0	0	180.9	—	—	138.4	—	—
	B1	3	146.6	34.3	19.0	125.0	13.4	9.7
	B2	3	124.7	56.2	31.1	100.0	38.4	27.7
C	C0	0	169.1	—	—	140.2	—	—
	C1	2	157.5	11.6	6.9	133.5	6.7	4.8
	C2	2	121.1	48.0	28.4	106.7	33.5	23.9
D	D0	0	138.9	—	—	133.5	—	—
	D1	1	124.0	14.9	10.7	122.1	11.4	8.5
	D2	1	103.5	35.4	25.5	102.9	30.6	22.9

货架期是从实验开始时进行计时的，这意味着是在屠宰后 24 h 开始的。

[a]方案：A0—对照组，在 4℃贮藏；A1—4 h 内，发生 4 次转换，从 4℃上升至 7℃；A2—4 h 内，发生 4 次转换，从 4℃上升至 15℃；B0—对照(持续在 4℃下贮藏)；B1—4 h 内，发生 3 次转换，从 4℃上升至 7℃；B2—4 h 内，发生 3 次转换，从 4℃上升至 15℃；C0—对照组，在 4℃贮藏；C1—6 h 内，发生 2 次转换，从 4℃上升至 7℃；C2—6 h 内，发生 2 次转换，从 4℃上升至 15℃；D0—对照组，在 4℃贮藏；D1—12 h 内，发生 1 次转换，从 4℃上升至 7℃；D2—12 h 内，发生 1 次转换，从 4℃上升至 15℃。

[b]假单胞菌属计数进行评价：货架期结束时假单胞菌属菌数达到 7.5 log CFU/g。

[c]与 4℃贮藏下货架期有关（每个实验中的方案 0）。

当腐败微生物在禽肉上生长时，它们会产生副产物例如黏液（保护性糖类分泌物）和异味分子。肉表面出现明显的变化需要细菌数量达到 $10^6 \sim 10^8$ CFU/cm^2。在贮藏初期，少量的嗜冷菌主要利用葡萄糖或其他简单糖类作为能源。葡萄糖的代谢副产物并不会直接导致腐败现象。然而当葡萄糖耗尽时，细菌将利用其他化合物，例如氨基酸，会导致形成带有异味的副产物（Pooni 和 Mead，1984）。腐败现象有多种类型，其通常开始在皮肤/肉切割表面上出现小的半透明点（即微生物菌落）。最初，菌落看起来像微小的水滴，但后来随着它们的生长，逐渐变为不透明物，并最终形成均匀、黏性或黏滑的层。在这个阶段，肉通常产生令人讨厌的氨气味或所谓的"脏抹布"气味。有色菌落（例如灰色、黄色、棕色）通常与特定腐败微生物（例如产色素假单胞菌）有关。为了获得准确的细菌数量，应使用适当的培养温度进行培养（例如，使用 $2 \sim 5℃$ 来促进嗜冷细胞生长并抑制嗜温细菌的生长）。通常琼脂平板应在（或接近）产品贮藏的温度下培养。嗜温细菌的富集可能比嗜冷菌更困难，因为一些嗜冷菌也可以在较高的温度下生长。例如假单胞菌和产气杆菌能够在 $0 \sim 30℃$ 之间生长，然而在 $35℃$ 时它们将被抑制。为了从混合菌相中富集嗜温菌以确定培养温度时，了解不同嗜冷菌的最高生长温度是十分重要的。

冷冻贮藏可以延长食品货架期至数周或数月。在冷冻温度下，微生物无法获得水分，大多数不能生长（参见第 11 章中关于贮藏的讨论）。家禽肉由于其含有盐和矿物质降低了其冰点，在 -1 至 $-2℃$ 下会发生冻结。在冷冻期间，一部分微生物被杀死或产生亚致死性损伤。解冻后的细菌存活率在 $1\% \sim 100\%$，但通常约为 50％。存活率取决于食物成分（例如，高或低脂含量）、冷冻速率和微生物类型（例如，弯曲杆菌属比大肠杆菌更敏感；金黄色葡萄球菌更耐受冷冻并且在解冻过程变得更为显著）。慢速冷冻相比快速冷冻可以破坏更多微生物，因为它破坏了细胞内外的渗透梯度，从而损害细胞结构。快速冷冻过程中，没有／很少有这样的梯度形成（Jay 等，2005；Cepeda 等，2013），并且该方法可用于在食品或医药领域保存细菌（例如使用约 $-190℃$ 的液氮可以快速冷冻以保存细胞，供以后在发酵剂培养物中使用）。多位研究人员研究了冷冻对解冻后鸡肉货架期的影响，大部分报道表明解冻的货架期无显著差异（Sauter，1987）。

15.5.3 煮制

由于消费者对便利和延长货架期的需求，利用加热（通常为 $68\sim74℃$）可使致病菌和腐败菌失活，因此在工业生产中煮制类肉制品已经成为世界上常见的做法（也参见第 1 章和第 11 章）。当进行加热时，生产者必须遵守严格的食品安全程序（例如，最低终点煮制温度，并使用预定的冷却速率）。以下将针对主要腐败菌和致病菌的破坏进行讨论。在过去十年中，即食（RTE）肉制品中感染致病菌如李斯特菌属一直是政府和公民关注的问题（FSIS，1999a 和 b；Borchert，1999；Sofos，2010）。总的来说，70℃即可杀死李斯特菌属，但是人和设备（例如，切碎熟肉）对产品的二次污染会导致煮制后的污染问题，李斯特菌属可以在低温下存活，广泛存在于我们的环境之中。大多数大公司采用了特定措施来降低李斯特菌污染风险，如切片区域的正气流、化学添加剂、包装后加热或高压处理。应该注意的是，$68\sim74℃$ 的煮制无法实现对产品的完全灭菌，而罐头制品需要加热至 121℃ 才可以杀死形成孢子的微生物。在巴氏杀菌的产品中，腐败微生物仍然存在，随时间延长它们会使产品腐败／变质。为了说明煮制肉制品加工者面临的问题，以下提供了涉及腐败的常见问题和微生物的几个实例：

a. 据报道，完全熟化的肉类如块状和成形的火鸡/猪肉火腿、法兰克福香肠、熟香肠和夏香肠中的明串珠菌会在真空包装条件下生长并产生无臭味气体。（Ray 和 Bhunia，2007）。这些产品的 pH 通常为 $5.0\sim6.0$，并且优势菌为乳酸菌。*Leuconostoc carnosum* 和 *L. mesenteroides* 可能会产生 CO_2，使包装膨胀。这个问题可能与加热后的污染有关（例如切片、包装、处理操作）。

b. 煮制、真空包装和冷藏肉中的异味和气体通常与梭菌（*Clostridium* spp.）有关。H_2S 气体是由产品中的梭菌生长产生（Ray 和 Bhunia，2007），其中某些分离菌株具有典型的末端孢子。冷藏包装贮藏三周的产品会由于大量的明串珠菌而导致腹泻素的累积。报道称，煮制、真空包装的火鸡胸肉的氨类异味和腹泻素累积是由于大量的革兰氏阴性菌 *Serratia liquifaciens* 和革兰氏阳性菌 *Leuconostoc mesenteroids*（Ray 和 Bhunia，2007）。这可能是由于煮制后的污染和产品中添加的碱性盐导致 pH 并没有显著下降。在这种情况下，明串珠菌会产生气体，沙雷氏菌分解蛋白（脱氨）并释放氨。一些产品还出现粉红色变，这可能是由于高铁肌红蛋白的减少造成的（见第 17 章）。这是"继承性生长"的一个例子，即一种微生物为下一种的生长铺路（该概念也用于描述制造酸菜的过程）。

c. 报道称，低温需氧贮藏的火鸡午餐肉切片 $2\sim3$ 天后出现灰色斑点或斑块（Ray 和 Bhunia，2007）。这是由于乳酸菌产生的 H_2O_2、氧化肌红蛋白变成灰色，而真空包装条件下该菌不会产生 H_2O_2。

d. 真空包装的熟制午餐肉会产生黄色斑点。这种颜色通常在 $4\sim5℃$ 下贮藏 $3\sim4$ 周后出现。产品的图片见第 17 章（见颜色缺陷）。导致这种情况的微生物已被鉴定为屎肠球菌，其在 71.1℃ 下可存活 20 min。

15.5.4 栅栏技术—次级加工

延长煮制肉制品的货架期的能力取决于不同因素的联合使用（表 15.5.4.1），以达到控制微生物生长（腐败菌和致病菌）的目的。所谓的栅栏技术，就是通过几种在相对低水平的抑菌策略联合使用，最终可以延长货架期。例如，热狗（许多制造商保证其货架期在 $30\sim70$ 天）是通过低盐（约 2％）、添加剂降低 pH（如乳酸）、72℃煮制（去除致病菌，但不包含腐败菌）、真空包装、2℃冷藏等的联合使用，达到延长货架期的目的。去除任何一项措施（例如冷藏）都可能对货架期和食品安全性产生重大的影响。

表 15.5.4.1　可以提高煮制肉制品安全性和货架期的潜在栅栏因子

栅栏因子	注释
物理	
温度	· 将生肉和其他易腐烂物品保持在低温下 · 将肉煮到适当的温度以杀灭致病菌和大多数腐败菌
洁净的环境	· 保持环境和设备清洁度
辐照	· 抑制微生物（许可使用）
干燥	· 降低水分活度
化学	
亚硝酸盐	· 在某些产品中，使用 100~200 ppm 浓度的亚硝酸盐，来使肉毒杆菌失活（即在加热至 70~75℃ 的产物中孢子不能被热破坏）
盐	· 常在 1.5%~3.0% 浓度下使用，以抑制某些微生物
乳酸	· 添加乳酸盐以降低 pH，来抑制某些微生物活性（Glass et al. ,2002），在发酵产品中，使用活的乳酸菌
贮藏与分配	
	· 气调包装（Genigeorgis,1985） · 低温包装以保证产品在冷库、卡车和零售商店的完整性

15.6　清洁/卫生和装备设计

政府法规要求食品加工车间保持清洁。由于生肉材料会从不同地点（当地/国际供应商）持续进入，因此在连续生产的过程中维持清洁的食品加工操作并不是一项简单的任务。此外，某些操作可能导致污染和/或交叉污染（例如，净膛、去皮和去毛）。为了实现清洁操作，需要好的规划，合适的装备设计，提高员工卫生意识（即生产人员、维护、卫生人员），可用清洁剂的使用须知以及适量的清洁水源供应。

除了政府法规，保持良好卫生的其他明显原因如下：

a. 消费者每次购买的商品都代表了公司的声誉。获得品牌忠诚度需要时间和资金，可能会由于一次食物中毒事件而丧失。同样重要的是，在全球竞争经济中，每个消费者很容易从一个品牌换到另外一个品牌（如只需要在商店冷藏柜前多走几步）。

b. 诉讼正在成为一个主要的问题，消费者使用/吃到一个有缺陷的产品时，会寻求经济补偿。法案、赔偿金和差的公关可能会造成大的经济损失，高额的保险费，甚至会导致破产。

c. 新鲜的肉和加工肉制品是易腐产品，如果没有良好的卫生和贮藏条件很容易腐败。

d. 避免召回，无论是强制性的还是自愿的，都可避免对公司声誉造成不良影响，节约费用。国内和国际的召回非常复杂、昂贵，且难以进行。

15.6.1　肉类加工车间的清洁

本节旨在对食品加工车间清洁的重要性进行概述，以帮助读者了解大量材料、人员和服务（如供水、电力）在进入和离开车间时的过程复杂性。读者可参考 Marriott 和 Gravani（2006）对于该主题更详细的介绍。食品加工车间的清洁方式和化学剂的选择取决于地面的材料和消毒剂的轮换需求。肉类工厂主要在潮湿的环境中处理蛋白质和脂肪，因此，碱性溶液是最常见的清洁解决方案。如今，市场上有大量可用的清洁剂。有些是碱性化合物（例如磷酸盐、碳酸盐、硅酸盐），有些是酸性化合物（如柠檬酸、磷酸），有些是合成类洗涤剂(如阴离子、阳离子、非离子、碱)。如今的肉类工业中,常见的清洁解决方案通常是基于碱性溶液,添加约 1.5％氢氧化钠,用来皂化脂肪、水解蛋白沉淀。有时也会应用多种合成类洗涤剂去除肉类的沉淀、脂肪和污垢。在适当的温度下充分接触,随后用水将溶解物(含/不含发泡剂)冲走。然后,可以用弱/强酸除去剩余的污垢/矿物沉积物。另一种清洁方法就是酶,将蛋白酶溶液(即分解蛋白沉积物)加入温和碱性溶液中,将脂肪沉积物皂化。因为酶在高 pH 和高温下会失活,所以会将腐蚀问题最小化。然而,酶溶液在常规操作中使用并不广泛,因为它们的价格较为昂贵,而且可能对使用人员造成更大的危害。

当设计清洁程序时,为了将化学剂、时间和热水的使用最小化,需要遵循一个有逻辑的步骤。常见的清洁程序包括:

a. 物理法去除表面污垢。该步骤通常通过手动操作完成(如使用刮除器去除碎肉块),来帮助降低污垢量,并节省后续的化学清洁和废水处理。

b. 高压水冲洗污垢。水温应控制在 55℃ 以下,以防止肉的表面被煮熟。注:为了降低水雾一些车间不使用高压水清洗。

c. 用碱性溶液或合成洗涤剂使沉积污垢松散化。给予充足的时间进行化学反应十分重要。推荐的反应时间通常为 6～12 min,清洗液温度为 50～55℃。如果要清洗垂直表面,发泡剂可以使清洁剂与表面得到充分接触。如上所述,也可以使用酶溶液。使用酶溶液时,应降低水温以防止酶变性。

d. 使用清水浸泡去除松散的污垢、碱性溶液或者合成洗涤剂。

e. 用酸洗涤以除去积垢。碱性溶液并不能去除矿物沉积物(表现为生锈或白色氧化皮),因此可以使用酸(例如磷酸、盐酸,或者有机酸例如柠檬酸、葡萄糖酸)。

f. 检查(通过视觉、微生物)所有设备表面确保清除所有污垢和清洗剂。15.6.2 节讨论了设备设计和表面良好的排水系统。

g. 使用杀菌剂。只有在所有设备已彻底清洁后才应用此步骤。否则,消毒剂无法与表面紧密接触,且活性会减弱。通常使用氯溶液(100～200 ppm)、碘(20～30 ppm)或季铵溶液(150～200 ppm)。

h. 清洗/浸洗消毒步骤取决于所使用的化学试剂。一些消毒剂反应后需要被中和(例如氯),其他消毒剂具有较长的残留效应,并且可以留在设备上(例如季铵),还有一些需要冲洗(例如碘)。

i. 可能出现腐蚀问题时,需要在敏感的区域或表面喷油。除非是食品级用油,否则应在下一个处理班次开始之前除去。

连续就地清洁(CIP,Cleaning-In-Place)方法也用于传送带和其他设备。另外,CIP 也可应用在操作结束时在封闭系统例如熏室中进行,在避免操作人员暴露于危险化学品的条件下,使重配的高效清洁剂,有效地除去污垢沉积物。如利用自动清洗针对较难去除污垢沉积物(比如烟气)的区域(如光滑的不锈钢板)。如今在很多情况下,在肉品加工车间的特定区域使用 CIP 系统已经相当有限。

15.6.2　加工设备的卫生设计

装备设计在降低食品加工车间微生物污染方面发挥着关键的作用。最近,人们越来越重视通过消除微生物生长位点和避免潜在转移点(例如,产物接触表面)来减少交叉污染。前者指的是不容易被清洁并且可能藏有微生物的地方。此外,非产品接触表面(地板、墙壁)也应合理布置,以防止滋生细菌、害虫等。食品工业中使用了大量的传送带来运输生食和熟食(图 15.6.2.1)。良好的卫生设计对于确保最高水平的食品安全至关重要,同时还可以减少清洁时间、劳动力和成本,并带来经济效益。修订的欧洲指南(EHEDG,2014)说明了该主题的重要性,并提供了行业公认的信息来源。总的来说,该文件为传送带的卫生设计提供了专门的指导,是对一般要求和卫生设备设计标准的补充。该指南适用于食品与传送带有直接接触的地方,以及存在间接污染的卫生风险区域。该文件中描述的输送机主要部件包括:摩擦驱动的输送机、强制驱动的输送机、模块化带、金属和金属带、圆形和 V 形带、框架、皮带支撑系统、皮带侧向导轨、驱动站、电机和附件。图 15.6.2.2 展示了一种改进的用于正向传动的链轮输送带,该装置更容易清洁,并消除了肉/食物被卡在齿轮之间的风险。

图 15.6.2.1 用于移动鲜肉和熟肉的塑料输送带示例。照片由 S. Barbut 提供。

图 15.6.2.2 皮带传动的改进链轮(带有圆齿的前轮)。照片由 S. Barbut 提供。

如今的卫生设计指南基于不同的国际标准(Bilgili,2006):

a. 肉类和家禽加工设备设计的卫生要求(美国国家标准 ANSI/NSF/3A 14159-1)。

b. 肉类和家禽加工手工工具设计的卫生要求(美国国家标准 ANSI/NSF/3A 14159-2)。

c. 肉类和家禽加工设备中使用的带材的可清洁性评估(美国国家标准 ANSI/NSF/3A 14159-3)。

d. 3-A 卫生标准。

e. 国家卫生基金会国际标准(NSF 国际)。

f. 欧洲食品加工机械标准。

g. 国际标准化组织（ISO）。

美国肉类研究所（AMI，2003）草拟了十项卫生设备设计原则，以指导新设备设计或修改现有设备。该列表的每项原则还包括附加的检查表（见下文），允许加工者基于分配的点进行审查。这种设备的审查必须对加工生产线进行 90 天的审查，评估每天可见和微生物的水平。满足要求项目给予满分，接近满足要求的项目给予一半分数，不满足项目给予零分。总分 1 000 分为可接受，而小于 1 000 分则需要改进。十个设计原则包括：

a. 在微生物水平上清洁

食品设备必须经过良好装配以确保设备在使用期内能够得到有效且高效的清洁（共 100 分，安装后评分）：

1. 设备设计应能够防止产品和非产品接触表面上的细菌进入、存活、生长和繁殖。（20 分）

2. 所有可清洗表面每 25 cm² 的菌落总数小于 25 CFU，可浸洗项目的菌落总数小于 10 CFU/mL，残留 ATP 的测定值为可接受 RLU，棉签取样测定的残留蛋白或碳水化合物为阴性。（20 分）

3. 所有表面可进行机械清洁和处理，以防止生物菌膜的产生（20 分）。

4. 必要时，需有数据证明含污垢设备可以依上所述，通过供应商提供的单独清洁操作进行清洗，（20 分）

5. 表面可通过视检和触检，并通过光、触、嗅的检查。（20 分）

b. 由兼容材料制成

设备的构建材料必须与产品、环境、清洗、化学消毒剂以及清洗和卫生方式兼容。（100 分）

1. 产品接触表面材料通过 NSF/ANBSI/3A 141159-1 批准，耐腐蚀、无毒、无吸收性。（10 分）

2. 一般来说，不锈钢应为 AISI 300 系列或更好。（10 分）

3. 在清洁过程中，复合材料和塑料通过清洗和消毒后，其形状、结构和功能保持完整且不会发生变化。（10 分）

4. 镀层、涂层和包层表面不能用于食品接触表面或产品区域的上方。（10 分）

5. 涂层和镀层必须保持完整。（10 分）

6. 不得使用布皮带。（10 分）

7. 不使用 NSF/ANSI/3A 14159-1 中限制的材料，例如木材、瓷器、未涂覆的铝、未附膜的阳极氧化铝等。（10 分）

8. 金属彼此兼容。（10 分）

9. 密封件和 O 形环设计须最大限度减少与产品接触。（10 分）

10. 建筑材料须与产品、环境条件以及清洗和化学剂兼容。（10 分）

c. 易检查、维护，清洁和保持卫生

设备的所有部件都应不通过工具而易于检查、维护、清洁和维持卫生（150 分），见图 15.6.2.3 示例。

1. 产品区中的所有表面都应易于清洁和检查。（15 分）

2. 产品区域不易接触的表面可通过无工具方便拆卸。（15 分）

3. 在无法接触或拆卸的情况下，整个设备应可通过就地清洗（CIP）或移位清洗（COP）。（10 分）

4. 设备的附件或者悬挂部件应易清洗，并可防止损坏或遗失，还应提供分离部件作为替换。（5 分）

5. 产品区域的机器和链罩应可以移除并便于拆卸。（15 分）

6. 产品托盘或滴盘应易于拆卸清洁，这样便不会遗失或者与设备分离。（10 分）

7. 所有传送带应易于移除，或者传送带两端可无工具取下以方便清洗内表面。（15 分）

8. 非产品区域的所有表面应易于清洁和检查。（15 分）

9. 所有产品接触区域或传送路径的安装应与地面保持 46 cm 的清洁高度，设备设计应提供 31 cm 的地面清洁高度。（15 分）

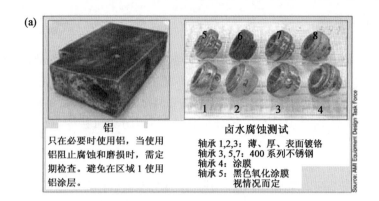

（a）

铝

只在必要时使用铝，当使用铝阻止腐蚀和磨损时，需定期检查。避免在区域 1 使用铝涂层。

卤水腐蚀测试

轴承 1,2,3：薄、厚、表面镀铬
轴承 3,5,7：400 系列不锈钢
轴承 4：涂膜
轴承 5：黑色氧化涂膜
视情况而定

（b）

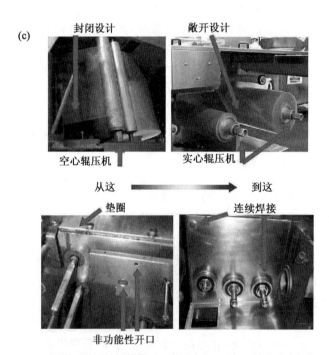

（c）

封闭设计　　　　敞开设计

空心辊压机　　　实心辊压机

从这　　　　　　到这

垫圈　　　　　　连续焊接

非功能性开口

下面的卫生设计还提供了一个整洁的、更加开放的连续焊接设计，可以防止细菌窝藏或在凹陷处生长繁殖。

图 15.6.2.3　设计原则。展示与设备设计相关的潜在问题和改正方式：（a）展示与"原则 b"相关的使用兼容材料的重要性；（b）展示与"原则 c"相关的可能卡住食物的中空区域存在的潜在问题；（c）根据"原则 e"，展示如何对须维护的封闭部分进行改进。

10. 设备应位于上方结构下 77 cm,与最近的固定物距离 92 cm。(15 分)

11. 设备上的所有空气管、真空管和产品管及其组件应易拆卸,以便于浸泡和消毒。(10 分)

12. 所有空气管、真空管和产品管都应是透明或不透明的,并符合产品接触面的原则。(10 分)

d. 无产品或液体聚集

设备应具有自排水功能,以确保可以藏匿和促进细菌生长的液体不会在设备上发生积聚、汇集或凝结(共 110 分)

1. 所有表面应设计为可消除积水,且具有自排水功能。(10 分)

2. 在可能的情况下,水平组件应使用圆形结构。(20 分)

3. 使用正方形或矩形底座时,允许的话应使平坦表面可以旋转 45° 至水平。(10 分)

4. 所有裸露表面都具有足够的强度,以防止弯曲和积水。(10 分)

5. 排水不应滴落、排放或进入产品区域。(15 分)

6. 整个操作中的皮带张力应足以防止水集中在皮带上。(15 分)

7. 应消除死角。(15 分)

8. 设备的材料不具有吸水性。(15 分)

e. 空心区应得到密封

设备的空心区域,如框架和辊子,必须尽可能消除或永久密封。螺栓、螺柱、安装板、支架、接线盒、铭牌、端盖、套管和其他此类物品应连续焊接到表面上,且不能通过钻孔和螺纹孔连接。(共 150 分)

1. 所有旋转构件如驱动链轮或皮带轮,应为实心或填充干性材料,并通过连续焊接得到完全密封。(30 分)

2. 所有固定的空心管构件,如框架构件或叶片间隔件,都应通过连续焊缝完全密封,以防止内部污染。(30 分)

3. 没有紧固件进入空心管构件内部。(30 分)

4. 螺帽应为内部旋拧且不应进入管件。(30 分)

5. 铭牌和标签应尽可能小。需要附于表面时,应通过连续焊接。不应使用铆钉或螺钉连接铭牌(通常用填缝料密封)。(30 分)

f. 无凹陷

设备零件应没有凹坑,如坑、裂缝、腐蚀、凹陷、开口、缝隙、搭缝、突出的凸缘、内螺纹、螺栓铆钉和死角。(共 150 分)

1. 产品接触表面的表面纹理不应超过 32 μm,除非如 NSF/ANSI/3A 14159-1 中所述。(10 分)

2. 非产品接触表面的表面纹理不应超过 125 μm。(10 分)

3. 内角和外角应具有至少 3mm 的平滑连续半径(<35°)。(10 分)

4. 不应有搭接头。(10 分)

5. 密封的间隔件可用于两个相邻件之间,以允许清洗过程中的机械运动。(10 分)

6. 不得使用敛缝。(10 分)

7. 所有连接点与焊点平滑,且无凹坑、裂纹和腐蚀。(10 分)

8. 所有的焊接点均为连续、光滑和抛光的。(10 分)

9. 套管组件(衬套、链轮和轴承)长度不应超过 1.5 英寸,或可进行拆卸清洗。(10 分)

10. 不使用压缩和收缩组件。(10 分)

11. 紧固件不应用于产品区域内部或上部。(10 分)

12. 产品接触面的紧固件必须使用 60° 的短螺纹。(10 分)

13. 如需使用紧固件,不应暴露螺纹,并使用正向紧缩方式预防掉落或被设备震落。(10 分)

14. 皮带刮刀不应有搭接头,并可进行无工具移除。(10 分)

15. 皮带支撑件具有单独的材料构造。(10 分)

g. 卫生操作规范

在常规操作期间,设备必须正常运转,这样不会导致不卫生或细菌的生长。(共100分)

1. 控制面板上的按钮应在操作时易于清洗和消毒。(15分)

2. 用于鼓吹产品和接触面的压缩空气须过滤至 $0.3\ \mu m$ 水平并且干化,以防止管道系统内形成湿气。(15分)

3. 产品接触区域中不应使用轴承。(15分)

4. 产品接触区域和非产品接触区域之间应存在分离,以防止操作过程中的交叉污染。(15分)

5. 靠近产品接触区域的所有表面应被定为产品接触区域。(15分)

6. 产品接触表面应可防止操作过程中产品残留物的淤积。(15分)

7. 通过产品区的轴应具有气隙,以防止产品污染。(10分)

h. 防护外壳的卫生设计

防护外壳和操作面板(如按钮、阀门手柄、开关和触摸屏)的设计须确保食品、水或产品液不会渗入或积聚在外壳或面板上。此外,外壳的物理设计应为倾斜或有坡度,并避免使用积存区域。(共50分)

1. 驱动器、链条保护装置、电气控制箱和轴承不应位于开放产品区域的上方。(10分)

2. 固定的架子上的控制盒和接线盒应符合卫生设计原则。(10分)

3. 公用供应管线和管道分开以避免打结,并可进行清洗。(5分)

4. 公用线应高于地面 $31\ cm$,并可进行清洁。(5分)

5. 导管和供应线不得在产品接触区域的上方通过。(10分)

6. 直接清洗区域的防护外壳必须能够暴露于清洗和消毒过程中的水和化学试剂。(10分)

i. 与其他车间操作系统的卫生兼容性

设备设计应确保与其他设备和系统(例如电气、液压、蒸汽、空气和水)的卫生兼容性(共50分)

1. 应对换气系统的接缝进行焊接,并通过充分的清洗和检查。(10分)

2. 垂直管道部分应能排水并防止回流进设备。(10分)

3. 生食和即食产品区域应提供单独的换气系统。(10分)

4. CIP系统的设计、安装和验证应使用第三方认可的管道分段,不宜从开口进入进行清洁。(10分)

5. 设备设计应符合废水基础设施容量标准,以确保在正常操作下排水管不会留存废水(废水)。(10分)

j. 验证清洁和卫生原则

清洁和卫生程序必须清楚地书写、设计,同时被证明是有效和高效的。清洁和卫生的推荐化学品必须与设备和制造环境相兼容。(共50分)

1. 在设计过程中须考虑清洁和消毒。(10分)

2. 清洁的原则必须安全、实用、有效、高效。(10分)

3. 清洁和卫生原则由制造商设计,由第三方验证,并提供清洁人员和消毒人员易读易懂的培训手则。(10分)

4. 设备设计和使用材料应能够承受标准清洗程序。设备材料已经经过材料安全数据表中的清洁和化学减菌剂的审查,以确保其兼容性。(10分)

5. 所有皮带应能承受 $71\ ℃\ 30\ min$ 的热处理。(10分)

设计的重点不仅要考虑到效率和安全,还有卫生。后者已成为一个无可争议的问题(AMI,2003,2014),相应的信息可以在设备制造商和加工商之间共享。

总之,由于肉制品含有微生物生长的所有营养,其pH(5.5~6.5)并不会抑制大多数的腐败和致病微生物,因此,明确肉是一种易腐产品是十分重要的。大范围的制造、处理(碎肉到达消费者之前被处理10~12次)和分配增加了肉受到微生物污染的机会。活体、健康的肌肉本质上来说是没有微生物的,但在屠宰后,其天然防御机制不再起作用。屠宰过程中切割皮肤的刀片会将微生物转移到血液中,由于血液循环不会立即停止,因此可以将微生物散布到整个胴体。需要意识到的是,粘在皮肤或羽毛上的 $1\ g$ 污垢

（泥土或粪便）可能含有 10 亿个微生物。净膛或消化道移除是另一个明显的潜在污染点。消化道含有大量的微生物（例如，每克含有 1 亿个微生物），如果破裂，其内容物溢出到胴体上，则会引起极高的污染水平。其他的潜在污染源可能是肉类加工人员、进入车间的空气（或从初级加工区域进入二级加工区域）、胴体/设备冲洗水和进入车间的昆虫。所有与肉有接触的表面都应定期清洗和消毒（例如，哺乳动物切割操作的惯例是对刀具进行大于 80℃ 的水浴），并时刻加强员工的卫生。这包括佩戴发网（在大多数食品加工车间为强制要求）、干净的手套、围裙和外套，去除首饰，并在工作前强制洗手。在一些特殊的操作过程中，例如熟制产品的包装，员工可能会被要求用口罩盖住嘴和鼻子，以将微生物传播最小化。这可以是降低致病菌风险并延长产品保质期的另一个重要措施。在这些操作中，进入车间的空气通常被过滤，或者保持室内的正气压以防止吸入车间其他区域的空气。如今，还需要特别对消费者加强教育，将煮制指导标识和生肉操作贴纸粘贴在肉品包装上。所有这些措施都是为了能够向消费者提供健康和安全的食品。

参考文献

Allen, M., J. E. L. Corry, C. H. Burton, R. T. White and G. C. Mead. 2000. Hygiene aspects of modern poultry chilling. Int. J. Food Microbiol. 58:39.

AMI. 2014. Sanitary equipment design: checklist and glossary. American Meat Institute Equipment Design Task Force. http://www.meatami.com/ht/a/GetDocumentAction/i/82064. Accessed October 2014.

AMI. 2003. 10 principles of sanitary design and checklist. American Meat Institute Equipment Design Task Force. http://www.meatami.com/. Accessed October 2014.

Angulo, F. J., M. D. Kirk, I. McKay, G. V. Hall, C. B. Dalton, R. Stafford, L. Unicomb and J. Gregory. 2008. Foodborne disease in Australia: the OzFoodNet experience. Clin. Infect. Dis. 47 (3):392.

Ayres, J. C., W. S. Ogilvy and G. F. Stewart. 1950. Post-mortem changes in stored meats. I. Micro-organisms associated with development of slime on eviscerated cut-up poultry. Food Technol. 4: 199.

Bailey, J. S., J. E. Thomson and N. A. Cox. 1987. Contamination of poultry during processing. In: The Microbiology of Poultry Meat Products. Cunningham, F. E. and N. A. Cox (Eds). Academic Press, New York, NY.

Barbut, S. and I. Pronk. 2014. Poultry and Egg Processing Using HACCP Programs. In: Food Safety Management: A Practical Guide for the Food Industry. Lelieveld, H. and Y. Motarjemi (Eds). Elsevier Pub., New York, NY.

Barnes, E. M. and M. J. Thornley. 1966. The spoilage flora of eviscerated chicken stored at different temperatures. J. Food Technol. 1:113.

Bautista, D. A., N. Sylvester, S. Barbut and M. W. Griffiths. 1997. The determination of efficacy of antimicrobial rinses on turkey carcasses using response surface designs. Inter. J. Food Microbiol. 34:279.

Bilgili, S. 2010. Poultry meat inspection and grading. In: Poultry Meat Processing.

Owens, C., C. Alvarado and A. Sams (Eds). CRC Press, New York, NY.

Bilgili, S. F. 2006. Sanitary/hygienic processing equipment design. World's Poult. Sci. J. 62(1):115.

Blank, G. and C. Powell. 1995. Microbiological and hydraulic evaluation of immersion chilling for poultry. J. Food Prot. 58:1386.

Bohez, L., J. Dewulf, R. Ducatelle, F. Pasmans, F. Haesebrouk and F. Van Immerseel. 2008. The effect of oral administration of a homologous hilA mutant strain of *Salmonella enteritidis* in broiler chickens. Vaccine 26:372.

Borchert, L. L. 1999. Technology forum: *Listeria monocytogenes* interventions for ready-to-eat meat products. AMI, Washington, D. C.

Bruckner, S. , A. Albrecht, B. Petersen and J. Kreyenschmidt. 2012. Influence of cold chain interruptions on the shelf life of fresh pork and poultry. Int. J. Food Sci. Technol. 47(8):1639.

Busta, F. F. , E. A. Zottola, E. A. Arnold and M. M. Hagborg. 1973. Research Report. Incidence and control of unwanted microorganisms in turkey products. I. Influence of handling and freezing on viability of bacteria in and on products.

Dept. of Food Science. Monograph. Univ. of Minnesota, St. Paul, MN.

Cason, J. A. , A. Hinton Jr. and K. D. Ingram. 2000. Coliform, *Escherichia coli*, and *Salmonella* concentrations in a multi-tank counterflow poultry scalder. J. Food Prot. 63:1184.

Cason, J. A. , A. D. Whittemore and A. D. Shackelford. 1999. Aerobic bacteria and solids in a three-tank, two-pass, counterflow scalder. Poultry Sci. 78:144.

Cepeda, J. F. , C. L. Weller, M. Negahban, J. Subbiah and H. Thippareddi. 2013. Heat and mass transfer modeling for microbial food safety applications in the meat industry: a review. Food Eng. Rev. 5(2):57.

Clouser, C. S. , S. Doores, M. G. Mast and S. J. Knabel. 1995. The role of defeathering in the contamination of turkey skin by *Salmonella* species and *Listeria monocytogenes*. Poultry Sci. 74:723.

Cox, N. A. , S. M. Russell and J. S. Bailey. 1998. The microbiology of stored poultry. In: The Microbiology of Meat and Poultry. Davis A. and R. Board (Eds). Blackie Academic Press, New York, NY.

CSPI. 2013. Outbreak Alert! 2001-2010. A review of foodborne illness in America. Center for Science in the Public Interest. http://cspinet.org/new/pdf/outbreak_alert_2013_final.pdf. Accessed January 2015.

Demirok, E. , G. Veluz, W. V. Stuyvenberg, M. P. Castañeda, A. Byrd and C. Z. Alvarado. 2013. Quality and safety of broiler meat in various chilling systems. Poultry Sci. 92:1117.

EFSA. 2010. The community summary report on trends and sources of zoonoses, zoonotic agents and foodborne outbreaks in the European Union in 2008. Eur. Food Safety Auth. J. 8:1496.

EHEDG. 2014. Hygienic design of belt conveyers for the food industry. European Hygienic Engineering Design Group. http://www.ehedg.org/index.php? nr=9&lang=en. Accessed April 2015.

Fabrizio, K. A. , R. R. Sharma, A. Demirci and C. N. Cutter. 2002. Comparison of electrolyzed oxidizing water with various antimicrobial interventions to reduce *Salmonella* species on poultry. Poultry Sci. 81:1598.

FSIS. 1999a. Appendix A: Compliance guidelines for meeting lethality performance standards for certain meat and poultry products. http://www.fsis.usdagov/oa/fr/95033F-a.htm. Accessed September 2012.

FSIS. 1999b. *Listeria* guidelines for industry. http://www.fsis.usda.gov/OA/topics/lmguide.htm. Accessed September 2012.

Garcia, E. and J. Brufau. 2010. Probiotic micro-organisms: 100 years of innovation and efficiency. Modes of action. World's Poultry Sci. 66:369.

Genigeorgis, C. A. 1985. Microbial and safety implications of the use of modified atmospheres to extend the storage life of fresh meat and fish. Int. J. Food Microbiol. 1:237.

Gill, C. O. , L. F. Moza, M. Badoni and S. Barbut. 2006. The effects on the microbiological condition of product of carcass dressing, cooling, and portioning processes at a poultry packing plant. Int. J. Food Microbiol. 110(2):187.

Gill, C. O. 2004. Visible contamination on animals and carcasses and the microbiological condition of meat. J Food Prot. 67:413.

Glass, K. A. , D. A. Granberg, A. L. Smith, A. M. McNamara, M. Hardin, J. Mattias, K. Ludwig and E. A. Johnson. 2002. Inhibition of *Listeria monocytogenes* by sodium diacetate and sodium lactate on wieners and cooked bratwurst. J. Food Prot. 65(1):116.

Gould, L. H. , K. A. Walsh, A. R. Vieira, K. Herman, I. T. Williams, A. J. Hall and D. Cole. 2013. Surveillance for Foodborne Disease Outbreaks-United States, 1998-2008. http://www.cdc.gov/mmwr/preview/mmwrhtml/ss6202a1.htm. Accessed February 2015.

Guerin, M. T. , C. Sir, J. M. Sargeant, L. Waddell, A. M. O'Conner, R. W. Wills, R. H. Bailey and J. A. Byrd. 2010. The change in prevalence of *Campylobacter* on chicken carcasses during processing: a systematic review. Poultry Sci. 89(5):1070.

Hargis, B. M. , D. J. Caldwell, R. L. Brewer, D. E. Corrier and J. R. Deloach. 1995. Evaluation of the chicken crop as a source of *Salmonella* contamination for broiler carcasses. Poultry Sci. 74:1548.

Health Protection Report. 2012. http://www.hpa.org.uk/hpr/archives/2012/news1812.htm. Accessed January 2015.

Hinton Jr. , A. and J. A. Cason. 2008. Bacterial flora of processed broiler chicken skin after successive washings in mixtures of potassium hydroxide and lauric acid. J. Food Prot. 71:1707.

Hinton Jr. , A. and K. D. Ingram. 2005. Microbicidal activity of tripotassium phosphate and fatty acids towards spoilage and pathogenic bacteria associated with poultry. J. Food Prot. 68:1462.

Ismail, S. A. , T. Deak, H. A. Abd El-Rahman, M. A. Yassien and L. R. Beuchat. 2001. Effectiveness of immersion treatments with acids, trisodium phosphate, and herb decoctions in reducing populations of *Yarrowia lipolytica* and naturally occurring aerobic microorganisms on raw chicken. Int. J. Food Microbiol. 64:13.

James, C. , C. Vincent, T. I. de Andrade Lima and S. J. James. 2006. The primary chilling of poultry carcass-a review. Int. J. Refrig. 29:847.

James, W. L. , J. C. Prucha, R. L. Brewer, W. O. Williams, W. A. Christensen, A. M. Thaler and A. T. Hogue. 1992. Effects of countercurrent scalding and postscald spray on the bacteriologic profile of raw chicken carcasses. J. Amer. Vet. Med. Assoc. 201:705.

Jay, J. M. , M. J. Loessner and D. A. Golden. 2005. Modern Food Microbiology. Spring Publ. , New York, NY.

Jones, F. T. , R. C. Axtell, D. V. Rives, S. E. Scheideler, F. R. Tarver Jr, R. L. Walker and M. J. Wineland. 1991. A survey of *Campylobacter jejuni* contamination in modern broiler production and processing systems. J. Food Prot. 54:259.

Kerr, A. K. , A. M. Farrar, L. A. Waddell, W. Wilkins, B. J. Wilhelm, O. Bucher, R. W. Wills, R. H. Bailey, C. Varga, S. A. McEwen and A. Rajić. 2013. A systematic review-meta-analysis and meta-regression on the effect of selected competitive exclusion products on *Salmonella* spp. prevalence and concentration in broiler chickens. Preventive Vet. Med. 111:112.

Loretz, M. , R. Stephan and C. Zweifel. 2010. Antimicrobial activity of decontamination treatments for poultry carcasses: a literature survey. Food Control 21:791.

Marriott, N and B. Gravani. 2006. Principles of Food Sanitation. Springer Pub. ,New York, NY.

McMeekin, T. A. and C. J. Thomas. 1979. Aspects of the microbial ecology of poultry processing storage: a review. Food Technol. Australia. Jan. 31:35.

Mead, G. C. 2000. Fresh and further processed poultry. In: The Microbiological Safety and Quality of Food, Vol. 1. Lund B. , T. C. Baird-Parker and G. Gould (Eds).

Aspen Pub. , Gaithersburg, MD. Mead, G. C. and M. J. Scott. 1994. Coagulase-negative staphylococci and coliform bacteria associated with mechanical defeathering of poultry carcasses. Lett. Appl. Microbiol. 18:62.

Mead, G. C. , W. R. Hudson and M. H. Hinton. 1993. Microbiological survey of five poultry processing plants in the UK. Brit. Poultry Sci. 34:497. 15-70 CHAPTER 15:

Mulder, R. W. A. and J. Schlundt. 1999. Safety of poultry meat: from farm to table. Intern. Consult. Group on Food Irrad. , FAO, Rome.

Mullerat, J. , A. Klapes and B. W. Sheldon. 1994. Efficacy of Salmide, a sodium chlorite-based oxyhalogen disinfectant, to inactivate bacterial pathogens and extend shelf-life of broiler carcasses. J. Food Prot. 57:596.

NACMCF. 1997. National Advisory Committee on Microbiological Criteria for Foods-Generic HACCP application in broiler slaughter and processing. J. Food Prot. 60(5):579.

Nagel, G. M. , L. J. Bauermeister, C. L. Bratcher, M. Singh and S. R. McKee. 2013. Salmonella and *Campylobacter* reduction and quality characteristics of poultry carcasses treated with various antimicrobials in a post-chill immersion tank. Int. J. Food Microbiol. 165:281.

Newell, D. G. , M. Koopmans, L. Verhoef, E. Duizer, A. Aidara-Kane, H. Sprong, M. Opsteegh, M. Langelaar, J. Threfall, F. Scheutz, J. van der Giessen and H. Kruse. 2010. Food-borne diseases—the challenges of 20 years ago still persist while new ones continue to emerge. Int. J. Food Microbiol. 139:S3.

Notermans, S. , R. J. Terbijhe and M. Van Schothorst. 1980. Removing faecal contamination of broilers by spray cleaning during evisceration. Brit. Poultry Sci. 21:115.

Nurmi, E. and M. Rantala. 1973. New aspects of *Salmonella* infection in broiler production. Nature 241:210.

Pasquali, F. , A. De Cesare and G. Manfreda. 2011. *Campylobacter* control strategies in European poultry production. World's Poultry Sci. 67(01):5.

Pooni, G. S. and Mead, G. C. 1984. Prospective use of temperature function integration for predicting the shelf life of non-frozen poultry meat products. Food Microbiol. 1:67.

Ray,B. and A. Bhunia. 2007. Fundamental Food Microbiology, 4th Edition. CRC Press, New York, N. Y.

Rigby, C. E. and J. R. Pettit. 1980. Changes in the *Salmonella* status of broiler chickens subjected to simulated shipping conditions. Can. J. of Comp. Med. 44(4):374.

Sanchez, M. , M. Brashears and S. McKee. 1999. Microbial quality comparison of commercially processed air-chilled and immersion chilled broilers. Poult. Sci. 78(Suppl. 1):68.

Sauter, E. A. 1987. Microbiology of frozen poultry products. In: The Microbiology of Poultry Meat Products. Cunningham F. E. and N. A. Cox (Eds). Academic Press, New York, NY.

Scharff, R. L. 2011. Economic burden from health losses due to foodborne illness in the United States. J. Food Prot. 75(1):123.

Sofos, J. 2010. Overview of current meat hygiene and safety risks and summary of recent studies on biofilms, and control of *Escherichia coli* O157:H7 in non-intact, and *Listeria monocytogenes* in ready-to-eat, meat products. Meat Sci. 86:2.

Stopforth, J. D. , R. O'Connor, M. Lopes, B. Kottapalli, W. E. Hill and M.

Samadpour. 2007. Validation of individual and multiple-sequential interventions for reduction of microbial populations during processing of poultry carcasses and parts. J. Food Prot. 70:1393.

Tamblyn, C. and E. Conner. 1997. Bactericidal activity of organic acids against *Salmonella* typhimurium attached to broiler chicken skin. J. Food Prot. 60:629.

USDA. 2015. Pathogen modelling program. http://www. pmp. errc. ars. usda. gov. Accessed March 2015.

USDA-FSIS. 2011a. New performance standards for *Salmonella* and *Campylobacter* in chilled carcasses at young chicken and turkey slaughterestablishments. 27288-27294 (75 FR 27288, May 14, 2010).

USDA-FSIS. 2011b. Safe and Suitable Ingredients Used in the Production of

Meat, Poultry, and Egg Products. FSIS Directive 7120. 1 Revision 9http://. www. fsis. usda. gov/OP-PDE/rdad/FSISDirectives/7120. 1Amend21. pdf. Accessed November 2014.

USDA-FSIS. 1996. Pathogen reduction; hazard analysis and critical control point (HACCP) systems. Fed. Regis. 61(144):328806.

Waldroup, A. L. 1996. Contamination of raw poultry with pathogens. World Poult. Sci. 52(01):7.

Waldroup, A. L. , B. M. Rathgeber, R. E. Hierholzer, L. Smoot, L. M. Martin, S. F. Bilgili, D. L. Fletcher, T. C. Chen and C. J. Wabeck. 1993. Effects of reprocessing on microbiological quality of commercial prechill broiler carcasses. J. Appl. Poult. Res. 2(2):111.

Waldroup, A. L. , B. N. Rathgeber, R. H. Forsythe and L. Smoot. 1992. Effects of six modifications on the incidence and levels of spoilage and pathogenic organisms on commercially processed postchill broilers. J. Appl. Poultry Res. 1:226.

Young, L. L. and J. K. Northcutt. 2000. Poultry processing. In: Food Proteins.

Nakai, S. and H. W. Modler (Eds). Wiley-VCH Publ. , New York, NY.

Zhao, T. , P. Zhao and M. P. Doyle. 2009. Inactivation of *Salmonella* and *Escherichia coli* O157:H7 on lettuce and poultry skin by combinations oflevulinic acid and sodium dodecyl sulfate. J. Food Prot. 72:928.

Zottola, E. A. 1972. Introduction to Meat Microbiology. American Meat Inst. ,Chicago, IL.

第16章 质构和感官特性的评价

16.1 前言

对肉类工业来说,生肉以及熟肉制品的质构测定非常重要,因为该测定有利于控制产品质量,设计和优化加工工艺(例如:剔骨时间),以及有助于为达到某一特定的质构特性来筛选材料(如在炸鸡块上裹上面包屑)。企业和学术研究分别采用不同的测定方法来衡量肉及肉制品特性。对于企业来说,通过测定剪切力、张力和扭转力有助于优化配方参数并能够预测消费者最终得到的产品的感官特性(如:硬度、咀嚼力)。从另一方面来说,更为严格的感官评定法虽更加昂贵且消耗更多时间,但是这些方法能够提供更加精确的信息,并且还能用来评价风味、气味以及产品的总体可接受性。本章节将会讨论许多感官评定的方法(如三角测试、描述性测试等)以及其在肉制品中的应用实例。而本书的其他部分将会强调自动化和计算机在加速检测过程方面的使用。

本章节旨在总结评价肉制品的质构和感官的方法。然而,本章并不会涵盖所有上千篇已出版文献中含有的肉、质构和感官评定等关键词。我们希望本章内容能够提高工业和学术上使用方法的统一性,这样就能够增加研究的一致性,使不同实验室得到的研究结果能够进行直接对比。本章以运用相同的方法但是不同参数条件下进行质构和感官评定的实验结果为例,意在说明与已发表的实验结果相比较的困难和挑战。

16.2 质构评定

16.2.1 概述

测定肉制品的质构参数对控制产品质量和优化配方的加工/使用条件,达到一致可接受的产品非常重要。对消费者来说,太硬或者太软的产品(比如用 PSE 肉制作的烤火鸡/猪肉)都是不可接受的。剪切力、穿透力、压力、张力以及扭力等许多方法都可以用来评估产品的质构特性(图 16.2.1.1)。另外一种测试是在相转变过程中采用非常小的、没有破坏性压力的动态扫描硬度监控法,这是科研中常用的方法。这类测试通常用来检测肉类在蒸煮过程中的凝胶形成过程,并且可以用来评估不同肉类以及肉与非肉组分之间的相互作用。

16.2.2 穿刺和剪切测试

该类测试通常用来衡量整个肉制品或者不同肉蛋白形成凝胶的韧性。剪切测试利用刀片切断样品,而穿刺测试则使用平滑的/圆形的探头(图 16.2.2.1)。这些测试得到的结果通常和感官分析的结果相关(如咬合值 bite value)。一般难切的肉其穿刺或者剪切值也较高。该领域中最普遍的方法就是 Warner Bratzler 剪切力(WB),该方法是 Warner Bratzler 在 1949 年发明的,并以他的名字命名。测试采用单峰刀片剪切肉样的中心,最后给出峰值力(即切开样品所需要的力,图 16.2.2.2)、功(即某一作用力下曲线的面积),以及杨氏模量(即力形变曲线的斜率)。剪切测定通常用来衡量整块肉或者足够大中心样品以确

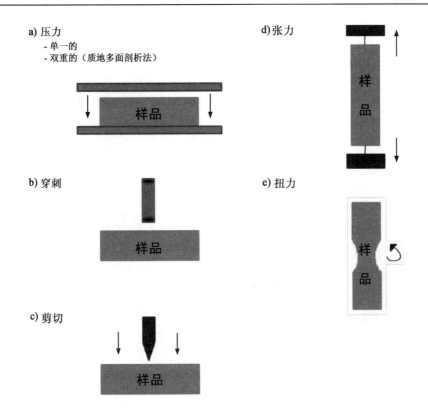

a) 压力
- 单一的
- 双重的（质地多面剖析法）

样品

b) 穿刺

样品

c) 剪切

样品

d) 张力

样品

e) 扭力

样品

图 16.2.1.1　常用质构分析方法,如剪切力,穿刺,压力,张力和扭力。详见下文。

保得到具有代表性的结果。Bratzler（1949）认为,样品的尺寸、肌肉部位、剪切刀片与肌纤维方向以及有无结缔组织对剪切设备能否提供可靠结果都有很重要的影响。另外一种剪切设备是 Allo-Kramer 剪切设备(AK),于 20 世纪 50 年代发明,作为肉类质构测定的设备。AK 通常被研究人员或者企业员工用于肉品质量控制,同 WB 方法需要注意的方面一样,AK 也需要考虑到尺寸、肌肉、纤维方向等因素的影响。AK 测定的设备是由 10～13 个刀片以及一个方盒组成,通过刀片切断方形盒中的大样品来得到剪切力的结果。

Lyon 和 Lyon（1996）发现采用 WB 和 AK 剪切测试方法测定鸡胸肉时,去骨时间对肉嫩度的影响和感官评定的结果相关(表 16.2.2.1)。WB 的方法是采用 1.9 cm 宽的完整熟肉条进行测定;AK 的方法是采用 20 g 1 cm² 大的切片肉块进行测定。感官特性分别通过非专业人员采用项目分类法以及专业人员采用描述性分析法来评估。

去骨时间对整肉(WB)和切片肉制品(AK)这两种形态样品的剪切力值都有显著影响(表 16.2.2.1),并且这两种剪切方法能非常敏锐地区分三种不同的去骨时间(许多其他的研究人员也都有过类似报道)。感官评定小组也发现这两种剪切力测定方法的结果和嫩度有极高的相关性。虽然去骨时间对多汁性无显著影响,但对质构的可接受性有影响,而且这两种测定方法得到的结果有很高的相关性。目前,生产上普遍认为较好的去骨鸡胸肉其 WB 值应≤4.5 kg,该种鸡胸肉也更受消费者欢迎。

最近,出现一种被称为刮刀剪切测试方法(Cavitt et al,2005)。对于这种方法来说,样品的制备更加简单,因为在用 9 mm 的刀片来剪切样品之前,无论是生的或熟的产品,我们不需要把样品切成条状。而该测试方式也被证明可以得到与 WB 以及 AK 剪切测试相似的结果。

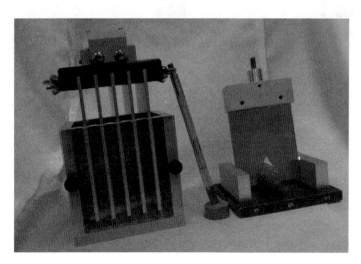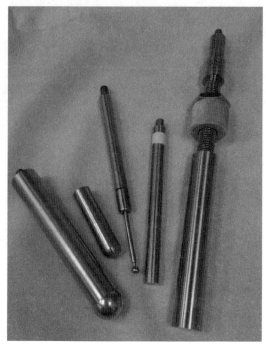

图 16.2.2.1 用于肉制品剪切测试的探头。Allo-Kramer 剪切室(左图左侧),Warner Bratzler 剪切刀片(左图右侧),以及一个 9 mm 的剪切刀片(左图中间)。用于穿刺测试的探头。详见下文(照片由 S. Barbut 拍摄)

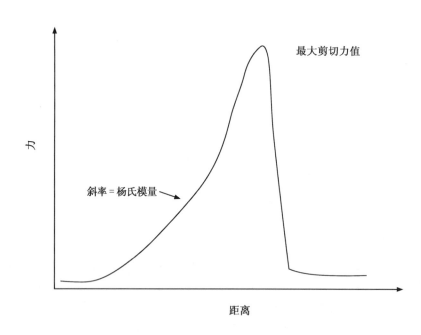

图 16.2.2.2 剪切力曲线表明,当刀片进入样品时,力会增大。当刀片切入样品时,使刀片向下的力会急剧下降。最大的力表示为剪切力值。用于剪切所做的功就是曲线下到 X 轴所包括的面积,并用于计算刀片在样品中不同深度时所受到的力。杨氏模量就是曲线斜率的线性部分。详见下文。

表 16.2.2.1　采用 Warner-Bratzler 和 Allo-Kramer 剪切测试评估宰后（postmortem，PM）三个不同时段的剔骨鸡胸肉蒸煮（80℃）后完整肉块和肉片的剪切力值以及切片鸡肉的感官评分（非专业感官评定人员——项目分类法）。数据来源于 Lyon and Lyon（1996）.

脱骨时间	质构		感官		
	Warner-Bratzler[1]（整肉）	Allo-Kramer[2]（20-g 肉丁）	多汁性[3]	嫩度[3]	可接受性[4]
（h PM）	（kg）	（kg/g）			
2	9.5 + 3.9[a]	5.2 + 1.0[a]	3.5 + 1.3	2.5 + 1.3[c]	2.0 + 0.9[c]
6	4.7 + 1.6[b]	3.4 + 0.8[b]	3.4 + 1.2	3.8 + 1.2[b]	2.6 + 0.9[b]
24	3.2 + 0.9[c]	2.2 + 0.2[c]	3.5 + 1.3	5.1 + 0.8[a]	3.0 + 0.9[a]
相关性（r 值）					
Warner-Bratzler 法			0.06	−0.90	−0.92
Allo-Kramer 法			0.00	−0.99	−0.93

同一列中的结果（x＋标准误）中，[a-c]不同字母表示结果之间的显著性差异（$P<0.05$）。对于质构，每一种剔骨时间的结果都是是由 66 次的观察结果的平均值得来（22 只禽类×3 重复）。对于感官，22 位评审员打分并进行 3 次重复。
[1] 采用 Bench Top 的 Warner-Bratzler 剪切设备对 1.9 cm 宽的整肉条进行剪切测试。
[2] 多刀刃的 Allo-Kramer 连接在 Instron 的电子拉力机上对 20 g 的肉丁样品进行剪切测试。
[3] 项目分类范围：1＝非常干、韧，到 6 ＝ 非常多汁、嫩
[4] 项目分类范畴：1＝差，到 5＝优越

　　穿刺测试通常用于重组肉制品，即由小的细碎的肉加工而成的肉制品，或者一些乳化肉制品（比如：法兰克福香肠；详见第 13 章）。通常，小直径探针以恒定速率插入肉制品中（图 16.2.1.1），该过程会用到不同类型，如平的、尖的以及圆顶的探针。而相应的结果通常都会用来评估产品的相对硬度。该测试易操作并且许多公司将其作为快速质量控制测试的常规方法。例如，凝胶产业就采用这种方法来规范凝胶的强度（3％～8％的冷却凝胶样品），也称为"布鲁姆"测试/值。该测试也可以用于监控肉糜在蒸煮过程中的变化，因为其质构在此期间由糊状变为僵硬。添加 2.5％盐或者低盐（1.5％）以及磷酸盐（0.42％）的禽肉糜得到的试验结果如表 16.2.2.2 所示。使用直径为 9 mm 的平顶探针进行测试，发现生肉糜的穿刺力值非常低，由于样品的流动特性，无法通过剪切测试得到结果。在肌原纤维蛋白的凝胶形成点（50～55℃），能观察到样品从黏态转变成弹性态的过程（详见第 13 章）。也能观察到降低氯化钠和三聚磷酸钠对肉糜的影响；当温度达到 55℃时，样品质构的变化类似，但是在含有磷酸盐的体系中其后期的增长速率变慢。盐溶性蛋白含量（表 16.2.2.2）用来衡量用于形成凝胶的蛋白量。随着温度的升高，在含有 2.5％和 1.5％氯化钠的体系中，蛋白含量以相同的速率下降。然而，它们的穿刺力值不同，这表明在高、低盐处理的体系中蛋白—蛋白之间的交联程度不同。通过显微镜观察也得到这些变化结果。图 16.2.2.3 显微图像表明低盐（1.5％ 氯化钠＋ 0.42％ 三聚磷酸盐）肉糜的微观结构在蒸煮过程中（20～70℃）变化显著。非常有意思的是，如前人研究报道，即便是在室温条件下，肉糜也表现出有序的凝胶结构。在 40℃时，蛋白链变粗，而凝胶孔隙大小保持不变。当温度进一步增加到 55℃时，蛋白链进一步变粗并且蛋白之间交联的数量增加。在这些粗蛋白链中还能看见一些细的蛋白链。总的来说，这些变化与该温度下得到的凝胶强度的大幅增加是一致的，这些结果如表 16.2.2.2 所示。将蛋白加热到 70℃能够得到更加致密的蛋白结构，有更多的蛋白链形成，同时蛋白网络的孔隙减小。Wang 和 Smith（1992）还发现当盐溶性蛋白溶液（30 mg/mL，pH 6.5）加热到 55℃时会形成蛋白聚集，该聚集主要由球状蛋白结构构成，并通过蛋白链连接。当温度增加到 65℃ 时，这些蛋白链会变粗（125 vs. 300 nm；通过扫描电镜观察得到）。当温度进一步升高到 80℃会使蛋白链变细，但是仍然保持有序的结构。由于作者们对蛋白结构的观察是从 55℃开始的，所以我们无法比较变性温度（20℃）前的结构差异。

表 16.2.2.2　盐和加热温度对凝胶强度（穿刺法）以及盐溶蛋白的影响. 数据来源于 Barbut 等（1996）.

处理 温度（℃）	穿透力（N）		可提取蛋白（mg/mL）	
	2.5% NaCl	1.5% NaCl + 0.42% TPP[a]	2.5% NaCl	1.5% NaCl + 0.42% TPP[a]
20	30.8[f]	25.3[f]	1.62[ab]	1.72[a]
40	43.3[ef]	40.1[ef]	1.58[b]	1.60[b]
50	60.0[e]	60.5[e]	1.38[c]	1.50[b]
55	189.0[d]	194.1[d]	1.18[de]	1.21[d]
60	356.6[b]	287.5[c]	1.07[e]	1.08[e]
70	475.8[a]	373.3[b]	0.37[f]	0.40[f]

[a] 2.5% NaCl 和 1.5% NaCl + 0.42%磷酸处理组离子强度相同（离子强度 = 0.42）。

[b-f] 在同一种指标下，数据平均值若标记相同的字母，则表示在95%置信区间水平下没有显著性差异。

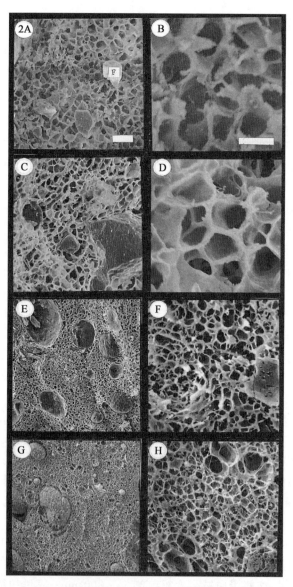

图 16.2.2.3　含有 1.5% 氯化钠 + 0.42% 三聚磷酸钠的低盐肉糜的扫描电镜结果加热到 20℃，2A，B；（C，D）40℃；（E，F）55℃；以及（G，H）70℃。较低放大倍数的微观图像（标尺＝15 μm），右侧为放大倍数的微观图像（标尺＝3 μm）。F＝被蜂窝状蛋白网络结构包围的脂肪球。来源于 Barbut 等（1996），已授权。

16.2.3　质构分析(TPA)以及其他压力测试

TPA 测试对许多食品(例如肉、烘焙食品、乳制品以及一些亲水胶体等)来说都是最受欢迎的质构测试方法之一,20 世纪 60 年代早期由一些研究通用食品的科学家们发明。它是将圆柱形的样品进行 2 次施压直到达到预先设置好的形变点的一个二次循环压力测试(Bourne,1978)。通用食品公司设置了一些与感官结果有良好相关性的参数(图 16.2.3.1)。图 16.2.3.2 中展示的是一种测试装置。多年以来,不同测试参数的引进和使用使我们很难去比较不同实验室得到的结果。Mittal 等 (1992) 总结了一些用来评估肉样的测试参数。

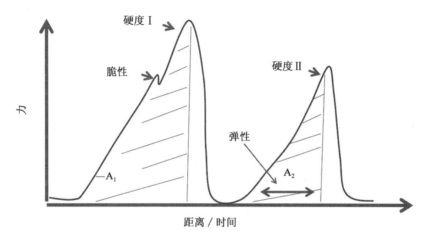

图 16.2.3.1　从二次循环压力测试的结果中得到的可用于描述感官特性的参数。内聚性＝A2/A1,黏性＝ 硬度Ⅰ×内聚性,咀嚼性＝黏度×弹性,基于 Bourne (1978)。

作者们展示了相同的样品,其长度或者高度(L)不同(10～20 mm)或者直径(D)不同(13～73 mm),即 D/L 在 1～4 变化时,带来的不同结果。另外,还有下压比率在 50%～85%,下压速度在 5～200 mm/min 范围内变化时的结果。D/L 值、速度、下压比率对维也纳牛肉肠(含有 55.9% 水,28.5% 脂肪,12.6% 蛋白以及 2.9% 灰分)的影响如表 16.2.3.1 所示。D/L 值的减小导致了硬度 1 ($H1$)、硬度 2($H1$)、内聚性和黏度的减小以及弹性和咀嚼性的增加。下压比率的增加导致了弹性、内聚性、黏性以及咀嚼性的下降。根据 Peleg (1977)的研究结果,在相同的形变率下,较短的样品通常需要更高的应变速率,因此,在相同的应变条件下,较短的样品通常比较长的样品表现出更大的压力。因此,如果样品在标准步骤下测量,那么结果是可比较的。以表 16.2.3.1 中所列结果以及以萨拉米肉糜制品或整块咸牛肉获得的结果为基准,我们认为以下参数可以用作测试标准:$D/L＝1.5$,下压率＝75%,下压速率＝1～2 cm/min。通过采用这些标准参数进行质构特性评定,可以对从不同实验室或机构得到的试验结果进行直接对比,从而减少因不恰当参数的选择造成的困惑和错误。

图 16.2.3.2　两次下压的全质构分析测试装置,照片由 S. Barbut 所摄。

　　两个平板间的单轴下压是一个简单的测试。若样品被压到完全破坏或者压碎或者压到在能得到形变结果之前破裂,那么实验等于失败。硬糖和棉花糖是能展现出这两个极端结果的产品。当力施加于硬糖时,样品的形变量非常小,但是当到达某一个点后再进一步施加力就会使其粉碎。相比而言,当力施加于棉花糖时它会快速发生形变,但是很容易就复原(即这个产品有很大的弹性)。肉类样品的属性在这两个极端之间,因为它拥有中等的弹性。单次下压测试还可以用来测量食品的破碎力(硬糖、肉糜糕、果冻),有助于根据不同成分调整产品。

表 16.2.3.1 不同全质构分析得到的牛肉香肠的测试结果 Duncan 比较结果来源于 Mittal 等(1992).

	平均值					
	$H1$ (N/cm^2)	$H2$ (N/cm^2)	E (m/cm^2)	COH	GUM (N/cm^2)	CHEW (J/cm^4)
D/L						
2.0	30.11[a]	23.47[a]	0.024[c]	0.405[a]	11.76[a]	0.33[c]
1.5	27.39[b]	20.40[b]	0.047[b]	0.388[a]	10.25[b]	0.56[b]
1.0	24.14[c]	14.52[c]	0.084[a]	0.338[b]	7.69[c]	0.77[a]
Speed (cm/min)						
2.0	29.51[a]	20.64[a]	0.053[a]	0.369[a]	10.41[a]	0.58[a]
1.0	26.81[b]	20.16[a]	0.052[a]	0.369[a]	10.27[a]	0.57[a]
0.5	25.32[c]	17.59[b]	0.051[a]	0.366[a]	9.02[b]	0.50[a]
Compression(%)						
25	22.72[c]	20.52[a]	0.070[a]	0.686[a]	15.58[a]	1.05[a]
50	34.41[a]	18.51[b]	0.055[b]	0.299[b]	10.54[b]	0.50[b]
75	24.50[b]	19.36[ab]	0.031[c]	0.147[c]	3.59[c]	0.11[c]
相关性系数						
D/L	0.38**	0.63**	−0.78**	0.11	0.29**	−0.37**
Speed	0.27	0.19	0.02	−0.01	0.09	0.06
Comp.	0.11	−0.08	−0.52**	−0.92**	−0.85**	−0.78**

D/L=直径和长度的比例;** =$P<0.000\ 1$;$H1$ = 硬度 1;$H2$=硬度 2;E=弹性;COH=内聚性;GUM=黏性;CHEW=咀嚼性

[a-c] 在同一种指标下,数据平均值若标记相同的字母,则表示在 95%置信区间水平下它们没有显著性差异

16.2.4　扭转测试

　　虽然现在扭转测试在肉类测试领域使用不多,但是其优点是可以通过计算扭转形变破坏哑铃状样品需要的力,从而得到真正的剪切应力和压力结果(图 16.2.1.1)。当样品的底部黏到塑料盘上时,可以通过黏度计来控制转动。这个方法可以很好地避免体积的变化以及在破裂点之前把水分和脂肪挤出样品(在压力测试时会发生的典型现象)。试验结果表明肉蛋白加工特性差异主要表现在盐溶性蛋白在不同浓度下、不同加热条件下以及在含有非肉添加剂的条件下形成热诱导紧密结合凝胶的能力不同。揭示了剪切力与硬度相关,且剪切力与内聚性相关。作者们还发现,通过添加非肉组分来改变肉类凝胶的内聚性比改变其硬度更加困难。Montejano 等(1985)比较了低脂牛肉、猪肉、火鸡和蛋清等八种凝胶的扭转测试、TPA 测试以及感官评定的结果,发现样品破裂的剪切应变力范围为 1.2~2.8 N/m^2。TPA 内聚性的试验结果与 6 组感官特性即弹性、硬度、内聚性、稠度、咀嚼性以及凝胶的持久性都有显著相关性。此外,与 6 种感官特性类似,这两种机械测试结果(剪切应力和剪切压力)之间也有很强的相关性($R=0.83$)。剪切压力和质构测试的硬度有很强的相关性($R=0.94$),但是根据由形变到破坏的结果得到的参数表明剪切压力和感官特性的结果没有显著相关关系。总的来说,扭转测试具有在不强烈改变样品结构的前提下得

到凝胶结构的一些基础结果的优势。

16.2.5 张力/外延力测试

张力/外延力测试通常用来评估肉片(例如熟食肉切片)以及蛋白凝胶体系的结合强度。该试验通过把样品拉开来达到试验目的(图16.2.5.1)。

图16.2.5.1 张力测试,通常用于评估整块肉或者切片肉(例如结缔组织、非肉添加剂等因素)。照片由 S. Barbut 所摄。

在此试验中,肌纤维的方向非常重要,因为试验中沿着垂直于纤维纵轴方向拉伸需要的拉力会比沿着肌纤维纵轴方向的拉力小很多。我们通过小规模的商业产品试验来阐述,主要讨论具有良好切片完整性的(即在切片时不会分离)以及切片完整性较差的(即在切片时经常会分离,并且当折叠到120°时会破裂)火鸡胸肉制品的试验结果。首先,蒸煮产品被切成3 mm厚的肉片,然后制备成20 mm×150 mm的条状样品。对于有良好结合特性的产品,平均拉力在3.0 N左右,而对于结合较差的切片来说,其平均拉力在1.4 N左右。对切片性能较差的产品进行微观结构观察,发现该类产品的肌纤维某些特定区域中结缔组织结构较差。

16.2.6 硬度扫描监测

前面提到的这些检测方法可以说都是破坏性的,因为每次试验都需要新的样品,而硬度扫描监测是一种非破坏性的试验方法,可以用来研究肉类蛋白在加热时持续的变化过程。该设备可以感知非常小的压力或者应力变化。图16.2.6.1中连续硬度扫描示例表明,在不同食盐和磷酸盐水平下,该方法可以反映样品在凝胶结构构建阶段发生的一些变化信息。这些变化和蛋白去折叠、蛋白-蛋白相互作用以及蛋白和其他一些非肉成分的作用有关。总的来说,该试验能够提供有关转变温度、蛋白相互作用等一些基础信息。然而,许多研究发现该试验结果和感官质构或者凝胶破裂强度之间并没有很好的相关性。即便如此,该试验可以为优化加工条件、组分替代物,以及在研究盐浓度和 pH 变化对样品影响等研究中提供宝贵信息(Hamann,1988)。

最先投入使用的试验型设备之一是一种玻璃显微镜盖玻片,它能在蛋白溶液加热过程中,以极低的速率在短距离内上下移动。玻片移动时所受到的阻力会被记录下来,并根据温度变化来绘制图形(详见第 13 章中 Yasui(1980)等研究结果),并且展示加热对不同浓度条件下肌动蛋白和肌球蛋白的影响。结果发现,胶凝形成过程的温度、肌球蛋白与肌动蛋白的比例对凝胶结构的形成以及蛋白-蛋白之间的相互作用程度都有影响。如今,已经能够利用更加精密的压力/应力流变测试仪进行研究,这种仪器通过高速计算机来控制操作,可以提供更加精确的移动和温度控制,从而使计算更加方便。最普遍的两种测试探针是平行板装置以及摆锤和杯子装置(图 16.2.6.2)。如果肉糜很滑,那么还可以使用锯齿状的板。图 16.2.6.1 中结果就是很好的例证,它利用了一种商业化的流变仪来研究磷酸盐添加量对低盐禽肉糜(较光滑)的影响。

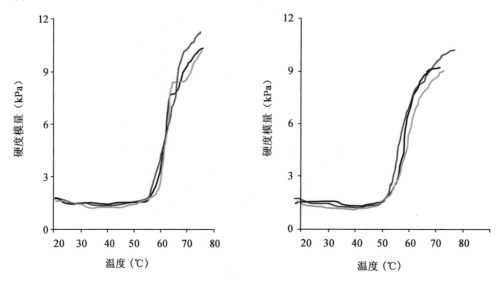

图 16.2.6.1 蒸煮前贮藏在 1℃条件下不同时间的含有 2.5％NaCl(左)和 1.5％NaCl(右)的禽肉糜的硬度模量。灰线 ＝ 0 天;黑线 ＝1 天;虚线 ＝ 4 天。根据 Barbut 和 Mittal(1991)的结果重构。

图 16.2.6.2 两种最常见的流变装置。左边为平行板(注意:还有一种锯齿形的平板装置可以用来测量较滑的肉糜),右边为摆锤和杯子装置,详见文中描述。照片由 S. Barbut 所摄。

16.3　肉的风味

风味是决定食品可接受程度的最重要因素之一。肉中大量的风味物质是在蒸煮过程中由生肉中存在的天然物质进行一些复杂的反应所产生（Aliani and Farmer，2005；Calkins and Hodgen，2007）。熟肉的香味证明了这一点，因为它的气味和生肉完全不同。在蒸煮过程中会产生拥有相对较高气味阈值的化合物（大约几百种），这些物质都会对总体的香味和风味产生影响。一些新型分析设备的发展（例如高效气相色谱-质谱仪）使得科学家们已经能够更加精确地识别主要化合物以及一些与它们相互作用的低浓度化合物。总的来说，风味是滋味和气味的结合，分别由味蕾和鼻子中的嗅觉感受器来感知（Farmer，1999）。风味以及滋味感知的机理很复杂，还没有被彻底研究清楚。但是，据我们所知，它们受许多因素影响，比如不同风味化合物的比例和数量、脂肪含量以及温度等。滋味通过舌头上的感受器感受，它能够觉察到四种主要的味道：咸味、甜味、酸味以及苦味。其他的感受比如"umami"（一个用来表示美味的日本词汇）、涩味、金属味，以及痛觉（"烫"和"冰"）也可以感受到。许多教材和综述都以肉的风味为主题来进行撰写（Calkins and Hodgen，2007）。接下来将着重讨论关于化学作用对气味和滋味影响的一些重要发现以及对肉类风味和香味有影响的某一特定的加工过程。

蒸煮后的肉会产生几百种挥发性物质，例如 Farmer（1999）发现在鸡肉中就有 500 种。其前体物质可能包括氨基酸、还原糖和磷酸化糖、脂类以及硫胺素。大多数化合物的浓度低于其味觉阈值，这说明协同作用对味觉非常重要。

研究人员利用高效气相色谱获得的稀释的芳香提取物，以及专业人员的主观气味测试，来区分不同挥发性物质对风味的贡献作用。若某种稀释的化合物还能被察觉到，那么就被认为是重要的。照此，许多独立的化合物被确定并分析。研究发现的这些重要化合物的多样性说明了感官知觉的复杂性，以及不同提取方法、样品制备方法以及评估方法对结果的影响。为证明某一种主要化合物的影响，我们还可以通过把它从食物中彻底去除或者给食物添加更多这种化合物的方法来达到目的。Fujimura 等（1996）以及 Aliani 和 Farmer（2005）都采用了这些方法，具体讨论如下：

Fujimura 等（1996）分析了从熟制鸡肉中提取出来的水溶性化合物，然后将其与其他的一些氨基酸，ATP 代谢物，以及一些无机离子结合，从而尝试模拟提取物的感官特性。这些主要成分是谷氨酸、单磷酸肌苷和钾离子。谷氨酸和单磷酸肌苷被认为会带来"鲜味"，而且肌苷还会产生一些甜味。钾离子主要负责产生咸的、苦的和一些甜的感觉。在蒸煮过程中研究人员发现了还原糖，游离氨基酸以及核苷酸等物质浓度会产生变化。这些变化影响了禽肉的滋味和气味，因为很多物质都是在蒸煮、烧烤或者油炸过程中气味形成的前体物质。

Aliani 和 Farmer（2005）利用气相色谱-气味评估联用以及气相色谱-质谱联用来研究挥发性气味化合物，以确定以下几种风味前体物质对风味形成的贡献：硫胺素、5′-肌苷单磷酸、核糖、核糖-5-磷酸、葡萄糖以及高浓度的 6-磷酸葡萄糖（2～4 倍）。他们发现，核糖对增加所谓的"烧烤味"和"鸡肉味"的气味起到最主要的作用。他们还提到气味的变化很可能是由化合物浓度的提高所致，比如：2-呋喃甲硫醇、2-甲基-3-呋喃硫醇以及 3-甲硫基丙醇。

Farmer 在 1999 年的一篇综述中总结了蒸煮禽肉中对风味形成最重要的一些化合物，之后 Calkins 和 Hodgen（2007）总结了对牛肉风味影响最重要的化合物并制成表格。禽肉中的关键化合物如表 16.3.1 所示，归为：呋喃硫醇类和二硫化合物、含硫化合物类、醛、酮、内酯杂环化合物（含硫、氧、氮）以及其他等几种不同的类别。单独的这些化合物可以产生某一种气味，比如肉味、蘑菇味、水果味、硫味或者烤的味道，但是它们组合起来却可以产生典型的熟制鸡肉的香味。熟制鸡肉中产生芳香的主要化合物与熟制牛肉中产生芳香的主要化合物不同，在牛肉中，2-甲基-3-呋喃二硫化物、甲硫基丙醛以及苯乙醛作用较小，而特定的脂肪氧化副产物如反式-2,4-癸二烯醛和反式十一烯醛更加重要（Gasser and Grosch，1990）。Gasser 和 Grosch 认为，这种差异与鸡肉中的亚油酸含量高于牛肉有关。值得注意的是，煮制的方法对风味和香味都有很重要的影响(例如:油炸肉的香味与水煮肉的香味不同)。

表 16.3.1　对熟制禽肉的气味形成有重要作用的化合物列表。来自 Farmer(1999).

化合物	气味特点	化合物	气味特点
呋喃硫醇和二硫化合物类		2-十一烯醛	哈喇味,甜味
3,3′-二硫代双(2-甲基)-呋喃	肉味,烤味	γ-癸内酯	类似桃子味
2-甲基-3-呋喃硫醇	肉味,甜味	γ-十二内酯	哈喇味,水果味
2,5-双甲基-3-呋喃硫醇	肉味	**其他的杂环化合物**	
2-呋喃甲硫醇	焦味	2-甲酰-5-甲基 噻吩	硫黄味
2-甲基-3-(甲硫基)呋喃	肉味,甜味	三甲基噻唑	土味
2-甲基-3-(乙硫基)呋喃	肉味	2-乙酰基-2-噻唑啉	烤味
2-甲基-3-甲基二硫呋喃	肉味,甜味	2,5(6)-双甲基-吡嗪	咖啡味,烤味
含硫化合物		2,3-双甲基-吡嗪	肉味,烤味
3-巯基-2-戊酮	硫黄味	2-乙基-3,5-双甲基-吡嗪	焦味
双甲基三硫	瓦斯味,金属味	3,5(2)-双乙基-2(6)-甲基-吡嗪	甜味,烤味
二硫化氢	硫黄味,蛋味	2-乙酰基-1-吡咯啉	爆米花味
甲硫基丙醛	熟土豆味	**其他**	
醛、酮以及内酯类		2,3-丁二酮	焦糖味
1-辛烯-3-酮	蘑菇味	β-紫罗酮	紫罗兰味
反式-2-壬烯醛	哈喇味,脂肪味	14-甲基-十五醛	脂肪味,哈喇味 鲸油味
壬醛 反式,反式-2,4-壬二烯醛	哈喇味,生味 脂肪味	14-甲基-十六醛 15-甲基-十六醛	脂肪味,哈喇味,橘子味 脂肪味,哈喇味
癸醛	生味,醛味	4-甲酚	酚味
反式,反式-2,4-癸二烯醛 1 (& 一种同分异构体)	脂肪味,哈喇味		

对风味和香味有重要影响的化学反应可以分为三个主要类别:(a)美拉德反应,(b)脂肪氧化反应,以及(c)硫胺素降解(维生素 B_1)

a.美拉德反应是一个相对复杂的反应过程,它是由一个或多个氨基酸与还原糖反应。不同的反应过程会产生不同的反应产物;有一些会对风味产生影响,有些则会带来表面褐变。这些反应会产生超过百种的挥发性物质。表 16.3.1 中所列的前 19 种化合物可以发生美拉德反应。

例如,硫化氢就是半胱氨酸和二羰基通过美拉德反应的一部分,即斯托克降解反应产生的。这个特殊的反应有助于总体香味的形成,同时也会产生重要的含硫化合物使得一些以其为介质的其他化学反应能够进行。Manley 和 Choudhury(1999)曾经针对美拉德反应产生的 9 类最常见的芳香化合物写过一篇全面的综述。

b.脂肪氧化有助于理想的风味和香味的形成,但是也存在脂肪酸败的潜在问题。烹饪会带来热氧化,而这正是产生风味的重点。然而,在室温下发生的氧化通常是由内源酶引起的,这会带来不良的风味和气味,如腐臭味或纸板味。表 16.3.1 中所列的物质中有 10 种是来源于热氧化反应(在副标题为醛、酮和内酯一栏)它们包括 1-辛烯-3-酮,反式-2-壬烯醛,反式 2,4-壬二烯醛以及反式反式 2,4-癸二烯醛。所有这些都来自 n-6 脂肪酸的氧化反应,而且被认为是有利于蒸煮鸡肉风味的物质。最具活性的脂类是多不饱和脂肪酸,接着是单不饱和脂肪酸,最后是饱和脂肪酸。它们之中的一些物质被认为是导致再次加热禽肉产生不愉悦气味的原因,即过熟味(WOF)。动物日粮会影响其肌肉中脂肪酸的成分,从而影响肉的风味,这会在下文进行讨论。

c. 硫胺素降解会产生不同的含硫和含氮的终产物,它们由维生素的双环结构分解而来。有些化合物具有非常强烈的香味,比如 2-甲基-3-呋喃硫醇,它赋予了鸡肉/红肉所谓的"肉味"的香味和风味(Gasser and Grosch,1990;Calkins and Hodgen,2007)。这种化合物可以通过硫胺素降解形成或者通过半胱氨酸和核糖之间的反应形成。2-呋喃甲硫醇也可以通过硫胺素降解形成,使肉产生一种"烧烤"香味。

如上所述,肉的总体风味受到食物中的各种前体物的浓度、温度、pH,以及盐还有其他化学物质所影响。一些前体物的缺失会成为限制香味形成的因素,这也可以解释为什么有些肉的风味平淡。温度是可以由生产者或者消费者控制的关键因素。它可以影响美拉德反应的程度以及脂肪氧化的程度。Salama (1993)对比了传统的炉灶烹饪和微波加热的方法,发现传统的加热方法能够使胸肉和腿肉产生更加让人喜欢的风味。这可能是因为微波加热速度非常快(整个产品中的水分子极性急速变化),因此没有足够的时间来产生气味和风味。作者还发现,如果产品没有经受足够时间的热空气循环,那么美拉德褐变反应也会显著减少。研究表明,不管是传统加热或是微波加热,若在烹饪前添加磷酸盐或氯化钠都可以提升风味。Ang 和 Liu (1996)发现,当烹饪温度从 60℃ 上升到 80℃时,挥发性物质产生量会增加。更高的温度可以增加化学反应速率以及游离氨基酸和其他前体物质的数量。当温度从 60℃ 上升到 70℃ 及更高时,脂肪氧化副产物,即壬醛和庚酮含量,会随着温度升高而增加然后达到平衡。另一方面,2-3-丁二酮和二甲基二硫化物含量在 60℃ 和 80℃ 之间以基本恒定的速率增加。

总的来说,禽肉/红肉的风味特点源于各种水溶性和挥发性芳香物质的种类和含量。这些化合物的浓度和它们之间的相互作用受到各种与动物有关因素的影响,比如物种/基因群、性别、年龄以及饮食,还受到加工工艺比如净膛时间、冷却速率、贮藏和烹饪的方法的影响(详见以下综述 Land and Hobson-Frohock,1977;Farmer,1999;Calkins and Hodgen,2007)。大多数研究人员认为,动物的日龄是最重要的影响因素之一。一些研究人员也认为,动物的基因类型以及体重都是极为重要的影响因素。Land 和 Hobson-Frohock (1977)认为没有证据能够证明相同日龄的不同品种的鸡(比如:New Hampshire crosses,Barred Plymouth Rock)之间有显著的统计差异。这是一个很重要的发现,因为相同品种的鸡在不同生长阶段拥有显著差异。Farmer (1999) 总结了有关基因类型的研究内容,其中 4 篇研究认为慢速生长品种拥有更好的风味,但是其他 3 篇认为它们之间无显著差异。

日龄的影响可能是由于各生长阶段的生理变化导致。当动物/禽类成熟时,其体内脂肪、蛋白质以及风味化合物/前体物的数量和含量都发生变化。在法国很受欢迎的自由放养的慢速型生长的 Label-Rouge 鸡就是一个例子。研究发现,在公鸡肉中的风味强度一直在增加直到 14 周,即它的性成熟时间(Touraille et al.,1981)。作者认为,脂质成分可能是决定性因素,因为他们没有发现肌肉 pH、水分含量或者脂质含量之间的关系。也有报道称禽类的性别在一定程度上也会影响风味,一般雄性禽类倾向于拥有更强的风味(Land and Hobson-Frohock,1977)。其他的一些研究认为在鸡达到性成熟之前,不同性别鸡之间不存在风味的差异(Touraille et al.,1981)。

饮食会影响风味,但是 Land 和 Hobson-Frohock (1977)发现,需要有非常显著的日粮改变才能产生非常小的所需风味的变化。但是,如果在饲料中加入氧化鱼油,哪怕只是少量的,都会使肉(或者蛋)产生鱼腥味。许多研究评估了饲料的成分/添加剂对风味的影响,主要是为了确保不产生有害影响。例如,添加维生素 E 可以延长畜禽肉类的货架期,主要通过延缓脂肪氧化和不良风味的形成(Sheldon et al.,1997)而延长新鲜/冷冻贮藏期。

生长环境(比如室内的圈舍,户外牧场)、放养密度、环境因素以及饲养方法会影响肉的风味(Land and Hobson-Frohock,1977;Farmer et al.,1997;Calkins and Hodgen,2007),但是这些差异对禽类没有影响。比如,涉及家禽年龄的因素,对 Label Rouge 肉鸡的一系列研究(即低密度放养,喂以高谷物含量饲料慢速生长鸡)表明,肉鸡至少要饲养到 12 周之后才能比在圈舍里以传统颗粒状饲料喂养的鸡拥有更强烈的气味和风味。然而,有研究认为风味的提高是由于 Label Rouge 的市售日龄较高(Touraille et al.,

1981)。英国一项针对法国 Label Rouge 肉鸡系统的研究通过测试基因类型、日龄、膳食，以及饲养密度等，发现鸡的饲养日龄是影响肉风味的主要因素，日龄越大的肉鸡拥有更强的风味（Farmer et al.，1997）。养殖密度和日粮对风味特性有一定的影响，但是基因类型的差异对其有显著的影响（比如 Ross 鸡比 ISA 657 鸡的总体香味强度要高）。总的来说，研究阐明的思想是：放养的 Label 鸡肉风味的提升主要归因于更长的日龄。

16.4　感官评定

16.4.1　概述

　　感官评定是研究不同成分（比如：暗色，亮色的肉，盐，淀粉），加工参数（比如：脱骨时间），制作工艺（比如：油炸）以及食物与消费者感官感受之间的相互影响的方法。感官评定包括以感觉为基础的不同参数，如味道（咸味，甜味，酸味和苦味）、气味、触觉（如质构，口感和含水量）、视觉（颜色，形状）以及听觉（比如嘎吱嘎吱的声音）。感官分析领域已经成熟多年，并且成为食品科学领域一门重要的学科。受过专业训练的感官专家在质量控制、产品开发、质构和风味研究以及配方和加工过程改进等领域工作。从工业角度来看，一个优秀的感官评定团队有助于让拥有理想的感官特性的产品成功进入市场（Lawless and Heymann，2010）。

　　总体感官分析由一系列测定人类对某一特殊食物或消费产品反应的技术方法组成。感官评定定义为：一种用来唤起、测量、分析以及表达由食品与其他物质相互作用所引发的，能通过味觉、触觉、嗅觉、视觉和听觉等感官进行评价的科学方法（Lawless and Heymann，2010）。"唤起"这个词意味着用特定的一些准则在可控的条件下来准备和提供样品以减小误差。为达到这个目的，需要使用试验专用的测量间，样品标以盲码（照片在下面的章节提供），产品以不同的顺序展现给每一位参与者，并且食物是以特定的体积在特定的温度下提供给感官评定专家。"测量"这个词意味着感官评定是量化的科学，通过收集数据资料来建立产品特性和人类感官之间的合理的、特殊的关系。"分析"这个词代表恰当的评定很重要，尽管人们感官评定的结果通常都有很大的差异。当然有很多的差异来源于试验过程不能被完全控制（例如：之前吃过的食物、对感官刺激的生理敏感性、情绪、过去的历史以及对相似食物的熟悉程度）。因此，应该对感官评定人员进行筛选来消除其对味觉和颜色的不敏感性（Nute，1999）。

　　下一步就是结果的表达。同其他试验一样，数据和统计的信息只有当被转化为假说的内容、背景信息以及与未来举措相关信息时才有用。结论涉及对方法的考虑、试验的限制、背景以及研究的框架。因此，正在为该领域做准备的感官评定科学家，必须要接受以上提到的四个方面的训练。感官科学家必须理解产品、人以及统计分析，并且能够在研究目的的框架内解读数据（Lawless and Heymann，2010）。

　　感官试验通常分为：

　　a. 描述性分析——研究产品某些特定的感官特性差异。

　　b. 差异性试验——研究产品是否在任何情况下都有显著性差异。

　　c. 偏好性试验——研究产品被喜欢的程度以及哪一种更受欢迎。

　　这三种分类讨论如下：在大多数情况下，会提供畜禽类产品相关文献供进一步阅读。关于感官分析更详细的信息可以从一些专门针对这个主题的书中获取，比如 Lawless 和 Heymann（2010）以及 AMSA（2015）。

　　以下是质量控制感官监控用于衡量商业化肉品加工线生产的一个例子。这个例子说明智能化的感官分析如何提供实时结果以及如何使监管人员能够快速地检查问题。质量控制专家组通过专业培训，并且针对蒸煮鸡胸肉的关键特质（例如：纯鸡肉的风味、烧烤风味、嫩度、多汁性以及在吞咽之前咀嚼的次数）进行标准化的感官评定，通过客户调查确定理想的变化范围。专家组通过电脑信息化的反馈进行培训，以确保每一位成员用同样的方式对食物特性进行评价。在真实的评定中，采用从生产线上取下的剔骨去皮鸡胸肉为样品(不同的生产日期),并且有 10 个感官评定人员使用标准化方法进行评定。鸡胸肉通过水煮使中心温度达到 72℃,然后再冷却到室温,切成小份以供评定。所有样品都使用 3 位数字进行盲编以缩小偏差。所有样品都在红色灯光下[图 16.4.1.1(参见插页图 16.4.1.1]提供给评定小组以缩小颜色偏差,因为颜色在这种条件下并不是关键指标(但是会造成评定小组的偏差)。

图 16.4.1.1　在红光下呈现给感官评定专家(为掩盖任何颜色可能带来的差异)的食物样品示范(例如,蒸煮鸡胸肉)。平板电脑用来显示问题并自动处理从感官评定专家那收集到的资料。由计算机感知提供。

样品的感官评定通过使用平板电脑进行电脑化的投票来评分(图 16.4.1.2)。所有的结果会被自动收集起来,进行统计分析,马上就能得到通过/不通过的结果(图 16.4.1.3)。

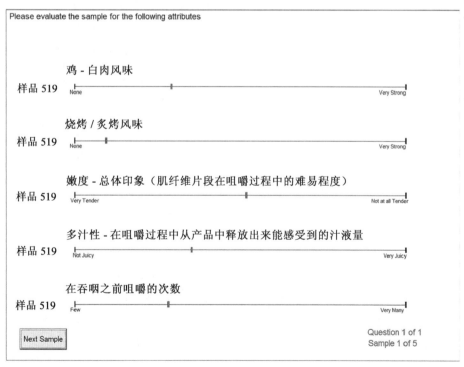

图 16.4.1.2　由非结构化的线型标尺组成的问卷(详见文中)展示给专家组,供其对样品进行评估,如上图所示。由计算机感知提供。

Summary Report

项目：14-321 剔骨无皮胸肉

# of Evaluations: 10

结果摘要

特征名称／标准差	P 值	1-519 1 Run 3 male B/S Breast	2-611 2 Run 3 female B/S Breast	3-384 3 Run 7 male B/S Breast	4-425 4 Run 7 female B/S Breast	5-523 5 Line 7 male B/S Breast
鸡－白肉风味	0.293	23a	21a	22a	22a	23a
（标准差）		(3.8)	(3.8)	(4.4)	(4.8)	(5.1)
烧烤／炙烤的风味	0.001	11ab	10ab	9ab	13a	10ab
（标准差）		(6.7)	(6.6)	(6.0)	(6.6)	(6.1)
嫩度－总体印象	0.001	50ab	51ab	51ab	46b	52ab
（标准差）		(10.8)	(11.6)	(10.3)	(10.0)	(11.0)
多汁性	0.000	34abcd	35abcd	37ab	31cd	38a
（标准差）		(7.4)	(5.1)	(8.6)	(7.1)	(8.9)
咀嚼的次数	0.008	21ab	19b	20ab	21ab	20ab
（标准差）		(6.6)	(5.8)	(6.1)	(6.0)	(8.4)

多重比较的结果可能在上面出现。最大实验误差率的 TURKEY'S HSD 比较可以在没有 F 值保护下进行。标准经验建议 LSD 和 DUNCAN 方法只有在实验误差率可接受是可接受的时候才使用（即在零假设设条件下）。如果 DUNCAN 多重范围测试出现，只报告最大的关键范围。详见其他关键范围分析。如果自动显著性被选择，那么自动根据所观察到的 P 值进行选择。

图 16.4.1.3　试验获得结果的统计分析截图。当最后一个感官评定专家结束评定后系统会进行自动分析。

数据可以保留任意时间,然后以图表的形式展现生产或者供应链上可能发生问题的趋势(图 16.4.1.4)。因为收集到的是标准化值,因此很容易就能得出有关于质量特性量化的结果。该过程的自动化能够很快地给出可靠的结果并且使培训熟练的质量控制评定员成为常规过程。

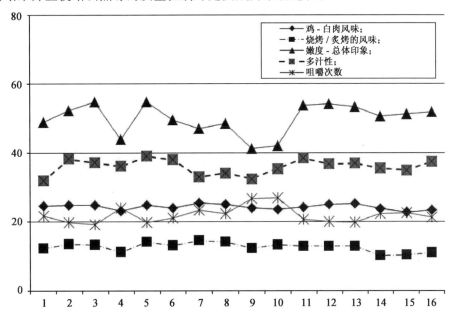

图 16.4.1.4　剔骨去皮鸡胸肉的感官质量。在 16 个生产日期间由专业的质量评定小组针对 5 个关键特性进行评价的结果。由计算机感知提供。

在 AMSA(2015)指导方针一书的“肉的烹饪”一章中提供了很多信息,包括推荐了一些针对新鲜牛肉、猪肉、羊排/块、烤肉以及碎肉饼等样品的收集以及如何准备合适的样品用于感官评定和嫩度测试的内容。这同样适用于某些增强型、熏制型或者粉碎型产品。其他涉及的主题包括产品处理、烹饪方法、感官评定方法、用仪器来测定肉的嫩度的方法以及数据分析的综述。修改后的参考列表提供了来自 ASTM(前美国材料与试验协会)委员会 E-18、感官专家协会,以及食品科技专家协会与感官评定有关的更多出版物和年度研讨会。

16.4.2　描述性/侧面分析

描述性分析用来将感受到的产品的感官特性的强度进行量化。在经过针对感官敏锐度和动机的筛选后,评定小组成员被筛选出来并由分析数据人员进行培训(Lawless and Heymann,2010)。该方法提供了感官科学家工具库中最精密的工具。研究人员可以从评定专家那里得到完整的对于产品的感官描述结果,有助于强调风味或者某一特定成分、加工差异,然后确定哪种感官特性对可接受度来说是最重要的。总的来说,有很多种不同的描述性分析方法,通常可以反映不同的感官基本原理和方法。根据使用方法的不同,描述可以是定量的或者定性的,并且比较客观。当某一产品或者对比好几种产品的详细的感官特性解释非常重要时,可以采用描述性分析。从感官层面来说,描述性分析可以具体反映一个产品与其他产品的不同(比如:你的产品与你的竞争者的产品)。该方法还可以用于产品开发时评估新产品与目标还有多少差距或者用来评估经典产品的适用性。在描述性分析中最重要的一方面就是语言的使用。在培训阶段,要花很大的精力来教/训练专家组成员使用特定的语言。另一种方案是,小组专家们可以组织他们自己的科学语言来描述感兴趣的产品类别。

第一种采用描述性概念的方法是风味剖析,由 A. D. Little Consulting 团队在 20 世纪 40 年代提出。他们需要一个工具来分析营养胶囊中令人不悦的臭味,因此他们要广泛地训练小组专家们来描绘所有的风味要点以及强度。这对感官科学的发展来说是很重要的一步,因为这依赖于许多专家评判的反馈信息,并且提供了描绘单独特性的方法(Lawless and Heymann，2010)。20 世纪 60 年代，General Foods 公司发展并改善了用来定量描述食品质构的试验。该方法被称为全质构分析或者 TPA (Szczesniak et al.，1975)，并且已经在本章的起始部分提到。总的来说，食品的感官特性和物理特性有许多相通之处(比如：感受到的样品的硬度与破坏样品所需要的物理作用力相关)。

Lyon (1987)发明了一些词汇用来描述新鲜或者再热鸡肉的风味和香味。最初，评定专家们给出了较随意的 45 个描述性词汇名单，包括肉味、鸡味、野味、烤味、水煮味、焦味、类似肉汤味、肉汤味、肝脏味、土味、油腻味、熟蔬菜味、霉味、坚果味、纸板味、陈腐味、再热味、脂肪味、氧化味、鱼腥味、金属味、涩味以及化学味道。之后，所有的小组成员分别评估新鲜烹饪和贮藏了 1、3、5 天之后再热的鸡肉饼(50% 浅色肉，50% 深色肉)。这些术语被用来获取强度信息，并且使用频率被用于统计分析。最初的术语列表被减少至 31 个词汇，并通过因子分析根据新产生的因子将这些术语进行分类。结果发现有 8 个因子可以用来解释 77% 的数据变量。当进一步进行因子分析后，经过专家组的讨论，术语的数量被进一步减少。另外，通过变量聚类分析和逐步判别分析去除多余的词汇。最终得到 12 个术语：鸡肉味、肉味、肉汤味、肝脏味、烧烤味、火烧味、纸板味/霉味、过熟味、酸败味/颜料味、甜味、苦味和金属味。这说明在制订一份合适的感官风味问卷的过程中存在许多困难和挑战。

定量描述性分析(QDA)于 20 世纪 70 年代初发明(Stone and Sidel，2004)。与风味剖析分析相比，定量描述性分析的结果并不是通过具有共识的讨论得到的，并且评定小组的领头人们并不是积极的参与者。QDA 结合了传统行为研究与试验设计以及统计步骤(例如方差分析)的概念。Lyon 和 Lyon(1993)发明了属性参数分析来研究剔骨时间对水煮或者烤制样品的影响(表 16.4.2.1)。因子分析结果表明，有两个最基础的感官属性类目可以解释 84% 的变量。首先，因子Ⅰ，由机械几何特征组成(即：硬度、咀嚼性、纤维度以及颗粒尺寸和形状)，解释了 64% 的变量，并且根据剔骨时间将处理进行分类。其次，因子Ⅱ，解释了 20% 的变量，主要与水分特性有关，并且将样品依据烹饪方法(水煮、烤制)进行区别和分类。之后，Lyon 和 Lyon(1997)使用同样的属性研究宰后 2、6 和 24 h 剔骨鸡胸肉的剪切力值和描述性感官属性之间的关系，并将结果总结以蜘蛛网的形式展示(图 16.4.2.1)。感官描述质构属性通过聚类分析被分为 5 类，分别代表机械的、水分的、咀嚼吞咽的、唾液的，以及残留的特点。作者报道了不同剔骨时间的鸡胸肉片间的差异。在聚类Ⅰ中的机械属性中，除了破裂，都与由 Warner-Bratzler 和 Allo-Kramer 测量的剪切力结果有显著的相关性。总体的结论是，肉的质构是高度复杂的，而仪器测定方法只能够提供质构某一方面的特性(例如涉及机械破碎的就是这种情况)。有关于质构感官评定，至少到目前为止还不能够直接地与仪器测定方法相联系。Lawless 和 Heymann (2010)对此进行了非常详细的讨论，最后认为"很多情况下仪器缺少人类感官系统的敏感性——嗅觉就是一个很好的例子"。

表 16.4.2.1　用于描述宰后 2 h 和 24 h 剔骨并用水煮或者烤制的鸡胸肉质构特性属性的定义以及量化术语。摘自 Lyon 和 Lyon(1993)。

属性	定义	固定术语
湿度	表面含水量的等级	干到湿
弹性	第一次下压后样品恢复到最初形状的等级	低到高
起始内聚性	破裂前的形变	低到高
硬度Ⅰ	由部分穿过样品到使样品破裂所需要的力	低到高
起始多汁性	肉中的水分含量	低、干到高、水润
破裂速率	固体样品破裂成独立的小部分所使用的速率	慢到快
硬度Ⅱ	持续穿透样品所需要的力	低到高
咀嚼性	咀嚼样品所需要的功(硬度×内聚性×咀嚼性)	低到高
水分释放的持久性	咀嚼时水分释放的持久度或者连续性	低到高

续表 16.4.2.1

属性	定义	固定术语
物质的内聚性	样品被咀嚼时是如何维持一起的（低＝纤维很容易被破坏，块状转变到高＝小块食物以一定体积增长，抗拒分解）	低到高
唾液产生	样品在嘴里咀嚼并与其他样品混合准备被吞咽时嘴里产生的唾液量	无到很多
颗粒尺寸和形状	当样品在嘴里被持续咀嚼时对样品尺寸和形状的描述	精细、小到粗糙、大
纤维度	纤维度的等级	没有到非常多
咀嚼次数	将样品准备吞下之前咀嚼的次数	少到多
食团的大小	食团在被吞下之前的尺寸	小到大
食团的湿度	准备将食团吞下时感受到的湿度	少到多
吞咽的难易度	容易到困难	容易到困难
残留的松散的颗粒	吞咽之后嘴里残留的松散的颗粒数量	无到许多
黏牙度	样品黏附在牙齿上或残留在牙周围	少到多
黏附感	当样品吞咽后水分—脂肪覆盖在口腔的量	低到高

　　总的来说，描述性方法在测量单独的成分对风味、质构等指标的贡献方面非常有用。然而，使用精准的术语来描述评价结果，使来自不同研究人员的研究结果能够进行对比也是非常重要的。

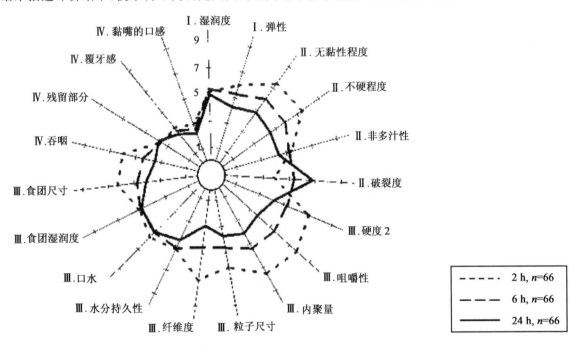

图 16.4.2.1　宰后 2、6 和 24 h 不同剔骨时间对鸡胸肉质构属性影响的描述性感官评价结果。每一条射线从多边形的中心（0 分）出发，按属性标签延伸，代表 0～15 的线性响应范围，缩短到 10 分。每一条射线都标注属性的缩写和试验的时间。宰后处理的样品的每一个属性结果都用平均值（$n=66$）展示用于描述感官特性。射线标签：阶段Ⅰ—水分和弹性在最初使用牙白压缩样品时评定结果；阶段Ⅱ—incohesive（初始的内聚性）、inhard（初始硬度）、injuiciness（初始多汁性），以及 rbkdown（分解速率）等在用牙白压缩样品时的起始阶段评价；阶段Ⅲ—hard 2（咀嚼 15 次之后的硬度）、chewiness（咀嚼性）、cohesmass（物体的内聚性）、partsize（颗粒的尺寸和大小）、（fibrous）纤维感、persmoisture（水分释放的持久性）、saliva（唾液）、boluswet（肉丸的湿润度）以及 bolus-size（肉丸尺寸）、在咀嚼 15～25 次之后进行的评价；阶段Ⅳ—swallow（吞咽）、residpart（残留物的粒径）、toothpack（黏牙度）和 mouthcoat（黏附感）在吞咽时候的评价。（------·2 h；———— 6 h；———— 24 h）。摘自 Lyon 和 Lyon（1997），已获得许可。

16.4.3 差异测试

差异试验比描述性试验更容易进行。在这类试验中,专家小组会被要求对所评价的样品进行区分,将奇怪的样品挑出,根据参照来匹配,或者将样品分成两个不同等级组（Nute,1999；Stone and Sidel,2004）。在进行试验时,需要非常仔细的思考,因为评定小组可能把寻找奇怪样品的想法当成一个风险游戏。因此,任何的差异,除了研究对象,都应该被消除（例如：评价风味时,颜色和外观必须一致）最常见的差异试验包括(a)三角测试,(b)成对比较,(c)2-3点测试,以及(d)五选二测试。

a.三角测试——最初在20世纪40年代,Carlsberg啤酒厂用来评价两种不同批次的啤酒。要求评定专家们区分出奇怪的样品并且根据他们区分差异的能力来筛选他们是否能够进行啤酒风味评估试验。在这个试验中,同时提供三种样品,所以有6种可能的组合顺序(112,121,122,211,212,221)。随机分配样品的顺序非常重要,只有这样才能使统计分析成立。一个小组专家选中正确的特殊样品的可能性是33%。为了分析结果,正确响应的数量会与一个可能性参照表格进行对比,以确定这些结果是否有显著性差异。

Dickens等（1994）提供了一个评价肉制品的例子,研究鸡肉蘸过乙酸（食醋）以减少微生物的方法对肉的感官特性的影响。作者采用40个胴体（20个对照,20个蘸过乙酸）,每个胴体进行3次重复。样品分别放在水里、袋子里,或者烤箱里烹饪。评定小组面向试验对象,然后利用智能化系统来输入数据。每种烹饪方法（即6项感官试验）进行3个环节的感官评定（每一次重复1次）,由10位评审专家执行。结果发现,用乙酸（食醋）处理或者不同烹饪方法与对照组之间没有显著差异。在该例子中,通过烹饪方法和重复所得到的响应总数是20。对于一个差异显著性的结果来说（$P < 0.05$）,20个响应中需要有13个是正确的；然而没有一次重复符合该标准。

b.成对比较测试——向专家组成员提供两种样品,并且要求他们选出一个特征属性更强烈或者更明显的样品。这些差异可能是直接的或者间接的。直接试验是片面的,这意味着他们遵循既定的问题进行试验,比如：哪个样品更硬？哪个更多汁？哪个更咸？间接试验是双尾试验,主要根据评定专家的偏好,他/她更喜欢哪种样品。

另一个例子是研究乳酸作为消毒剂对鸡肉感官质量的影响（Van der Marel et al.,1989）。该试验采用1%乳酸浸泡15 s的鸡腿肉作为处理组与未经乳酸浸泡处理的鸡腿肉进行比较。每个样品都烤制30 min,然后将每个大腿和小腿都分为48份。12位受过培训的评定专家都会得到4份盖着的、热的样品,并且需要选出自己偏好的样品并给出原因。在总共进行的两次环节中,每一位专家要评价一对小腿肉和一对大腿肉。对照组的试验结果是：1位专家选择对照组4次,5位3次,2位1次；还有1位1次都没有。这个结果与预期的偶然结果并没有差异。感官评定专家更喜欢处理过的样品的原因（以及频率）是他们认为处理过的样品有更强烈的味道（9次）、金属味（2次）、脂肪味（1次）,以及鱼味（1次）。对于没有处理的对照组样品,其原因是更强烈的风味（11次）、脂肪味（1次）以及鱼味（1次）。总的来说,处理过的样品得到了22次的喜爱选择,而对照组是26次。这意味着处理过和非处理过的样品之间没有显著性差异,因为只有当一个类目至少被选择32次时才被认为有显著性差异（$P < 0.05$）。

c.2-3点测试——该试验要求评定专家为试验样品匹配一个参考样品。该试验是介于三角试验和成对比较试验之间的一种试验,但是比三角试验更具有统计方面的权威。以专家小组成员数量为背景而设计的特殊图表被用来衡量达到差异显著性水平所需要的样品数量。英国标准机构（BSI,1992）和美国试验材料协会（ASTM,1992）出版的书中给出了利用2-3点试验评估禽肉的标准方法。Janky 和 Salman (1986)使用该试验方法来评估水冷却和盐水冷却对禽肉的影响。冷却之后,产品被做成肉糜,裹上面包屑进行油炸,然后分割成一口大小的尺寸,由25位专家评估。感官专家培训内容包括选择对质构差异敏感以及在评估鸡肉方面有经验的专家。对于水冷却或者盐水冷却胴体上的浅色或者深色的评价,至少需要有一半的评定专家能够区分出,并赞同这两种处理对肉的嫩度有显著的影响。该方法评定得到的结果与机械测定的剪切力嫩度一致。

d.五选二感官评定法——执行该方法时,评定专家会拿到 5 个样品并需要将样品分为两组。这些组要么包括 2 个样品 A 及 3 个样品 B,要么 3 个样品 A 以及两个样品 B。通常这种试验会有 20 个不同的组合可能。从统计学上来讲,这比成对比较试验(即:猜到正确答案的概率是 50%)和三点试验(33% 的概率)更加权威。然而,该试验可能存在的不足就是感官疲劳。总的来说,评定专家们必须进行多次重复评估,当他们必须品尝和闻无数次样品时,这是非常疲劳的。

16.4.4　情感测试

情感测试用于量化对某一产品的喜欢或不喜欢的等级。美国军事食品容器研究所在 20 世纪 40 年代建立的偏好性程度试验是这类试验的一个里程碑(Lawless and Heymann,2010)。这是一个平衡的九分制的评价试验,有中心点,涵括中性类目的标准,尝试用不同分数代表能反映人心理的偏好程度的结果副词:极度喜欢,非常喜欢,中度喜欢,轻度喜欢,既不喜欢也不讨厌,轻度讨厌,中度讨厌,非常讨厌,极度讨厌。感官评定小组成员可以是专门为品尝产品而筛选出来的,也可以是经常接触该产品的消费者(通常需要消费者 75~150 名)。这个九分偏好法的发展是食品科学家以及试验心理学家合作发展而实现的极佳例子。通过量化过程,感官评定成为能够进行统计分析、建立模型、预测并成为坚实系统理论的量化科学。在这些试验中,评定小组成员能以多种多样的方式分配数字:分类、分级,或者可以反映感官特性强度的方式。目前,最常用的方法包括(a)类目范围,(b)直线标度,(c)量值估计(详见下文叙述)。

这些方法主要有两方面区别。第一方面是给评定专家的自由空间。一个开放的尺度使得评定人员能够自由地选择任何看上去合适的数字进行反馈。然而这种反馈很难在小组成员之间形成标准。简单的类目分级通常比确定特定的强度标准或者参考标准更加容易。这有利于对小组成员进行后续的调整、数据编码以及分析。第二方面是小组成员之间可接受的差异程度。专家小组可以根据需要尽可能多地沿着标尺中间点评选,或者必须要给出不同的选择(提供 5~10 个方框)。通常来说,都会有一个条件来减少允许范围内尺度点的返回值。9 个类目尺标或者更多分数点方法是量值估计和直线标尺更精细的分级方法,至少当产品的差异不是很大时(Lawless and Heymann,2010)。总的来说,情感测试相对来说更容易使用,并且可以涵盖许多不同的属性(比如质构,风味),以及使用同一实验中的样品。

a.类别度量法——类别度量法是最古老的定标方法之一。它们涉及选择不同的反馈方法以代表风味增加/减少的程度或者受偏好的程度。可替代的类别数量通常在 5~15 之间,取决于应用条件以及评定小组从感官上来区分产品的等级数量。通常,随着小组专家培训周期的增加,他们通过感官来区分不同类别及其强度的能力也会提高。

Berge 等(1997)对来自不同生长时间(10,14,17 以及 > 20 个月)鸸鹋肉(*M. iliotibialis cranialis*)的嫩度、多汁性以及风味等方面进行差异性评估。12 位受过专业培训的评定专家,分别需要对盘子中所给的 3 种随机编码的样品按照 10 分制来进行评分(0 分代表强度最低,10 分代表强度最高)。作者发现嫩度随着生长时间的增长而显著降低,但是多汁性和风味却不受影响。

b.线条刻度法——也被称为图尺度评定法或视觉模拟标尺。感官专家们被要求在一条线上做标记,以表示一些感官特性的强度或者数量(详见图 16.4.1.2)。在使用该方法时,经常会使用标签(anchors)来避免专家们由于不喜欢使用直线终端来评价样品所谓的"终端效应"(end-effects)。类似的,其他的一些中间点也会被标记。在某些案例中,中间点作为参考点代表标准值或者基准产品标记在标尺上作为试验样品的参照。自从数字化设备出现以及在线计算机数据输入程序的广泛应用,线条刻度法得到更广泛的应用(详见本节介绍)。

例如,Oltrogge 和 Prusa (1987)研究了微波功率设置对鸡肉食用品质的影响(肉味、嫩度、多汁性、鸡的风味)。每一条刻度线都是 15 cm 未结构化的水平直线。鸡胸肉样品在微波炉中以 600 W 的 40%、60%、80% 和 100% 的功率煮至中心温度达到 82℃ 。作者们发现 60% 功率烹饪的鸡肉最嫩(这一结果与仪器测定的质构结果也相互关联),但是其他三个试验的属性之间都没有显著性差异。

Caron(1990)等使用了相同的三线试验研究日本鹌鹑。他们使用了 15 cm 长的刻度直线,在每个末端的 1.5 cm 处都做一个标签,然后分析感官评定小组对经过 18 代繁殖后的日本鹌鹑胴体重量和成分组成选择的反馈结果。他们发现嫩度和多汁性之间存在显著的线性效应,但是风味却没有。

  c.量值估计——应用不受限制的数值来代表感官比率。允许评定专家使用任何正数并要求给出具体值,他们之间的比例可以反映其经历的感官度量的比例。例如,给定一个炉烤火鸡胸的咸度评价值是 8,而下一个样品的咸度是它的 2 倍,那么它的量度估值将是 16。与类别标记和直线尺标不同,该测试不依赖于视觉外观。更确切地说,运用该方法的重点是给予评定专家说明指导以及资料分析技术。总的来说,这个试验有两种方式。第一种使用标准刺激给小组专家作为参考点或者锚点,并且通常会给出一个固定的数值。第二种不提供标准并且小组专家能够自由地对第一个样品给出任何数值,然后剩下的样品都与之相比。下面就是这类试验的举例说明。

  "请品尝第一个样品并评价其硬度。这是一个参照样品,标记硬度数值为 10。请以这个样品为基准,使用能够代表样品之间硬度强度比例的数值来给其他样品评分。比如说,如果下一个样品的硬度是这个样品硬度的两倍,那么你可以给出 20 的分值。你可以使用任何正数,包括分数和小数"。

  总的来说,质构和感官分析被广泛应用于工业和学术领域以研究新型产品,重新调整已有产品(使用新的/不同的成分),检查不同成分之间的交互作用,以及评价制备方法(剔骨,冷却,烹饪)。在合适的环境下使用正确的试验方法对得到准确的结果来说非常重要。

参考文献

Aliani, M. and L. J. Farmer. 2005. Precursors of chicken flavor. Ⅱ. Identification of key flavor precursors using sensory methods. J. Agric. Food Chem. 53(16):6455.

AMSA. 2015. Research Guidelines for Cookery, Sensory Evaluation, and Instrumental Tenderness Measurements of Meat. American Meat Science Association, Champain, IL, USA. http://www.meatscience.org/docs/default-source/publications-resources/amsa-sensory-and-tenderness-evaluation-guidelines/research-guide/2015-amsa-sensory-guidelines-1-0.pdf? sfvrsn=6. Accessed March 2015.

Ang, C. Y. W. and F. Liu. 1996. Influence of heating endpoint temperature on volatiles from poultry meat -a review. J. Muscle Foods 7:291.

ASTM. 1992. Manual on Descriptive Analysis Testing for Sensory Evaluation. Hootman, R. C. (Ed). ASTM Manual Series: MNL 13. American Society for Testing and Materials, Philadelphia, PA, USA.

Barbut, S., A. Gordon and A. Smith. 1996. Effect of cooking temperature on the microstructure of meat batters prepared with salt and phosphate. Lebensm.-Wiss. u.-Technol. 29:475.

Barbut, S. and G. S. Mittal. 1991. Effects of heat processing delay on the stability of poultry emulsions containing 1.5% and 2.5% salt. Poultry Sci. 70:2538.

Berge, P., J. Lepetit, M. Renerre and C. Touraille. 1997. Meat quality traits in emu (*Dromaius novaehollandiae*) as affected by muscle type and animal age. Meat Sci. 45:209.

Bourne, M. C. 1978. Texture profile analysis. Food Technol. 32(7):62.

Bratzler, L. J. 1949. Determining the tenderness of meat by use of the Warner-Bratzler method. In: Proc. Second Annual Reciprocal Meat Conference. National Livestock and Meat Board, Chicago, IL, USA.

BSI. 1992 Sensory analysis of food. Part 8. Duo-trio test. BS5929. British Standards Institution, Milton Keynes, UK.

Calkins, C. R. and J. M. Hodgen. 2007. A fresh look at meat flavor. Meat Sci. 77(1):63.

Caron, N., F. Monvielle, M. Desmarais and L. M. Poste. 1990. Mass selection for 45 day body weight in Japanese quail: selection response, carcass composition, cooking properties and sensory characteristics. Poultry Sci. 69:1037.

Cavitt, L. C. , J. F. Meullenet, R. Xiong and C. M. Owens. 2005. The relationship of razor blade shear, Allo-Kramer shear, Warner-Bratzler shear and sensory tests to changes in tenderness of broiler breast fillets. J. Muscle Foods. 16:223.

Dickens, J. A. , B. G. Lyon, A. D. Whittemore and C. E. Lyon. 1994. The effect of an acetic acid dip on carcass appearance, microbiological quality and cooked breast meat texture and flavour. Poultry Sci. 73:576.

Farmer, L. J. 1999. Poultry meat flavor. In: Poultry Meat Science Symposium. Richardson, R. I. and G. C. Mead (Eds). CABI Publ. , Oxfordshire, UK.

Farmer, L. J. , G. C. Perry, P. D. Lewis, G. R. Nute, J. R. Piggott and R. L. S. Patterson. 1997. Responses of two genotypes of chicken to the diets and stocking densities of conventional UK and Label Rouge production systems. II. Sensory attributes. Meat Sci. 47:77.

Fujimura, S. , H. Koga, H. Takeda, N. Tone, M. Kadowaki and T. Ishibashi. 1996. Role of taste-active components, blutamic acis, 5′-inosinic acid and potassium ion in taste of chicken meat extract. Anim. Sci. Technol. (Japan) 67:423.

Gasser, U. and W. Grosch. 1990. Primary odorants of chicken broth— a comparative study with meat broths from cow and ox. Z. Lebensm. Unters. Forsch. 190:3.

Hamann, D. D. 1988. Rheology as a means of evaluating muscle functionality of processed foods. Food Technol. 42(6):66.

Janky, D. M. and H. K. Salman. 1986. Influence of chill packaging and brine chilling on physical and sensory characteristics of broiler meat. Poultry Sci. 65:1934.

Land, D. G. and A. Hobson-Frohock. 1977. Flavor, taint and texture in poultry meat. In: Growth and Poultry Meat Product. Boorman, K. N. and B. J. Wilson (Eds). British Poultry Science Ltd. , Edinburgh, UK.

Lawless, H. T. and H. Heymann. 2010. Sensory Evaluation of Food: Principles and Practices. Springer Pub. , New York, NY, USA.

Lyon, B. G. and C. E. Lyon. 1997. Sensory descriptive profile relationships to shear values of deboned poultry. J. Food Sci. 62:885.

Lyon, B. G. and C. E. Lyon. 1996. Texture evaluations of cooked, diced broiler breast samples by sensory and mechanical methods. Poultry Sci. 75:812.

Lyon, B. G. and C. E. Lyon. 1993. Effects of water-cooking in heat sealed bags versus conveyor belt grilling on yield, moisture and texture of broiler breast meat. Poultry Sci. 2:2157.

Lyon, B. G. 1987. Development of chicken flavour descriptive attribute terms aided by multivariate statistical procedures. J. Sens. Stud. 2:55.

Manley, C. H. , B. H. Choudhury and P. Mazeiko. 1999. Thermal process flavorings. In: Food Flavorings, 3rd Edition. P. R. Ashurst (Ed). Kluwer Academic Pub. , Bostan, MA, USA.

Mittal, G. S. , R. Nadulski, S. Barbut and S. C. Negi. 1992. Textural profile analysis test conditions for meat products. Food Res. Intern. 25:411.

Montejano, J. G. , D. D. Hamann and T. C. Lanier. 1985. Comparison of two instrumental methods with sensory texture of protein gels. J. Texture Stud. 16:403.

Nute, G. R. 1999. Sensory assessment of poultry meat quality. In: Poultry Meat Science Symposium Series, Vol. 25. Richardson, R. I. and G. C. Mead (Eds). CABI Publ. , Oxfordshire, UK.

Oltrogge，M. H. and K. J. Prusa. 1987. Research note: sensory analysis and Instron measurements of variable power microwave heated baking hen breasts. Poultry Sci. 66:1548.

Peleg，M. 1977. The role of the specimen dimensions in uni-axial compression of food materials. J. Food. Sci. 42:649.

Salama，N. A. 1993. Evaluation of two cooking methods and precooking treatments on characteristics of chicken breast and leg. Grasas y Aceites 44:25.

Sheldon，B. W.，P. A. Curtis, P. L. Dawson, P. L. and P. R. Ferket. 1997. Effect of dietary vitamin E on the oxidative stability, flavor, color, and volatile profiles of refrigerated and frozen turkey breast meat. Poultry Sci. 76(4):634.

Stone，H. and J. Sidel. 2004. Sensory Evaluation Practices, 3rd Edition. Academic Press, London, UK.

Szczesniak，A. S.，B. J. Loew and E. Z. Skinner. 1975. Consumer texture profile technique. J. Food Sci. 40:1253.

Touraille，C.，J. Kopp, C. Valin and F. H. Ricard. 1981. Qualité du poulet. 2. Evolution en fonction se l'âge des caractéristiques physico-chimiques et organoleptiques de la viande. Archiv für Geflügelkunde 45:97.

Van Der Marel，G. M.，A. W. De Vries, J. G. Van Logtestijn and D. A. A. Mossel. 1989. Effect of lactic acid treatment during processing on the sensory quality and lactic acid content of fresh broiler chickens. Inter. J. Food Sci. Technol. 24:11.

Wang，S. F. and D. M. Smith. 1992. Functional properties and microstructure of chicken breast salt soluble protein gels as influenced by pH and temperature. Food Struct. 11:273.

第17章 保水、保油性及颜色评估

17.1 前言

消费者评估肉品的优劣主要是根据它们的形貌特征、质地和风味。尤其在如今市场上可供选择的食品种类繁多的情况下,满足消费者的这些需求很关键。当然其他因素也会影响消费者的购买意向,比如说价格、品牌。但是消费者如果发现自己想要购买的包装产品出现了褪色和出水问题时,他们在绝大多数情况下是不会愿意去购买的。事实上很多预包装产品都会特别注重外观。鲜肉和一些加工肉制品依靠自身蛋白质(如盐溶性蛋白质,见第3章)来保护水、油和水溶性色素不至于流失。因此,研究并理解蛋白质与肉品保水、保油性及颜色间的相关关系非常重要。本章将会介绍保水、保油和颜色的研究方法。尽管过去我们建立了很多相关的研究方法,但仍需要将这些方法标准化,才能更好地比较来自不同研究机构的检测结果。下文将会举例详细介绍以上内容。

17.2 保水性

17.2.1 鲜肉和熟肉的保水性

瘦肉中有75%左右的水存在于肌肉结构(肌纤维及其相关构成部分)中。如此多的水分需要借助化学键(如氢键)和物理作用力(如毛细作用力)来保持。深加工肉制品中水分含量通常在55%~80%,而蛋白质则在10%~18%。在某些国家,如加拿大,肉制品的蛋白质要达到11%以上,否则就必须在产品的名字中标注"仿肉产品"字样。发挥蛋白质保持水分的功能特性是极其重要的,而蛋白质保水性(WHC)会受到肌肉类型、肉的僵直状况(如PSE肉,见第16章)、处理条件(如储藏时间、温度、冷冻、滚揉)、添加物(碱性磷酸盐、食盐)的影响。确定肉品的保水能力对直接销售给顾客的鲜肉或者深加工肉品都极其重要;在这两种情况下,高的保水性都意味着收益的增加。

在很多科学杂志上会有描述保水性的术语,例如系水力、持水力、亲水能力、吸水性、吸水势和膨润,而本章将采用"保水性"进行此类表达。很多科学论文中都有报道肉制品中蛋白质特殊的分子结构和空间构象对于保水性的重要作用(Mohsenin,1986;Kinsella et al,1989;Huff-Lonergan and Lonergan,2005)。多年来,研究者们提出了各种各样的方法来评价肉蛋白系统和非肉蛋白系统的保水性(Hamm,1960;HonikelandHamm,1994;Honikel,1998;Hermansson,1986;Trout,1988;Barbut,1996;Tomberg,2013)。

在本节中,我们将会选取研究鲜肉和肉制品的主要方法来进行讨论,并且我们会将一些方法特别指出,因为这些方法有可能作为标准方法被应用。正如前言介绍的一样,不同的测试方法和不同的测试条件(例如离心力、离心速率、离心时间)都会使不同机构难于互相比较各自对于肉品保水性的研究结果。

近年来不少研究者对肉品中水的分布(Fennema(1985),Kinsella et al.,1989)和食品蛋白质体系中水的类型进行了详细研究(Puolanne and Halonen(2010))。他们将水分为6个基本类型:

a. 结构水(Structural water)——与蛋白质分子紧密相连,不参与化学反应。

b. 水化水(Hydration water)——存在于非极性氨基酸残基周围。

c. 单分子层水(Monolayer water)——吸附到蛋白质基团的第一层水,可能会参与化学反应。

d. 非冻结水(Unfreezable water)——在第一相变温度下不会冻结。

e. 毛细管水(Capillary water)——由表面张力所维持。

f. 动力学水化水(Hydrodynamic hydration water)——松散地围绕在蛋白质周围。

实际上,肉品蛋白质基质内的水分为三类:

a. **结构水/结合水**——包含直接与蛋白质分子相连而不能再作为溶剂的水。这类水在肉品中每 100 g 蛋白质含有 5~10 g。这种情况下的极性水分子会与带电氨基酸侧链相连(Fenema,1985)。实际上这对应了约 10% 的紧密结合水,这部分水会作为粗丝和细丝结构中的单分子层(Zayas,1996)。

b. **不易流动水/水化水**——只表示附着在(通常是以氢键相连)结合水上的几层水分子。这种附着作用会随着与带电蛋白基团的距离增加而逐渐变弱。在肉类食物中,每 100 g 蛋白质通常会含有 20~60 g 不易流动的水(Fennema,1985)。实际上这对应了在第一层水之外的占总量 10%~20% 的第二层水。

c. **体相水/自由水**——主要是靠表面作用力维系,能够比较容易地从肉中挤出。这部分水在肌肉中通常会占到 50%~60%,在肉制品的生产过程中十分重要,生产者会努力将其留在产品中。Zayas(1996)指出:如果以蛋白质作为基准,每 100 g 蛋白质对应的 280~380 g 水中仅有 40~80 g 水直接与蛋白质相连,而剩下的 240~300 g 水会存在于粗丝和细丝网格中。事实上这就指出大量的水被"围困在"纤维结构中,而当将这部分生理状态下的肌肉转化为食用肉时,这类水就会流出造成滴水损失。因此,生产者必须得谨慎保护好大量的这部分"被围困水"。

影响结合水的数量和程度的因素有很多,如分子结构和肉蛋白特性、pH、蛋白质类型和浓度、带电基团的暴露数量、盐浓度以及温度等。pH 是一个非常重要的因素,它既能影响鲜肉也能影响肉的后期加工(例如添加盐或者碱性磷酸盐会影响 pH 和氨基酸侧链的电荷)。在某种程度上,生产者会严格控制 pH。下文会详述这部分内容。

毫无疑问,蛋白分子结构与保水性是有联系的。蛋白质是由肽键连接的氨基酸折叠而成。氨基酸的线性顺序代表蛋白质的一级结构,氨基酸链的三维折叠则代表了蛋白质的二级和三级结构。蛋白质四级结构是由不同的通常是非共价键(可参见本章肌红蛋白的三维结构)连接着的氨基酸链进行几何排布所形成。氨基酸侧链是指蛋白质分子主链上伸展出去的氨基酸,并且基于氨基酸和其周围环境 pH 可能会带正电、负电,或者成电中性。生理条件下的肌肉 pH 接近 7.0。

然而畜禽宰杀后,pH 会随着肌肉中乳酸的堆积而下降(见第 3 章)。蛋白质有些活跃的带电基团会维持保水性,pH 下降会导致这些基团的数量随之减少。因此 pH 的这种转变会造成保水性的降低(图 17.2.1.1),其原因主要有以下三点(Alberle et al.,2001):

a. **净电荷效应**——可用来保水的带电氨基酸基团数目。在肌肉转化为肉的过程中,乳酸的形成会造成 pH 下降到接近肌肉的等电点(5.1 左右)。需要指出的是,这只是主要肌肉蛋白质等电点的平均值(肌球蛋白等电点 5.4,肌动蛋白等电点 4.7;Zayas,1996)。在等电点处,正负带电基团的数量相同,蛋白质所带电荷为 0,结果造成侧链只有更少的基团可供水分子附着,这就是净电荷效应(也可见下部分的空间效应)。因此,僵直前肌肉(pH 约 7.0)会比僵直后(pH 约为 5.4)有更多的水与肌肉蛋白质相连(参见 Huff-Lonergan and Lonergan,2005)。

b. **空间效应**——活体肌细胞中的大部分水(可达 85% 以上)分布于肌纤维中。这部分水大多是由毛细管力维持,而毛细管力来源于粗丝和细丝独特的排布(见第 3 章)。随着肌肉僵直,粗丝和细丝间桥连的形成会造成水分子可存在的空间减少(Offer and Trinick,1983)。最近很多研究使用核磁共振(NMR)来帮助我们认识细胞结构和水分分布的关系(Bertram et al.,2002)。研究表明肌原纤维区域体积的减少和 pH 引起的肌原纤维横向收缩可能会导致水从肌纤维排出(这能被用来解释因肌肉僵直产生滴水损失的现象)。空间效应指的是相同带电侧链间的排斥作用(例如电荷排斥)。对生产者来说,理解蛋白质空间电荷排斥作用是有益的,因为使用碱性磷酸盐来提升 pH,可增加电荷排斥,从而达到提高保水性的目的。通过这样做,水分子会有更大的空间来驻留。这在等电点两侧都能发生,高比例的负电荷或正电荷都会带来更大的斥力。

c. **离子交换作用**——发生在肉的成熟过程中(尸僵完成后)。细胞结构的酶促降解会导致离子重排,

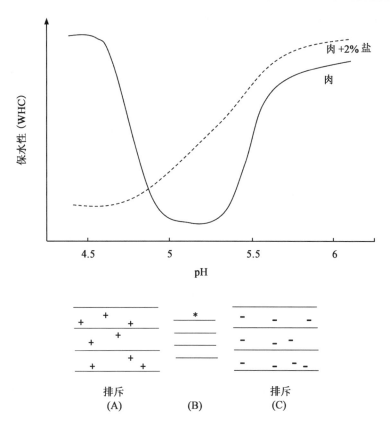

图 17.2.1.1 pH 对肉中不易流动水含量的影响。pH 的影响是由于其对肌纤维上带电基团的分布和它们的空间数量的影响。(A)肌纤维上过量正电荷。(B)正负电荷平衡。(C)肌纤维上过量负电荷(来源于 Price and Schweigert,1987)。

例如二价离子(如 Ca^{2+})被单价离子(如 Na^+)取代,从而出现更多的带电氨基酸侧链基团,保水性得以提高。这里提及的 Ca^{2+} 是宰后过程中释放的,并且能够与两个带负电荷侧基相连呈整体电中性。一旦 Ca^{2+} 被单价离子取代,蛋白质就能结合更多水分子。

在肉的后续加工中,氯化钠的使用最为普遍。其中一个最主要的原因就是由于肌原纤维蛋白质在有盐条件下可以溶解(肉蛋白质中的盐溶性部分见第 3 章),并且带负电荷的氯离子加入整个系统中会使得保水性提高。然而能够增加保水性的用盐量是有最大限制的,小于 5% 时随盐浓度的提高肉的保水性会显著提升,但超出 5% 则反之。这就是所谓的盐析效应,这种状态下蛋白质呈聚集状态,其氨基酸侧链基团不能有效地与水结合。

17.2.2　保水性(WHC)的测定

测定保水性并预测食物或肉具体应用(如储藏、蒸煮)特性对食品或肉品工业十分重要。其实,一些最低成本的配方程序(如被用来计算配方成分的电脑程序)也可以提供保水性数值。多年来,各种各样测定保水性的方法被研发出来并供企业员工和科学家们使用。这些方法基本可以分为:

a. 肉样特性监测。

b. 压力法。

c. 微观结构评估。

d. 光学信息法。

e. 水分子特性研究—NMR 和 DSC。

a. **肉样特性**——一种根据保水性评价肉新鲜度的简单廉价的方法。通常会将肉样(10~100 g)放置在一个密闭的塑料袋中获得滴水损失信息来评估肉品储藏时的保水性(肉组织悬挂并放置在塑料袋内;需要注意的是所切肉样的几何形状和切口是否与肌纤维走向相同都是很重要的)。这种方法可能存在的一个缺点是实验结果受肉质和储藏时间影响极大,因此结果不能随时预测成批量的肉样特性,除非所有数据都是在标准化的采样时间下获取的。这也就是说,这是一个非常普遍的测试方法,并且滴水损失值在很多论文中也有报道。评价蒸煮时保水性是将生肉或肉糜放置在一个封闭的罐子或测试皿中以特定速率加热到设定的温度,同时检测蒸煮损失(可在加热过程中或样品冷却后)。

b.压力法——一种快速获得保水性估计值最普遍的方法。通过施加由低到高的挤压或者离心力,一定体积的水分被释放出来从而计算得到保水性估计值。然而,需要注意的是,如果测试条件不同,则各种测试结果会很难互相比较。同一个样品应用不同离心测试条件得到的结果可见表17.2.2.1(标准化测定会在本节最后给出)。

表 17.2.2.1 离心法—离心力、时间、温度和盐含量对瘦肉保水性(WHC)的影响。来源于 Zhang et al.,1995.

测试条件	保水性均值			
	总值	离心力 (g)		
		959	8 630	34 500
测试时间(min)				
7.5	4.0[a]	23.7[a]	4.1[a]	−15.7[a]
15.0	1.1[b]	25.0[ab]	−3.7[b]	−17.9[b]
22.5	1.2[b]	27.0[b]	−4.9[b]	−18.5[b]
测试温度(℃)				
2	6.5[a]	28.3[a]	6.0[a]	−14.9[a]
10	1.8[b]	26.6[a]	−3.3[b]	−18.0[b]
20	−1.9[c]	20.7[b]	−7.1[c]	−19.2[c]
盐浓度(mol/L)				
0.0	−2.2[c]	19.3[c]	−4.7[c]	−21.3[c]
0.3	1.9[b]	25.3[b]	−1.9[b]	−17.6[b]
0.6	6.6[a]	31.0[a]	2.1[a]	−13.2[a]
离心力(g)				
959	25.2[a]	—	—	—
8 630	−1.5[b]	—	—	—
34 500	−17.4[c]	—	—	—

表格中平均值($n=5$)同一上标表示没有显著差异($P>0.05$)

离心法测定保水性是将肉样放置在测试管以从小到大的离心力而进行的。不同的食品使用不同的测试条件(离心力、时间、温度)有很多报道,当然同一食品使用不同的测试条件也有报道。肉样大小从1.5~20 g(13 倍变化)、离心力从 1 500~190 000 g(127 倍变化)都有过报道。测定参数间的相互比较是可以的,而不同研究机构间的测试结果却不合适比较。Zhang 等(1995)设计了一个实验来说明在三种不同的时间、温度和盐浓度下使用低、中、高三种离心力会获得不同的实验结果。他们的实验基于世界肉类科学家都普遍使用的测试步骤(Wardlaw et al.,1973)。按照这一实验,16 mL 的盐溶液(0.6 mol/L)加到10 g 肉样中,并且样品离心前需在冷藏温度下静置 30 min。保水性可以解释为添加水保持量(正值)或者离心后从样品中挤压出来的水的量(负值)。盐溶液的添加可以用来溶解主要肉蛋白(肌球蛋白、肌动蛋白)并且也可评估深加工过程中肉品保持添加水的潜在能力(盐是工业上用来提高水分保持率最普遍的添加剂)。在高离心力下,水从样品中被挤出(表17.2.2.1),但在低离心力下添加的盐水却可部分保留。基于数据分析,以下条件可被建议用来分析鲜肉样品:在 0~0.6 mol/L 盐浓度范围内,20℃条件下用 8 630 g离心力离心 7.5 min。他们的研究和其他研究都表明离心力的提高并不能引起保水值线性提高。

很长一段时间里,压力法也被用来评估产品中挤出的水的量。这个方法是将肉样(新鲜/煮熟)放在两块平行板间,通过放置重物在板上或者使用水压机/质构仪来施加压力,释放出的水分通常用称重过的干燥滤纸来收集(Trout,1988;Zhang et al.,1993)。在压力作用下,肉样被挤压成薄薄一层,大部分或所有自由水被挤出。已报道的测试条件中,压力 $0.01\sim44$ kN,样品大小 $0.3\sim1.5$ g,温度从 4 到 $23℃$,挤压时间 $1\sim20$ min,不同类型的滤纸也被使用。Zhang 等(1993)评估了测试条件如应力、样品大小、挤压时间和盐浓度对普通牛肉样品保水性的影响。分析数据之后,他们提出了以下测试条件:样品大小 1 g,挤压力 20 kN,挤压时间 2 min。他们表示这些条件也能被用来研究如盐分添加量的加工参数(如 $0\sim2\%$ 加盐量被广泛用于肉品工业)。

需要注意的是文献报道中的保水性单位会因为表示方法不同而存在差异,这容易引起大家困惑。这种差异来自我们把什么当作分子或分母,以及其他部分的运算;所以,有时候可能“高”保水性值实际上是低的水分保持能力,反之亦然。因此,你需要根据你的数据用途和你想要表达的关系来选择公式,计算保水性值。

评估熟肉蛋白质凝胶保水性时,测试过程应该小心不要破坏凝胶结构(如高强度挤压或者离心会造成样品破坏或崩解)。在测试的最后阶段(如离心机减速和停止的时候)防止水分重吸收也是很重要的。Hermanson 和 Lucisano(1982)研究了离心力对热凝胶血浆蛋白的影响(蛋白质 5%、pH 9.0,加热到 $82℃$)。他们分别测量了 1 g、2 g 和 5 g 大小的样品在 5 100 g、9 750 g 和 30 000 g 离心条件下的渗出液量。高离心力会导致高水分损失,例如,2 g 大小的样品在 5 100 g、9 750 g 和 30 000 g 离心条件下分别会损失 3.8%、6.6% 和 38.3% 的水分。同样低离心力(465 g、750 g、1 045 g 和 1 290 g)下也进行了测定,但测试时离心管底部需要用网罩支撑样品以免测试结束时水分重吸收。这就是所谓的网罩法,4 种压力下这些样品的水分损失可达到 $20\%\sim22\%$。Hermanson 和 Lucisano(1982)以及后来的 Kocher 和 Foegeding(1993)都应用高离心力测定过这种状态下的样品,他们指出样品的永久变形意味着结构的破坏。因此,上述两个研究团队都建议使用低离心力网格实验,这样不会对凝胶结构造成破坏。总的来说,以 $100\sim1 000$ g 的低速离心不会导致蛋白质样品的永久变形(Wierbicki et al.,1957;Hermanson and Lucisano 1982;Barbut,1996)。上述实验主要优点是样品变形会很小,并且很少甚至不会发生结构破坏。在当前普遍使用的实验中,小型样品都是在离心瓶内的网罩上以 750 g 左右的离心力离心 10 min(Kocher and Foegeding 1993)。

c. 微观结构评估——一个间接测定保水性的方式,能够对保水性的形成机理有更为科学的解释,但在预测保水性方面不如其他方式。研究可采用低分辨率的光学显微镜或者高分辨率的扫描/透射电镜(见第 16 章:肉类凝胶扫描电镜)来揭示结构和作用机制间的关系,以此帮助食品科学家更好地理解在结构形成(如凝胶化)、压力作用(如挤压,冷冻)以及在使用不同蛋白质浓度、pH、离子强度及温度时对保水性的影响。一般来说,蛋白质能够形成两种不同类别的凝胶。第一种是由小直径分子形成有序网格结构的细链凝胶。第二种是由相对较大的颗粒连接起来形成网格结构的聚集凝胶。这两种类别间还有一种混合凝胶,这种凝胶表现出不同程度的聚集。需要注意的是同一蛋白质这两种类型的凝胶都可以形成。例如,蛋清蛋白能够形成典型的白色大分子聚集凝胶,但在低 pH 条件下也能形成细链凝胶。

通过显微镜获得的信息能够被用来表现显微结构是怎样影响保水性的。提高孔径大小到超过 0.5 μm 似乎对保水性有很大影响,小孔径下的毛细管力对水分维持很重要。Hermansson(1986)提供了一张通过毛细管力计算水柱高度的表格:0.1 μm 半径的毛细管将水拉上到 150 m 高,1.0 μm 半径的能拉到 15 m,10 μm 半径的能拉到 1.5 m,100 μm 半径则能拉到 0.15 m。相应的水分活度计算结果分别 0.90、0.99、0.999 和 0.999 9。

改变肉糜 pH 和盐浓度也能够导致细链蛋白质结构的形成。Wang 和 Smith(1992)发现盐溶性蛋白质(0.6 mol/L NaCl)在 pH 6.5 和 pH 7.5 时形成的结构比 pH 4.5 时更细,而 pH 4.5 时蛋白结构出现较大聚集。这样的结构也会影响到肉品保水性。在细碎的肉糜中,Gordon 和 Barbut(1992)发现与对照组(2.5% NaCl)相比添加尿素会造成孔径减小并且保水性提高(0.4% 增长到 4.8%)。总的来说,蛋白质凝聚结构与保水性间的关系研究是一个非常活跃的研究领域,研究成果会帮助开发更好的模型化食品系统。

d.光学传感信息—— 一种间接评估水与肉结合情况的方法。例如,肉可以分为苍白的、柔软的和出水的(PSE 肉)或者黑的、硬的、干的肉(DFD 肉),这两种肉前一种拥有非常差的保水性,后一种则拥有很好的保水性。

这种苍白和黑色的肉的区别表明,我们可以通过视觉差异来鉴别肉的保水性,而并不一定需要仪器。PSE 这类型肉已被广泛报道,它在家禽肉、火鸡肉、猪肉、牛肉、羊肉、鹿肉和非洲野生动物肉中都有发生。总体来说,肉的颜色与保水性的关系是非常复杂的并且很难理解。然而在实际应用中亮度值能够被用来预测 PSE 肉(Bendall and Swatland,1988)和反射率,进一步预测保水性,同时能够很好地与紫外光谱和红外光谱结合(Swatland,1995)。大量肉类研究者都使用国际照明委员会(CIE)系统,但相应结果却不那么可观。这可能是 CIE 系统太注重于绿光,而绿光也是人类眼睛最敏感的光谱区域(CIE,1976)。此外,很多研究者会把发光体 L * a * b * 值间的固有差异摒弃,这就会造成一些 CIE 信息的错用。

当前探针也发展成为理解肉不同组分间相互关系的重要手段。Bendall 和 Swatland(1989)研究了肌原纤维内外水的差异,并讨论了保水性与 pH 间的关系。保水性与 pH 间关系取决于水的类型,其曲线可以是线性的(从 pH 5 上升到 pH 7),或者是步进式变化的(在 pH 6 左右)。为了比较这些结果,他们将不同研究者的结果综合起来,发现水的物理位置决定了上述曲线的变化特性。因此,当光学测定被开发/应用时,我们可以精确地理解为什么肌原纤维内的水会受高 pH 度影响,而纤维间的水却是受毛细管力影响。

近红外(NIR)双折射的相关结果被发现与生火鸡鸡胸肉样品保水性($r=0.85$,$P<0.000\ 5$)和蒸煮时的汁液损失($r=-0.82$,$P<0.005$;Swatland 和 Barbut,1995)有很好的相关性。上述结果也正是发展近红外双折射探针的基础,这种探针跟 pH 探针一样实用并且在预测火鸡肉样的保水性和蒸煮损失时比色差仪(L * 值)更为精确。光学探针也能被用于检测肉品中的特定组分,这对于保水性来说很重要(Prieto et al.,2009)。例如,高浓度的胶原蛋白对保水性不利,这是因为在蒸煮过程中胶原蛋白能转化为凝胶导致蒸煮损失严重。利用石英探针可以求得荧光强度值并与特定的荧光强度值样品比较,就可以估得肉糜中的胶原蛋白量。这种估计胶原蛋白含量的方法能够成功地预测蒸煮损失($r=0.99$,$P<0.005$)和肉糜保水性(Swatland 和 Barbut,1991)。与普通的离心方法相比(如生肉与盐混合,并在 7 000 g 下离心;Wardlaw et al.,1973;本章前文有描述),近红外双折射会有更好的相关性($r=-0.92$,$P<0.005$)。总的来说,近红外光纤探针测量会更快更方便。如今,食品工业已开发了很多快速响应的光学传感器供我们选择。这种反应快速的探针将会在提高自动化和降低生产成本的同时,帮助我们优化生产提高生产质量。

e.水分特性研究——核磁共振(NMR)和示差扫描量热仪(DSC)能被用来间接测定不同食品中的保水性。这些设备能够为我们提供水分子弛豫时间的信息(NMR)、水化程度(Bertram et al.,2002;2006)和/或蛋白质体系中冻结水的量(DSC)。保水性与蛋白质性质的联系、化学键间的基本信息也都能通过这些仪器获得。然而所使用的设备会比之前描述的方法中的更为复杂和昂贵,因此需要受过相关培训的人员才能使用这些设备。

通过扫描一个小而均一的样品(1~5 g,放置在一个特殊的管中)几百次后得到一个水分子弛豫时间值后,NMR 光谱会间接反映样品水结合力(Bertram et al.,2002;Pearce et al.,2011)。弛豫时间是磁场中的水分子的磁性原子核被高频波激发到高能量状态回到原始能量状态所用的时间。用于水分 NMR 研究中的三原子核是质子、氘核和 O^{-17},后面两种使用最为普遍。激发后,原子核表现出两种弛豫时间(T_1 和 T_2),它们分别为原子核旋转和迁移运动所代表的时间。因为 T_2 值能表现出很多变化,所以通常 T_2 值会被用来确定食品体系如肉的保水性(Bertram et al.,2002)。在纯水中,T_2 值为 1~2 s。当复合物如蛋白质用 NMR 测定时,T_2 时间会减少 10~150 倍。这是因为蛋白质能从水中吸收一些能量,所以能很快恢复到最初的低能量状态。在肉品系统中,大部分的水保持在空隙中(如肌肉纤维间隙);因此其扩散到水-蛋白质界面会比纯水系统中距离更短,空隙间的水就会表现出更低的 T_2 值。

17.3　保油性

在许多肉类产品中,脂肪是另一主要成分,其含量为 4%～40%。脂肪影响着产品的质地及口感,但它不像蛋白质(含量为 10%～20%)那样影响保水性。有些时候,高脂肪产品保水性、保油性或两者都存在问题,这些问题将在本章中进行讨论(注:脂肪在提供风味及多汁性中所发挥的重要作用在第 16 章里进行过讨论)。

保油性在所有类型的产品(整块肌肉制成的产品、碎肉产品及精细粉碎肉制品)中都发挥着重要作用。与保水性相似,在加工过程中流失太多的脂肪会导致产品不合格同时给生产者带来净亏损。在整块肌肉制成的产品及碎肉产品中,脂肪常存在于脂肪组织细胞中,而脂肪组织细胞会得到包裹和并受到维持大量脂肪的结缔组织网格的限制。在精细粉碎肉制品中,脂肪常提取于脂肪组织细胞中(即通过剁碎肉泥)。在这类产品(例如,含 25%脂肪的法兰克福香肠)中保油是一个挑战,同时也是肉制品加工中一个极其重要的要求。特别是在蒸煮过程中,固态动物脂肪在肉类蛋白凝固(分别在 40～50℃和 50～60℃时)前就会转变为液态。如果没有合适的限制,液体脂肪就会流出产品。在一些完整的肌肉产品中,部分脂肪的渗出是品质好的象征(例如,在烧烤整只鸡或在烤制牛排的过程中一些脂肪滴出并因此发出独特的"烧烤"味)。然而在精细粉碎肉制品中,如法兰克福香肠和博洛尼亚肠中,脂肪的流失会产生空隙。这些空隙会被认为是产品中的缺陷并且随着脂肪的渗出对质地、口感和外观产生不利的影响,通常被称为"脂肪流出""脂肪帽""脂肪条纹",而且流出的脂肪会积聚在空隙中并形成白色的脂肪凝块。

不同的方法已经被研发出来,用以预测加工肉制品的保油性。正如保水性部分所提到的,保油性数值常被用在降低配方成本的方案中。这些方案里,会对原料赋予一定数值以此来表明其功能性质,如总体(油和水)结合力或者保油性能。

现阶段预测保油性所使用的方法的原理与预测保水性的方法相同,包括以下方面:

a.肉样特性监测。

b.压力法。

c.微观结构评估。

d.乳化能力测试。

e.化学提取法。

f.光学传感器。

a.**肉样特性监测**:加工过程中,很多方法被用来评估最终产品的质量。例如,对腊肠在烟熏室的制作过程进行监控。另外,产品样品可以进行小批量加工(如在试管中),这样脂肪和水分的流失就可以被定量分析。在第 13 章中曾列举过一个在制作精细粉碎肉制品过程中通过添加不同含量的动物脂肪和植物油来测量脂肪和水分流失的例子。所举例子中使用了一种常用测试方法,取样品各 34 g,放入 50 mL 塑料试管中于恒温水浴下进行煮制(Youssef 和 Barbut,2011)。密闭的系统使之能够精准地采集到脂肪和水分(蒸煮渗出物)。这个测试能使加工者发现加工中是否存在问题,并发现问题发生处,而且能够将问题归因于加工或产品配方。这一类产品的另一种常用测试方法是在碎肉产品煮制过程中监控其渗出物(图17.3.1 脂肪损失与脂肪含量图)。该测试也以一个乳化型产品为例,其结果显示,随着脂肪含量从 5%增长至 35%,脂肪损失不断增加。这一研究的目的是探究保油性机理而非优化肉品配方(如通过加盐)或处理条件(如加热温度)。总的来说,观察产品的蒸煮过程并监控油/水损失量是一种常用的方法,可以揭示使用某种类型肉、加工参数(如快或慢的加热速率)和不同原料的优缺点,并且这种方法易行且不需要复杂的设备。当然这样的特定实验不是为了确定保油性上限而设计的(例如,为了最低成本生产计划而设计)。

Whiting(1987)通过监控肉样来研究肉蛋白系统中加入广谱化合物(盐类、醇类、单甘酯、非离子洗涤剂、螯合剂等)后对保油性的影响。他指出周期表中ⅠA和ⅡA族中的阳离子会等于或超过经氯化钠处理过的肉糜具备的稳定性,然而一些阳离子(如锌)会在很大程度上降低保油能力。非离子洗涤剂、醇类和单甘酯对保油性和保水性都会有不利影响。其他复合物如尿素,能通过稳定疏水和肽基团而增强保油性。在这一研究中,蒸煮测试为保油性机理的研究提供了有效的数据支持。Olsson 和 Tornberg 通过蒸煮实验(使用油炸方式)来研究脂肪含量和保油性之间的关系。在低脂产品中,使用常规状态的动物脂肪时脂肪损失会达到最低限度。然而在使用精炼脂(在 80℃ 下加热 30 min 并在加热后过滤去除结缔组织膜)时,即使在低脂水平,其脂肪损失仍会比使用常规状态的脂肪时高。这一现象产生的原因是在油炸过程中脂肪失去了细胞膜结构的保护作用。理解这个现象对企业得到合理收益和合格产品都具有重要意义。

b. 压力法评估保油性可以使用高/低速离心法。Olsson 和 Tornberg(1991)对比了汉堡碎肉饼的蒸煮测试和网罩离心测试的保油性结果。在油炸/蒸煮测试中,低脂产品的脂肪损失较少,但会随脂肪含量的增加($r=0.98$)而线性增加。在相应的网罩离心测试中,离心样品的脂肪损失同样会随脂肪含量的增加($r=0.88$)而呈线性增加,但脂肪损失明显高于油炸测试;作者分析得出,这种较高的脂肪损失是由于蒸煮后离心力的作用。他们采用的测试条件是利用 500 g 的离心力对煮制过的 10 g 样品(77℃ 持续 35 min)进行离心。同时他们还指出在网罩离心测试中,蒸煮时间越长会有越多的脂肪聚结并因此更易于与产品分离。作者表示对于普通汉堡来说,网罩离心测试预测其保油性非常有效。

高离心力(18 000 g)常被用来分离一些经不同氯化盐(NaCl,MgCl$_2$,CaCl$_2$;Gordon and Barbut,1990)处理的生肉糜中的脂肪。由于低离心力不能将脂肪从生肉糜中移除,因此高离心力就被用来评估稳定型和半稳定型的肉类产品。测试表明,与一价盐相比,二价盐(MgCl$_2$,CaCl$_2$)处理的生肉糜脂肪分离率明显偏高,同时两种二价的盐类对保油性的影响也有所不同。在蒸煮过程中,两种二价盐类均显示对保油性有不利影响并且几乎能导致脂肪的全部损失(注:这就是在乳化肉制品中需使用低钙奶粉而非普通奶粉的原因)。总而言之,在蒸煮过程中是用高离心力来预测脂肪稳定性。尽管如此,高的离心力在生肉品质评估中并不常用,但这种方法对于研究保油性的机理很有用。

c. 微观结构评估——这种方法经常被用来研究生肉和熟肉。理解微观结构和保油/保水性间的关系被证明是很有用的。正如先前所述的,像汉堡这样的普通肉类产品中,脂肪被维系于原始的脂肪细胞结构中。图 17.3.1 展示了产品脂肪损失与脂肪含量的函数,其作者也提供了生肉中脂肪团分布的光学显微镜图片(此处未附)。对于消费者来说,这些脂肪团在汉堡或意大利腊肠类产品中看起来呈白点状。在熟肉制品中,一些脂肪保持团状存在,而其他的脂肪则会通过脂肪通道流出。作者指出如果对脂肪仅进行修整而不进行精炼,乳化肉糜中可观察到完整的脂肪细胞分散在蛋白基质中。但如果脂肪被精炼过,在显微照片中(苯胺蓝染色),脂肪团周围很难观察到任何结缔组织。相对于常规修整脂肪,这种精炼脂如果被添加到乳化肉糜中,会出现更多的脂肪损失。脂肪损失可通过油炸测试和正己烷萃取测试来确定(参见后面的化学提取附录)。

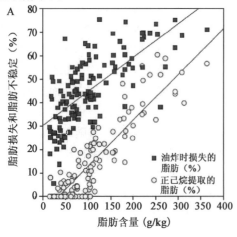 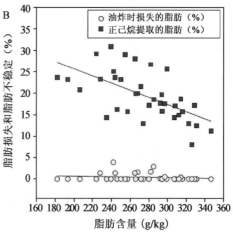

图 17.3.1 脂肪损失量与脂肪含量图。图所示为不同脂肪含量(g/kg)的牛肉汉堡(A)和乳化肠(B)油炸时的脂肪不稳定性(正己烷提取的脂肪含量)和脂肪损失率(产品中脂肪损失量 g/原始的脂肪量 g)。来源于 Tornberg(2013),经许可使用。

　　精细粉碎肉制品(如博洛尼亚肠)制作时,在斩切作用下脂肪会从细胞中流出,然后肉蛋白会附着在脂肪球上,这有利于稳定肉蛋白基质中的脂肪。总而言之,蛋白凝胶基质有一个可以嵌入脂肪球的开放结构(图 17.3.2)。脂肪球周围薄薄的蛋白层可以作为隔离水-油相的乳化剂。假设有足够的蛋白质被提取出来并且脂肪表面积不大,这通常会使脂肪获得很好的稳定性。由于酪蛋白酸盐和磷酸盐可以增强乳化能力,因此加入这类添加物会使保油性大大提高(参见第 13 章)。在图 17.3.1 的例子中,乳化产品的脂肪稳定性比普通汉堡更好(注:左图中脂肪损失达到 80%,右图仅 40%)。微观结构的观测能帮助我们更好地理解这两个不同系统的保油性机制,并且显微镜(低或高放大倍数)在研究脂肪与蛋白间的相互作用、脂肪分布(参见 13 章显微照片)、孔径大小和界面蛋白膜厚度时非常有用。

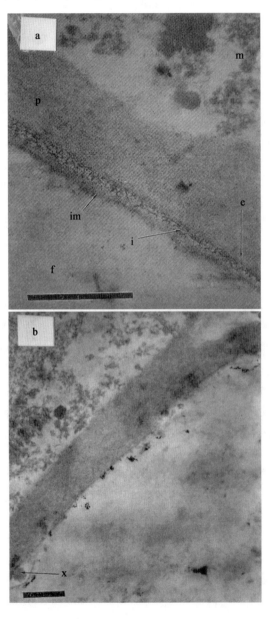

图 17.3.2　利用 KCl(离子强度为 0.43)处理的熟肉糜中脂肪球的透射电镜图片。上图显示的是高放大倍数(a)和低放大倍数(b)下的肉糜蛋白基质中的脂肪球周围的界面蛋白膜。f 为脂肪;m 为基质;p 为厚的蛋白分散层;im 为内膜;i 为相互扩散区;x 为不确定的粒子;▬ 为 1 μm;来自于 Gordon 和 Barbut(1990)。

     d:**乳化性检测**通常是通过建立模型体系添加超过负载量的液态油脂到食品/肉体中进行,并依此来确定最大乳化点。这些检测方法沿用多年,其相应结果已帮助开发出了评价肉品使用成本和生产计划的数字化系统,例如最低成本生产计划(前面已讨论)。肉/蛋白样品放置于高速均质机进行油脂乳化。油(例如,植物油)以固定的速率缓慢地加入样品中,然后逐步乳化直到系统饱和并到达一个油与蛋白相分离的"破裂"点为止。这个分离点可以通过黏度突然的变化、搅拌器声音的变化和产品电导率的变化而观察到。电导率法的原理是连续相由水相到油相的转变,而油相比水相有更高的电阻率。Maurer 等(1969)利用这一测定方法表征了鸡胸肉中盐溶性蛋白的乳化特性,他们发现当透析减少或除去盐分后重新添加盐,蛋白乳化能力会下降。文献中报道的常见测试参数包括室温植物油(棉籽油)缓慢添加(1 mL/s)到高速搅拌机中(Maurer et al.,1996)。

     e.**化学提取**可以通过除去产品中未牢固结合和常规处理中容易溢出的脂肪来评估保油性。这部分脂肪称为游离脂肪,在整块肌肉和碎肉产品中,它们通常是没有被细胞膜结构包裹的脂肪,在精细粉碎产品中,它是没有得到界面蛋白膜充分包裹的那部分脂肪。Andersson 等(2000)用正己烷从汉堡和乳化肠中提取了游离脂肪,其计算结果显示随着脂肪含量增加,脂肪损失分别会从 10% 增加到 35% 或从 18% 增加到 35%(图 17.3.1)。这些脂肪损失的数据与油炸产品的相比较,结果显示汉堡比香肠损失了更多的脂肪。在汉堡中,脂肪损失与脂肪含量相关。然而,在香肠中,脂肪损失与脂肪含量不相关,而且正己烷提取物测定值会随着脂肪含量增加而减少(Andersson et al.,2000)。作者也指出香肠中的脂肪不稳定性与水分损失有关(结果未在此处展示),同时水分损失也反映了蛋白质网格结构的特性。他们总结出,相对于普通汉堡,蛋白网格结构中脂肪的物理包埋在乳化肠中更为重要(可参见第 13 章中乳化理化的讨论)。

     f.**光学传感器**和分光光度计并不常用来评价食品中的保油性,但红外光谱常被用来测定脂肪含量(Prieto et al.,2009)。由于开发快速/在线监测肉加工条件的需要,已经激发了很多人寻求包括光纤传感器的光学检测方法。例如,开发光纤探针来预测精细粉碎肉糜中的脂肪含量和加工损失(Swatland 和 Barbut,1990)。双通道光纤被用来检测瘦牛肉和脂肪的不同混合物的反射率。研究人员在波长 $400\sim1\,000$ nm 之间对反射率进行了检测,并且发现 $1\,000$ nm 时的反射率与肉/脂肪混合物的脂肪含量相关性最好($r=0.99,P<0.005$)。930 nm 处,由离心确定的汁液损失与脂肪含量也呈显著相关($r=0.77,P<0.005$)。探针法可以使用标准参照肉糜进行校准,并且可在香肠生产线中提供肉糜组分数据。再后来就发展了用来确定肉糜斩拌最佳时间的光纤探针(Barbut,1998a)。这种探针会监测到脂肪球的反射率变化,因脂肪球粒径减少反射率先降低,后来由于脂肪聚结而反射率增加。脂肪聚结时斩拌过程应该停止,因为太多的脂肪聚结将会导致肉糜破坏。这种被校准过的探针能被用来指示脂肪球何时能达到我们想要的大小,而校准探针的数据则需要由最初的熟肉检测结果获得。后来又有一些学者在这方面进行了研究,并且改善了探针的预测值。

     这些例子表明,光学传感器可以被开发用来对加工参数进行优化。当没有可见标志时,肉糜/乳液探针可以用来确定斩拌终点。企业员工大多依靠温度确定斩拌时间点,但是这样不能准确地实现斩拌最优化。而其他一些有经验的工作人员会用黏性或黏度变化来确定,但是这偶尔可能会不准确,并且新的雇员不能很快就学得这项技能。尽管文献中报道了很多这样的探针,但到目前为止用来检测香肠生产的光纤探针尚未得到广泛应用。正如保水性部分所述,光学检测设备/探针的优点是反应快捷、在线检测方便、工厂环境下耐用(例如,配有不锈钢套筒的光纤)以及操作相对简单。

17.4　颜色

17.4.1　颜色——前言

     在我们的生活中,视觉作为重要的感知,能帮助我们做出选择(关于食物/其他),并能与其他人进行交流。我们看到和解释颜色的方式是很复杂的,本章不作详述。但有关的一些基本的解释和参考资料会在接下来的内容里提出。简言之,视觉是人们能察觉到不同的波长并将他们转化成黑白或彩色影像。人类的视觉图谱如图 17.4.1.1(参见插页图 17.4.1.1)所示。

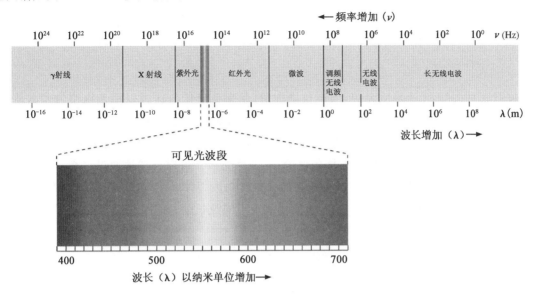

图 17.4.1.1 棱镜将白色的阳光分成的各种色光。注:用第二个棱镜,可以将各种颜色合并成白光。来自维基百科。

人类正常可以感知的是波长 400～700 nm 之间的电磁波,但是昆虫,例如蜜蜂,可以感知紫外范围更短的波长(例如,具有特殊紫外灵敏度的相机在拍摄花时可以发现人类所见不到的独特图案)。在动物王国里,颜色在警示其他动物或吸引同一物种的动物时也扮演了重要的角色,比如一只雄孔雀的尾羽带给人们五彩斑斓的颜色[图 17.4.1.2(参见插页图 17.4.1.2)],而这需要大量的能量来生长和维持。

颜色对人们选择食品的喜好起到非常重要的作用。例如把紫色的食物色素添加到炒鸡蛋混合物中时,即使在风味、质构、气味和安全上没有偏差,也会使得顾客对产品难以接受。这可以通过在红光下能呈现紫色蛋来验证,红光能掩盖颜色的差异(见第 16 章)。同样重要的是,我们要注意可以用颜色促进对产品的风味做出有力的臆想,例如当冰淇淋的颜色从红色变成黄色时,人们很容易被诱导相信风味也改变了。

肉的颜色基本上是红色的肌红蛋白在组织中呈现的颜色。但应该强调的是,肉色也被一些因素所影响,例如品种、营养、喂食的抗氧化剂、动物年龄、肌肉类型、宰后变化(见后面对 PSE 肉的讨论)、处理方法(例如煮、炸)、添加剂的使用(例如亚硝酸盐)、光照情况和包装。这些因素之间的相互作用能让某种肉制品颜色的评估变得相对复杂。

图 17.4.1.2 雄孔雀羽毛——呈现的颜色。S. Barbut 拍摄。

17.4.2　视觉和颜色感知

光是我们视觉能力的关键组成部分。例如,当我们刚开始进入黑暗的房间时,什么也看不到。当光的亮度缓慢增加时,能看到物体的轮廓,但还是看不到颜色。随后,当光强继续增加时,颜色将逐渐开始呈现,这表明要看到颜色就需要最小水平的光。我们看到的颜色是从不同物体反射出来的光的结果,这些物体也会吸收或散射一些光。光是一个发热物体所产生的辐射能量的一种形式,例如一根蜡烛、灯管或者太阳,光波从源头辐射到各个方向,振动与波的行进方向呈直角。一束光波高的点叫波峰,而低的点叫波谷。波峰与波峰之间的距离叫波长,振动的数量或每秒周期数叫频率,波长乘以频率就是光速(c):

$$c = \lambda v$$

这个关系表明:由于光速是恒定的,当波长增加时,频率就降低。这可以用来说明为什么蓝光(见图17.4.2.2;$\lambda = 400 \sim 425$ nm;$v = 75 \times 10^7$ 周期/s)有一个更短的波长并且比红光更易穿透。蓝光更高的穿透使得它对我们的皮肤可能有更大的伤害(例如更接近紫外区域),并且解释了它为什么可以引发肉色更多的问题以及褪色的问题(见后面储藏方面的讨论)。白色的阳光可以自然地通过水滴(正如在彩虹中见到的)或使用一个棱镜(图17.4.1.1)来拆分成它的组分。Gage字典对颜色的定义是"照在眼睛视网膜上的光波的不同效果所产生的感官。不同的颜色是由具有不同波长的光的射线所产生的"。

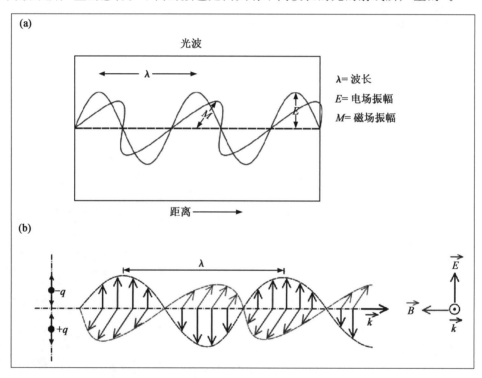

图17.4.2.1 正如(a)中显示,波长是一个波峰到另一个波峰的距离,而频率是每秒波长的数量。(b)部分表明光是一个三维电磁波,在其行进方向正确的角度振动。来自维基百科 https://en.wikipedia.org/wiki/Light。

图17.4.2.3所示为肉反射的光。它吸收了所有或大部分的蓝绿光并反射回少量的黄光、中等量的黄色光和大量的红光,所以肉的整体颜色呈现红色,有着过量或少量某一光波的光源(例如荧光在红色上不充分)将会导致肉出现不同的颜色。

17.4.3 颜色评估方法

确定颜色并用一种简单的方式来表达并非易事。在我们的日常生活中,我们对颜色使用大量描述性的术语,例如,绿色范围可以从黑暗到光明、明亮到暗淡、光泽到哑光,可以修饰性的描述为草地、猎人等等。

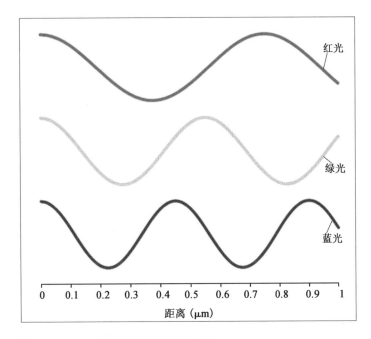

图 17.4.2.2 波长和频率之间的关系

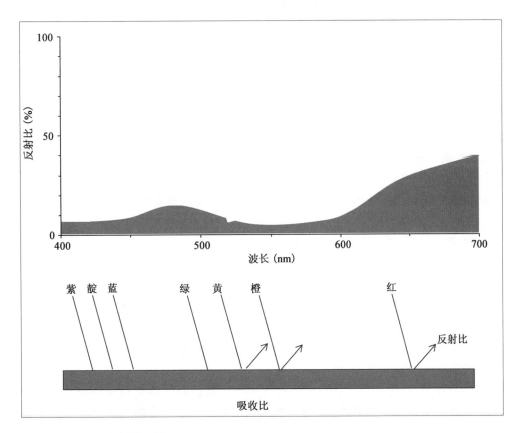

图 17.4.2.3 鸡腿肉光谱反射

　　颜色可以用不同的方来式评估和报告。已经开发出来色标作为参照,用于对比产品的颜色。这些色标很受欢迎,如在家用五金店,顾客对为他们的房子搭配或选择颜色很感兴趣。如图 17.4.3.1(参见插页图 17.4.3.1)所示的是一种家禽业用来评估和报告蛋黄颜色和鸡肤色的色扇。肉品相似的色扇也生产出来了(例如日本猪肉比色图)。生产具有一致肉色或肤色的鸡肉/猪肉/牛肉对于期待一份健康产品的顾客而言是很重要的。颜色偏差将会带来问题,会使顾客不愿意选购这样的产品。有趣的是对肉色的预期具有地域性,在美国,亮颜色的鸡皮是令人满意的,而在日本深黄色的皮肤为人赞赏(注意:同一个国家的偏好也会不同)。养殖者可以通过饲喂富含类胡萝卜素或合成叶黄素的饲粮来影响肤色和蛋黄的颜色,使之变得更黄。

图 17.4.3.1　家禽业用来检查蛋黄颜色或鸡皮的色扇

Fletcher(1999a)提供了一个家禽业和肉类工业使用的评估和表达颜色的各种各样方法的历史回顾。这些方法基本上可以分为三类:

a. 视觉法。

b. 化学光谱光度计分析法(例如直接色素分析)。

c. 反射比色法。

a. **视觉法**在 20 世纪初就已经被提出,那时色卡标准被引进用于给鸡皮和蛋黄颜色打分。最初,创建了一系列颜色标准(完全线性比例尺),并指定了数字刻度。最常见的颜色标准之一是 Hoffman-La-Roched 蛋黄色扇(图 17.4.3.1),同样也被用于肉鸡鸡皮评估。色扇已被使用了几十年,现在仍在世界的某些地方使用。这种方法应用可以减少主观评分系统来评估鸡皮,并且也被认为是一种质量控制方法。该方法和日本猪肉评分表至今仍被使用。

b. **化学光谱光度计分析法**基于肉中色素的光谱特性。色素的范围涉及从饲料(例如谷物)中发现的类胡萝卜素(主要存储于皮肤和脂肪)以及肉中发现的亚铁血红素。禽肉评估过程基于对小腿区域皮肤色素的丙酮提取,而后进行颜色评估。肉色,包括亚铁血红素和细胞色素 C,同样也可提取和进行定量(AMSA,2012;详见下文)。

视觉和化学法所面临的问题是错误地将测定结果与产品的最终颜色认定为线性相关。例如,Hoffman-LaRoched 比色卡采用线性范围来描述非线性的色度值。当色度值随膳食中类胡萝卜素含量增加而呈现线性时,该问题尤为明显。当监测亚铁血红素含量和肉色关系时,该问题同样存在,因为亚铁血红素的化学状态比其浓度对颜色的影响更大(Fletcher,1999a)。需要指出的是,肉中色素在提取过程中主要会面临色素氧化还原状态改变的问题。因此,提取物适于色素的定量以及光谱波峰和波谷的确定。

c. **反射比色法**是目前肉类/食品科学颜色研究中最流行的方法。它可以克服先前描述的一些问题并消除感官评定小组人员差异的固有问题;可以消除色素提取后状态变化相关问题以及由于光源类型和强度的差异带来的问题;同时可以消除感官评定人员观察颜色时光线角度和背景的问题(例如物品放在不同颜色背景下会呈现不同的颜色)。反射比色法的主要优势在于,当操作正确的时候,其精确性、客观性和可重复性都可以得到保证。存在的问题包括仪器价格昂贵、潜在的操作错误和不恰当的使用。总之,我们感知颜色时所涉及的三部分包括:光源、被观察的物体/表面和观察者(人类或仪器)。当涉及用仪器测定颜色时,首先要阐述色度、亮度和饱和度的概念。

色度指的是基色,如红色、绿色或蓝色。

亮度或光度描述颜色的明亮程度。

饱和度则描述颜色生动或平淡程度。

为了形象地表明这三者间的关系,可以想象将绿色涂料缓慢混进平淡的白色涂料中。颜色会逐渐地从初始平淡的白色变成淡绿再到深绿,但色度(这种情况下为绿色)仍然没有改变。改变的是饱和度;颜色逐渐从淡绿变成更生动的饱和的绿色。亮度或光度可以通过使用亮白色替代淡白色涂料来改变,这样涂料会更明亮。

图 17.4.3.2 给出了一个色度、亮度和饱和度的图像描述。在上述例子中,添加更多绿色涂料使饱和轴向范围外移动。使用更亮的白色涂料(作为初始原料)沿着亮度线移动。

随着科技的进步,人们开发了各种数字系统用于颜色的评估。1931 年建立了数字评估系统,CIE 把三基色亮度光谱合并成所谓的三色值,也就是今天为人所知的 X、Y、Z。CIE 的 X、Y、Z 系统通过三基色的混合来定义一个颜色,X(红色)、Y(绿色)和 Z(蓝色)这三种颜色将与“标准观察员”在确定光源和观察环境下观察到的混合物颜色相匹配。这基于人眼只具有观察这三种基础色的受体,观察到其他的颜色都是这三者混合物的理论。注意:这套系统有利于定义颜色,但结果并不总是容易形象化的。

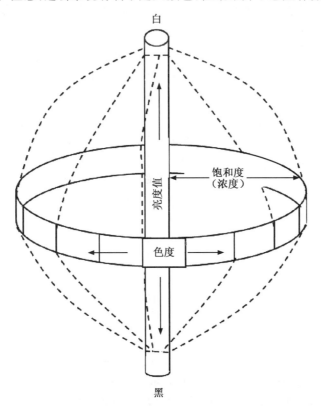

图 17.4.3.2 色度、亮度和饱和度之间的关系呈现在三维空间。源于 CIE(1976)三色刺激值。注意:在 CIE 中,饱和度被称为色度。匿名者重新绘制(1989)。

Richard Hunter 使用了 CIE 数据建立了 Hunter 实验室系统(Mancini and Hunt,2005)。1976 年,通过修改了计算 L(亮度值)、a(红度值)和 b(黄度值)的初始公式,以减小在一个色谱图中相等的距离无法与颜色感知中相等的差距保持一致的问题。该系统是目前肉类工业使用最普遍的系统之一,并以 CIE 亮度(L＊)、红度(a＊)和黄度(b＊)表示(注意＊用于表明 1976 年修改版本)。

CIE 亮度、红度和黄度值的空间系统如图 17.4.3.3(参见插页图 17.4.3.3)所示。L＊值是表明物体表面的亮度值,范围从 0(黑色)到 100(白色)。a＊值范围从－60(绿色)到＋60(红色),b＊值范围为－60(蓝色)到＋60(黄色)。食品领域中另一个经常使用的方法是 Hunter 亮度、红度和黄度固态色标。AMSA 指南(2012)阐述了 CIE 和其他色标之间的关系。

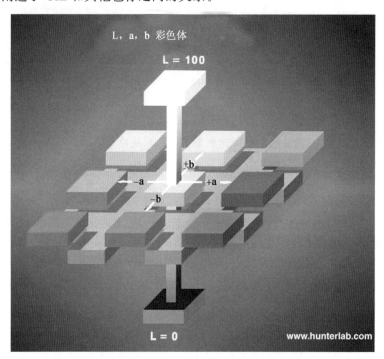

图 17.4.3.3 CIE 示意图(1976)。LAB 色度空间用于描述颜色。每种颜色可由三个数值表示,以表明其在三维球状空间中的位置。纵轴表示由亮到暗,从 0(黑色)到 100(白色)。红度 a＊从＋60(红色)到－60(绿色),黄度 b＊从＋60(黄色)到－60(蓝色)。注:中间位置的正方形可以随亮度变化而上下移动。参考 http://www.hunterlab.com//images/NEW-Lab-Chart-Web.jpg.

17.4.4 肌红蛋白与肉色

肉色受到多种内在和外在因素影响。其中,主要的内在影响因素包括肌红蛋白含量(也称为肌肉色素含量)、肌纤维方向、肌纤维间隙和 pH。

多年来,对于肌纤维的描述如"暗或亮""红或白""慢或快""好氧或厌氧"以及大量其他的术语都是基于肌红蛋白含量以及肌肉生理生化的内在差异。当讨论肉色时,有一点需要指出的是:当对比不同肌肉时,肌红蛋白含量的差异对肉色及其稳定性有很大的影响(见第 3 章—红肌和白肌的差异)。鸡胸肉(白肉)主要由白色肌纤维组成,其肌红蛋白含量低且呈现浅灰色(见表 17.4.4.1 中"胸大肌";表明总血红蛋白和肌红蛋白含量的差异)。

心肌颜色最深且含有更多厌氧化学成分,亚铁血红素含量最高,其次是内收肌。腿肉主要由红肌组成,呈现出暗红色。Kranen 等(1999)使用了不同的方法来测定血红蛋白和肌红蛋白含量,包括分光光度法、排阻色谱法和免疫学方法。他们将结果与其他几个研究团队进行对比,发现结果相似。不同禽类肌肉中色素含量不同(例如鸡肉和鸭肉)。这些差异可能与肌肉活性也有一定的关系,如家养鸡的胸肉比放养鸭的胸肉更亮。肌肉颜色受肌红蛋白和血红蛋白含量的影响。血红蛋白存在于红细胞中,由 4 种肌红蛋白单元构成(均用于传输氧到肌肉中,因而易于结合和释放氧气;取决于局部气压和 pH)。亚铁血红素复合体结构如图 17.4.4.1(参见插页图 17.4.4.1)所示。肌红蛋白复杂分子包含两部分:蛋白部分称为球蛋白,非蛋白部分称为血红素环。蛋白部分包含一个球状蛋白,而血红素环的中心位置有一个铁原子,它负责结合氧和水。铁原子的氧化状态和结合到环上的成分决定了血红蛋白红色的深浅。

表 17.4.4.1　鸡肉中肌红蛋白和血红蛋白含量[1]。引自 Kranen 等(1999)。

肌肉	血红蛋白	肌红蛋白
	(mg/g)	
心脏	2.67 ± 0.65^a	1.08 ± 0.41^a
内收肌	0.83 ± 0.21^b	0.56 ± 0.17^b
耻骨肌	0.09 ± 0.04^d	0.01 ± 0.00^c
缝匠肌	0.67 ± 0.11^b	0.12 ± 0.02^d
胸大肌	0.24 ± 0.04^c	ND

[a-e] 每个指标表示在 t 检验分析中,每一列不同字母代表差异显著($P<0.05$)。

[1] 数值表示为:平均值±标准误。ND＝未发现。

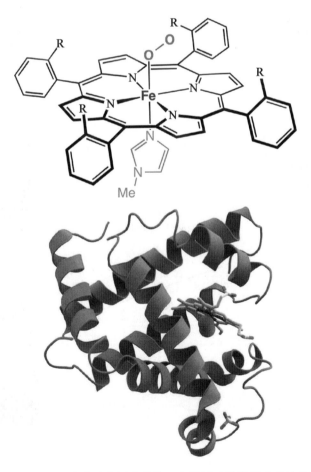

图 17.4.4.1　肌红蛋白分子的图式结构。上图展示了栅栏卟啉铁的络合物,轴向配位点由甲基咪唑(绿色)和分子氧占据;R 基团位于 O_2 结合位点的侧面。下图为肌红蛋白螺旋区域的 3D 模型。引自维基百科。

在外因方面,当肌红蛋白暴露在氧气中时呈现亮红色[图 17.4.4.2(参见插页图 17.4.4.2)]并且铁原子处在还原亚铁状态。

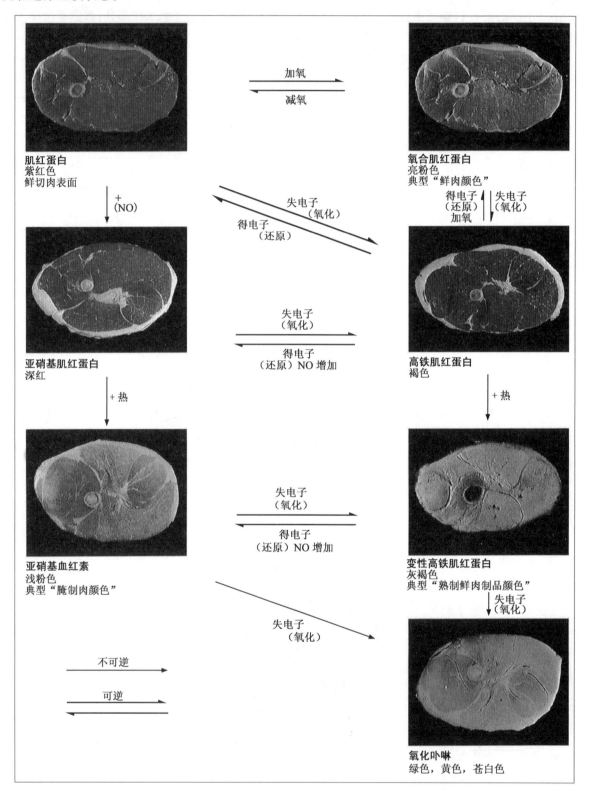

图 17.4.4.2 肌红蛋白不同状态以及肉呈现的不同颜色。引自:腌制肉法规和现代实践(1972)。经 Koch Supplies Inc. 允许使用。

消费者认为肉呈现亮红色(称为氧合肌红蛋白)为新鲜、高质量的肉。该颜色有的时候也称为"发色"。当缺氧时,铁原子处于三价铁状态因而色素(叫作高铁肌红蛋白)使肉呈现棕色。假设微生物总量不太高,当暴露在氧气中时,则出现逆转(高铁肌红蛋白首先被转化为脱氧肌红蛋白,该种形式可以转化为氧合肌红蛋白;Suman 等,2014)。消费者将棕色肉与过期肉相联系,这是因为当肉长时间贮藏后,逐渐变成棕色,同时伴随着大量好氧微生物的出现。

外部因素如真空包装同样也会导致肌红蛋白变成棕色[图 17.4.4.3(参见插页图 17.4.4.3)]。真空包装通常用于延长新鲜肉制品的货架期(同样见第 11 章)。为解决该问题,用于小块新鲜肉的托盘包装应运而生。这种主流包装或是真空包装或是填充 CO_2。商店中,当这种包装被移除后,有 15~30 min 时间用于发色;例如,用于独立托盘的包装材料可以透氧。

蒸煮导致肉中色素的变性以及一种典型灰白/暗棕色的出现(图 17.4.4.2)。加热通常使肌红蛋白中的球蛋白部分变性,并且血红素环通常会与肌红蛋白分离开来并加和到肉中的非亚铁血红素成分中。变性温度取决于肉 pH 和肌红蛋白的氧化还原状态之间的相互作用。随着肉 pH 的增加,肌红蛋白的热稳定性增强,因而呈现更深的粉/红色。因此,pH 结合氧化还原态对蒸煮后的肉色有显著的影响。对热诱导变性的主要氧化还原态的相对抗性是:碳氧肌红蛋白>脱氧血红蛋白>氧合血红蛋白>高铁血红蛋白(AMSA,2012)。

当肉的色素被充分加热时,完全变性的肌红蛋白变为"熟制色素",或称为变性肌红蛋白。这种变性作用导致肉变成更不透明的结构(生肉状态下更透明),并反射出更多的光(看起来更亮)。以煮熟的鸡腿肉为例,亮度值(45~65)和黄度值(6.2~16.7)出现近 50% 的增长,红度值呈现轻微降低;以鸡胸肉为例,其肌红蛋白含量更低(表 17.4.4.1),蒸煮后亮度值通常会增加 60%(52~82)。在蒸煮过程中,胸肉通常会变得更黄(6~14)。而红度值基本不变。总的来说,消费者在蒸煮后会看到很亮的产品。

有一些其他潜在的颜色问题可能与所谓的不成熟褐变(肉温在达到 65℃ 之前就表现出熟肉状态)、持续的粉红现象(肉温达到 72℃ 但仍表现出未熟状态)有关。这些颜色问题已经研究多年(Seyfert 等,2004;AMSA,2012),加工人员应当了解发生的原因和潜在的解决方法。

在缓慢煮熟的过程中,肉或皮的表面因为氨基酸和还原糖间的美拉德反应产生典型的褐色,从而导致褐色素的形成。通过添加糖类如蜂蜜到肉上可以增加褐色的发生(见第 13 章)。在熏制过程中,由于烟中金属羰基化合物的出现,会导致肉表面呈现附加的褐色或金黄色,该物质也会参与美拉德反应(见第 13 章)。pH 高的肉(如 DFD 肉)通常会减少美拉德反应导致的表面褐变。

当腌制肉产品添加亚硝酸盐时(见第 13 章,火腿配方),生肉会产生一种典型的粉红色。随后,在加热时,它会变为稳定的亮红色,称为亚硝基血红素(图 17.4.4.2)。肉制品有无亚硝酸盐的差异很容易被观察到,如当制作火腿或火鸡腿肉时,不含亚硝酸盐的蒸煮制品呈现出典型的褐色,然而亚硝酸盐腌制后则呈现粉红色。本章最后将讨论无意识的亚硝酸盐添加对鲜肉的影响。

图 17.4.4.3 真空包装的牛肉(右边)放置 12 h 后(左),表明肌红蛋白向高铁血红蛋白的转化。S. Barbut 拍摄。

17.4.5　动物肤色

在肉类生产中,带皮销售的动物(如肉鸡、火鸡、鸭、猪),皮肤的颜色和颜色深浅对于市场营销而言是非常重要的因素。家禽的皮色从浅米色到黄色甚至到全黑色,肤色是由于黑色素沉积和从膳食中摄取的类胡萝卜素这两个因素共同作用的结果(Fletcher,1999a)。第一个因素与禽类遗传能力相关,即皮肤的真皮和表皮层产生和沉积黑色素(见第 3 章);第二个因素是肉鸡从植物材料中吸收和沉积类胡萝卜素的能力。研究表明消费者通常偏爱本地土鸡。例如,在美国东部深肤色的家禽最受欢迎,但是在美国西北部白皮鸡则更受欢迎。

　　a.白色皮肤因为真皮或表皮层中几乎不存在黑色素或类胡萝卜素沉积。

　　b.黑色皮肤(发现于某些中国品种鸡)是黑色素在真皮和表皮层中都有沉积的结果。

　　c.黄色皮肤是因为表皮层中类胡萝卜素的沉积。有能力吸收和存储类胡萝卜素的品种在其日粮中必然摄入该类色素。

　　d.绿色皮肤是由于表皮层中类胡萝卜素以及真皮层中黑色素沉积。绿色和蓝色皮肤可以在一些南美品种中看到。

在大部分的商业化品种中,通过基因选育已经消除存贮黑色素的能力。然而有些时候,消费者会退回皮肤表层某些地方存在黑色点状的禽类。加工人员可以通过显微镜分析迅速地验证皮肤细胞中典型黑色素存在,并向消费者保证该问题与微生物污染和食品危害无关。

已有很多研究对涉及自然或合成的类胡萝卜素的肤色进行评估,并建立达到某种颜色日粮中所需类胡萝卜素添加量。类胡萝卜素存贮于上皮中。因此,如果想要保留黄色皮肤,需要使用温和煮沸的方式(例如在烫毛和去内脏的过程中不去除外皮层,见第 5 章)。

17.4.6　产品展示和光源

颜色是光从物体上的反射。正如上文所述,用来照明的光源及其强度会影响颜色。因此,如果使用不平衡光源,那么颜色就会失真。提到这一点是因为荧光在某一波长(例如红色)条件下不充分,通常在冷柜展示情况下使用。同样需要注意的是人们感知颜色的方法存在显著差异[例如相比于视觉完好的人,色盲或者不能区分红色类型的人对颜色有不同的感知(AMSA,2012)]。

当消费者在商店里看到肉制品时,其通常摆放在人造光线下。常见的人造光线包括白炽灯(INC)、荧光(FL)、金属卤素灯(MH)和发光二极管(LED)。这些光源的光谱不同(取决于光线色温和显色指数;目前,灯泡说明书中可以发现这两个数值)。灯泡的安装取决于其成本、寿命、能效和热输出等因素。例如,荧光灯泡不能发射全光谱,但是在同样的亮度输出的条件下仅辐射白炽灯 20% 的热量。因此荧光灯泡通常安装在商业展柜中。金属卤素灯照明范围广,但同样不能发射全光谱(在黄/橙色范围内较强)。Barbut (2001)调查不同光源对消费者感知颜色以及对某种产品喜爱程度的影响(带皮整鸡、不带皮的腿肉和胸肉)。大部分的研究发现,实际色标(例如 CIA 亮度、红度和黄度值)由商业分光光度计判定。这些色差计都配备了稳定的光源(如:氙),且在白板校正后用于对表面进行测定。亮度、红度和黄度色标在研究各种因素(如储藏时间、添加剂)的影响时很重要,但它们并不能反映出消费者在商场中所真实看到的颜色。因而,在特定的研究中,扫描设备需要模拟商场中所使用的真实光源。

消费者对放置在不同光源下的产品购买偏好如表 17.4.6.1 所示。消费者喜欢放置在白炽灯(150 W、120 V)下的带皮整鸡。在此条件下,评定小组同样展示出购买该类产品的强烈偏好(未提供数据),而消费者对放置在荧光下和金属卤素灯条件下的产品没有购买欲望。

表 17.4.6.1　消费者对不同的光源下新鲜鸡肉产品偏好选择。所有的产品都放置在距离光源 70 in。引自 Barbut(2001)。

产品	白炽灯	荧光灯	金属卤素灯
整鸡（带皮）	7.01[a]	4.55[b]	3.57[b]
腿肉	6.08[a]	3.65[b]	4.45[b]
胸肉	5.76[ab]	6.81[a]	5.55[b]

每一行平均值右上角字母 a,b 不同代表差异显著（$P<0.05$）。12 位感官评定人员分两天完成；1＝不喜欢，10＝喜欢。

该现象可以通过检测亮度数据来解释（图 17.4.6.1）。白炽灯光源产生全光谱（不同波长均衡分布）并将所有的自然光都传递给产品（例如白炽灯照射下产品的亮度数据与 Minolta/Hunter 商业分光光度计测定的数据极其相似）。66％评定人员将白炽灯光源下带皮整鸡的颜色描述为黄色，而在其他的光源下则描述为奶油色或白色（见下文）。通常使用 1～2 个词来描述观察到的颜色，用以表明其主要颜色和深浅。这是由于我们大脑总结了所有反射的波长数据，并表示为一种颜色。因为我们不能"看到"单个峰（类似于发光二极管矩阵设备的测定；图 17.4.6.1），我们表达的是总体的感官。

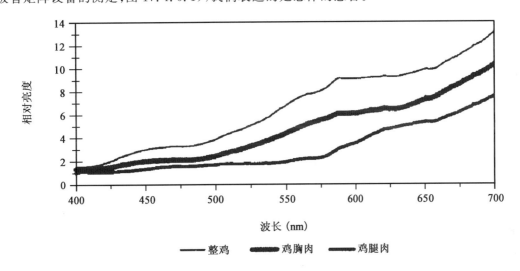

图 17.4.6.1　白炽灯条件下带皮整鸡、不带皮腿肉和胸肉的亮度数据（距离 70 in）。经授权，引自 Barbut(2001)。

当使用金属卤素光源时，黄色区域的数据呈现一个狭小的峰（图 17.4.6.2），在蓝色和绿色区域呈现较大的峰，红色区域呈现较小的峰。照明数据和峰位置与其他商业金属卤素灯源公布的数据相似。评定小组对金属卤素灯的使用给出较低的分数（表 17.4.6.1），且 75％的评定成员将带皮整鸡的颜色描述为乳白色。因其非天然颜色，评定小组一致表示不会购买摆放在金属卤素灯下的产品。

将整鸡放置在荧光灯下会在黄色区域产生一个峰以及在蓝色（430 nm）和绿色区域（530 nm）额外产生两个较强的峰（图 17.4.6.3）。这里获得的反射曲线与其他商业荧光灯公布的数据相似，都在蓝色（430 nm）、绿色（530 nm）和黄色（570 nm）区域呈现典型的强峰。75％的评定成员将带皮整鸡描述为苍白色，其原因在于缺乏范围足够广的黄色峰且在此光源下红色最少。

不带皮腿肉由于特有的较深肉色在白炽灯下同样最受欢迎（表 17.4.6.1）。这种情况下，仅用充足的红色光源就能实现红色的展现。照明曲线与 Swatland(1989)公布的以光纤头非接触式分光光度计测定的关于禽腿肉的数据极其相似。白炽灯下充足的红光输出能提高购买欲，这与荧光下较低的购买欲以及金属卤素灯下的零偏好相反。在白炽灯下，大部分评定人员将腿肉描述为粉红/红色，但在荧光下描述为褐色，在金属卤素灯下为褐色或紫色。

评定成员对放置在白炽灯或金属卤素灯下的不带皮胸肉的喜欢程度类似（表 17.4.6.1）。因为原料

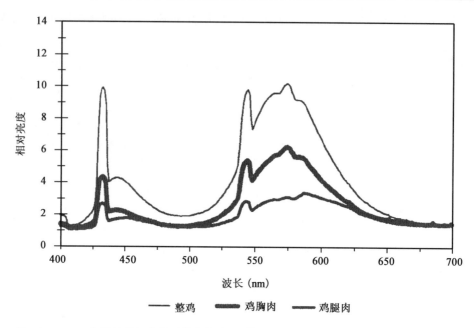

图 17.4.6.2 金属卤素灯条件下带皮整鸡、不带皮腿肉和胸肉的亮度数据(距离 70 in)。
经授权,引自 Barbut(2001)。

产品的颜色都是米黄色,红色和黄色成分并不像其他两个产品那样重要。描述白炽灯下产品的主要颜色是粉红色或棕褐色;在荧光下为褐色或浅褐色;而在金属卤素灯下则为浅褐色或棕褐色。消费者更倾向于购买摆放在荧光灯下的产品($P<0.01$)。总体而言,不带皮鸡胸肉颜色偏中性,不会受到荧光灯红色的缺失或是荧光及金属卤素灯下相对较强的蓝绿峰的影响(这可能与光源的色温、显色指数和光强度有关)。

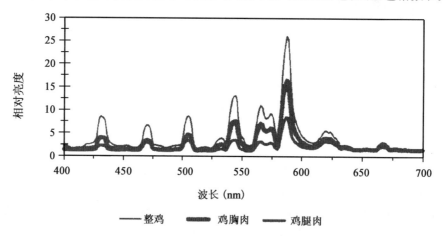

图 17.4.6.3 荧光灯条件下带皮整鸡、不带皮腿肉和胸肉的亮度数据(距离 70 in)。
经授权,引自 Barbut(2001)。

17.4.7 影响肉色的其他因素(PSE、DFD 和 White Striation)

肉的颜色和外观同样受肌节(肌肉组成单位)结构和空间分布的影响。肌节的物理结构(见第 3 章)影响光的吸收以及从肌肉表面反射的方式。例如 PSE 肉和 DFD 肉的差异。这种情况下,PSE 肉的结构更开放,能反射更多的光,从而导致更亮的外观(Barbut 等,2008;Swatland,2008)。

图 17.4.7.1(参见插页图 17.4.7.1)展示了更亮的 PSE 禽肉,其品质差、持水力低(注:猪肉、牛肉和火鸡肉同样存在 PSE 现象,见下文)。持水力高低对加工人员而言非常重要,因为瘦肉含有 75% 的水分。

当 PSE 肉用于深加工时，经常存在难以保持肌肉中原有水分和注射的水分（深加工时添加）的问题。例如当注射、滚揉后，在袋中蒸煮大块独立的火鸡胸肉或火腿时，该问题显得尤为关键。如果蒸煮袋中有自由流动水，需要拆开把水排干，结果会降低加工利润以及大大缩短了货架期。

销售鲜肉时，用托盘包装不带皮的鸡胸肉块或猪排面临挑战，因为颜色会发生显著变化（注：人眼在观察颜色变化时非常敏感）。在美国针对 1 000 包不带皮的鸡胸肉（每包 4 块）的调查中，Fletcher(1999b) 报道平均 7% 的鸡胸肉颜色发生了显著的变化（表现为至少 1 块鸡胸肉比其余更亮或更暗）。对 16 家店里在售的 6 种品牌包装样品进行评估时，发现了很有趣的现象：各公司间产品颜色差异的发生率不同(0.9%、3.5%、6.1%、8.4%、12.6% 和 16.9%，表现为至少有 1 块颜色异常的鸡胸肉)，显然有些公司对鸡胸肉进行了分类。

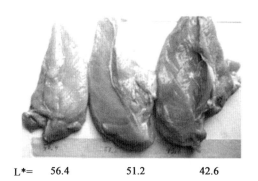

肉鸡 PSE 胸肉

| L*= | 56.4 | 51.2 | 42.6 |

图 17.4.7.1　PSE 肉——外观比正常肉更亮。S. Barbut 拍摄。

行业和学术报告表明不同品种间 PSE 肉出现的程度不同(Barbut 等,2008)。火鸡胸肉的大小和颜色分布(L* —亮度值)如图 17.4.7.2 所示，数据来自对加拿大安大略境内一年多以来 PSE 肉的发生率进行评估(来自 40 个畜群的 4 000 个火鸡样本)的结果。随后，Owens 等(2000a)公布了类似的结果，他们的样本来源是得克萨斯州火鸡胸肉。安大略境内，样品受季节影响的数据如图 17.4.7.3 所示，表明夏季炎热的月份 PSE 肉发生率更高，这可能是由于热应激造成的。总体而言，夏季生产的鸡胸肉平均亮度值比春季、秋季和冬季要高。各种研究表明，禽 PSE 肉发生率与某些肉鸡或火鸡遗传的应激敏感性有关。

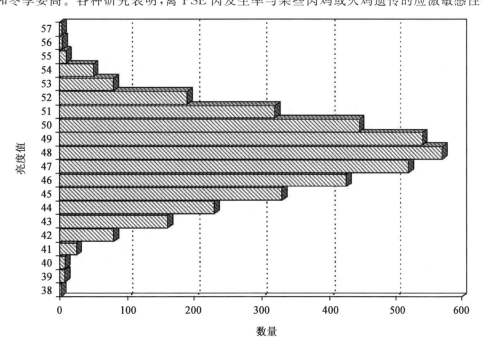

图 17.4.7.2　火鸡胸肉亮度值分布；样本量为 4 000。引自 Barbut(1998)。

Strasburg 和 Chiang(2009)认为我们对 PSE 肉发生的潜在机理知之甚少；目前普遍认为 PSE 肉的产生是由于动物宰后骨骼肌的代谢。猪应激综合征(PSS)历来被作为猪应激时的代谢模型。当暴露于热、运输或交配状态时，应激敏感的猪经常会出现恶性高热症状(MH)。该综合征的特征是产生过量热和乳酸，并伴随着严重的肌肉收缩。猪应激反应症——恶性高热症状甚至还会导致宰前死亡，而相对于应激不敏感的猪，应激敏感的猪在经历宰杀过程后存在更高的 PSE 肉发生率(Offer,1991)。宰后初期肌肉转化成食用肉的过程中，胴体温度高、肌肉 pH 低，会造成某些肌原纤维蛋白的变性。恶性高热已经被公认为一种由某些麻醉剂如氟烷所引发，发生在人和某些动物上的遗传性的骨骼肌疾病（Gronert，1980）。

从事猪育种的人员鉴定出与 PSE 症状相关的两个主要突变基因。几十年前，这些突变基因与钙离子通道（兰尼碱受体）调控的缺陷相关。随后，企业推出一种相当成功的程序能够从猪群中区分应激敏感的猪。然而，该突变基因未在禽类中发现。

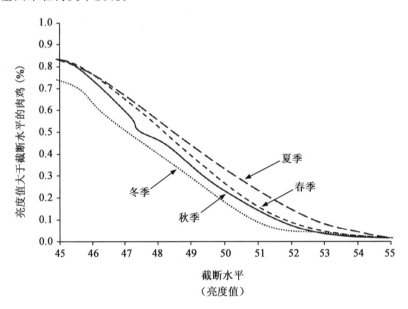

图 17.4.7.3 火鸡胸肉样品亮度值的折线图反映季节作用。引自 McCurdy 等（1996）。

尽管禽类中没有与猪类似的恶性高热表型，但有充分的证据证明宰后肌肉的过度代谢造成火鸡 PSE 肉的发生（Strasburg 和 Chiang，2009）。Pietrzak 等（1997）根据宰后 20 min 的 pH 将火鸡胸肉分为高（pH＞6.2）和低（pH＜5.8）组，该两组生化指标和品质特性呈现出显著差异。低 pH 组鸡胸肉呈现出低 ATP 浓度、高乳酸浓度、低保水性、低出品率以及高亮度值。这些结果与 PSE 猪肉的生化特性相一致，表明低 pH 组宰后有快速的糖酵解速率。

Owens 等（2000b）表明一些活火鸡对于氟烷气体相对敏感，该方法常用于鉴定应激敏感的猪。火鸡暴露在 3％氟烷浓度条件下 5 min 会造成 3.5％的 4 周龄火鸡发生腿部肌肉僵硬。然而，与对照组相比，这些易感火鸡在屠宰日龄时并未呈现出更高的 PSE 肉发生率。当时作者认为氟烷反应在预测火鸡 PSE 肉的发生方面有局限性，或者说氟烷并不是可以诱导禽类 PSE 肉发生的适当应激源。Strasburg 和 Chiang（2009）表明兰尼碱受体在调控禽类肌浆内钙离子浓度方面起到重要的作用，且受体活性的改变对 PSE 肉的发生有重要作用。此外，作者表示虽然我们对兰尼碱受体的理解有了巨大的进步，尤其是发现可替代的剪接变异体，但是判断这些转录因子是否翻译成蛋白以及这些变异体的功能差异显得尤为重要。迄今为止，因为不能像对猪一样开展大规模的选择程序，我们对诱导禽类 PSE 肉发生的原因仍然缺乏。应当树立长期的目标，开展更多的研究以减少禽类 PSE 肉问题的发生。目前，禽类加工人员仅能监测该问题的发生，并在抓鸡、运输以及卸载过程中尽量减少应激的发生，并努力改善某些加工条件（Barbut，2009）。

如上所示，禽类 PSE 肉发生率的范围是 5％～40％，取决于季节、日龄，以及划分 PSE 肉的标准（Barbut，1998b；Petracci 等，2009；Owens 等，2000a）。McCurdy 等（1996）表示当亮度值大于 50 时，火鸡胸肉的保水性较差。Owens 等（2000a）根据他们发现的肉色（亮度值）、pH 和压榨损失间的关系提出的划分标准为亮度值大于 53（图 17.4.7.4）。对于成熟雌性火鸡而言，划分标准为亮度值大于 52/53，总的来说其胸肉较亮（Barbut，1998b）。对于肉鸡而言划分标准为亮度值大于 49/50，这是基于图 17.4.7.5 中的数据

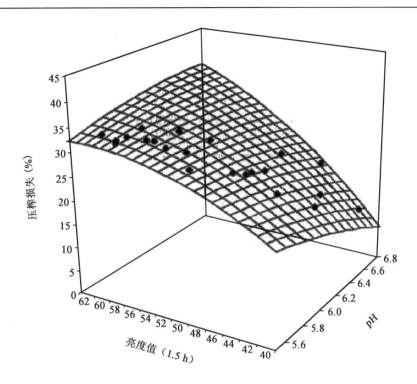

图 17.4.7.4　火鸡胸肉压榨损失(EM)、pH 以及亮度值(宰后 1.5 h)间的关系(EM＝14.893 5－0.023 6×肉色×肉色－2.543 8×pH×pH＋0.543 5×肉色×pH；R2＝0.371 4；P＝0.000 1)。每个点表示亮度值的增量对应的平均 pH 和压榨损失。曲面图代表基于原始数据的预测值。引自 Owens 等(2000a)，经授权。

和这些样品对应的保水性和蒸煮损失来确定的。图 17.4.7.5 表明肉鸡胸肉亮度值的范围是 41～56,其肉色范围相对较宽。

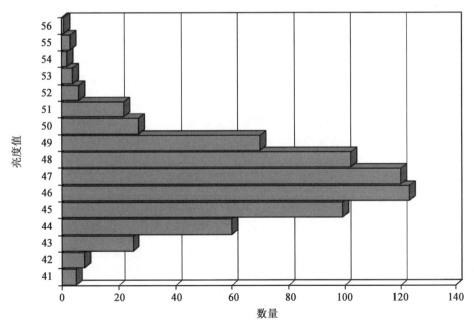

图 17.4.7.5　肉鸡胸肉(n＝700)亮度分布柱状图。转引自(Barbut,1998b)。

高比例的 PSE 肉在深加工过程中是个难题。一些加工人员利用大批量未经分类的肉来生产某些产品,当 PSE 肉的比例较低(如小于 20%),生产碎肉(绞碎/斩拌)制品不会有太大的问题,绞碎混合加工实际上是降低 PSE 肉影响的一种方法(稀释作用)。但是,生产整块肉制品时(注射盐水的烤制火鸡胸肉;配方见第 13 章),注射过盐水的整块 PSE 肉在蒸煮过程中会造成大量的水分损失。在这种情况下,预分级可以作为一种解决的方法。如果分类,必须建立适用于具体生产需要的分类标准(根据保水和质构)。McCurdy 等(1996)展示了如何开展这项工作,他们发布了获得保水性为 17%、20% 和 23% 时所需的亮度值的表格。春季对应的亮度值分别为 52.0%、50.9% 和 51.3%。同时他们也报道了在其他三个季节分别对应的亮度值(图 17.4.7.3)以及获得某一质构特性(圆柱形熟肉制品的最大压力)时对应的亮度值。重要的是肉品加工人员可以根据他们的原料肉的选择标准、产品配方以及特定制备方法(注射速率、滚揉时间)来建立合适的分类标准。总之,采用基于肉品质而不是目前使用的主要基于主观因素(如肤色、损伤、缺失、证据)的分级系统有助于根据功能特性(如保水性、质构)将肉分级。

目前在青年肉鸡胸肉中同样发现白条状现象(这种现象过去主要发生在老母鸡及大龄火鸡肉中)。消费者可以发现白条状位于不带皮鸡胸肉的前端,每块鸡胸肉严重情况不一。该问题与肌纤维的坏死有关,这很可能是由于过快的增长速度和外围区域的供血不足造成的,同时该区域填充着脂肪和结缔组织(Kuttappan 等,2013)。

17.4.8　肉色异常以及其他与禽肉、红肉相关的问题

消费者决定购买过程的第一步是看到食品外观。如果在最初阶段,消费者不喜欢该产品,那么做什么也不能改变他们的想法。因此,肉类加工业面临着鲜肉以及加工肉的肉色问题。鲜肉问题包括发白肉(PSE,见上文)、深色肉(DFD)、带瘀血以及由于微生物活性导致的肉色异常(发绿)。此外,同一托盘中肉块/肉片颜色不均也被认为是一大问题。在加工肉制品中,传统白肉(禽类鸡胸肉)制品可能会发生硝酸盐变色成粉红色的问题。其他问题可能在贮藏过程中:例如,肉色的褪化或者微生物破坏肌红蛋白的血红素环导致的褪色或产生的一些色素。下文将介绍一些例子,并解释成因和潜在的解决方法。

a. **出血和血斑**——血管破裂时发生的,与肌肉损伤有关(如瘀血、骨头错位)。在加工工厂中,大块瘀血一般会被修剪或移除。在动物生命的不同阶段都可能发生损伤。生长发育阶段,圈舍中的动物可能由于锋利物体、打斗甚至长时间蹲坐(可能导致水泡)导致瘀血或损伤。在抓鸡和运输过程中的损伤概率甚至更高,其中包括装载和卸载过程(见第 4 章)。发霉的日粮含有霉菌毒素,即使在较低剂量时(如 5 ppm)同样会增加病理上出血的概率(Froning,1995),同时造成血管的弱化。判断损伤的时间一直较为困难。总的来说,红色瘀血表示是最近发生的损伤,而表面棕灰色的异常颜色则表示损伤发生了一段时间。然而,为了准确分析导致瘀血的原因,有必要进行组织学研究。该过程包括观察瘀血周围红细胞和白细胞的分布(见第 4 章,包括染色方法)。判断损伤时间有助于鉴定并解决问题。发生损伤时,细胞组分释放到组织中通过引发炎症反应或血块凝结造成生理或病理反应。在此过程中,凝血因子(促凝血酶原激酶)可能会导致局部血管凝固,同时细胞膜的破损将释放某些酶类(如蛋白酶和脂酶破坏其他细胞)。

Kranen 等(1999)报道称肌肉中血红蛋白的含量可以表明不同类型的出血。带有瘀斑(几乎方毫米大的瘀块)的内收肌含有肌红蛋白的含量占到组织重量的 6.5~9.9 mg/g。表 17.4.4.1 显示血红蛋白的平均值是 0.83 mg/g(10 倍低于损伤部位)。在耻骨肌中,血斑(作者描述为小直条状出血)肌红蛋白的含量为 0.12 mg/g,没有血斑部位的肌红蛋白含量为 0.09 mg/g(表 17.4.4.1)。在缝匠肌中,瘀血部位肌红蛋白含量范围在 0.75~4.61 mg/g,而无出血部位的肌红蛋白含量为 0.67 mg/g。

加工条件如高压电击晕同样会增加出血的比例,见第 8 章。这可能由于严重的肌肉收缩以及血管的物理破裂造成随后的血喷或所谓的"中枪"状态。鲜肉中出现的例如血喷的问题在蒸煮肉制品中将被放大(如烤制肉鸡胸肉出现的黑斑)。

b. **骨头变暗**——有时存在于煮制后的青年畜禽肉,该现象可能由于冻存过程造成。解冻后,骨头周围的肌肉可能会呈现出暗色或血色,这是由于一些骨髓从骨骼结构中挤压出来。随后,煮制过程中,骨髓的血红蛋白组分变性形成较暗的异常颜色(图 17.4.4.2)。该问题常见于膝盖、翅膀和腿关节区域的骨头端

部,虽然不美观,但没有健康危害。

c.由于微生物活性导致的颜色异常(如发绿、发黄)——由于微生物活性导致的颜色异常(发绿、发黄),可能是由于微生物破坏血红蛋白的卟啉(亚铁血红素)环或产生水溶性色素造成。该问题常出现在未经腌制、贮藏一段时间后的食品中。例如真空包装肉中粪链球菌(*Streptococcus faecium*)亚种 *casseliflavus* 菌的生长,刚开始呈现小黄点(产生菌落),但随后覆盖整个肉的表面,且形成深黄色的脂质层[图 17.4.8.1(参见插页图 17.4.8.1)]。

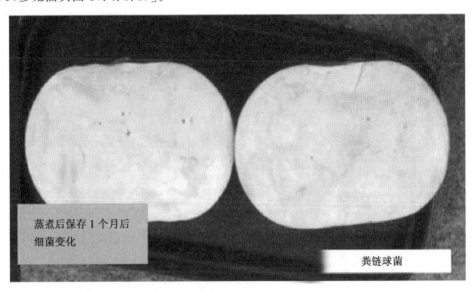

图 17.4.8.1　由微生物造成的肉表面形成的黄色。S. Barbut 拍摄。

颜色异常的产品对消费者不具有吸引力,甚至会造成潜在的危险。以 *Streptococci* 为例,污染常发生于加热后,因为该微生物是热敏感性的,正常加热过程可以将其杀死(Whiteley 和 D'Sousa,1989)。切片机的交叉污染、肉的处理以及污染的空气都会传播微生物至不同的包装袋中。在冰箱中,细菌的繁殖需要几周。需要指出的是,加热后的污染同样是严重的安全问题,尤其是涉及病原微生物如 *Listeria monocytogenes*,美国曾在 20 世纪 90 年代大规模暴发。

报道表明肉中绿色的产生与微生物如荧光假单胞菌属(*Pseudomonas fluorescence*)的生长和肌红蛋白的分解产生光亮、透明、淡绿色的渗出物有关,该问题并不常见,但却比上述黄色更加频繁。绿色外观的呈现有时候被误认为是彩虹色问题(Swatland,1984)。两者间可以通过将产品旋转 90°来区分,如果绿色不消失,那么该问题可能是微生物;如果颜色消失了,那么问题可能与彩虹色有关(详见下文)。

蒸煮产品中出现所谓的“绿环”可能是不恰当的加热过程的表现。香肠中部位于中心处出现的绿色表明没有达到设定的蒸煮中心温度,因而可分解亚铁血红素的腐败微生物仍然具有活性。这种颜色异常是不可逆的(图 17.4.4.2)。蒸煮香肠边缘部位的绿色表明该产品微生物含量较高。在这种情况下,微生物甚至可能在蒸煮操作开始前就已经降解了亚铁血红素色素。

d.在去骨过程中发现鲜肉中的异常绿色——也称为“绿肌病”,该问题有时发生在肉鸡/火鸡胸肉内。该问题的学名为深度胸肌变性,源于活体动物肌肉内部肌纤维的坏疽或坏死(Sosnicki 和 Wilson,1992)。过去该现象常见于重量大的火鸡中,然而目前该问题也见于幼年肉鸡中(Petracci 等,2009)。某些品种可能更容易发生该类问题,同样某些生长条件(生长结束期时变稀疏)也会造成高发生率(Kijowski 等,2014)。研究人员发现增加体重/肌肉大小的品种选育可能会改变血流方向使其流至鸡胸深处。在生产线上,患病鸡通常在胸肉某一侧表现出凹陷区域,切割时,开始表现出异常粉红色,随后(几天)变成异常的绿色。在某些部位,坏死组织在填充脂肪和结缔组织后变僵硬,该现象对应为“木质化鸡胸肉”症状。

e.鲜切肉片上的白点——在冰箱贮藏几天后会出现,该现象是由于表面微生物的生长造成,有时会伴随着不好的气味。其源于细菌和酵母的生长,可以通过无菌操作把菌落挑出并涂开到载玻片上,利用显微镜来观察微生物菌落可以快速地鉴定出来。如果这些菌落呈现出发芽状,它们极有可能是酵母细胞;如果他们较小且呈现杆状,它们极有可能是 *Lactobacilli* 菌。随后可以用革兰氏染色进一步确认(Russell,2006)。加工过程中良好的卫生条件是消除该问题的关键因素。同时,鉴定出污染发生地也将有助于解决该问题。

f.**彩虹色**——通常在肉的表面呈现出橙绿色[图 17.4.8.2(参见插页图 17.4.8.2)]。该现象可见于鲜肉或蒸煮后的切片熟肉,由白光照射到其某些组分上造成。确切的机理目前还没有完全揭示,但我们知道的是某些肌肉结构会造成更多的光衍射(Swatland,1984;Lawrence 等,2002)。

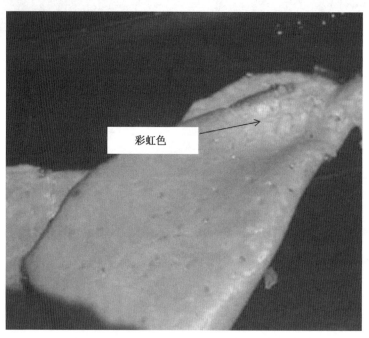

图 17.4.8.2 出现在切片腌制肉表面的彩虹色。由 S.Barbut 拍摄。

加工人员可以通过使用钝刀替代锋利的刀来减少甚至消除该问题。然而,为了保持产品的高质量以及避免产品的撕扯,通常推荐使用锋利的刀片。使用钝刀可以"消除"该问题的事实证明平滑的表面结构一定会发生彩虹色现象。有研究表明高磷酸盐的使用会增加该问题的发生概率(Wang,1991)。我们可以使用科学工具来评价彩虹色样品的发射光谱,其中绿色几乎是单纯色。相反,由于微生物造成的发绿现象将呈现出典型的亚铁血红素色素降解而形成更广的光谱(Swatland,1984)。如上所述,区分由于微生物或是物理结构造成的异常绿色也可以通过将样品旋转 90°观察颜色是否消失来实现。如果消失,则是由于肌肉表面切片特殊物理结构造成。

g.**亚硝酸盐灼色**——在腌肉制品中发现深粉红区域外围包裹着浅粉红区域。这可能由于在整个肉产品中盐水注射不均造成(注射器的针头堵塞或压力过大造成盐水分布不均)。该视觉缺陷伴随着整块肉或肉糜制品中某些区域没有被腌制或者亚硝酸盐分布不均(亚硝酸盐没有或含量低的区域呈现出典型的肌红蛋白变性后的棕色)。亚硝酸盐缺失造成的外观也表明其他成分如盐和香料没有均匀分布。然而,由于亚硝酸盐具有抗-C.肉毒杆菌作用,因此是最需要均匀分布的关键成分。

h.**典型白肉制品的粉红色**——该现象有时候见于蒸煮后的禽类胸肉呈现的粉红色条状/斑块状或整体的粉红色。该问题可能由两种不同机制造成。第一种为持久性的粉红色(AMSA,2012);第二种则由于低亚硝酸盐污染。消费者通常不接受该类产品,他们认为这些产品没有煮熟。Maga(1994)发现与该问题有关的一个有趣的现象是其会零星和随机地出现在经过相同加工方式的胴体上,只要在发现该问题时,对生产和加工做出多种调整,该问题经常会消失,但是并不知道哪个变量起关键作用。然而由于该问题会循环性发生,找到发生的原因很重要。Holownia 等(2003)综述了由产品中混入的低剂量亚硝酸盐造成的粉红色发生并造成不同表型的问题的相关因素(如整个产品的粉红色,肉块之间接缝处的粉红色,产品周围的粉红色)。大多数情况下,最常见的诱因是亚硝酸盐污染。Heaton 等(2012)报道称能够造成火鸡胸肉卷可见粉红色的最低亚硝酸盐含量为 2 ppm,对于肉鸡来说为 1 ppm、猪肉为 4 ppm、牛肉则为 14 ppm。亚硝酸盐可能源于工厂用水、混合香辛料、活禽运输车排放的尾气以及燃气烤箱。在某些农区,水中的亚硝酸盐的污染可能是较大的问题(该地区使用氮素肥料)。因此,推荐加工工厂进行常规性的亚硝酸盐含量监测,如果有需要,可以安装特殊过滤装置来去除亚硝酸盐或者至少禁止带有亚硝酸盐的水用于加工白肉制品。

对于持久性的粉色,一个重要的因素可能是肉的 pH。Janky 和 Froning(1973)利用模型系统研究了pH 和几种添加物对火鸡肉肌红蛋白变性的影响。肌红蛋白衍生物种类对粗肌红蛋白提取体系中热变性色素含量有影响。使用异抗坏血酸钠(常用作腌制促进剂;13 章),pH 较低时,变性程度增加。另一方面,三聚磷酸钠可以通过提高体系的 pH 增加肌红蛋白的热稳定性。这可能是由于亚铁血红素组极性电荷的增加造成。Ahn 和 Maurer(1990)研究了肌红蛋白、血红蛋白和细胞色素 C(分子质量为 12 500 Da 左右,结构类似于肌红蛋白)的亚铁血红素复合体形成反应。他们表明,天然配体如组氨酸、半胱氨酸、蛋氨酸以及它们的侧链与血红蛋白能形成可溶性蛋白复合体。同时,高 pH(大于 6.4)有助于红蛋白、血红蛋白和大多数天然配体(组氨酸、半胱氨酸、蛋氨酸、烟酰胺和可溶性蛋白)间的亚铁血红素复合体形成反应。

添加物如食盐、磷酸盐以及脱脂奶粉也会影响粉红色。研究表明食盐添加量为 2.5% 时能显著降低肌红蛋白和血红蛋白在 68 和 74℃时的热稳定性,会显著提高细胞色素 C 的热稳定性(Slesinski et al.,2000;Ahn and Maurer,1989)。肉中添加 0.5% 的三聚磷酸盐并加热到 68℃、74℃、80℃和 85℃时,由于pH 的增加会显著提高肌红蛋白热稳定性,但会降低细胞色素 C 的热稳定性。葡萄糖在 68℃能提高血红蛋白热稳定性,在 85℃时则会提高细胞色素 C 的热稳定性,但对肌红蛋白没有影响。总的来说,作者表明添加食盐和三聚磷酸盐可以降低氧化还原潜力,这些变化可能对蒸煮火鸡胸肉的粉红色有显著影响,尤其是当肉的氧化还原潜力在 +90 mV 或 -50 mV 左右时。Dobson 和 Cornforth(1992)发现火鸡肉卷中异常的粉色可以通过添加 3% 奶粉避免。实验表明活性巯基或脱脂奶粉中其他蛋白的支链可能增加了氧化还原能力,因而避免亚铁血红素和变性蛋白间的络合,同时,脱脂奶粉中的酪蛋白颗粒可能掩盖肉中的色素。

Froning(1995)和后来的 Holownia 等(2003)研究发现蒸煮温度和时间同样对粉色起到关键作用(决定蒸煮肉中呈现的非变性色素的含量)。禽肉和红肉的研究结果同时表明熟肉中未变性的色素主要是氧合肌红蛋白。利用烤箱将火鸡肉卷加热至不同终点温度时发现,当终点温度低于 71℃时,粉色增加。通常终点温度应该超过 71℃(USDA 要求对于所有煮熟禽肉制品的最低温度为 71.2℃,用以杀灭致病菌),但是如果不密切监控,加工温度很可能低于设定温度。Froning(1995)进一步研究了熟肉制品冷却 2 h 后重新产生粉红色的问题,发现这种情况下,是由于氧合肌红蛋白造成粉红色的原因。

i.褪色——浅黄色、无色肉可能由于暴露在强光下使肉中色素的卟啉环发生氧化(图 17.4.4.2)。该问题通常在使用透明袋子包装的熟肉制品以及展示产品时更加严重。某些光源有相对较高比例的紫外线(荧光;见前文),对颜色具有更严重的损坏且相比其他光源(白炽灯)会造成更快的褪色。总的来说,肉制品由于色素的部分氧化会变亮(更高的亮度值)且红度值降低。

为了减缓问题的出现,零售商可以改变展示品的包装,利用特殊设计的薄膜来阻隔部分或全部紫外光,或者使用配有或不配有小开口的不透明包装材料。后者可能用处不大,因为消费者习惯看到真实的产品。保护腌制肉的颜色也可以通过使用抗氧化剂去除包装袋内的氧来实现。维生素 E 是常见的天然抗氧化剂,不需要任何特殊标签说明就可以添加到动物日粮中。维生素 E 发现于各种植物材料中,其作用是保护植物免受氧化。研究人员报道称维生素 E 具有对色泽和香味的保护作用以及减少肉类脂肪氧化形成异味的作用。

j.冻烧——表现为白灰色区域,由于肉表面未覆盖/未保护而产生的水分损失造成。脱水造成蛋白变性和颜色异常。该问题可能由于不适当包装材料的使用或包装材料中出现孔洞造成。除了颜色异常,白灰色肉干燥、无味,可能呈现氧化酸败(消费者描述为陈味/霉味)。与原料产品相比,由于黄度值增加,肉的颜色变成黄灰色。由于肉中色素的沉积,红度值也会增加50%。包装材料的物理特性非常重要,总的来说,包装膜应该防潮且可收缩,以能与肉紧密接触(真空包装在肉类工业中应用广泛)。密封包装非常重要,因为它可以阻止水分蒸发和袋内冰的堆积。它同样通过与空气绝缘从而保证快速的冻结。

k. **黏性外观**——可见于产品表面,由于微生物自我保护而产生的碳水化合物聚合链造成(见第15章)。在该情况下,分离得到的微生物为乳酸菌属 *Lactobacillus*,*Enterococcus*,*Weissella* 和 *B. thermosphacta*。潮湿的表面有利于黏液的形成且常见于外表/肠衣(Jay 等,2005)。因此,熟肉制品的加工人员通过添加佐料如乳清蛋白,可以结合水分并阻止包装袋中水分的渗出。这在真空包装物品中非常重要,通过物理作用力将产品中水分排出。

l. **腌制品发绿**——通常由熟制品中产生的 H_2O_2 和 H_2S 造成。在熟制品中,这两种化学物质都可以与亚硝基血红素结合并氧化卟啉环,使颜色由粉红变为绿色。如上文所述,对于非腌制品而言,在产品表面或整个产品中可形成绿色芯状而呈现绿色。切片后并暴露在空气中的有氧贮藏产品会出现绿色芯状。通常因不恰当的蒸煮温度,使产品所需的中心温度未达到,造成微生物仍然存活而产生 H_2O_2 和 H_2S。外部的绿环通常表明肉表面或肠衣已高度污染。大多数常见的能产生 H_2O_2 的微生物为 *Weissella viridescence*,*Leuconostoca*,*Enterococcus faecium* 和 *Enterococcus faecalis*。

贮藏于冷藏温度中的真空包装肉制品的发绿现象通常由 H_2S 的产生引起,H_2S 与肌红蛋白反应形成硫化肌红蛋白。造成这种现象的主要微生物是 *Pseudomonas mephitica*。H_2S 通常由半胱氨酸降解形成,其中包含硫黄。当微生物达到 $10^7/cm^2$ 时,绿色通常会出现(Jay 等,2005)。如前所述,宰后新鲜的火鸡肉中也出现内部绿色现象。此现象是因火鸡胸肉的快速增长和血液供给不足造成区域肌纤维坏死,形成的深度肌肉疾病,与腐败微生物无关。

m. **异味**——真空包装肉制品的腐败以及产品的异味、风味和颜色通常是微生物代谢的结果。一般情况下,长链脂肪酸分解为短链脂肪酸是 *Lactobacillus* 和 *B. thermosphacta* 发挥活性的副产物,该过程会产生令人难受的气味。报道称丙酮和双乙酰是造成真空包装午餐肉异味产生的非常重要的化合物。

在新鲜真空包装制品中,硫化物气味的产生是由于 *Pseudomonas* 和 *H. alvei* 发挥活性造成。当微生物数量达到 $10^7 \sim 10^8/cm^2$ 时,硫化物气味通常很明显,同时也表明微生物利用氨基酸作为能量来源的大量水解作用。正如前文已讨论过的,黏液的形成同样也很明显。Jay 等(2005)综述了微生物造成新鲜和辐照肉腐败时产生的挥发物。他们鉴定出的主要化合物包括二甲基二硫醚、甲基硫醇、H_2S、甲醇和乙醇。

深加工和熟制禽肉制品的腐败源于新鲜肉、调味料以及肠衣中污染的大量微生物。如果生产程序使用不当(如温热加工),货架期将显著缩短。能造成腐烂气味的微生物包括 *Pseudomonas* 和乳酸菌(见上文)。

n. **酸败**——由于 *Lactobacillus*、*B. thermosphacta* 和 *Enterococci* 的生长造成各种糖类(通常以奶制品组分或糖类形式添加到产品中)的发酵造成,常发生在熟肉制品的贮藏过程中。这些微生物利用碳水化合物作为能量来源,并将它们转化成酸类造成酸败的发生。由于不同香辛料和其他非肉组分的添加,加工肉制品通常含有很多不同的微生物菌落。因此,如果在卫生环境差、质量控制不完善以及蒸煮和冷却操作不当的连续过程中,可能会引发各种各样的问题。

o. **气体的产生**——真空包装切片肉制品中气体的产生通常由生长于产品中的梭状芽孢杆菌群造成,因而,这类产品不适合人类消费。产生的主要气体是 CO_2,它是水溶性和脂溶性气体,有一些抑菌作用。在包装肉中,主要发生的化学反应为:$CO_2 + H_2O \rightarrow H_2CO_3 \rightarrow HCO_3 + H^+$。肉在贮藏过程中产生的碳酸比例与温度和 pH 有关(Jay 等,2005)。

参考文献

Aberle E. D.,J. C. Forrest,D. E. Gerrard and E. W. Mills. 2001. Principles of meat. In:Principals of Meat Science. Kendall Hunt Pub.,Dubuque,IA,USA.

Ahn D U, Maurer A J. Poultry meat color: pH and the heme-complex forming reaction[J]. Poultry science, 1990, 69(11): 2040-2050.

Ahn D U, Maurer A J. Effects of sodium chloride, phosphate, and dextrose on the heat stability of purified myoglobin, hemoglobin, and cytochrome c[J]. Poultry Science, 1989, 68(9): 1218-1225.

American Meat Science Association. Meat color measurement guidelines[J]. Champaign, IL, USA: AMSA, 2012: 45-52.

Andersson A, Andersson K, Tornberg E. A comparison of fat-holding between beefburgers and emulsion sausages[J]. Journal of the Science of Food and Agriculture, 2000, 80(5): 555-560.

Anonymous. 1989. Precise color communication[J]. Minolta Co., Ramsey, NJ, USA.

Barbut S. Pale, soft, and exudative poultry meat—Reviewing ways to manage at the processing plant [J]. Poultry science, 2009, 88(7): 1506-1512.

Barbut S, Sosnicki A A, Lonergan S M, et al. Progress in reducing the pale, soft and exudative (PSE) problem in pork and poultry meat[J]. Meat Science, 2008, 79(1): 46-63.

Barbut S. Acceptance of fresh chicken meat presented under three light sources[J]. Poultry science, 2001, 80(1): 101-104.

Barbut S. Use of a fiber optic probe to predict meat emulsion breakdown[J]. Italian journal of food science, 1998, 10(3): 253-259.

BARBUT S. Estimating the magnitude of the PSE problem in poultry[J]. Journal of Muscle Foods, 1998, 9(1): 35-49.

Barbut, S. 1996. Determining water and fat holding. In: Methods of testing protein functionality. Hall, G. M. (Ed) Blackie Academic Press, New York, NY, USA.

Bendall J R, Swatland H J. A review of the relationships of pH with physical aspects of pork quality [J]. Meat science, 1988, 24(2): 85-126.

Bertram H C, Wu Z, van den Berg F, et al. NMR relaxometry and differential scanning calorimetry during meat cooking[J]. Meat Science, 2006, 74(4): 684-689.

Bertram H C, Dønstrup S, Karlsson A H, et al. Continuous distribution analysis of T 2 relaxation in meat—an approach in the determination of water-holding capacity[J]. Meat Science, 2002, 60(3): 279-285.

CIE. Commission International de l'Eclairage. Supplement No. 2 to CIE Publication. 15 (E-1. 3. 1), 1971(tc-1-1). Recommendations on Uniform Color Spaces-Color Difference Equations. Psychometric Color Terms. CIE, Pairs. http://www.hunterlab.com/images/NEW-lab-Chart-Web.jpg. Accessed December 2012.

Dobson B N, Cornforth D P. Nonfat dry milk inhibits pink discoloration in turkey rolls[J]. Poultry science, 1992, 71(11): 1943-1946.

Fennema, O. R. 1985. Water and ice. In: Food Chemistry. Marcel Dekker Inc., New York, NY, USA.

Fletcher, D. L. 1999a. Poultry meat color. In: Poultry Meat Science Symposium. Richardson, R. I. and G. C. Mead (EDs). CABI Publ., Oxfordshire, UK.

Fletcher D L. Color variation in commercially packaged broiler breast fillets[J]. The Journal of Applied Poultry Research, 1999, 8(1): 67-69.

Froning G W. Color of poultry meat[J]. Poultry and avian biology reviews, 1995.

Gordon A, Barbut S. Effect of chemical modifications on the microstructure of raw meat batters[J]. Food structure, 1991, 10(3): 7.

Gordon A，Barbut S. The role of the interfacial protein film in meat batter stabilization[J]. Food Structure，1990，9(2)：2.

Gronert，G. A. 1980. Malignant hyperthermia. Anesth. 53：395.

Hamm R. Biochemistry of meat hydration[J]. Advances in food research，1961，10：355-463.

Heaton K M，Cornforth D P，Moiseev I V，et al. Minimum sodium nitrite levels for pinking of various cooked meats as related to use of direct or indirect-dried soy isolates in poultry rolls[J]. Meat science，2000，55(3)：321-329.

Hermansson，A.-M. 1986. Water and fat holding. In：Functional Properties of Food Macro-Molecules. Mitchell，J. R. and D. A. Ledward (Eds). Elsevier Applied Science，London，UK.

HERMANSSON A，LUCISANO M. Gel characteristics—Waterbinding properties of blood plasma gels and methodological aspects on the waterbinding of gel systems[J]. Journal of Food Science，1982，47(6)：1955-1959.

Holownia K，Chinnan M S，Reynolds A E. Pink color defect in poultry white meat as affected by endogenous conditions[J]. Journal of food science，2003，68(3)：742-747.

Honikel K O. Reference methods for the assessment of physical characteristics of meat[J]. Meat science，1998，49(4)：447-457.

Honikel K O，Hamm R. Measurement of water-holding capacity and juiciness[M]∥Quality attributes and their measurement in meat，poultry and fish products. Springer US，1994：125-161.

Huff-Lonergan E，Lonergan S M. Mechanisms of water-holding capacity of meat：The role of postmortem biochemical and structural changes[J]. Meat science，2005，71(1)：194-204.

Janky D M，Feoning G W. The Effect of pH and Certain Additives on Heat Denaturation of Turkey Meat Myoglobin 1. Model System[J]. Poultry Science，1973，52(1)：152-159.

Jay，J. M.，M. J. Loessner and D. A. Golden. 2005. Modern Food Microbiology Springer，New York，NY，USA.

Kijowski J，Kupińska E，Stangierski J，et al. Paradigm of deep pectoral myopathy in broiler chickens [J]. World's Poultry Science Journal，2014，70(01)：125-138.

Kinsella J E，Whitehead D M，Brady J，et al. Milk proteins：possible relationships of structure and function[J]. Developments in dairy chemistry. 4. Functional milk proteins.，1989：55-95.

Kocher P N，Foegeding E A. Microcentrifuge-Based Method for Measuring Water - Holding of Protein Gels[J]. Journal of Food Science，1993，58(5)：1040-1046.

Kranen R W，Van Kuppevelt T H，Goedhart H A，et al. Hemoglobin and myoglobin content in muscles of broiler chickens[J]. Poultry science，1999，78(3)：467-476.

Kuttappan V A，Brewer V B，Mauromoustakos A，et al. Estimation of factors associated with the occurrence of white striping in broiler breast fillets[J]. Poultry science，2013，92(3)：811-819.

Lawrence T E，Hunt M C，Kropf D H. A RESEARCH NOTE SURFACE ROUGHENING OF PRE-COOKED，CURED BEEF ROUND MUSCLES REDUCES IRIDESCENCE1[J]. Journal of Muscle Foods，2002，13(1)：69-73.

Maga J A. Pink discoloration in cooked white meat[J]. Food Reviews International，1994，10(3)：273-286.

Mancini R A，Hunt M C. Current research in meat color[J]. Meat science，2005，71(1)：100-121.

Maurer A J，Baker R C，Vadehra D V. Kind and concentration of soluble protein extract and their effect on emulsifying capacity of poultry meat[J]. FOOD TECHNOLOGY，1969，23(4)：177-&.

McCurdy R D，Barbut S，Quinton M. Seasonal effect on pale soft exudative (PSE) occurrence in young turkey breast meat[J]. Food Research International, 1996, 29(3): 363-366.

Mohsenin N N. Retention of water in food and agricultural materials[J]. Physical properties of plant and animal materials. New York: Gordon and Breach Science Publishers. p, 1986: 55-78.

Offer G. Modelling of the formation of pale, soft and exudative meat: Effects of chilling regime and rate and extent of glycolysis[J]. Meat Science, 1991, 30(2): 157-184.

Offer G, Trinick J. On the mechanism of water holding in meat: the swelling and shrinking of myofibrils[J]. Meat science, 1983, 8(4): 245-281.

Olsson A, Tornberg E. Fat-holding in hamburgers as influenced by the different constituents of beef adipose tissue[J]. Food structure, 1991, 10(4): 7.

Oroszvári B K, Bayod E, Sjöholm I, et al. The mechanisms controlling heat and mass transfer on frying of beefburgers. Ⅲ. Mass transfer evolution during frying[J]. Journal of Food Engineering, 2006, 76(2): 169-178.

Owens C M, Hirschler E M, Martinez-Dawson R, et al. The characterization and incidence of pale, soft, exudative turkey meat in a commercial plant[J]. Poultry Science, 2000, 79(4): 553-558.

Owens C M, Matthews N S, Sam A R. The use of halothane gas to identify turkeys prone to developing pale, exudative meat when transported before slaughter[J]. Poultry Science, 2000, 79(5): 789-795.

Pearce K L, Rosenvold K, Andersen H J, et al. Water distribution and mobility in meat during the conversion of muscle to meat and ageing and the impacts on fresh meat quality attributes—A review[J]. Meat science, 2011, 89(2): 111-124.

Petracci M, Bianchi M, Cavani C. The European perspective on pale, soft, exudative conditions in poultry[J]. Poultry Science, 2009, 88(7): 1518-1523.

Pietrzak M, Greaser M L, Sosnicki A A. Effect of rapid rigor mortis processes on protein functionality in pectoralis major muscle of domestic turkeys[J]. Journal of Animal Science, 1997, 75(8): 2106-2116.

Price J. F. and B. S. Schiweigert. 1987. The science of meat and meat products. Food and Nutrition Press, Westport, CN, USA.

Prieto N, Roehe R, Lavín P, et al. Application of near infrared reflectance spectroscopy to predict meat and meat products quality: A review[J]. Meat Science, 2009, 83(2): 175-186.

Puolanne E, Halonen M. Theoretical aspects of water-holding in meat[J]. Meat Science, 2010, 86(1): 151-165.

Russell, S. M. 2006. Premature spoilage of breast fillets due to white spots. Poult. USA Mag. 4:15.

Seyfert M, Mancini R A, Hunt M C. Internal Premature Browning in Cooked Ground Beef Patties from High-Oxygen Modified-Atmosphere Packaging[J]. Journal of food science, 2004, 69(9): C721-C725.

Sheldon B W, Curtis P A, Dawson P L, et al. Effect of dietary vitamin E on the oxidative stability, flavor, color, and volatile profiles of refrigerated and frozen turkey breast meat[J]. Poultry Science, 1997, 76(4): 634-641.

Slesinski A J, Claus J R, Anderson-Cook C M, et al. Ability of various dairy proteins to reduce pink color development in cooked ground turkey breast[J]. Journal of food science, 2000, 65(3): 417-420.

Sosnicki A A, Wilson B W. Relationship of focal myopathy of turkey skeletal muscle to meat quality[C] // Proceedings of the 19th World's Poultry Congress. 1992, 3: 43-47.

Strasburg G M, Chiang W. Pale, soft, exudative turkey—The role of ryanodine receptor variation in meat quality[J]. Poultry science, 2009, 88(7): 1497-1505.

Suman S P, Hunt M C, Nair M N, et al. Improving beef color stability: Practical strategies and underlying mechanisms[J]. Meat science, 2014, 98(3): 490-504.

Swatland H J. How pH causes paleness or darkness in chicken breast meat[J]. Meat Science, 2008, 80(2): 396-400.

Swatland H J, Barbut S. Optical prediction of processing characteristics of turkey meat using UV fluorescence and NIR birefringence[J]. Food research international, 1995, 28(3): 227-232.

Swatland, H J. 1995. On-Line Evaluation of Meat. Tecnomic, Lancaster, PA, USA.

Swatland H J, Barbut S. Fluorimetry via a quartz-glass rod for predicting the skin content and processing characteristics of poultry meat slurry[J]. International journal of food science & technology, 1991, 26(4): 373-380.

Swatland H J, Barbut S. Fibre-optic spectrophotometry for predicting lipid content, pH and processing loss of comminuted meat slurry[J]. International Journal of Food Science & Technology, 1990, 25(5): 519-526.

Swatland H J. A review of meat spectrophotometry (300 to 800 nm)[J]. Canadian Institute of Food Science and Technology Journal, 1989, 22(4): 390-402.

Swatland H J. Optical characteristics of natural iridescence in meat[J]. Journal of Food Science, 1984, 49(3): 685-686.

Tornberg E. Engineering processes in meat products and how they influence their biophysical properties[J]. Meat science, 2013, 95(4): 871-878.

Trout G R. Techniques for measuring water-binding capacity in muscle foods—A review of methodology[J]. Meat Science, 1988, 23(4): 235-252.

Wang S F, Smith D M. Functional properties and microstructure of chicken breast salt soluble protein gels as influenced by pH and temperature[J]. Food structure, 1992, 11(3): 9.

Wang H. 1991. Causes and solutions of iridescence in precooked meat. Ph. D. Dissertation. Kansas State Univ.

Wardlaw F B, McCaskill L H, Acton J C. Effect of postmortem muscle changes on poultry meat loaf properties[J]. Journal of Food Science, 1973, 38(3): 421-423.

Whiteley A M, D'souza M D. A Yellow Discoloration of Cooked Cured Meat Products-isolation and characterization of the causative organism[J]. Journal of Food Protection®, 1989, 52(6): 392-395.

Whiting R C. Influence of lipid composition on the water and fat exudation and gel strength of meat batters[J]. Journal of Food Science, 1987, 52(5): 1126-1129.

Wierbicki E, Kunkle L E, Deatherage F E. Changes in the water-holding capacity and cationic shifts during the heating and freezing and thawing of meat as revealed by a simple centrifugal method for measuring shrinkage[J]. Food Technology, 1957, 11(2): 69-73.

Youssef M K, Barbut S. Fat reduction in comminuted meat products-effects of beef fat, regular and pre-emulsified canola oil[J]. Meat Science, 2011, 87(4): 356-360.

Zayas, J. F. 1996. Functionality of Proteins in Food. Springer Pub. , New York, NY, USA.

Zhang M, Mittal G S, Barbut S. Effects of test conditions on the water holding capacity of meat by a centrifugal method[J]. LWT-Food Science and Technology, 1995, 28(1): 50-55.

Zhang M, Mittal G S, Barbut S. 1993. Optimum conditions to measure water holding capacity of beef products by press method. J. Muscle. Food 4:255.

第18章 废弃物处理和副产物

18.1 前言

食品工业面临着减少废弃物产生和高效回收利用副产物的压力。"农业废弃物"常被用来描述在各种农业活动中产生的废弃物,例如大田作物的种植和收获、牛奶生产和动物屠宰以及饲养场的养殖。在肉类工业中,动物废弃物是人类不能用来直接利用的胴体或动物体部分(欧盟委员会,1990)。家禽工业的副产物包括内脏、骨、血液、脏器、脚和羽毛,在某些地区,这些家禽副产物却成为了主流产品(如鸡脚/鸡爪)。20～30年前,经自动或人工剔骨后未被充分利用肉,如今通过机械骨肉分离机(如前几章节所述)则可以完全利用,这些肉被用作乳化类肉制品的主要成分(如博洛尼亚肠、法兰克福肠)和碎肉制品的少量成分(如香肠)。家禽初加工过程中的主要副产物和废弃物的产生如图18.1.1所示。

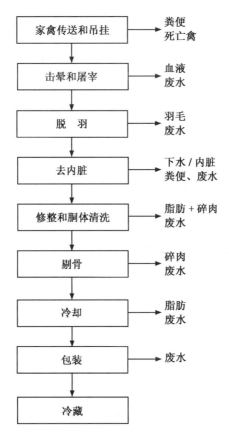

图 18.1.1 禽肉加工操作和副产物及废水产生流程图。

(摘自 http://www.gpa.uq.edu.au/cleanprod/res/facts/fact7.htm.)

目前全球对环境保护的重视是找到较好的废物处理解决办法的一个重要驱动,另一些重要的驱动因素包括拥挤城区的昂贵土地租金和富含有机质废水的过量排放。肉品加工过程中产生了大量的废水,决定废水处置和成本估算的第一步是检测其有机质含量。评估和表示有机质含量的指标有:BOD(生化需氧量,biological oxygen demand)、COD(化学需氧量,chemical oxygen demand)、总可溶固形物(total dis-solved solids)、SS(悬浮固形物,suspended solids)、FOG(脂质,fats;油,oils 和油脂,greases)(这些术语下面将进一步阐述)。总之,肉品加工排出的废水富含氮、磷、固形物和BOD(表 18.1.1),能潜在地导致水富营养化(Benka-Coker and Ojior,1995;Arvanitoyannis and Ladas,2008)。因为排出废弃物的季节性差异,准确描述一个典型工厂的废物面临着巨大的挑战。

表 18.1.1 所示,是来自四个屠宰场的 COD、BOD_5、TSS、VSS 和总 P 值,至少高于家庭生活废水的几倍。这样的废水不能直接排放到水渠中(如河流、湖泊)甚至不能排放到常规城市污水处理系统中。为了减少废水富营养化,大多数大中型肉类加工厂建立了自己的废水处理操作规范,小型工厂至少也建立了能过滤掉引起水中高 BOD 值的一些大的原料(如羽毛、下脚料)和小肉块的基本方法。这样就为回收和售卖有价值的产品(如用羽毛做羽毛粉、床褥或用于华丽装饰的羽毛)提供了机会,工厂投资回收和收集副产物将有利可图。请参见如下讨论。也要注意:当去除羽毛、爪子和肠内容物时,肉/家禽副产物和废弃物可能被带入上百种不同的微生物,这些微生物包括潜在的病原菌如沙门氏菌、葡萄球菌和梭状芽孢杆菌(Salminen and Rintala,2002)。

表 18.1.1 用废水化学需氧量(COD)、5 天生化需氧量(BOD_5)、总悬浮固形物(TSS)、挥发性悬浮物(VSS)和总磷(P)来表示屠宰场废水特性。汇总数据来自 Arvanitoyannis 和 Ladas(2008)。

数据来源	COD (mg/L)	BOD_5 (mg/L)	TSS (mg/L)	VSS (mg/L)	总 P (mg/L)
1.2002 年研究	2 000～6 200	1 300～2 300	850～6 300	660～5 250	15～40
2.2003 年研究	5 800	2 200～9 800	2 400～9 400	—	—
3.2003 年研究	4 000	1 730	2 580	1 960	171
4.2004 年研究	3 980～7 120	2 030～4 200	285～2 660	—	54～92

总之,对肉类工业来说,副产物的处置既是挑战也是机遇,其目标是把副产物(残余肉、骨、羽毛)卖给商家,如动物饲料和宠物食品生产厂家,预计这一趋势将能继续为行业寻找更多增加副产物附加值途径提供帮助。为了让读者有一个工业规模的概念,如表 18.1.2 所示是 2010 年在北美调查的副产物结果,分别来自于年加工超过550 亿磅的家禽和 1 亿 5 000 万头牛、猪和羊(Jekanowski,2011)的厂家。

表 18.1.2 2010 年加拿大和美国提供的蛋白产量。摘自 Jekanowski(2011)。

提供的蛋白产品类型	磅	%
反刍动物肉和骨粉	2 853 257	30.9
家禽副产物粉	1 744 176	18.9
非反刍哺乳动物肉和骨粉	1 580 518	17.3
混合反刍/非反刍动物肉和骨粉	1 403 261	15.2
羽毛粉	673 147	7.3
其他蛋白	491 209	5.3
反刍动物血粉	240 150	2.6
非反刍哺乳动物血粉	234 162	2.5
总计	9 219 879	100%

由于加工每只动物需要的水量相对较大,水排放就成为肉品工厂的主要问题。在荷兰,加工单只家禽需要总的饮用水为 5～20 L 不等(Veerkamp,1999)。在美国,由于盛行水冷却,饮用水需求量更大,为22.7 L(6 加仑,见第 2 章过去 20 年的趋势)。Avula 等(2009)报道,初次和二次加工期间饮用水的需求量

为每只家禽 26.5 L,其建议把超滤作为循环水使用,有几个欧洲经营者就采用了此方法。总的来说,每日总用水量的 30%~50% 被用于清洁措施。Veerkamp(1999)探讨了高效使用水的方法和步骤:例如回收利用所谓的"红水"(red-water)、使用平喷雾喷嘴代替喷淋管和使用空气冷却代替水冷却。而且最近有了一些创新方法,如蒸汽蒸煮器(Aero-scalder)(其使用蒸汽代替水,见第 5 章)能减少约 70% 的水消耗量。然而,对产品更严格的微生物标准的引入导致了加工用水需求量的增加。如今,由于世界各地的新鲜水(进入工厂)和废水处置的成本稳步增长,进一步减少水消耗量和提高水的回收利用率变得更加重要。水质[如有机质含量、颜色和微生物数量(包括病原体)]正变成一个重要的问题。有几个地方正在执行回收水的新方法(例如紫外光处理后)以提高效率和减少成本。

除掉禽胴体或切碎部分后的动物副产物的量可以用如下公式计算:胴体重÷活重×100。Mountney(1989)报道,火鸡屠宰率为 77%、肉鸡为 70%、北京鸭为 58%、野鸡为 78%。其附加值见第 2 章,剩下的部分(23%~42%)就是副产物和废弃物的数量。Lortscher 等(1957)报道,副产物部分:肉鸡可分为 17.5% 的下水、7% 羽毛和 3.5% 的血液;火鸡分别为 12.5%、7% 和 3.5%;土鸡分别为 17%、7% 和 3%。

18.2　污水处理

肉类加工厂产生了大量富含蛋白、脂肪和微生物有机质的污水,生产者需要处理这些污水或把这些污水排放到城市污水系统中(注意:近几年,很多城市拒绝处理那些有机质水平高于国内污水处理水平的废水)。因此,肉类生产加工者在把污水排入城市污水系统前,应尽可能地使处理污水利益最大化,这些处理范围从简单的过滤系统到复杂的有氧池。总之,容量、资金和运营成本决定了一个工厂处理污水的水平。

污水处理主要分为如下步骤:

a.一级处理(如肉块、羽毛的过滤)。

b.第一次沉淀。

c.二级处理(如生物氧化)。

d.第二次沉淀。

e.三级处理(如过滤)。

f.杀菌消毒(如氯化物处理)。

g.污泥脱水(回收二级和三级处理的原料)。

以上步骤将在下面段落中详述。

加工厂可以选择安装如图 18.2.1 和图 18.2.2 中所示的一个或所有构件,确定污水处理方式的第一步是做成本分析。选择构件的多少根据投资经费、预期运营成本、污水量、地方和联邦法规、城市污水处理的预期费用和工厂预计生产数据而定。通常是由当地有资质的专家来确定污水处理所需的运行规模并提供准确的资本和运营成本。

计算污水处理费的主要条款及标准如下:

a.生物需氧量(biological oxygen demand,BOD)是污水有机质含量的半定量测量指标,通常用来评估水中微生物降解所需要的氧气量。BOD_5 指第 5 天好氧微生物氧化分解单位体积水中有机物所消耗的游离氧的数量(单位:ppm),注意:分解可以超过 5 天,但这是一种常用的指数(Carawan et al.,1979)。如表 18.1.1 所示,屠宰场的污水 BOD_5 值为 1 300~9 800 ppm 不等,通常约为 2 000 ppm。早期,Parker 和 Litchfield(1962)评估了肉类加工厂的污水 BOD_5 值为 1 100 ppm,包装间和原料贮藏场所废水 BOD_5 值通常为 600 ppm,家庭污水(非工业污水)BOD_5 值约为 200 ppm。

b.化学需氧量(chemical oxygen demand,COD)是使用强氧化物——橙色重铬酸盐在高温下保持反应来测量污染情况。在酸性条件下,橙色的重铬酸钾($K_2Cr_2O_7$)使有机质氧化并通过酸回流而转化为绿色的铬离子。相比 BOD,这是一个较快速的方法(约 2 h),也可用来测量不可降解有机化合物(如清洁

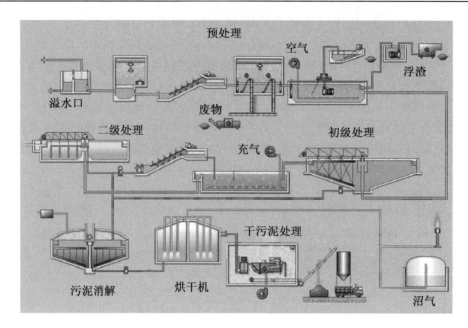

图 18.2.1 污水处理步骤插图。肉类加工厂可选择安装所有或几个步骤（来源于维基百科）。

图 18.2.2 污水处理厂航拍图（http：//www.mewr.alexu.edu.eg/）

剂）。尽管这和 BOD_5 有些重复，但如果不用 COD/BOD 比值来报告污染，监管机构通常不接受 COD 值（注意：由于污水特性的改变，在不同的点其值不同）。

c. 总固形物含量（total solids，TS）是废水中有机物和无机物的总测量方法，它是通过测量在预定体积的坩埚中温和干燥已知体积的废水而测定的。

d. 总悬浮固形物（total suspended solids，TSS）是测量一定量的废水通过膜过滤（玻璃或纤维）后所保留的总的不可滤残渣，然后在约 103℃ 温度下干燥 1 h。Parker 和 Litchfield（1962）报道肉类加工厂的污水 TSS 值大约为 820 mg/L，包装间和原料贮藏场所的污水 TSS 值大约为 600 mg/L。

e. 总有机碳（total organic carbon，TOC）是通过在 900℃ 催化氧化释放的二氧化碳的量来确定的，这是一种很快捷的方法,与标准 BOD₅ 紧密相关,但需要复杂的试验装置。

f. 总需氧量(total oxygen demand,TOD)是在 900℃燃尽水样中所有原料所需要的氧气量。

g. 溶解氧(dissolved oxygen,DO)是用电极或碘量滴定法确定污水中的氧气量,在二级处理中是重要的处理方法(通常在生物氧化期间在曝气塘内完成,见下文)。

h. 脂肪、油和油脂(fat,oil and grease,FOG)是用有机溶剂提取、分离,然后加热蒸馏掉溶剂,用mg/L表示。

总之,污水处理应遵循一个逻辑顺序,开始用粗滤以除掉大颗粒(如羽毛、肉粒),最后是用微生物分解溶解有机质(纳米尺寸)(图 18.2.3)。对所需步骤的解释如下文所述。

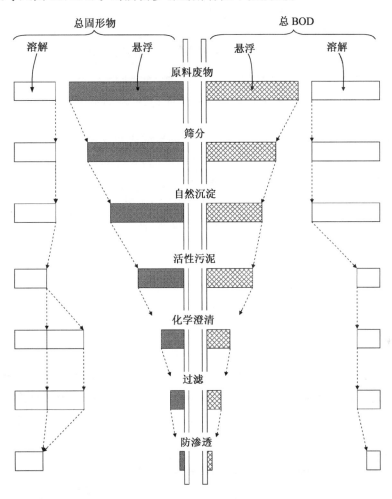

图 18.2.3　不同处理相对有效减少总固形物和 BOD 流程图,来源于 Hill(1976)

预处理——首先,过滤是有效和廉价的步骤,使用粗格栅截留住大颗粒(如肉块和羽毛)从而使其除去。这个步骤也是为了保护接下来处理中的机械设备。图 18.2.4 所示的是一个简易的过滤装置,看似很简单,但很实用,这个装置系统可以过滤掉大块的有机物,可大幅减少BOD₅值。第二,随后使用较小孔径的过滤筛,通常收集经过挤压去水的固体,然后送到炼油厂或垃圾处理填埋场。尽可能快地去除有机物可以使生产加工者的利益最大化,换言之,就是在微生物降解、发酵或臭味产生前除掉有机物(Green and Kramer,1979)。如果堆肥,重要的是使用能起到快速、有效的降解作用的合适的微生物群体。

过滤也用于工厂其他项目,如拔毛操作结合水洗期间所产生的羽毛的剔除。浸烫和脱羽加工期间,羽毛包含 10％～15％的水,通过压缩/离心脱水也是一种简单而经济的方式,以减少处理和运输成本。

一级处理——用来从水中去除小颗粒。相对便宜的设备就可以根据重量有效地进行颗粒分离,重的

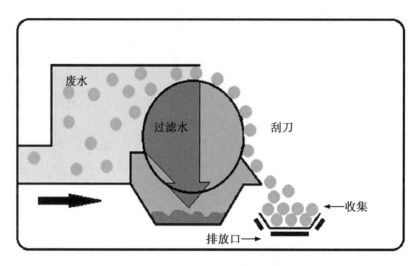

图 18.2.4　自洁式旋转筛预处理废水排放和分离固体(如羽毛、碎肉)

颗粒沉淀,轻的如油、油脂则会漂浮上来。图 18.2.5 所示为沉淀和浮选方法相结合的一个过程。与机械筛分过滤相比,这个过程过滤颗粒需要花费较长的时间。沉到底部的颗粒被带桨的传送装置刮走而集聚在低坑中,可以用泵清除。石灰、明矾、亚硫酸铁和合成聚合物等化合物可以使固形物加速分离。如图 18.2.3 所示,沉淀处理可以清除大量颗粒物,能减少约 1/3 的 BOD。浮选法易于分离出脂肪和液体,此外,化学和物理方法(如底部的空气泵)可以促进絮凝和提速,使漂浮的颗粒浮动到顶部。20 多年前,农业食品行业曾试图通过新的无机和有机混凝物来提高有机物的分离(Aguilar et al.,2005)。其效果也根据废水的构成、温度、混合比例和使用凝结物/絮凝物的次序而定。溶解于废水的絮凝物可能是离子(称作可溶性聚电解质)或非离子(Arvanitoyannis and Ladas,2008;Henze et al.,2008)。絮凝的主要优点是由于其原理是重力和漂浮的作用,能源成本相当低廉。

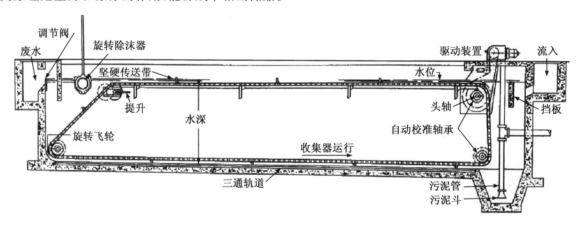

图 18.2.5　废水初级处理图(沉淀的污泥被刮到坑的底部,而漂浮物如脂肪、羽毛在顶部被撇去),图片来源于 Courtesy of Envirex 公司。

总的来说,凝结物和絮凝物是用来去除胶体物质的。这些措施的主要目的是捕捉小的有机颗粒。这个过程可以使 BOD_5 值降低 $75\% \sim 80\%$,另一个优点是可以除去污水中大量的氮和磷。该过程的效率可以通过比较加入混凝剂前后的粒径分布大小得到(Aguilar et al.,2005),具体的凝结剂包括 $Fe_2(SO_4)_3$、$Al_2(SO_4)_3$ 和阴离子聚丙烯酰胺(AP),如 $Fe_2(SO_4)_3$＋ AP 和 $Al_2(SO_4)_3$＋ AP 高分子电解质。

　　二级处理——通过生物手段实现,利用微生物将溶解的有机物分解。这样的处理可以从好氧或厌氧池到先进的活性污泥工艺等。悬浮有机物被微生物代谢作为能量来源而消化掉。在这一过程中,有机物被细菌利用,发生代谢,有些则释放出气体(如二氧化碳)和水。与必须过滤掉溶解的有机物相比(例如,通过超过滤或反渗透),微生物生物量随后以一种更经济的方式过滤出来。在一个典型的好氧活性污泥系统中(图 18.2.6)氧气通过浮动通气管进入水中。好氧塘可达 3 m 深。通入氧气增强了生物氧化,并使环境中溶解的氧气保持在 1～3 mg/L 的范围。池中溶解氧的环境也有助于保持固体悬浮(Marriott,1999)。如图 18.2.3 所示,这之后 BOD 减少可使废水进入量增加约 70%。固体污泥可以被运送到一个垃圾填埋场或作为肥料使用,而剩余的水在抛光池或沙过滤池被处理。

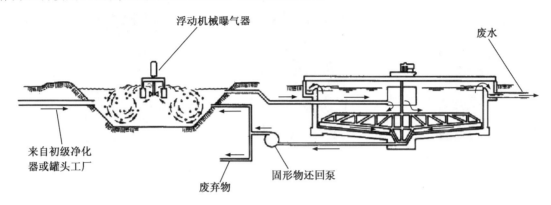

图 18.2.6　二级处理——循环式表面曝气机植入含需氧微生物活性污泥系统消化降解有机质,图片来源 Hill(1976)。

另一种选择是在没有氧气通入的地方,使用厌氧微生物。和好氧塘类似,生物量、气体(如 CO_2、CH_4)和水是因水中的有机物而产生。建设厌氧塘资金投入相对较低,典型的构造是 1～3 m 深的泻湖,由于不需要搅拌装置或空气泵设备,其操作成本小。厌氧塘装载率通常在 250～1 100 kg/(hm² · 天),其中温度是决定有机物装载容量的一个重要因素。当温度≥22℃,0.5～3 周内,预期可以减少 60%～80% BOD_5(Marriott,1999)。最近关于沼气生产(例如,甲烷)和作为可再生能源的利用得到了人们极大的关注。厌氧处理是用于生产这些气体主要的生物废弃物处理过程之一。Salminen 和 Rintala(2002)利用半连续装填实验室规模的沼气池,在 31℃消化,研究水停留时间(HRT)和负荷对家禽屠宰场废弃物厌氧消化的影响,发现厌氧消化在装载达到 0.8 kg 挥发性固体(VS)/(m³ · 天)、HRT 达到 50～100 天较为合适,产生高达 0.52～0.55 m⁻³ · kg⁻¹ 的甲烷量。相反,在较高的负载(1.0～2.1 kgVS/(m³ · 天)时,该过程受到抑制或超载。Arvanitoyannis 和 Ladas(2008)对比了 12 项关于屠宰厂废水厌氧处理的结果,研究表明,有机物的去除率取决于加载速率和反应器类型。总的来说,他们报告有机物的去除范围在 30%～95%,平均为 75%。他们认为厌氧消化是屠宰厂废水处理的一种有效方法,但应谨慎选择条件。

在池塘里进行的有氧消化仍然是主要的去除可溶性有机物的生物处理形式。总的来说,目前使用较多的是一些二级生物系统(例如,生物滤池、活性污泥系统)。生物滤池处理是一个相对简单的结构,水流通过固定介质(如回收的轮胎和岩石),以这样一种方式使水接触较大的空气表面而获得曝气。微生物附着于媒介的粗糙表面(如塑料介质、岩石)而循环水细流从上面流过。一定次数的循环之后,水通过沉淀池以促进收集微生物。

生物降解是利用微生物对溶质或悬浮的蛋白质、脂肪和碳水化合物进行氧化分解的主要技术。此外,好氧处理对于减少气味和病原体是非常有效的。如前文所述,好氧处理包括好氧池、活性污泥工艺、氧化沟、定批式反应器(SBRs),是利用生物滤池和生物转盘(rotating biological contactors)来完成这一目的的(Mittal,2006)。

三级处理——排放到河流和湖泊之前的最后阶段之一,用于去除气味、风味化合物及色素物质等。通过粗、中、细等一系列的砾沙过滤(图 18.2.7)是常见的分离和去除小分子色素物质和气味化合物的方式。活性炭或碳对有机物质有高度亲和力,也可以被用来去除这些化合物。活性炭应定期更换,因为它在达到最大负荷容量后就会失效。沙滤器也要定期通过反向冲刷来清洗。一般情况下要配备一系列的过滤器,这样可使一些过滤器在清理时，其他的仍能保持正常的运行。三级废水处理也可以包括一个离子交换装置（类似于住宅用水软化剂）或电渗析装置，用来去除或交换矿物质（例如肉制品厂卤水中的盐）。

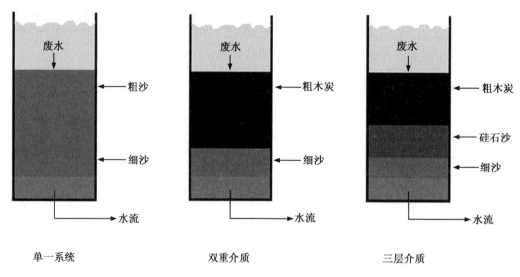

图 18.2.7 三级处理——使用沙砾/沙子/聚合物过滤小分子化合物，例如气味、味道和颜色分子

消毒——排放到河流和湖泊之前的最后一个阶段。通常使用化学试剂，如氯和过氧化氢来处理在三级处理中没被过滤掉的细菌和病毒等。这一步很重要，因为负载大量微生物会对人类和环境构成风险。建议在有机物和微生物载荷最低时对水进行消毒（即消毒药剂现象，如氯。与有机物的反应和家禽水冷却器中描述的情况类似；见第5章）。消毒也可以通过氧化氯或臭氧气体（O_3）等完成，或者通过物理手段如紫外线、激光照射、微波或 γ 射线辐射。

关于水循环的评论——由于环境和经费预算的限制，回收和处理废水的技术正在不断进步。Avula等（2009）指出，超滤家禽废水可提高再生水的质量，并为水资源的紧缺提供了解决方案。超滤是一种基于材料分子直径大小进行分离的压力驱动过程。新型膜生物反应器可以将废弃物的生物降解与膜过滤有效结合，从而有效地去除废水中的有机和无机污染物。在这个过程中，附加值高的产品，如粗蛋白可以从家禽废水中分离，从而减少化学需氧量（COD）。正在进行研究的膜分离技术涉及新的膜材料和新的模块配置的探索，用来解决膜污染和处理的废水中含有高悬浮固体或黏性废物的问题。总之，由于制定了关于减少病原体的政策（见第2章），家禽加工厂在几个加工阶段都要使用大量的水。通过减少淡水需求量、废水量和能量来回收利用废水，对加工厂十分有利。例如，来自尸体碎片/血液的可溶蛋白质是滚烫和冷却操作的主要污染物。超滤是一种能够有效澄清废水，并且回收蛋白质和脂肪的方法。虽然超滤的投资成本较高，但与其他传统的污水治理方法相比，使用周期长。此外，超滤系统占地小，可能只占传统过滤器的30%～50%，并且消耗的化学试剂较少。

18.3 固体废弃物处理和堆肥

固体废弃物通常被用来给植物堆肥或者运往垃圾场以合适的方式焚烧掉（也就是说，关于废弃物处理，每个国家都有很严格的法规）。加工厂附近如果有固体废弃物，将会导致臭气冲天，传播疾病（通过野生生物等），昆虫泛滥，进而潜在地污染陆地水资源。自从环境保护问题成为全球共同关注的热点之后，堆肥处理成为了受欢迎的有机废弃物处理方式，垃圾填埋场也迅速建立起来。通过微生物的活动将有机物质转变成腐殖质，可以用来为土壤增肥，或者改善土壤结构（Arvanitoyannis and Ladas，2008；Jayathila-kan et al.，2012）。一种经过特殊培育的需氧菌接种剂可以加速腐殖质的生成过程，并且改善腐殖质的品质。嗜温型和嗜热型微生物的生长进程对于堆肥过程也非常重要。一般来说，堆肥能够杀死病原体，将无用的氨态氮转变成稳定的有机氮,减少了废物量,改善了废弃物的性质。堆肥期间,通常翻堆或混合废弃物使之定期暴露于空气中。如果废弃物太大或太密集,就应该首先搅碎,以扩大其与微生物或空气接触的表面积。根据具体因素,比如废弃物类型、温度、暴露的时间和接种量等,堆肥的过程通常需要 1～4 周。通常情况下,不同来源的固体废弃物(比如肉类、乳类和蔬菜等)一般会混合起来以便快速和有效的发酵。堆肥的区域应该严格管理,严禁野生生物(比如鸟类、哺乳动物等)进入。因此,堆肥处理屠宰废弃物和肉类废料是一种廉价的选择(Mittal,2006)。

18.4　副产物:可食用和不可食用

每个国家对副产物可食用和不可食用的定义差别很大(比如鸡爪在一些国家规定为可食用,而在另外的国家规定为不可食用)。在北美,肉类工业认为除了分割肉,所有其他的动物产物都是副产物(Ockerman and Hansen,2000),包括可食用和不可食用两部分。前者包括一系列其他类型的肉,如肝脏、心脏、胃等,在禽类工业中被定义为鸡内脏(详见第 5 章)。血液,有时候也可以食用,也被列为此类。不可食用部分通常包括脏腑(肠子)、头和骨头等,常被用于宠物食品,主要是成年的毛皮动物(如貂)、鱼类和猪。为了避免将致病生物传播给其他动物,废弃物通常被高温(＞100℃,加压)加热以确保微生物被杀死。当副产物被当作饲料使用时,消毒净化过程是强制实施的,这样可以阻止人畜共患病(弯曲杆菌、沙门氏菌、鼠疫杆菌等)的传播,也可以减少储藏期间由于微生物分解氨基酸而引起的有毒代谢产物的形成。

下面将详细地介绍具体的加热和精炼加工。处理的废弃物通常含蛋白较高,一般要与其他物质(如谷物、微生物等)混合,以生产出营养平衡的动物饲料或宠物食品。其中一个主要的产品——肉骨粉(MBM),已被广泛作为动物营养的蛋白质来源,从而代替其他更昂贵的植物蛋白(大豆)。MBM 含有单胃动物和反刍动物所需要的大多数的必需氨基酸、矿物质和维生素 B_{12}(Deydier et al.,2005)。

由于近年来牛肉产业中疯牛病(BSE)的危机,目前关于动物副产物的利用管理得很严格。从 2000 年11 月份起,BMB 不能再用于喂养牛,但可以饲喂猪、禽类、鱼和其他的家畜(Deydier et al.,2003)。在欧盟,有两条法律明确规定动物副产物不得用于人类的食用(法规 EC.No. 1774/2002 和补充说明 No.808/2003)。这些法律明确了必需的杀毒和控制条件,从而确保肉类废弃物没有致病菌。

下面的章节将讲述精炼业及其产品,包括动物饲料和油脂、宠物食品工业和独特的羽毛粉加工过程。后面两者对于肉类和禽类工业具有巨大的潜在经济价值。

18.5　加工精炼产业

精炼就是把动物废弃物转变成稳定的、高附加值的原料加工过程。也可将其定义为将任何动物产品转变成更有用的原料(比如动物饲料)或利用特殊工艺将动物油脂精炼成纯化油脂(猪油、牛脂)的加工过程。数十年来,动物脂肪一直被用来生产防水布、肥皂和奶糖。今天,精炼加工产业把原材料的应用拓宽到了更大的范围和规模(表 18.1.2)。

19 世纪早期,动物副产物首次用于大规模肥料的生产(Dainty,1981),精炼加工业得到巨大的发展。在此之前,动物副产物基本被掩埋,没有体现更大的经济价值。而且掩埋这些副产物,由于要支付交通、劳力和场地等费用,也增加了肉类加工者的成本。19 世纪,人们逐渐认识到持续增长的肉类产业可以变废为宝,增加产值。现在精炼加工业能够生产出多种多样的有用的产品,包括可食用的、不可食用的、油脂、化学品、肉粉和骨粉等(Okerman and Hanson,2000)。一些大的肉类加工企业有自己的精炼加工厂或副产物公司,然而一些小的企业通常依靠分散的精炼加工承包商,收集加工副产物。精炼加工一般可以分为以下几步:a.干燥处理;b.高压蒸汽或湿法加工;c.持续干燥处理和 d.持续低温系统(Ockerman and Hansen,2000)。

a.**干燥批量加工系统**包括一个蒸汽夹层锅,其夹层能防止蒸汽与锅内物料直接接触。有时会采用一个空心的蒸汽搅拌器。绞碎的副产物材料,颗粒通常大于 2.5 cm,被分批送入该系统。在这个过程中,水和脂肪释放出来。另外,因为没有直接接触热的蒸汽,脂肪没有严重降解(在下面对高压釜系统的介绍中讨论)。原料冷却后过滤,自由流动的脂肪就被倒干。剩下的潮湿材料用液压机压缩(即间歇式),一种是连续螺旋压榨机,一种是沉降式离心机除去水分。

    b. 高压釜系统包含一个压力锅,里面填满事先绞碎的原材料,在注入蒸汽之前,锅是密封的(≈140℃)。这个过程通常需要 3~4 h、360 kPa 的压力,结束时减少到约 100 kPa 的常规大气压力。缓慢地降低压力很重要,可避免水相和脂肪相的乳化。图 18.5.1 描述的是湿法加工的过程,其中液体通过离心从加热相中分离。之后,一个高速三相分离器将脂肪和水分离。

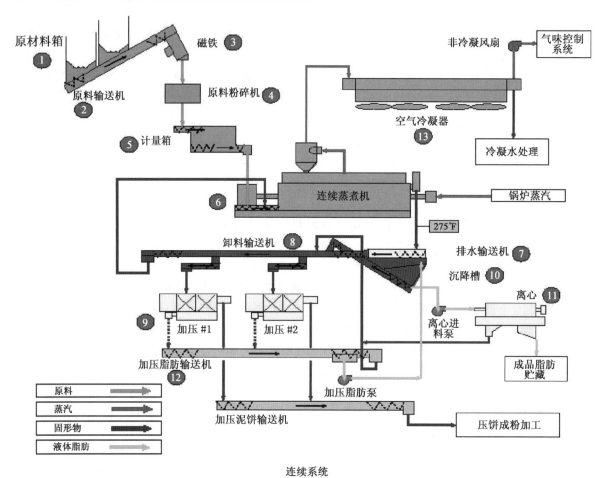

连续系统

图 18.5.1 肉类副产物的湿法加工系统流程图。http://assets.nationalrenderers.org/flow_charts.pdf

    c. 连续的干燥系统与干燥批量精炼系统类似。不同的是,原材料是在加压的情况下被连续送入进料系统的。锅通常是水平的,配有蒸汽夹套,有时是空心的,里面装有蒸汽加热搅拌器。原料以连续的方式从一端进入,另一端排出。原料加热的时间取决于压力锅的大小和容量。排出的物料倒入底部带有滤网的过滤罐中。自由脂肪被排出后,挤压剩下的物料以排除残余的脂肪。接下来,剩余的固体物料将被挤压破碎成骨粉产品。

    d. 连续的、低温精炼系统,有时也叫机械脱水系统。通常采用一种机械方式来去除水和脂肪。总的来说,原料的副产物被磨碎,然后经过一个低温、干燥或潮湿的锅(也叫预热器或冷凝器),在 60~90℃ 保持 10~30 min,这会使得一些脂肪细胞破裂并释放其内容物。然后使用一个连续的螺旋式压榨机挤压,提取脂肪和水。剩余的固体进行离心,以去除额外的水和脂肪。此过程需要的热处理温度较低,和其他过程相比,可以降低能源成本。

18.6　宠物食品

世界各地的宠物食品行业一直稳步增长。据估计,在美国,2013 年人们对宠物花费了 553 亿美元(APPA,2013)。其中,宠物食品支出为 222 亿美元、日用品和药品支出 132 亿美元、142 亿美元的兽医护理、23 亿美元的活体动物的支出和 45 亿美元的美容和膳宿。总体而言,从 1993 年(160 亿美元)和 2003 年(320 亿美元)来看,这是一个巨大的增长。Ockerman 和 Hansen(2000)指出,1860 年,第一个商业化制备的狗食饼干在英国出现。1930 年美国制造了罐装的猫食和干制的狗食。20 世纪 50 年代出现了新的膨化宠物食品,60 年代出现了半潮湿的宠物食品。宠物食品的需求(估计超过 100 万 t/年,包括家禽,肉类和海鲜副产物)为肉类工业提供了良好的、稳定的收入,同时也为宠物主人提供了高质量、富营养的宠物食品。

1990 年到 1997 年间,美国宠物数量以每年 1.3% 的速度稳步增加(Hoepker,1999)。据估计,1997 年美国人养了 5 600 万只狗和 6 800 万只猫。这也从侧面解释了为什么宠物食品工业发展得如此迅速。需要指出的是,今天的人们愿意为他们的宠物投资更多的钱。据估计,在美国市场上有超过 1 000 种不同的宠物食品种类。在日本,由于不断变化的社会趋势,在宠物总的数量并没增加的情况下,宠物食品零售销售额预期年增长也会达到 4%。这些现象主要是由于一些新的大型宠物超市的出现、高端的宠物食品以及宠物营养均衡饮食的意识/知识的增加造成的。

肉类工业用船舶将新鲜和/或冷冻的原料运往宠物食品行业(预计航运和加工处理之间有延迟,则会用冷冻)。宠物食品加工业在高温下煮肉,然后与其他成分混合,从而制造出营养平衡的不同的宠物食品。常见的成分包括玉米粉、大豆粉和维生素。下面列举三种类型宠物食品的标签。

干制狗粮

配料:玉米粉、小麦碎屑、家禽副产品粉、玉米蛋白粉、豆粕、用混合生育酚保存的家禽脂肪(保存风味)、大米、糖蜜、三聚磷酸钠、干乳清粉、碳酸钙、盐和维生素。

蛋白(最少)21.4%

脂肪(最少)10.6%

粗纤维(最多)4.3%

水分 10.0%

罐装狗粮

配料:家禽副产品、肉类副产品、鸡肉、小麦面筋蛋白粉、维生素与矿物质(钙、钾、锌、铁、碘、维生素 A、维生素 B_1、维生素 D_3 和维生素 E)、骨粉、柑橘果胶、瓜尔豆胶、葵花籽油、三聚磷酸盐、天然香料。

蛋白(最少)8.7%

脂肪(最少)6.6%

粗纤维(最多)1.4%

水分(最多)77.0%

罐装猫粮

配料:鸡肉和鸡肉副产品、肉类副产品、维生素和矿物质、植物胶、天然香料、天然色素,加焦糖和水加工处理。

蛋白(最少)8.4%

脂肪(最少)4.3%

水分(最多)81.0%

灰分(最多)2.5%

第一个配方:干制狗粮,主要是基于谷物产品,提供高比例的蛋白质和一些碳水化合物。家禽副产品作为蛋白质和矿物质的主要来源。补充维生素 E(一种抗氧化剂)来保护加热和储存过程中家禽脂肪的氧化。

第二个配方:罐装狗食,增加了谷物成分,以改善产品质地,增加体积和粗纤维(植物来源)。配方中还包含了不同的胶(果胶、瓜尔豆胶)协助改善产品组织。家禽或牛肉提取物等天然风味成分也被加入其中。

第三个配方:罐装猫粮,是一个基于肉类(以鸡肉为例)和肉类副产物的配方产品,里面强化了维生素和矿物质。与其他食品一样,成分按重量降序排列。但宠物食品的营养标签要求并没有像人类食物那样严格。例如,宠物食品制造商只需要提供一个最低的蛋白质含量,不必提供含有维生素和矿物质等含量的列表。而强化的人类食品必须有一个包含所有成分的精确列表。

宠物食品可以以不同的方式出售(湿的、半干的、干的),并且蛋白质含量可以从10%到50%不等。"湿"的罐头食品一般有12%~14%的蛋白质,半干食品为21%~25%,干燥食品则达到20%~50%。最近,由于利润很高,高端宠物食品行业的产品研发很活跃。宠物食品公司也投资产品研发,调整不同的营养需求、风味和质地以满足不同的宠物喜好。先进的加工设备(如挤压机)越来越受欢迎,因为产品的结构和形状对于竞争激烈的宠物食品市场很重要。

18.7 羽毛的利用

羽毛是鸟类特有的。以肉鸡为例,占了活体重的约7%(Lortscher et al.,1957),也被认为是主要的经济产物(如第2章所述,2013年美国家禽创造了500多亿英镑)。羽毛由复杂的角蛋白基质组成。肉鸡羽毛的氨基酸序列与其他家禽/鸟的羽毛和爬行动物的爪角蛋白非常相似。羽毛是丰富的蛋白质来源,约含90%的蛋白质、8%的水和1%的脂肪。如果加工成合格的羽毛粉,会含有70%~80%的粗蛋白。然而,在使用羽毛作为动物饲料之前,蛋白质复合体必须被分解。羽毛也用于床上用品、饰品、运动器材以及化肥填料(Ockerman Hansen,2000)。

根据Hardy与Hardy(1949)和Pacific Coast(1997)的研究,羽毛可以分类为:

a.鞍状羽毛——长,窄,有叶片的羽毛,从公鸡的背脊和后背采集。

b.硬的羽毛——硬羽根、毛片重、绒毛少。

c.半绒毛——沿着羽毛片下有小的绒毛。

d.四分之三绒——沿着叶片羽毛下有四分之三的绒毛叶片。

e.软毛——身上的羽毛以坚定的轴承载的绒毛,或软体部分的羽毛。

f.芽毛——小的向下的软杆羽绒,只包含绒毛。

g.绒毛——羽毛没有杆,只有一簇簇的绒毛。

当羽毛作为动物饲料时,需要进行水解以分解复杂的蛋白质(角蛋白)结构;否则,他们将难以消化。羽毛首先洗去污垢,然后经过压缩或离心脱水,因为在处理和洗涤过程中羽毛会吸收一些水分(例如,在肉类加工厂,烫毛和修整的时候,通常选择水分含量在7%~15%的样品,Lortscher等,1957)。部分水被除去后,加热水煮1~2h水解复杂的蛋白质结构。加热通常是在压力锅(2~3个大气压的压力下)下进行,以增加水解率。羽毛的消化率和烹饪时间及温度成比例。更高的温度和更长的烹调时间可以使氨基酸可用性大幅度提高。煮过的羽毛,经干燥(例如空气)和磨碎,就得到了羽毛粉。研磨粒径的大小需要控制,所有的颗粒应全部通过US 7号筛网,95%可以通过US 10号筛网。羽毛粉大致的组成为:粗蛋白75%(有的可以达到90%)、水分10%(最大)、<6%的脂肪(最大值或最小值由配方确定)和3%~4%的纤维(最大)。

羽毛粉含有丰富的含硫氨基酸,如半胱氨酸、精氨酸和苏氨酸,但缺乏赖氨酸、组氨酸、蛋氨酸和色氨酸。当喂养家禽或猪(单胃动物)时,应当添加这些限制性氨基酸。一般采用的饲养水平为饮食量的0.5%~1.5%(Ockerman和Hansen,2000)。当饲喂肉牛(反刍动物)时,羽毛粉的饲喂效率可以通过添加尿素来提高。

床上用品——这个行业通常使用很小很细的羽毛。羽绒是首选材料,因为它具有独特的结构,可以保留住大量空气(图18.7.1),并且羽绒是很好的绝缘体。羽绒通常占鸭和鹅羽毛总重量的12%~15%。其余的羽毛是专为水和空气流动生长的,这样鸟可以游泳/飞行。

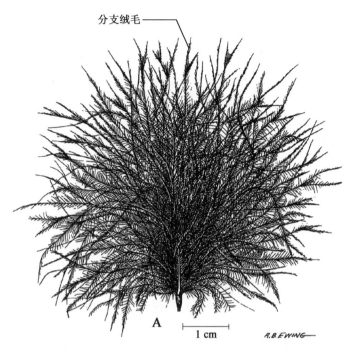

分支绒毛

A　1 cm

R.B.EWING

图 18.7.1　单冠白来航鸡裸露侧身的羽绒结构。摘自 Lucas 和 Stettenheim (1972)

在床上用品行业,羽毛会被彻底清洗和冲淋,然后吹干或用蒸汽干燥。这个过程可以促进羽绒结构的解开(变松软),从而提高羽毛的性能以用作床上用品。透气性、压缩性、可恢复到原来的形状和体积的能力也是羽毛作为床上用品的重要特征(mountney,1989)。填充量或"体积"是用于测量羽毛质量的指标,它是在一个标准大气压下,用来描述羽绒填充空间的量。理想的羽毛(用于床上用品时)应该在使用时有最大体积,而存储过程中占据最小体积(例如,同龄的鹅羽绒通常比鸭绒有更高的填充能力)。填充量在750 in³/oz 的羽绒有如下特点:片大、柔软、有很高的绝热性和耐久性,并且随着时间的推移,弹性损失小。300 in³/oz 的填充量弹性小,因此磨损会比较快。

在清洗和干燥后,羽毛被分为不同大小的组。通过一系列的垂直挡板,利用气流吹动羽毛,使其悬浮在分布于顶部到底部的分离器上。较轻的羽毛被吹走得更远(Pacific Coast,1997)。根据美国的规定,确定为羽绒的产品必须包含 80% 的羽绒,其他羽毛不超过 20%。做这种规定是因为羽绒不可能得到完全的分离,即一些轻的羽毛,通常不超过 6 cm,也将被吹到羽绒室。引入合成纤维后,羽绒用于床上用品的量在减少。然而,高质量的羽绒热效率是合成纤维的 4 倍,耐用性是合成纤维的 10 倍,因此,近年来高端羽绒床上用品/外套大量涌现(Ockerman and Hansen,2000)。此外,羽毛也是一类天然的产品,本身不含毒素,生产过程不产生毒素,无污染,而且可生物降解。

装饰羽毛——热烫前野鸡、公鸡和鸵鸟尾巴和翅膀部位的长羽毛要去除。这个环节是手工做的,显然比机械打毛耗费时间,也更昂贵(剃毛时候用快速旋转的橡胶手指会损害羽毛的形状和结构)。用于运动器材的羽毛,如羽毛箭,必须手工精心挑选,保证质量(一支单独的羽毛箭的羽毛必须同时来自左边或右边翅膀,这样可以保证其以合适的转速旋转;mountney,1989)。羽毛也可以用于制造人造鱼饵和羽毛球。彩色羽毛通常用于装饰,有时需经染色和修剪,以得到人们所需的形状和图案。

当羽毛用于床上用品、衣服或运动器材时,需要仔细清洗。如果羽毛加工处理前要保存超过一天,应该用 5% 的盐加 0.3% 盐酸溶液浸泡。接着羽毛要用肥皂溶液和清洁剂清洗大约 6 次,以清除所有的污垢。应该使用温和的肥皂来保护羽毛上天然存在的油,确保中性 pH 来保护羽毛品质(mountney,1989)。有时,也用高闪点汽油来去除羽绒臭味。在这种情况下,处理器可以在羽绒上轻轻喷涂矿物油,以取代羽绒上原有的油。有些加工过程需要脱色,就会使用过氧化氢、氯或高锰酸钾等漂白剂。不适当的清洗会导致发霉、微生物活性造成的降解以及降低绝缘性能等问题。

随着市场对天然产品的需求增加,羽毛越来越受欢迎,这对家禽业是一种好消息。随着原料价格的持续上涨,对从肉和其他成分等提取回收副产品的关注也将持续上升。

参考文献

Aguil ar, M., J. Saez, M. Llorens, A. Soler, J. F. Ortuno, V. Meseguer and A. Fuentes. 2005. Improvement of coagulation—flocculation process using anionic polyacrylamide as coagulant aid. Chemosphere 58:47.

APPA. 2013. American Pet Products Association Report. http://www. americanpetproducts. org. Accessed February 2015.

Arvan itoyannis, I. S. and D. Ladas. 2008. Meat waste treatment methods and potential uses. Int. J. Food Sci. Technol. 43:543.

Avula, R. Y., H. M. Nelson and R. K. Singh. 2009. Recycling of poultry process wastewater by ultrafiltration. Innovative Food Sci. & Emerging Techno. 10(1):1.

Benka-Coker, M. and O. O. Ojior. 1995. Effect of slaughterhouse wastes on the water quality of Ikpobariver, Nigeria. Bioresour. Technol. 52:5.

Caraw an, R., J. Chambers and R. Zall. 1979. Meat Processing Water and Wastewater Management. Raleigh, NC: North Carolina Agricultural Extension Service.

Commi ssion of the European Communities. 1990. Council Directive 90/667/ EEC. Official journal, No. L 63, 27. 12., p51.

Daint y, R. B. 1981. Centenary. Darling Delaware, Chicago.

Deydi er, E., R. Guilet, and P. Sharrock. 2003. Beneficial use of meat and bone meal combustion residue: an efficient low cost material to remove lead from aqueous effluent. J. Hazard. Mater. 101: 55.

Green, J. H. and A. Kramer. 1979. Food Processing Waste Management. AVI Publ., Westpoint, CT.

Hardy, J. J. and T. M. P. Hardy. 1949. Feathers from domestic and wildfowl. US Department of Agriculture Circular 803, Washington, DC.

Henze, M., M. van Loosdrecht, G. Ekama and D. Brdjanovic. 2008. Technology & Engineering. In: Biological Wastewater Treatment: Principles, Modelling and Design. International Water Assn Publishing, London, UK.

Hill, C. H. 1976. Abatement in the Fruit and Vegetable Industry. Wastewater Treatment. (Prepared for Food Processors Institute). U. S. Environ. Protect. Agency.

Hoepk er, K. 1999. Pet food continues to experience steady growth. Feedstuffs. Jan. 4:12.

Jayat hilakan, K., K. Sultana, K. Radhakrishna and A. S. Bawa. 2012. Utilization of byproducts and waste materials from meat, poultry and fish processing industries: a review. J. Food Sci. Technol. 49(3):278.

Jekan owski, M. 2011. A snapshot of rendering. Render Mag. 4:58.

Lorts cher, L. L., G. F. Sachsel, D. Wilkelmy Jr. and R. B. Filbert Jr. 1957. Processing poultry by products in poultry slaughter plants. US Department of Agriculture Marketing Research Department, No. 181, Washington, DC.

Lucas, A. M. and P. R. Stettenheim. 1972. Avian Anatomy. Agriculture Handbook 362. US Dept. of Agric., Washington, DC.

Marri ot，N. G. 1999. Principles of Food Sanitation. Chapman & Hall Publ. ，New York，NY.

Mitta l，G. 2006. Treatment of wastewater from abattoirs before land application-a review. Bioresour. Technol. 9：1119.

Mount eny，G. J. 1989. Poultry Products Technology. Food Products Press，New York，NY.

Ocker man，H. W. and C. L. Hansen. 2000. Animal By Product Processing and Utilization. Technomic Pub. Co. ，Lancaster，PA.

Pacif ic Coast. 1997. Everything you ever wanted to know about down and feathers. http：// www. pacificcoast. com/evrything/source. html. Accessed March 2015.

Parke r，M. E. and J. H. Litchfield. 1962. Food Plant Sanitation. Reinhold Pub. ，New York，NY.

Regul ations EC No. 1774/2002 and its amendment No. 808/2003 of the European Parliament and of the Council of 3rd October 2002 which lay down the health rules concerning animal by-products not intended for human consumption.

Salmi nen，E. and J. Rintala. 2002. Anaerobic digestion of organic solid poultry slaughterhouse waste-a review. Bioresour. Technol. 83：13.

Urban iak，M. and G. Sakson. 1999. Preserving sludge from meat industry waste waters through lactic fermentation. Process Biochem. 34：127.

Veerk amp，C. 1999. Challenges for water management in processing. Poult. Process. Worldwide. 7：20.

图 1.1.2　家禽胴体计算机图像分析系统。Stork 供图

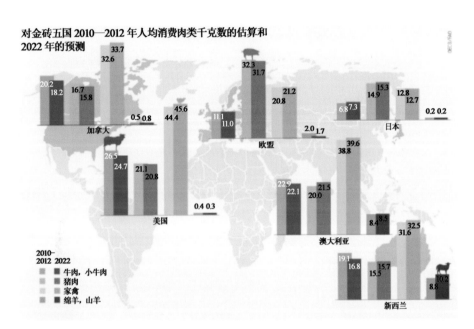

图 2.2.1　发达国家的需求量已充分满足。数据来源：OECD-FAO(2013)，匿名绘制(2014)

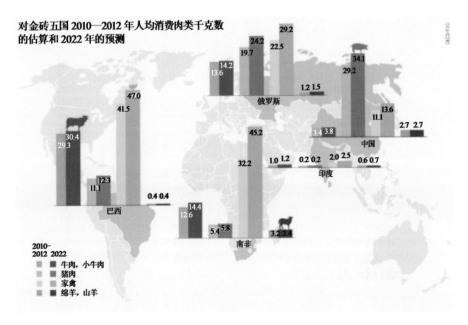

图 2.2.2　发展中国家的需求与日俱增。数据来源：OECD-FAO(2013)，匿名绘制(2014)

— 1 —

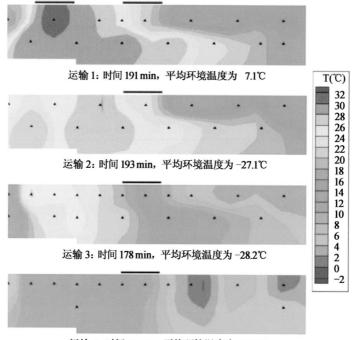

图 4.7.4 冬季 4 次运输过程中在 16 m 拖车中心的插入式温度变化

每张图片上方的黑色破折号显示通风口位置。

每张图片内部的黑色小三角显示为温度感应器的位置。经允许转载自 Knezacek 等（2010）

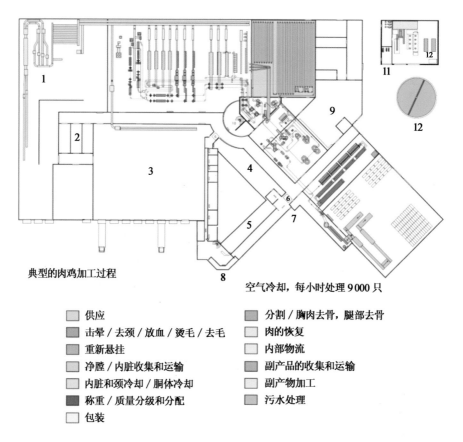

典型的肉鸡加工过程

空气冷却，每小时处理 9 000 只

供应	分割／胸肉去骨，腿部去骨
击晕／去颈／放血／烫毛／去毛	肉的恢复
重新悬挂	内部物流
净膛／内脏收集和运输	副产品的收集和运输
内脏和颈冷却／胴体冷却	副产物加工
称重／质量分级和分配	污水处理
包装	

图 5.1.1a 每小时加工量为 9 000 只的肉鸡加工厂平面图

图 5.10.1 禽类自动转移装置示意图

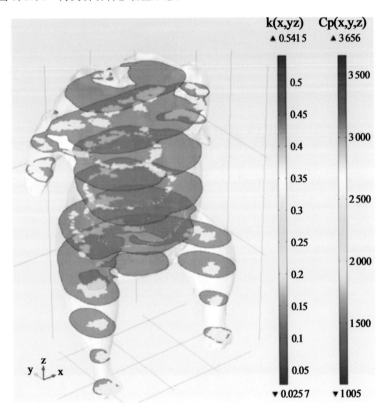

图 5.16.3 肉鸡胴体横截面显示有不同的热传导性和特别的热量值。
来自：Cepeda 等（2013）

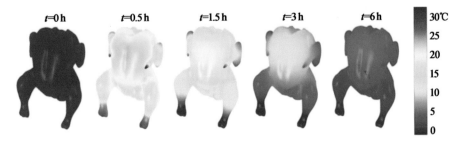

图 5.16.4 使用 Comsol 软件模拟禽胴体空气预冷。来自：Cepeda 等（2013）

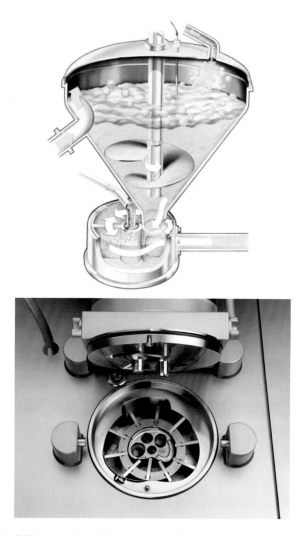

图 10.4.2.2 真空灌装机(上:彩色插图),与旋转叶轮泵工作原理细节图(下:黑白照片)。图片由 **Handmann** 提供

图 10.4.2.3 图示共挤出头展示的是肉糜从灌装口挤压出来并立即覆盖液体胶,液体胶由浓盐溶液脱水(蓝色软管排出浓盐溶液,然后香肠浸入其中)。最后通过烟熏交联。见文中详解。照片由 **Townsend** 提供

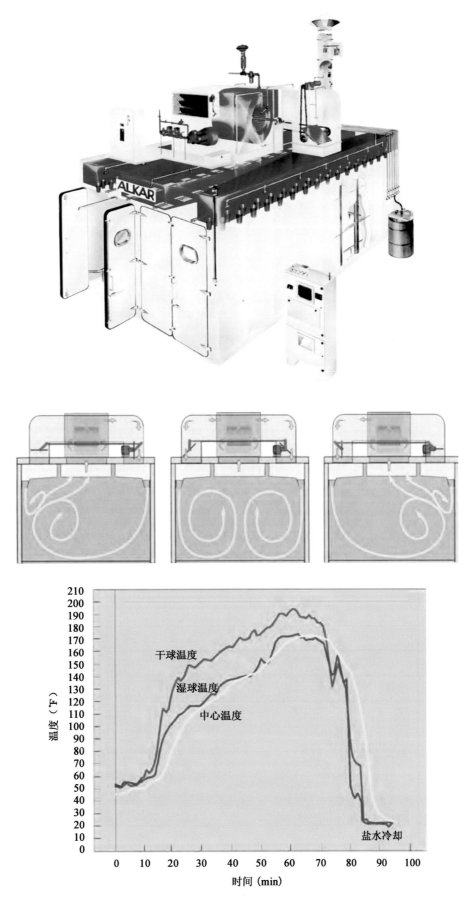

图 10.5.1 顶部配有空气循环单元、加热器和加湿器的烟熏炉示意图。烟熏单元在右边（上）。通过阻尼器改变空气循环模式实现良好的热分布（中）。直径为 **24 mm** 的香肠加热曲线的例子（下）。图片由 **Alkar** 提供

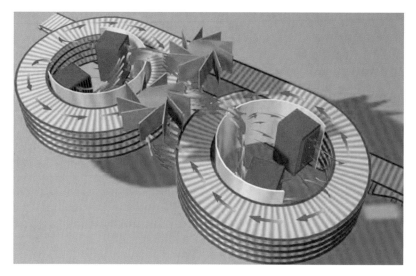

图 10.6.1 一种特殊的利用热空气加热肉制品和其他产品的螺旋炉。该炉由两部分(塔/室)组成,每部分可以在不同条件下(如温度、湿度、风速)操作。图片由 Marel 提供

图 10.7.1 低温冷却/冷冻操作。图片由 Praxair 提供

图 10.10.1 真空包装机。包装袋开口朝向真空喷嘴侧放置并压在加热封口条(灰色条带)上方。当盖上盖子时就开始抽真空(调整前面板上的真空度按钮)。当达到所要求的真空水平,上部加热封口条下降进行封口。注:袋必须有一个热封聚合物的内层,允许热封口正常进行。照片由 S.Barbut 提供

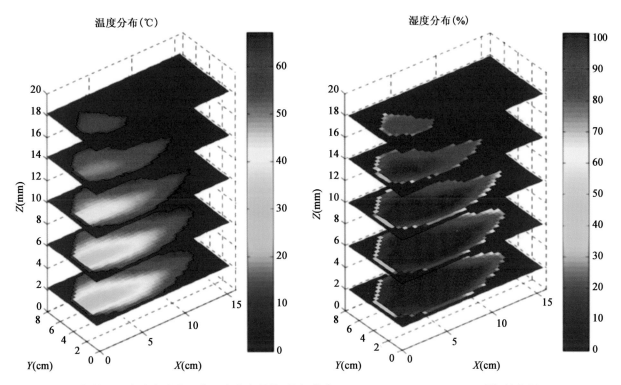

图 11.1.1 加热过程中鸡肉片的温度和水分含量模型图(其中 $T_{oven}=170℃$ ，$T_{dew}=90℃$)。[资料来源：van der Sman (2013)]

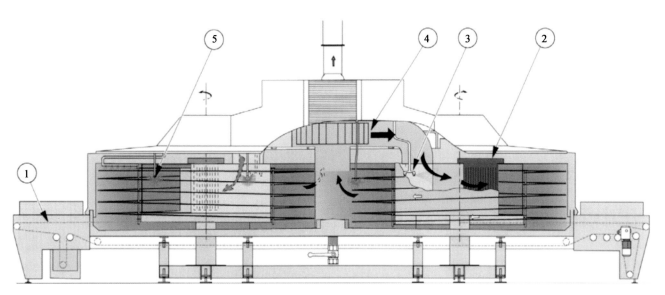

图 11.2.2.1 大型两室/塔工业热风烘箱示意图：(1)输送带,(2)加热元件,(3)蒸汽喷射,(4)风扇,(5)清洁系统。[资料来源：Courtesy of Townsend]

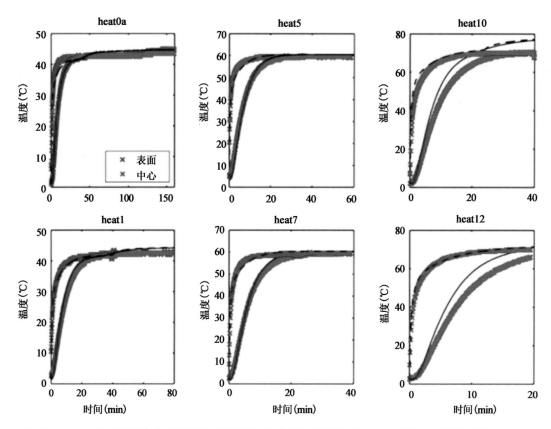

图 11.2.2.2 六组加热条件下鸡胸肉片表面和中心的温度随时间的变化情况。［资料来源：van der Sman，2013］

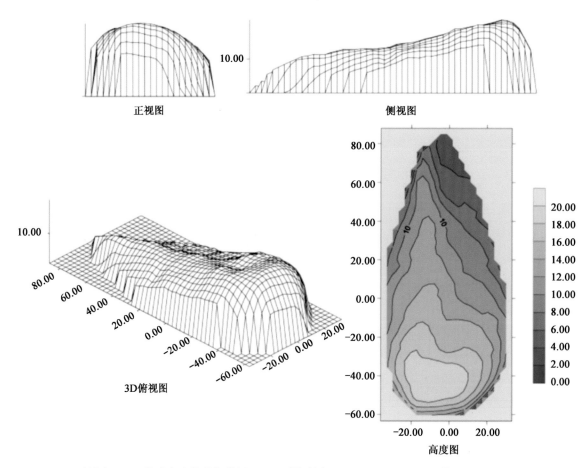

图 11.2.2.4 重量为 104 g 的鸡肉片线性扫描图（mm）。［资料来源：van der Sman，2013］

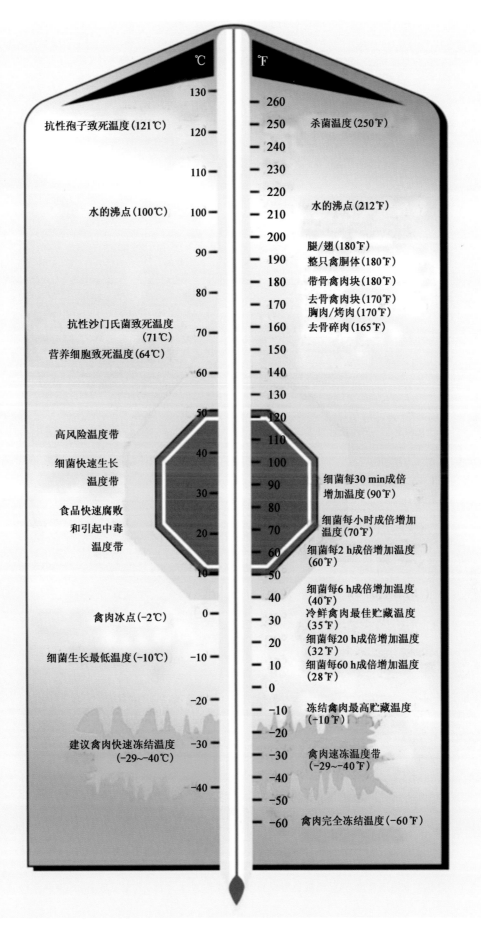

图 11.3.1.1 微生物的生长情况和禽肉及禽肉制品的最适贮藏温度。[资料来源：http://www.strogoff.nl/content/594/download/clnt/27449_The_Meat_Buyers_Guide.pdf.]

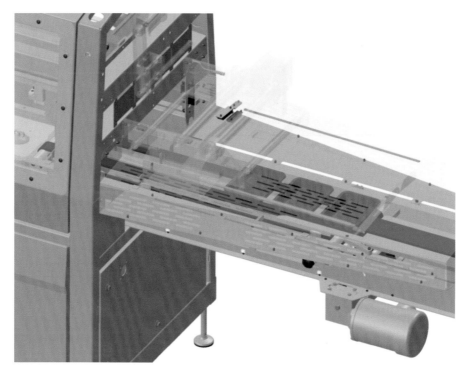

图 11.6.1.1 一种托盘盖膜包装设备。[资料来源：Courtesy of Ross Industries]

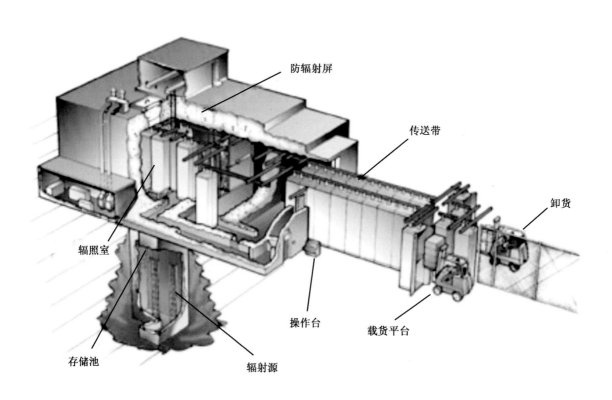

图 11.7.2.1 食品工业辐照装置，包括混凝土制成的围墙、辐射源室（^{60}Co）和输送系统。[资料来源：http://barc. gov.in/bsg/ftd/faq2.html]

图 14.2.2 裹粉肉制品中不同裹层的示意图,以及鸡块裹浆裹粉预炸后的横切面。照片源于 S. Barbut

图 14.6.1.1a 裹浆类产品常用的四种裹粉料。(A)面粉;(B)薄脆型裹粉料;(C)美式/家庭式裹粉料;(D)日式裹粉料。图片由 S. Barbut 提供

图 14.6.1.1b 不同类型的裹粉料,同时展示了可供选择的不同颜色的裹粉料、玉米片和工业中使用的干香辛料。图片由 S. Barbut 提供

— 11 —

图 14.7.1.2 生产厂区提供的冷冻的预油炸产品(右边),进行完全熟制(左边)。同时,展示了在完全熟制过程中潜在的颜色变化——由最初所选择的裹粉料配料决定。照片由 S. Barbut 提供

图 14.7.1.3 完全熟制的裹粉类产品的横截面。照片由 S. Barbut 提供

图 16.4.1.1　在红光下呈现给感官评定专家(为掩盖任何颜色可能带来的差异)的食物样品展示示范(例如,蒸煮鸡胸肉)。一台平板电脑用来显示问题并自动处理从感官评定专家那收集到的资料。由计算机感知提供。

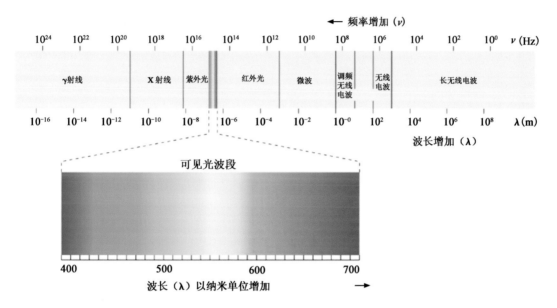

图 17.4.1.1　棱镜将白色的阳光分成的各种色光。注:用第二个棱镜,可以将各种颜色合并成白光。来自维基百科。

图 17.4.1.2　雄孔雀羽毛——呈现的颜色。由 S. Barbut 拍摄。

— 13 —

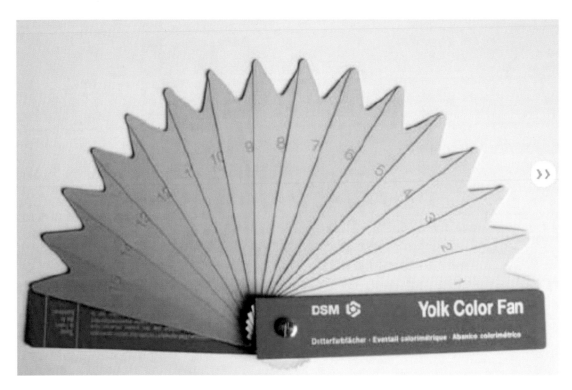

图 17.4.3.1 家禽业用来检查蛋黄颜色或鸡皮的色扇

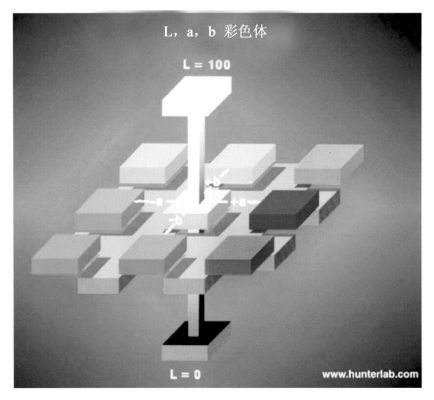

图 17.4.3.3 CIE 示意图(1976)。LAB 色度空间用于描述颜色。每种颜色可由三个数值表示,以表明其在三维球状空间中的位置。纵轴表示由亮到暗,从 0(黑色)到 100(白色)。红度 a ＊ 从 ＋60(红色)到 －60(绿色),黄度 b ＊ 从 ＋60(黄色)到 －60(蓝色)。注:中间位置的正方形可以随亮度变化而上下移动。参考 http:// www. hunterlab. com// images/NEW-Lab-Chart-Web. jpg.

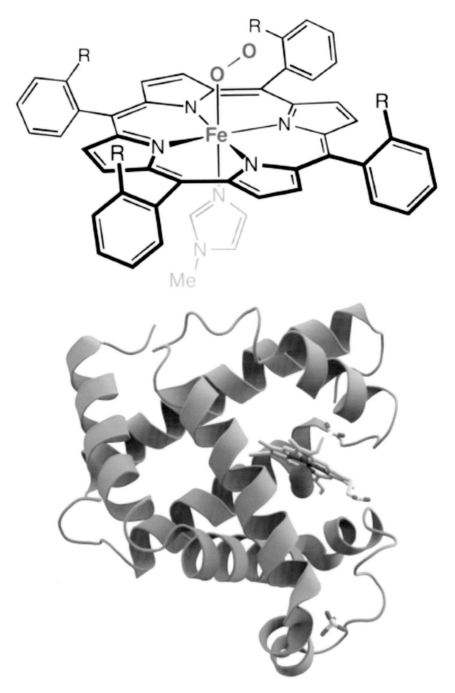

图 17.4.4.1 肌红蛋白分子的图式结构。上图展示了栅栏卟啉铁的络合物,轴向配位点由甲基咪唑(绿色)和分子氧占据;R 基团位于 O_2 结合位点的侧面。下图为肌红蛋白螺旋区域的 3D 模型。引自维基百科。

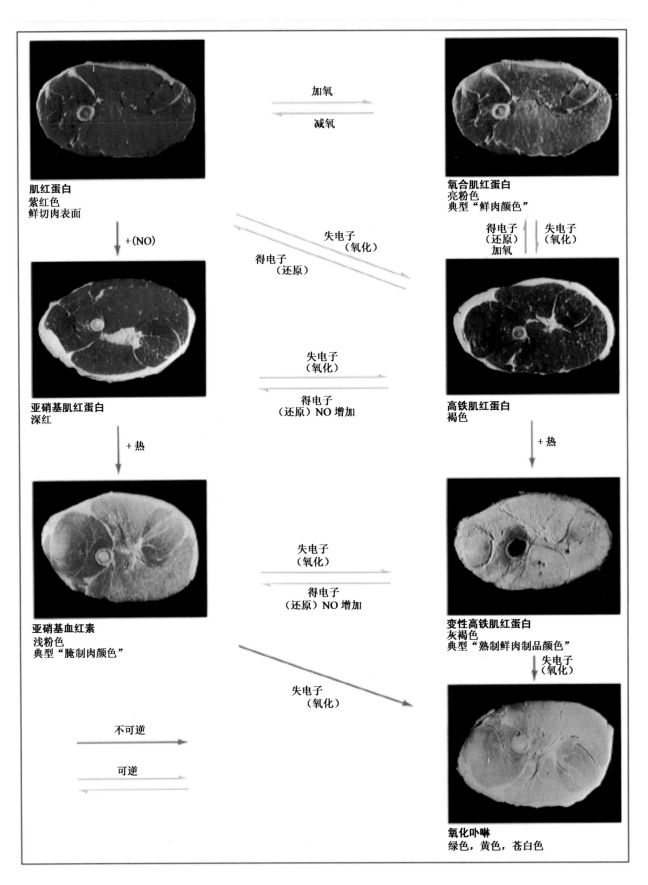

图 17.4.4.2 肌红蛋白不同状态以及肉呈现的不同颜色。引自：腌制肉法规和现代实践(1972)。经 Koch Supplies Inc. 允许使用。